MacGREGOR SCHNELLSEGLER 1775-1875

DAVID R. MacGREGOR

SCHNELL-SEGLER 1775-1875

KONSTRUKTION UND GESCHICHTE

WELTBILD VERLAG

Genehmigte Lizenzausgabe für
Weltbild Verlag GmbH, Augsburg 1990

Titel der englischen Ausgabe:
Fast sailing ships
Aus dem Englischen übertragen:
Hans Joachim Greiffenhagen
Umschlaggestaltung: Peter Engel, München
Printed in Yugoslavia
ISBN 3-89350-044-8

Meiner Mutter gewidmet

INHALT

VORWORT

Die britische Seefahrtsgeschichtsschreibung ist berühmt wegen ihres hohen Forschungsstandes. Da gibt es gründliche Untersuchungen über die Geschichte der Kriegsmarine, das Werden einer nationalen Handelsflotte auch in Verbindung mit ihren wichtigen Fahrtgebieten, ohne daß daneben die britische Fischerei vernachlässigt wurde. Unternehmerische Aktivitäten wie ökonomische und soziale Aspekte in vielen Schifffahrtszweigen wurden erforscht.

Neben den Lebensbeschreibungen großer britischer Seefahrer und Entdecker gibt es die vielen Biographien von Seeleuten der Handels- und der Kriegsmarine. Es wurden Fragen der nationalen Seefahrtspolitik der verschiedensten Epochen und viele andere Dinge erörtert.

Die britische Seefahrtsgeschichtsschreibung besaß die aktive Unterstützung durch Mitglieder der „Society for Nautical Research“, von denen zahlreiche nautische Forschungsbeiträge im *Mariner's Mirror*, dem Organ der Gesellschaft, publiziert wurden.

Trotz alledem ist jedoch ein wichtiges Gebiet recht stiefmütterlich behandelt worden: die Entwicklungsgeschichte der schnellsegelnden Fahrzeuge der britischen Handels- und Kriegsmarine unter dokumentarischer Verwendung zeitgenössischer Schiffspläne.

In Amerika ist dies anders. Dort spielt die Entwicklung des amerikanischen Schiffbaus eine bedeutende Rolle in der einschlägigen Geschichtsschreibung. Dementsprechend hoch wird dort dann auch die Verwendung von Schiffsplänen als technisches Beweismittel bewertet. Auf sie stützen sich zahlreiche historische Forschungsergebnisse. So wird zum Beispiel der Anspruch eines Fahrzeuges auf die Bezeichnung „Klipper“ nur dort akzeptiert, wo dies durch einen Plan, ein Halbmodell oder eine erhalten gebliebene technische Beschreibung erhärtet werden kann. Die Pläne oder Halbmodelle können als sichtbare Beweise für die Rumpfformen der Fahrzeuge und manchmal auch als Bestätigung für deren Segelrisse dienen. Gewöhnlich werden die vorhandenen Halbmodelle „aufgemessen“, um dann einen bequemer auswertbaren Linienriß zu zeichnen. Es gibt Fälle, in denen ausführliche technische Beschreibungen bestimmter Schiffe existieren, die als ausreichende Beweismittel für eine spezifische Rumpfform akzeptiert werden können; allerdings sind sie relativ selten.

Das besondere Gütemerkmal einer Segelschiffskonstruktion war die Geschwindigkeit. Nach allgemeiner Auffassung war daher das schnellste Schiff eines Typs auch der „beste Entwurf“. Nichtsdestoweniger stellte die Eignung eines Schiffes für seinen Verwendungszweck eine zwar sehr schwer abzuschätzende aber realistischere Bewertung dar.

Die offenkundige Vernachlässigung der Geschichte des britischen Schiffbaus durch britische Schiffahrtshistoriker war rätselhaft, besonders angesichts der riesigen Sammlungen von in Großbritannien erhalten gebliebenen Schiffsplänen. Die größte unter ihnen – und wahrscheinlich die umfangreichste in der Welt – ist die im National Maritime Museum in Greenwich befindliche *Admiralty Collection of Draughts.* Diese Sammlung enthält zeitgenössische Pläne zwischen 1675 und 1875 oder später gebauter Segelschiffe. Dabei überwiegen die Pläne von Kriegsschiffen, die für die Royal Navy gebaut oder von ihr gekapert wurden. Immerhin befinden sich in der Sammlung auch zahlreiche britische und ausländische Handelsschiffspläne. Dazu kommen noch die in einigen alten Werften und in privater Hand befindlichen großen und bedeutenden Sammlungen erhalten gebliebener Bauzeichnungen.

Die *Admiralty Collection of Draughts* enthält die vollständigsten und wertvollsten Pläne amerikanischer Segelschiffe der Zeit zwischen 1745 und 1845. So war diese Sammlung von Plänen eine sehr wertvolle Quelle für amerikanische Forscher, während nur wenige britische Historiker entsprechenden Gebrauch von ihr machten.

Als Entschuldigung für die stiefmütterliche Behandlung der Geschichte des britischen Schiffbaus wurde angegeben, daß Linienrisse mit den für Fachleute wichtigen Angaben für britische Leser „zu technisch" seien.

Die amerikanische Praxis, zahlenmäßig erfaßte Faktoren für die Analyse einer Schiffskonstruktion zu verwenden, stützt diese Entschuldigung bis zu einem gewissen Grade. Immerhin haben sich diese Faktoren nicht als sehr geeignet erwiesen, in der Analyse zu eindeutigen Ergebnissen zu gelangen, und man fand, daß hier der visuelle Vergleich angemessen sei. Mit entsprechenden Veröffentlichungen gemachte Erfahrungen zeigten, daß Linienrisse viel besser, als man früher erwartet hatte, verstanden wurden. Die große Hilfe, die hierbei der Schiffsmodellbau leistete, muß an dieser Stelle anerkannt werden; die dort bestehende Notwendigkeit, Pläne lesen zu können, ist offenkundig.

Im Hinblick auf das oben über den Stand der Geschichte des britischen Schiffbaus Gesagte bildet dieses Werk eine großartige Ausnahme. Durch seine Verwendung von Plänen als historische Beweismittel zeichnet sich die Entwicklung der Konstruktion schneller britischer Segelschiffe besonders deutlich ab. Hinzu kommt, daß die Aufmerksamkeit auch auf die Entwicklung solcher britischer Schiffstypen wie den Kutter und den dreimastigen Lugger gelenkt wird.

Man wird feststellen, daß an Beispielen von Fahrzeugen unterschiedlicher Klassen die Geschichte der Konstruktion britischer Handelsschiffe im achtzehnten Jahrhundert umrissen wird. Der Geschichte von Entwurf und Bau der Eisenschiffe in Großbritannien, dem auf diesem Gebiet führenden Land, wird nachgegangen und dabei auch die Entwicklung der Kompositbauweise untersucht.

Auch das „allgegenwärtige" Klipperschiff erhält Beachtung, und alle in Großbritannien entwickelten Klassen dieser Gattung werden unter großzügiger Verwendung von Plänen vorgestellt. Schiffe, die in der Geschichte britischer Klipper bisher übersehen wurden, werden der Vergangenheit entrissen. Es wird nun erkennbar, daß Bau und Entwicklung des britischen Klippers mit der Entwicklung und dem Bau des amerikanischen extremen Klippers parallel liefen. Der Anteil, den der Eisenschiffbau an der Entwicklung des extremen Klippers in Großbritannien hatte, ist besonders interessant. Die Behauptungen, daß britische Entwürfe durch amerikanische Grundgedanken beeinflußt worden seien, haben sich in nichts aufgelöst. Die einander entsprechenden Entwicklungen können jetzt untersucht werden, um die seitherige Klippergeschichtsschreibung zu überprüfen und zu korrigieren.

Howard I. Chapelle

EINFÜHRUNG

Keine Vokabel aus dem Bereich der Seefahrt ist wahrscheinlich so oft mißbraucht worden wie das Wort „Klipper". Heute jedoch bemühen wir uns, ihm die klare Begrifflichkeit zu geben, die es verdient. So gebrauchen wir es nun wieder zur Kennzeichnung einer Rumpfform, die mehr im Hinblick auf Geschwindigkeit als auf Ladekapazität entworfen wurde. Die genauen Linien dieser Form sind dabei gar nicht so wichtig. Tatsächlich sind die hier abgebildeten Pläne ein Beweis für die endlose Vielfalt von Baumustern, von denen kompetente Schiffbauer jeweils glaubten, daß sie ein Schiff von fraglos unschlagbarer Geschwindigkeit verkörperten. Oft allerdings haben sich diese Erwartungen nur als kühne Wunschträume erwiesen.

Zu keiner Zeit stellten die Klipperschiffe mehr als nur eine kleine Minderheit dar unter den Tausenden im Welthandel beschäftigter Fahrzeuge. Aber ihre Großtaten bemächtigten sich der Phantasie und lieferten Schlagzeilen für die Presse, so wie dies die Erreichung höherer Geschwindigkeiten immer getan hat. Schnelle Schiffe wurden von jeher für die unterschiedlichsten Zwecke benötigt, und ihre Entwicklung kann bis in die frühesten Zeiten zurückverfolgt werden. Das bedeutet, daß es eigentlich niemals so etwas wie einen „ersten Klipper" gegeben haben kann. Eine solch falsche Bezeichnung setzt überdies die Leistungsfähigkeit der Schiffbauer des siebzehnten und achtzehnten Jahrhunderts herab.

Der Mythos eines „ersten Klippers" ist dadurch entstanden, daß es gebräuchlich wurde, den Terminus „Klipper" ausschließlich für zwischen 1840 und 1875 gebaute Schiffe zu reservieren, und frühere Schiffe dann etwa durch Begriffe wie „schnelles Segelschiff" oder „früher Klipper" näher zu bestimmen. Die Worte „extrem" oder „Halb-" werden häufig der Bezeichnung „Klipper" vorangestellt, um damit entweder eine ultrascharfe oder eine etwas völligere Rumpfform anzudeuten. Die letztere der beiden Wortbildungen kommt allerdings in diesem Buch nicht sehr oft vor. Auf jeden Fall sind die Ausdrücke „Klipper" oder „schnelles Schiff" immer relativ zu verstehen, und eine um 1775 so bezeichnete Schiffsform unterscheidet sich grundlegend von derjenigen gleichen Namens nachfolgender Jahrzehnte. Der Gebrauch des Wortes „Klipper" für die späteren völlig gebauten Schiffe des neunzehnten und zwanzigsten Jahrhunderts ist bedauerlich, und seine Unausrottbarkeit offenbart die Unkenntnis der Tatsachen in der Enwicklung des Segelschiffes.

Der Bau von Klipperschiffen hatte seinen Höhepunkt in den Jahren 1853 bis 1855 erreicht. Niemals gab es ein ausgedehnteres Experimentierfeld für die Entwicklung von Schiffen mit eleganten Linien, und ein größerer Wandel in der Gestaltung von Rumpfformen aller Fahrzeugtypen durfte sich danach wohl kaum jemals mehr ereignet haben. Als es zehn Jahre später zu einem bescheidenen Aufschwung im Bau von hauptsächlich für die Chinafahrt bestimmten Klippern kam, hatten bereits bei fast allen Segelschiffstypen die kürzeren und gedrungeneren Vertreter ihrer Art etwas längeren und geringfügig schärferen Spielarten weichen müssen. So konnte auf sie jener zweite Frühling der Klipperschiffe auch keine Auswirkungen mehr haben, denn sie hatten ja schon alle neue Nasen bekommen – wie Kiplings Elefantenkind.

Die hier beschriebene Entwicklung der Klipper bezieht sich hauptsächlich auf britische Schiffe, aber es bestanden so zahlreiche enge Verbindungen mit Amerika, daß es nur natürlich ist, Schiffe der beiden Länder bei jeder dazu sich eignenden Gelegenheit miteinander zu vergleichen. Daher sind auch einige Pläne amerikanischer Schiffe abgebildet.

Die gebotene Auswahl an Plänen bildet zweifellos den Kern dieses Buches zusammen mit der Absicht, die Schiffe im Hinblick auf gerade die Merkmale zu beschreiben, die in anderen Werken gewöhnlich zu kurz kommen, nämlich Form des Rumpfes, Deckarrangements sowie Segel- und Takelrisse. Hierin wird das zentrale Thema des Buches gesehen, dessen Schwerpunkt ausnahmslos auf der Entwicklung der Fahrzeuge und der dafür maßgebenden Faktoren liegt. Schicksale, Reisen und Eigner der Schiffe interessieren hier weniger. Die Schiffbauer haben in der Vergangenheit zu wenig Beachtung gefunden, und dementsprechend sind auch detaillierte Untersuchungen über Entwurf und Bauweise der Schiffe zu kurz gekommen.

Der maßgebliche Gesichtspunkt für die Vorlage dieser Pläne war, eine möglichst vollständige Auswahl an Beispielen zu bieten, die überdies bisher noch nicht veröffentlicht worden sind. Mit ein oder zwei Ausnahmen wurde dies erreicht. Es erschien wünschenswert, daß von jedem ausgewählten Schiff ein Linien- und ein Segelriß zusammen mit einem Decksplan, soweit vorhanden, abgebildet würde. In einzelnen Fällen sind fehlende Segelrisse aus vorhandenen Abmessungen der Spieren oder nach den Regeln für den Mastbau rekonstruiert worden. Wo auch dieses gelegentlich nicht möglich war, ist trotzdem wenigstens der Linienriß abgedruckt worden, sofern seine Bedeutung dies zu rechtfertigen schien. Dazu kommen einige Segelrisse interessanter Schiffstypen, von denen nun wiederum keine Linienrisse existieren. Die Mehrzahl der Pläne ist neu und so genau wie möglich gezeichnet worden, wobei aus alten Werften stammende Zeichnungen oder Modelle als Vorlage dienten. Es sind aber auch einige Risse nach den Originalen reproduziert worden, um den Stil dieser alten Pläne zu veranschaulichen.

Diese Arbeit beschränkt sich vornehmlich auf Schiffe, deren Hauptzweck in der Beförderung von Fracht, Passagieren und Post bestand. Innerhalb dieser Grenzen befaßt sie sich nur mit Segelschiffen, obwohl gelegentlich auch Fahrzeuge mit Hilfsmaschinen erwähnt werden und von der SEA KING sogar Pläne abgebildet sind. Die Behandlung von Fischereifahrzeugen ist völlig unterblieben, und Yachten sind nur insoweit mit einbezogen worden, als es um die Darstellung der Entwicklung schneller Segelschiffe ging. Manchmal wurden Yachten ja zum besonders schnellen Transport spezieller Frachten angekauft. Es werden auch Beispiele von Kaperschiffen, Sklaventransportern und Kriegsfahrzeugen gebracht, da in den Jahren vor 1815 zwischen ihnen und einfach schnellen Handelsschiffen oft kaum ein Unterschied bestand.

Der Entwurf eines Klipperschiffes war eine äußerst individuell bestimmte Angelegenheit, und die für diese wundervollen Schöpfungen verantwortlichen Konstrukteure und Schiffbauer müssen eine überdurchschnittliche Vorstellungskraft und fachliche Begabung besessen haben, ganz zu schweigen von der Kunst, vorsichtige Reeder dazu zu bewegen, beachtliche finanzielle Risiken einzugehen mit Schiffen, deren ungenügende Ladekapazität bei einem Sturz der Frachtraten den Profit stark beeinträchtigen konnte.

Auf die mit schnellen Segelschiffen verbundenen wirtschaftlichen Faktoren wird häufig Bezug genommen, weil sie für das ganze Thema eine so bedeutsame Rolle spielen.

D. R. M.

KAPITEL I

ENTWURF UND BAUWEISE DER SCHIFFE 1775-1850

INHALT

DIE VERWENDUNG SCHNELLER SCHIFFE

Die Mehrzahl der Handelsschiffe wurde gebaut, um so sicher und so billig wie möglich Fracht zu befördern. Dabei wurden an die Segeleigenschaften nur die einfachsten Anforderungen gestellt, ging es doch lediglich darum, für die Übernahme oder das Löschen der Ladung den dafür vorgesehenen Hafen zu erreichen, wobei die Geschwindigkeit, von wenigen Ausnahmen abgesehen, nur von zweitrangiger Bedeutung war. Aber immer hat es einzelne Schiffe gegeben, die mit dem Gedanken gebaut worden sind, ihre Konkurrenten an Schnelligkeit zu übertreffen, und wenn immer ein Reeder ein schnelles Schiff benötigte, konnte dieses von jeder Werft auf Bestellung gebaut werden. Zugegeben, einige Schiffbauer erzielten in dieser Hinsicht bessere Ergebnisse als andere, denn nur die Praxis war der sichere Weg zur Perfektion in der Kunst des Schiffbaus, und der Bedarf an schnellen Schiffen war stets nur begrenzt. In Kriegszeiten allerdings waren schnelle Fahrzeuge sehr gefragt, um sie für die Flotte zu beschlagnahmen oder auch als Kaperschiffe auszurüsten. Mochte nun Krieg oder Frieden sein, schnell segelnde Schiffe wurden immer benötigt als sogenannte „Packets“ zur raschen und regelmäßigen Beförderung von Post und Passagieren, als Lotsenkutter, Sklavenschiffe, Schmuggler, Zollkutter und als Spezialtransporter für Obst, Fische und andere verderbliche Ladung, die höchste Reisegeschwindigkeiten verlangte. Bei vielen dieser Verwendungsarten konnten die entsprechenden Anforderungen nur von kleinen Fahrzeugen erfüllt werden: die Vermeidung eines zu großen finanziellen Risikos beim Einzelobjekt, die sichere Navigation in schlecht vermessenen Küstengewässern, die Streuung etwa durch wetterbedingte Schäden an leicht verderblicher Ladung entstehender Verluste und die Konstruktion eines gut ausgerüsteten seetüchtigen Fahrzeugs, das auch hart am Wind noch schnell segeln konnte. Deshalb waren es gerade die kleinen Fahrzeuge von unter zweihundert Tonnen, bei denen die Anfangsgründe für den Bau schneller Schiffe im allgemeinen gelegt wurden und sich in der Praxis bewährten. In Großbritannien waren derartige Segler während des achtzehnten Jahrhunderts fast stets als Kutter oder Brigg getakelt.

Zur gleichen Zeit bevorzugte man dagegen in Amerika den Schoner und die sogenannte „echte“ Brigantine, jene Version mit voll getakeltem Fockmast und einem wie beim Schoner geriggten Großmast, an dessen einziger Stenge allerdings noch ein oder mehrere Rahsegel gefahren wurden. Um 1820 beginnt die Schonertakelung, sich allmählich auch in Großbritannien wachsender Beliebtheit zu erfreuen.

Bis 1815 war es nötig, daß Handelsschiffe zu ihrem eigenen Schutz bewaffnet waren. Während amerikanische Schiffe jedoch hauptsächlich auf ihre Geschwindigkeit vertrauen und ihr Heil in der Flucht suchen mußten, standen britischen Kauffahrern die Vorteile eines gut organisierten Geleitzugsystems zum Schutz in Kriegszeiten zur Verfügung. Die Beständigkeit, mit der man an diesem System festhielt, führte im britischen Handelsschiffbau zur Konstruktion vieler langsamer Segler, die bei völligen Rumpfformen ein Maximum an Ladung aufzunehmen vermochten. Auf der anderen Seite konnten gut bewaffnete schnelle Schiffe durch eine Sondergenehmigung von der Pflicht, im Konvoi fahren zu müssen, befreit werden. Diese sogenannten „running ships“ boten die Gewähr, stets gute Fracht zu bekommen, da sie in der Lage waren, den langsamen Geleitzügen davonzusegeln und als die ersten am Ziel den Markt für sich zu erobern.

Ein Schiff wie die CUPID von 290 tons, die im Jahre 1777 von der Flotte angekauft wurde, konnte mit ihrem tiefen Laderaum und den niedrigen Zwischendecks als „West-Indiaman“ gelten. Dabei lassen ihre gemäßigt scharfen Linien und die neun

1 Ein typisches Handelsschiff aus dem letzten Viertel des 18. Jahrhunderts. Die LONDON wurde hier von T. Yates in drei verschiedenen Ansichten dargestellt, wie es noch bis mindestens 1850 auf Schiffsbildern üblich war. Sie war, wie alle Handelsschiffe ihrer Zeit, gut bewaffnet.

Stückpforten an jeder Seite die Vermutung zu, daß sie in Kriegszeiten als „runner" verwendet wurde.[1] Wäre bei der Berechnung der Tonnage das echte Maß der Raumtiefe berücksichtigt worden, anstatt dafür aus Bequemlichkeit einfach das der halben Breite anzunehmen, so hätte sich natürlich eine günstigere Schiffsform ergeben.

Für den Beginn des amerikanischen Unabhängigkeitskrieges wird das Jahr 1775 angegeben, aber es dauerte noch zwei Jahre, bis die britische Flotte ernsthaft anfing, Handelsschiffe von etwa 300 tons zu kaufen, um sie als Transporter oder als leichte, „sloops of war" genannte Kampfeinheiten einzusetzen. Unter ihnen befanden sich, wie die von der Admiralität angefertigten Pläne zeigen, auch Fahrzeuge von zweifellos schlankeren Formen, als sie beim gewöhnlichen Frachtschiff üblich waren. Davon wurden diejenigen mit den schärfsten Linien häufig als Brander ausgerüstet. Es dürfte wohl kaum überraschen, daß einige der schnittiger gebauten Schiffe aus amerikanischen Werften stammten. Auch mit der Ausstellung von Kaperbriefen wartete die Admiralität in diesem Kriege bis zum Jahre 1777. Dann aber war man bald in den Häfen von Bristol und Liverpool eifrig damit beschäftigt, geeignete Schiffe für den Kaperkrieg umzurüsten. Allein in Liverpool waren dies 120 Kaperfahrzeuge in der Zeit von August 1778 bis April 1779.[2] Mit der Verbesserung des Geleitzugsystems wurde es nötig, größere und schnellere Kaperschiffe einzusetzen, um deren Überlegenheit gegenüber den nunmehr stark bewaffneten, ohne Geleitschutz fahrenden Handelsfahrzeugen zu wahren, was seinerseits wiederum die Zahl der Schiffe verringerte, für die Kaperbriefe beantragt wurden. Der Plan eines in Lancaster beheimateten Schiffes ist hier abgebildet (Abbildung 25), um einen Typ der gegen 1780 verwendeten Fahrzeuge zu zeigen. Es ist bezeichnend für die weitere Entwicklung, daß anläßlich der Kriegserklärung an Frankreich im Jahre 1793 weniger Kaperschiffe ausgerüstet wurden als in einem vergleichbaren Zeitraum früherer Kriege.

Der Sklavenhandel war ein höchst durchorganisiertes und gewinnbringendes Geschäft. In der zweiten Hälfte des achtzehnten Jahrhunderts wurden viele etwa 300 tons große Schiffe speziell für diesen Zweck gebaut. Sie wurden als Schnellsegler konstruiert, um durch kurze Reisen die Sterblichkeitsziffer an Bord zu senken. Für das Jahr 1771 wurden 190 in diesem Handel beschäftigte britische Schiffe gemeldet.[3] Nachdem 1806 die Beförderung von Sklaven auf britischen Fahrzeugen verboten worden war und die Royal Navy in ihrem Bemühen, diesen abscheulichen Handel auszurotten, den Atlantik überwachte, nahm die Bedeutung der Geschwindigkeit für Sklavenschiffe noch zu. Das Ergebnis war, daß im zweiten Viertel des 19. Jahrhunderts die Konstrukteure ausländischer Werften alle Anstrengungen machten, Sklavenschiffe von noch nie dagewesener Schärfe der Form zu entwickeln; galt es doch, den mit steil aufkimmendem Boden eigens zur Jagd auf sie gebauten Briggs und Slups der Navy davonzusegeln.

Die Pläne eines der Sklavenjäger, HMS DOLPHIN, findet man in Abbildung 87.

Alle nach ausländischen Häfen gehenden Schiffe nahmen gewöhnlich auch Passagiere mit, wenn es die Raumverhältnisse erlaubten. Wo jedoch eine schnelle Reise gewünscht wurde, standen die Paketschiffe der Post zur Verfügung, die zu Beginn des neunzehnten Jahrhunderts Verbindungen nach Lissabon, Brasilien, Westindien, New York und Halifax unterhielten. Sie waren häufig als Briggs getakelt, aber es wurden auch dreimastige Fahrzeuge verwendet, besonders nachdem die Admiralität die Betreuung dieser Dienste von der Post übernommen hatte. Zusätzlich gab es dann noch zahlreiche Paketfahrt-Gesellschaften in der Küstenfahrt, die auch Häfen Irlands und des europäischen Festlandes anliefen. Ihre Schiffe waren vorzugsweise als Kutter getakelt. Für alle diese Typen werden Beispiele gegeben und die ihre Bauart bestimmenden Einflüsse gründlich diskutiert.

Der Schmuggel war in Kriegs- wie in Friedenszeiten eine beliebte Beschäftigung, und viele schnelle Fahrzeuge wurden gebaut, um dieses Geschäft zu betreiben oder aber, um es zu bekämpfen.

Berichte, daß Schmuggelfahrzeuge und Zollkutter auf benachbarten Helgen der gleichen Werft gebaut wurden, waren nicht selten.

Auf jeden Fall steht fest, daß ein großes Maß an Erfindungsgabe aufgewendet wurde, um Schiffe beider Verwendungsarten zu konstruieren, deren Segeleigenschaften denen des Gegenspielers überlegen waren. Eine Vorstellung von dem Ausmaß der Schmuggelei kann die Zahl der zu ihrer Bekämpfung erlassenen Gesetze vermitteln, die ihrerseits nicht minder interessante Auswirkungen auf die Bauart der Fahrzeuge hatten.

Ein Gesetz aus dem Jahre 1784 verlangte unter Androhung der Beschlagnahme, daß Kutter, Lugger, Shallops (Schaluppen), Wherries, Smacks oder Yawls (Anm. d. Ü.: alles kleine Küstenfahrzeuge, deren Bezeichnungen in ihrer Bedeutung örtlich und

2 Ein Sklaventransporter unter brasilianischer Flagge bei dem Versuch unter Segeln, von Riemen unterstützt, zu entkommen. Die Rahsegel an der Großstenge machen ihn zu einer „echten" Brigantine. Das Aquarell wurde ca. 1855 von Charles G. Nelson an Bord des Kriegsschiffes HMS IMPERIEUSE gemalt.

zeitlich variieren) entweder eine Rahtakelung oder ein festes Bugspriet mit ebenfalls festem Klüverstag von vernünftigen Abmessungen erhalten mußten. Weder durfte ein Ausholring für lose zu setzende Vorsegel am Bugspriet gefahren noch ein Jager gesetzt werden. Auch durfte bei diesen Fahrzeugen das Bugspriet nicht länger sein als zwei Drittel des in Höhe des Decks gemessenen Abstandes zwischen den Außenkanten von Vor- und Achtersteven. Mit Ausnahme von Rahschiffen und Slups mit festem Bugspriet durfte kein Fahrzeug nach der Klinker-Bauweise gezimmert werden.

Was die Bewaffnung betrifft, so war diese allen Fahrzeugen mit Schratsegeltakelung verboten, während Rahschiffen zwei 4pfünder und einige Musketen erlaubt waren. Für Schiffe, deren Aussehen möglicherweise Verdacht erregen konnte, waren besondere Lizenzen erhältlich. Eine Schlußbestimmung forderte, daß das Verhältnis der Länge zur Breite (Längenverhältnis) nicht größer als dreieinhalb zu eins sein durfte.[4]

Diese letzte Klausel war geradezu absurd, und Oberst Beaufoy von der britischen „Society for the Improvement of Naval Architecture" (Gesellschaft zur Förderung des Schiffbaus) beklagte im Jahre 1825, daß es „der Wissenschaft abträglich" sei, die Proportionen eines Schiffes durch Parlamentsbeschluß festzulegen.[5]

Bis 1833 sind die das feste Bugspriet, das Klüverstag und die Klinkerbauweise betreffenden Anordnungen wieder aufgehoben worden, nicht jedoch die Regelung des Längenverhältnisses. Allerdings galt dies jetzt nur noch für Fahrzeuge unter 200 tons, die nicht rahgetakelt waren. Die gleiche Einschränkung erfuhr auch der Passus über die Bewaffnung der Schiffe mit auf Radlafetten fahrenden Geschützen. Dazu wurde jetzt eine Tabelle herausgegeben, in der für Schiffe unterschiedlicher Tonnage die jeweils obere Grenze der erlaubten Besatzungsstärken angegeben war. Für Lugger war sie erhöht worden. Ein Fahrzeug dieser Art zwischen 80 und 100 tons durfte zum Beispiel nunmehr eine Besatzung von 12 Mann haben, gegenüber 7 Mann bei Slups. Geblieben war die Möglichkeit, Lizenzen für solche Schiffe zu erhalten, die den amtlichen Vorschriften zwar nicht entsprachen, aber für legale Zwecke verwendet wurden.[6]

Die Vorschriften der Anti-Schmuggelei-Gesetze hatten ohne Zweifel einen weitreichenden Einfluß auf grundsätzliche Überlegungen beim Entwurf von Küstenfahrzeugen, ob man nun lediglich der Entdeckung entgehen oder ehrlich den gesetzlichen Forderungen nachkommen wollte. So überrascht es kaum, daß noch derart lange die gedrungene Schiffsform beibehalten wurde, die man sonst doch allgemein eher dem achtzehnten Jahrhundert zuordnet.

Da in den früheren Gesetzen rahgetakelte Schiffe und Slups nicht mit der Schmuggelei in Verbindung gebracht wurden, wuchs die Zahl dieser dadurch begünstigten Takelungsarten beträchtlich. Schoner wurden nicht erwähnt, vielleicht weil sie gewöhnlich Rahtoppsegel fuhren. Allerdings ist der Begriff „Rahtakelung" nicht exakt definiert worden. Schaluppen waren für gewöhnlich wie Schratsegelschoner und mit Pfahlmasten getakelt. Die Begriffsbestimmung von „Slup" lautet in *Falconer's Dictionary*, nach Burneys Ausgabe von 1815, folgendermaßen: „Sie unterscheidet sich vom Kutter durch ein festes Bugspriet und ein Klüverstag. Auch sind bei ihr die Segel im Verhältnis zum Fahrzeug normalerweise nicht so groß." Das gleiche Lexikon beschreibt eine „Smack" als „ein kleines Fahrzeug, gemeinhin als Kutter getakelt und verwendet in der Küstenfahrt, in der Fischerei oder als Tender im Dienste des Königs".

Zwar waren Sklavenhandel und Kaperkrieg um 1815 für britische Schiffe offiziell tot, doch die Yachtsegelei und der Wettbewerb im Handel regten erneut den Bau von Schiffen mit scharfen Rumpfformen an und versprachen dabei auch finanziellen Gewinn. Zunehmend wurden leistungsfähige und schnellere Transportmöglichkeiten verlangt. Die Fähigkeiten des Maschinenbauers hatten diesem an Land bereits ein weites Betätigungsfeld erschlossen, ehe sie schließlich auch auf See beansprucht wurden. Aber nur langsam setzten sich die Dampfkraft als Antriebsmittel und das Eisen als Baumaterial durch. Schwankungen in der Wirtschaft hatten ihre Auswirkungen auf die Auftrags- und Profitlage im Schiffbau. Immer aber gab es einen kleinen Bedarf an schnellen Schiffen in hochspezialisierten und in scharfem Wettbewerb stehenden Handelszweigen wie auch für den Transport teurer und leicht verderblicher Güter.

Die hier gegebenen Beispiele dürften die meisten der hauptsächlichen Verwendungsgebiete für scharf gebaute Schiffe umfassen.

DER SCHIFFBAU

Wie in vielen Bereichen schöpferisch gestaltenden Handwerks blieb auch im Schiffbau die Kunst des Entwerfens ein eifersüchtig gehütetes Geheimnis, bis um die Mitte des achtzehnten Jahrhunderts der größere Drang nach wissenschaftlicher Erkenntnis auch hier einen uralten Schleier lüftete. Vor dem überlegenen Standpunkt eines heutigen Betrachters enthüllt sich dann die Grundlage dieser „Geheimnisse" als ein Minimum an wissenschaftlicher Theorie, aber ein Höchstmaß an praktischer Erfahrung. Sobald der Konstrukteur die wesentlichen Abmessungen festgelegt hatte, konnte er zur vollständigen Ausführung des Bauplanes genaue Richtlinien erhalten, wenn er nur bei einem gegebenen Proportionsschema bereit war, die entsprechenden Regeln anzuwenden. Damit war dann die Beschreibung der Anfertigung eines solchen Planes zugleich auch die Darstellung der Methode, nach der ein Schiff entworfen wurde.

Die See-Eigenschaften und den Tiefgang eines Schiffes unter Segeln im voraus zu bestimmen, muß für viele Schiffbauer damals ein Buch mit sieben Siegeln gewesen sein. Ebenso unsicher war die Bestimmung der Stabilität, der Ladefähigkeit, der Am-Wind-Eigenschaften und, beim Kriegsschiff, der Eignung als Geschützplattform auch in schlechtem Wetter. Ein erfahrener und geschickter Schiffbauer konnte eine Rumpfform selbständig abwandeln. Ein Anfänger allerdings mußte sich genau an die Regeln halten, um zu gewährleisten, daß sein Schiff auch aufrecht schwimmen und den gestellten Anforderungen genügen konnte. Die entsprechenden Angaben waren nur in einigen wenigen gedruckten Büchern zu finden.

Das erste englische Buch über den Schiffbau, das diese Bezeichnung wirklich verdiente, war William Sutherlands *The Ship*

Builder's Assistant, das zum ersten Mal im Jahre 1711 erschien und dann im Laufe des achtzehnten Jahrhunderts zahlreiche verbesserte Auflagen erlebte, bis es 1784 seine endgültige Form erhielt. Es gab dann noch zwei weitere unveränderte Auflagen in den Jahren 1794 und 1840 zusammen mit Angaben über die Größenverhältnisse der Spieren und der Takelage, die der ersten Auflage von 1711 (!) entnommen waren. Sutherlands anderes Werk, *Britain's Glory, or Ship-Building Unvail'd,* erschien zum ersten Mal im Jahre 1717. Als nächstes kam dann 1754 von Mungo Murray *Treatise on Ship-Building and Navigation* heraus. Die zweite Auflage von 1765 umfaßte dazu noch eine gekürzte Übersetzung aus dem Französischen von Duhamel du Monceaus *Eléments de l'Architecture Navale* und von ausgewählten Stücken aus Bouguers *Traité du Navire.* Die erste Ausgabe von William Falconers *Universal Dictionary of the Marine* erschien 1769 und enthielt einen dreizehn Seiten umfassenden Artikel über den Schiffbau. Es folgten noch viele weitere Auflagen, die in der 1815 von Dr. William Burney vorgenommenen Verbesserung und Erweiterung des Werkes gipfelten. Aber in keiner dieser Ausgaben, die von Burney eingeschlossen, gab es

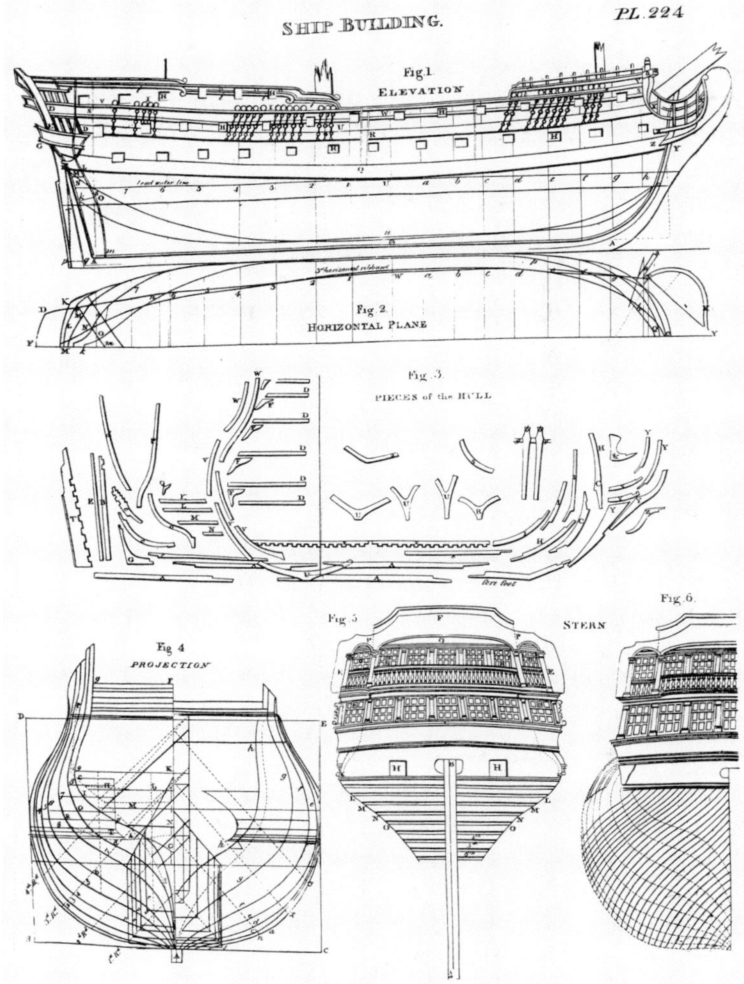

3 *Die Teile eines Schiffes.* Diese Seite aus einem Nachschlagewerk des 18. Jahrhunderts erschien vielfältig abgewandelt in verschiedenartigen Veröffentlichungen. Das Fahrzeug scheint eines der beliebten 74-Kanonen-Schiffe zu sein. In der Mitte sind die wichtigsten hölzernen Bauelemente des Rumpfes dargestellt. Unten ist ein in einem wesentlich größeren Maßstab gezeichneter Spantriß zu sehen. Daneben finden sich zwei Heckansichten, von denen die eine Heckbalken und Worpen und die andere die Beplankung zeigt.

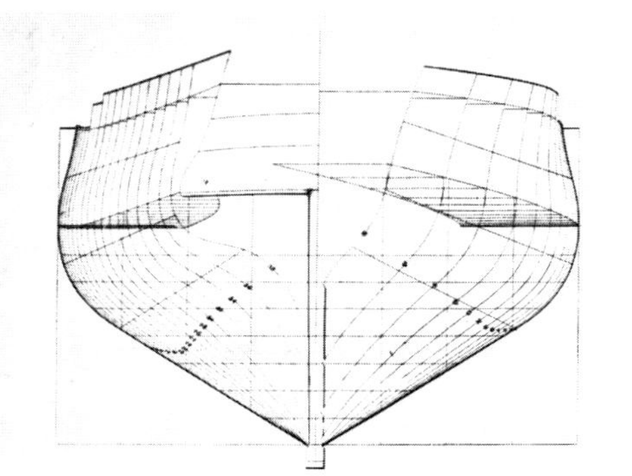

4 *Stalkartts Fregatte.* Ein Entwurf des amerikanischen Physikers Benjamin Thompson (Graf Rumford). Reproduktion der Tafel XIV aus Marmaduke Stalkartts *Naval Architecture* (1781). Auf dem Plan verzeichnete Abmessungen: 45,16 m (Länge von Vorderseite Vorsteven bis Hinterkante Achtersteven in Höhe des Heckbalkens), 12,04 m (Breite über alles bei einer Plankenstärke von 76 mm), 5,82 m (Höhe des Heckbalkens); 1000 $^{3}/_{94}$ tons. Von der Marine wurde nie ein Schiff nach diesem Entwurf gebaut.

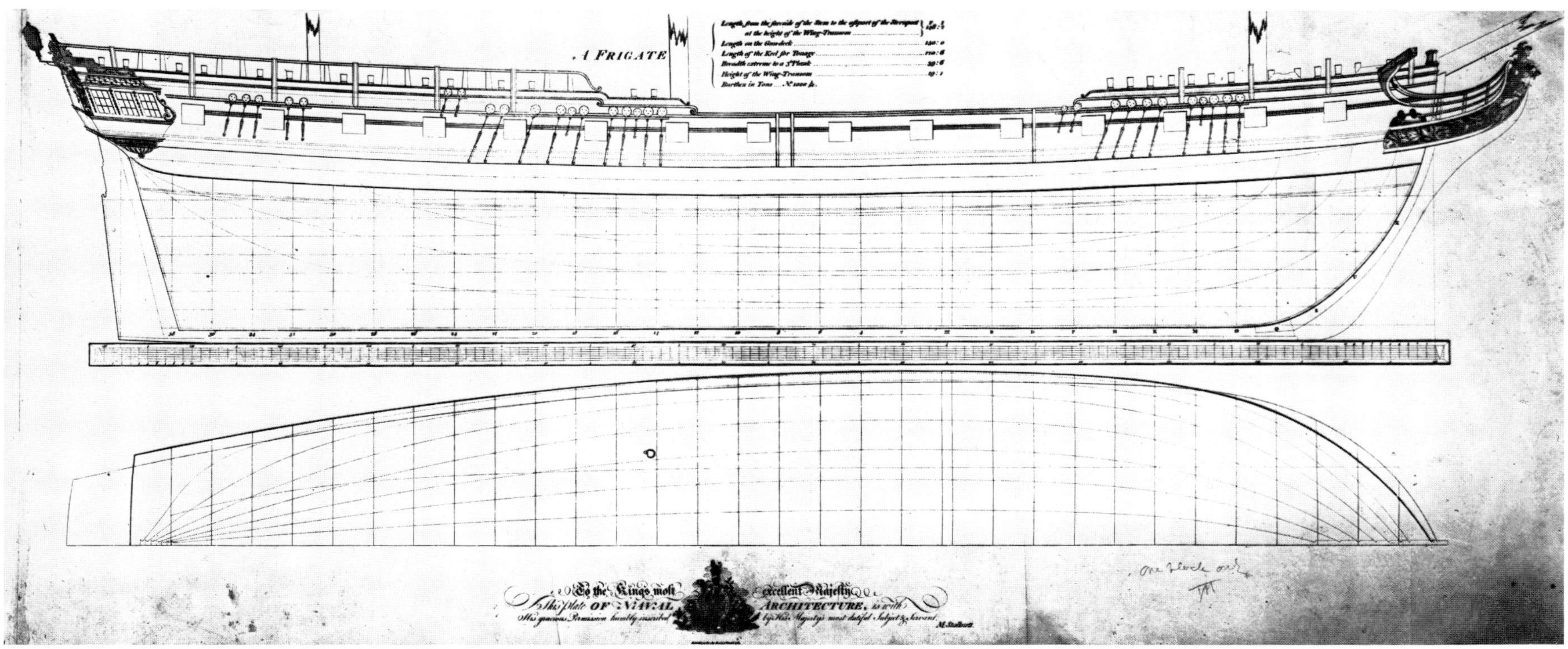

Artikel zu Stichworten wie „Wasserverdrängung“, „Gewichtsschwerpunkt“ oder „Stabilität“, wenn auch die beiden letzten in der Abhandlung über „Trimm“ erwähnt wurden. Falconer hatte bereits die Beziehung zwischen der Höhe des Gewichtsschwerpunktes und der Stabilität erkannt, ob es sich nun um völlig gebaute oder um Schiffe mit stark aufkimmendem Boden handelte. Dabei hat er auch ihre Auswirkung in der Längsrichtung auf die Bewegungen des stampfenden und arbeitenden Schiffes hervorgehoben.[7]

In seinem Buch *Outline of Ship Building* gibt John Fincham eine Zusammenfassung der von einigen der oben erwähnten Verfasser vertretenen Grundsätze. Dabei illustriert er seine Ausführungen mit Zeichnungen über die Art, wie einzelne führende Experten das Hauptspant formten, und vergißt auch nicht Bouguers Regeln für die Konstruktion scharf gebauter Schiffe. Die Methode, nach der Sir Thomas Slade um 1770 seine Entwürfe konstruierte, wird kurz beschrieben und illustriert, wobei ein Hauptspant gezeigt wird, das eine große Ähnlichkeit mit den Hauptspanten vieler Handelsschiffe jener Zeit aufweist.[8]

Marmaduke Stalkartts *Naval Architecture* wurde 1781 zusammen mit einer Auswahl von Plänen verschiedener Schiffstypen – wie Yacht, Slup, Kutter und diverser Kriegsschiffe – herausgebracht. Wahrscheinlich war es das erste Mal, daß eine derart breite Auswahl in einem englischen Buch erschienen ist. Darunter befand sich auch der Linienriß einer 1000-Tonnen-Fregatte mit extrem starker Aufkimmung des Bodens, der bei geradem Anstieg keine hohlen Linien aufwies. Dieses Schiff hatte der amerikanische Physiker Benjamin Thompson (Graf Rumford, 1753–1814) entworfen, es ist jedoch von der Royal Navy nie gebaut worden.[9]

Das anonyme *Shipbuilder's Repository*, das aus dem Jahr 1788 stammen dürfte, erwähnt Versuche im Wassertank und die Beeinflussung der Stabilität durch die Lage des Gewichtsschwerpunktes. In dem Buch finden sich ausführliche Tabellen mit Angaben zu den Größenverhältnissen von jedem einzelnen Teil und dem baulichen Gefüge des Schiffes, dazu die im voraus ermittelten Werte für den jeweils zu erwartenden Tiefgang. So konnte der angehende Schiffbauer mit zufriedenstellenden Ergebnissen rechnen, wenn er bereit war, die hier vermittelten Regeln zu beachten.

Für ein Schiff, „das sich gut aufsetzen läßt, ordentlich Segel vertragen kann, schnell dem Ruder gehorcht und ... eine große Ladefähigkeit besitzt“[10], stellt der Autor folgende Forderungen auf: „... laßt es einen langen Boden mit geringer Aufkimmung haben, die Spanten im Bereich der Sitzer und unteren Auflanger völlig und in dem der oberen Auflanger fast gerade verlaufen; dazu gebt ihm eine große Raumtiefe, recht hoch liegenden Heckbalken, Randsomhölzer [Anm. d. Übers.: kantspantenähnliche Rippen dicht vor dem Achtersteven], die unterhalb der Wasserlinie schlank und darüber völlig sind, sowie einen überhängenden Vorsteven. Auch soll die Länge gut bemessen und die Breite nicht zu groß sein. Das Hauptspant sollte recht weit vorne liegen, das Vorschiff keine hohlen Wasserlinien haben und der Freibord möglichst niedrig und geschlossen sein. Auf kleineren Schiffen, oder wo immer sonst darauf verzichtet werden kann, sollte kein Rundhaus zugelassen werden.“[11]

In London erschienen 1805 zwei bedeutende Werke von David Steel. Das größere hieß *The Elements and Practice of Naval Architecture*, wozu auch ein gesonderter Folioband mit achtunddreißig Kriegs- und Handelsschiffsplänen gehörte. Das zweite war das weniger umfangreiche *The Shipwright's Vade-Mecum*, in dem große Teile des ausführlicheren Werkes wörtlich wiederholt wurden (auch zu ihm gehörte ein getrennter, aber viel schmalerer Band mit vier Falttafeln). 1822 erlebte das erste Werk seine dritte, das andere seine zweite Auflage. Ihr Einfluß dauerte auch weiterhin für etwa zwanzig bis dreißig Jahre an, bis sie durch modernere und wissenschaftlichere Bücher verdrängt wurden.

Auf den Tafeln von *The Elements and Practice of Naval Architecture* finden sich einige Fahrzeuge mit feiner Linienführung: die königliche Yacht ROYAL SOVEREIGN, eine Yacht für den Kronprinzen von Dänemark, eine 18-Kanonen-Brigg, ein Kutter, ein in Virginia gebautes Kaperschiff, ein „schnell segelnder“ Bermuda-Schoner – heute als HMS ANT identifiziert[12] – und ein Lotsenboot aus Virginia.

In dem obengenannten Werk enthält der Abschnitt über den Entwurf von Schiffen leider viele Stücke, die, teils in Umschreibungen, teils wörtlich, aus *The Shipbuilder's Repository* oder einer späteren Auflage von Sutherlands *Ship Builder's Assistant* übernommen wurden. Dazu gehört auch die Beschreibung der Methode, die Hauptspantform mit dem Zirkel zu entwerfen. Der Autor kommt hinsichtlich der Beschaffenheit eines schnellen Schiffes zu folgendem Ergebnis: Bei einer guten Länge sollte die Breite nicht zu groß bemessen sein. Ferner sollten weder die Seiten des Rumpfes parallel zueinander verlaufen, noch seine größte Breite zu weit achtern liegen. Der Boden sollte stark aufkimmen und die Bugregion keinen hohlen Belauf aufweisen. Da solch ein Schiff dem Wasser seitwärts mit seinem großen Lateralplan einen starken Widerstand entgegensetzen werde, bei geringem Widerstand voraus, seien als Resultat Schnelligkeit und geringe Abtrift zu erwarten.[13]

In der von John Knowles revidierten Auflage von *The Elements and Practice of Naval Architecture* aus dem Jahre 1822 wird auch der Begriff der Wasserverdrängung eines Schiffes herangezogen und gezeigt, wie dieser bei den verschiedensten Kalkulationen mit Nutzen verwendet werden kann. Der schwedische Schiffbaumeister F. H. af Chapman benutzte die Wasserverdrängung als Grundlage für seine Berechnungen, aber sein Buch *Tractat om Skepps-Byggeriet* (1775) wurde erst 1820 ins Englische übersetzt, während eine französische Ausgabe bereits im Jahre 1779 erschienen war.[14] Sein Einfluß in Großbritannien vor 1820 ist schwer abzuschätzen, immerhin hatte sein System, die Unterwasserform unter Zuhilfenahme einer rechnerisch ermittelten Parabel zu entwerfen, bei Schiffbautheoretikern bereits Beachtung gefunden. Das *Shorter Oxford English Dictionary* (1959) datiert den frühesten Gebrauch des Wortes „displacement“ (Deplacement) in der Hydrostatik auf das Jahr 1802, aber schon davor hatten einige englische Bücher den Ausdruck „cavity“ (Höhlung, Mulde) in einem ähnlichen Sinne verwendet.

Steels *Elements of Naval Architecture* verbanden das Deplacement noch mit keinem wie auch immer gearteten Koeffizienten, sondern benutzten es nur, um die Tiefgangswerte zu überprüfen und um zu ermitteln, ob das Schiff auf ebenem Kiel liegen werde.

In diesem Buch war Steel ebenso wie in seinem *Shipwright's Vade-Mecum* darum bemüht, größere Aufmerksamkeit auf die Theorie zu lenken, wobei er aber gleichzeitig viele seiner Bemerkungen mit dem Wert praktischer Erfahrung zu verbinden verstand. Die Gestalt des Rumpfes wurde größtenteils bestimmt von der Art, die Hauptspantform zu konstruieren, wobei man immer noch empfahl, die Boden- und Seitenkrümmungen mit Hilfe von Zirkelbögen zu ermitteln. Die Verbindung zwischen den gebogenen Formen des Bodens und der unteren Seitenpartie hätte dann eine gefällige Kurve sein müssen, deren genaue Gestalt aber aus Bequemlichkeit ignoriert wurde. Das *Shipbuilder's Repository* dagegen empfiehlt dafür die Verwendung einer durch einen Kreisbogen gebildeten Form. Die Kimmsenten und Wasserlinien auf dem Längs- und dem Wasserlinienriß, auf denen die Mittelpunkte für die Teilkreise oder auch die Endpunkte der Kreisbögen lagen, blieben von größter Bedeutung. Dabei räumt Steel ein, daß die Entscheidung über die Lage der Kimmsente beim Konstrukteur lag. Er schreibt: „Der Anstieg des Bodens ist, je nach den Vorstellungen und dem Urteil des Gestalters, unterschiedlich, . . . so, wie Theorie und Praxis ihn jeweils als Optimum fordern."[15] Er fügt hinzu, daß diese Linie nicht mit Hilfe einer die Relationen der Abmessungen berücksichtigenden Regel gefunden werden kann, da Kriegsschiffe, frachtfahrende Handelsschiffe und Fahrzeuge mit feinen Linien alle unterschiedliche Rumpfformen besitzen; und er ist großzügig genug, um zuzugeben, daß manche Schiffbauer bei ihren Entwürfen überhaupt keine Senten verwendeten.

So wurde von den Schiffbauern erwartet, ohne die Hilfsmittel moderner mathematischer Techniken und ohne die Vorteile raffiniert ausgeklügelter Versuche im Wassertank brauchbare Beispiele ihrer Schiffbaukunst zu liefern, nachdem sie sich zuvor durch uralte Lehrbücher hatten hindurcharbeiten müssen. Aber es bedurfte auch keiner besonderen Kenntnisse, um in der Zeit von 1770 bis 1850 die immer wieder gleichen, in jedem neuen Fachbuch in schlechterer Qualität kopierten Tafeln und Skizzen verstehen zu können. Kein Wunder, daß dabei die Entwicklung neuer Schiffstypen behindert wurde.

Der gegenwärtige unvollkommene Zustand des britischen Schiffbaus war einer der typischen Titel anonymer Flugschriften des ausgehenden achtzehnten Jahrhunderts. Es zeigt die Besorgnis, die bestimmte Kreise damals erfüllte. Die 1791 erfolgte Gründung der „Society for the Improvement of Naval Architecture" richtete die öffentliche Aufmerksamkeit auf dieses Thema. Die Gesellschaft ließ zahlreiche Experimente über Formen geringsten Wasserwiderstandes durchführen. An der Marinewerft von Portsmouth wurde 1810 eine Schiffbauschule eingerichtet, die aber nie den hohen Rang erlangte, den sie verdient hätte; und die dort ausgebildeten Männer erhielten selten die erhoffte Förderung. Viele sich auf all das beziehende Kontroversen richteten sich zwar hauptsächlich gegen die Marine, aber auch die Erbauer von Handelsschiffen bekamen ihre Auswirkungen zu spüren, so daß George Bayley, ein Schiffbauer aus Ipswich, sich 1827 im *Mechanics' Magazine* darüber beschweren konnte, daß, obwohl Handelsschiffswerften gewöhnlich denen der Marine voraus wären, die Marinewerften stets die Anerkennung für Errungenschaften erhielten, welche bei den Handelsschiffbauern bereits seit Jahren Allgemeingut seien. Er schreibt: „Ich möchte meine Schiffbauerkollegen verteidigen gegen Beschuldigungen, wie sie so häufig von den mit Seiner Majestät Werften verbundenen Herren gegen uns erhoben werden, nämlich daß sie nicht fähig seien, ohne deren Hilfe irgendwelche Verbesserungen im Schiffbau zu erzielen."[16]

Wenn auch die Schiffbauschule die ihr gebührende Stellung nicht erringen konnte, so regte sie doch die Entstehung vieler einflußreicher Werke der Fachliteratur an. John Finchams Buch über den Schiffbau, das sich 1852 in seiner dritten Auflage befand, war ursprünglich 1825 für den Gebrauch an der Schule herausgegeben worden. Aus der gleichen Feder stammten die späteren Werke wie *A Treatise on Masting Ships and Mast Making* (Auflagen von 1829, 1843 und 1854), *Directions for Laying Off Ships* (2. Auflage 1840 und 3. Auflage 1859) und *A History of Naval Architecture* (1851). Zwei ehemalige Schüler, William Morgan und Augustin Creuze, gaben die vierbändigen *Papers on Naval Architecture* (1826, 1828, 1830 und 1832–65) heraus, welche viele Abhandlungen zum Thema von bisher nicht gekannter wissenschaftlicher Qualität enthielten. Augustin Creuze schrieb später den Artikel „Schiffbau" für die siebente Auflage der *Encyclopaedia Britannica,* der 1841 auch gesondert erschien. Von einer Reihe anderer Autoren wurden ähnliche Artikel für Nachschlagewerke geschrieben.

In *An Outline of Ship Building* beschrieb John Fincham seine Methode für den Entwurf eines Schiffes. Der vorliegende Bericht stützt sich zwar auf die dritte Auflage von 1852, aber diese dürfte sich kaum wesentlich von der ersten Auflage von 1825 unterschieden haben. Zuerst sollten Länge, Breite und mittlerer Tiefgang festgelegt werden, wozu er vorschlug, sich nach folgenden Größenverhältnissen zu richten:

	Fregatten und große Schiffe	Briggs
Verhältnis von Länge zu Breite	3,65 : 1	3,23 oder 3,44 : 1
Verhältnis von Tiefgang zu Breite	0,41 : 1	0,442 : 1

Dies ergab sehr breite Fahrzeuge, denn seine Folgerungen beruhten alle auf den Ergebnissen von Vermessungen bereits existierender und zum Teil noch aus dem Jahr 1719 stammender Schiffe.

Als nächstes waren der Seiten- oder Längsriß und der Wasserlinienriß zu zeichnen und darin der beabsichtigte Tiefgang, die Wasserlinien sowie die Schnitte des Spantrisses einzutragen. Es wurden nun die „balance sections", eine Art von Richtspanten, im Vor- und Achterschiff festgelegt, deren Abstand vom Vorbeziehungsweise Achtersteven ein Sechstel der Konstruktionswasserlinie (CWL) betragen sollte. Ihre Form war im Spantriß zusammen mit der des Hauptspants entsprechend den Vorstellungen des Konstrukteurs einzuzeichnen. Um letzterem die Arbeit zu erleichtern, stellte Fincham das Verhältnis einer jeden Richtspantfläche zu der des dazugehörigen Hauptspants für vier verschiedene Kriegsschiffsklassen in einer Liste zusammen. Unter Zugrundelegung der ermittelten Schnitte konnte dann mit dem Ausstraken des Wasserlinienrisses und des restlichen Spantrisses fortgefahren werden.[17]

Wichtig erscheint die Feststellung, daß dort, anders als in früheren Standardwerken, keine genauen Regeln mehr für die Ermittlung der Hauptspantform angegeben wurden und sich auch nicht der geringste Hinweis auf die Konstruktion des Spantrisses mit Hilfe von Kreisbögen findet. Dies war ein bedeutsames auf das Konto der Schiffbauschule gehendes Resultat.

„Nachdem wir so die Rumpfform unterhalb der CWL bestimmt haben", fährt Fincham fort, „können wir uns nun entsprechenden Berechnungen zuwenden. Zunächst aber müssen wir uns vergewissern, ob der Entwurf auch das gewünschte Deplacement besitzt. Wenn das der Fall ist, kann die Lage des Gewichtsschwerpunktes errechnet werden. Dieser Punkt sollte um einen bestimmten Bruchteil der Konstruktionswasserlinienlänge vor deren Mittelpunkt liegen. Bei schnellen Segelschiffen bewegt sich das Verhältnis dieses Abstandes zur Gesamtlänge der CWL zwischen 0,01 : 1 und 0,015 : 1."[18]

Indem die Höhe der CWL entsprechend angepaßt oder die Völligkeit der Rumpfform verringert oder vergrößert werde, könne man das Deplacement und die Lage des Gewichtsschwerpunktes verändern. Mit großer Ausführlichkeit erläutert Fincham die verschiedenen dazugehörigen Berechnungen. In einem der folgenden Abschnitte seines Buches bietet er skizzenhafte Pläne einer Brigg, eines Klipper-Schoners mit überhängendem Vorsteven, dreier Handelsschiffe sowie Pläne von vier Dampfern.

Ein anderes bedeutsames Werk war *A Treatise on Marine Architecture* von Peter Hedderwick, das im Jahre 1830 zusammen mit einem gesonderten einundzwanzig Tafeln enthaltenden Folioband herausgegeben wurde. Eine Besonderheit dieses Buches besteht darin, daß Text und Tafeln ausschließlich Handelsschiffen gewidmet sind, daß es viele Pläne von Slups, Schonern und Briggs sowie drei detaillierte maßstabgetreue Segelrisse enthält. Nur zwei der Pläne befassen sich mit schnellen Schiffen: der eine zeigt eine „schnell segelnde Brigg oder Yacht von 223 tons", der andere eine Leith-Smack, er ist hier abgebildet. Hedderwick kommentiert recht ausführlich die Bewegungen eines Schiffes auf See, stellt Betrachtungen über die Stabilität an, bietet Listen mit Eigenschaften und Maßen einer Reihe von Fahrzeugen und beschreibt dann schließlich, wie der Plan eines Schiffes zu entwerfen und zu zeichnen sei. Zuerst wird die Form des Hauptspants bestimmt und dann, wie bei Fincham, die der Richtspanten, welche aber weiter mittschiffs als bei diesem liegen. Er kombiniert alte und neue Methoden, denn Teile der Spanten werden als Kreisbögen gezeichnet, die ihrerseits in Beziehung zur Kimmsente gesetzt werden. Obwohl die Lage des Gewichtsschwerpunktes und ihre Auswirkungen auf die Stabilität erörtert werden, wird das Deplacement nur kurz erwähnt und nicht im geringsten versucht, seine Berechnung zu beschreiben.

Alle diese Veröffentlichungen führten den Leser durch die mit dem Zeichnen eines Planes verbundenen Schwierigkeiten. Wie viele Schiffbauer aber waren überhaupt in der Lage, derartigen Berechnungen zu folgen? Immerhin fanden es die meisten von ihnen leichter, ein Modell anzufertigen, was auch unter den Anspruchsvolleren viele zu tun pflegten; und auf jeden Fall, der zukünftige Eigner war sicher nicht fähig, einen Plan zu lesen. Gelegentlich wurden Modelle des ganzen Rumpfes hergestellt, aber häufiger nur von einer Hälfte – daher der Name Halbmodell. Die frühesten Exemplare sind aus einem massiven Holzblock geschnitzt. Diese Art wurde wahrscheinlich vor 1700 in England eingeführt.[19] In der ersten Hälfte des achtzehnten Jahrhunderts erschienen Skelettmodelle als besondere Halbmodellspielart, in England auch als „bird's nest" und in Amerika als „hawk's nest" oder „crow's nest" bekannt. Bei dieser Modellform, von der ein Beispiel in Abbildung 6 erscheint, ist das Grundbrett nach der Fläche des Längsrisses gearbeitet, worauf sechs bis dreizehn Millimeter dicke Schnitte („brackets") angebracht sind, jeder nach der Gestalt eines bestimmten Spants geformt. Untereinander sind sie zur Versteifung an ihren Außenkanten durch Senten verbunden. Dieser Modelltyp erlaubte, die Lage von Aufklotzungen, Heckbalken, Ohrhölzern und Kantspanten klar anzuzeigen. Derartige Exemplare von Skelettmodellen sind in Großbritannien nachweislich verwendet worden auf der Werft von Robert Steele & Co. in Greenock (1800–1835); von Joseph White in Cowes, zum Beispiel für seine Yacht WATERWITCH (1834); von Upham in Brixham, wo sie von der Mitte der fünfziger Jahre an für etwa 10 Jahre in Gebrauch waren; von William Ferris am Restronguet Creek in der Nähe von Truro, der mit ihnen von 1867–1877 arbeitete; ferner von Aldous in Brightlingsea, der sie für seine Smacks und Yachten benutzte. Auch für den holländischen Schiffbau ist die Verwendung dieser Art von Modellen bezeugt.

Das Wasserlinienmodell, das aus horizontal aufeinandergeschichteten und durch Holzpflöcke zu einem massiven Block zusammengefügten Brettchen („lifts") bestand, scheint nicht vor dem späten achtzehnten Jahrhundert in Gebrauch gekommen zu sein. Im neunzehnten Jahrhundert war es dann allerdings in

5 Kurven der Mallen und Straken, wie sie im Schiffbau für Konstruktionszeichnungen verwendet wurden. Reproduktion nach einer Tafel aus Peter Hedderwicks *Treatise on Marine Architecture* (1830).

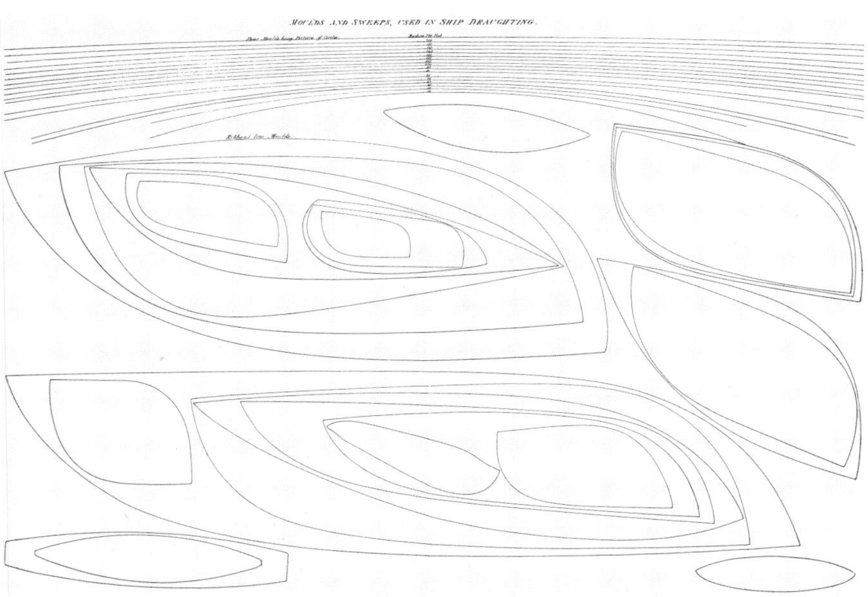

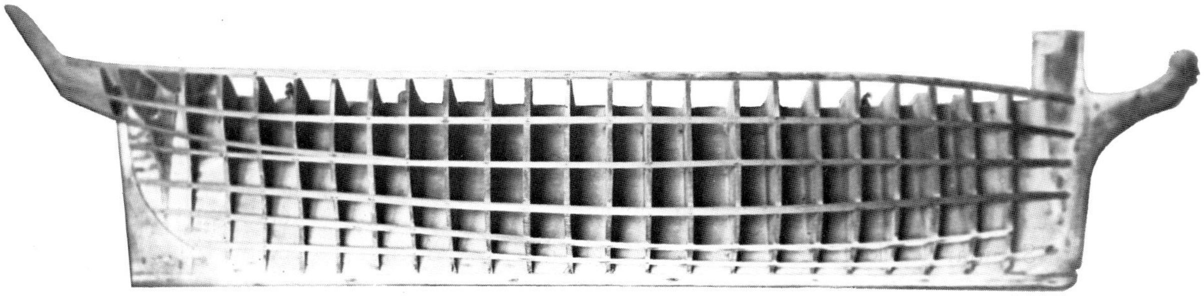

6 Halbmodell des Skelettmodelltypes aus der Werft von J. W. & A. Upham in Brixham (ca. 1855).

7 Aus den Niederlanden stammende Version eines Skeletthalbmodells der Fregatte PRINS VAN ORANJE (1828–1840). Die Art dieses im Scheepvaart Museum in Amsterdam befindlichen Modells war in Großbritannien nicht üblich.

8 Ein Wasserlinienhalbmodell, wie es in Großbritannien während des 19. Jahrhunderts allgemein verwendet wurde. Hier sind die einzelnen Brettchen aus verschiedenen Holzarten hergestellt, um die Schönheit der Rumpfform hervorzuheben. Das die PROF. VAN DER BOON MESCH (1864) darstellende Modell befindet sich im Scheepvaart Museum in Amsterdam.

Großbritannien wie in Amerika die allgemein bevorzugte Version. Bei voneinandergehobenen Schichtbrettchen konnten die Maße bis zur Mittschiffslinie abgenommen und die Werte dann auf den Schnürboden oder das Zeichenbrett übertragen werden. Bei fast allen Modellen war es üblich, die Steuerbordseite zu zeigen, wenn auch Alexander Hall & Sons und andere Schiffbauer gelegentlich von dieser Übung abwichen (Abbildung 102).

Keines der Schiffbaubücher gab klare Anweisungen für das Entwerfen schneller Segelschiffe, und offensichtlich waren die Konstrukteure gezwungen, zur Anpassung an bestimmte Erfordernisse allgemeine Regeln abzuwandeln. Auch dürfte ziemlich sicher sein, daß alle scharf gebauten Schiffe entweder experimentelle Entwürfe oder verbesserte Nachbildungen eines anderen Fahrzeugs waren. Allerdings wäre es töricht anzunehmen, daß jedes schnelle Schiff von einem französischen oder amerikanischen Vorbild abstammte, besonders, wo man in Großbritannien so viele Beispiele des schnellen englischen Kutters vor Augen hatte. Die Frage fremder Einflüsse wird noch in Verbindung mit einzelnen Schiffen ausführlicher behandelt.

KRITERIEN ZUR BEURTEILUNG DER RUMPFFORM

Um die relative Geschwindigkeit verschiedener Schiffe zu ermitteln, sind zahlreiche vergleichende Methoden im Gebrauch: die Auswertung der in Gesellschaft mit anderen Schiffen erbrachten Leistungen, das Berechnen der in vierundzwanzig Stunden zurückgelegten Entfernung, die Messung der Geschwindigkeit in Knoten oder die Ermittlung der von Hafen zu Hafen benötigten Zeit. Derartige Angaben unterliegen aber einer Reihe von beherrschenden Faktoren, wie etwa der Schiffsgröße, den Bedingungen von Wind und Wetter, den Ladungsverhältnissen und so weiter. Wünschenswert sind möglichst konstante Bedingungen, unter denen die relativ günstigste Rumpfform und die eigentliche Befähigung zur Schnelligkeit ermittelt werden können. Manchmal wird das Verhältnis von Länge zu Breite (Längenverhältnis) oder das von Länge zu Tiefe benutzt, um zwei Fahrzeuge untereinander zu vergleichen und dann die mit der Zeit sich ändernden Auffassungen über die Proportionen von Schiffsrümpfen zu untersuchen.

Ein besserer Anhaltspunkt bei Vergleichen ist die Zahl des Verhältnisses der Geschwindigkeit zur Länge. Dieser relative Geschwindigkeitskoeffizient errechnet sich aus der Geschwindigkeit eines Schiffes (in Knoten) dividiert durch die Quadratwurzel aus der Länge in der CWL (in Fuß). Er ermöglicht den Vergleich von Fahrzeugen unterschiedlicher Länge und Größe auf der gleichen Basis. Nachgewiesenermaßen ist jedes Schiff mit einem die Zahl 1,25 übersteigenden Koeffizienten ein schnelles Fahrzeug.[20] Von dem Schiff JUPITER der Reederei Brocklebank wird berichtet, daß es zwischen 11 und 12 Knoten segelte und in der CWL eine Länge von 77 Fuß (23,47 m) besaß. Bei 11 Knoten entsprach das einem relativen Geschwindigkeitskoeffizienten von 1,25, der bei 12 Knoten auf 1,37 anstieg, was bedeutet, daß es sich um ein ausnehmend schnelles Schiff handelte. Da, wo Geschwindigkeit und Länge bekannt sind, wird in Zukunft auf diesen Koeffizienten Bezug genommen werden.

Kennt man auch das Deplacement, so stehen als weitere Koeffizienten noch der Deplacementsvölligkeitsgrad und der Völligskeitsgrad des Hauptspantzylinders zur Verfügung. Da aber die vorgelegten Pläne in diesem Werk nicht Gegenstand derartig genauer Untersuchungen sind, daß die Berechnung des Deplacements erforderlich wäre, kann auf die Verwendung der letztgenannten Koeffizienten verzichtet werden. Über ihren Wert stellt Howard I. Chapelle in einem seiner jüngsten Werke, *The Search for Speed under Sail*, ausführliche Betrachtungen an und erklärt, daß der Völligkeitsgrad des Hauptspantzylinders am besten die Geschwindigkeitsfreundlichkeit einer Rumpfform anzeige. Dieser Koeffizient bezeichnet das Verhältnis des Verdrängungsvolumens des Rumpfes zu einem Zylindervolumen, das aus dem Produkt des unter der CWL liegenden Teils der Hauptspantfläche und der Länge der CWL besteht. Je kleiner die Verhältniszahl, um so größer das Geschwindigkeitspotential. Die Zahl 0,57 dürfte dabei den niedrigsten je von einem Handelsschiff erreichten Wert darstellen. Für einige hier aufgeführte Schiffe gibt er den wie oben errechneten Völligkeitsgrad des Hauptspantzylinders an, und zwar mit 0,65 für HMS SEA LARK ex FLY, mit 0,59 für den extremen Baltimore-Klipper NONPAREIL, mit 0,65 für das Vollschiff ANN MCKIM (1832) und mit 0,61 für den voll getakelten Klipper LIGHTNING.[21]

Der Deplacementsvölligkeitsgrad bezeichnet das Verhältnis des Verdrängungsvolumens des Rumpfes zu dem Volumen eines Quaders, der aus Länge, Breite und Tiefgang des Schiffes besteht, die auf die CWL bezogen und auf Spanten gemessen wurden. Es erlaubt für den unter der CWL liegenden Bereich des Rumpfes einen Volumenvergleich zwischen Schiffen unterschiedlicher Größe. In seinem Buch *The Tea Clippers* hat der Verfasser die Errechnung eines Näherungswertes für diesen Koeffizienten beschrieben, wobei angeregt wurde, das Verdrängungsvolumen durch den unter dem Tonnagedeck gemessenen Tonnengehalt zu ersetzen und statt der auf Spanten gemessenen Dimensionen die des Registers zu benutzen. Dieser Wert wurde der „Völligkeitsgrad der Unterdecktonnage" genannt.[22] Da die Unterdecktonnage aber erst nach 1854 in entsprechenden Berechnungen auftaucht, ist der Koeffizient erst von dieser Zeit an verwendbar.

Für die Jahre zwischen 1836 und 1854 ist der Vergleich zwischen den nach der alten und der neuen Vermessungsmethode ermittelten Tonnageangaben recht aufschlußreich. Dabei ist eine nach neuer Vermessung wesentlich kleinere Tonnage beim gleichen Schiff ein Anzeichen für die Schärfe seiner Rumpfform. (Siehe Kapitel IV). Die oben dargestellten Vergleichsmethoden werden bei Gelegenheit Verwendung finden, soweit die dafür benötigten Daten zur Verfügung stehen.

Eine gründliche Untersuchung über Rumpfformen geringsten Widerstandes ist hier leider nicht möglich; allerdings werden diesbezügliche Aspekte bei den Beschreibungen der Rumpfformen bestimmter Schiffe behandelt. Das geschieht besonders dort, wo es um folgende Punkte geht: die Form der CWL; den achteren Teil des Schnittes, der auf einem Viertel der Konstruktionsbreite parallel zur Mittschiffsebene liegt; die Stärke der Aufkimmung und die Form des Vor- und Achterschiffs.

NEUERUNGEN IM SCHIFFBAU

Um die Mitte des achtzehnten Jahrhunderts wurden die Wälder der Erde nach Holz für den Bau von Kriegs- und Handelsschiffen durchgekämmt. Es wurde alles getan, um den Materialverlust bei der Bearbeitung des Holzes zu schiffbaugerechten Stücken gering zu halten, und man studierte Möglichkeiten, es durch Eisen zu ersetzen. Aus Tradition und Erfahrung hielt man Eichenholz für das beste Schiffbaumaterial, aber die Wälder waren in Großbritannien gegen Ende des Jahrhunderts bereits so gründlich abgeholzt, daß es nötig wurde, Eiche aus Kanada und von der Adria zu importieren. Andere Holzarten, die eingeführt werden mußten, waren Teak aus Birma, Lärchen- und Kiefernholz von der Ostsee und Mahagoni aus Honduras. Auch die Politik spielte ihre Rolle, um eine ununterbrochene Versorgung zu sichern.

Der Holzverbrauch beim Bau eines Schiffes war beträchtlich. Man hat ausgerechnet, daß gegen Ende des achtzehnten Jahrhunderts für jede Tonne eines Handelsfahrzeugs etwa eine Tonne Holz verbaut wurde; für Kriegsschiffe benötigte man sogar die anderthalbfache bis doppelte Menge.[23] Beim Zurichten der Stämme und Äste ging eine Unmenge Material verloren, bis die Stücke die gewünschte endgültige Form besaßen; etwa die Hälfte des Holzes wurde dabei zu Abfall. Man schätzt, daß 1805 auf den Rumpf eines vollständig ausgerüsteten und bewaffneten 74-Kanonen-Schiffes etwa 55 % des Gesamtgewichts entfielen, das heißt 1672 tons von insgesamt 3040 tons.[24] Bei Handelssegelschiffen war der relative Gewichtsanteil des hölzernen Rumpfes kleiner. Für ihn wurde wegen der verwendeten geringeren Materialstärken etwa ein Drittel des Gesamtdeplacements veranschlagt.[25]

Bei allen auf die übliche Weise gebauten hölzernen Schiffen bildeten die Spanten von der Seite gesehen eine fast geschlossene Wand oder Palisade. Deutlich ist dies zu erkennen an dem in Abbildung 10 gezeigten Spantenmodell aus dem Londoner Science Museum. Der Boden ist fast massiv im Bereich der Bodenwrangen und Sitzer; erst bei den Auflangern ist der Abstand der

9 Dieses Schnittmodell für die Hauptspantregion eines 74-Kanonen-Schiffs von ca. 1795 veranschaulicht den großen Holzbedarf des damaligen Schiffbaus. Handelsschiffe erlaubten zwar geringere Materialstärken, aber das Stauen der Ladung war in solch einem Wald von Holzbauteilen ein Problem.

10 Dieses Modell zeigt ein Schiff in seiner kompletten Spantenkonstruktion, aber ohne jegliche Beplankung. Es zeigt deutlich die massive Bauweise mit besonders starken Querverbänden. Als die Schiffe länger wurden im Verhältnis zur Breite, erforderte die notwendige Erhöhung der Längsfestigkeit riesige zusätzliche Verstärkungen in Form von Seitenkielschweinen und Kimmstringern.

Spanten deutlich ausgeprägt. Diese Bauart war die allgemeine Praxis bei Schiffen aller Größen.

Bei einem Versuch, die Baumethoden zu verbessern und die Menge des Abfallholzes zu mindern, gab Gabriel Snodgrass, Inspekteur der „Ehrenwerten Ostindischen Kompanie" seit 1757, nützliche Anregungen bei drei Gelegenheiten zwischen 1771 und 1796. Er meinte, daß das Holz bereits dort behauen werden sollte, wo es auch geschlagen worden sei. So könnte der Einkauf von Ausschuß verringert und der Transport rationalisiert werden. Weiter empfahl er, über einer Helling, auf der sich ein Schiff im Bau befand, ein Dach zu errichten, um so dem Verfaulen des Holzes zu begegnen. Dieses Verfahren war in Venedig schon seit vielen Jahren üblich. Im Hinblick auf die Formgebung regte er an, die Spanten oben weniger stark einzuziehen. Auf diese Weise erhielte man geräumigere Decks und könnte gleichzeitig, wenigstens soweit es die Oberauflanger betraf, den großen Bedarf an „gewachsenen" Krummhölzern verringern. Im übrigen solle man Doppel- und Hängeknie aus Eisen und nicht mehr aus Holz herstellen. Dadurch würden Platz und Gewicht eingespart und die mit der Beschaffung geeigneter Krummhölzer verbundenen Schwierigkeiten behoben. Endlich riet er, im Laderaum Diagonalversteifungen vom Kielschwein bis zum Balkweger unter den Zwischendecksbalken anzubringen, um dadurch die Festigkeit des Rumpfes zu erhöhen. Bei Versuchen an nur einigen wenigen Schiffen hat sich dieser letzte Vorschlag allerdings nicht bewährt.[26]

Eine andere seiner Verbesserungen, die 1779 bei Ostindienfahrern eingeführt wurde und dann weite Verbreitung fand, bestand darin, den oberen Abschnitt des Ruderschaftes rund zu machen.

Zu den Männern, auf die wertvolle Verbesserungen im Schiffbau zurückgehen, gehört auch Sir Samuel Bentham (1757–1831).

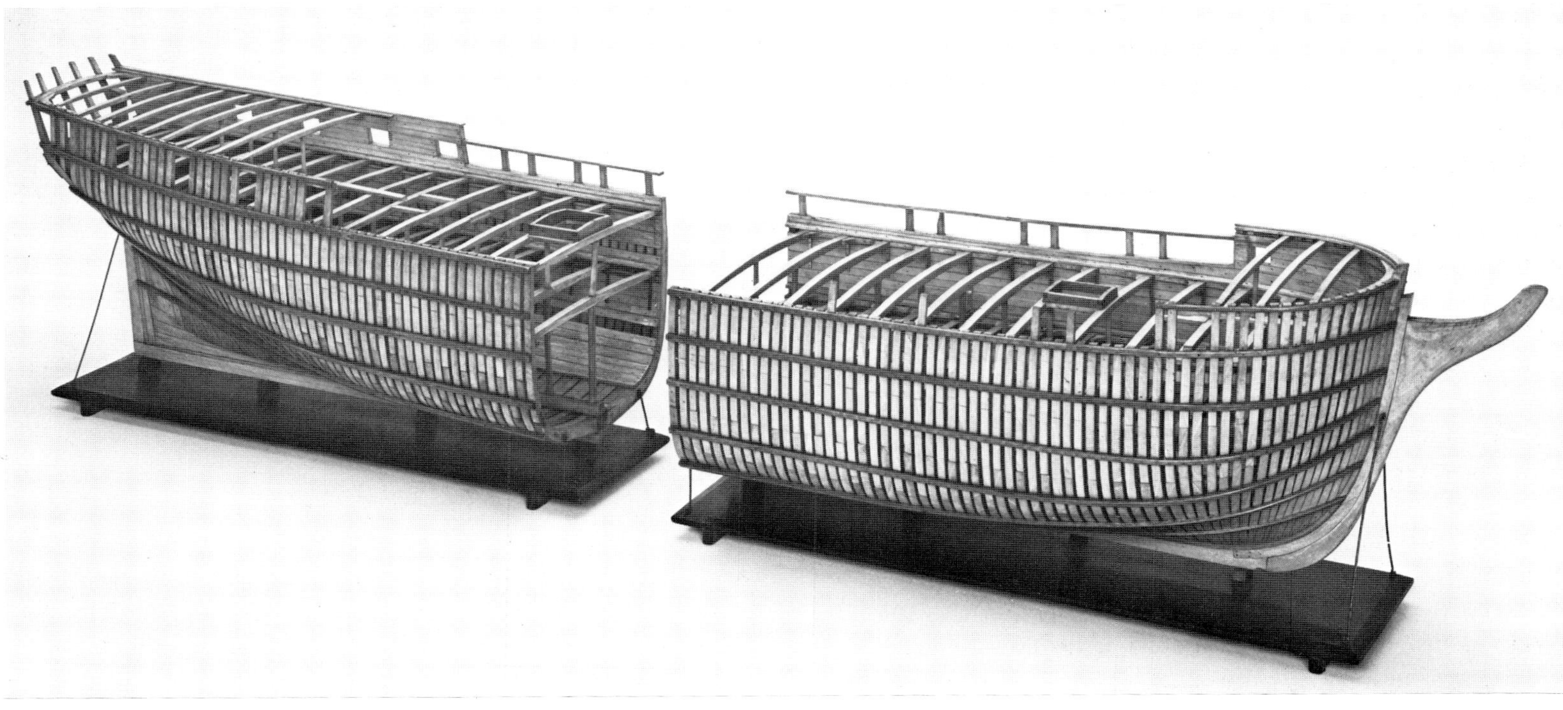

Nach anfänglicher Lehre auf einer Schiffswerft brachte er es in russischen Diensten bis zum General, um dann schließlich in seiner Heimat Staatsbeauftragter für die Marine zu werden. Er ließ Sägewerke und andere maschinelle Fertigungsanlagen auf dem Gelände der Marinewerften errichten und empfahl, in Portsmouth eine von Sir Marc Brunel erfundene Maschine zur Anfertigung von Blöcken aufzustellen. Dies war die erste Anlage für eine Massenproduktion überhaupt. Auch konstruierte Bentham 1796–1798 zwei Briggs und vier Schoner nach einem neuen System, das die Verwendung kleinerer Hölzer erlaubte.

Die Methoden im Holzschiffbau blieben sehr konservativ, und nur wenige Veränderungen sind festzustellen vor der allgemeinen Einführung des Eisens in Form von Knien, Diagonalbändern oder -schienen, Bug- und Heckbändern sowie Raumstützen und -balken. Gegen Ende der Napoleonischen Kriege beschleunigte die große Knappheit an gewachsenen Krummhölzern die zunehmende Verwendung eiserner Bauelemente, die auch Veränderungen der Rumpfform mit sich brachte. Im besonderen begannen senkrechte Schiffswände an die Stelle oben eingezogener Seiten zu treten, und es wurde versucht, auch Hölzer geringerer Länge zu verwenden. Sir Robert Seppings (1767–1840) führte Diagonalschienen ein, die über der Innenseite der Spanten befestigt wurden, anstatt wie früher innen über der Wegerung. Im Jahre 1810 wurde diese Methode von der Royal Navy übernommen. Verschiedene Anwendungsarten von Diagonalspanten und Diagonalwegerungen wurden von französischen Autoren und Schiffbauern im achtzehnten Jahrhundert empfohlen.[27]

Sir Robert Seppings, der von 1813–1832 Inspekteur der Royal Navy war, hat auch Anregungen für den Bau von Handelsschiffen gegeben. Darin wurde empfohlen, die Hölzer der Spanten je in stumpfem Stoß durch Zylinderzapfen miteinander zu verbinden, anstatt sie durch Laschung mit Hilfe von Stoßkalben zusammenzufügen. Die Verwendung kürzerer Hölzer für jedes Spant, die massive Ausfüllung der Zwischenräume zwischen den Spanten bis zu einer gewissen Höhe oberhalb der Kimm und die Anbringung schräg über den Spanten liegender eiserner Bänder oder Schienen gehörten ebenfalls zu jenen Anregungen, die er 1820 in einem Vortrag vor der Royal Society machte.[28] Die im wesentlichen wie stumpfwinklige Keile geformten Stoßkalben betonten noch die Schwäche in den Verbindungsstellen der Spantteile. Sie kamen im achtzehnten Jahrhundert – vielleicht sogar früher – in Gebrauch, um den Mangel an gewachsenen Krummhölzern auszugleichen. Die erste Auflage von *The Shipwright's Vade-Mecum* aus dem Jahre 1805 zeigt mit Stoßkalben gelaschte Spanten eines Handelsschiffes von 330 tons. Wahrscheinlich hätte man Seppings Empfehlungen in diese Zeichnung eingearbeitet, wenn sie früher im Druck erschienen wären. Allerdings muß festgestellt werden, daß auch der Text der Auflage von 1822 des *Vade-Mecum* immer noch auf die Verwendung von Kalben verweist.

Nichtsdestoweniger schienen Seppings Vorschläge in einigen Kreisen unmittelbar Früchte getragen zu haben. So konnte John Knowles 1822 berichten, daß an der Themse wie auch in Scarborough einige Schiffbauer in den Laderäumen die Spanten diagonal versteift hätten.[29] William Fearnall und Joseph Fletcher, auf deren Werft in Limehouse (London) einige Schiffe so gebaut worden sind, konstruierten zwischen 1826 und 1831 auch acht Dampfer nach Seppings Diagonalversteifungssystem. Einer von diesen, die SHANNON, war 513 tons groß und pro Tonne um £ 2 teurer als Fahrzeuge der üblichen Bauart. Wiederum ist sie an-

11 Seppings Diagonalbauweise. Die sonst üblicherweise abgebildete Tafel galt für die versteiften Spanten eines Linienschiffs. Für eine Fregatte oder ein großes Handelsschiff schlug Seppings jedoch vor, die Versteifung durch eiserne Diagonalschienen in der hier abgebildeten Weise einzuführen.

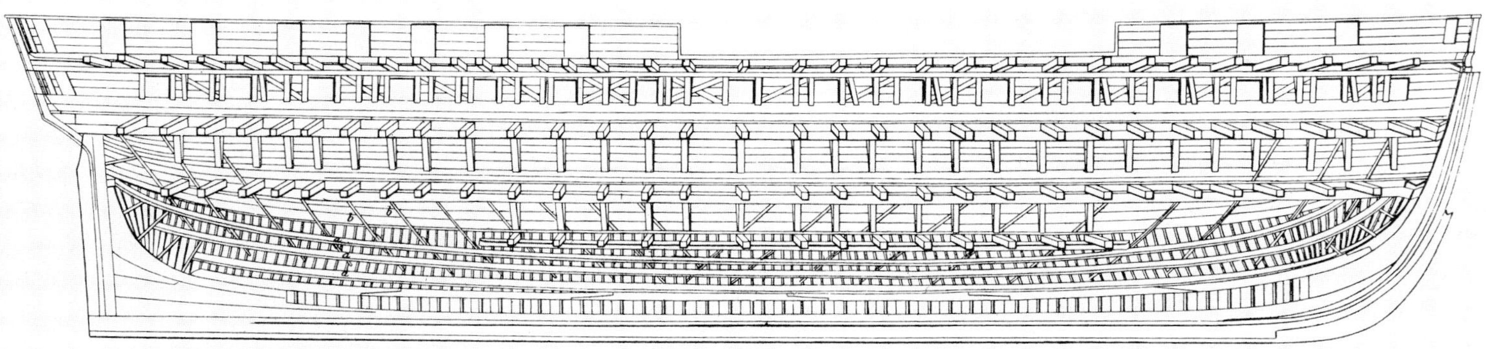

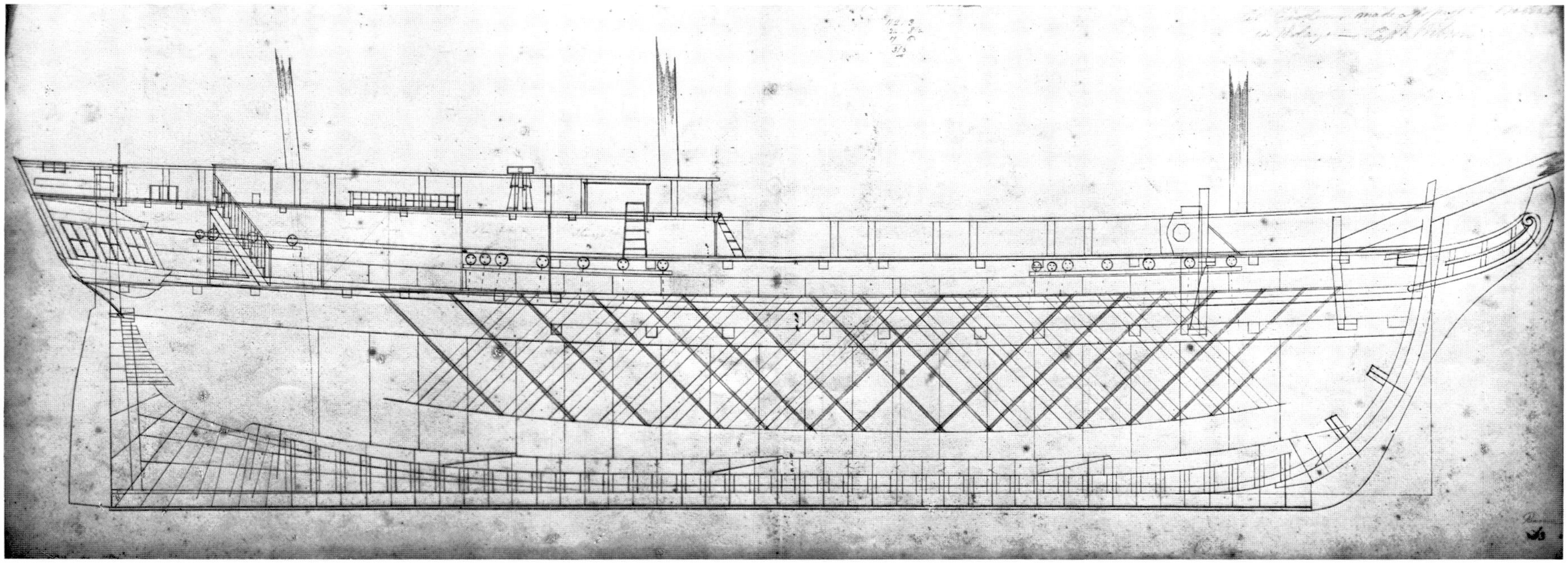

12 RENOWN, von J. M. Hilhouse 1824 in Bristol gebaut und zuerst registriert im Januar 1825. Eine der vom Science Museum in London publizierten Reproduktionen von Plänen aus der Hilhouse Collection. Auf dem Plan angegebene Abmessungen: 34,21 m×7,53 m×5,33 m; 316 tons. Diese Zeichnung illustriert die Lage eiserner Diagonalschienen zu in entgegengesetzer Richtung verlaufenden hölzernen Diagonalversteifungen. Diese Konstruktion wurde bei vielen Schiffen von Hilhouse verwendet. Eine auf dem Plan befindliche Bleistiftnotiz lautet: „Capt. Gardiner machte eine Reise nach Barbados in 18 Tagen – Capt. Wilson."

dererseits mehrmals aufgelaufen, ohne dabei Beschädigungen zu erleiden.[30] Sir Robert Seppings hat selbst einige Opium-Klipper konstruiert, von denen zwei, die SYLPH (1831) und die COWASJEE FAMILY (1835), nach dem Diagonalbandsystem gebaut waren. Erstere hat übrigens eine schwere Strandung überstanden.[31] Weitere Belege für die Anwendung der Grundgedanken Seppings bei bestimmten Fahrzeugen fehlen, aber seine Empfehlungen verbreiteten sich während der ersten Hälfte des Jahrhunderts durch vielerlei Werke der Spezialliteratur, was nicht ohne Auswirkungen bleiben konnte. Aber die mit den Verbesserungen verbundene zusätzliche Arbeit wirkte sich kostensteigernd aus und verhinderte so deren allgemeine Annahme; so blieben Laschungen mit Stoßkalben auch weiterhin noch für viele Jahre in Gebrauch. Die meisten Schiffbauer bevorzugten das Laschen der Spanten und die Verwendung von Eisen- oder Buntmetallbolzen gegenüber der stumpfen Verbindung durch Zapfen.

Ein Versuch, den Schwierigkeiten in der Beschaffung geeigneter gewachsener Krummhölzer abzuhelfen und gleichzeitig eine größere Festigkeit des Längsverbandes zu erzielen, wurde von William Annesley gemacht, der sich ein System zum Bau von Fahrzeugen mit mehrschichtiger Beplankung im April 1818 patentieren ließ. Die Methode bestand darin, zunächst vorläufige „Hilfsspanten" oder Formgeber aufzurichten, um die dann bis zu sieben Schichten abwechselnd längs und quer verlaufender Planken gelegt wurden. Bei der Höchstzahl von sieben solcher Lagen betrug die Gesamtstärke 143 Millimeter. Die Planken wurden mit Dübeln zusammengehalten und zwischen die einzelnen Schichten geteertes Papier gelegt. Zum Schluß waren dann die „Hilfsspanten" wieder zu entfernen. Bis zum Sommer des Jahres 1822 sind elf Fahrzeuge nach dieser Art gebaut worden.[32]

Die Diagonalbauweise wurde nicht regelmäßig angewendet. Man bediente sich ihrer zum Bau erstklassiger Fahrzeuge, wenn Geld keine Rolle spielte, wie etwa bei den königlichen Yachten VICTORIA AND ALBERT (1843) und ELFIN (1849).[33] Oliver Lang baute einige Schiffe mit festen Spanten und einer Lage Diagonalplanken unter normaler Längsbeplankung.[34] In den fünfziger Jahren benutzten John White in Cowes und Alexander Hall & Sons in Aberdeen die Diagonalbauweise in größerem Umfang.

Mit Bezug auf Annesleys System schichtweiser Beplankung heißt es in einem Leserbrief an das *Mechanics' Magazine* aus dem Jahre 1832:

„Irgenwo ist mir ein Vorschlag begegnet, Schiffe ausschließlich aus Planken zu bauen ohne jegliche Verwendung von Inhölzern, indem man vier sich diagonal kreuzende Lagen so anordnete, daß nie Stoß auf Stoß zu liegen kam. Zwischen die Schichten gab man geteerte Leinwand oder Teerpapier, und dann wurde das Ganze verbolzt. Die Planken mußten mit Dampf gebogen werden, um die Gestalt von Bug, Heck und Boden zu formen. Nach Fertigstellung des Rumpfes wurde das ‚Hinterteil' eingebolzt und das Deck durch Knie mit den Seiten verbunden.

Ich habe gehört, daß solch ein Fahrzeug in Amerika gebaut worden ist, bei dem man aber bemängelte, daß es in der Struktur seiner Verbände zu fest und unbeweglich sei und nicht gut segele. Für ein Dampfschiff lägen hierin aber eher Vorteile. Trotzdem halte ich Eisenblech für das Schiffbaumaterial der Zukunft. Es hat sich bei Kanalbooten bewährt, was sollte gegen seine Verwendung bei Seeschiffen sprechen? Es wird sich wahrscheinlich zeigen, daß dieses Material Boote von größerer Schwimmfähigkeit ermöglicht als Eiche. Auch im Blick auf die Stoßfestigkeit scheint mir ein schmiedeeisernes Blech wirksamer als Holz zu sein.“[35] Der zweite Teil dieser Zuschrift war auffallend prophetisch.

Eine begrenzte Zahl erstklassiger Schiffbauer war schon zu Anfang der dreißiger Jahre völlig zum Eisenbau übergegangen, und zehn Jahre später hatte dieser bereits festen Fuß gefaßt. Es ist jedoch unmöglich festzustellen, welches das erste aus diesem Werkstoff gebaute Schiff mit einer scharfen Rumpfform war. Einige der Besichtigungsberichte von Lloyd’s Register im National Maritime Museum in Greenwich beziehen sich auf Schoner, die in den vierziger Jahren vom Stapel gelaufen sind und wahrscheinlich die Bezeichnung „Klipper“ verdienen. Dazu gehören die FLASH und die FOIG A BALLAGH, 1843 und 1844 von John Coutts in Newcastle mit großer Aufkimmung und scharfen Enden gebaut, und die DOVE, 1844 bei John Laird in Birkenhead entstanden, 73 tons groß, mit besonders steil ansteigendem Boden und beschrieben als „ein Fahrzeug mit geringer Ladefähigkeit, sehr scharf vorn und achtern“. Während der fünfziger Jahre wurde Eisen beim Bau einiger der herrlichsten aller Klipper mit hervorragendem Erfolg verwendet.

DIE BESTIMMUNG DER TONNAGE UND DIE REGISTRIERUNG DER SCHIFFE

Bei der Beschreibung eines Schiffes erhält die Tonnagezahl oft den Vorrang vor allen anderen Angaben. Dabei ist es bei der komplizierten vielseitig gekrümmten Form eines Schiffes unglaublich, daß man sich bis zum Jahre 1836 für die Tonnageberechnung mit lediglich zwei Streckenmaßen begnügte. Dadurch wäre allenfalls ein plattes flächiges Objekt beschrieben, nicht aber ein dreidimensionales von vibrierendem Leben erfülltes Schiff. Nichtsdestoweniger wurden tatsächlich nur Länge und Breite gemessen, und dies waren die beiden einzigen Maße, die verlangt wurden. Man stellte zahlreiche Thesen auf, deren wichtigste besagte, daß die Raumtiefe der halben Breite entspräche. Wie praktisch für alle, die etwas mit der Schiffsvermessung zu tun hatten! Länge, Breite und geschätzte Tiefe wurden einfach miteinander multipliziert, das Produkt durch 94 geteilt, und der Quotient war die Tonnage des Schiffes. Wer hier versucht ist, simsalabim zu rufen, dem mag wohl verziehen werden.

Zwischen 1775 und 1875 waren drei völlig unterschiedliche Systeme zur Tonnageberechnung in Gebrauch: das „Old Measurement“ war, wie oben beschrieben, bis zum Ende des Jahres 1835 gültig; von 1836 bis 1854 wurde die Regel des „New Measurement“ verwendet; seit 1855 benutzte man die auch heute noch verbreitete Methode, die von George Moorsom empfohlen und im Handelsschiffahrtsgesetz von 1854 besonders festgelegt wurde.

Die erste englische Regel zur Tonnagevermessung ist wahrscheinlich die aus dem Jahre 1582, die während der nächsten zwei Jahrhunderte durch mehrfache Zusätze verändert wurde. Ein Gesetz gegen die Schmuggelei aus dem Jahre 1773 enthielt auch eine genauere Methode zur Bestimmung der Tonnage.[36] Sie ähnelte den entsprechenden 1719 von der Zollbehörde erlassenen Anweisungen. Anfangs hatte die neue Tonnageregel nur Gültigkeit für Fahrzeuge, die Spirituosen geladen hatten oder vor der Küste als Zubringer verkehrten; hinzu kamen noch die Fälle, in denen von Amts wegen die Tonnage angegeben werden mußte. Für Kohlenschiffe und bestimmte Fischereifahrzeuge galt diese Regel nicht. Nichtsdestoweniger wurde die Berechnungsmethode von 1773 durch das Gesetz zur Schiffsregistrierung von 1786 offiziell für jede Fahrzeugklasse übernommen und blieb bis zum Ende des Jahres 1835 in Kraft.

Die nebenstehende Skizze zeigt zwischen welchen Punkten die Länge zur Tonnageberechnung nach der Regel von 1773 gemessen werden mußte. Ein achteres Lot ist nicht erforderlich. Der Vorsteven verläuft fast gerade nach oben bis zum Bugspriet, während Greep und Galion in starkem Überhang nach vorn ausladen.

Viele Häfen und Werften hatten ihre eigene Vermessungsregeln. Alexander Hall in Aberdeen und John Brockbank in Lancaster benutzten beide die Formel

$$\frac{K \times B \text{ (auf Spanten)} \times {}^{1}/_{2}\, B}{94}.$$

Hall nannte dies „carpenter’s measure“ (Zimmermannsvermessung). Der Endwert war etwas größer als der nach der offiziellen Methode, was im Falle des Schoners PLOUGH (1811) etwa 3% ausmachte.

Das Gesetz zur Schiffsregistrierung von 1786 fiel unter die als Navigationsakte bekannten Schiffahrtsgesetze, zumal es „das Wachstum und die Ermutigung der Schiffahrt“ bezweckte. Neben einer Vereinheitlichung der Methoden zur Tonnageberechnung sowie einer Definition der für ein britisches Schiff erforderlichen Kriterien erweiterte es auch den Geltungsbereich des Plantation Registration Acts von 1696, indem es die ständige Registrierung für alle britischen Schiffe über 15 tons einführte. Die außerordentlich wertvollen und in diesem Buch oft erwähnten Schiffahrtsregister der Zollbehörde beginnen mit dem Jahr 1786.

Im Anhang 1 wird genau beschrieben, zwischen welchen Punkten zur Registrierung und zur Tonnagebestimmung vermessen wurde. Daneben findet sich auch eine Erläuterung der verwendeten Begriffe.

Nach dem Ende der Napoleonischen Kriege wurde sehr bald deutlich, daß die bis dahin gebräuchliche Art der Tonnagevermessung der tatsächlichen Form der Schiffe nicht gerecht wurde. Im Jahre 1821 berief die Regierung daher eine entsprechende Untersuchungskommission. Diese räumte ein, daß die Tonnagezahl oft von der echten Ladefähigkeit eines Schiffes abwich, und legte Empfehlungen für eine neues Vermessungssystem vor, nach dem Tiefe und Breite an drei verschiedenen Stellen im Inneren des Rumpfes gemessen werden mußten. Das Ergebnis, drei grob angenäherte Spantflächen, wird durch Abbildung 15 veranschaulicht. Dies war das erste Mal, daß die Vermessung der Raumtiefe eines Schiffes in Betracht gezogen wurde. Allerdings wurde die Kommission behindert durch ihren Wunsch, eine auch von weniger Gebildeten zu verwendende Regel zu finden. Das führte dann zu einer Verminderung in der Anzahl der zu nehmenden Maße und damit auch der erstrebten Vorzüge.[37] Aber jedenfalls war der erste Schritt getan, um zu einer genaueren Vermessung des vom Rumpf umschlossenen Raumes zu gelangen, und es ist offenkundig, daß das im Jahre 1835 angenommene System weithin auf dieser abgelehnten Methode beruhte.

„Das empfohlene Verfahren", kommentierte Georg Moorsom den Kommissionsbericht von 1821, „besteht nur ... aus einigen wenigen Vermessungen des Innenraumes, die erwiesenermaßen nur als unzulängliche und entfernte Annäherung an wahrhaft exakte Vermessung gelten können. Da es dazu noch zahlreiche Möglichkeiten bietet, die angestrebten Konsequenzen zu umgehen, hat es auch zu keinen gesetzgeberischen Resultaten geführt. Die Folge war, daß die ursprüngliche oder ‚alte Regel', wie sie genannt wird, auch weiterhin Jahr für Jahr ihre nachteilige Wirkung ausüben konnte. Die verschiedenen sich auf sie beziehenden Gesetze wurden schließlich zusammengefaßt durch 3 & 4 Will. IV. c. 55.

Endlich wurde im Jahre 1833 die Aufmerksamkeit der Regierung erneut auf unsere Frage gelenkt und eine zweite Kommission ernannt, ‚um die beste Art zur Vermessung der Schiffstonnage zu erörtern'."[38]

Diese Kommission erstattete im folgenden Jahr Bericht, und ihre Empfehlung wurde mit dem Beginn des Jahres 1836 Gesetz. Es wurde bekannt als die neue Vermessungsregel.

13 Dieses Bild wurde um 1845 bei Swansea von Calvert Jones photographiert. Es zeigt ein nicht identifiziertes Schiff mit einem enorm tiefen Rumpf. Im Jahre 1836 wurde zum ersten Mal die Tiefe eines Schiffes zur Tonnageberechnung gemessen. Möglicherweise liegt das Baujahr des abgebildeten Fahrzeugs weiter zurück oder wenigstens in einer Zeit, als man die Konsequenzen der neuen Tonnageregel noch nicht voll verstanden hatte. Seine Tiefe dürfte mindestens drei Viertel der Breite ausmachen. Das Schiff muß zwar eine willkommen große Ladekapazität besessen haben, die aber auf Kosten seiner Seefähigkeit gegangen sein dürfte. Jedenfalls benötigte es eine große Segelfläche für seine Fortbewegung. Die beiden Spieren, die auf der Back senkrecht nach oben zeigen, sind die aufgetoppten Klüverbackstagausleger. Sonst waren sie durch Eisenbügel am äußeren Ende des jeweiligen Kranbalkens befestigt, wie in der Zeichnung von der CAMERTONIAN in den Abb. 132 und 134.

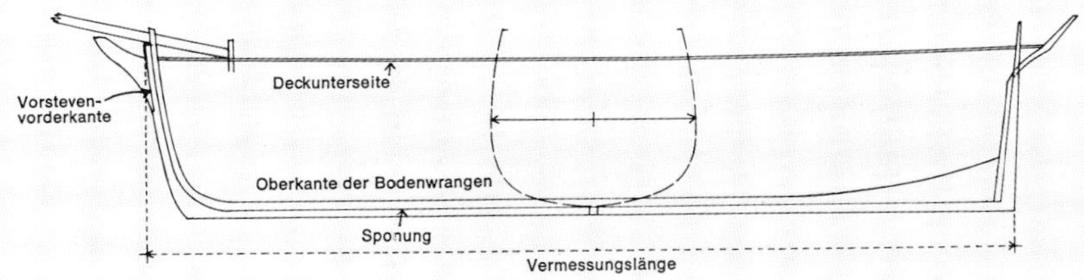

14 *Alte Methode zur Tonnagevermessung.* Die Skizze zeigt, zwischen welchen Punkten die beiden einzigen dazu erforderlichen Maße genommen werden mußten.

15 *Vorschlag zur Tonnagevermessung von 1821.* Hier wird der erste Versuch veranschaulicht, nach welchem auf Vorschlag einer 1821 zusammengetretenen Kommission der vom Rumpf umschlossene Raum vermessen werden sollte.

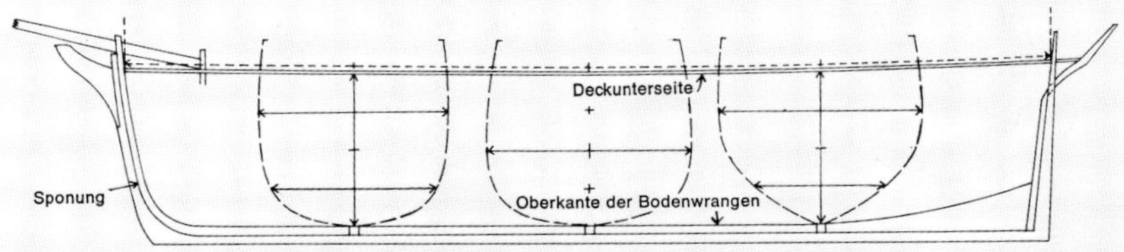

ANMERKUNGEN ZU KAPITEL I

(Abkürzungsverzeichnis am Schluß des Buches)

[1] N. M. M., Admiralty Draughts, Schiff CUPID, Plan 3730, Box 53.

[2] R. Stewart-Brown, *Liverpool Ships in the Eighteenth Century* (Liverpool 1932), p. 48.

[3] C. Ernest Fayle, *A Short History of the World's Shipping Industry,* (London 1933), p. 217.

[4] 34 George III, c. 47, war das erste von mehreren Gesetzen gegen die Schmuggelei. Zur Zusammenfassung dieser Gesetze siehe David Steel, *Shipmaster's Assistant,* 6. Aufl. (London 1795), pp. 301 ff.

[5] Sein Vortrag vor der Royal Society wurde zitiert in *Mechanics' Magazine,* 1823, vol. 4, pp. 419–421.

[6] 3 & 4 William IV, c. 53.

[7] Eine ausführlichere Zusammenstellung von Schiffbaubüchern des achtzehnten Jahrhunderts bietet R. C. Anderson in einem Artikel „Eighteenth-Century Books on Shipbuilding, Rigging and Seamanship", *M. M.,* 1947, vol. 33, pp. 218–225.

[8] John Fincham, *An Outline of Ship-Building,* 3. Aufl. (London 1852), p. 28. Die erste Auflage erschien 1825.

[9] Howard I. Chapelle, *The Search for Speed under Sail 1700–1855* (New York 1967), pp. 100 und 139.

[10] *The Shipbuilder's Repository; or, A Treatise on Marine Architecture* (London o. J., vermutl. 1788), p. 114.

[11] Ebd., pp. 115–116.

[12] Chapelle, *Search for Speed under Sail,* a. a. O., p. 9.

[13] [David Steel], *The Elements and Practice of Naval Architecture; or, A Treatise on Ship-Building,* revised by John Knowles, 3. Aufl. (London 1822), p. 143.

[14] Die englische Ausgabe von 1820 wurde aus dem Französischen übersetzt von dem Rev. James Inman und erhielt den Titel *A Treatise on Ship-Building;* sie enthielt einige Kommentare zu den großartigen Tafeln aus Chapmans *Architectura Navalis Mercatoria* (1768–1769), die ohne Begleittexte erschienen waren.

[15] [David Steel], *The Shipwright's Vade-Mecum,* 2. Aufl. (London 1822), p. 165.

[16] George Bayley, „Merchant Yards v. H. M. S. Yards", *Mechanics' Magazine,* 1827, vol. 8, p. 250.

[17] Fincham, *Outline of Ship-Building,* a. a. O., pp. 21–22 und 32–33.

[18] Ebd., pp. 33–34.

[19] Chapelle, *Search for Speed under Sail,* a. a. O., p. 150.

[20] Ebd., pp. 29–30.

[21] Ebd., pp. 43–45 und 404–407.

[22] David R. MacGregor, *The Tea Clippers* (London 1952), pp. 82–83 und 241.

[23] Sir Westcott Abell, *The Shipwright's Trade* (Cambridge 1948), p. 96.

[24] Ebd., pp. 104–105.

[25] George Moorsom, *A Brief Review and Analyses of the Laws for the Admeasurement of Tonnage* (London 1852), p. 82.

[26] John Fincham, *A History of Naval Architecture* (London 1851), pp. 107 bis 115. Auf p. 107 datiert Fincham den Brief auf 1776. Andere Quellen geben 1796 an.

[27] [Steel], *Elements and Practice of Naval Architecture,* a. a. O., Anhang, pp. 1–24. Siehe auch Robert Seppings, „On a new principle of constructing His Majesty's ships of war", *Philosophical Transactions of the Royal Society,* Sitzung vom 10. März 1814.

[28] Robert Seppings, „On a new principle of constructing ships in the mercantile navy", *Philosophical Transactions of the Royal Society,* Sitzung vom 9. März 1820; abgedruckt in [Steel], *Elements and Practice of Naval Architecture,* a. a. O., Anhang, pp. 52–62.

[29] Ebd., p. 52.

[30] *Mechanics' Magazine,* Dezember 1831, vol. 16, p. 250; vor einem Unterhausausschuß bezeugt.

[31] Basil Lubbock, *The Opium Clippers,* (Glasgow 1933), pp. 118–119.

[32] William Annesley, *A New System of Naval Architecture* (London 1822). Konstruktionsbeschreibung und Verzeichnis der gebauten Fahrzeuge.

[33] C. M. Gavin, *Royal Yachts,* (London 1932), pp. 121 und 127.

[34] Oliver Lang, *Improvements in Naval Architecture* (Woolwich 1853), bes. p. 26, XCIV.

[35] Leserbrief an *Mechanics' Magazine,* 1832, vol. 16, p. 294, mit „Junius Redivious" gezeichnet.

[36] 13 George III, c. 74; siehe auch William Salisbury, „Early Tonnage Measurement", *M. M.,* 1966, vol. 52, Teil III, pp. 333–334.

[37] Moorsom, *Review and Analyses of Laws for Admeasurement of Tonnage,* a. a. O., pp. 149–151, Wiedergabe des Kommissionsberichtes.

[38] Ebd., p. 8.

KAPITEL II

ÄLTERE SCHNELLE SCHIFFE 1775-1815

INHALT

DIE BEZEICHNUNG „KLIPPER“

Nach der herrschenden Meinung fällt die Ära der Klipperschiffe in die Jahre von 1840 bis 1870. Für alle aus dieser Zeit stammenden Fahrzeuge mit nachweislich scharfer Rumpfform wird die Bezeichnung „Klipper“ verwendet. Schiffe mit eleganten Linien aus der vorangegangenen Epoche von 1815 bis 1839 werden allgemein „frühe Klipper“ genannt. Für Schiffe aus den Jahren davor wird das Wort „Klipper“ kaum verwendet; haben sie eine scharfe Rumpfform, dann werden sie als „ältere schnelle Schiffe“ bezeichnet, manchmal mit dem Zusatz, daß sie etwa vierzig Jahre später Klipper genannt worden wären. Im vorliegenden Buch ist durchweg diese Terminologie übernommen worden.

KUTTER UND IHRE ABKÖMMLINGE

Um 1760 müssen Kutter bereits eine wohlerprobte Form von Rumpf und Takelung besessen haben, denn schließlich kann Charnock eine Liste aufstellen mit immerhin einunddreißig dieser Fahrzeuge, die 1763 von der britischen Flotte angekauft wurden.[1] Eines von ihnen, die PITT, ähnelt stark dem englischen Kutter, dessen Linienriß sich bei Chapman findet.[2] Nach den Angaben auf einem im National Maritime Museum, Greenwich, befindlichen Linienriß maß die PITT 18,75 m von Vorderkante Vorsteven bis Achterkante Heckreling, 6,30 m Breite über alles und 2,78 m Raumtiefe bei 99 $^{90}/_{94}$ tons.[3] Diese Kutter hatten feine Wasserlinien und einen stark aufkimmenden Boden, aber bei

16 Linienriß von HMS FLY: 1763 von der Royal Navy angekauft. Reproduktion eines Admiralitätsplanes aus dem National Maritime Museum, Greenwich. Auf dem Plan angegebene Abmessungen: 15,70 m (Länge über alles) × 6,36 m (Breite über alles) × 2,47 m (Raumtiefe); 78 $^{34}/_{94}$ tons.

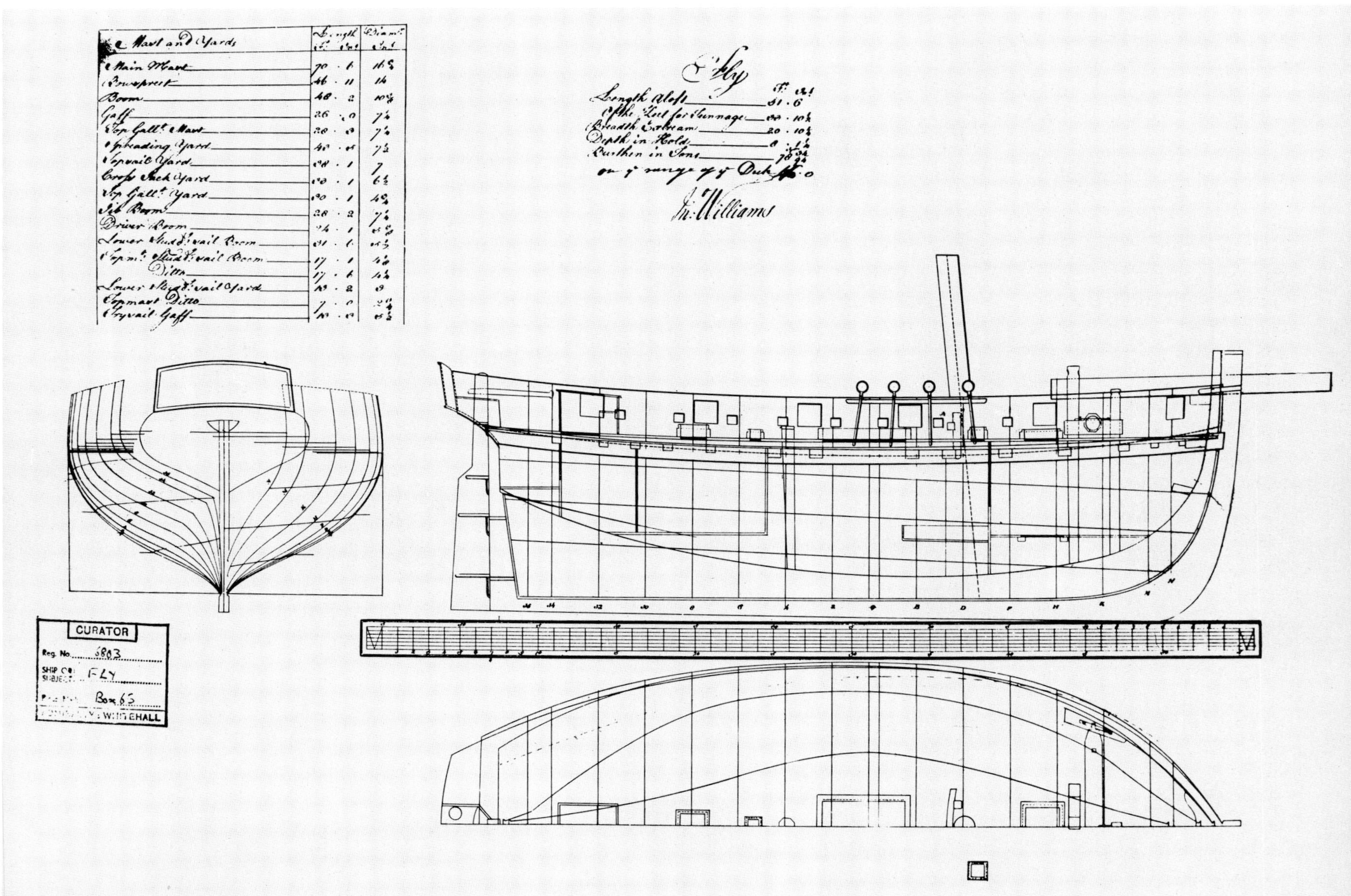

einem Längenverhältnis von 2½ : 1 oder 3 : 1 besaßen sie eine relativ große Breite. Sie waren schnelle seetüchtige Fahrzeuge, besonders gut geeignet, die riesige Fläche ihrer Rah- und Schratsegel zu tragen. Zahlreiche im National Maritime Museum aufbewahrte Admiralitätspläne solcher Kutter zeigen, daß durch das ganze achtzehnte bis weit ins neunzehnte Jahrhundert hinein diese Fahrzeuge ganz ähnliche Merkmale aufwiesen wie der Kutter FLY, der 1763 von der Marine angekauft worden war, und dessen Linienrisse in Abbildung 16 wiedergegeben sind.

Die über alles gemessene Länge und Breite der FLY betrug 15,70 m × 6,36 m. Die Raumtiefe wurde mit 2,47 m und die Tonnage mit 78 $^{34}/_{94}$ tons angegeben. Über hohlem Kielgang zeigte sich eine beträchtliche Aufkimmung des Bodens. Die größte Breite besaß das Fahrzeug oberhalb der CWL. Die Form des Achterschiffs war unterhalb des Spiegelhecks von einer breiten Gillung und entlang der Totholzoberkante von einem scharfen Knick in den letzten vier Spantlinien bestimmt. Die übermäßige Breite war notwendig, um bei der enormen Segelfläche die erforderliche Stabilität zu gewährleisten. Der Kielfall betrug etwa 0,38 m, aber dafür war die Kielstärke vorn größer als achtern.

Die Besegelung der FLY war typisch für die Kutter des achtzehnten Jahrhunderts mit ihrer großen Segelfläche. Besonders auffallend sind das stark ausgegillte Fußliek des Toppsegels sowie die Art, wie die Breitfock vor einer „Spreizrah" gesetzt wurde, zu der die Schoten des Toppsegels fuhren. Da der Untermast alleine alle wesentlichen Segel und Spieren trug, blieben für die Stenge kaum noch Aufgaben übrig. Bei britischen Kuttern und älteren Schonern wurde die Stenge (topmast) allgemein „topgallant mast" genannt, während dies normalerweise die Bezeichnung für die Bramstenge ist. Die lose Stenge wurde manchmal an der Vorder- und manchmal an der Achterkante des Untermastes gefahren. Auch in der Befestigung des einrennbaren Klüverbaums gab es mehrere Varianten. Um 1800 waren die Breitfock- und die „Spreizrah" zu einer einzigen Rah reduziert worden.

Der Segelriß der FLY (Abbildung 18) wurde nach den auf Linienriß und Decksplan der Admiralität angegebenen Maßen der Spieren rekonstruiert. Für die Form der Rah- und der Leesegel war hingegen der 1787 datierte Segelriß eines englischen Kutters maßgebend, den Howard I. Chapelle in den königlich dänischen Archiven gefunden hat; diese Segel erscheinen selten auf Segelrissen von Kuttern.[4] Die Unterleesegelspiere der FLY würde um etwa 3 m über das Außenliek des Unterleesegels hinausgeragt haben, wenn man sie durch einen Schwanenhals an der Rüste befestigt hätte. Bei einer Befestigung der Spiere am Mast, hätte ihre Länge dagegen genau dem erforderlichen Maß entsprochen.

Das Fortbestehen der feinlinigen Rumpfformen der Kutter war für die Entwicklung schneller Segelschiffe in Großbritannien ebenso wichtig, wie es die Baltimore-Klipper für amerikanische Schnellsegler waren.

In *The National Watercraft Collection*, einer ausführlichen Abhandlung über die Handelsschiffsmodelle der Smithsonian Institution in Washington, bringt Howard I. Chapelle die Pläne der Slup MEDIATOR, die 1741/42 an der Chesapeakebai gebaut und 1745 von der Royal Navy angekauft worden war.[5] Er weist

17 Dieses Modell des Kutters HAWKE aus dem Jahre 1777 hat die gleiche Segelanordnung wie die FLY, obwohl keine Leesegel angebracht sind. Typisch für diese Fahrzeuge sind die auf schwere Taljen gesetzten Borgpardunen, von denen eine an jeder Seite gefahren wurde.

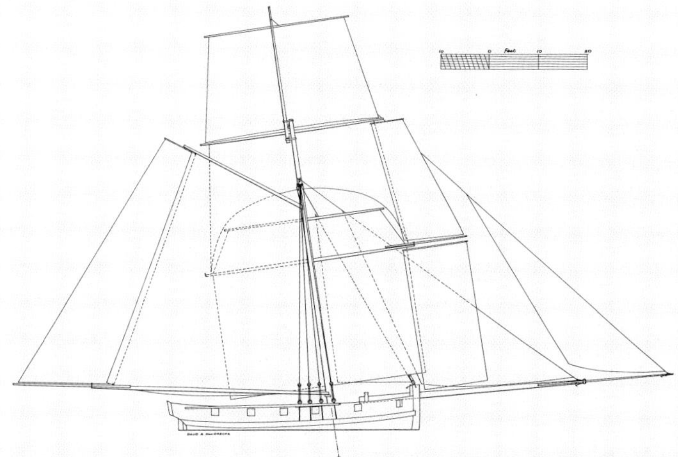

18 Segelriß von HMS FLY: Rekonstruktion nach dem Längsschnitt und den auf dem Linienriß aufgeführten Abmessungen der Spieren. Die Anordnung der Rahen und der Rahsegel entspricht der bei Kuttern mit schwerer Takelage geübten Praxis, wie sie durch zeitgenössische Bilder und Buchillustrationen belegt ist. Besondere Beachtung fand der in *Search for Speed under Sail* abgebildete Plan eines englischen Kutters von 1787.

19 Ein 18-Kanonen-Kutter der niederländischen Marine des ausgehenden achtzehnten Jahrhunderts. Die Anordnung der Rahen ähnelt der von HMS HAWKE (Abbildung 17).

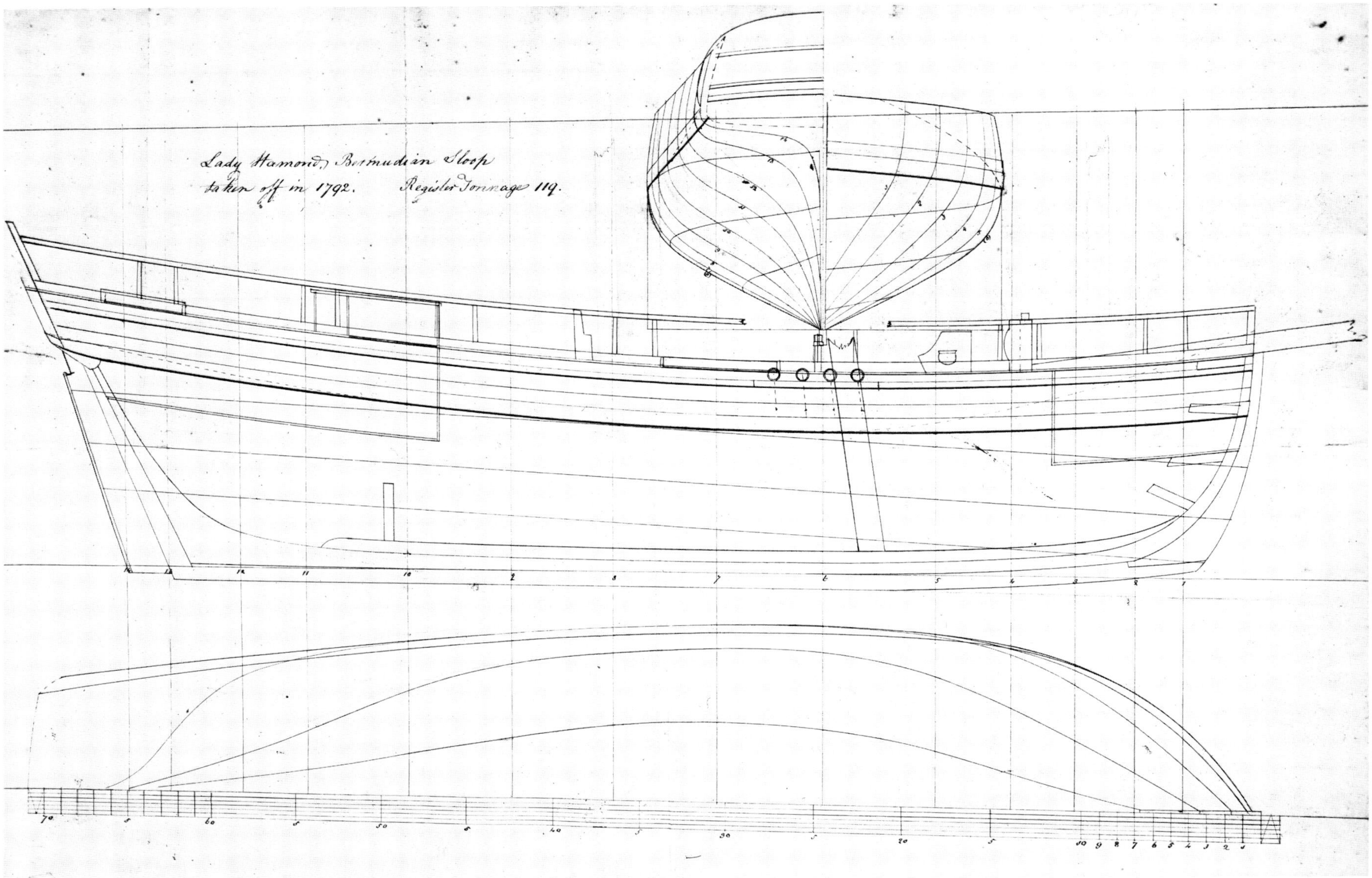

20 LADY HAMOND; wahrscheinlich in Bermuda gebaut. Linienriß nach Aufmessung von 1792. Reproduktion eines vom Science Museum, London, herausgegebenen Planes aus der Hilhouse Collection in Bristol. Die vom Plan abgenommenen Maße: 20,73 m (Länge über alles), 6,10 m (Breite); 119 tons. Es sind zwei in Bleistift angedeutete Mastpositionen zu erkennen.

nach, daß es die Bermuda-Slup war, die als Vorbild für scharf gebaute Fahrzeuge benutzt wurde und nicht die französischen Lugger, die nach der Überlieferung während der Revolution Amerika besucht hatten und dort aufgemessen worden waren. Bei der MEDIATOR entsprach die Gesamtlänge von Bugspriet und Klüverbaum der des Großbaums. Das bedeutet ein großes Areal für die Schratbesegelung, während für die Rahsegel nur eine hohe aber schmale Fläche zur Verfügung stand. Mit 105 tons war sie ein kurzes und tiefes Fahrzeug mit einem Längenverhälnis von 3 : 1. Trotzdem hatte sie einigermaßen scharfe Linien. Hinzu kamen nur geringer Kielfall, hoher Achtersteven, starker Sprung und beträchtliche Aufkimmung. Das Bermuda-Vorbild stand auch Pate bei dem 1739/40 an der Themse gebauten 24-Kanonen-Schiff LYME, dessen Pläne unter den Rissen der Admiralität erhalten sind.[6] „Es ist offenkundig“, schreibt Howard I. Chapelle, „daß dieses Muster für geschwindigkeitsfreundliche Rumpfformen in den Kolonien und in England lange vor der amerikanischen Revolution bekannt war.“[7] Es ist sehr gut möglich, daß die Bauart des englischen Kutters von dem Bermuda-Modell profitiert hat.

Unter den Plänen der Hilhouse Collection in Bristol finden sich die Risse zweier Bermuda-Slups, von denen der eine mit der Signatur „G. Hilhouse“ die Kopie eines 1768/69 von dem schwedischen Schiffbauingenieur Chapman veröffentlichten Plans darstellt.[8] Der andere zeigt die LADY HAMOND, die 1792 aufgemessen wurde.[9] (Rekonstruierte Segelrisse stehen von beiden Slups zur Verfügung: für die erstere von William A. Baker[10] und für die zweite von Howard I. Chapelle[11]). Die LADY HAMOND hatte bei starker Aufkimmung einen gerade ansteigenden Boden. Die Rundung der Kimm lag ganz unter der CWL. Sonstige Merkmale waren feine Wasserlinien, Kielfall, Überhang des Achterstevens und gekrümmter Kiel. Obwohl die von J. M. Hilhouse zu Studienzwecken gesammelten Pläne aus den verschiedensten Quellen stammen, ist es doch bezeichnend, daß sich derartige

Pläne in seiner Sammlung finden. Dies bestätigt das hohe Ansehen, welches die Bermuda-Bauart bei vielen Schiffbauern genoß. Ob Hilhouse von solchen Plänen beeinflußt oder inspiriert wurde, als er die Entwürfe für seine eigenen Schnellsegler anfertigte, muß dahingestellt bleiben. Zur Hilhouse Collection gehören auch Pläne französischer Kaperschiffe und englischer Schmuggelfahrzeuge.

Während die Amerikaner die scharf gebauten Rümpfe verlängerten, um einen zweiten Mast für eine Schonertakelung unterbringen zu können, vergrößerten sie damit das Längenverhältnis auf etwa 4 : 1, womit sie gleichzeitig auch die Segeleigenschaften verbesserten. Die Briten hielten dagegen mit ein oder zwei Ausnahmen an der einmastigen Kuttertakelung fest und damit auch an der hiermit unvermeidlich verbundenen kürzeren, breiteren und tieferen Rumpfform. Man versuchte das Problem, nur einen einzigen Mast zur Verfügung zu haben, bei den Kuttern so zu lösen, daß man ihnen noch drei Rahsegel mit zusätzlichen Leesegeln gab, wie es der rekonstruierte Segelriß der FLY zeigt. In *The Sailor's Word-Book* schrieb Admiral Smyth bei seiner Definition eines „Kutters" unter anderem, daß „der Name abgeleitet ist von seiner Eigenschaft als Schnellsegler (Anm. d. Übers.: Herkunft aus englischem Dialektwort skandinavischen Ursprungs mit der Bedeutung „rennen", „eilen"). Der Kutter (wie HMS DWARF) ist so konstruiert worden, daß er alle Segel, die nur irgendwie an einem Mast gesetzt werden konnten, zu führen vermochte, selbst hoch oben noch Royalleesegel, ‚sky-scrapers', ‚moon-rakers' und ‚star-gazers', tief unten ergänzt durch Unterlee- und Wassersegel. Einer der größten, der sich gut bewährt hat, war die VIPER von 460 tons und 28 Kanonen; . . ."[12] Die VIPER wurde während der amerikanischen Revolution von 1775–1783 und vor allem als Blockadebrecher vor Gibraltar eingesetzt.

Bei den von der Marine angekauften Fahrzeugen war es üblich, die Abmessungen der Spieren auf dem Linienriß einzutragen. Bei einigen der größeren Kutter befanden sich dort auch Maßangaben für einen Besan- oder Treibermast mit Rah. An dieser Rah wurde ein Luggersegel gesetzt, dessen Schoten zu einem Ausrigger fuhren. Dadurch hatten diese Kutter eine Yawltakelung erhalten. Da aber der Großbaum weit über das Heck hinausragte, dürfte der Treibermast zweifellos nur vorübergehend während eines „langen Schlages" eingesetzt worden sein. Einzelne dieser großen Kutter sind zu Briggs oder Schonern umgetakelt worden, nachdem die Flotte sie angekauft hatte. Pläne solcher Fahrzeuge befinden sich unter den im National Maritime Museum aufbewahrten Zeichnungen der Admiralität. Der Linienriß der RAMBLER trägt zum Beispiel folgende Beschriftung: „28. Oktober 1796, Zeichnung von Mr. Kings Kutter"; und oben auf dem Bogen heißt es: „Die Arbeiten . . . beim Umbau des Fahrzeuges zur Brigg . . .". Es erscheint nur logisch, für einen solchen Segler die Bezeichnung „Kutter-Brigg" zu verwenden, um so gleichzeitig Rumpfform und Takelungsart zu beschreiben.

Eine Diskussion im *Mariner's Mirror* zeigt, daß dieser Terminus jedenfalls während der Jahre 1781–1807 in England gebräuchlich war und daß er 1805 von David Steel in seiner kurzen Definition einer Brigg verwendet wurde: „Wenn wie Kutter gebaute Fahrzeuge so getakelt sind, werden sie in der Royal Navy Kutter-Briggs genannt."[13] Eine weitere Bestätigung dafür liefern von John Lyman in Schweden gefundene Risse mit der Beschriftung: „Zeichnung der Kutter-Brigg ALEXANDER, 1785 in London gebaut, . . . Aufgemessen während der Reparatur der Kutter-Brigg in . . . Stockholm, Mai 1794." Die von Lyman angefertigten Kopien lassen deutlich erkennen, daß dieses Fahrzeug nach den Linien eines Kutters gebaut wurde: mit großer Breite, starkem Kielfall und steiler Aufkimmung. Getakelt aber war es als Brigg ohne Rahgroßsegel.[14] Es ist übrigens unwahrscheinlich, daß die Bemerkung „wie ein Kutter gebaut" beinhaltete, daß das so beschriebene Fahrzeug nun wie manche Kutter eine Klinkerbeplankung hätte haben müssen, oder daß es zwangsläufig ein losnehmbares Bugspriet besessen hätte. Was damit gesagt werden sollte, war eigentlich nur, daß seine Rumpfform die eines Kutters war.

Viele Pläne schneller oder feinliniger Schiffe des achtzehnten Jahrhunderst zeigen Rumpfformen, bei denen steile Aufkimmung, großer Kimmradius und in Höhe der CWL liegende größte

21 Ein um 1800 gebauter Marine-Kutter, der die damals übliche starke Rahbesegelung zeigt. Eine interessante Eigenart stellen die von allen Rahen nach vorn zum Bugspriet fahrenden Brassen dar. Diese Konzentration kraftübertragender Bedienungselemente erforderte eine besonders massive Ausführung des Bugspriets. Bei Verfolgungsjagden pflegten Kutter noch eine Reihe leichter Segel zu setzen.

Breite als charakteristische Merkmale hervortreten. Dieses waren auch wesentliche Kennzeichen der Kutterform, die sich als günstig für hohe Geschwindigkeiten erwiesen hatte. Es darf daher wohl angenommen werden, daß Konstrukteure sich von dieser Rumpfform inspirieren ließen, wenn sie die Order zum Bau eines Fahrzeuges mit feinem Belauf erhalten hatten. So wurde es zunehmend schwieriger, die Bauart der Kutter von derjenigen anderer scharf gebauter Schiffe zu trennen, und die Termini „Kutterbauart“ oder „wie ein Kutter gebaut“ wurden zu üblichen Wendungen bei der Beschreibung von Fahrzeugen mit feinen Formen. In der Größenordnung zwischen 100 und 250 tons waren manche Segler zu finden mit einer im Wesentlichen vom Kutter bestimmten Rumpfform, während sie recht unterschiedlich mit ein, zwei oder drei Masten getakelt sein konnten. John Lyman bestätigte diese Ansicht, indem er meint, „daß ‚Kutterbauart‘ um 1790 etwa dasselbe bedeutete wie ‚Klipperbauart‘ um 1835.“[15] Dies ist eine im Hinblick auf die Entwicklung des Klipperschiffbaus in Großbritannien bedeutsame Feststellung.

Während des amerikanischen Unabhängigkeitskrieges fanden einige Fahrzeuge in Kutterbauart, wie etwa die BUSY, CAMELION und HELENA, ihren Weg in die Flotte. Diese drei waren alle bis zu den Berghölzern klinker- und darüber kraweelbeplankt. Bei großer Breite waren sie aber recht lang im Verhältnis zu ihrer Tiefe. Die folgende Aufstellung mag einem Vergleich der Fahrzeuge dienen:

Name	Aufmessung	Abmessungen Länge an Deck Breite ü. a.; Raumtiefe	tons	Takelung	Kanonen
BUSY:	1778	22,42 m × 7,82 m × 2,92 m	188	Kutter + Treiber	12
CAMELION:	1781	25,91 m × 8,93 m × 3,66 m	268	Brigg	14
HELENA:	1778	23,20 m × 8,15 m × 3,25 m	215	Schoner + Rahsegel an jedem Mast	14

Die BUSY war 1778 in Folkestone angekauft worden. Nach den Maßangaben auf dem Plan war ihr Großmast 23,77 m lang, und obwohl ihr Großbaum um fast 4 m über die Heckreling hinausragte, hatte sie noch einen 12,90 m langen Treibermast mit einer Rah von 11,13 m. Als Treiber muß ein loses Luggersegel gesetzt worden sein, dessen Schot nach einem 14,63 m langen Ausrigger fuhr.[16]

Die CAMELION, im Jahre 1781 übernommen, hatte eine etwas geringere Aufkimmung als die beiden anderen, aber sie besaß achtern einen beträchtlichen Sprung. Der Kielfall machte annähernd 1,22 m aus. Am Bug hatte sie Galionsbretter und ihr Bugspriet war zwischen Ohrhölzern befestigt.[17]

Die HELENA war 1778 gebaut worden. Im gleichen Jahr wurde sie von den Franzosen gekapert, aber im Jahr darauf wieder zurückerobert. Aus den Abmessungen ihrer Spieren ergab sich eine riesige Segelfläche bei einem 24,69 m langen Großmast und einem Großbaum von 16,59 m Länge, welcher etwa 5,50 m über das Heck hinausragte und noch durch eine sogenannte „Brodwinnerspiere“ verlängert werden konnte (Anm. d. Übers.: Der „Brodwinner“, englisch „ringtail“ oder „ringsail“, war ein schmales Leesegel am Achterliek eines Gaffelsegels). Wie damals bei britischen Kuttern und Schonern üblich, wurden die Stengen (topmasts) „topgallants“ genannt, was sonst die Bezeichnung für Bramstengen war. An jedem Mast befanden sich drei Rahen, aber es gibt keine Anzeichen dafür, daß sie etwa wie der Schoner des in Abbildung 32 wiedergegebenen Gemäldes von G. Tobin getakelt war. An jedem Mast werden die untersten Rahen der HELENA „Spreizrahen“ genannt. Leider existieren zeitgenössische Illustrationen nicht in ausreichender Anzahl, um die Anfertigung eines wirklich korrekten Segelrisses zu ermöglichen.[18]

Ein Decksplan zeigt Betinge und eine „dolly winch“ (Anm. d. Übers.: eine einfache Doppelwinde mit einem Vorgelege) hinter dem Großmast. Vor dem Fockmast stand die Ankerwinde, und neben deren Pallpfosten und dem Vorsteven lag an Backbordseite das Bugspriet.

Amerikanische Schoner dieser Zeit besaßen einen stärker überfallenden Vorsteven, waren weniger breit und hatten ein über dem Steven fahrendes Bugspriet. Ihre Rumpfformen verfügten über eine größere Feinheit der Wasserlinien, besonders im Achterschiff, wo sie länger und hohler waren. Die amerikanischen Rumpfformen sind für eine Schonertakelage entworfen worden, während in Großbritannien der Rumpf in traditioneller Weise wie beim Kutter gebaut wurde und dann eine zweimastige Takelung erhielt.

KAPERSCHIFFE UND BLOCKADEBRECHER

Vor 1775 wurde in Kriegszeiten eine Reihe von Schiffen mit feinem Belauf durch die Admiralität angekauft, um als Brander, Slups und Transportfahrzeuge verwendet zu werden. Die NAUTILUS, die im Jahre 1763 in Portsmouth aufgemessen wurde, bietet für diese Gruppe ein gutes Beispiel. Sie war 1762 in Hull von Thomas Dodgson gebaut worden. Ihre Abmessungen waren 30,15 m Länge an Deck × 8,36 m Breite über alles × 3,77 m Raumtiefe bei 324 tons. Ihr Plan zeigt, daß sie bei beträchtlicher Aufkimmung des Bodens sehr runde Hauptspantformen besaß. Im Spantriß sind die Radien für die Krümmung der Auflanger eingezeichnet, aber für den weiter unten liegenden Bereich war der Zeichner der Admiralität vermutlich nicht in der Lage, irgendwelche Mittelpunkte für entsprechende Kreisbögen festzulegen. Es ist eine gewisse Ähnlichkeit vorhanden zu bestimmten Spantrissen in Chapmans berühmter *Architectura Navalis Mercatoria* (1768), die von dem schwedischen Schiffbauingenieur mittels einer Parabel nach einem von ihm entwickelten System entworfen wurden. Wahrscheinlich ist die NAUTILUS als Kaperschiff während des Siebenjährigen Krieges (1756–1763) gebaut worden, und ihr Plan ist der Beweis dafür, daß in England schon vor 1775 feinlinige Schiffe von bestmöglicher Form gebaut wurden.

Im Londoner Science Museum befindet sich das Halbmodell eines Schiffes mit steil ansteigendem Boden. Am Heckt trägt es den Namen ALEXANDER, und die neun Stückpforten an jeder Seite sind Hinweise auf ein gut bewaffnetes Schiff. Die Ankerwinde deutet eher auf einen Handelssegler, während ein Gangspill an ihrer Stelle mehr auf ein Kriegsschiff hätte schließen lassen. Der Linienriß nach dem von William Salisbury aufgemessenen Modell zeigt durch die Gestalt des Hauptspants, daß es nicht der orthodoxen Marinebauart mit ihren birnenförmigen Spantrissen entsprach. Vielmehr lassen der gerade ansteigende Boden und der große Kimmradius vermuten, daß der Konstrukteur von der Rumpfform des Kutters beeinflußt war. Das Verhältnis der Tiefe zur Länge des Rumpfes entsprach dem, was für viele zeitgenössische Westindienfahrer üblich war. Ein scharf gebautes amerikanisches Schiff hätte dagegen einen geringeren Tiefgang gehabt. Die Linien und Proportionen wiesen eine gewisse Ähnlichkeit zu denen des in Abbildung 25 wiedergegebenen Kaperschiffes auf. Das Vorschiff der ALEXANDER war mäßig voll und konvex, während das Achterschiff feinere und konkave Linien aufweist. Die Poop besaß die volle Höhe, das Steuerrad befand sich dicht hinter dem Kreuzmast und die Ankerwinde an der Achterkante des Fockmastes. Die Luken waren länger als bei einem reinen Frachtsegler, besaß aber die für ein Kaperschiff oder auch für einen Sklaventransporter übliche Größe. Die vom Modell abgenommenen Maße ergaben eine Länge über alles von 32,31 m und eine Breite über alles von 8,53 m bei einer kalkulierten Tonnage von 280 tons.

Es ist vermutet worden, daß es sich bei dieser ALEXANDER möglicherweise um das Kaperschiff gleichen Namens aus Bristol handele, welches im Jahre 1778 zu zwei Unternehmungen ausgelaufen war. Jenes Schiff war zu 250 tons vermessen und mit vierzehn 6pfündern und sechs Drehbassen bestückt. Die Besatzung bestand aus achtzig Mann. In einer Anzeige wurde es beschrieben als „ein bemerkenswert schneller Segler"; aber wie hätte man wohl auch mit einer gegenteiligen Aussage Seeleute anlocken können? Im vorangegangenen Jahr war das Schiff von Grund auf neu verzimmert worden, und 1779 wurde es verkauft. Bei der zweiten Unternehmung konnte es gemeinsam mit der TARTAR das französische Schiff FERME wegnehmen, dessen Ladung mit £ 100000 versichert war. Dies war der Grund, ein Modell des Fahrzeuges anfertigen zu lassen, wenn auch nur ein Halbmodell.[19]

Kaperschiffe waren auf die unterschiedlichste Art getakelt. So ist es möglich, daß die oben erwähnte zu 110 tons vermessene TARTAR an ihren drei Masten entweder die Segel eines Schoners oder die eines Luggers fuhr. Mehrere Slups und Kutter wurden zwischen 1775 und 1783 in Bristol ausgerüstet, aber ihre Größe übertraf oft die eines voll getakelten Schiffes. Eine Reihe von Kaperschiffen aus Bristol wurde von Nicholas Pocock skizziert und einige der Bilder in Damer Powells Buch wiedergegeben. Eine der herrlichsten seiner Zeichnungen zeigt das Schiff OLD ENGLAND, wie es unter vollem Zeug vor dem Wind segelt mit Skysegeln an Fock- und Großmast, dazu an beiden Seiten Leesegel bis hinauf zu den Royals und am Vorgeschirr Blinde und Schiebblinde. Dieses Schiff war 1778 mit 120 Mann im Dienst gestellt worden, seine Bewaffnung bestand aus zwanzig 6pfündern sowie zwanzig Drehbassen, und es war zu 280 tons vermessen.[20]

Ein größeres Schiff war die MARS, welche 1779 von J. M. Hilhouse in Bristol nach den Linien einer schnellen Slup der Marine gebaut worden war. Sie hatte ein feines konvexes Vorschiff und ein längeres konkaves Achterschiff. Die Schnitte des Spantrisses wurden mit Hilfe von Kreisbögen konstruiert, die Bodenwrangen waren kurz und die Auflanger gekrümmt. Diese Feststellungen stützen sich auf die Ergebnisse einer Aufmessung, die William Salisbury an dem im Besitz von Charles Hill & Sons befindlichen Halbmodell vorgenommen hat. Aus den Maßen des Modells ergeben sich für das Schiff 33,07 m Länge (über die Steven) × 8,46 m Breite (über die Spanten) × ca. 4–4,30 m Raumtiefe. Es war mit zweiundzwanzig 12pfündern auf dem Hauptdeck und mit acht anderen ebenfalls auf „Rollpferden" (Radlafetten) montierten Kanonen bestückt. Die Besatzung bestand aus 150 Mann. Damit dürfte es sich hierbei um eines der größten während des amerikanischen Unabhängigkeitskrieges gebauten Kaperschiffe gehandelt haben. Im Museum von Bristol befindet sich ein getakeltes Modell, welches zeigt, daß die MARS an allen drei Masten Royalsegel fuhr und daß Besangaffel und -baum sehr lang waren. Leider kehrte sie von ihrer ersten Unternehmung nicht wieder zurück.

Ein anderes und wahrscheinlich von Hilhouse gebautes Kaperschiff ist auf einem unvollständigen Plan in der Hilhouse Collection abgebildet, der immerhin so viel erkennen läßt, daß es sich um ein Fahrzeug mit extremer Aufkimmung und scharfem Achterschiff gehandelt haben dürfte. Dieser Plan, Folio 104, trägt weder Namen noch Datum. Weitere Angaben sind in diesem Kapitel im Abschnitt „Paketschiffe der Post" aufgeführt.

Im Museum von Lancaster befindet sich ein Modell mit dem

25 THETIS; möglicherweise von John Brockbank in Lancaster entworfenes und etwa 1780 gebautes Kaperschiff von nicht geklärter Identität (siehe Text). Reproduktion eines von W. Salisbury gezeichneten Linienrisses, dem die Maße eines im Museum von Lancaster befindlichen Modells zugrunde liegen. Die nach dem Modell ermittelten Maße: 28,04 m (Kiellänge plus Überhang vorn) × 9,30 m (Breite) × ca. 4,90 m (Raumtiefe). – Ausmaß etwaiger Rekonstruktionen unbekannt.

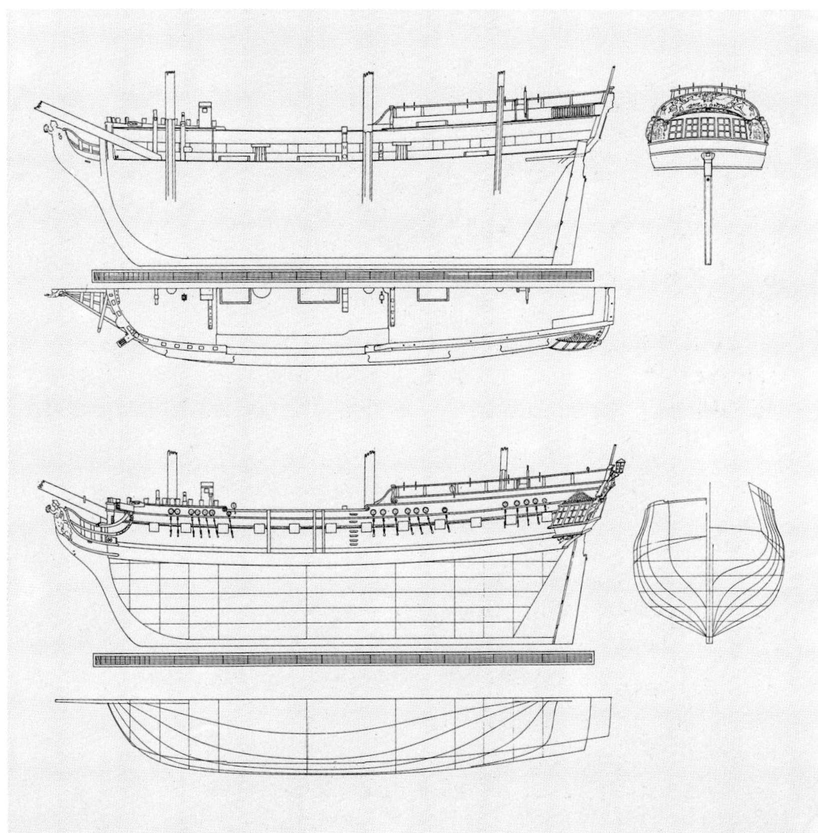

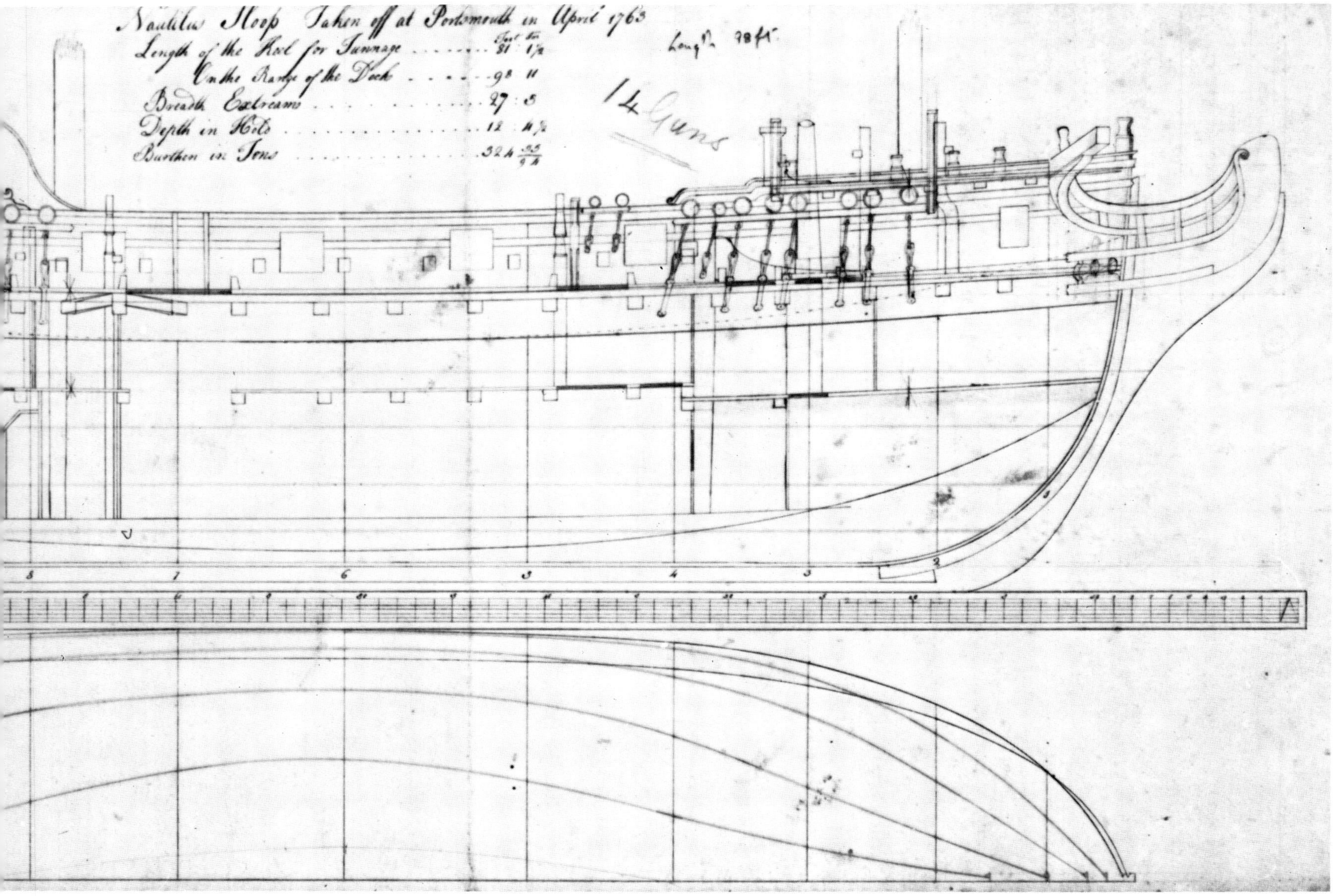

22 NAUTILUS; 1762 von Thomas Dodgson in Hull gebaut; Linienriß nach Aufmessung von 1763 in Portsmouth. Reproduktion eines Admiralitätsplanes aus dem National Maritime Museum, Greenwich. Auf dem Plan angegebene Abmessungen: 30,15 m (Länge an Deck) × 8,36 m (Breite über alles) × 3,77 m (Raumtiefe); 324 tons. Wahrscheinlich als Kaperschiff gebaut.

23 Dieses Halbmodell im Science Museum, London, trägt den Namen ALEXANDER am Heck. Das Schiff besaß feine Linien und war gut bewaffnet. Die langen Luken deuten auf ein Kaperschiff oder einen Sklaventransporter.

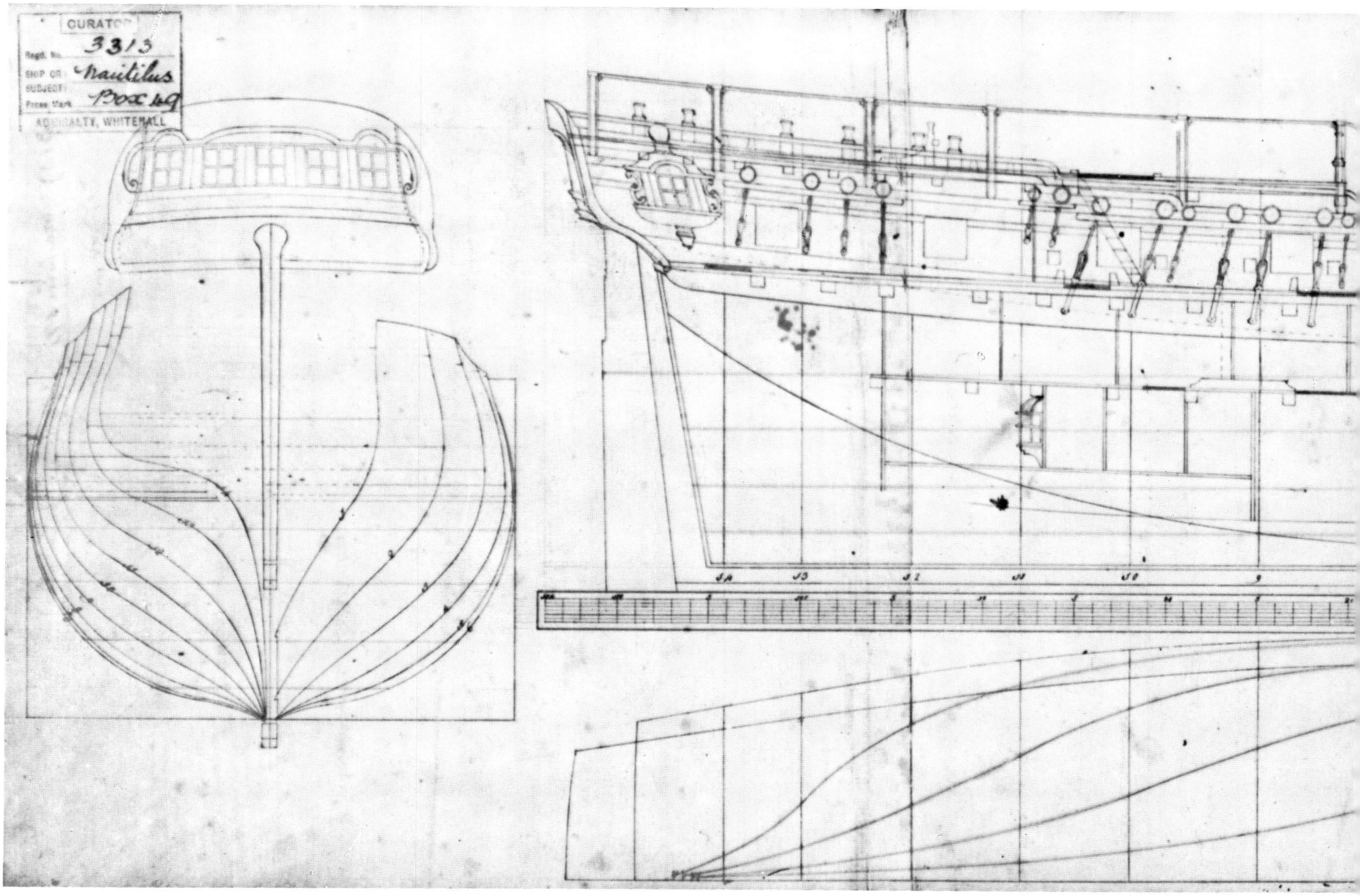

24 Das Bild nach einem 1780 datierten Stich von Nicholas Pocock zeigt in der Mitte das Kaperschiff RANGER mit den von ihm im Jahre 1779 gemachten Prisen. Es wurde in Amerika gebaut; seine Takelung erscheint nicht übermäßig hoch.

Namen THETIS, welches vermuten läßt, daß es ein 1801 von John Brockbank in Lancaster gebautes 10-Kanonen-Schiff gleichen Namens von 290 tons darstellen sollte. Aus dem Baukontrakt geht jedoch hervor, daß das Modell im Verhältnis größer war als das fertige Schiff. Die THETIS war dadurch bekannt geworden, daß sie ein französisches Kaperschiff in westindischen Gewässern abgeschlagen hatte. Ihr Baukontrakt im Museum von Lancaster gibt ihre Abmessungen mit 23,47 m Vermessungskiellänge, 7,62 m Breite über Spanten und 4,93 m Raumtiefe an. Die Masse nach dem Modell betrugen dagegen 28,04 m Vermessungslänge (Kiel + Überhang vorn), 9,30 m Breite und ca. 4,90 m Raumtiefe. William Salisbury hat nach den Linien des Modells einen Plan angefertigt (Abbildung 25) und den Kontrakt abgeschrieben, wodurch diese Untersuchung ermöglicht wurde. Er vermutet, daß es wahrscheinlich den Entwurf eines schwer bewaffneten Kaperschiffes von ca. 1780 darstellt, so wie es Brockbank etwa vorgeschwebt haben mag, und daß es auch sehr gut zu seiner Auffassung paßte, Hauptspantschnitte unter Verwendung nur eines Kreisbogens zu zeichnen.

Der Rumpf zeigt den gleichen steil und gerade ansteigenden Boden wie bei der ALEXANDER. Andererseits sind die Spanten oben stärker eingezogen, ist das Vorschiff etwas schärfer und sind die Linien im Achterschiff weniger konkav. Sonst sind die Proportionen einigermaßen ähnlich. Das Modell ist für vierundzwanzig Kanonen gebohrt und besitzt Poop und Back. Statt einer Ankerwinde sind an Deck zwei Gangspille zu sehen.

Durch die Gepflogenheit der Admiralität, alle von der Marine übernommenen Schiffe von überdurchschnittlichem Interesse aufmessen und dann Risse von ihnen anfertigen zu lassen, und dank der Aufbewahrung dieser Pläne im National Maritime Museum in Greenwich ist es möglich, dort einige großartige Beispiele der Schiffbaukunst anderer Länder zu studieren. In dieser Sammlung sind die Baltimore-Klipper und die französischen Kaperschiffe recht gut vertreten. Von ihnen ist hier je ein Beispiel ausgewählt worden, um einen Eindruck von jenen scharf gebauten Seglern zu geben, die von britischen Kriegs-, Paket- oder Kaperschiffen, Kuttern oder Handelsfahrzeugen entweder gemieden oder aufgebracht werden mußten.

Das französische Kaperschiff LES HUIT AMIS wurde 1798 selbst gekapert und als BONETTA in die Royal Navy übernommen. Wie ihr Plan (Abbildung 26) zeigt, besaß sie die außerordentlich feinen Linien eines Klippers. Sie hatte eine derart steile Aufkimmung, daß ihre größte Breite über der CWL lag. Weiter besaß sie ein fein geformtes Vorschiff und lang auslaufende Linien im achteren Teil des Rumpfes. Dabei ist kaum irgendwo eine hohle Wasserlinie zu finden. Tatsächlich hatten viele der schärfstgebauten Schiffe um die Jahrhundertwende konvexe Linien an Bug und Heck. Ihre Tonnage wird mit 347 tons angegeben bei 31,42 m Länge an Deck, 8,43 m Breite über alles und 3,98 m Raumtiefe neben dem Kielschwein. Mindestens noch sieben französische Kaperschiffe, die zwischen 1795 und 1803 von der britischen Flotte aufgebracht wurden, zeigen ähnliche charakteristische Merkmale,

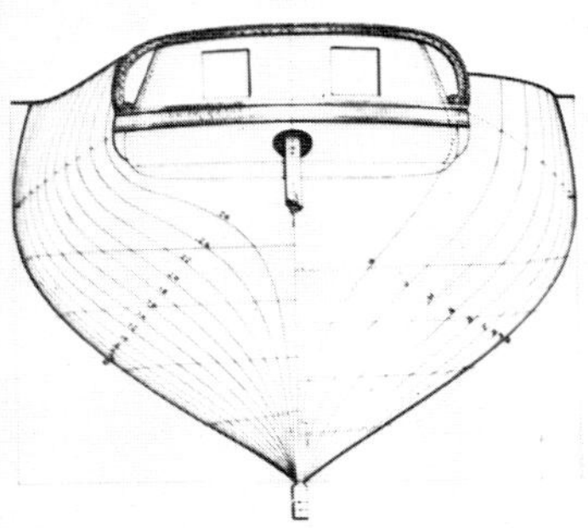

26 HMS BONETTA; 1798 als die französische LES HUIT AMIS gekapert und in die Royal Navy als BONETTA übernommen. Reproduktion eines 1798 datierten Admiralitätsplanes aus dem National Maritime Museum, Greenwich. Auf dem Plan angegebene Abmessungen: 31,42 m (Länge an Deck) × 8,43 m (Breite über alles) × 3,98 m (Raumtiefe); 347 tons. Leider sind auf dem Plan die Spierenabmessungen nicht aufgeführt, aber die Anordnung der Masten und der Püttingsjungfern deuten auf ein Vollschiff.

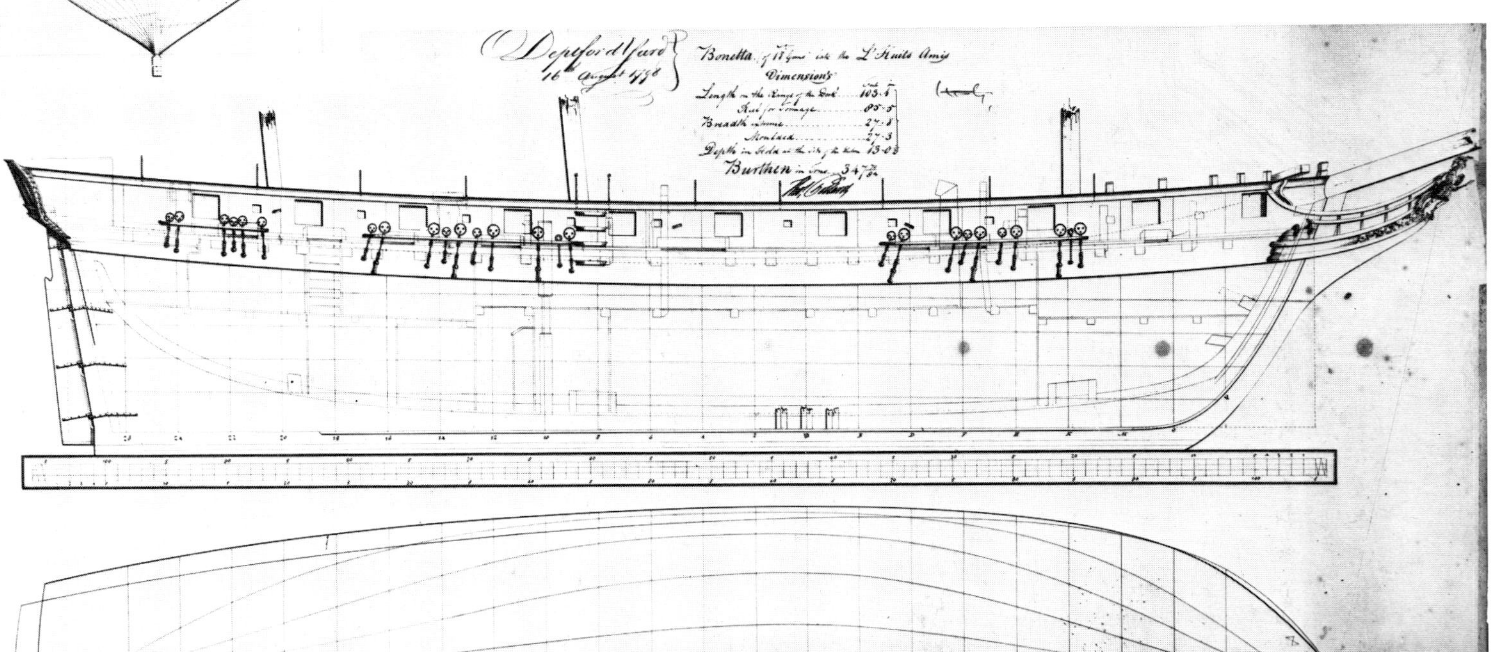

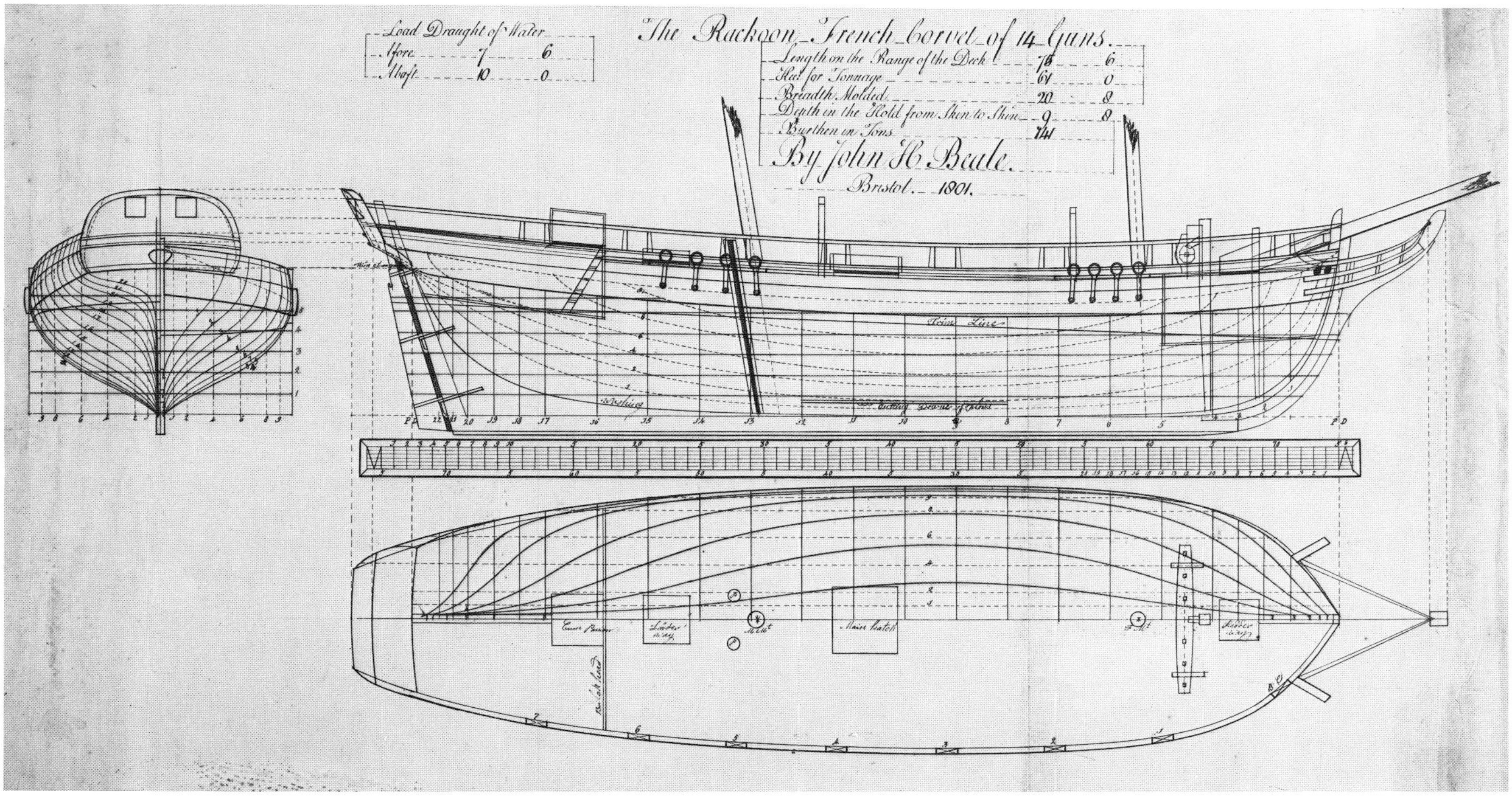

27 Französische Korvette RACKOON. Signatur und Datum des Planes: John H. Beale, Bristol, 1801. Das Schiff war vermutlich im gleichen Jahr, wahrscheinlich nach seiner Kaperung, aufgemessen worden. Reproduktion eines Planes aus dem National Maritime Museum, Greenwich. Auf dem Plan angegebene Abmessungen: 23,01 m (Länge des Oberdecks), 18,59 m (Vermessungskiellänge), 6,30 m Breite über die Spanten), 2,95 m (Raumtiefe „von Haut zu Haut“); 141 tons. Die Takelungsart ist nicht vermerkt.

wie steile Aufkimmung, feiner Belauf und Glattdeck, Merkmale, wie sie auch beim Chesapeake-Typ angetroffen wurden. Dadurch werden Berichte erhärtet, nach denen damals amerikanische Schiffbauer in Frankreich tätig gewesen sein sollen.[21] Unter den Plänen der Admiralität finden sich Zeichnungen von vor dieser Zeit aufgebrachten französischen Schiffen mit feinen Linien, deren Spantriß noch die traditionelle „Birnenform“ aufweist, wobei Bodenwrangen, Kimm und Auflanger alle durch Kreisbögen bestimmt sind. Die späteren, um die Jahrhundertwende gebauten Kaperschiffe lassen deutlich einen neuen Einfluß erkennen. Ein Schiff wie die LES HUIT AMIS besaß schärfere Linien als mancher ein halbes Jahrhundert nach ihm gebaute Klipper, und es war nur die zusätzliche Länge, die den jüngeren Klippern noch dieses Extra an Geschwindigkeit verlieh.

Die LES HUIT AMIS besaß eine schöne Galionsfigur, die einen Krieger mit einem Türkensäbel in der rechten Hand darstellte, während ein anderes dieser Kaperschiffe, die LA VENGEANCE, nur einen einfachen Bug mit einwärts gebogenem Krullgalion hatte. Sie hatte den Ruf, ein sehr schneller Segler zu sein, der aber bei Fahrt gegen die See recht naß war. Sie wurde 1800 von der Marine als HMS SCOUT übernommen.[22]

Außer den in Baltimore gebauten feinlinigen Schiffen wurden Fahrzeuge mit scharfen Formen noch in vielen anderen Gebieten Amerikas gebaut als Folge des amerikanischen Unabhängigkeitskrieges von 1775–1783 und des Seekrieges von 1812–1815. In beiden Kriegen herrschte ein großer Bedarf an schnellen Schiffen, die als Blockadebrecher den britischen Flottengeschwadern entkommen oder als Kaperfahrzeuge Beute unter britischen Handelsschiffen machen konnten. Die Royal Navy hatte schon früh ein Interesse an diesen scharf gebauten Schonern gezeigt und davon zwei 1767 in New York bauen lassen.[23] Später kamen dann von Zeit zu Zeit noch weitere als Prisen dazu. Allmählich wurde die Bezeichnung „Baltimore-Klipper“ für jeden scharf gebauten Schoner ohne Rücksicht auf seinen Bauort verwendet.

Die Konstrukteure dieser Schiffe waren, anders als ihre europäischen Kollegen, durch keinerlei gesetzliche Bestimmungen eingeengt. Die Segler waren allgemein mit geradem oder leicht gekrümmtem ansteigendem Boden und hochliegender Kimm gebaut. Die Wasserlinien waren konvex und wiesen häufig auch im Achterschiff nicht die geringste Konkavität auf. Der Bug war oft einfach gehalten mit lediglich einem auswärts gebogenen Krullgalion. Ohne Galionsknie, Galionsfigur oder Galionsbretter ragte er mit kühnem Überhang nach vorn. Neben dem gleichfalls überhängenden Achtersteven wäre noch der beträchtliche Kielfall und die Glattdeckkonstruktion hervorzuheben. Ihr Rigg war gewöhnlich das eines stark getakelten Schoners mit Rahsegeln an einem oder beiden Masten, gelegentlich waren sie aber auch als „echte" Brigantine, Brigg oder Vollschiff getakelt.

Der hier als Beispiel ausgewählte Baltimore-Klipper ist der Schoner FLY, der 1811 fünfzig Seemeilen von den Scilly-Inseln aufgebracht und im folgenden Jahr als SEA LARK von der Royal Navy übernommen wurde. Ohne zwar ein so extremer Fall wie die NONPAREIL oder die MUSQUIDOBIT gewesen zu sein, war er doch typisch für die scharf gebauten Segler aus den frühen Jahren des neunzehnten Jahrhunderts.[24] Ein anderer Grund, ihn auszuwählen, liegt darin, daß er die Möglichkeit zu einem interessanten Vergleich mit der Brigantine ST. HELENA der Ostindischen Kompanie (Abbildung 47) bietet. Zu diesem Schiff bestehen Ähnlichkeiten in der Länge an Deck, in der Kiellänge, in dem Ausmaß des Kielfalls und im Verlauf des Sprunges. Als Unterschiede sind dagegen hervorzuheben die steilere Aufkimmung, die schärferen Wasserlinien und der weniger tiefe Rumpf der SEA LARK. Ihre Abmessungen waren 24,77 m Länge an Deck, 6,91 m Breite über alles, 3,00 m Raumtiefe und $178^{27}/_{94}$ tons. Sie besaß keine Ankerwinde, aber Betinge an der Achterkante des Fockmastes und ein Gangspill hinter dem Großmast. Der Segel- und Takelriß (Abbildung 29) wurde neu gezeichnet nach den auf dem Linienriß aufgeführten Maßen der Spieren und nach einer von Howard I. Chapelle freundlicherweise zur Verfügung gestellten Rekonstruktion, die im Blick auf Takelung und Segel maßgebend war. Die größte Höhe der Untermasten und der hohe Heiß der großen Gaffelsegel waren ein besonders hervorstechendes Merkmal der Baltimore-Klipper, durch das ein auffallender Kontrast zum Segelriß der ST. HELENA entsteht. Die Schoten der Breitfock fuhren bei amerikanischen Schonern oft zu einem Baum am Fußliek des Segels. Viele dieser Fahrzeuge konnnten auch am Großmast noch Mars- und Bramsegel setzen. Auch die Art, auf die die Kopfrah des Großgaffeltoppsegels gefahren wurde, unterschied sich von der britischen Praxis jener Zeit.

Das Vorhandensein so vieler beutehungriger Schnellsegler veranlaßte die Marine, eine Reihe scharf gebauter Slups und Kanonenbriggs in Auftrag zu geben. Auf diese Weise wurde auf die Schiffbauer ein Einfluß ausgeübt, der sie zwang, Fahrzeuge zu entwerfen, die an Schnelligkeit ihren Feinden überlegen waren. Die fortgesetzten Kriege und die Notwendigkeit, immer in Alarmbereitschaft gegen Kaper- und Schmuggelfahrzeuge zu sein, hatten Schiffbauer hervorgebracht, die ein schnelles Schiff zu konstruieren vermochten, wann immer es verlangt wurde. So konnten, was eine steile Aufkimmung betrifft, die von Sir Henry Peake 1807 entworfenen 10-Kanonen-Briggs der ROLLA-Klasse es durchaus mit den amerikanischen Schonern aufnehmen. Später hat dann Sir William Symonds in den Jahren um 1830 die Entwicklung in dieser Richtung fortgeführt, worauf im Kapitel III noch näher eingegangen wird. James A. Sharp, der Biograph Sir William Symonds, spricht von der „großen Familienähnlichkeit zwischen den drei schnellsten Fahrzeugklassen – dem englischen Kutter, dem französischen Lugger und dem amerikanischen Klipper."[25]

Einen unmittelbaren Einfluß der Baltimore-Klipper stellt Basil Lubbock bei dem Opium-Klipper RED ROVER fest, der 1829 nach den Linien der amerikanischen Brigantine PRINCE DE NEU-

28 Linienriß von HMS SEA LARK; 1811 als in Amerika gebauter Schoner FLY gekapert und 1812 als SEA LARK in die Royal Navy übernommen. Reproduktion eines 1812 datierten Admiralitätsplanes aus dem National Maritime Museum, Greenwich. Auf dem Plan angegebene Abmessungen: 24,77 m (Länge an Deck) × 6,91 m (Breite über alles) × 3,00 m (Raumtiefe); $178\,^{27}/_{94}$ tons.

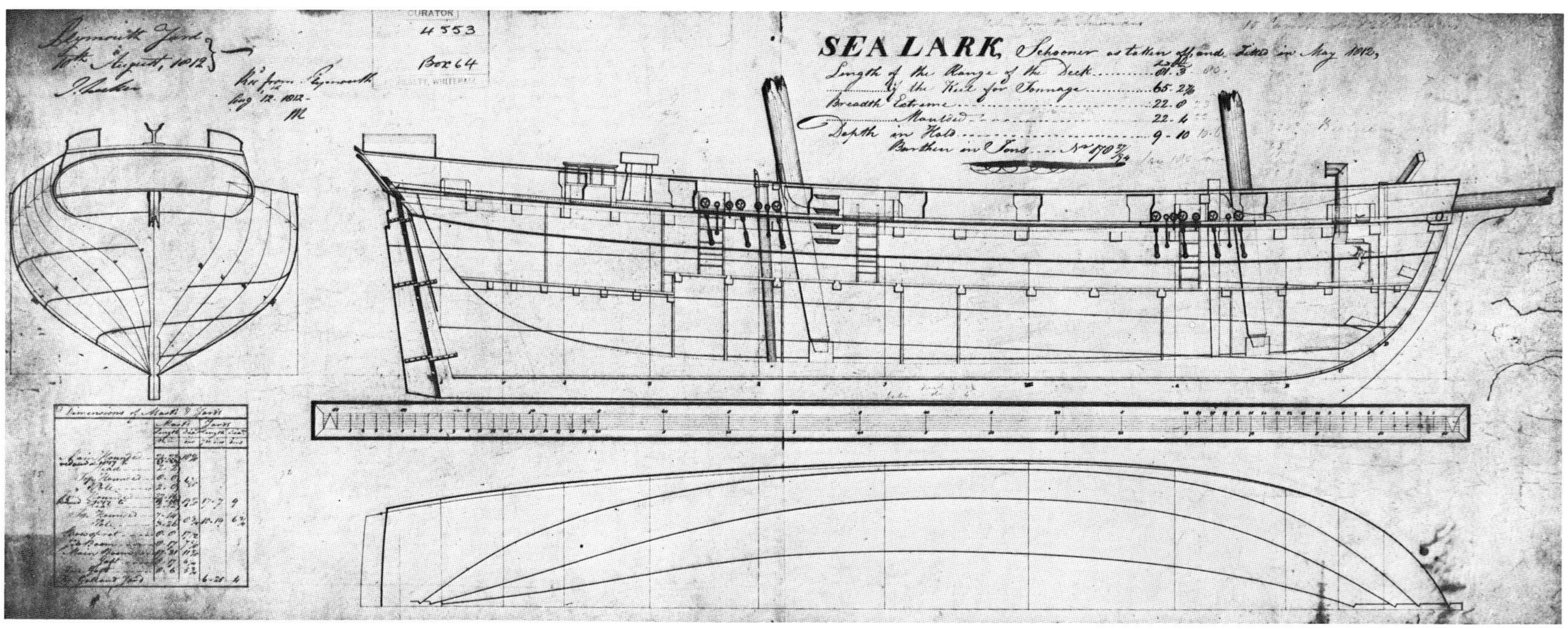

CHATEL gebaut worden war und dann bei der Konstruktion mehrerer anderer Opiumschiffe als Vorbild diente.[26] Aber häufig ist man zu schnell bei der Hand mit der Feststellung von Ähnlichkeiten zwischen irgendeinem scharf gebauten britischen Schiff und dem ersten besten Baltimore-Klipper, der einem in den Sinn kommt. An die Beurteilung von Gemeinsamkeiten sollte man immer mit großer Sorgfalt herangehen, besonders wenn, wie in Großbritannien, eine so ausgezeichnete eigene Tradition im Bau schneller Schiffe zur Verfügung steht.

HANDELSSCHIFFE

In der im National Maritime Museum befindlichen Sammlung von für die Admiralität angefertigten Zeichnungen befinden sich auch Pläne von Handelsschiffen, die in den Jahren von 1775 bis 1783 von der Marine angekauft worden waren. Sie zeigen, daß viele dieser Schiffe mäßig scharfe Linien besaßen wie etwa die CUPID (1777 gekauft, 290 tons) oder die BRITANNIA (1781 gekauft, 537 tons). Diese beiden und eine Reihe ähnlicher Fahrzeuge hatten zwei Decks, Poop und Back, waren mit einer Ankerwinde ausgerüstet und besaßen Stückpforten in beachtlicher Zahl. Hohle Linien im Vor- und besonders im Achterschiff waren allgemein, vorn im unteren Bereich und achtern bis weit hinauf. Bei den in diesen Jahren von der Flotte übernommenen Schiffen aus Amerika bestand der obere Abschluß aus einem Glattdeck; Vor- und Achtersteven besaßen einen größeren Überhang, wozu noch die Tendenz zu einer eher etwas steileren Aufkimmung kam.

In der britischen Handelsschiffahrt zeigten sich keine merklichen Einflüsse des Baltimore-Klipper-Typs, da die völligen und tiefen Fahrzeuge durch das Geleitzugsystem geschützt wurden.

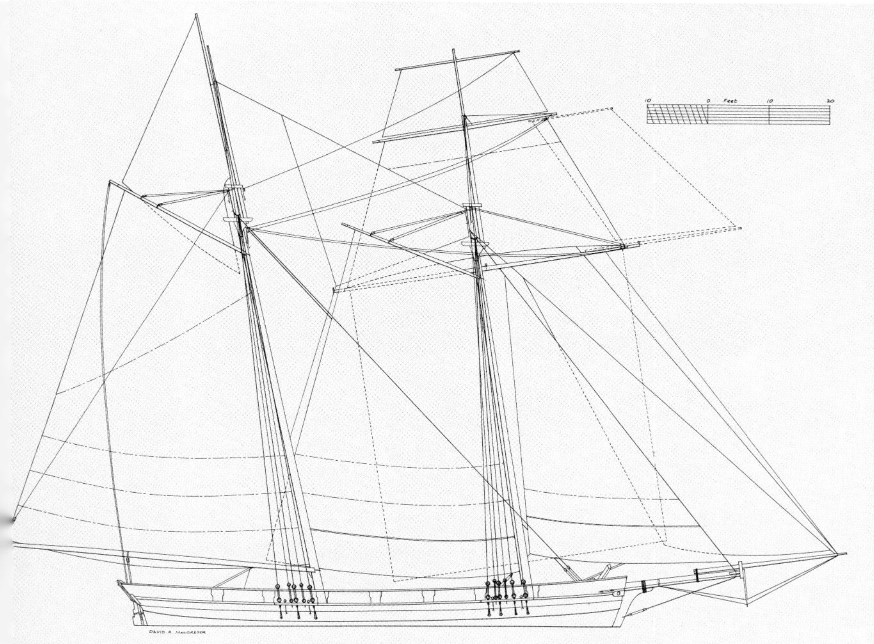

29 Segelriß von HMS SEA LARK. Nach einem Längsschnitt und den auf dem Linienriß aufgeführten Spierenabmessungen rekonstruiert. Dabei wurde auch die von Howard I. Chapelle zur Verfügung gestellte Rekonstruktion des Segelrisses berücksichtigt. Das Leesegel und die Breitfock sind gestrichelt gezeichnet, da die entsprechenden Spieren auf dem Linienriß nicht erwähnt werden, die Segel aber sehr wahrscheinlich gefahren wurden.

30 HMS MUSQUIDOBIT; 1812 in Baltimore als LYNX gebaut; 1813 gekapert und als MUSQUIDOBIT von der Royal Navy übernommen. Reproduktion eines 1816 datierten Admiralitätsplanes aus dem National Maritime Museum, Greenwich. Auf dem Plan aufgeführte Abmessungen: 28,83 m (Länge an Deck) × 7,32 m (Breite über alles) × 3,12 m (Raumtiefe); 223 91/94 tons. Sechs Kanonen.

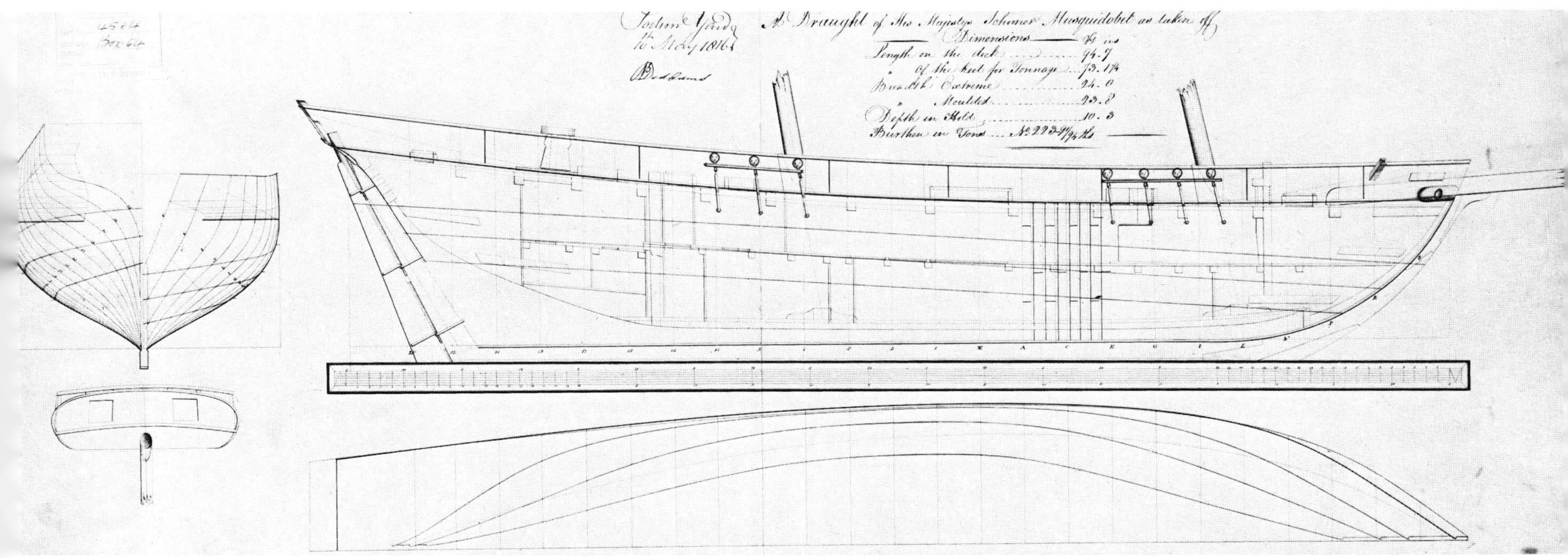

31 Zeichnung eines amerikanischen Schoners von W. I. Huggins. Obwohl erst 1830 veröffentlicht, zeigt die Darstellung einen HMS SEA LARK, ex FLY, ähnlichen Klipper-Schoner vom Baltimore-Typ. Der hohe Heiß der Gaffelsegel ist ebenso wie die anderen Details der Takelung sicher belegt.

32 Die 1794 von G. Tobin gemalte Szene zeigt zwei amerikanische Schoner vor der Küste Virginias, links ein Kaperschiff und rechts einen Lotsenbootstyp ohne Bugspriet. Die Takelung des Kaperschiffes wird gelegentlich als „Main-Topsail-Schoner" („Großtoppsegelschoner") oder „Two-Topsail-Schoner" („Zwei-Toppsegelschoner") bezeichnet. Am Fuß des Fockmastes befindet sich ein Baum, zu dem die Schoten der Breitfock fuhren. An seiner Oberkante waren die Spieren für die langen, schmalen Leesegel angebracht. Einge Schoner dieses Typs wurden auch in Großbritannien verwendet; die Art des kleineren Schoners war dort ebenfalls vertreten und wurde oft als „Shallop" (Schaluppe) bezeichnet, besaß aber meist ein Bugspriet.

Diejenigen aber, die mit Sondergenehmigungen außerhalb der Konvois fahren durften, waren ohnehin schon immer als schnelle Schiffe, die sich selbst schützen konnten, gebaut worden. Vielleicht hatten die Presseberichte von der Aufbringung oder Versenkung zahlreicher Schiffe durch amerikanische oder französische Kaperfahrzeuge die nicht genau bestimmbare Nebenwirkung, daß die dadurch erlangte Berühmtheit dieser Schnellsegler möglicherweise einige Schiffseigner bewogen haben mag, ihnen nachzueifern oder sie gar zu überbieten. Schiffsnamen wie „Experiment", „Fly" oder „Dash" lassen vermuten, daß der Eigner ein schnelles Fahrzeug hatte bauen lassen. Natürlich kann auch Wunschdenken hierbei eine Rolle gespielt haben. Das Maß der Schärfe und der feinen Linien eines Schiffes war damals noch nicht in jeder Werft Gegenstand so gründlicher Untersuchungen, wie das ein halbes Jahrhundert später der Fall war. Die Bezeichnungen „scharf", „hohl", „Fall", „Überhang" usw. hatten damals gegen Ende des achtzehnten Jahrhunderts für einen Handelsschiffbauer, Eigner oder Kapitän eine andere Bedeutung als in der Zeit der Klipperschiffe.

So baute zum Beispiel Daniel Brocklebank 1793 in Whitehaven auf eigene Rechnung das Schiff JUPITER, über dessen Segeleigenschaften und Rumpfform er einige sehr positive Bemerkungen machte. Vergleicht man diese mit dem Linienriß der JUPITER, dann erhält man wertvolle Einsichten in die Auffassung der Konstrukteure jener Zeit. Und so lauteten nun die erwähnten Notizen:

„Der Bug war sehr scharf, schmal und unterhalb 1,5 bis 1,8 m unter der Wasserlinie beachtlich hohl gehalten. In Ballast soll die JUPITER besonders schnell am Wind oder mit halbem Wind segeln. Vor dem Wind ist sie dagegen relativ langsam. Daß sie am Wind schnell ist, muß eher ihrem scharfen Bug als der Form des Achterschiffs zugeschrieben werden. Ihr großer Überhang vorn verhindert, daß sie tief in die See eintaucht, obwohl ich glaube, daß sie eher stärker als normal stampft. Auf ihrer ersten Ausreise nach St. Petersburg in Ballast und mit glattem Boden überholte sie fast 70 Handelsschiffe. Mit halbem Wind bei ruhiger See lief sie vor Bornholm 11 bis 12 Knoten. Ihr großer Nachteil ist, daß sie sich nicht gut aufsetzen läßt und, voll aufgetakelt, 10 bis 15 tons Ballast zur Erhöhung der Stabilität benötigt. Mit Ladung oder in Ballast ist sie dann aber vollkommen stabil."[27]

Bevor ihre Bauart und damit verbundene Überlegungen erörtert werden, zunächst ein Wort zu den Abmessungen der JUPITER. Auf ihrem Plan heißt es: „Länge an Deck, wie gebaut, 25,60 m, mittschiffs ein Spant hinzugefügt; Länge am Boden 21,03 m; Breite über die Spanten 7,32 m; Raumtiefe 4,95 m; vermessen zu 207 tons."[28] Die dem Plan entnommenen Abmessungen ergeben 24,84 m Länge an Deck (über die Steven in der angenommenen Höhe des Decks) und 20,27 m Länge des Kiels am Boden. Damit ist der Plan also eine Konstruktionszeichnung, auf die man, wie es damals allgemein üblich war, die Abmessungen des fertigen Fahrzeuges mit der Anmerkung „wie gebaut" schrieb. Manchmal wurden von dem Erbauer auch noch die Konstruktionsmaße mit angegeben wie bei den Adams-Plänen von in Buckler's Hard gebauten Schiffen. Das bei der JUPITER mittschiffs hinzugefügte Spant verlängerte offensichtlich den Rumpf um 0,76 m, denn das ist die Differenz zwischen Konstruktionslänge und Länge „wie gebaut". Daraus kann man entnehmen, daß das Maß für Inholz und Fach (= Spant + Zwischenraum) 0,76 m betrug, obwohl der Abstand der wahrscheinlich jedes zweite Spant repräsentierenden Spantebenen der Zeichnung 1,22 m beträgt. Allerdings entsprechen die Abstände der Spanten im Spantriß nicht immer denen der wirklichen Spanten. Die Differenz von 0,15 m im Spantabstand könnte aber auch auf maßstäbliche Ungenauigkeiten und Verrutschen des Papieres zurückgeführt werden. Tatsächlich finden sich häufig viel größere Differenzen zwischen den ausgeschriebenen und den von der jeweiligen Zeichnung abgenommenen Maßen.

Der Linienriß der JUPITER ist in Abbildung 33 wiedergegeben. Er wurde aus einer Pause, die vom Originalriß gemacht wurde, weiterentwickelt. Im Längsriß wurden die Schnitte hinzugefügt, um die Rumpfform auf die heutige Art festzulegen. Dadurch werden auch besonders gut die sanft geschwungenen Linien der JUPITER veranschaulicht. Vor- und Achterschiff sind oberhalb der Leichtwasserlinie mäßig voll, darunter aber scharf gebaut. Die zweite Wasserlinie, 1,68 m über dem Kiel, läuft in gerader Linie zum Vorsteven. Darunter ist die Bugform hohl. Der Rumpf besitzt einen großen Sprung, so wie man ihn vor dem neunzehnten Jahrhundert liebte. Stückpforten, Decks oder die Position der Masten sind nicht eingezeichnet. In der Zeichnung ist ein einfacher Bug dargestellt; wahrscheinlich dürfte die JUPITER jedoch mit dem normalen Galion, Galionsbrettern und Galionsfigur gebaut worden sein. Als ein in der Ostseefahrt beschäftigtes Fahrzeug kann sie aber auch genau der Zeichnung entsprechend ausgesehen haben. Die CWL ist gemäß der aus *Lloyd's Register* für 1797 entnommenen Tiefgangangabe von 4,27 m rekonstruiert und dabei dieser Wert als der des mittleren Tiefgangs mittschiffs benutzt worden. In diesem Zusammenhang ist zu beachten, daß ihre Form und der Verlauf des Bergholzes auf einen Kielfall von 0,61 m deuten.

Obwohl der untere Teil vom Vorschiff der JUPITER wesentlich schärfer ist als bei manchen anderen Handelsschiffen des achtzehnten Jahrhunderts, so springt er dem heutigen Betrachter aber auch nicht gerade als „sehr scharf, schmal und beachtlich hohl gehalten“ ins Auge. Wenn man einen Vergleich mit dem zeitgenössischen französischen Kaperschiff LES HUIT AMIS oder den extremen Klippern des neunzehnten Jahrhunderts anstellt, dann wirkt er sogar ausgesprochen plump. Die Proportionen des Rumpfes sind denen der ALEXANDER, abgesehen von deren steiler Aufkimmung, ähnlich.

Die Spanten der JUPITER beginnen bei den Bodenwrangen gerade und mit geringem Anstieg, um dann bald allmählich in Kreisbögen bis zur CWL zu schwingen; darüber sind die Auflanger zunächst senkrecht und weiter oben stark eingezogen. Die Radien für die Kreisbögen sind im Spantriß angegeben. Diese Rumpfform konnte eine beträchtliche Krängung verursachen, wenn die JUPITER bei ablaufendem Wasser trockenfiel. Bei dem minimalen Tidenhub der Ostsee war dies jedoch bedeutungslos. In britischen Gewässern hingegen hätte es ernsthafte Folgen haben können, wenn keine Möglichkeit bestand, das Schiff an einen Kai zu legen, es in einem Dockhafen wie in Liverpool oder sonst in tiefem Wasser festzumachen. Als sie sich in Ballast auf ihrer Jungfernreise befand, dürften ihre Proportionen im Vergleich zu vielen anderen Handelsschiffen als recht scharf gegolten haben. Sie wurde 1796 von Brocklebank an Eigner in Newcastle verkauft, die sie in der Atlantikfahrt beschäftigten. Im Jahre 1800 wurde sie gekapert.

Robert Craig hat kürzlich darauf hingewiesen, daß die Beliebtheit der steilen Aufkimmung bei amerikanischen und des flacheren Bodens bei britischen Schiffen wahrscheinlich dem Um-

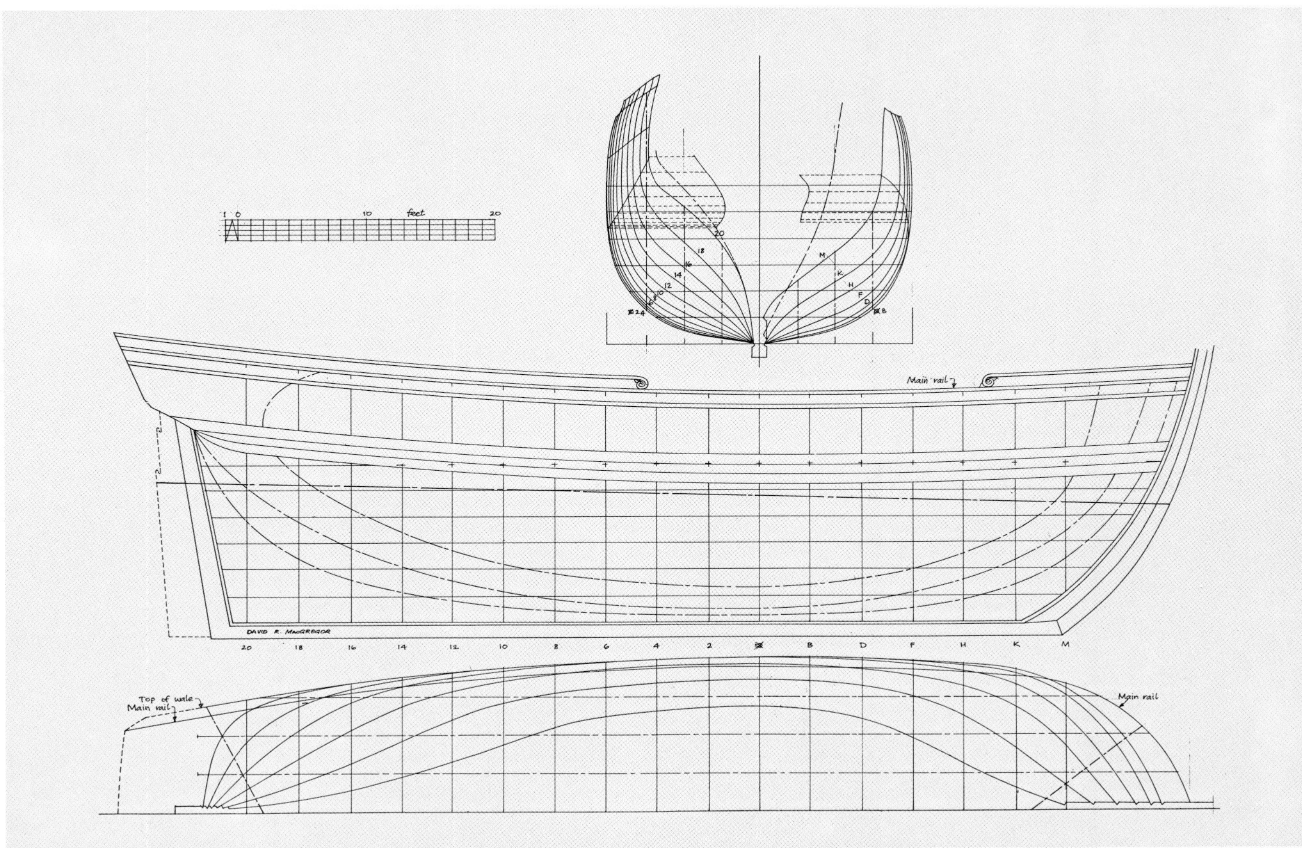

33 JUPITER, 1793 von Daniel Brocklebank in Whitehaven gebaut. Nach einem im Besitz von T. & J. Brocklebank, Liverpool, befindlichen Plan gezeichnet. Auf dem Plan angegebene Abmessungen: 25,60 m (Länge an Deck) × 7,32 m (Breite über die Spanten) × 4,95 m (Raumtiefe); 207 tons. Rekonstruiert wurden: CWL nach *Lloyd's Register* (1797); vermutete Form des Ruders (gestrichelt); die hinzugefügten Linien der (Vertikal-)Schnitte.

34 Ein in seiner etwas überschwänglichen Darstellungsweise für das 18. Jahrhundert typisches Gemälde, das dem Stolz des Eigners auf sein erfolgreiches Schiff schmeicheln sollte. Die zu 240 tons vermessene ST. HELENA wurde 1776 in South Carolina gebaut.

stand zuzuschreiben sei, daß britische Fahrzeuge auch noch einigermaßen aufrecht liegen mußten, wenn sie auf Grund gesetzt wurden, während die amerikanischen Klipper in den Häfen zwischen Boston und der Chesapeakebai beheimatet waren, wo bei dem dort nur geringen Tidenhub ein Trockenfallen recht selten vorkam. Ein Fahrzeug mit stets genügend Wasser unter dem Kiel konnte aber durch eine steile Aufkimmung nicht in Schwierigkeiten geraten. In britischen Quellen findet sich oft ein Hinweis auf die Notwendigkeit, den Schiffen einen flachen Boden zu geben, um sie in möglichst aufrechter Lage auf Grund setzen zu können.

Da keiner der hier wiedergegebenen Pläne voll getakelter Schiffe aus der Zeit vor 1800 einen Segelriß enthält, soll hier der Segel- und Takelriß eines typischen Handelsschiffes jener Zeit als ein Beispiel für viele abgebildet werden. Dieser als Abbildung 35 wiedergegebene Plan wurde rekonstruiert für das zu 330 tons vermessene Handelsfahrzeug, dessen Linienriß in David Steels *Shipwright's Vade-Mecum* (1805) erschienen ist. Die auf dem Plan angegebenen Abmessungen betragen 31,49 m Länge zwischen den Loten × 8,38 m Breite über alles × 3,66 m Raumtiefe. Die Länge der Masten und Spieren sind den 1794 datierten Tafeln von Steel für ein Handelsschiff zwischen 300 und 330 tons entnommen. Viele weitere Angaben über Takelung, Segel und Spieren kommen aus dem gleichen Werk[29] und aus Darcy Levers *The Young Sea-Officer's Sheet Anchor* (1808). In diesen Tafeln sind weder Kreuzroyalstenge noch -rah aufgeführt, daher wurde die Kreuzbramstenge mit einem gewöhnlichen Flaggentopp gezeichnet.

Zu jener Zeit war statt des Bagiensegels immer der meist ohne Baum gefahrene Besan das Hauptsegel am Kreuzmast (der bis über die Mitte des 19. Jahrhunderts hinaus auch bei Vollschiffen Besanmast genannt wurde [Anm. d. Übers.]). Da Steel in der Tafel aber einen Besanbaum aufführt, wurde das entsprechende größere Segel mit einer strichpunktierten Linie gezeichnet. Die Rahen waren nur relativ kurz, und ohne Leesegel an den Seiten war ein Segelriß dann hoch und schmal. Die Länge des Bugspriets ist beachtlich; es war ein massives Rundholz und behielt sein Aussehen bis weit in das zweite Viertel des 19. Jahrhunderts bei großen Schiffen wie auch bei Briggs und Schonern. Im Jahre 1794 zeigte Steel in einem seiner Stiche einen Stampfstock, was darauf deutet, daß dieser bereits seit einer Reihe von Jahren verwendet wurde, denn es ist nicht anzunehmen, daß irgendwelche noch nicht in der Praxis bewährten Neuerungen in seine Pläne Eingang gefunden hätten. Der Klüver war das wichtigste Vorsegel; das Klüverstag, an dem er fuhr, war oft mit einem Klüverbaumring versehen. Am Großmast wurden das Bramstenge- und das Stengestagsegel an leichten Stagen gesetzt, und zwischen ihnen konnte noch ein Mittelstagsegel gefahren werden, welches am Mastliek eine Kausch besaß, die durch einen Aufholer vom Fockmasteselshaupt bis zur Bramsaling geheißt werden konnte. Auf vielen Schiffen gab es keine fierbare Kreuzbramstenge, und wahrscheinlich wurde dann auch kein Kreuzbramsegel gesetzt, allerdings

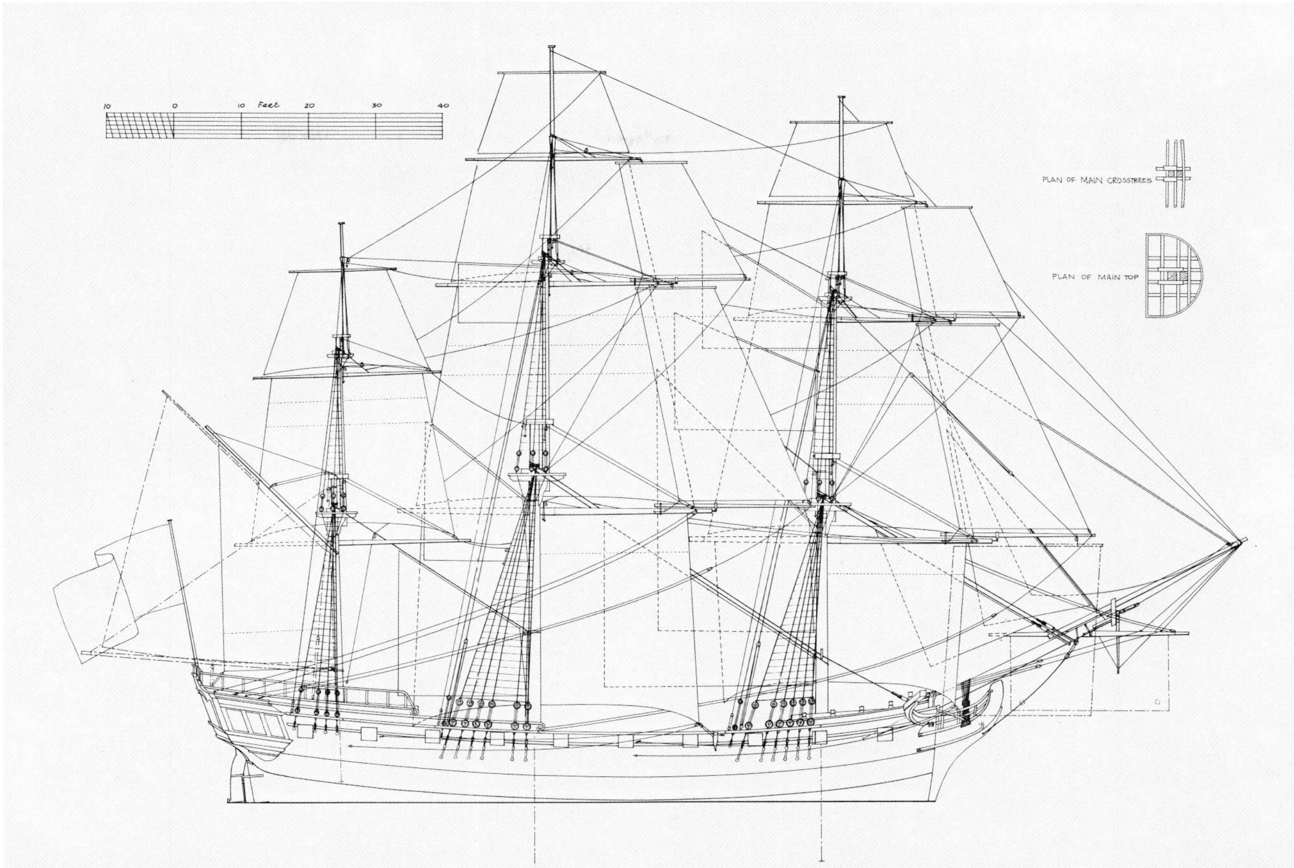

35 Rekonstruierter Segelriß der THREE SISTERS, als die das 1788 auf der Blackwall-Werft in London gebaute Vollschiff identifiziert werden konnte. Das Aussehen des Rumpfes entspricht dem Linienriß, während die übrige Rekonstruktion ein typisches Handelsschiff vom Ende des achtzehnten Jahrhunderts zeigen soll. Unterlagen für die Länge der Spieren aus *Rigging and Seamanship* (1794 und 1816) von David Steel; für Segel und Takelung wurde die gleiche Quelle benutzt neben zeitgenössischen Illustrationen und Büchern sowie *Young Sea Officer's Sheet Anchor* (1806) von Darcy Lever.

besaß die Marsstenge einen langen Topp. Um die Wende zum neunzehnten Jahrhundert tauchten Gaffelsegel an Fock- und Großmast auf, die „Barksegel" genannt und manchmal an besonderen Schnaumasten gefahren wurden. Ihre Beliebtheit nahm rasch zu. Bei einem Vollschiff diente die Länge des Großuntermastes für die Längen aller anderen Masten und Stengen ebenso als Berechnungsgrundlage, wie die Länge der Großrah für die aller übrigen Rahen.

Eine Variante zur Rumpfform der JUPITER kam aus dem Nordosten Englands. Sie ist uns in dem Plan der VENUS aus Hull überliefert, der sich dort im Schiffahrtsmuseum von Pickering Park befindet und, von James Spencer signiert, am 31. Mai 1807 datiert wurde. Da das Schiff auf dem Plan einen Namen trägt, ist es höchstwahrscheinlich auch gebaut worden, es scheint jedoch kein Walfänger gewesen zu sein wie viele Schiffe aus Hull, denn dazu hätte es im Verhältnis zur Länge wohl eine größere Tiefe besitzen müssen. 1807 war Spencer Schiffbaumeister in Hull, von wo er im gleichen Jahr nach dem wenige Kilometer flußabwärts gelegenen Paull übersiedelte. Drei Jahre später war er Schiffbaumeister und Direktor der Werft, auf der HMS ANSON gebaut wurde, aber im Jahre 1811 war er wieder nach Hull zurückgekehrt, wo er auch 1854 noch lebte. Ein ebenfalls von ihm signierter Plan aus dem Jahre 1805 stellt eine Brigg von 226 tons dar, die an jeder Seite neun Stückpforten besaß und eine ähnliche Rumpfform wie die VENUS aufwies.[30]

Interessant bei diesem Schiff ist, daß seine Seiten gerade und

36 Eine rekonstruierte Bugansicht des Handelsschiffes von 330 tons, dessen Pläne in David Steels *Shipwright's Vade-Mecum* (1805) erschienen sind. Eine typische Galionsfigur wurde zur Vervollständigung des Bildes hinzugefügt.

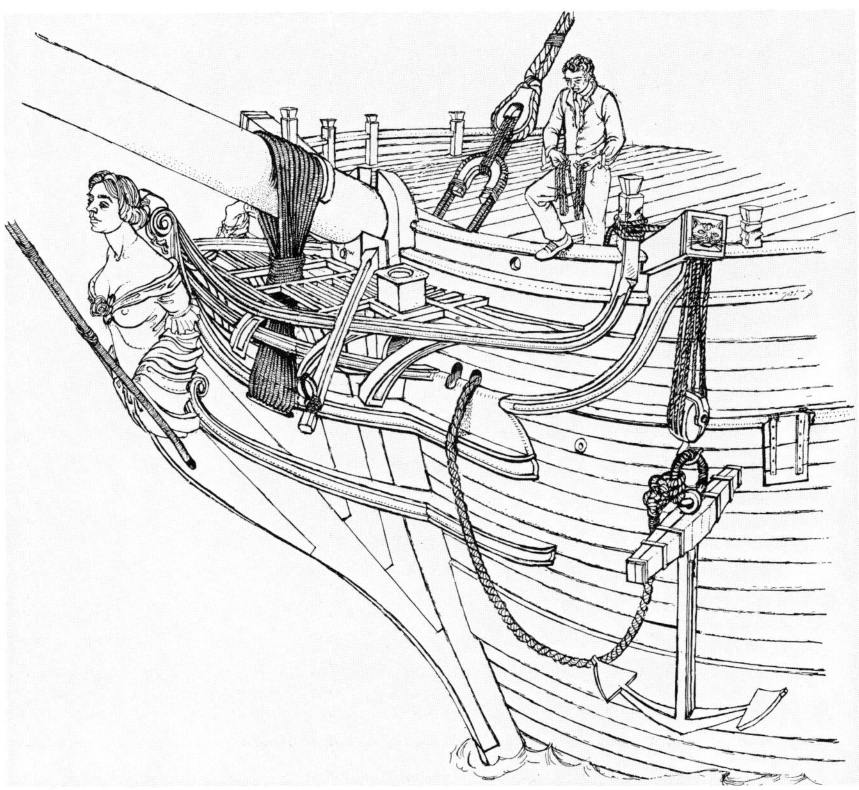

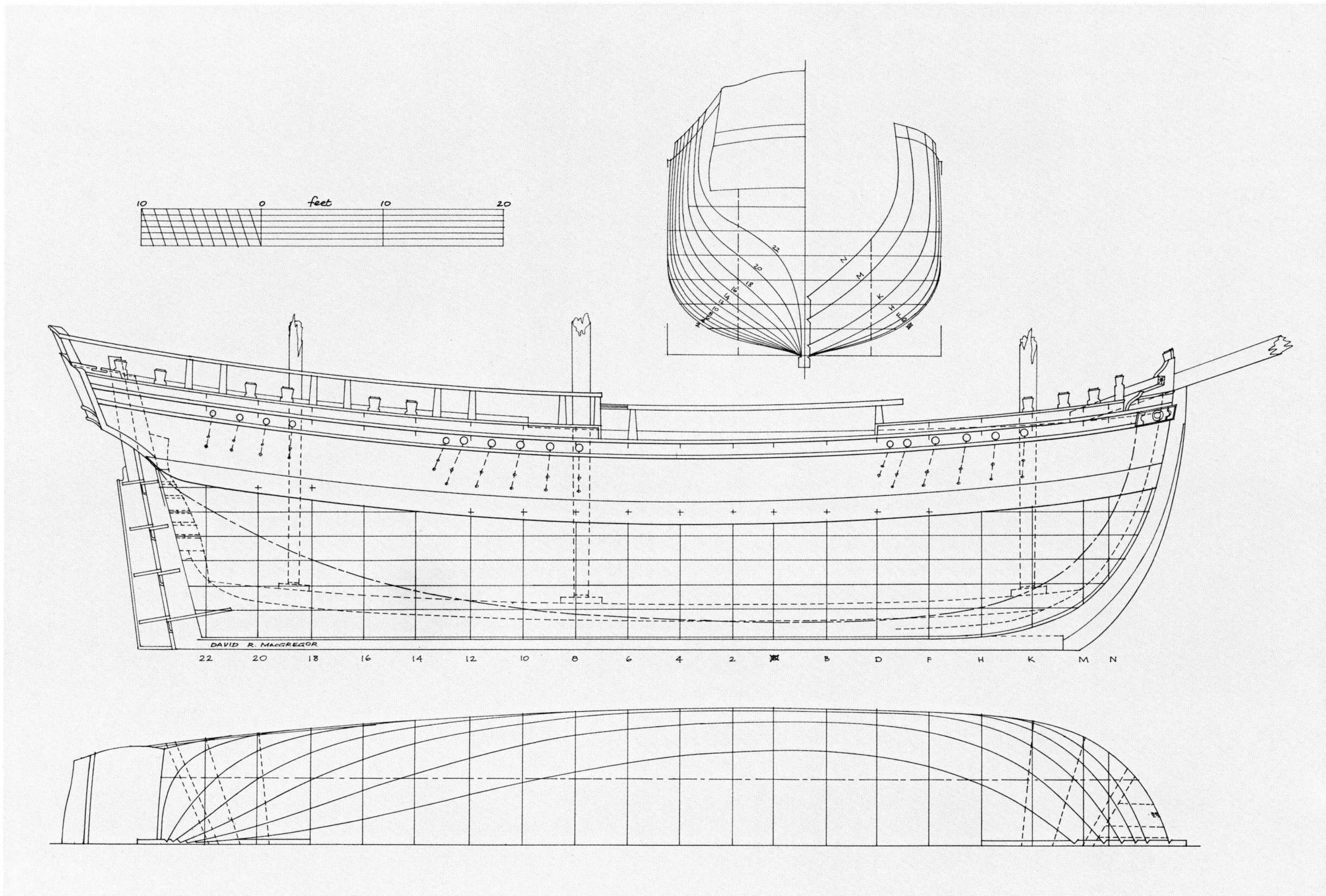

37 VENUS. Signatur und Datum des Planes: „James Spencer, Hull, 31. Mai 1807". Bislang konnte nicht ermittelt werden, um welches tatsächlich mit diesen Abmessungen gebaute Fahrzeug es sich handelt. Nach einem im Seefahrtmuseum von Pickering Park in Hull befindlichen Plan gezeichnet. Auf dem Plan angegebene Abmessungen: 25,35 m (Kiellänge plus Überhang vorn) × 7,14 m (Breite über alles) × 2,74 m (Raumtiefe von der Bodenwegerung bis Unterkante Zwischendecksbalken), 1,52 m (Höhe im Zwischendeck von der Decksbeplankung bis zu den Hauptdecksbalken); $201\,^{55}/_{94}$ tons. Im Plan wurde nichts rekonstruiert.

so gut wie gar nicht eingezogen sind. Eine deutliche Aufkimmung und lang gerundete Kimm sind weitere Merkmale. Der Rumpf ist ein wenig nach der „Dorschkopf- und Makrelenschwanzform" geartet, mit langem feinem Achterschiff und völligerem konvexem Vorschiff. Weiter findet sich ein einfacher Bug ohne auch nur die Spur eines Knies, wie er häufig genug in vielen Häfen anzutreffen war. Der merkliche Sprung achtern deutet auf einen dort um 0,6–0,9 m größeren Tiefgang als vorn. Das Deck ist beinahe glatt, und anstatt eines massiven Schanzkleides besaß das Schiff nur eine offene Reling. Auf dem Plan sind folgende Abmessungen angegeben: 22,25 m Kiellänge, 3,10 m Überhang vorn, 7,14 m Breite über alles, 2,74 m Raumtiefe von der Bodenwegerung bis Unterkante Zwischendecksbalken und 1,52 m Höhe im Zwischendeck von der Decksbeplankung bis zu den Hauptdecksbalken. Die Tonnage betrug $201^{55}/_{94}$ tons.

Wenn James Spencer die VENUS konstruierte, so handelt es sich dabei um einen ursprünglichen und selbständigen Entwurf, der nicht viel von Lehrbüchern beeinflußt sein dürfte. Die Form des Hauptspants entsprach weit mehr dem Stil des neunzehnten Jahrhunderts als bei anderen bisher in diesem Kapitel untersuchten Beispielen.

PAKETSCHIFFE DER POST

Es dürfte schwerfallen, für eine Sammlung von Segelschiffsplänen dieser Zeit eine bessere Auswahl zu finden als die der von J. M. Hilhouse in Bristol gebauten Segler. James Martin Hilhouse (1748–1822) hatte mit dem durch Kaperei erworbenen Vermögen seines Vaters im Jahr 1772 in dem etwas unterhalb Bristols gelegenen Hotwells ein Trockendock und angrenzendes Land gekauft. Drei Jahre nach seinem Tode wurde Charles Hill von James Martins Sohn George als Partner in die Firma aufgenommen, die nun Hilhouse, Hill & Co. hieß.[31]

In dieser Werft wurden zwei Arten von Fahrzeugen gebaut: völlige und einen flachen Boden besitzende Frachtschiffe für den Westindienhandel, von denen viele Eigentum der Firma waren; aber auch feinlinige steil aufkimmende Vollschiffe, Briggs und Kutter, wo Geschwindigkeit verlangt wurde. Nach den erhaltenen Plänen zu urteilen, dürfte kein Versuch gemacht worden sein, einen dazwischenliegenden Kompromißtyp zu konstruieren. Von den Schiffen mit steiler Aufkimmung sind die sechs Schoner im Kapitel III aufgeführt, die anderen finden sich in der folgenden zusammenfassenden Übersicht:[32]

Folio

50 REBECCA (1791); Kutter; 15,39 m (an Deck) × 4,88 m × ca. 2,44 m. Drei perspektivische Ansichten (Folios 56, 57, 58) wahrscheinlich von ihr.

46 FLYING FISH (1802); Lotsenkutter; 12,50 m (an Deck) × 4,34 m (über die Spanten) × ca. 2,44 m.

41 CHARLOTTE (1808); Lotsenkutter; 11,58 m (‚größte Länge an Deck') × 3,56 m × 1,94 m (‚von Haut zu Haut'); 19 tons; für John Berry.

61 Nicht identifiziert; zwei Masten; ca. 1790; Ähnlichkeit im Stil mit Fol. 104; 24,08 m (an Deck) × 6,71 m (über alles) × 3,81 m; 152 tons; Glattdeck; keine Stückpforten.

15 (Liste der Kriegsschiffe) nicht identifiziert; zwei Masten; neun Stückpforten je Seite; 24,21 m (Vermessungskiellänge) × 7,93 m × 3,86 m; 260 tons.

16 (Liste der Kriegsschiffe) „Cunningham Schooner"; neun Stückpforten je Seite; Spantriß identisch mit Fol. 15, aber Reling um ca. 0,23 m niedriger; Glattdeck.

64 Nicht identifiziert; drei Masten; ca. 1780; Vorschiff nicht komplett; möglicherweise eine Yacht; Glattdeck mit Ankerwinde; 22,86 m (Vermessungskiellänge); Galionsfigur.

104 Nicht identifiziert; drei Masten; ca. 1780; Vorschiff nicht komplett; möglicherweise ein Kaperschiff; Poop und Back mit Ankerwinde; Galionsfigur soll angeblich Orpheus darstellen; 25,60 m (Kiel und vorderer Überhang) × 7,54 m (über die Spanten) × ca. 5,33 m.

113 Paketschiff der Post, Beschreibung siehe unten; 179 tons.

Bei dem einzigen Dreimaster mit vollständigem Linienriß ist kein Name angegeben, aber die Tonnage von 179 tons deutet darauf hin, daß es sich um ein Paketschiff der Post handelt, das um 1795 nach den 1793 erlassenen neuen Richtlinien gebaut wurde.[33] Diese hatten nämlich die Größe der Paketschiffe auf 179 tons begrenzt und sie durch ausdrückliche Reduzierung ihrer Bewaffnung dazu gezwungen, sich ihren Feinden eher durch die Flucht zu entziehen als durch den Versuch eine Prise zu machen, die Post zu gefährden. „Überlegungen von allergrößter Sorgfalt wurden der Auswahl des Modells gewidmet. Man glaubte, daß nach dem neuen Entwurf gebaute Fahrzeuge fast allem, was schwimmen konnte, davonzusegeln vermochten ...", schrieb Arthur H. Norway.[34] Die Ereignisse zeigten jedoch, daß die Postbehörde im Hinblick auf die Geschwindigkeit des neuen Typs etwas zu optimistisch war, so daß sie sich zum Schutz der Paketschiffe gezwungen sah, ihnen eine stärkere Bewaffnung zuzugestehen. Ein früher in den Postarchiven aufbewahrter Linienriß, der die Bezeichnung „Im Jahre 1790 gebaute Paketschiffe" trägt[35], dürfte möglicherweise die hervorstechenden Züge des geplanten Modells verkörpern, wenn auch die Tonnage von 173 tons geringfügig unter der Festsetzung von 1793 liegt; andererseits könnte dies auch Verbesserungen des Entwurfs dokumentieren. Dieser 1790 datierte Plan weist einen beträchtlichen geraden Bodenanstieg und eine lang gerundete Kimm auf. Das Achterschiff besitzt feine gestreckte Linien, während das Vorschiff für ein schnelles Fahrzeug recht völlig geraten ist. So gehört es zu der „Dorschkopf- und Makrelenschwanzart". Britische Konstrukteure zögerten offenbar, ihren Modellen ein schärferes Vorschiff zu geben, sie schworen aber auf steile Aufkimmung, ein einigermaßen schlankes Achterschiff und ein großes Segelareal, um die notwendige Geschwindigkeit zu gewährleisten. Auf der anderen Seite zeigten jedoch Kriegsschiffe wesentlich ausgewogenere Linien.

Auf die Paketschiffe der Post und ihre Größe um die Jahrhundertwende eingehend schreibt der Verfasser einer kleineren privat gedruckten Arbeit über die Geschichte dieses Dienstes:

„Bis zum Jahre 1823 fuhren die Paketschiffe unter Kontrakt zwischen dem General Post Office und dem Kommandeur (des Paketschiffes), der von dieser Behörde seine Bestallung und den Auftrag erhielt, für eine Vergütung von £ 1800 pro Jahr ein für den Zweck geeignetes Schiff zu stellen, auszurüsten und zu bemannen. Die Größe dieser Fahrzeuge betrug 180 bis 210 Registertonnen. Die Besitzanteile wurden gewöhnlich in Sechzehnteln von Privatleuten zur Erzielung von Spekulationsgewinnen aufgenommen, wobei den Eignern ein Drittel der Frachteinnahmen zukam. Die Gewinne aus dem Passagiergeschäft behielt der Kommandeur.

Nach dieser Zeit wurde das obenerwähnte System zur Beschaffung von Fahrzeugen für den Dienst dadurch geändert, daß man diese nun der Admiralität und nicht mehr der Post unterstellte und den Fahrzeugbedarf durch Kriegsschiffe der 10-Kanonen-Klasse deckte".[36]

Das Schiff auf dem Hilhouse-Plan besitzt eine Länge an Deck von 25,30 m, eine Breite über alles von 7,16 m und eine Raumtiefe von ca. 4,27 m, eine Höhe im Zwischendeck von 1,55 m inbegriffen. Es hat drei Masten, Glattdeck und eine offene Reling. Die Aufkimmung ist sehr steil bei hohlen Bodenwrangen. Das Achterschiff ist mäßig schlank, das Vorschiff hingegen voll gehalten. Im Längsriß des Originalplans fehlen die Schnitte, die in der hier wiedergegebenen Abbildung besonders im Achterschiff in recht leichtem Bogen schwingen. Die Originalzeichnung zeigt zwei Spantrisse: der linke, nach dem ersten Entwurf gezeichnete, hat hohle oben überfallende Seiten, die an die TRANSIT erinnern; in dem anderen, als No. 2 bezeichneten, sind die Seiten oben geändert und leicht eingezogen. Legt man Pausen der beiden Spantrisse übereinander, wird deutlich, daß die einzigen Unterschiede oberhalb der Bergholzunterkante auftreten, während darunter die Form der Schnitte übereinstimmt. Der in Abbildung 38 wiedergegebene Plan wurde mit der freundlichen Genehmigung John C. G. Hills nach dem in Bristol befindlichen Original gezeichnet. Dabei wurden die Linien in Übereinstimmung mit dem Spantriß No. 2 gebracht. Es ist nicht bekannt, wie eng der Entwurf von Hilhouse sich an das offizielle Modell der Post anlehnt, falls dies überhaupt existiert hat.

Robert Salmons schönes, 1807 datiertes Gemälde eines für die Post fahrenden Paketschiffes vor Liverpool (Abbildung 39) zeigt, nach der Größe der Personen an Bord zu urteilen, ein ziemlich kleines Fahrzeug. Eine Verbindung mit dem Hilhouse-Plan soll nicht unterstellt werden, immerhin bietet der Segler ein Beispiel für ein anderes kleines Vollschiff, das Post beförderte. Angenommen, der am Kreuzmast auf der Reling stehende Mann war 1,75 m groß, dann hätte die Länge an Deck etwa 30 m betragen. Das Schiff scheint gut bewaffnet gewesen zu sein. Ungewöhnlich für ein so kleines Fahrzeug wirken die losen fierbaren Royalstengen.

Feinere Linien besaß die in der Paketfahrt beschäftigte Brigg, von der William Salisbury nach der Aufmaßtabelle und den Hauptabmessungen in David Steels *Naval Achitecture* eine Zeichnung angefertigt und im *Mariner's Mirror* veröffentlicht hat.[37] Diese Brigg maß 201 tons und verkörpert ein um 1800 an der Themse gebautes Paketschiff. Ihre Hauptabmessungen betrugen 24,08 m Länge an Deck, 7,62 m Breite über alles und 3,40 m Raumtiefe. Die Aufkimmung ist beachtlich und der Spantriß hat starke Ähnlichkeit mit dem des oben beschriebenen Hilhouse-Schiffs von 179 tons. Allerdings sind die Wasserlinien eleganter, besonders in dem insgesamt schärferen Vorschiff.[38] Die Brigg hat einen Kielfall von etwa 1,07 m, sie ist ein Eindecker mit festem Schanzkleid und stellt eine weitere Spielart der Kutter-Brigg dar.

Viele der Briggs wurden in Falmouth gebaut, und im ersten Jahrzehnt des neunzehnten Jahrhunderts lief auf den Werften von Blight und von Symons eine Reihe dieser Paketschiffe vom Stapel. Eine bekannte Brigg, die 1806 in Falmouth gebaute und zu 180 tons vermessene DUKE OF MARLBOROUGH, machte im Jahre 1821 unter anderem folgende schnelle Reisen: von Lissabon nach Falmouth, 21. bis 30. Januar, neun Tage; von Falmouth nach Lissabon, 9. bis 19. Februar, zehn Tage; von Lissabon nach Falmouth, 25. Februar bis 2. März, fünf Tage.[39]

Ein Beispiel für ein späteres Paketschiff der Post, die MARCHIONESS OF SALISBURY, wird in Kapitel III besprochen.

38 Paketschiff der Post. Dieses namenlose Schiff konnte auf Grund seiner Tonnage und seiner feinen Linien als Paketschiff der Post identifiziert werden. Der Lienenriß wurde nach einem Plan aus der Hilhouse Collection, Folio 113, gezeichnet, die sich im Besitz von Charles Hill in Bristol befindet. Entstehungsdatum des Planes etwa 1795. Der Spantriß Nr. 2 des Originals wurde für diesen Linienriß als maßgeblich übernommen. Auf dem Plan angegebene Abmessungen: 18,59 m (Vermessungskiellänge) × 7,16 m (Breite über alles) × 4,34 m (Raumtiefe); $179^{12}/_{94}$ tons. Im Plan erfolgte keine Rekonstruktion.

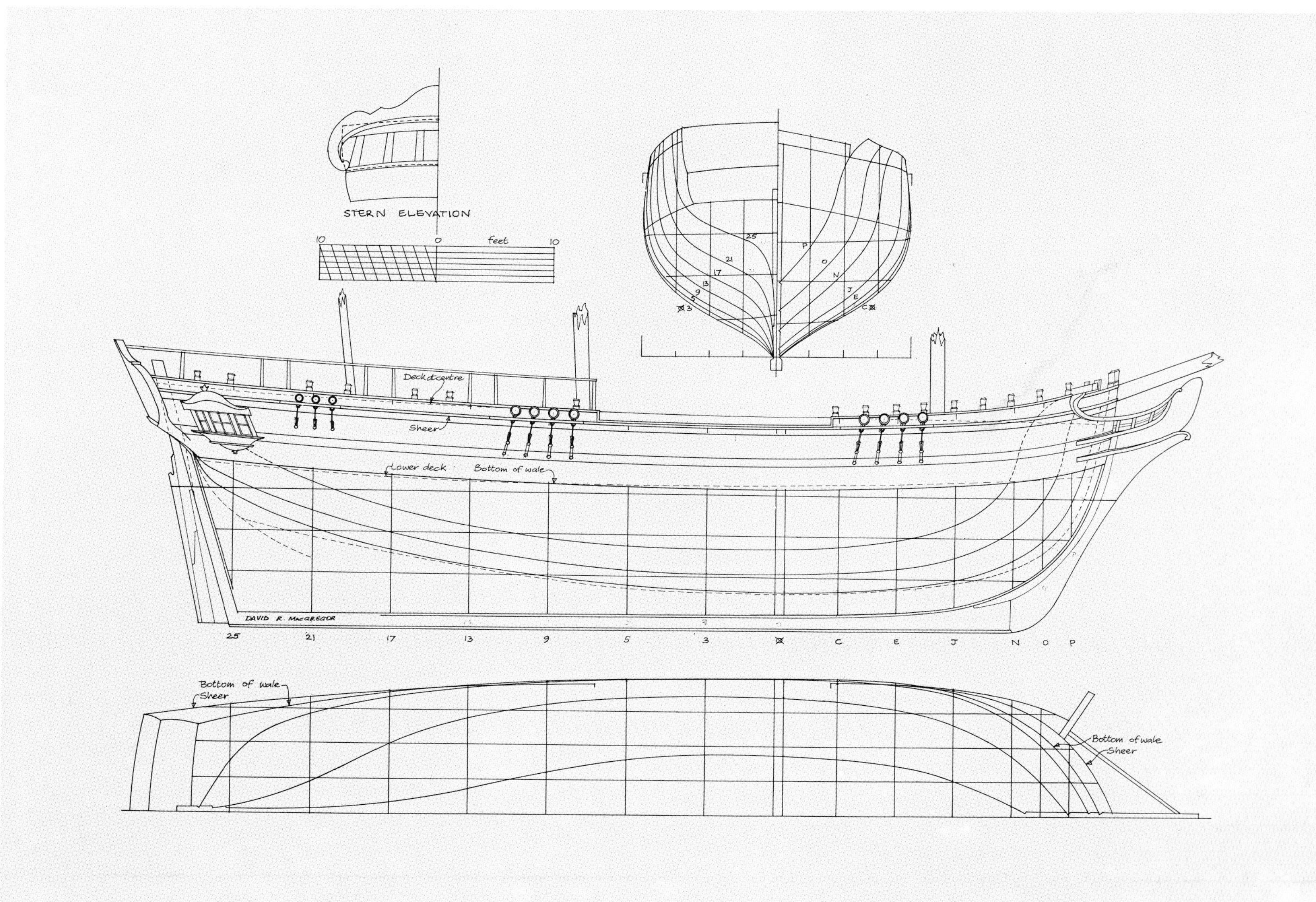

DIE *TRANSIT* UND ANDERE LANGE SCHIFFE

Immer schon hat es Schiffe gegeben, die als Experiment bezeichnet werden konnten. Einige hatten Erfolg, weil ihre guten Eigenschaften und ein einflußreicher Förderer ihn begünstigt hatten, und unter umgekehrten Vorzeichen waren andere zum Mißerfolg geworden. Besonders tragisch aber sind die Fälle, wo gute Konstruktionen sich nicht durchsetzen konnten, weil ihnen eine wirksame Fürsprache oder ihrem Förderer bestimmte Qualitäten fehlten. Unter diese Kategorie fallen die Entwürfe von Richard Hall Gower und die vier von ihm konstruierten Schiffe, von denen drei den Namen TRANSIT erhielten.[40] Es waren ungewöhnliche Fahrzeuge, besonders im Hinblick auf ihre große Länge im Verhältnis zur Breite und bezüglich ihrer Barkentinetakelung. Aus dem Folgenden gehen Baujahr und andere Einzelheiten hervor. Die Abmessungen wurden aus den Bauplänen ermittelt.

1. TRANSIT; Stapellauf: 1800; 195 tons; 31,24 m Vermessungslänge, 6,71 m Breite über alles, ca. 3,81 m Raumtiefe; als Fünfmastbarkentine getakelt, seit 1801 nur noch vier Masten; Längenverhältnis: 4,6.
2. TRANSIT; Stapellauf: 1809; 261 tons; 40,84 m Vermessungslänge, 6,86 m Breite, 3,66 m Raumtiefe; als Viermastbarkentine getakelt; Längenverhältnis: 5,9; 1810 um etwa 6,10 m verkürzt und Seiten und Deck um 0,30 bis 0,38 m niedriger.
3. TRANSIT; Stapellauf: 1819; 232 tons; 31,62 m Vermessungslänge, 6,86 m Breite über alles, ca. 3,81 m Raumtiefe; als Barkentine getakelt.
4. Wahrscheinlicher Name: GOWER; Stapellauf: 1824; 125 tons; Ketsch mit Rahtakelung am Großmast; Großsegel und Besan fuhren an Gaffel und Baum; Pläne des Fahrzeugs nicht bekannt.

39 Ein für die Post fahrendes Paketschiff vor Liverpool, 1807 datiertes Gemälde von Robert Salmon. Leider ist für das Schiff kein Name angegeben. Es handelt sich um ein kleines, gut bewaffnetes Vollschiff mit fierbaren Royalstengen.

In den Jahren 1803/04 wurde Nr. 1 mit einigen Abwandlungen in Konstantinopel von den Türken nachgebaut.

Das erfolgreichste aus diesem Quartett war zweifellos das erste Fahrzeug, dessen Eigenschaften den Erwartungen seines Konstrukteurs voll entsprachen, obwohl es zu dessen Bedauern niemals von der Admiralität, der Ostindischen Kompanie oder der Post angekauft oder gechartert wurde. Dabei waren mehrere Erprobungen seiner Geschwindigkeit stets zum Nachteil seiner Konkurrenten ausgegangen. Richard Gower, der Konstrukteur des Schiffes, war Kapitän im Dienst der Ostindischen Kompanie. Seine Konstruktion war das Ergebnis einer persönlichen Überzeugung von der schlechten Seefähigkeit der Vollschiffe mit ihrer unnötig schweren und hohen Takelung. Man weiß nicht, aus welchen Versuchen Gower die Rumpfform der TRANSIT entwickelte. Jedenfalls stellte er im Jahre 1799 ein Modell aus, das seine Vorstellungen verkörperte, und nachdem er genügend Interessenten gewinnen konnte, baute er das Schiff in Itchenor noch im Winter des gleichen Jahres, wobei er an Kosten £ 6900 aufwendete.[41] Ein sehr grober Stich eines Linienrisses der TRANSIT findet sich in einem von Gowers Büchern, während Finchams *History of Naval Architecture* einen wesentlich deutlicheren Plan enthält.[42]

Beim Rumpf des ersten Schiffes bedeutet das hohe Längenverhältnis (Länge : Breite) von nahezu 5 : 1 einen wesentlichen Vorteil hinsichtlich der Geschwindigkeit. Der in der Mitte des Schiffes über die beachtliche Länge von etwa 16,75 m zu verzeichnende parallele Verlauf der Seiten gewährleistet eine ausgezeichnete Ladefähigkeit und gute Stabilität. Gleichzeitig sind Vor- und Achterschiff einigermaßen, wenn auch nicht übertrieben, scharf gebaut. Gowers Stich des Wasserlinienrisses zeigt über die ganze Länge in leichtem Bogen verlaufende Wasserlinien. Wahrscheinlich ist hier beim Anfertigen der Druckplatte ein Fehler unterlaufen, denn alle anderen Pläne zeigen gerade, parallel verlaufende Seiten im Mittelschiffsbereich, die zu den charakteristischen Merkmalen der Konstruktion gehören. Die untere Hälfte des Rumpfes wurde mit Hilfe von Kreisbögen des gleichen Radius konstruiert. Da Kapitän Gower keine Erfahrung als Schiffbauingenieur besaß, könnte ein solcher Entwurf ihn als leicht zu konstruieren und auszuarbeiten gereizt haben. Der schließlich sich ergebende Plan zeigt eine steile Aufkimmung, kurz gerundete Kimm und hohle überfallende Seiten. Gower schrieb: „Die TRANSIT wurde als Paketschiff gebaut, um mit geringem Tiefgang und leerem Vor- und Achterschiff gesegelt zu werden; . . .“[43] und er erklärt an anderer Stelle, daß bei ihrer Konstruktion nicht vorgesehen wurde, sie auf Grund legen zu können. Die gleiche Art der Hauptspantform unterhalb der CWL weist der 1869 von Alexander Hall gebaute extreme Klipper THE CALIPH auf.[44]

Im Jahre 1800 erhielt Kapitän Gower ein Patent auf seine Rumpfbauweise und Takelungsart. In diesem Dokument werden Masten und Segel beschrieben. Das Fußliek der Fock wurde an einen Baum, der dem einer Baumfock entsprach, angeschlagen oder einfach die Schoten zu ihm geschoren. Die Segel der übrigen Masten wurden an Sprietbäumen gesetzt. In ihrem ersten Jahr fuhr die TRANSIT mit stolzen fünf Masten zur See, die aber 1801 auf vier reduziert wurden. So wird sie auch in den von Gower selbst veröffentlichten Plänen dargestellt, welche die Sprietbäume, die bei schwerem Wetter eine Quelle ständiger Sorge waren, ebenfalls wegließen. Nichtsdestoweniger blieb die Takelung einmalig. Es wurde jedoch kein Versuch gemacht sie zu benennen, wenn auch die zweite TRANSIT von der Admiralität als „Kutter“ (!) bezeichnet wurde. Die wichtigsten Merkmale des Riggs bestanden darin, daß die Masten unabhängig voneinander verstagt waren, daß man die Segel wegen ihres geringen Areals leichter zu bergen vermochte und daß Masten und Takelung im Gewicht leicht gehalten werden konnten, da die Segelfläche auf viele Masten verteilt war. Die TRANSIT war einige Jahre in der Mittelmeerfahrt beschäftigt, wobei sie sich mit Abstand als ihren Rivalen überlegen erwies, bis sie im Jahre 1810 wrack wurde.

Die zweite TRANSIT war von der Admiralität in Auftrag gegeben worden, und nach mancher Diskussion folgte man im Entwurf schließlich dem Vorbild des ersten Schiffes, nur daß Vor- und Achterschiff feinere Linien erhielten und das Längenverhältnis sogar auf 5,9 : 1 anstieg (Abbildung 41). Ihr Leben war kurz und wechselvoll. Als der Schiffbauer George Bayley aus Ipswich 1828 im *Mechanics' Magazine* über die erste TRANSIT einen Artikel samt Plan veröffentlichte, äußerte er sich über die Unvernunft der Admiralität, die die Länge der zweiten TRANSIT um etwa sechs Meter hatte reduzieren lassen. Dabei schloß er mit den Worten:

„Hierauf hören wir, wie zu erwarten war, nichts mehr von der TRANSIT; aber Mr. Gower hat wenigstens die Genugtuung zu wissen, daß sein Konstruktionsprinzip in begrenztem Ausmaß, jedoch mit großem Erfolg, bei einigen der schnellsten Handelsschoner der Nordsee übernommen wurde.“[45]

Ein diese letzte Behauptung bestätigender Beleg konnte bislang ebensowenig gefunden werden wie die darin erwähnten Fahrzeuge.

Die dritte TRANSIT wurde 1819 in Ipswich als Yacht für den Hon. G. Vernon nach dem gleichen Muster wie ihre erste Namensschwester gebaut, aber „zur Erzielung einer größeren Einfachheit und einer stärkeren Übereinstimmung mit den vorgefaßten Meinungen der Seeleute erhielt sie eine Takelung mit drei anstatt mit vier Masten“.[46] Ein Bootsführer, der an Bord kam, als sie sich unter Segeln auf der Themse befand, rief erstaunt aus, „mein Gott, was für ein Klipper!“[47]

Um die Jahrhundertwende sind auch andere lange und schmale Fahrzeuge als Experimentalbauten entstanden, darunter der von Charles Gore gebaute dreimastige Lugger, der das Ergebnis von Tankversuchen war, die sowohl von der „Society for the Improvement of Naval Architecture“ als auch von ihm selbst durchgeführt worden waren.[48]

Ein Mitarbeiter von *Mechanics' Magazine* schrieb 1826 unter dem Pseudonym „Noah“ das Folgende als Teil eines längeren Artikels:

„Vor dem ‚Mr. Pitt's Act‘ genannten Gesetz, das die Mindestbreite der Schiffe auf ein Drittel der Länge begrenzte, waren die Fahrzeuge, besonders Lugger, allgemein im Verhältnis 1 : 4 proportioniert. Ich weiß von einem Lugger dieser Zeit, der 21,34 m lang war bei nur 3,05 m Breite. Dieses Fahrzeug segelte in einer leichten Brise schneller als sonst irgendein Segler in Europa. Es fuhr viele Jahre als Schmuggler und trieb mit jedem Fahrzeug

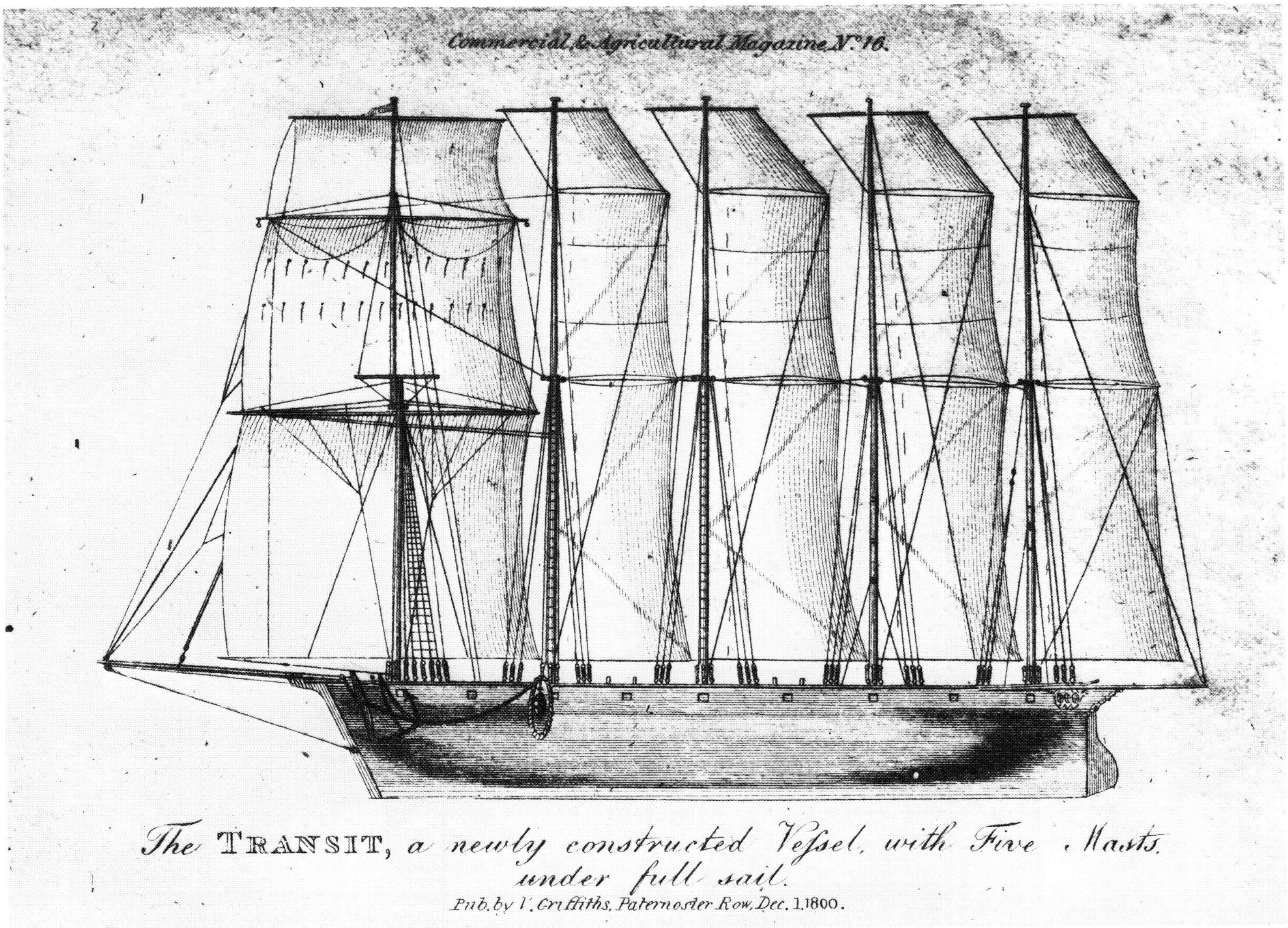

40 Die TRANSIT mit ihrer ersten Takelung als Fünfmaster in den Jahren 1800/01. Sie stellt eine frühe Form der Barkentine dar.

sein Spiel, das es zu jagen versuchte. In einem Sturm ging es schließlich verloren.

Vor einigen Jahren baute ein niederländischer Kaufmann ein Schiff von 200 tons nach den Proportionen der Arche Noah, das heißt, ein Sechstel der Länge für die Breite. Das erscheint übertrieben, jedoch entsprach das Schiff völlig den Erwartungen und erwies sich als brauchbares Fahrzeug.“[49]

KÖNIGLICHE YACHTEN

Die wachsende Beliebtheit der Yachtsegelei, die eine große Anziehungskraft auf die Allgemeinheit ausübte, war die Ursache für die Entstehung manch scharf gebauten Seglers. Königliche Yachten gab es seit der Mitte des siebzehnten Jahrhunderts, und während des achtzehnten Jahrhunderts führten mehrere Yachtclubs ihre Kreuzfahrten mit Slups und mit Kuttern durch. Hierzu gehörte auch die 1775 als erster englischer Yachtclub gegründete „Cumberland Fleet“, deren direkter Nachkomme der Royal Thames Yacht Club ist. Nach 1815 nahm das Leben dieser Clubs einen raschen Aufschwung, und zahlreiche große Kutter von 150 tons und darüber wurden gebaut. Als Typ unterschieden sie sich beträchtlich von den anderthalbmastigen königlichen Yachten des achtzehnten Jahrhunderts mit ihren Rahsegeln an beiden Masten. Im Jahre 1800 war die neueste königliche Yacht das 1771 in Deptford gebaute kleine Vollschiff PRINCESS AUGUSTA von 184 tons. Zwischen 1804 und 1817 wurden dann aber vier voll getakelte königliche Yachten vom Stapel gelassen: 1804 die ROYAL SOVEREIGN, 1807 die WILLIAM AND MARY, 1815 die PRINCE REGENT und 1817 die ROYAL GEORGE (Pläne 1813 datiert). Anhand der im National Maritime Museum, Greenwich, befindlichen Risse dieser Yachten können einige interessante Vergleiche gezogen werden.

Die ROYAL SOVEREIGN war zu 278 tons vermessen bei 29,26 m Länge an Deck, 7,77 m Breite über alles und ca. 5,18 m Raumtiefe. Ihr Entwurf stammt von Sir John Henslowe (1730–1815), der von 1784 bis 1807 Inspekteur der Royal Navy war und für die Flotte 156 Fahrzeuge aller Typen entworfen hat. Bei ihr sind

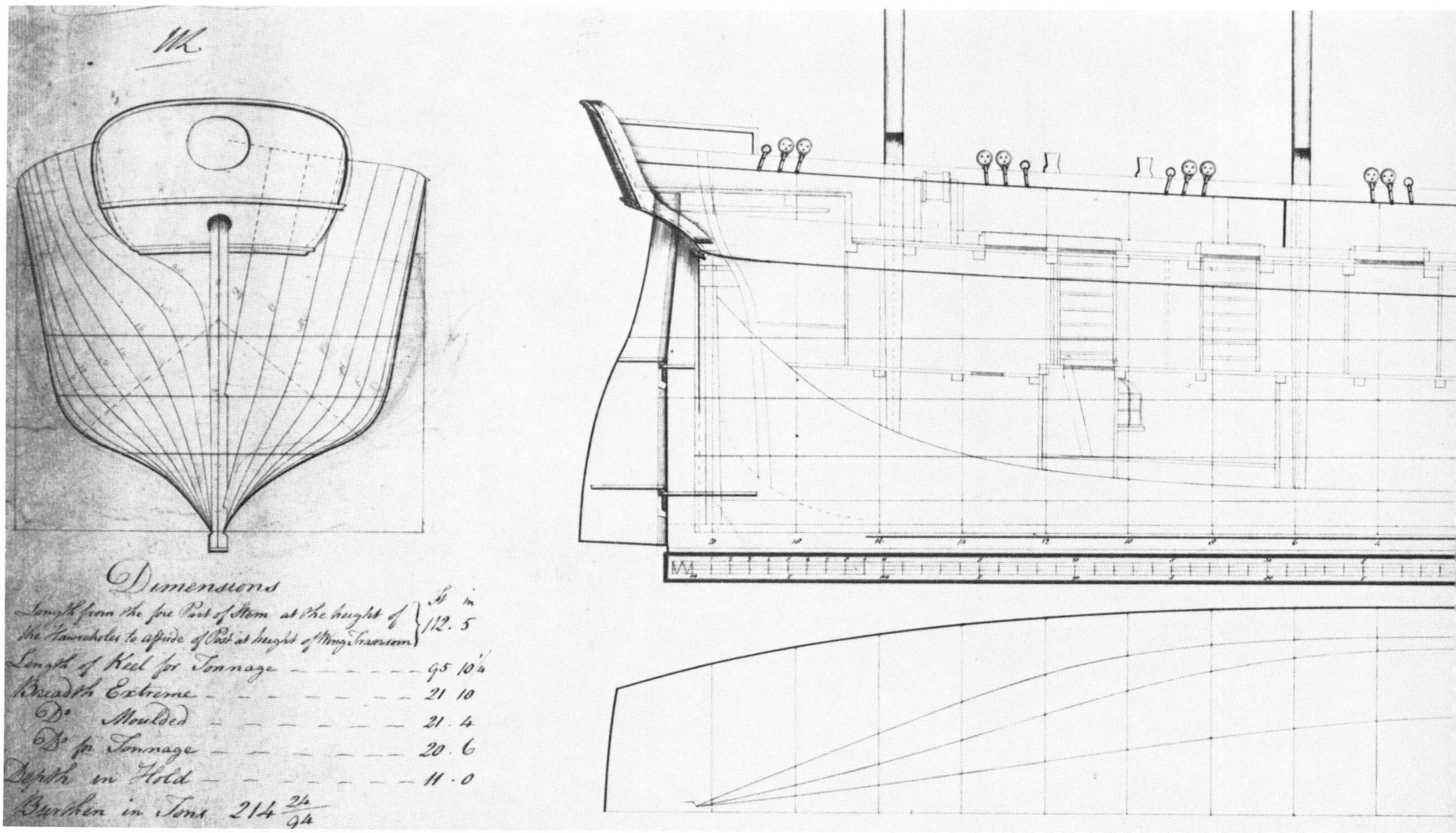

41 Die TRANSIT (Nr. 2), 1809 in Deptford nach den Entwürfen von W. H. Gower gebaut. Reproduktion eines 1808 datierten Admiralitätsplanes. Abmessungen: 40,84 m (von der Zeichnung abgenommenes Maß von der Vorderkante Vorsteven bis zur Achterkante Achtersteven) × 6,86 m (Breite über alles) × 3,66 m (Raumtiefe); 260 61/94 tons. 1810 verkürzt.

die feinen Linien einer Yacht verbunden mit rundem Boden und gerundeten Seiten, wie sie bei der traditionellen mit Kreisbögen konstruierten Rumpfform zu finden sind. Sie besaß aufwendige Verzierungen und wurde während ihrer ganzen Karriere wegen ihrer Geschwindigkeit gefeiert. Man hat sie als den „über jeden Zweifel erhabenen besten Segler der britischen Marine" bezeichnet.[50] Dies dürfte allerdings eine ziemlich überschwengliche Würdigung gewesen sein.

Dagegen stellte die ROYAL GEORGE einen völlig anderen Typ dar: mit geradem steil aufkimmendem Boden, kleinem Kimmradius, minimal eingezogenen Seiten und feineren, im unteren Vorschiff geringfügig hohlen Wasserlinien. Ihr Konstrukteur war Sir Henry Peake. Sie war an Deck 2,13 m länger, aber nur 0,31 m breiter als die ROYAL SOVEREIGN, gegenüber der sie auch eine wesentlich mehr dem Stil des neunzehnten Jahrhunderts entsprechende Rumpfform aufwies, die eine Weiterentwicklung der englischen Kutterbauart darstellte.

Bei scharfgebauten Schiffen aus der Zeit um die Jahrhundertwende gab es einige fundamentale, die Methode des Konstruierens betreffende Unterschiede. Die traditionelle Hauptspantform, wie die JUPITER oder die ROYAL SOVEREIGN sie noch aufwiesen, wurde nach Regeln ermittelt, die zur Konstruktion der Spantlinien Kreisbögen verwendeten. Fachautoren wie Mungo Murray und William Sutherland hatten seinerzeit diese Methode empfohlen, und letzterer schrieb dazu: „Bei dieser Art ist es klar, daß die Mittelpunkte und Radien der Kreisbögen willkürlich angenommen werden, aber man muß sie schließlich festlegen ..., wenn es nicht anders geht, durch wiederholte Versuche, bis sie der Vorstellung des Künstlers entsprechen und seinem kritischen Urteil standhalten."[51] Die sich daraus ergebende runde Form des Rumpfes unterscheidet sich sehr von derjenigen der LES HUIT AMIS mit ihrem langen, geraden, steil aufkimmenden Boden und der oberhalb der CWL liegenden größten Breite. Die rundliche Rumpfform wurde zu Beginn des neunzehnten Jahrhunderts allmählich aufgegeben, obwohl sich in den hier abgebildeten Plänen noch gelegentlich Spuren davon finden lassen, wie etwa bei der Brigantine DASH (1828). Auch wurde sie noch bei einigen Passagierfregatten, wie der SERINGAPATAM (1837) und der BLENHEIM (1848), beibehalten. Die bei den englischen Kuttern enwickelte Rumpfform, wie sie am Beispiel des von Hilhouse stammenden Paketschiffs der Post dargestellt wurde, setzte sich zunehmend bei scharf gebauten Fahrzeugen durch. Bei größeren Schiffen, soweit sie nicht übertrieben breit waren, erlaubte die zusätzliche Länge die Verwendung wesentlich feinerer Wasserlinien.

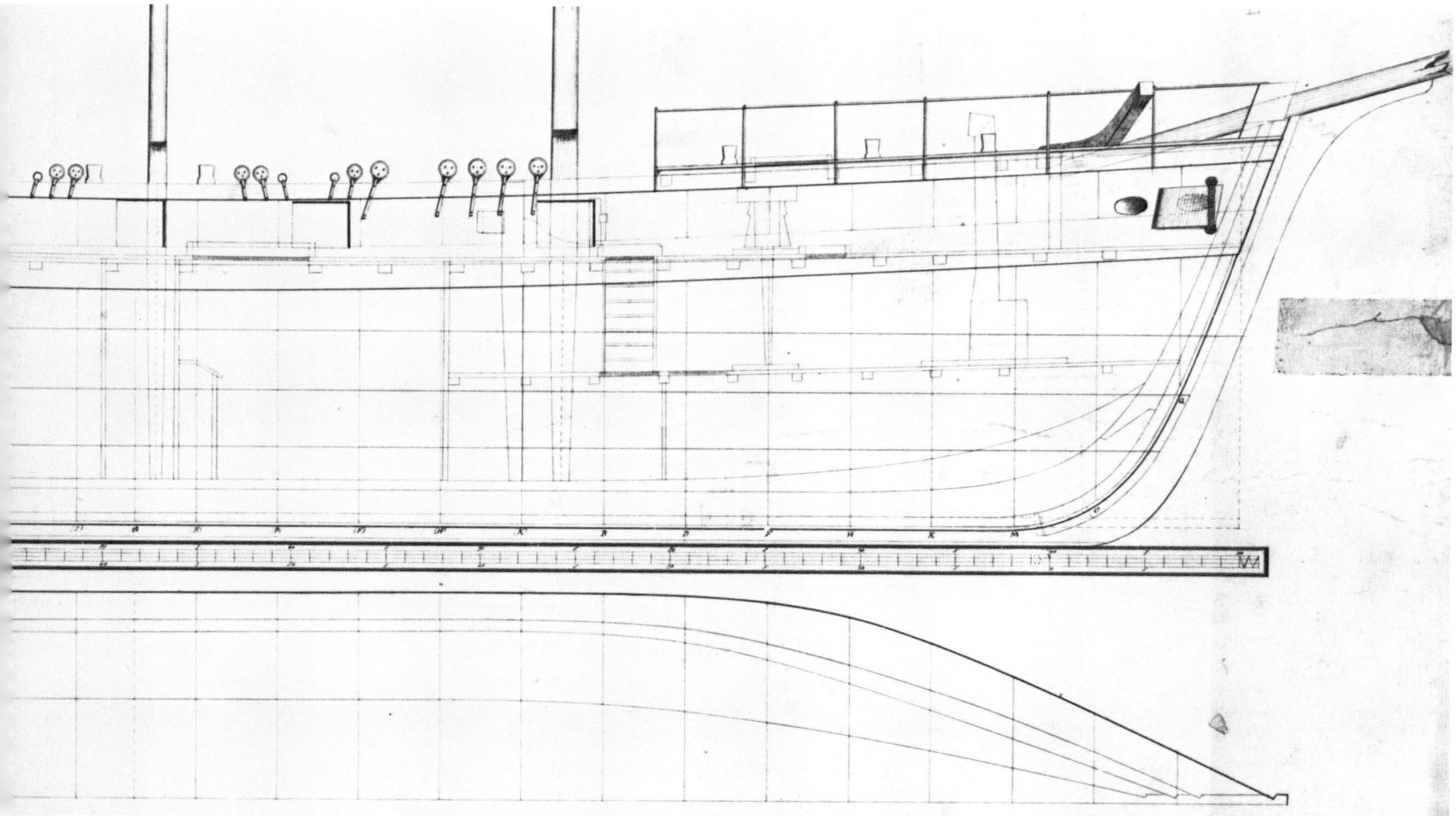

ZOLLKUTTER UND SCHMUGGELFAHRZEUGE

Der Typ des dreimastigen Luggers war in England und Frankreich weit verbreitet, wo er als beliebtes Schmuggel- und Kaperfahrzeug galt. Die wenigen existierenden Linienrisse aus dieser Zeit zeigen eine dem Kutter ähnliche aber längere Rumpfform mit starker Aufkimmung und feinen Wasserlinien. Ein Plan der LARK, die 1790 als LARKEN von der dänischen Marine übernommen wurde, zeigt einen längeren Rumpf als sonst bei Kuttern üblich, wobei sich im Vor- und Achterschiff einige mäßig hohle Linien finden.[52] Diese Fahrzeuge konnten sehr schnell am Wind segeln. Obwohl es bei Fischerbooten weit verbreitet war, wurde das Luggersegel bei normalen Handelsfahrzeugen kaum verwendet.

Bei Zollkreuzern wurde ebenso wie bei manchen Schmuggelfahrzeugen die Kutter- oder Sluptakelung bevorzugt. Dabei konnte eine so große Zahl von Segeln gesetzt werden, wie aus dem Plan von HMS FLY zu ersehen ist. Um 1800 war es allerdings üblicher, den Fuß der Stenge an der Vorderkante des Untermastes und die Breitfockrah nur wenig unterhalb der Mastbacken zu fahren. Beim Toppsegel fiel dann die starke Ausgillung des Fußlieks fort. Wenn man von den an allen Küsten weit verbreiteten Aktivitäten der mit ausgezeichneten Seeleuten bemannten und hervorragend konstruierten schnellen Schmuggelfahrzeuge liest, dann wird es verständlich, daß Anti-Schmuggel-Gesetze in Kraft gesetzt wurden, wo immer es möglich war. Zu diesen Fahrzeugen gehörte auch die ABEONA von Fowey, welche 1791 als ein neuer Schmuggel-Kutter von 100 tons beschrieben wurde, der in der Nähe von Appledore (Devon) gestrandet war. Die aus zweiundzwanzig Mann bestehende Besatzung hatte noch Zeit, die aus sechszehn 6pfündern bestehende Bestückung über Bord zu werfen.[53] Durch die Verwendung von Kuttern unter solchen Bedingungen wird die Feststellung bestätigt, daß die Entwicklung dieses Typs den äußersten Stand der Vollendung erreicht hatte.

Beispiele für die Kutterbauart bei mehrmastigen Fahrzeugen können an einigen hier wiedergegebenen und im Detail erläuterten Plänen studiert werden. Dazu gehören das von Hilhouse gebaute Paketschiff der Post (ca. 1795), der Schoner SAPPHO (1821), die voll getakelte Yacht FALCON (1824) und die Brigg-Yacht ANONYMA (1839). Allmählich hinterließen jedoch so viele unterschiedliche Einflüsse ihre Spuren, daß es für die Zeit nach etwa 1825 schwierig wird, die Kutterbauart noch einigermaßen zuverlässig nachzuweisen. Diese vier Fahrzeuge besaßen alle ein größeres Verhältnis der Länge zur Breite als der einmastige Kutter,

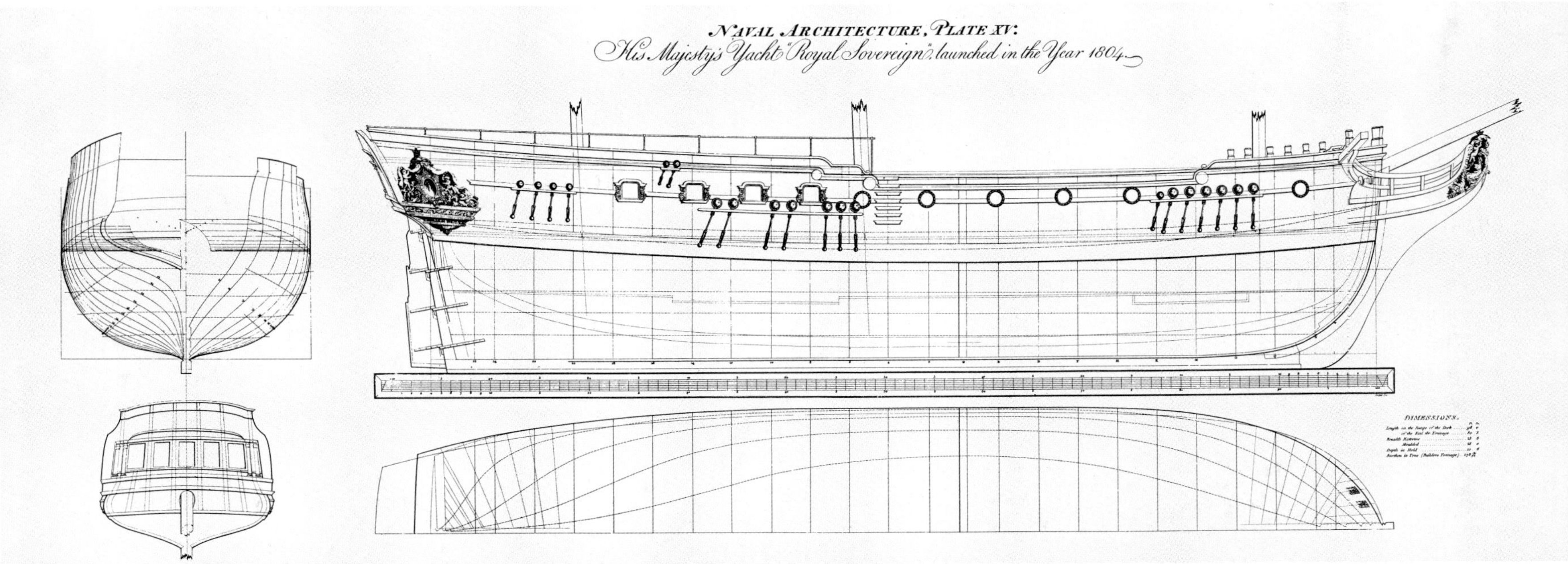

42 Linienriß der ROYAL SOVEREIGN, 1804 nach dem Entwurf von Sir John Henslowe in Deptford gebaut. Reproduktion von Tafel 15 der *Elements and Practice of Naval Architecture* von David Steel (3. Auflage 1822). Auf dem Plan angegebene Abmessungen: 29,26 m (Länge an Deck) × 7,77 m (Breite über alles) × ca. 5,18 m (vom Plan abgenommenes Maß der Raumtiefe); 278 $^{13}/_{94}$ tons.

43 Segelriß der ROYAL SOVEREIGN; Reproduktion eines Planes aus dem National Maritime Museum, Greenwich. Das Vorhandensein eines Bagiensegels ist für die Zeit ungewöhnlich.

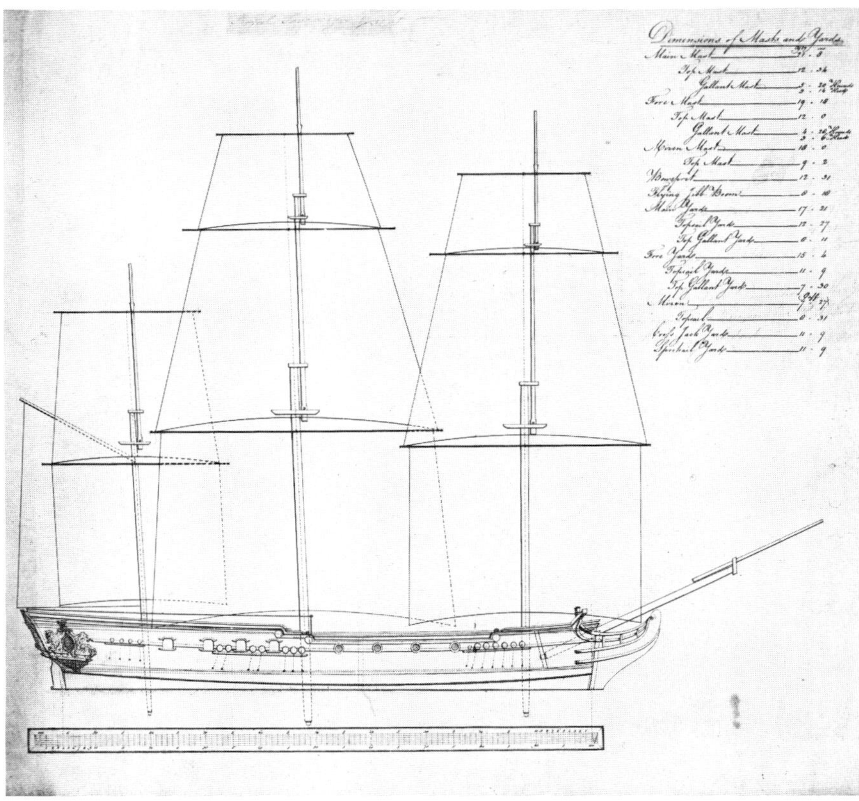

während jedoch die um die Jahrhundertwende gebräuchlichen Brigg-Kutter über die für den Kutter so typische große Breite verfügten. Steels bereits erwähntes Paketschiff der Post und die Zoll-Brigg SHAMROCK stellen gute Musterexemplare des Brigg-Kutters dar.

Unter den Zeichnungen der Admiralität befindet sich ein detaillierter Linienriß der SHAMROCK, der hier als Abbildung 45 wiedergegeben wird und alle Merkmale eines Kutters aufweist: starken Kielfall (1,91 m), großen Sprung, eine das Dreifache der Breite betragende Länge und steile Aufkimmung bei hohlen Bodenwrangen und hoch liegender Kimm. Die SHAMROCK war als RESOLUTION wahrscheinlich 1805 gebaut worden. Nach einer 1817 erfolgten Aufmessung wurde von John Marshall ein Linienriß angefertigt. Neben diesem im National Maritime Museum in Greenwich befindlichen Admiralitätsplan existiert in den United States National Archives eine weitere von Philip Inch stammende und im Juli 1820 datierte Zeichnung.[54] Auf der letzteren findet sich der Vermerk: „Konstruiert von Mr. Thomas." Zu diesen beiden Plänen, die in den Rumpfabmessungen völlig übereinstimmen, schreibt Howard I. Chapelle: „Es gibt für mich keinen Zweifel, daß diese zwei Zeichnungen das gleiche Baumuster und das gleiche Fahrzeug darstellen. Es war mit Sicherheit eine nach der Art eines Kutters gebaute Brigg mit Klipperformen und durch und durch britisch."[55] Er nimmt an, daß Mr. Thomas wahrscheinlich für den Entwurf verantwortlich war und daß dieser gemeinsam mit Henry Steers, dessen Sohn George die Yacht AMERICA konstruierte, seine Lehre in der Staatswerft von Portsmouth absolviert hat. Thomas arbeitete später in der Marinewerft von Washington und veranlaßte Henry Steers, auch nach Amerika zu kommen. Es ist interessant, den Entwurf eines feinlinigen Schoners, den Henry Steers 1805 noch während seiner Lehrzeit gezeichnet hat, mit dem Plan der SHAMROCK zu vergleichen. Der von Howard I. Chapelle in seinem jüngsten Buch[56] veröffentlichte Linienriß des Schoners läßt starke amerikanische Einflüsse erkennen.

Nach den Angaben auf dem Admiralitätsplan war die SHAMROCK zu 185 tons vermessen bei 22,58 m (Länge an Deck) × 7,65 m (Breite über alles) × 3,30 m (Raumtiefe). Ihre Bewaffnung bestand aus zwölf Kanonen. Die auf dem Linienriß aufgeführten Maße der Spieren sind in Abbildung 46 ausgewertet worden, wo sie eine hohe Takelung ergeben bei eng stehenden Masten mit starkem Fall. Die Untermasten waren lang und der Baum des riesigen an einer Gaffel fahrenden Briggsegels ragte um 6,10 m über die Heckreling hinaus. Die Rahen am Großmast waren 0,30 bis 0,60 m länger als die des Fockmastes. Am Bugspriet wurde eine 8,74 m lange Blinderah gefahren. Daß das Schiff mit einer Ankerwinde und nicht mit einem Gangspill ausgerüstet war, deutet mehr auf ein Handels- als auf ein Kriegsfahrzeug. Stenge- und Brampardunen wurden in der Zeichnung auf an Deck in Ringbolzen eingepickte Taljen gesetzt, da Hinweise auf entsprechende Jungfern für Taljereeps fehlen. Bei günstiger Brise konnten Royals gesetzt werden, deren Rahen weder Toppnanten noch Brassen besaßen. Die Rahen waren zum Heißen eingerichtet, wobei ihr Drehreep durch ein Scheibengatt im Masttopp fuhr. Es ist interessant festzustellen, wie sehr die Proportionen dieses Segelrisses mit denen der Brigg ALEXANDER (vgl. Seite 33) übereinstimmen.

44 Bewaffneter Lugger der Zeit um 1800 von 21,34 m Länge und 6,10 m Breite. Die Zahl der Kanonen deutet auf ein französisches Kaperfahrzeug, britische Lugger waren aber ähnlich getakelt.

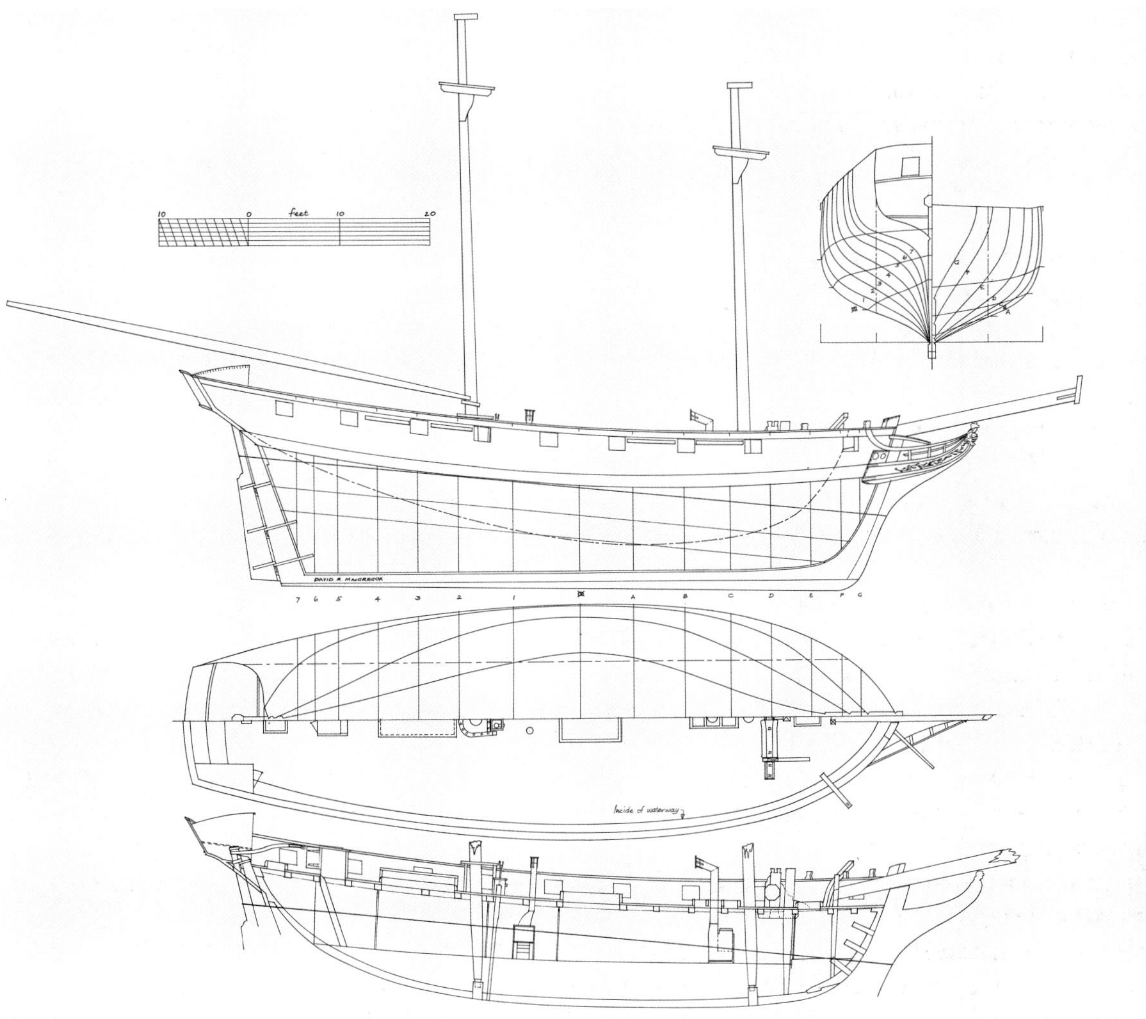

45 Linienriß der SHAMROCK, 1805 als RESOLUTION in England gebaut, wahrscheinlich nach einem Entwurf von Mr. Thomas. Nach 1817 in Plymouth datierten Admiralitätsrissen des National Maritime Museum, Greenwich, gezeichnet. Auf dem Plan angegebene Abmessungen: 22,58 m (Länge an Deck) × 7,65 m (Breite über alles) × 3,30 m (Raumtiefe); 185 $^{29}/_{94}$ tons. Rekonstruiert wurden Wasserlinienriß und Decksplan in der Kombination. Das Fahrzeug wurde als Zollkutter vor der irischen Küste verwendet.

46 Segelriß der SHAMROCK. Nach dem Längsschnitt und den auf dem Linienriß angegebenen Abmessungen der Spieren rekonstruiert. Takelung und Zuschnitt der Segel nach zeitgenössischen Abbildungen und Fachbüchern. Die Seiten der Geschützpforten sind im rechten Winkel zum Kielverlauf gezeichnet, wegen des starken Kielfalls erscheinen sie daher nach achtern geneigt. Als echte Brigg fährt sie kein Großsegel. In der Spierentabelle sind keine Royalrahen aufgeführt, doch zweifellos dürften solche bei gutem Wetter aufgebracht und das entsprechende Rigg zum Masttopp geschoren worden sein.

DIE BRIGANTINE *ST. HELENA*

Ein Beispiel für die Beschäftigung eines Paketschiffes in der Südatlantikfahrt mag in dem fast am Ende der Napoleonischen Kriege gefaßten Beschluß der „Ehrenwerten Ostindischen Kompanie“ gesehen werden, für eigene Rechnung den „Paket-Schoner ST. HELENA“ zu bauen, der im August 1814 vom Stapel lief. Seine Aufgabe bestand darin, St. Helena anlaufenden Ostindienfahrern als Tender zu dienen und Proviant und Versorgungsgüter zur Insel zu bringen. Der Schoner war in London auf der Blackwall-Werft von Wigram & Green gebaut worden, wobei sich die Kosten auf £ 21 pro ton beliefen. Auf der Zeichnung sind folgende Maße angegeben: 22,86 m (Länge an Deck), 6,27 m (Breite) und 3,96 m (Raumtiefe) bei $135^{20}/_{94}$ tons. Das dem Plan entnommene Aufmaß der Deckslänge von 24,77 m wurde auch für die abgebildete Zeichnung verwendet. Leider scheint kein Bild der ST. HELENA zu existieren. Es ist aber ein ganz seltenes Zusammentreffen, daß neben dem Linienriß auch die Abmessungen der Spieren und die Logbücher eines so frühen Schoners erhalten sind. Das ist einer der Gründe, die das Studium dieses Fahrzeuges so interessant machen.

Die Abbildung 47 zeigt einen nach dem im National Maritime Museum befindlichen Plan gezeichneten Linienriß.[57] Der Decksplan wurde nach zeitgenössischen Quellen und nach dem über den Längsriß gelegten Innenprofil des Schiffes rekonstruiert. Im Transport von Versorgungsgütern und in der Bewährung guter See-Eigenschaften bestand das tägliche Brot dieses Seglers, dessen gute Ladefähigkeit von seiner Rumpfform begünstigt wurde, obwohl die Wasserlinien nicht zu völlig gehalten waren. Der Tiefgang der ST. HELENA war achtern um etwa 0,76 m größer als vorn. Ein einfacher Bug und ein kleines Galionsknie werden als angenehme Abweichung von den übertrieben ausgeführten Galions empfunden, wie man sie gewöhnlich auf Plänen dieser Zeit findet. Sie besaß drei Boote: eine Jolle, eine Barkasse und eine Gig. Die Barkasse mit eingesetzter Jolle dürfte hinter dem Großmast in Bootsklampen an Deck gestanden haben, während die Gig an Davits über dem Spiegel hing. Ein Vergleich mit dem als Schoner getakelten Baltimore-Klipper FLY, der 1812 gekapert und von der britischen Marine als HMS SEA LARK (Abbildung 28) übernommen wurde, ist recht interessant, zumal beide etwa über die gleiche Länge an Deck verfügten. Die FLY, zweifellos ein Kaperschiff, ist für hohe Geschwindigkeiten gebaut worden, wie ihre große Aufkimmung zeigt. Auch ein Vergleich der Segelrisse lohnt sich, da er die voneinander abweichenden Auffassungen der Konstrukteure wie auch die unterschiedlichen Verwendungsarten der Segler erkennen läßt. Der Plan der ST. HELENA wurde bis ins Detail rekonstruiert.

Der Segelriß der ST. HELENA verursachte einiges Kopfzerbrechen, besonders bezüglich der Länge des Vor(mars)stengetopps, deren Angabe fehlt, obwohl die des Großstengetopps verzeichnet wurde. Die auf dem Originalplan gegebenen Abmessungen der Spieren deuten daraufhin, daß sie als „Bramsegelschoner“ konzipiert war (das heißt trotz des Bramsegels war nach Schonerart auch für den Fockmast nur eine Stenge vorgesehen [Anm. d. Übers.]). Dagegen spricht das Logbuch unzweideutig von einer fierbaren Bramstenge, wie hier etwa in dem Eintrag vom 7. Juli 1819: „... Vorbramstenge auf- und Außenklüverbaum ausgebracht ...“[58] Auf dem Segelriß endet das Rigg der Vor(mars)-stenge in der bei den Abmessungen der Spieren angegebenen Höhe. Der Vormarsstengetopp und die Vorbramstenge sind dagegen rekonstruiert wie auch der Außenklüverbaum, die Blinde- und die Royalrah, die alle im Logbuch erwähnt wurden. Von der Art der Takelung abgesehen, stimmen alle Spieren und Segel mit den Logbucheintragungen überein, so daß der Segelriß dem Aussehen der ST. HELENA in den Jahren 1819–1822 entsprechen dürfte. Der Voruntermast ist nur 1,22 m kürzer als der Großuntermast, wodurch das Fahrzeug zu einem Mischtyp der Brigantine wird, ähnlich der von Fielding skizzierten Brigantine (Abbildung 49). Das ist in der Tat Entschuldigung genug für jedermann, der das Schiff, wie es sein Kapitän tat, als Schoner bezeichnete. Die nautische Terminologie wurde damals relativ großzügig gehandhabt, und im Hinblick auf die vielerlei Spielarten der diversen Takelungen konnte das wohl auch gar nicht anders sein. Man teilte Schiffe noch nicht in derart streng unterschiedene Kategorien ein, wie das in unserem Jahrhundert üblich wurde.

Das Logbuch der ST. HELENA hinterläßt den Eindruck, daß jedenfalls ihr Kapitän gerne an Bord des Schiffes fuhr und daß die Disziplin weniger streng gehandhabt wurde als auf den regulären Ostindienfahrern.[59] Zwischen 1814 und 1819 machte sie von St. Helena acht Reisen nach Kapstadt und zurück, wobei die Ausreisen in Ballast und die Rückreisen mit Schafen, Ochsen und anderen Versorgungsgütern wie Getreide und Wein erfolgten. Zwischen 1819 und 1822 segelte sie einmal nach Benguela, um mit einer Ladung Ochsen zurückzukehren, und einmal nach Angra Pequeña (Lüderitzbucht). Im Jahre 1821 blieb sie für längere Zeit in der Umgebung von St. Helena, um die Insel anlaufende Ostindienfahrer zu bedienen. Ihre erste Heimreise nach England erfolgte 1821/1822, wohin sie erst wieder im Jahre 1830 zurückkehrte, als sie von der Kompanie verkauft worden war.

Ausbesserungsarbeiten mußten in St. Helena auf See durchgeführt werden. So beginnt eines der Logbücher des Seglers mit einer draußen erfolgten Überholung im Jahre 1819, bei der das Rigg der Untermasten abgetakelt und an Land gegeben wurde. Während ihrer Jungfernreise unter dem Kommando von James Ballingall lief die THALIA am 26. Juni von Indien zurückkehrend St. Helena an. Ihre Ankunft wurde im Logbuch der ST. HELENA vermerkt. (Näheres über Jungfernreise und Linienriß der THALIA findet sich in Kapitel III.) Nachdem die Vormars- und die Großstenge wieder aufgebracht worden waren, wurde die ST. HELENA stark gekrängt, das heißt kielgeholt, damit der Zimmermann den Kupferbeschlag an der Steuerbordseite ausbessern konnte. Fünf Tage später wurde die Brigantine wieder aufgerichtet, nachdem man inzwischen auch die Marsrah aufgebracht und die Wanten ausgewebt hatte. Schließlich, am 7. Juli 1819, berichtet das Logbuch, daß die Besatzung die „Vorbramstenge auf- und den Außenklüverbaum ausgebracht“ habe. Es erscheint als unwahrscheinlich, daß für das Fahrzeug von Anfang an eine fierbare Bramstenge vorgesehen war, sonst hätte man schon damals bei der Aufstellung des Spierenverzeichnisses andere Bezeichnungen verwendet. Im Logbuch finden sich häufig Bemerkungen über die Anfertigung neuer Spieren: „... erhielt einen Reserveklüverbaum als neuen Großbaum ...“, ... „Zimmermann macht aus dem alten Großbaum eine Blinderah ...“ Daraus könnte man leicht schließen, daß während der Stationierung des Schoners im Südatlantik seine Takelung etwas verändert wurde.

Das Royal wird im Logbuch nur einmal erwähnt: „... Außenklüver und Royal angeschlagen ...“ Offenkundig ein Schönwettersegel, besaß es nach der auf vielen kleinen Fahrzeugen geübten Praxis keine Brassen. Häufig finden sich Bemerkungen über das An- und Abschlagen des am Vorgaffelsegel gefahrenen Bonnets.

Auf einer Fahrt nach Kapstadt geriet die ST. HELENA am 2. August 1819 in eine schwere Bö, worauf im Logbuch zu lesen war: „... Vormars- und Großstenge, Außenklüverbaum und Vorbramstenge über Bord gegangen, Vorgaffelsegel, Großstengestagsegel und Bramsegel zerrissen ...“ Für den folgenden Tag, nachdem eben die Aufklarungsarbeiten beendet waren, lautet ein Eintrag: „... Großschot, Baum und äußere Gei gebrochen, repariert und das ganze Großsegel gesetzt ...“ Zwei Tage nach dem Verlust der Stengen wurden neue aufgebracht und Marssegel und Fock gesetzt.

Auf dieser Reise des Jahres 1819 benötigte sie vierundzwanzig Tage, um Kapstadt zu erreichen; dabei betrug ihr bestes Etmal 183 Seemeilen, wobei als höchste Geschwindigkeit acht Knoten

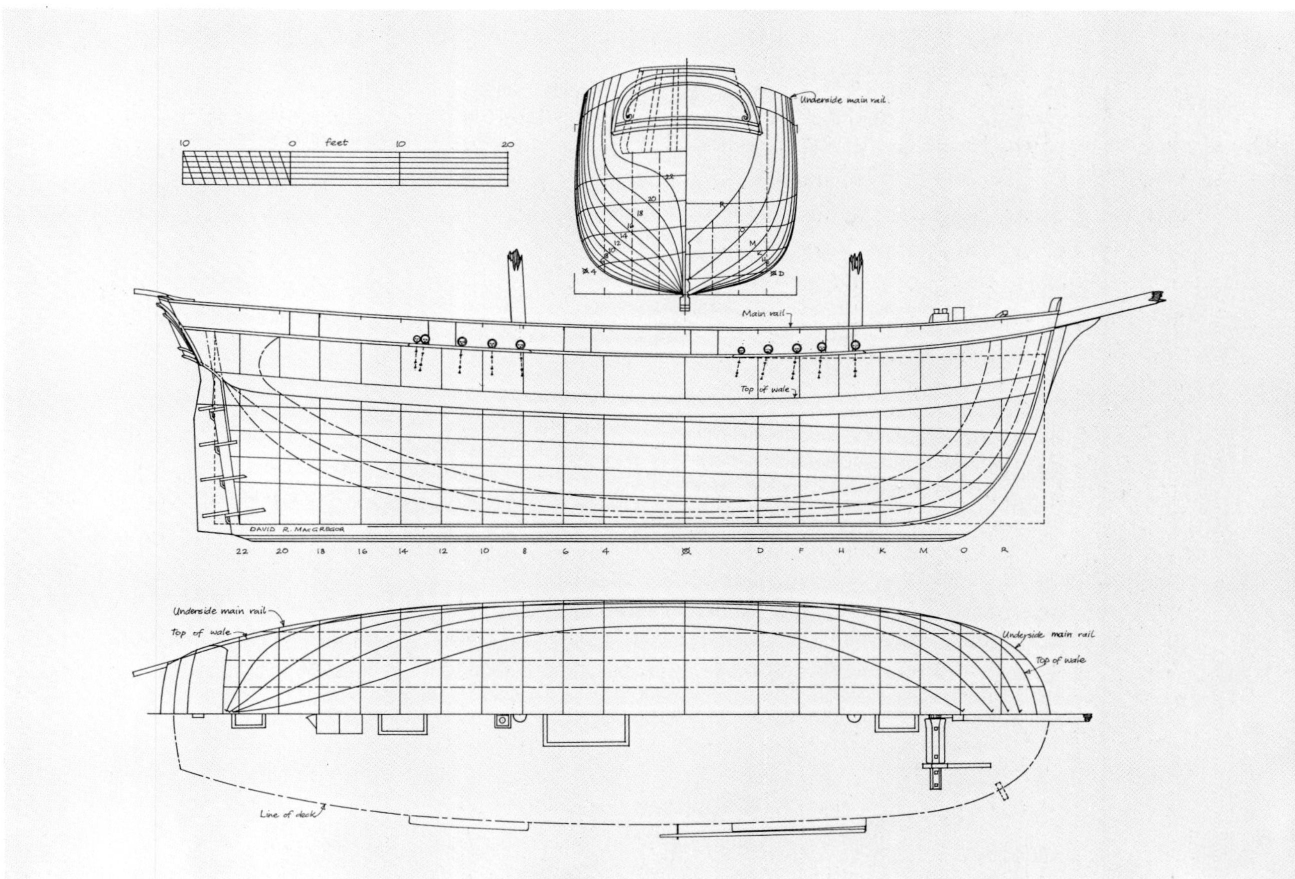

47 Linienriß der ST. HELENA, 1814 in der Londoner Blackwall-Werft von Wigram & Green gebaut. Nach einem im National Maritime Museum in Greenwich befindlichen Plan gezeichnet. Auf dem Plan angegebene Abmessungen: 22,86 m (Länge an Deck) [auf Plan nachgemessen: 24,77 m] × 6,27 m (Breite) × 3,96 m (Raumtiefe); 135 $^{20}/_{94}$ tons. Rekonstruiert wurden: Aufbauten und Ausrüstungsteile an Deck einschließlich Bratspill, Rüsten, Heckdavits und Leesegelspiere.

48 Segelriß der ST. HELENA, rekonstruiert nach dem Linienriß, nach den auf dem Plan aufgeführten Abmessungen der Spieren und nach den in der India-Office-Bibliothek aufbewahrten Logbüchern des Schoners. Länge des Vormarsstengetopps rekonstruiert, da diese Angabe auf dem Linienriß fehlt. Wahrscheinlich als „Bramsegelschoner" geplant. Rekonstruiert wurden: Länge der Vorbramstenge, Royalrah, Blinderah und Außenklüverbaum. Darstellung der Segel und der Takelung basiert auf Logbucheintragungen, zeitgenössischen Abbildungen und Fachbüchern. Der lange Vor-Untermast bietet andere Lösungen für die Verstagung und die Anordnung der Vorsegel an.

49 Eine um 1810 entstandene und mit der Beschriftung „eine Bark" versehene Zeichnung von Copley Fielding. Man muß das Fahrzeug wohl als Brigantine bezeichnen, obwohl es zu seiner Zeit wegen der am Fockmast gefahrenen Gaffel als Schoner eingestuft wurde. Es sind einige Ähnlichkeiten mit der Takelung der ST. HELENA festzustellen.

verzeichnet wurden. Bei einer Länge in der CWL von 77 Fuß (= 23,47 m) ergibt eine Geschwindigkeit von acht Knoten einen relativen Geschwindigkeitskoeffizienten (vergleiche Seite 22) von 0,91. Als sie auf der Reede von Kapstadt gegen den Wind kreuzend ihren Ankerplatz ansteuerte, lief sie auf Grund, aber durch Backsetzen aller Segel kam sie von dem harten Sand wieder frei und trieb zwischen die anderen Schiffe. Sofort ließ sie ihren großen Buganker fallen, aber die Trosse brach. Darauf versuchte man, sie vor ihren kleinen Buganker zu legen, wobei sie mit dem Schoner UITENHAGUE kollidierte und ihr Steuerbord-Heckdavit sowie eine Unterleesegelspiere verlor. Rasch wurde der Reserveanker an die Trosse des großen Bugankers angeschlagen, das Fahrzeug konnte mit dem Heck durch den Wind gebracht werden und die Anker hielten schließlich auf 2,75 m Tiefe. Später verholte die Brigantine in tieferes Wasser, und am nächsten

Tag konnte der Buganker durch das Boot des Hafenmeisters geborgen werden.

Für die Rückreise wurden im Zwischendeck Trennwände für den Transport von Schafen gezogen. Mit 134 Schafen und 4 Pferden segelte sie in zwölf Tagen nach St. Helena, wobei sie an vier aufeinanderfolgenden Tagen Etmale von 158, 172, 180 und 139 Seemeilen erzielte. Auf einer späteren Reise hatte sie 128 Schafe und 17 Ochsen an Bord, nachdem vorher der Boden des Laderaums mit Sand eingeebnet worden war. Der Zimmermann war ein vielbeschäftigtes Besatzungsmitglied. Er hatte neue Spieren zuzurichten und gebrochene zu fischen, was ihn aber nicht daran hinderte, „unter häufiger Trunkenheit zu leiden". – Die an Bord gebräuchliche Methode zur Rattenvertilgung bestand im Entzünden von vier Holzkohlenfeuern im Laderaum, dessen Luken anschließend verschalkt und erst nach einem Tag wieder geöffnet wurden, um die Tierleichen zu entfernen.

Nach London bestimmt, verließ die Brigantine am 22. September 1821 St. Helena mit dreiundzwanzig Soldaten, acht Frauen und neunzehn Kindern sowie noch einem weiblichen Passagier mit Kind. Achtunddreißig Tage später kam das Leuchtfeuer von Lizard in Sicht, und am 5. November wurde nach einer schnellen Reise von vierundvierzig Tagen Dungeness passiert.

Kapitän des Schiffes war von 1819–1821 John Augustus Atkinson. Vor dem neuerlichen Einsatz des Fahrzeugs im Jahre 1822 sah eine Liste der Besatzung und ihrer Heuer folgendermaßen aus:

Kapitän, James Fairfax	£ 30	pro Monat
1. Offizier	£ 15	pro Monat
2. Offizier	£ 10	pro Monat
Bootsmann	£ 5	pro Monat
Zimmermann	£ 5	pro Monat
8 Matrosen	£ 2.10	pro Monat
Jungmann	£ 2	pro Monat

Leider war kein zeitgenössisches Bild der ST. HELENA zu finden, obwohl mehrere Ansichten der gleichnamigen Insel genau daraufhin untersucht wurden, ob sie nicht unter den dort abgebildeten Schiffen vertreten sei.

ANMERKUNGEN ZU KAPITEL II

(Abkürzungsverzeichnis am Schluß des Buches)

[1] John Charnock, *History of Marine Architecture* (London 1802), vol. 3, pp. 268–269.

[2] F. H. Af Chapman, *Architectura Navalis Mercatoria* (Stockholm 1768/69, Reprint 1957), Tab. LX, Nr. 6.

[3] N. M. M., Admiralty Draughts, Plan Nr. 6802, Box 65.

[4] Howard I. Chapelle, *The Search for Speed under Sail 1700–1855* (New York 1967), p. 131.

[5] Howard I. Chapelle. *National Watercraft Collection* (Washington 1960), United States National Museum Bulletin 219, pp. 17–18.

[6] Ebd.

[7] Ebd., p. 18.

[8] Vgl. Chapman a. a. O., Tab. LVII, Nr. 15; ebenso Fol. 40 der Hilhouse Collection.

[9] Hilhouse Collection, Fol. 49.

[10] W. A. Baker, *Sloops and Shallops* (Barre, Mass., 1966), p. 121.

[11] Howard I. Chapelle, „The Bermuda Sloops and Dinghies", *Yachting* (USA), April 1933, p. 58. Linienriß nach den Aufmaßen der Admiralität aus dem Jahre 1804, über eine Verbindung zu den 1792 datierten Hilhouse-Rissen ist jedoch nichts bekannt.

[12] Adm. W. H. Smyth, *The Sailor's Word-Book* (London 1867), p. 230.

[13] David Steel, *Naval Architecture; or a Treatise on Ship-Building* (London 1805), p. 12.

[14] John Lyman, „The Cutter Brig", *M. M.*, 1969, vol. 55, pp. 17–21.

[15] Ebd., p. 20.

[16] N. M. M., Admiralty Draughts, *Busy*, Plan Nr. 6797, Box 65.

[17] Ebd., *Camelion*, Plan Nr. 3259, Box 48.

[18] Ebd., *Helena*, Plan Nr. 4523, Box 64.

[19] J. W. Damer Powell, *Bristol Privateers and Ships of War* (Bristol 1930), p. 251.

[20] Ebd., p. 278.

[21] Chapelle, *National Watercraft Collection*, a. a. O., pp. 20–21.

[22] Chapelle, *Search for Speed under Sail*, a. a. O., pp. 176–178.

[23] Chapelle, *National Watercraft Collection*, a. a. O., p. 163, wo sich auch ein Linienriß findet.

[24] Vgl. Howard I. Chapelle, *The Baltimore Clipper* (Salem, Mass., 1925) und *Search for Speed under Sail*, a. a. O., wo sich Pläne finden.

[25] James A. Sharp, *Memoirs of the Life and Services of Rear-Admiral Sir William Symonds Kt.* (London 1858), p. 131.

[26] Basil Lubbock, *The Opium Clippers* (Glasgow 1933), p. 71 ff.; Linienriß der *Prince de Neuchâtel* in Howard I. Chapelle, *History of American Sailing Ships* (New York 1935), Tab. V.

[27] J. F. Gibson, *Brocklebanks 1770–1950* (Liverpool 1953), vol. I, pp. 23–24.

[28] Den Linienriß der *Jupiter* habe ich nach dem im Brocklebank-Archiv befindlichen Original gezeichnet.

[29] David Steel, *Elements and Practice of Rigging and Seamanship* (London 1794), vol. I, p. 52.

[30] Angaben über James Spencer nach Mitteilung vom 11. März 1965 des Direktors der Museen der Stadt Hull. Geburts- und Sterbedaten unbekannt.

[31] John C. G. Hill, *Shipshape and Bristol Fashion* (Liverpool, 2. Aufl., ca. 1958), p. 3 ff. Photokopien vieler dieser Pläne können im Science Museum in London eingesehen werden.

[32] Unterlagen eingesehen im Büro von Charles Hill & Sons, Bristol.

[33] Hilhouse Collection, Fol. 113. Es ist zu beachten, daß die Numerierung der Hilhouse-Pläne in der Liste des Science Museums in den meisten Fällen nicht mit der der Originale übereinstimmt.

[34] A. H. Norway, *History of the Post Office Packet Service* (London 1895), p. 38.

[35] Dieser Plan befindet sich jetzt im N. M. M.

[36] H. D. Blyth, *History of Falmouth as a Packet Station* (1863), 4-seitige Monographie in Kupfertiefdruck. Eine maschinengeschriebene Kopie im Archiv des General Post Office gibt als Verfasser H. D. Blyth aus London und den 1. Januar 1863 als Abfassungsdatum an.

[37] W. Salisbury, „A Post Office Packet of c. 1800", *M. M.*, 1943, vol. 29, pp. 57–58.

[38] Im Plan von William Salisbury fehlen die Projektionen der Wasserlinien, die aber leicht zu ermitteln sind.

[39] Nach zeitgenössischen Ausgaben von *Lloyd's List*, 1821.

[40] Dankenswerterweise stellte William Salisbury großzügig sein unveröffentlichtes Manuskript über die *Transits* und seine Beurteilung ihrer Entwürfe zur Verfügung.

[41] Capt. W. H. Chaplin, „The Four-Masted Ship *Transit*", *M. M.*, 1933, vol. 19, p. 316. Dieser Artikel behandelt die erste *Transit*.

[42] R. H. Gower, *Supplement to Practical Seamanship* (London 1807), p. 11, Tab. I; sowie John Fincham, *History of Naval Architecture* (London 1851), p. 181, Tab. 22.
[43] Gower, *Supplement to Practical Seamanship,* a. a. O., p. 91.
[44] Vgl. Linienriß in Basil Lubbock, *Last of the Windjammers,* 2. Aufl. (Glasgow 1935), vol. II, p. 12.
[45] George Bayley, „His Majesty's Ship *Transit*", *Mechanics' Magazine,* 1828, vol. 10, p. 120.
[46] Gower, *Original Observations, as Practised on Bord the „Transit"* (Ipswich ca. 1835), p. 47.
[47] Ebd., p. 49.
[48] Chapelle, *Search for Speed under Sail,* a. a. O., p. 151.
[49] „Noah", „On Ship-Building", *Mechanics' Magazine,* 1826, vol. V, p. 304.
[50] David Steel, *Naval Architecture,* revised by John Knowles, 3. Aufl. (London 1822), p. 180 (Fußnote).
[51] William Sutherland, *The Ship Builder's Assistant, or Marine Architecture,* revidierte Aufl. (London 1794), p. 57. Bemerkungen zu den unterschiedlichen Auflagen dieses Werkes finden sich in Kapitel I.
[52] Chapelle, *Search for Speed under Sail,* a. a. O., p. 133.
[53] *Exeter Flying Post,* 27. Januar 1791. In der Sammlung von R. H. C. Gillis im Mai 1966 eingesehen, Meldung aber nicht überprüft.
[54] U. S. National Archives no. 81–10–100, Records of the Department of the Navy, Bureau of Construction and Repair.
[55] Brief Howard I. Chapelles vom 8. April 1969 an den Verfasser.
[56] Chapelle, *Search for Speed under Sail,* a. a. O., Tab. 50.
[57] N. M. M., Admiralty Draughts, Plan Nr. 4557, Box 64.
[58] India Office Library, Logbuch Nr. 327 (a), die Jahre 1819/22 umfassend.
[59] Ebd.
[60] India Office Library, Marine Records, ledger (Hauptbuch) Nr. 327 (c).

KAPITEL III

ENTWICKLUNG DER KLIPPERSCHIFFE 1815-1839

INHALT

KLÄRUNG DER BEGRIFFE UND ÜBERBLICK

Der Bootsführer von der Themse, der 1819 für die Yacht TRANSIT beim Anbordkommen die Bezeichnung „Klipper“ verwendete, hatte damit zweifellos kein neues Wort geprägt, sondern nur einen für ein außergewöhnlich schnell segelndes Schiff angemessenen Begriff verwendet. Für viele der in Kapitel II beschriebenen Fahrzeuge hätten wohl ähnliche Ausdrücke gebraucht werden können, und nach dem heutigen Verständnis des Wortes Klipper wäre es in der Tat möglich, zahlreiche dieser scharf gebauten Schnellsegler als frühe Klipper, oder wenigstens als deren Vorläufer, zu bezeichnen. Für den Sprachgebrauch der Gegenwart lag das Zeitalter der Klipperschiffe zwischen den Jahren 1840 und 1870. Jedes scharf gebaute feinlinige Schiff dieser Epoche verdient die Bezeichnung „Klipper“, während ähnliche Schiffe älteren Datums als „frühe Klipper“ eingestuft werden. Andererseits neigt man bei entsprechend gebauten Fahrzeugen des achtzehnten Jahrhunderts zu Beschreibungen wie „feinlinig“ oder „scharf gebaut“ mit dem gelegentlichen Zusatz, daß sie zu den Vorfahren der Klipper zu rechnen seien.

Nachdem man erkannt hatte, daß durch die Bezeichnung eines Schiffes als „Klipper“ eine besonders hohe Frachtrate erzielt werden konnte, waren Makler und Eigner leider sehr rasch damit bei der Hand, das Wort auch für jedes völlig gebaute Schiff, das einmal eine schnelle Reise gemacht hatte, zu verwenden. So begann das Wort bereits vor dem Erscheinen der echten Klipper in den ausgehenden vierziger Jahren des vorigen Jahrhunderts, eine nach heutigem Wissensstand zweifelhafte Nebenbedeutung zu erhalten. Manches Schiff wie etwa die JUPITER, von der es in einem zeitgenössischen Bericht hieß, daß sie eine scharfe, hohle Bugform besessen und eine Geschwindigkeit von 12 Knoten erzielt habe[1], wäre in den dreißiger Jahren als „Klipper“ akzeptiert worden. Das Vorkommen der frühen Klipper beschränkte sich meist auf Fahrzeuge, die für begrenzte Spezialaufgaben, wie den Transport von Obst, Opium, Tee, verderblichen Gütern, Passagieren und Post, eingesetzt wurden. Außerdem fand der Typ des Klippers Verwendung bei Kaperschiffen, Sklaventransporten, Schmuggelfahrzeugen, Zollkuttern, kleinen Marineeinheiten und natürlich auch bei Yachten.

Der Einfluß der Kutterbauart auf theoretische Erwägungen zum Baum von Schnellseglern ist bereits in Kapitel II erörtert worden.

Dort wurden auch mit der Brigg SHAMROCK und dem Hilhouse-Entwurf eines voll getakelten Paketschiffes der Post Beispiele für die Takelung eines Kutterrumpfes mit zwei oder sogar drei Masten gegeben. Auch wurde gezeigt, wie der Terminus „Kutter-Brigg“ seinerzeit zur Kennzeichnung scharf gebauter Schiffskörper verwendet wurde, die zwar die Proportionen der Kutter, aber andere Mastkombinationen erhalten hatten. Im vorliegenden Kapitel ist ein Fortgang dieser Entwicklung zu verfolgen, denn es wurde nun weithin anerkannt, daß der Kutterrumpf große Möglichkeiten bietet, die kombinierten Forderungen nach Geschwindigkeit und Ladekapazität zu erfüllen. Gleichzeitig kann ein Anwachsen der Rumpflänge und damit die Entstehung einer etwas schlankeren Version beobachtet werden: das Längenverhältnis von 2,5 : 1 bis 3 : 1 bei den Kuttern erhöhte sich jetzt auf 4 : 1 bei Schonern und Briggs. In diesen Jahren der Entwicklung bestand kaum ein Unterschied zwischen feinlinigen Handelsfahrzeugen und als Schoner oder Brigg getakelten Yachten. Im Folgenden gegebene Beispiele zeigen die Entwicklung des Kutterrumpfes am Frachtschoner SAPPHO und der Brigg ANONYMA; in einem späteren Kapitel wird dann zu behandeln sein, wie der Schoner SCOTTISH MAID aus Aberdeen unter den gleichen Vorzeichen entstanden und für die weitere Entwicklung bedeutsam geworden ist.

PAKETSCHIFFE DER POST

Die Bauart der Paketschiffe der Post um die Jahrhundertwende wurde bereits in Kapitel II beschrieben; hier wird nun die MARCHIONESS OF SALISBURY als Beispiel für eine spätere Paketbrigg vorgestellt. Sie wurde 1816 an der Themse gebaut, und ihr Plan erscheint als Abbildung 52. Er wurde nach dem im National Maritime Museum, Greenwich, befindlichen Original aus der Sammlung der Admiralität gezeichnet.[2] Die Hauptmerkmale ihrer Konstruktion sind der sehr steil und gerade ansteigende Boden, der große Kimmradius und die deutlich eingezogenen Seiten; das Achterschiff besitzt einigermaßen schlanke Linien, während das Vorschiff ziemlich völlig gehalten ist. Wie viele ihrer Zeitgenossen ist die Brigg recht tief im Verhältnis zu ihrer Länge, wodurch sie zusammen mit ihrem breiten Vorschiff einen etwas schwerfälligen und nicht sonderlich attraktiven Eindruck macht. Im Vergleich zur zwei Jahre älteren ST. HELENA besitzt sie bei annähernd gleichartigem Vorschiff im Boden und im Achterschiff elegantere Formen. Das Bratspill weist sie als Handelsschiff aus, aber die sonstige Deckseinrichtung deutet auf Marineeinflüsse. Die Pumpen stehen ein gutes Stück vor dem Großmast, weiter sind zwei Barringsbalken für Reservespieren und ein Paar

50 Linienriß der SYLPH, die 1821 in Woolwich nach einem Entwurf von Philip Sainty gebaut wurde. Reproduktion nach einem Plan aus den im Juli 1819 gedruckten Parlamentsdokumenten zum „fünften Bericht des parlamentarischen Untersuchungsausschusses über die Straße von London nach Holyhead“. Abmessungen: 15,01 m (Vermessungskiellänge) × 6,35 m (Breite über alles); $110\,^{8}/_{94}$ tons.

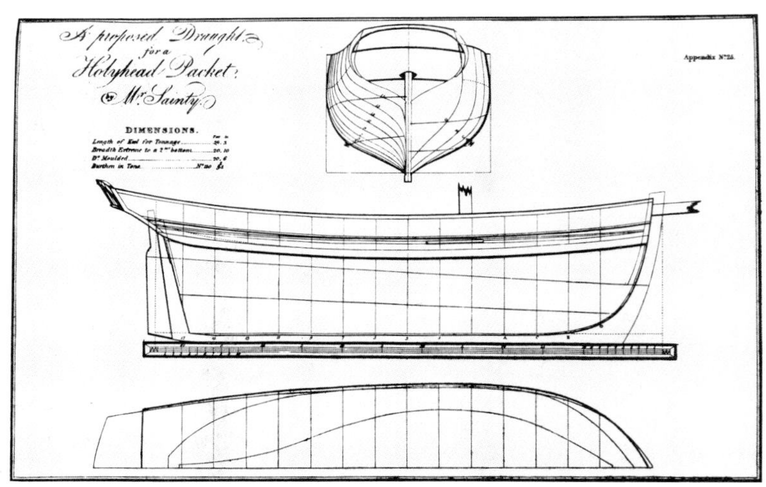

51 Trotz der auf diesem Gemälde der HENRY zu sehenden Breitseite von sieben Kanonen handelt es sich bei der Brigg um ein in der Fahrt zwischen Liverpool und Südamerika beschäftigtes Handelsfahrzeug. Sie wurde 1827 in Newcastle gebaut und zu 314 tons vermessen; ihr Tiefgang betrug 4,88 m. Das Gemälde ist signiert mit „Walters & Son 1830", wobei Miles Walters der Vater und Samuel der Sohn war.

Pallpfosten mit darüber befindlichen Glockengalgen vorhanden. Interessant sind die nach vorn auslaufenden Eisenknie an den Bratspillbetingen und den Betingen hinter dem Großmast.

Die MARCHIONESS OF SALISBURY war in Falmouth beheimatet, von wo sie als Paketschiff Verwendung fand. Der Eigner war zugleich auch ihr Kapitän, der mit ihr in der üblichen Charter für die Post fuhr. Nach 1823 wurden die Paketschiffe der Admiralität unterstellt, die, wenn in diesem Dienst neue Fahrzeuge benötigt wurden, hierfür Kriegsschiffe verwendete. 1829 wurde die MARCHIONESS OF SALISBURY von der Marine angekauft und in NIGHTINGALE umbenannt. Ihr Linienriß ist 1838 datiert worden, und ihre Abmessungen sind angegeben mit 25,03 m Länge zwischen den Loten (in der CWL von Vorderkante Vorsteven bis Achterkante Achtersteven gemessen), 7,26 m Breite über alles, 4,55 m Raumtiefe und 198 tons. 1842 wurde sie von der Marine für £ 690 verkauft. Von ihren Reisen folgen hier einige Beispiele:

1820 ab Lissabon:	10. Dezember	Bestimmung: Leeward-Inseln	
1820 ab St. Thomas:	30. Dezember	an Falmouth: 27. Januar 1821	28 Tage
1821 ab Falmouth:	25. März	Bestimmung: Brasilien	
1821 ab Rio de Janeiro:	22. Mai		
1821 ab Bahia:	8. Juni		
1821 ab Pernambuco:	16. Juni	an Falmouth: 25. Juli	39 Tage
1833 ab Falmouth:	8. April	an Barbados: 10. Mai	32 Tage
1838 ab Vera Cruz:	2. Januar		
1838 ab Tampico:	17. Januar		
1838 ab Havanna:	6. Februar	an Falmouth: 5. März	27 Tage

Die auf der Reise von 1833 gesegelte Strecke wurde auf etwa 4000 Seemeilen geschätzt, was einer Durchschnittsgeschwindigkeit von 5,21 Knoten entspricht.[3] Die für die oben angeführten Reisen benötigten Zeiten stellen gute Mittelwerte dar. In den frühen zwanziger Jahren verkehrten einige Paketschiffe ausschließlich zwischen Falmouth und Lissabon, manche fuhren ins Mittelmeer, und andere segelten nach Westindien, Brasilien und New York. Die DUKE OF YORK benötigte im Jahr 1821 vierundzwanzig Tage für eine Reise von New York nach Falmouth, die vom 13. Februar bis zum 9. März dauerte. Sie war eine 1817 in Bideford (Devon) gebaute und zu 180 tons vermessene Brigg. Nur wenige der Paketschiffe waren voll getakelt. Der dreimastige Marineschoner SEAGULL war ein Paketschiff. Sir Henry Peake wie auch Sir William Symonds konstruierten Fahrzeuge speziell für diesen Dienst. Im Jahre 1838 wurden noch achtunddreißig Segelkriegsschiffe für die Post beschäftigt. Die letzte von Segelschiffen unterhaltene Postverbindung bestand zwischen Madeira und Brasilien, nachdem inzwischen auf allen übrigen Strekken Dampfer eingesetzt wurden. Um 1850 hatte man die reguläre Paketschiffstation in Falmouth bereits aufgegeben.

Für die Verbindung mit dem Kontinent und mit Irland verwendete die Post auch Kutter. Einem 1819 von einem Untersuchungsausschuß des Unterhauses gegebenen Bericht verdanken wir, daß uns vier Pläne von in der Irischen See beschäftigten Paketschiffen erhalten blieben.[4] Unter diesen Plänen finden sich ein Linienriß des Paketschiffes COUNTESS OF CHICHESTER und von Peter Hedderwick, Philip Sainty und Sir Robert Seppings vor-

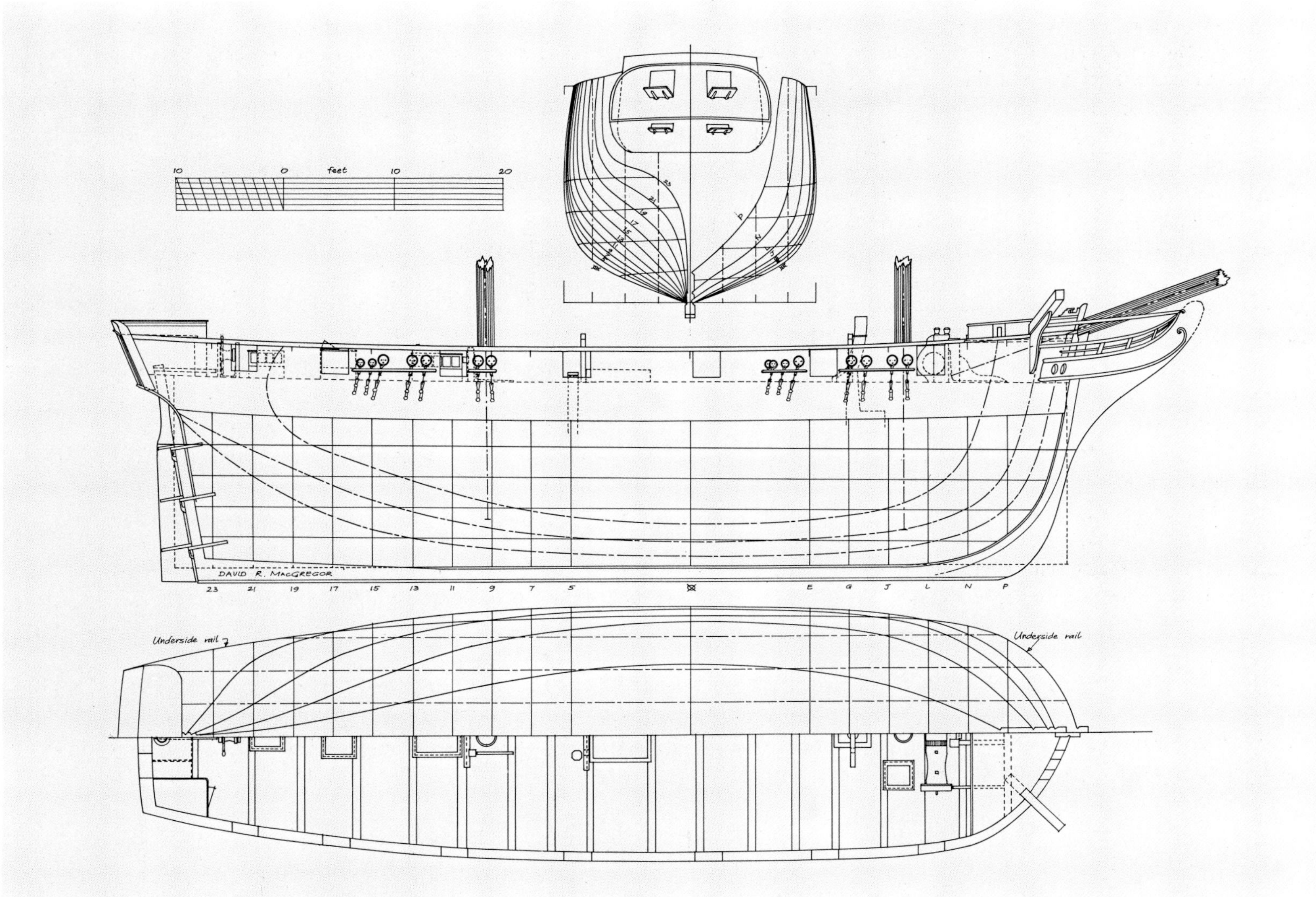

52 MARCHIONESS OF SALISBURY, 1816 an der Themse gebaut. Nach einem 1838 datierten Admiralitätsplan aus dem National Maritime Museum in Greenwich gezeichnet, der sie als NIGHTINGALE wiedergibt. Auf dem Plan verzeichnete Abmessungen: 25,03 m (Länge in der CWL von Vorderkante Vorsteven bis Achterkante Achtersteven) × 7,26 m (Breite über alles) × 4,55 m (Raumtiefe); 198 tons. – Rekonstruiert: Püttings, Steuerrad und Kranbalken.

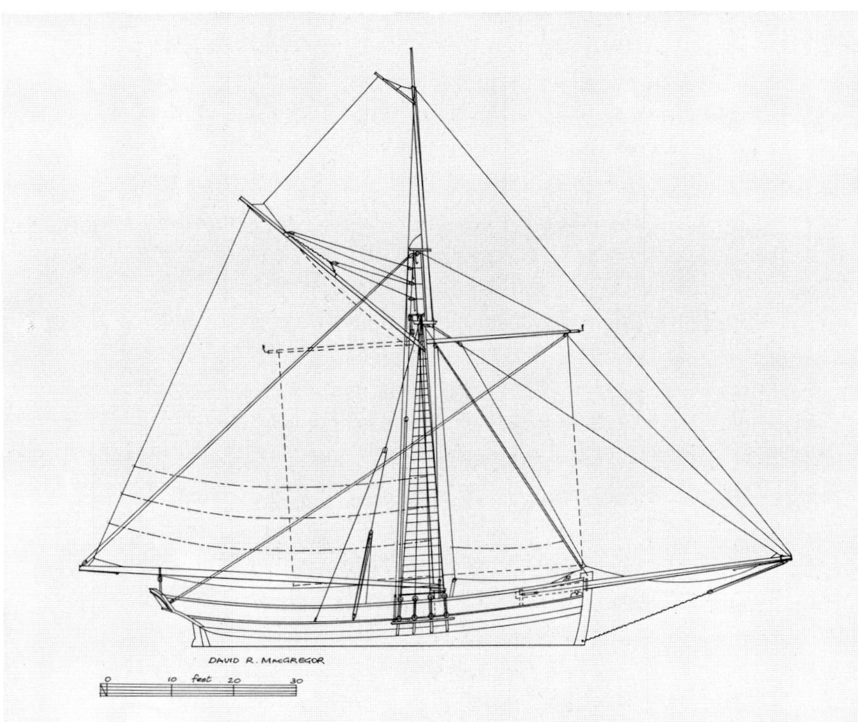

53 *Segelriß der* SYLPH: Rekonstruktion nach Linienriß und den auf einem Admiralitätsplan des National Maritime Museums in Greenwich aufgeführten Spierenabmessungen. Segel und Takelung nach zeitgenössischen Abbildungen und Takelanweisungen. Wahrscheinlich konnte sie auch ein Rahtoppsegel und Leesegel fahren.

geschlagene Konstruktionen. Der von dem aus Wivenhoe kommenden Sainty entworfene Linienriß befindet sich in der Tradition der scharf gebauten englischen Kutter; er ist in Abbildung 50 wiedergegeben. Nach ihm wurde 1821 in Woolwich (London) das Paketschiff SYLPH gebaut.[5] Auf dem Plan werden als Abmessungen angegeben: 15,01 m Vermessungskiellänge, 6,35 m Breite über alles und $110^{8}/_{94}$ tons; dagegen betrug die auf dem Plan gezeichnete Länge von Vorderkante Vorsteven bis Achterkante Achtersteven, oder Länge zwischen den Loten, 19,30 m. Während des Baus erfolgte unvermeidliche Verbesserungen führten zu leichten Abweichungen von den angegebenen Maßen und zu einem Anwachsen der Tonnage auf 112 tons. Das Fahrzeug war ein schwer getakelter Kutter mit Breitfockrah, der ein gutes Beispiel des großen scharf gebauten Schiffstyps bietet, der sich für die unterschiedlichsten legalen wie illegalen Verwendungszwecke eignete. Bei leichtem Wind wurden wahrscheinlich auch ein Flieger, ein Rahtoppsegel und Leesegel gefahren.

Philip Sainty ist als „berüchtigter Erbauer von Schmuggelfahrzeugen“[6] bezeichnet worden, aber gleichzeitig baute er auch Zollkutter und erlangte im Jahre 1820 Berühmtheit mit seiner Konstruktion der Kutter-Yacht PEARL von etwa gleicher Tonnage wie die SYLPH. In seiner Darlegung vor dem parlamentarischen Untersuchungsausschuß im Jahre 1819 erklärte Sainty, daß er seit dreißig Jahren Schiffe aller Größen bis zu 400 tons gebaut habe.[7] Im Jahre 1828 baute er die Marineslup PEARL von 558 tons, deren Linien auf denen der Yacht PEARL basierten. Im Jahre 1832 wurde seine Werft in Wivenhoe (Essex) von Thomas Harvey übernommen, der dort weiterhin Yachten und Fruchtjager baute. Sainty starb im Jahre 1844.[8]

Es dürfte schwerfallen, einen besser aussehenden Kutter als die SYLPH zu finden. Nach dem Modell von ihresgleichen wurde schließlich auch der britische Klipper entwickelt.

HANDELSSCHIFF UND OSTINDIENFAHRER

Vor 1813 war es keinem britischen Schiff erlaubt, ohne Lizenz der „Ehrenwerten Ostindischen Kompanie“ das Kap der Guten Hoffnung zu umrunden. Als in diesem Jahr die Einschränkungen für den Handel mit Indien entfielen, verursachte das einen kleineren Boom. Im Jahre 1820 verzeichnete *Lloyd's Register* 263 Schiffe, von denen keines für die Ostindische Kompanie gechartert war, die aber alle von Großbritannien nach Indien fuhren. Ihre Tonnage betrug im Mittel etwa 485 tons. Zur gleichen Zeit entsandte die „Honourable East India Company“ gecharterte Schiffe nach Indien und China, von denen vier Fünftel der 1200-tons-Klasse angehörten. Bei den konkurrierenden Schiffen eröffnet der beträchtliche Unterschied in Größe, Bauart und Tradition interessante Vergleichsmöglichkeiten.

Als der Boom seinen Höhepunkt erreicht hatte, bauten Balthazar und Edward Adams, die Söhne von Henry Adams, im Jahr 1818 in Buckler's Hard (Hampshire) das Vollschiff THALIA. Seine Pläne werden mit denen von neun anderen dort in den Jahren von 1778 bis 1829 erbauten Schiffen im National Maritime Museum in Greenwich aufbewahrt, und die von den gleichen Erbauern stammende Brigg NEILSON wird später noch in diesem Kapitel behandelt werden. Ein anderes ihrer feinlinigen Schiffe war die 1826 gebaute und zu 373 tons vermessene AUSTRALIA. Ihre Linien waren im Vor- und Achterschiff ausgewogener als die der THALIA. Da die letztere aber Gegenstand einer zeitgenössischen Darstellung ist, wurde sie hier ausgewählt.

Die Bauzeichnung der THALIA ist in ihrer Ausführung gröber als andere Pläne der gleichen Konstrukteure, etwa die der NEILSON oder der AUSTRALIA. Sie folgt dem Stil der ebenfalls 1818 gebauten Schnau MARY. Die THALIA besaß eine große Tiefe, ein

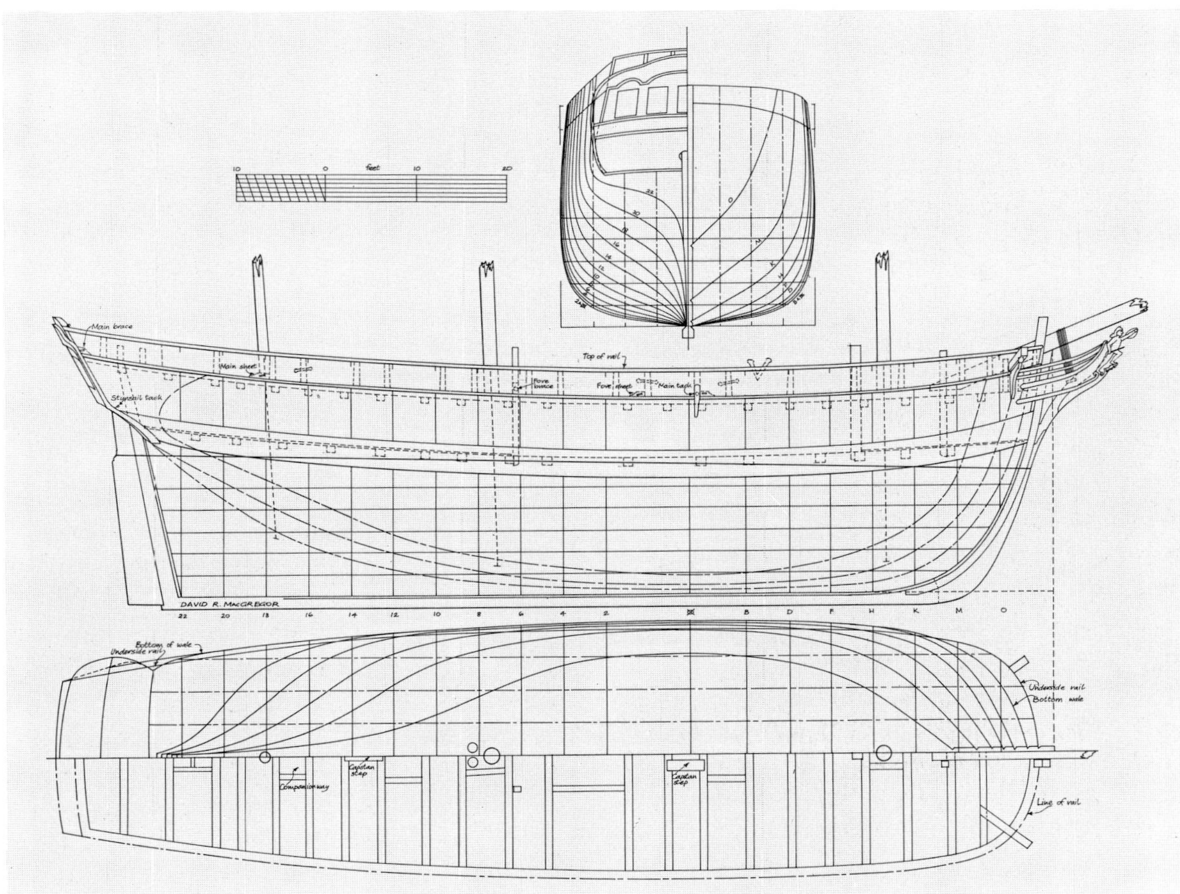

54 THALIA, 1818 von Edward und Balthazar Adams in Buckler's Hard gebaut. Nach einem im National Maritime Museum in Greenwich befindlichen Werftplan gezeichnet. Abmessungen: 30,18 m (Vermessungslänge) × 8,74 m (Breite über alles) × ca. 6,02 m (Raumtiefe); 357 tons. – Keine Rekonstruktion. Ein im Original mit Bleistift eingezeichnetes erhöhtes Quarterdeck wurde hier nicht berücksichtigt.

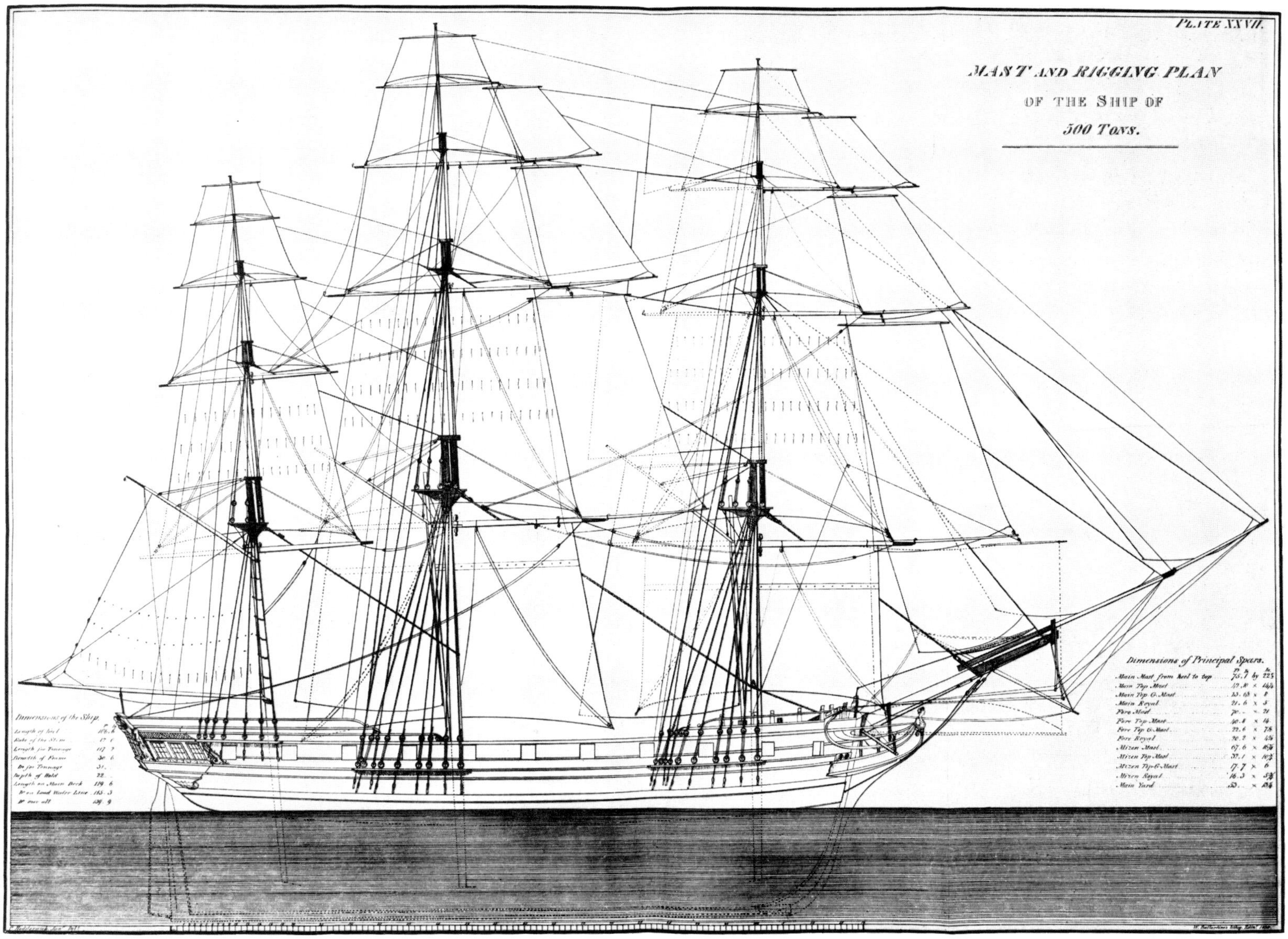

55 *Hedderwicks 500-tons-Vollschiff.* Dieses nicht identifizierte Vollschiff wurde wahrscheinlich von Peter Hedderwick zwischen 1820 und 1825 entworfen. Reproduktion nach Tafel XXVII aus *Treatise on Marine Architecture* von Peter Hedderwick (1830). Abmessungen: 35,71 m (Vermessungslänge) × 9,45 m (Breite über alles) × 6,71 m (Raumtiefe); 500 tons. Den Plan zeichnete P. Hedderwick jun.

völliges Vorschiff und sehr hohle Linien im Achterschiff. Bei beladenem Schiff war der Tiefgang achtern um 0,61 m größer als vorn. Während des neunzehnten Jahrhunderts wurde die auffallend konkave Achterschiffsform zu einem hauptsächlich mit Schonern und kleinen Fahrzeugen unter 150 tons in Verbindung gebrachten Merkmal. Abbildung 50 zeigt einen nach dem Plan der Werft gezeichneten Linienriß der THALIA, die dort mit einem Glattdeck zu sehen ist, obwohl ein erhöhtes Quarterdeck nachträglich mit Bleistift eingezeichnet wurde. Es ist jedenfalls unklar, ob das erhöhte Deck von Anfang an in die Gesamtkonstruktion mit einbezogen war oder später eingebaut wurde; aus diesem Grund blieb es hier unberücksichtigt. Der Originalplan gibt die Positionen für die Decksbalken an, und aus der Plazierung des Pallpfostens kann geschlossen werden, daß sich die Ankerwinde hinter dem Fockmast befand. Außerdem sind die Stellen für den Einbau von zwei Gangspillen zu erkennen. Die auf dem Plan mit Bleistift unter dem Vermerk „wie gebaut“ eingetragenen Abmessungen sind aus der folgenden Aufstellung zu ersehen:

Länge von Vorderkante Vorsteven bis Achterkante Achtersteven auf die verlängerte Kielsponungslinie projiziert (das heißt Vermessungslänge)	30,18 m
Breite über alles	8,74 m
Breite über die Spanten	8,64 m
Raumtiefe (unter dem Unterdeck)	3,96 m
Höhe zwischen den Decks	1,98 m

Nach *Lloyd's Register* (1818) war die THALIA zu 357 tons vermessen und besaß neun Paar eiserne Knie. Außerdem wird dort auch der Name ihres ersten Kapitäns als Ballingall angegeben, der zweifellos identisch war mit James Ballingall, dem Autor des

1832 erschienenen Buches *The Mercantile Navy Improved.* Darin erwähnt er ein 1818 gebautes und damals von ihm geführtes Schiff. Obwohl er keinen Namen nennt, ist die Ähnlichkeit mit der THALIA zu groß, um nur ein Zufall zu sein. So kann es als sicher gelten, daß der folgende Beitrag die Jungfernreise dieses Fahrzeugs beschreibt.

„Ein neues Schiff, auf dem ich 1818 eine Reise nach Ostindien machte, es war seine Jungfernreise, leckte wie viele neue Fahrzeuge. Da es auf der Helling vor dem Stapellauf gekupfert worden war, konnte man zum Kalfatern nicht an den Boden herankommen, ohne vorher den neuen Kupferbeschlag herunterzureißen. Dies wiederum hätte, abgesehen von den Unkosten, zu einem vorzeitigen Abbruch der Reise geführt, da man wegen des längeren Werftaufenthaltes gezwungen gewesen wäre, ein Ersatzfahrzeug zu beschaffen. Das Schiff war achtern sehr scharf gebaut (nach dem Stapellauf war sein Tiefgang bei sauber gefegtem Laderaum am Achtersteven um 1,22 m größer als am Bug), so daß beim Überliegen des am Wind segelnden Schiffes, wenn es Wasser gemacht hatte, kein Tropfen davon an die Bodenstutzen der in der üblichen Weise neben dem Großmast eingebauten Hauptlenzpumpen gelangte, obwohl es sogar um 0,61 m achterlastig getrimmt war. Dabei stand an der Leeseite zwischen Vor- und Großluke beträchtlich viel Wasser über der Kimmwegerung. Als das Schiff gegen den Südostpassat sich unter vollem Zeug von der südamerikanischen Küste freikreuzen mußte, blieben die Pumpen wirkungslos, und wenn immer es möglich war, ließ man es vor dem Wind laufen, um den Raum lenz zu bekommen. Es befanden sich nämlich keine Ansaugstutzen in Höhe der Kimm. Als die Kreide, die sich als Ballast an Bord befunden hatte, in Calcutta gelöscht wurde, zeigte sich, daß sie bis 0,61 m über den Kimmwegerungen beider Seiten naß geworden war. Der Segler hatte ja im Verlauf der Reise auf Steuerbord- wie auf Backbordbug hart am Wind liegen müssen.

... Wäre die Wegerung dieses Schiffes kalfatert worden, hätte dadurch ein Eindringen des Wassers verhindert und die Ladung geschützt werden können. Neue Fahrzeuge sind oft leck, und häufig füllt man sie in einem Trockendock mit Wasser, um das Leck ausfindig zu machen. Wenn man die Wegerung kalfatert, wird dieses Verfahren umgekehrt, und es ist nur erforderlich, daß solche Schiffe schwimmen, um die innen zu reparierenden Lekkagen zu finden."[9]

Als er jenes Buch schrieb, war Ballingall „surveyor of shipping" für den schottischen Hafen Kirkcaldy und Geschäftsführer der Kirkcaldy & London Shipping Company. In seinem Buch vertrat er den Bau von wasserdicht gewegerten Schiffen mit solide gezimmertem Boden, da diese eine wünschenswerte Sicherheit gegen Unfälle böten. Er machte mit der THALIA nur eine Reise. Danach war das Schiff in der Fahrt nach Indien und den Westindischen Inseln beschäftigt. James Ballingall scheint sich in Australien niedergelassen zu haben, denn er hat im Jahre 1855 Leserbriefe über Verbesserungen im Schiffbau an den *Melbourne Argus* geschrieben.

Als Beispiel eines Ostindienfahrers der 1200-tons-Klasse wurde für den Vergleich mit der THALIA die zu 1326 tons vermessene und 1820 von Gordon in Deptford (London) gebaute FARQUHARSON ausgewählt. Sie war fast viermal so groß wie die THALIA. Schiffe ihrer Art blieben zusammen mit den sie ablösenden Passagierfregatten bis in die fünfziger Jahre die größten Segler der Handelsschiffahrt. Obwohl die Indienfahrer eigentlich nicht die scharfen Linien der Klipper besaßen, wurde von ihnen, als nach den Napoleonischen Kriegen das Geleitzugsystem abgeschafft worden war, im Zeichen wirtschaftlichen Wettbewerbs einige schnelle Reisen erzielt. Dazu gehörten die 103 Tage, in denen 1826 die LOWTHER CASTLE von Whampoa (Canton) bis Deal segelte[10] und die 107 Tage, welche die FARQUHARSON im gleichen Jahr von Lintin (Perlfluß) bis Portland benötigte.

Auf der letztgenannten Reise wurden im Logbuch der FARQUHARSON Geschwindigkeiten von 10 und gelegentlich sogar von 11 Knoten verzeichnet. Bei einer Länge in der CWL von 170 Fuß-6 Zoll (= 51,97 m) ergibt eine Geschwindigkeit von 11 Knoten einen relativen Geschwindigkeitskoeffizienten (vgl. S. 22) von 0,84. Das ist für ein Schiff dieses Typs, das es allerdings wohl auch vertrug, mit gutem Geschirr von einem erfahrenen Kapitän ziemlich hart „geknüppelt" zu werden, ein relativ guter Wert. Das größte Etmal der FARQUHARSON, von dem ihr Logbuch berichtet, betrug 244 Seemeilen. An diesem Tag zerriß allerdings auch ihr Voroberleesegel. Das war auf jener oben erwähnten Reise, kurz nachdem eine Serie von aufeinanderfolgenden guten Etmalen zwischen dem 24. Januar und dem 1. Februar im Südostpassat auf der Heimreise von China erzielt wurde. Die zurückgelegten Strecken waren damals 208, 214, 242, 220, 171, 148, 197, 207 und 212 Seemeilen pro Tag.

Wie die meisten Ostindienfahrer wurde die FARQUHARSON an der Themse gebaut. Ihre vom Plan abgenommenen Maße betrugen 52,12 m (Länge von Vorderkante Vorsteven bis Achterkante Achtersteven) × 13,03 m (Breite über die Spanten) × 9,60 m (Höhe von Oberkante Bodenwrangen bis Unterseite Oberdeck); die Höhe zwischen den Decks betrug 1,98 m bis zur Unterkante des darüberliegenden Decks. Auf dem Linienriß ist eine Tonnage von 1326 tons angegeben, obwohl sie sich nach dem Logbuch der siebten Reise auf 1406 tons belief. Jedenfalls ist damit erwiesen, daß sie zu der größten Klasse gehörte. Pläne von Ostindienfahrern sind aus dieser Zeit sehr selten. Das überrascht, wenn man an die großen Geldsummen denkt, die in diese Schiffe investiert wurden. Die Pläne eines Ostindienfahrers von 1257 tons finden sich in Steels *Naval Architecture* (1805)[11] und eine sehr ähnliche 1816 gestochene Tafel erschien in Abraham Rees' *Cyclopedia.* [12] Das National Maritime Museum in Greenwich besitzt fünf von Charles Dandridge im Maßstab von 1 : 48 gezeichnete Pläne der FARQUHARSON. Da der Linienriß 1820 datiert wurde, dürfte es sich um eine Kopie des Originals handeln. Natürlich enthält keiner der fünf Pläne einen Segelriß, so daß dieser rekonstruiert werden mußte.

Wenn man die Zeichnungen der FARQUHARSON mit anderen veröffentlichten Plänen vergleicht, wird deutlich, daß diese Schiffe nach einem ziemlich standardisierten Entwurf gebaut wurden. Wenn man sie auch im Profil gesehen mit einer Fregatte oder einem kleineren Linienschiff mit zwei Decks verwechseln konnte, besaßen sie doch mit den fast geraden Bodenwrangen, der voll gerundeten Kimm und den nur geringfügig eingezogenen Seiten

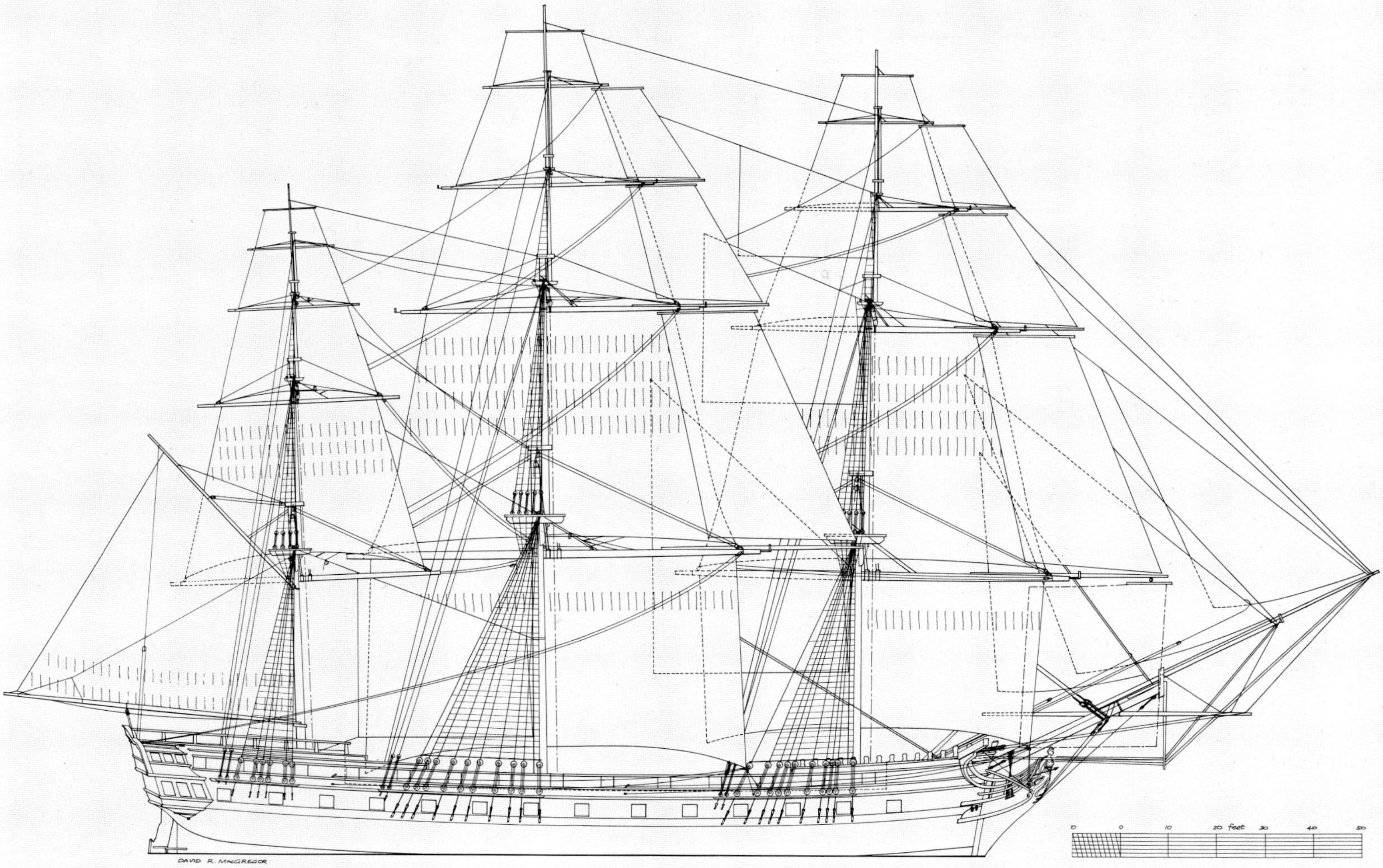

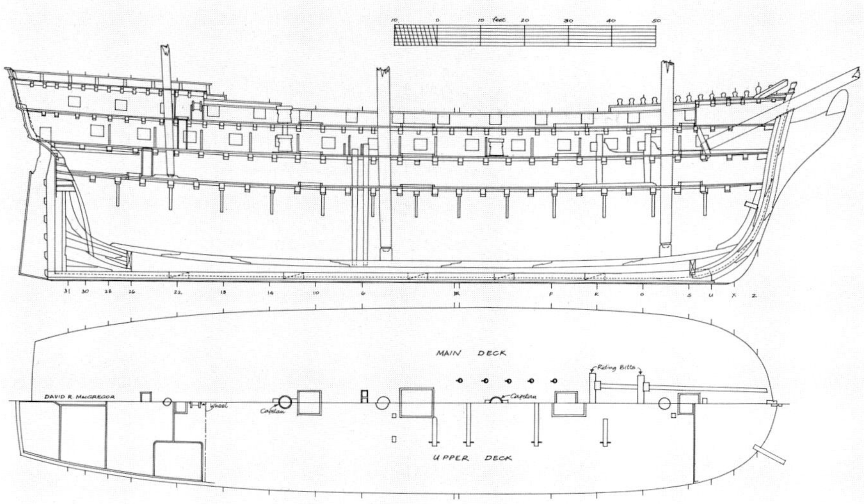

58 FARQUHARSON, rekonstruierter Segelriß. Nur die Position und der Fall der Untermasten sowie die Anordnung von Bugspriet, Püttings und unteren Jungfern waren durch den Längsriß bestimmt; alles andere wurde zu einem typischen Ostindienfahrer der größten Klasse passend rekonstruiert. In der Bibliothek des India Office finden sich die Logbücher des Schiffes, in denen die von ihm gefahrenen Segel verzeichnet sind. Die Längen der Spieren beruhen auf dem Buch *Rigging and Seamanship* (1794 und 1816) von David Steel, das zusammen mit anderen zeitgenössischen Büchern und Abbildungen auch für die Rekonstruktion der Segel und der Takelung benutzt wurde.

57 Längsschnitt und Decksplan der FARQUHARSON, zusammengestellt nach 1820 und 1821 datierten Plänen. Rekonstruktion: Gangspille und Lukensülle wurden hinzugefügt.

Faltplan 56 Linienriß der FARQUHARSON, 1820 von Gordon in Deptford gebaut. Nach einem „C. Dandridge 1820" signierten Riß aus dem National Maritime Museum in Greenwich gezeichnet. Maße (vom Plan abgenommen): 52,12 m (Vorderkante Vorsteven bis Achterkante Achtersteven) × 13,03 (Breite über die Spanten) × 9,60 m (Höhe von Oberkante Bodenwrangen bis Unterseite Oberdeck); 1326 tons (das Logbuch der siebten Reise gibt 1406 tons an). Rekonstruktion: CWL dem Logbuch von 1823 gemäß (6,78 m vorn und 6,65 m achtern).

deutliche Merkmale von Handelsschiffen. Die FARQUHARSON besaß eine konvexe Rumpfform ohne parallele Seiten im Bereich des Mittelschiffs. Die ansehnliche durch den großen Rumpf bedingte Länge in der CWL gab ihr ein beachtliches Geschwindigkeitspotential.

Merkmale eines Indienfahrers waren die an beiden Seiten des Achterschiffs angebrachten schweren hölzernen Davits, die Doppelreihe der Heckfenster ohne Galerien, das in eckigen Stufen zur Poop ansteigende und relativ hohe Schanzkleid sowie die Geschützpforten. Die Pläne der FARQUHARSON zeigen, daß sie sechsundfünfzig gleichmäßig auf Ober- und Hauptdeck verteilte Stückpforten besaß. Da man aber unmöglich mit einer Besatzung von insgesamt 130 Mann so viele Geschütze bedienen konnte, dürften zahlreiche Oberdeckspforten unbestückt gewesen sein. Ein von Thomas Whitcombe stammendes Gemälde des Schiffes deutet nur auf achtunddreißig Kanonen: zwölf auf dem Ober- und sechsundzwanzig auf dem Hauptdeck.

Das Vorhandensein einer Ankerwinde an Deck war das sichere Zeichen für ein Handelsschiff, da die Marine, außer bei Kuttern und Schonern, solche Winden nicht benutzte. Die Indienfahrer folgten der bei Kriegsschiffen üblichen Praxis, die Ankertrosse mittels eines mit einem Rundtörn um ein Gangspill gelegten „endlosen" Kabelars einzuhieven. Das traf auch für die FARQUHARSON zu; so finden sich auf ihrem Hauptdeck zu diesem Zweck zwei Gangspille und hinter dem Fockmast zwei massive Betingspaare, an denen, wenn das Schiff vor Anker lag, die Ankertrosse belegt werden konnte. Im Schiffsinneren bestand der Hauptunterschied zwischen einem Indienfahrer und einem großen Kriegsschiff in der verschiedenartigen Anordnung der Decks. Das Kriegsfahrzeug besaß immer noch die offene Kuhl, wobei Quarterdeck und Back an den Seiten lediglich durch breite Laufbrücken verbunden waren. Dagegen war beim Indienfahrer die Kuhl geschlossen und Quarterdeck und Back in ein durchgehendes Deck einbezogen worden, das nun Oberdeck hieß. Durch ein weiteres kurzes Deck wurde die Back ganz vorn zur sogenannten festen Back erhöht, die einem Teil der Besatzung als Unterkunft diente. Das Steuerrad der FARQUHARSON befand sich genau unter der Vorderkante des Poopdecks. Die Enden des Steuerreeps dürften wohl nach einigen Rundtörns um die Trommel in das darunterliegende Hauptdeck geführt und dann nach achtern zur Pinne geschoren worden sein. Das Gangspill an Oberdeck wurde zum Heißen der Marssegel und der Unterrahen benutzt, wobei die holenden Parten von den Taljen durch Scheibengatts der am Fuß von Vor- und Großmast stehenden Betinge zum Gangspill geschoren wurden.

Der einzige auffindbare Segel- und Takelriß eines Ostindienfahrers erschien 1934 in *Marine Models* und ist eine von G. W. Munro angefertigte Rekonstruktion. Dieser bemerkt dazu, daß das Aussehen des Rumpfes auf einen 1816 gestochenen Linienriß zurückgehe. Das deutet darauf hin, daß er die in Rees' *Cyclopedia* erschienenen und 1816 datierten Risse verwendete. Er schätzte die Tonnage dieses Schiffes auf 955 tons.[13]

Die zuverlässigste Information über die Spieren und die Takelung der FARQUHARSON findet man in ihren in der Bibliothek des India Office aufbewahrten Logbüchern, die auch eine Liste der geführten Segel enthalten.[14] Leider sind keine Abmessungen der Spieren aufgeführt. Deshalb wurden die von David Steel für ein Handelsschiff von 1300 tons angegebenen Maße für die Rekonstruktion eines Segelrisses benutzt, der dem Linienriß und dem Decksplan beigegeben werden konnte.[15]

Da sich die Mastspur für den Kreuzmast der FARQUHARSON auf dem Unterdeck befand, war die von Steel angegebene Länge für den Untermast mit entsprechenden Korrekturen zu versehen, oder das Eselshaupt dieses Mastes wäre zu weit nach oben gekommen; andererseits wäre dessen Lage zu niedrig gewesen, wenn man die Mastlänge vom Kielschwein gemessen hätte. Zeitgenössische Abbildungen zeigen, daß sich die Bagienrah und die Fockrah auf gleicher Höhe befanden. Dieser Tatsache wurde die Länge des Kreuzuntermastes bei der Rekonstruktion angepaßt.

Skysegel werden zum ersten Mal auf ihrer fünften Reise, die im Januar 1829 begann, erwähnt:

12. Februar: „Royalstengen und -rahen aufgebracht";
20. Februar: „Skysegelstengen aufgebracht und Royalleesegelspieren an die Rahen."[16]

Im Logbuch wurde mehrfach das An- und Abschlagen der Skysegel und der Royalleesegel wie auch das wiederholte Aufbringen und Andecknehmen von Stengen, Rahen und Spieren berichtet. Nach den oben erwähnten Logbucheintragungen dürfte die hier angebotene Rekonstruktion des Segelrisses dem Aussehen des Schiffes um 1829 entsprechen.

Auf einer Reihe von Abbildungen werden Indienfahrer und andere Fahrzeuge mit losen Royalstengen gezeigt, die an der Vorder- oder Achterkante der Bramstengen gefahren werden. Bei der Rekonstruktion des Segelrisses der FARQUHARSON erschien es logisch, die Royalstengen an den Bramstengenvorderkanten anzubringen, damit die Skysegelstengen an ihrer Achterkante gefahren werden konnten. Letztere waren als Gleitstengen ausgebildet, die durch einen an Stelle eines Eselshauptes an der Royalstenge angebrachten Ring fuhren, wobei dann ihr Fuß auf dem Eselshaupt der Bramstenge ruhte. Das System ähnelt dem beim Riggen von Außenklüverbäumen verwendeten. In diesem Buch zeigen auch einige andere Pläne Takelagen mit solchen „sliding gunter mast" genannten Gleitstengen, so etwa bei der SUSANNA (Abbildung 81) oder der ACASTA (Abbildung 110).

Die von David Steel in seinem Buch angegebenen Maße für die Rahen eines 1300-tons-Handelsschiffs sind in den Auflagen von 1794 und von 1816 gleich. Um nun aber den Segelriß der FARQUHARSON in der Rekonstruktion nicht so schmal wie bei einem dreißig Jahre älteren Schiff ausfallen zu lassen, war es nötig, die oberen Rahen etwas länger anzunehmen. Die von Steel angegebenen Längen für die Unterrahen – die Großrah mißt 26,21 m – reichen aus, aber die Vor- und Großmarsrahen mußten um 1,22 m und alle anderen Rahen um je 0,61 m verlängert werden mit Ausnahme der Kreuzbramrah, deren Länge nur um 0,46 m vergrößert wurde. Die von Edye angegebenen Spierenabmessungen für eine 52-Kanonen-Fregatte bieten eine hilfreiche Vergleichsmöglichkeit.[17] Die Zunahme in der Länge der Marsrahen führte zu einem geradlinigeren Verlauf der Seitenlieken von Vor- und Großmarssegel. Aber immer noch befinden sich die

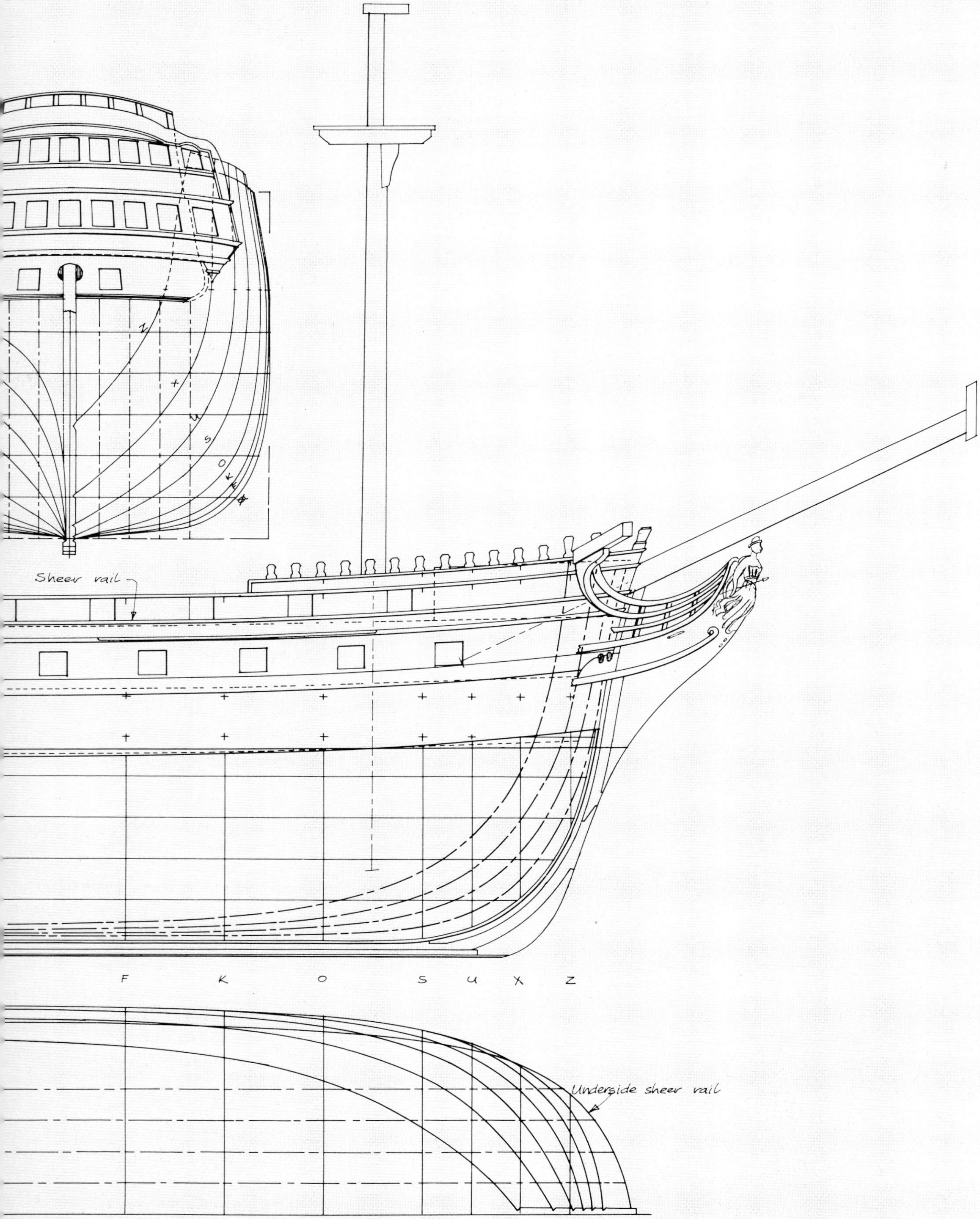

Sheer rail
F K O S U X Z
Underside sheer rail

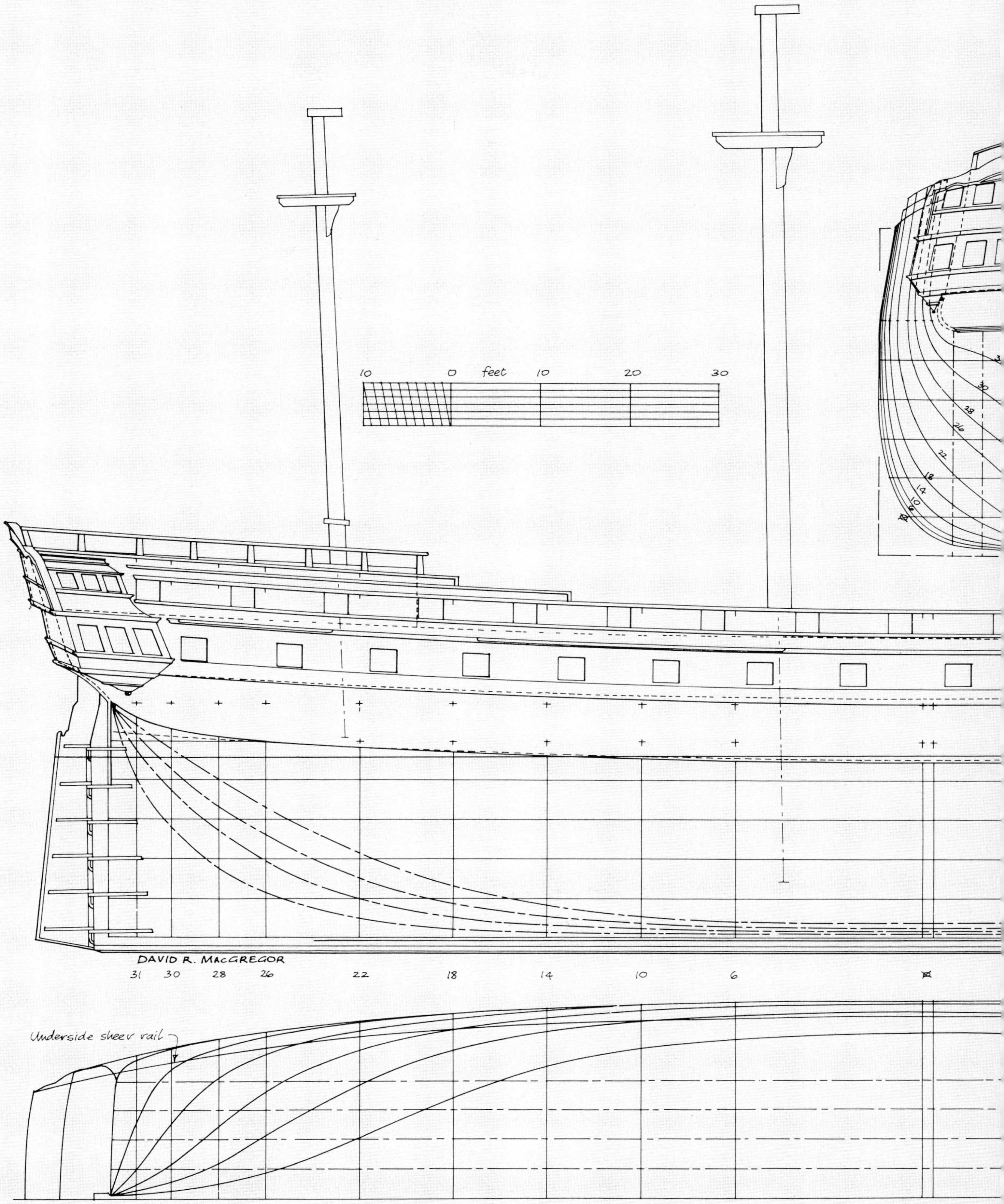
10 0 feet 10 20 30
DAVID R. MACGREGOR
31 30 28 26 22 18 14 10 6
Underside sheer rail

59 Die LONDON unter vollem Zeug einschließlich aller Schönwettersegel, zu denen auch drei Leesegel am Kreuzmast gehörten. Lediglich das Großmondsegel fehlt. Sie war ein 1817 gebauter und zu 1352 tons vermessener Ostindienfahrer mit 130 Mann Besatzung.

Refflegel des untersten Reffbandes senkrecht unter der Scheibe der jeweiligen Rahnock.

Die in die Rekonstruktion aufgenommenen Segel entsprechen den im Logbuch erwähnten. Lediglich das Großmondsegel, das in einer Liste der geführten Segel erscheint, wurde hier ausgenommen.[18] Das Stagsegel am Großroyalstag wurde „spindle staysail“ genannt.

Der Plan der FARQUHARSON zeigt für das stehende Gut des Fock- und des Großuntermastes je zehn Püttings, also pro Seite und Mast zwei mehr als normalerweise auf Bildern zu sehen sind. Die hier gezeichneten Marsen besitzen Abmessungen, wie sie auf Kriegsschiffen üblich waren, nämlich ein Drittel der Marsstenge ergab das Maß für die Breite des Marses, dessen Länge drei Viertel der Breite betrug.[19] So mißt der Großmars 5,69 m in der Breite und 4,27 m in der Länge.

Eine gute Illustration eines Indienfahrers der größten Klasse unter vollen Segeln bietet die Abbildung 59, die die LONDON bei einem langen Schlag auch mit all ihren leichten Segeln zeigt. Dieses zu 1332 tons vermessene Schiff wurde 1817 auf Pitchers Werft in Northfleet gebaut. Auf dem Bild sind einschließlich der an jedem Mast gefahrenen Skysegel alle Rahsegel gesetzt; nur das Mondsegel am Großmast fehlt, das, nach dem Abstand zweier Stage über der Großskysegelrah zu urteilen, regulär bei leichtem Wind noch hätte gesetzt werden können. Es werden Vor- und Großgaffelsegel („Barksegel“) sowie ein Besan an je einem eigenen Schnaumast gefahren, auch ist eine Vielzahl von Stagsegeln zu sehen. Neben den Rahsegeln sind an allen Masten, sogar am Kreuzmast, Ober-, Bram- und Royalleesegel gesetzt, die beim Segeln vor dem Wind zweifellos noch durch ein Vorunterleesegel ergänzt werden konnten. Die Art, nach der stehendes und laufendes Gut gefahren wurden, ähnelt im wesentlichen der im Segelriß der FARQUHARSON gezeichneten.

Die East India Company konnte mit dem Transport großer Truppeneinheiten um die halbe Welt einen reichen Erfahrungsschatz sammeln, der sich sehr vorteilhaft auf den Betrieb der Paket- und Auswandererschiffe ausgewirkt haben dürfte. Als die Auswandererströme von Großbritannien und dem europäischen Festland nach Amerika und Australien in Bewegung gerieten, war die Passagierfahrt ein völlig neues Feld. Im Jahre 1818 eröffnete die Black Ball Line einen regelmäßigen Dienst mit fahrplanmäßigen Abfahrtszeiten von New York, der das ganze Jahr hindurch schnelle Transatlantikpassagen erforderte.[20] Die für diesen harten Dienst konstruierten Paketschiffe besaßen einen tiefen völligen Rumpf mit scharfen Linien vorn und achtern. Sie konnten gut am Wind segeln, und vertrugen es auch, hart geknüppelt zu werden. In Amerika wurden viele Gesellschaften gegründet, um sich an dem wachsenden Auswanderergeschäft zu beteiligen. Die Briten begrenzten ihre Aktivitäten im allgemeinen auf ihre westindischen Besitzungen und den Transport von Emigranten nach Australien.

HILHOUSE-SCHONER

Es ist gewiß töricht anzunehmen, daß jeder zwischen 1815 und 1875 gebaute feinlinige britische Schoner für die Fruchtfahrt bestimmt war. Es gab schließlich noch andere Verwendungsbereiche, von denen einige auch die Tiefwasserfahrt umfaßten. Immerhin erwies sich die Fruchtfahrt als treibende Kraft zur Entwicklung schneller Schonertypen, für die der Linienriß der in Bristol gebauten SAPPHO ein frühes Beispiel darstellt. Dieser Schoner wurde 1821 von J. M. Hilhouse gebaut. Die Abmessungen zur Zeit seines Stapellaufes betrugen 23,90 m × 6,20 m × 3,53 m und 145 tons.[21] Das in der Hilhouse Collection befindliche Original des Planes trägt den Vermerk „gemäß der Änderung von 1824". Dies könnte als Erklärung für die Tatsache dienen, daß das vom Plan abgenommene Maß für die Vermessungslänge (Vorderkante Vorsteven bis Achterkante Hintersteven auf die verlängerte Kielsponungslinie projiziert) 25,45 m beträgt.

Die gestrichelten Linien in Abbildung 60 zeigen den Umfang von Rekonstruktionen, die nötig waren, um diesen Plan der SAPPHO besser zum Vergleich mit anderen heranziehen zu können. Dieser Schoner besaß eine für ein Handelsschiff sehr steile Aufkimmung, ein relativ rundes Vorschiff und einen feinen Belauf im Achterschiff. Das Hauptspant befand sich recht weit vorn, und die größte Breite lag etwas über der CWL. Die Umrisse von Kiel, Vor- und Achtersteven, Ruder und Heck wurden nach anderen aus der Hilhouse Collection stammenden Plänen rekonstruiert, desgleichen die CWL, für die ähnliche Quellen benutzt wurden zusammen mit den aus *Lloyd's Register* stammenden Angaben für den Ladetiefgang. Nach den Ausgaben zwischen 1822 und 1826 betrug dieser 3,66 m gegenüber 3,05 m im Jahr 1827. Aus dem Längenverhältnis von 4 : 1 ergab sich zusammen mit einer Raumtiefe, die nur geringfügig die halbe Breite übertraf, ein Rumpf mit langen und nicht sehr tiefen Abmessungen, wie er in England zu dieser Zeit nicht gerade häufig vorkam. Die Verwendung der Zweimastschonertakelung erlaubte die Rumpfform des einmastigen Kutters zu verlängern, wodurch bei gleicher Breite feinere Linien im Vor- und Achterschiff erzielt wurden. Man kann wohl sagen, daß die SAPPHO manche Ähnlichkeit mit dem gleichaltrigen für die Post fahrenden Paketschiff SYLPH besaß. Ein Vergleich ihrer dem Register entnommenen Abmessungen, läßt deutlich die durch die Schonertakelung ermöglichte größere Länge der SAPPHO erkennen.

	Vermessungslänge	Breite über alles	Raumtiefe (ca.)
SYLPH	18,75 m	6,35 m	3,12 m
SAPPHO	25,45 m	6,20 m	3,53 m

Die SAPPHO gehörte dem Londoner Eigner Llewellyn, war aber in Bristol registriert. Eine Anzeige aus dem Jahr 1822 bemerkte, daß sie „eine Reise nach Smyrna gemacht" hatte und ein „neuer und sehr schnell segelnder Schoner" war.[22] Es scheint, daß sie ausschließlich in der Mittelmeerfahrt beschäftigt wurde, wobei sie Malta, Smyrna und andere türkische Häfen anlief, offenbar um getrocknete Früchte zu laden. Die bislang einzige genauer ermittelte Reise erforderte zweiundsiebzig Tage von London nach Smyrna. Die Länge dieser Fahrt, die vom 25. November 1824

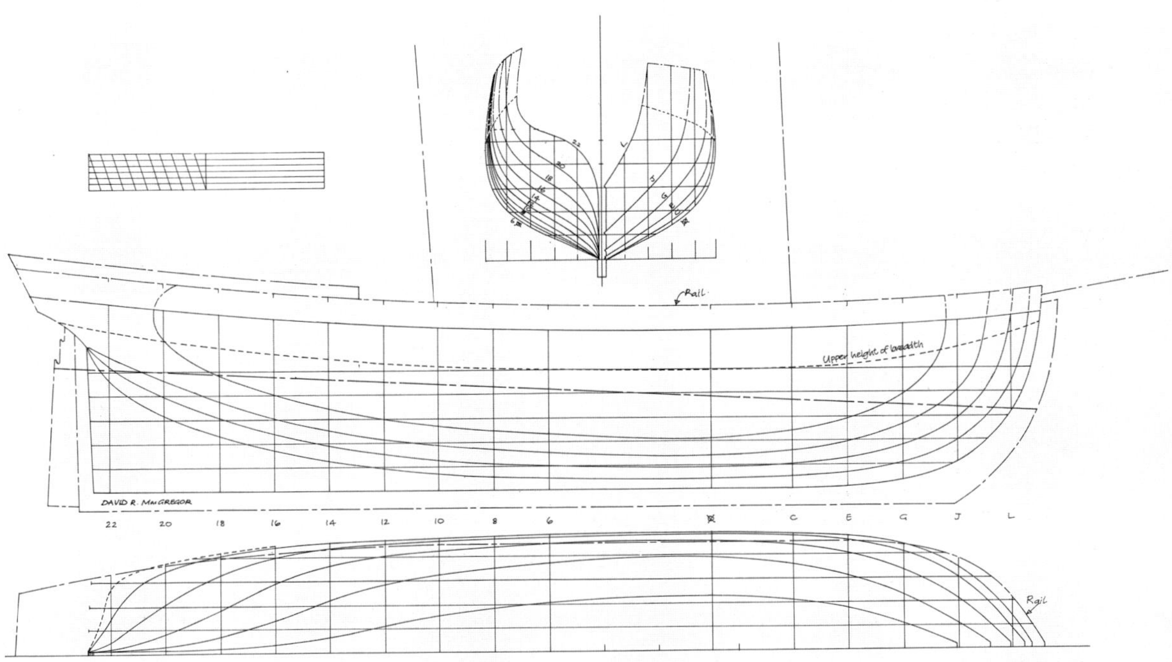

60 SAPPHO, 1821 von J. M. Hilhouse in Bristol gebaut. Nach einem Werftplan gezeichnet mit freundlicher Genehmigung von Charles Hill & Sons, Bristol. Abmessungen (wie gebaut): 23,90 m × 6,20 m × 3,53 m und 145 tons. Das vom Plan abgenommene Maß für die Länge über die Steven beträgt 25,45 m und mag der Länge des Schoners nach dessen 1824 erfolgtem Umbau entsprechen. Rekonstruktion: CWL, Umrisse, Bugspriet und Masten wie durch strichpunktierte Linien gekennzeichnet.

bis zum 5. Februar 1825 dauerte, kann wohl mit der großen Zahl der unterwegs angelaufenen Häfen erklärt werden. 1827 strandete sie in den Dardanellen und ging wahrscheinlich dabei verloren.

Auf dem Plan der SAPPHO findet sich ein Vermerk darüber, daß die EMMA eine Breite über die Spanten von 5,99 m besaß. Demnach waren deren Linien vermutlich denen der SAPPHO ähnlich. Es gab eine 1824 in Bristol gebaute und in der Westindienfahrt beschäftigte Brigg EMMA. Deren Abmessungen betrugen nach den Registern der Zollbehörde 24,46 m × 6,58 m (unterhalb der Berghölzer) × 1,22 m (Höhe in der Kabine) und 167 tons. Es ist aber unwahrscheinlich, daß diese Brigg von J. M. Hilhouse stammte, dessen EMMA 1826 vom Stapel lief und zu 311 tons vermessen war.[23]

Es ist eine interessante Feststellung, daß auf der Werft von Hilhouse in den zehn Jahren nach 1815 eine Reihe von Schonern mit steiler Aufkimmung gebaut oder entworfen wurde.

PLÄNE VON SCHONERN MIT STEILER AUFKIMMUNG
AUS DER HILHOUSE COLLECTION

Folio

37 HARRIER (1816); 14,02 m × 4,06 m × 1,85 m und 36 tons; wahrscheinlich eine Yacht für Mr. Peach.

34 SAPPHO (1821); 23,90 m × 6,20 m × 3,53 m und 145 tons; Länge 1824 geändert in 25,45 m; Fruchtschoner.

43 „Beal's schooner"; nicht identifiziert, aber möglicherweise besteht eine Verbindung zu John H. Beale aus Bristol, dessen Name 1801 auf den Linienriß der französischen 14-Kanonen-Korvette RACKOON gesetzt wurde;[24] 9,55 m × 3,05 m × ca. 1,52 m; ein mit Bleistift über den Plan gezeichneter Vorsteven mit einem größeren Überhang erhöht die Länge auf 10,82 m; zwei Masten mit Fall eingezeichnet.

35 nicht identifiziert; ein Vermerk folgert, daß es sich um die Linien der 1825 zu bauenden DANION [?] handele; 25,15 m × 5,99 m (über die Spanten) × ca. 3,35 m.

42 nicht identifiziert; 18,29 m (an Deck) × 5,08 m × 2,13 m; sehr ähnlich wie SAPPHO, aber mit stärkerer Aufkimmung.

51 nicht identifiziert; wahrscheinlich im Maßstab von 1 : 96 gezeichnet und zur Anfertigung perspektivischer Zeichnungen von drei Slups verwendet.[25]

Die Bedeutung zweier in der Hilhouse Collection befindlicher Pläne von Bermuda-Slups wurde bereits erörtert. Es existieren dort auch die Linienrisse von zwei Schmuggelfahrzeugen, der LATTERY und der FERRETT. Allerdings kann aus dem Vorhandensein solcher Zeichnungen nicht gefolgert werden, daß Hilhouse nun tatsächlich seinen Entwürfen schneller Fahrzeuge die Pläne dieser oder ähnlicher Segler zugrunde legte; viel eher deutet es auf einen forschenden Geist. Auf jeden Fall läßt sich eine größere Familienähnlichkeit zwischen seinem um 1795 gebauten Paketschiff der Post und seinem Klipperschoner SAPPHO von 1821 herausfinden als zwischen seinen eigenen Entwürfen und den in seiner Sammlung enthaltenen Plänen anderer Schiffbauer.

Im Augenblick stellt die in Bristol gebaute SAPPHO den bei weitem frühesten Fruchtschoner dar, dessen Pläne bekannt sind. Man kann zwar nicht mit solcher Sicherheit von auf anderen Werften für die Fruchtfahrt gebauten Schonern sprechen, doch läßt die nach dem Ende der Napoleonischen Kriege einsetzende rasche Entwicklung des Handels mit frischen Früchten von den Azoren vermuten, daß Schoner mit ähnlich scharfen Linien auch anderwärts gebaut wurden, besonders wohl an der Südküste Englands.

DIE BRIGG *NEILSON*

Die von Edward Adams (1768–1849) im Jahre 1824 in Buckler's Hard gebaute NEILSON kann als gutes Beispiel für eine der zwischen 1815 und 1855 gebauten Briggs mit guter Ladefähigkeit, Einrichtungen für etwa sechs Passagiere und von überdurchschnittlicher Geschwindigkeit gelten. Ihr Linienriß befindet sich im National Maritime Museum in Greenwich. Sie wurde auf der gleichen Werft wie das Vollschiff THALIA gebaut, mit dem die NEILSON einige Ähnlichkeiten in der Rumpfform besaß, während weder die Brigg MARY (1818) noch der Schoner FRIENDSHIP (1824), die beide ebenfalls dort entstanden sind, so feine Linien aufwiesen.

Die NEILSON hatte ein mäßig volles Vorschiff, während das Achterschiff ziemlich langgestreckte konkave Linien zeigte, von denen selbst noch die CWL einen hohlen Verlauf in der Nähe des Achterstevens erkennen ließ. Ein Zeichen für ein gutes Geschwindigkeitspotential ist, daß der auf einem Viertel der Konstruktionsbreite parallel zur Mittschiffsebene liegende Schnitt achtern in Höhe der CWL von einer geraden Linie begrenzt wird. Die Aufkimmung ist gering, und die größte Breite liegt tief mit darüber merklich eingezogenen Seiten. Verglichen mit der MARCHIONESS OF SALISBURY (Abbildung 52) ist sie in der CWL etwa 2,44 m länger bei ungefähr gleicher Breite und Tiefe; auch ist sie mit flacher geführten Bodenwrangen im Mittelschiffsbereich völliger. Die auf dem Plan angegebenen Abmessungen der NEILSON sind: 27,84 m (Länge an Deck); 27,23 m (Kiellänge plus Überhang vorn); 7,36 m (Breite); 4,93 m (Raumtiefe); $232^{1}/_{94}$ tons.

Sie wurde fast ausschließlich in der Westindienfahrt beschäftigt. Eine Reise von Deal nach Trinidad im Jahre 1827, für die sie vierundvierzig Tage vom 15. September bis zum 29. Oktober benötigte, kann als Beispiel für ihre Schnelligkeit dienen. Bei ihrer Abfahrt herrschten im Kanal nördliche Winde. In *Lloyd's Register* nach 1830 erscheint sie zwar nicht, doch ist bekannt, daß sie ununterbrochen ihrem Führer, Kapitän Laughton, gehörte.

Die Adams-Zeichnungen lohnen ein genaueres Studium, besonders im Fall der NEILSON, auf deren Plan sich in kaum sichtbarer Schrift eine Liste mit den Abmessungen der Spieren fand, die auf der vom National Maritime Museum zur Verfügung gestellten Photokopie nicht zu erkennen war. Da ein vollständiger Satz von Rissen für eine Handelsbrigg dieser Zeit nicht bekannt ist, war die Entdeckung der Spierenabmessungen auf dem Plan der NEILSON äußerst willkommen, um mit ihrer Hilfe einen Segel- und Takelriß auszuarbeiten und unter Verwendung grundlegender Angaben der Originalzeichnung einen Decksplan zu rekonstruieren. Der Linienriß ist nach dem Original neu gezeichnet und ein Längsschnitt aus auf den Längsriß aufgetragenem Material entwickelt worden. Der ursprüngliche Plan enthält eine Reihe handschriftlicher Bemerkungen, von denen sich eine über dem erhöhten Quarterdeck findet und lautet: „Wasserklosett an Deck"; allerdings wurde hier nicht versucht, dies zu rekonstruieren. Immerhin sind eine Kombüse, ein Beiboot, Heckdavits und eine Ladewinde nach zeitgenössischen Quellen hinzugefügt wor-

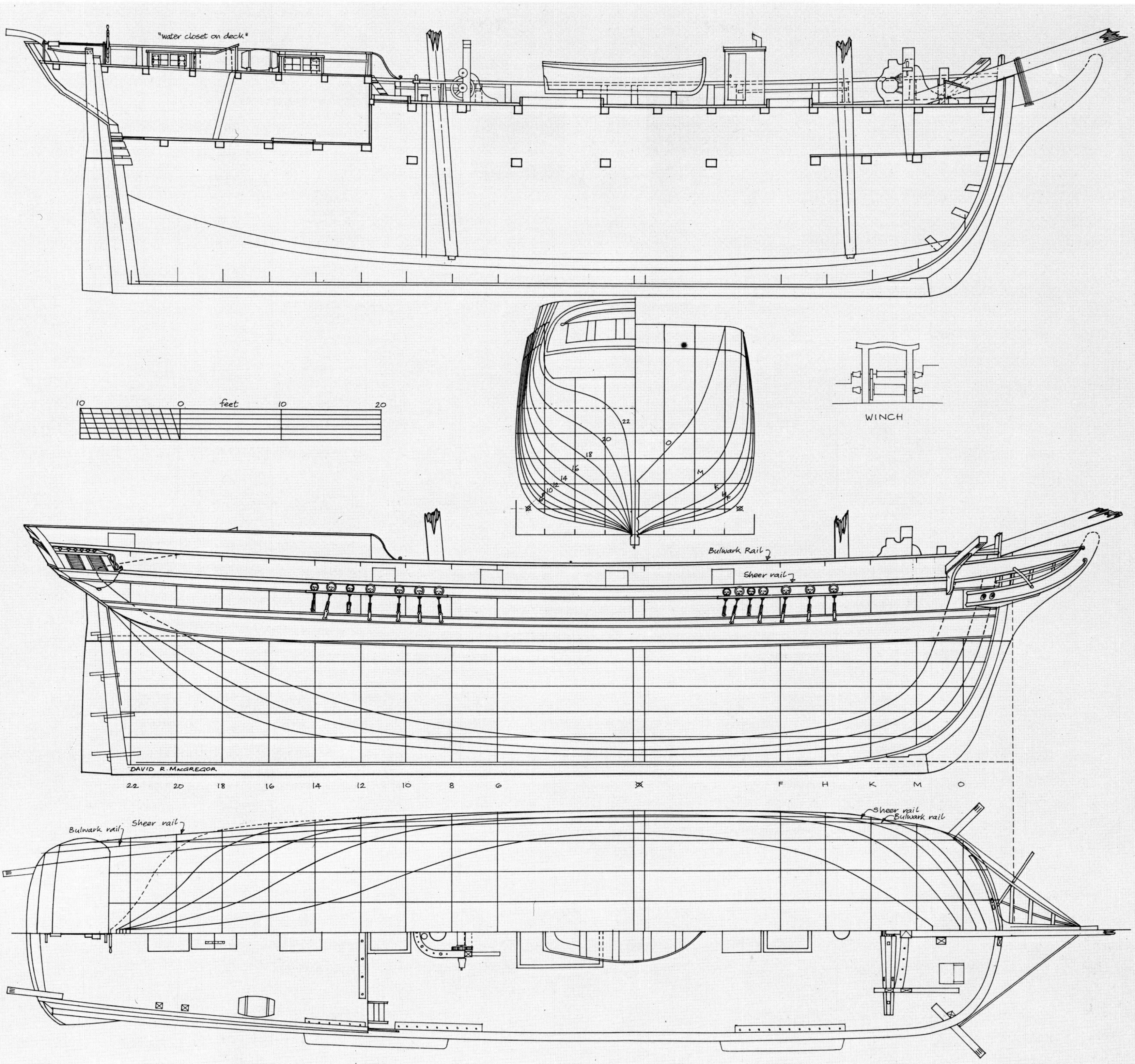

61 Linienriß der NEILSON, 1824 von Edward Adams in Buckler's Hard gebaut. Zeichnung nach einem Werftplan aus dem National Maritime Museum in Greenwich. Abmessungen (auf dem Plan angegeben): 27,84 m (Länge an Deck); 27,23 m (Kiellänge plus Überhang vorn); 7,36 m (Breite); 4,93 m (Raumtiefe); 232 1/94 tons. – Rekonstruktion: Steuerrad, Ruderpinne, Niedergang und zwei Skylights auf der Poop, Betinge, Ankerwinde und Kranbalken fanden sich nur im Längsschnitt des Originals; dazu waren die Abmessungen der Luken gegeben. Die gesamte übrige Ausstattung wurde rekonstruiert, die oben genannte im Decksplan ebenfalls. Die Nagelbänke fanden sich nur im Decksplan.

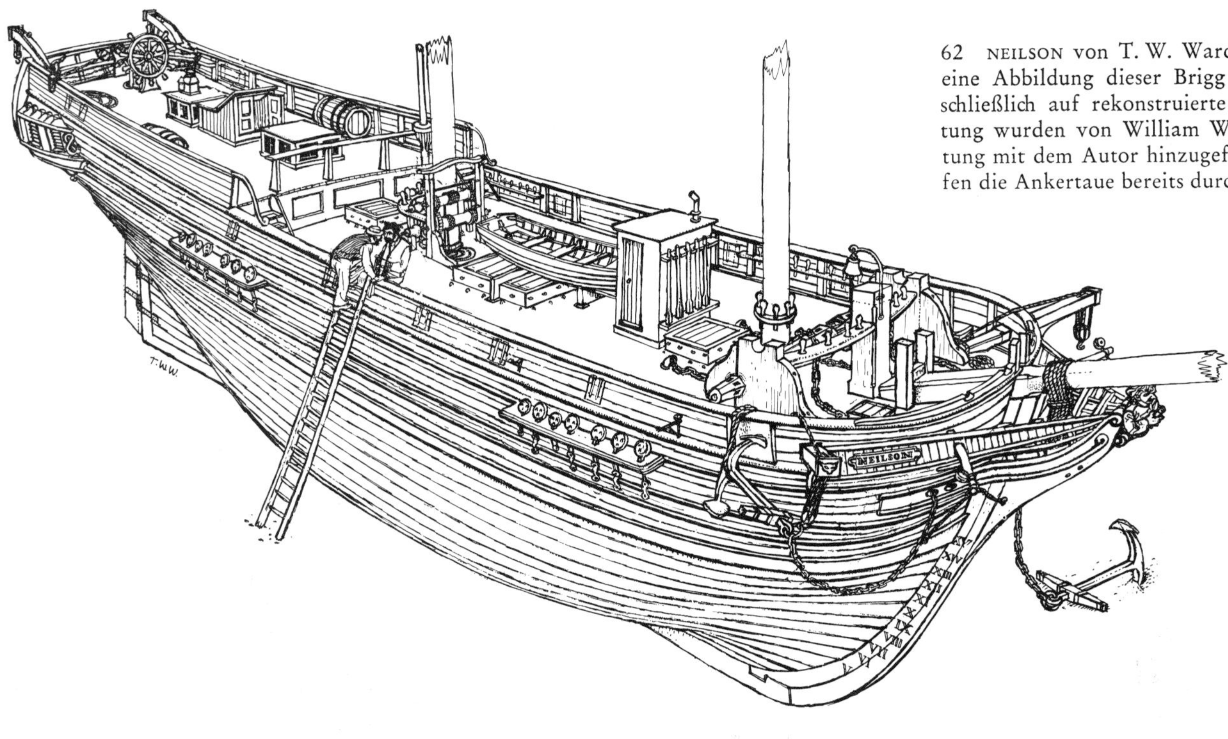

62 NEILSON von T. W. Ward gezeichnet. Da weder ein Gemälde noch sonst eine Abbildung dieser Brigg bekannt ist, mußte diese Zeichnung sich ausschließlich auf rekonstruierte Pläne stützen. Einige Teile der Decksausstattung wurden von William Ward zusammen mit anderen Details nach Beratung mit dem Autor hinzugefügt. Zu dieser Zeit hatte man auf einigen Schiffen die Ankertaue bereits durch Ketten ersetzt.

den. Die Winde wurde auf den Decksbalken vor dem Großmast plaziert und durch Knie versteift, die durch das Deck hindurch mit sogenannten Schlingen verbolzt waren. Eine besondere Luke, die vorn als Zugang zu dem engen Mannschaftslogis hätte dienen können, ist nicht eingezeichnet. Man hätte natürlich auch über eine Leiter durch die vordere Ladeluke dorthin gelangen können, wahrscheinlicher ist dafür aber die Benutzung einer kleinen Luke vor der Ankerwinde an Backbord- oder Steuerbordseite neben dem Bugspriet. Auf manchen Plänen findet sich eine derartige Luke zwischen dem Fuß des Bugspriets am Pallpfosten und einem Spillbeting. Die Höhe des Logis in der Back betrug höchstens 1,37 m, was bedeutete, daß selbst der Schiffsjunge dort nicht aufrecht stehen konnte. Der Längsschnitt zeigt deutlich die als „single deck with beams" bekannte Anordnung, bei der das Hauptdeck das einzige durchgehende Deck war, während die untere Balkenreihe nur bei Bedarf mit Planken belegt wurde. Die Höhe in der Back der MARY betrug 1,68 m, während sie bei der FRIENDSHIP noch etwas geringer als bei der NEILSON war. An die Bequemlichkeit der Seeleute wurde damals noch nicht gedacht. Man teilte jedem lediglich eine Kojenlänge zu, ohne dabei Rücksicht auf die Höhe zu nehmen.

William Ward hat eine in Abbildung 62 wiedergegebene perspektivische Zeichnung der NEILSON angefertigt, um ein fachmännisch ausgerüstetes seegehendes Fahrzeug zu zeigen. Die Galionsfigur ist eine Rekonstruktion. Eine Luke zum Logis ist an der Steuerbordseite der Bugsprietbetinge angenommen worden. Da sich auf dem Plan keine Nagelbank findet, ist hier der Fockmast mit einem Belegnagelband versehen worden. An der Kombüse ist eine Halterung für Handspaken angebracht. Das Verhältnis der Luken zu den anderen Teilen der Decksausstattung ist klar zu erkennen. An den Lukensüllen sind Ringbolzen zum Festzurren der Persenninge gezeichnet, denn es gibt für die Verwendung von Schalklatten mit Klampen und Keilen zu dieser Zeit noch keine Anhaltspunkte. Wahrscheinlich befanden sich Hühnerkäfige auf dem Quarterdeck. An der Bordwand sind Vorrichtungen zur Anbringung und Halterung der beigeklappten Unterleesegelspiere zu sehen.

Damals besaßen die meisten zweimastigen Rahsegler einen Schnaumast an der Achterkante des Großmastes. So wurde diese Eigentümlichkeit auch hier als typisch für einen entsprechenden Segelriß jener Epoche übernommen, obwohl der Originalplan die Überschrift „Brigg NEILSON" trägt. Das Bild der 1828 in Yarmouth gebauten und zu 173 tons vermessenen Brigg BRAZILS PACKET (Abbildung 63) stellt ein sehr ähnliches Fahrzeug dar. Deshalb wurde es ausgiebig für die Rekonstruktion des Segelrisses herangezogen, der auch für zahllose andere Briggs typisch ist. Das lange mächtige Bugspriet ist ein Merkmal für Schiffe der Zeit vor 1840, und auch die Püttings sind von älterer Bauart. Nicht immer wurde von kleinen Schiffen eine Blinderah gefahren, auf jeden Fall aber waren „Butluv" genannte Ausleger zum Durchsetzen der Fockhalsen vonnöten, besonders wenn der Fockmast derart weit vorn stand. Die Butluvs der NEILSON waren 1,98 m lang, etwas nach unten geneigt und mit ihren Füßen am Bug befestigt, während die Nocken gegen den Zug der Fockhalsen je durch zwei Geien gesichert wurden. Eine zusätzliche Abstützung erhielten sie von den Galionsbrettern, durch die sie hindurchragten. Die Seitenlieken der Fock bildeten einen rechten Winkel mit dem Kopfliek, so daß bei entsprechender Segelstellung die Halsen senkrecht nach unten zu den Butluvs fahren konnten. Wenn die Halsen aber zu den Kranbalken geschoren wurden, mußte das Fußliek häufig kürzer als das Kopfliek sein, und die Seitenlieken verliefen von oben schräg nach innen. Dazu sagte Fincham: Wenn die Butluvs so weit vorn gefahren werden könnten, wie es zum ordentlichen Durchsetzen der Halsen nötig sei, dann wäre eine Verlängerung des Unterlieks günstiger, nicht nur wegen der größeren Segelfläche und des besseren Aussehens, sondern auch weil das Segel im allgemeinen mit parallelen Seitenlieken besser stehe.[26]

Im Segelriß bleibt die Takelung hoch und schmal; dabei verdient eine Reihe von Punkten besonders erwähnt zu werden: Entsprechend der Schiffsgröße war bei Großsegeln das Fußliek um ein bis zwei Meter je Seite länger als das Kopfliek; eine Reihe von Reffbändseln in den Untersegeln und drei Reihen in den Marssegeln waren bei Handelsschiffen normal; der feste Klüver ist noch bei weitem das größte Vorsegel; die Form der Stagsegel am Großmast war für gewöhnlich trapezförmig, Robert Salmon zeigt ein interessantes Arrangement in seinem Gemälde „Schnau vor Greenock“, das sich in der Glasgow Art Gallery and Museum befindet. Da im Fall der NEILSON keine Maße für die Leesegelspieren angegeben wurden, mußten sie nach zeitgenössischen Regeln und Daten rekonstruiert werden. Bei Bildern jener Zeit wird man beobachten können, daß das Briggbeziehungsweise Schnausegel oft zum Mast aufgegeit wurde, anstatt an Deck gefiert zu werden. Die Art, wie das laufende Gut geschoren wurde, unterschied sich von Schiff zu Schiff und mochte während einer einzigen Reise mehrere Änderungen erfahren. So wird eine hier bevorzugte Lösung weder über jeden Zweifel erhaben noch für jeden Geschmack das Passende sein.

64 Segelriß der NEILSON. Nach dem Linienriß und den schwach mit Bleistift auf dem Original verzeichneten Spierenabmessungen rekonstruiert. Weitere zeitgenössische Quellen wurden verwendet zur Rekonstruktion von Bramstengenlänge, Segeln, Takelung, Schnaumast und allen Leesegeln mit Rahen und Spieren.

63 Die NEILSON muß sehr ähnlich ausgesehen haben wie die hier auf der Heimreise vor Dover gemalte BRAZILS PACKET, die gerade im Begriff ist, einen Lotsen an Bord zu nehmen. Sie wurde 1828 in Yarmouth als Brigg von 173 tons gebaut. Im Vordergrund der Lotsen-Lugger und rechts eine Heckansicht der beidrehenden BRAZILS PACKET.

Einige in der großen Fahrt beschäftigte Briggs pflegten Skysegel an Gleitstengen zu setzen, die an der Achterkante der Royalstengen gefahren wurden.

In der kleinen Fahrt war die Briggtakelung bei Kohlenschiffen und bei im Ostseehandel beschäftigten Fahrzeugen beliebt, allerdings neigten sie zu völligeren Rumpfformen als die NEILSON, dazu fuhren viele von ihnen keine Segel mehr oberhalb der Bramrah.

DIE *FALCON*

Ein wichtiges Beispiel eines frühen Klippers stellt das 1824 als Yacht gebaute Vollschiff FALCON dar, das später in der Teefahrt nach England und schließlich als Opium-Klipper Verwendung fand. Entworfen, eine als Brigg getakelte Yacht gleichen Namens zu ersetzen, wurde es von List in Wootton Bridge, Isle of Wight, für Lord Yarborough, den Kommodore der Royal Yacht Squadron, gebaut. Zwölf Jahre hindurch blieb sie das Flaggschiff der R.Y.S. Der Anspruch der FALCON auf die Bezeichnung „Klipper" stützt sich auf ein 1933 vom Science Museum in London erworbenes und von G. S. Laird Clowes identifiziertes Modell, nach dessen Maßen der Linienriß in Abbildung 65 und zwei Segelrisse angefertigt wurden. Der Linienriß zeigt einen fein geformten Rumpf mit extremer Aufkimmung und scharfem spitz zulaufendem Vor- und Achterschiff. Er folgt der zeitgenössischen englischen Praxis der konvexen und nur an den Enden geringfügig hohlen Wasserlinien. Das Schiff ermöglicht einen interessanten Vergleich mit dem fast gleichgroßen französischen Kaperschiff LES HUIT AMIS (Abbildung 26).

Es ist die Absicht dieser Untersuchung, die stetige Entwicklung scharf gebauter Schiffe aufzuzeigen. Dabei wird zugleich das große Maß an Vorsicht deutlich, das walten muß, ehe ein einzelnes Fahrzeug als Vorläufer einer ganzen Ära herausgestellt werden kann. So wäre die FALCON ein frühes Beispiel eines feinlinigen Klippers, dessen Bedeutung für die fortschreitende Entwicklung der Klipperbauart bis jetzt übersehen wurde. Im Fall der amerikanischen ANN McKIM wurde, gestützt auf wilde Vermutungen, behauptet, daß sie das erste Klipperschiff gewesen sei, während sie lediglich ein voll getakelter Klipper extremer Bauart war, 1832 in Baltimore entstanden, und eines unter vielen Fahrzeugen in der Entwicklungsreihe dieser schnellen Schiffe.[27] Die Linien der ANN McKIM ähneln denen der FALCON mit Ausnahme ihres stark nach achtern fallenden Kiels.[28]

Ein bestimmter für die Konstruktion der FALCON verantwortlicher Schiffbaumeister wird nicht genannt, doch können hinsichtlich der Vorbilder und der Einflüsse, die auf Mr. List, ihren Erbauer, gewirkt haben mögen, einige interessante Anmerkungen gemacht werden. Vor allem muß er als Erbauer von Yachten anerkannt und von einer gewissen Bedeutung gewesen sein, um einen Bauauftrag von Lord Yarborough zu erhalten. Daher dürfte er gewiß Gelegenheit gehabt haben manch eine Yacht jener Tage zu sehen und auch zu entwerfen. Zum anderen besaßen die Yachtsegler selbst, wie der Hon. George Vernon, der Marquis of

65 Linienriß der FALCON. 1824 von List in Wootton Bridge, Isle of Wight, gebaut. Nach den Maßen eines getakelten Modells im Londoner Science Museum gezeichnet. Abmessungen (am Modell aufgemessen): 33,38 m (über die Steven), 7,93 m (Breite über alles); 334 tons (geschätzt). Finchams Angaben weichen hiervon ab (vergleiche Text). Rekonstruktion: CWL nach den Daten Finchams.

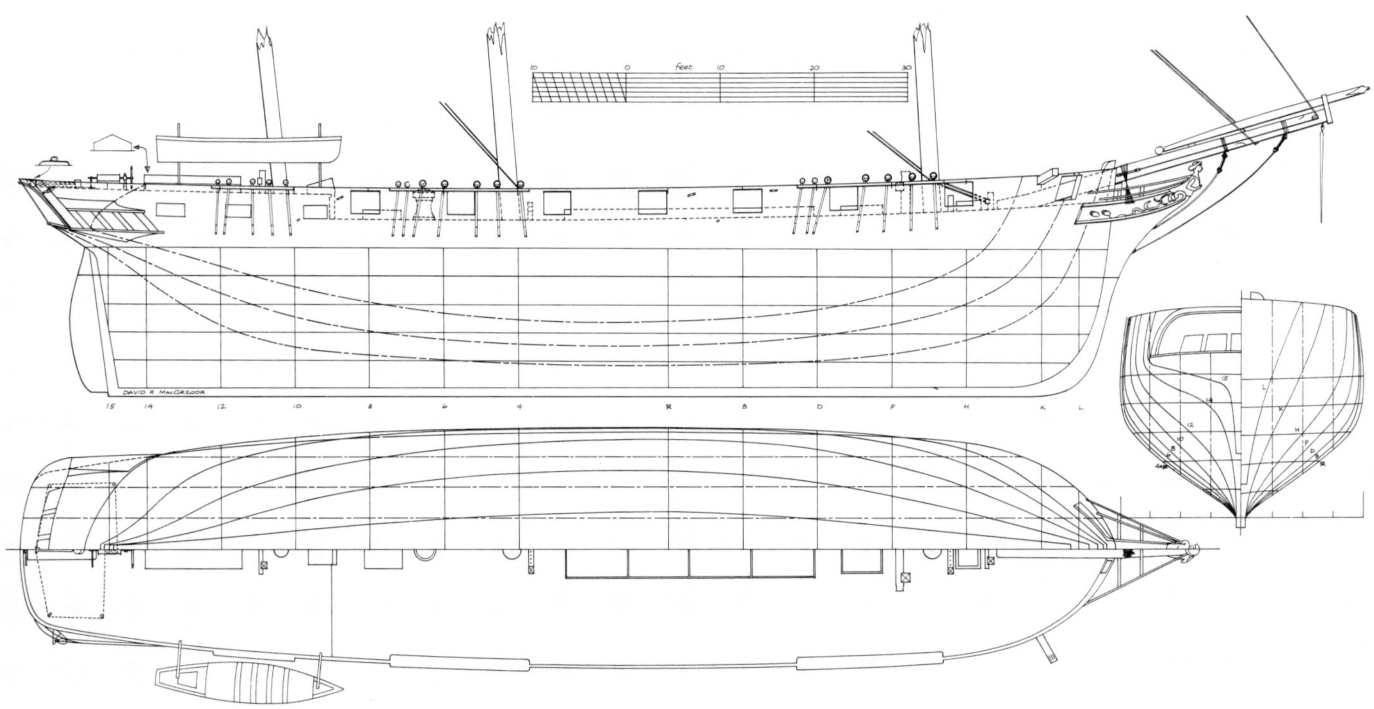

66 Die 1824 gebaute Klipper-Yacht FALCON. Nach den Aufmaßen dieses Modells wurde der Linienriß in Abbildung 65 gezeichnet. Die Form des Großgaffelsegels ist unnatürlich.

Anglesea, Lord Belfast, der Duke of Portland und andere, sehr bestimmte Vorstellungen vom Bau der Schiffe, und sie bestanden darauf, daß ihre Yachten in Übereinstimmung mit ihren Wünschen gebaut wurden. Endlich sei noch vermerkt, daß die Autoren von *Memorials of the Royal Yacht Squadron* schrieben, daß Kapitän Symonds, der spätere Marineinspekteur, „einige bemerkenswerte Fahrzeuge entwarf, die von List gebaut wurden."[29] Da Kapitän William Symonds besonders berühmt war für steile Aufkimmungen, ist die Frage, welchen Kontakt er wohl während der Bauzeit der FALCON mit List gehabt haben mag, nur natürlich. In Sharps Biographie von Symonds wird allerdings von einem Zusammentreffen mit Lord Yarborough vor 1825, dem Jahr nach dem Stapellauf der FALCON, nichts berichtet.[30] Immerhin, Symonds' Schrift *Observations on Naval Architecture* war bereits 1824 erschienen. Verglichen mit William Symonds' Entwurf für die PANTALOON, ist die Aufkimmung der FALCON ebenso steil, aber ihre Breite ist wesentlich geringer als bei irgendeinem der sogenannten „Symondites" und wohl kaum ausreichend für ein Kriegsschiff.

In der Mitte der zwanziger Jahre wählte John Fincham, Inspekteur der Schiffbauschule an der Marinewerft zu Portsmouth, fünf bemerkenswerte Yachten der Royal Yacht Squadron für besondere Untersuchungen aus. Seine Berechnungen veröffentlichte er zusammen mit den Maßen für die Spieren dieser Yachten in den *Papers on Naval Architecture*.[31] Die ausgewählten Fahrzeuge waren die FALCON, die Brigg COQUETTE und die Kutter EMERALD, NAUTILUS und PEARL, die wohl von Fincham aufgemessen worden sein müssen, damit er das Deplacement und andere Eigenschaften berechnen konnte. Allerdings wurden bis jetzt weder Pläne noch Aufmaßtabellen gefunden. Die folgenden Zahlen zeigen die Diskrepanz zwischen Finchams Maßen und den vom Modell der FALCON abgenommenen.

	Modell	Finchams Maße
Länge an Oberdeck von Achterkante Sponung des Vorstevens bis Vorderkante Sponung des Achterstevens	33,38 m	32,67 m
Länge in der Wasserlinie von Vorderkante Vorsteven bis Achterkante Achtersteven	33,45 m	31,29 m
Breite über alles	7,93 m	8,33 m
Tonnage nach alter Vermessungsregel	334 tons (geschätzt)	351 tons

Eine handelsschiffsmäßige Ankerwinde wurde ersetzt durch ein Gangspill und Betinge zum Belegen der Ankertrosse. Das entsprach dem Brauch, diese rahgetakelten Yachten nach der Art der Kriegsschiffe zu führen. Die Betinge am Fuß eines jeden Mastes dienten zum Belegen der Unterrahtoppnanten und der Marsschoten. Das übrige laufende Gut wurde an den Nagelbänken der Reling belegt. Das erhöhte Quarterdeck des Modells besitzt anstelle von Stückpforten drei große Fenster.

In den Abbildungen 67 und 68 finden sich zwei Segelrisse, von denen einer auf den vom Modell abgenommenen Maßen basiert, während der andere nach den von Fincham angegebenen Abmessungen skizziert wurde zusammen mit den zum Vergleich gezeichneten Spieren des Modells. Auf dem letzterwähnten Plan

67 FALCON, Segelriß: gezeichnet nach den Maßen des Modells im Londoner Science Museum, aber ohne laufendes Gut. Rekonstruktion: Zuschnitt der Royals (die Royalrahen sind in der Takelung des Modells gelascht).

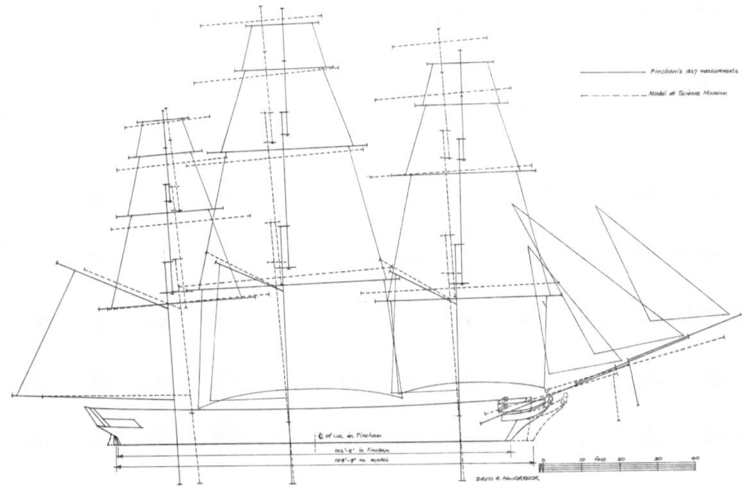

68 FALCON, vergleichender Segelriß: Gegenüberstellung von der dem Science-Museum-Modell entsprechenden Besegelung (gestrichelte Linien) und der nach John Finchams Maßen gezeichneten Segelanordnung (durchgehende Linien). Der Schiffbauarchitekt Fincham hatte seine Messungen 1825/26 vorgenommen.

sind die Unterschiede in der Rumpflänge und bei den Spieren in vollem Umfang erkennbar, wie auch die ungewöhnliche Breite der oberen Rahen des Modells sofort ins Auge fällt. Ein interessanter Vergleich ist möglich, wenn man die vom Modell, aus Finchams Ausgaben und von einer Fregatte vierter Klasse stammenden Abmessungen der Rahen des Großmastes einander gegenüberstellt. Bei der Wahl der Fregatte war die Länge ihrer Bramrah ausschlaggebend.

VERGLEICH DER RAHEN AM GROSSMAST DER *FALCON*

	Modell	Fregatte vierter Klasse[32]	Finchams Maße
Großunterrah	17,07 m	24,99 m	17,07 m
Großmarsrah	14,94 m	17,98 m	12,80 m
Großbramrah	11,58 m	11,58 m	7,93 m
Großroyalrah	9,75 m	8,38 m	5,49 m (geschätzt)

Das Modell ist mit eigenartig geschnittenen Gaffelsegeln an Fock- und Großmast ausgestattet, und auch das Vorstengestagsegel besitzt eine ungewöhnliche Form. Die Bramstage wurden so hoch gefahren, daß die Royals stark ausgegillte Unterlieken erhalten mußten, um über ihnen gesetzt werden zu können. Die Füße der Marsstengen reichten bis weit unter die Längssalings, damit an ihnen noch die Unterrahen befestigt werden konnten. So wurde der gleiche Effekt wie bei den nach vorn ragenden eisernen Patentracks erzielt, also ein stärkeres Anbrassen der Rahen ermöglicht; diese Anordnung hier wird für einmalig gehalten. In den zwanziger Jahren des neunzehnten Jahrhunderts wurde in beachtlichem Umfang experimentiert, um in der Bemastung, der Segelführung, der Takelung und der Ballastanordnung Verbesserungen zu erzielen. Zahlreiche Experimentierfahrten wurden von Kriegsschiffen durchgeführt, um die Segeleigenschaften nach Vornahmen entsprechender Veränderungen zu testen; möglicherweise hat die FALCON sich an solchen Experimenten beteiligt[33]. Andererseits könnten die Füße der Marsstengen auch vom Besitzer des Modells tiefer gesetzt worden sein, weil er diese Takelung im Sinne einer besseren Handhabung des Seglers für zweckmäßiger hielt.

Ein Vergleich mit T. G. Duttons Lithographie von der FALCON läßt darauf schließen, daß das Modell aus der Zeit nach 1840 stammt, als sie unter der Flagge von Jardine Matheson fuhr, was durch die Tatsache nachweislich im Jahre 1839 in Liverpool ausgeführter größerer Veränderungen noch erhärtet wird. Durch die Auffindung von Finchams Linienrissen oder seiner Aufmaßtabelle könnten die nach dem Modell gezeichneten Pläne entweder bestätigt oder mit Recht verworfen werden. Solange diese aber unauffindbar bleiben, muß trotz all der erwähnten Widersprüche das Modell als eine Darstellung des Schiffes akzeptiert werden.

Auch das spätere Schicksal der FALCON als Handelsschiff ist interessant. In den Briefen von Baring Brothers an ihre Agenten in Canton, die Firma Russell & Co., wird mehrfach auf die für den Transport von Seide oder Opium wünschenswerte Verwendung schneller Schiffe Bezug genommen. Wahrscheinlich führte dieser Bedarf dann 1836 zum Ankauf der FALCON aus dem Besitz Lord Yarboroughs zum Preis von £ 5 500.[34] In einem im Oktober 1836 anläßlich ihrer ersten Ausreise nach China von Joshua Bates, einem der Teilhaber, an Russell & Co. geschriebenen Brief wird die FALCON als „ehemals Lord Yarboroughs Yacht" bezeichnet. Weiter heißt es dann von ihr:

„Das Schiff erscheint wie geschaffen für die Verwendung als Opiumschiff zwischen Ihrem Hafen und Bombay oder Calcutta. Wir glauben, daß es schneller als irgendein anderes Schiff in diesem Handelszweig sein wird, und es ist möglich, daß einige Ihrer Opiumhändler von ihm begeistert sein werden. Für diesen Fall sind Sie hiermit zum Verkauf bevollmächtigt, falls Sie einen Verkaufspreis von mindestens £ 10 500 netto erzielen können. Das

Fahrzeug ist völlig gesund wie ein neues Schiff und durchgehend kupferfest verbolzt. Sie werden sehen, daß auch die Decks, das Oberwasserschiff und die Spieren noch recht neu sind. Es ist seinerzeit mit großer Sorgfalt und einem Kostenaufwand von £ 18 000 gebaut worden, so daß es heute als gut oder besser als die beste Klasse der am Fluß [d. h. Themse (Anm. d. Übers.)] gebauten Schiffe bezeichnet werden kann. . . . Darin, daß Sie aus diesem schnellen Schiff das Beste machen werden, verlassen wir uns ganz auf Ihr gutes Urteilsvermögen . . .".[35]

Im Herbst 1837 hatte die FALCON eine Ladung Tee für den Markt in London übernommen, wo sie im Februar 1838 eintraf. So darf sie als einer der frühesten britischen Tee-Klipper bezeichnet werden. Es folgte eine Ausreise von zweiundneunzig Tagen nach Batavia (Djakarta), von wo sie weiter nach Hongkong zur Übernahme einer Teeladung segelte. Im Februar 1839 kehrte sie nach London zurück. Basil Lubbocks Geschichte vom Einbau einer Hilfsmaschine für die Ausreise ist damit widerlegt.[36] Wie Fincham berichtet, wurde die Maschine um 1825 in Lord Yarboroughs frühere Yacht gleichen Namens, die veräußerte Brigg FALCON, eingebaut.[37]

Im Jahr 1839 versuchten Baring Brothers nochmals vergeblich, das Schiff zu verkaufen. Der geforderte Preis war jetzt aber auf £ 6 000 gesunken.[38] Um Ladefähigkeit und Segeleigenschaften zu verbessern, wurden im gleichen Jahr in Liverpool die folgenden Arbeiten ausgeführt:

RICHTLINIEN FÜR ÄNDERUNGEN AN DER *FALCON*[39]

„Bugspriet an Deck lagern und befestigen, um unter Deck mehr Platz für die Mannschaftsunterkunft zu gewinnen. Kranbalken zur Oberkante des Schanzkleides heraufsetzen, so daß auf See die Ankerflunken an Deck gefahren werden können. Rüsten beim Segeln nur hinderlich und im Dock durch keinen Fender geschützt; deshalb entfernen und Jungfern oben am Schanzkleid aufsetzen. Seitentaschen am Achterschiff so groß und tief, daß sie bei beladenem Schiff fast das Wasser berühren. Die Finknetze für die Hängematten von der Reling in der Kuhl entfernen. Im Deck hinter Gangspill ist eine kleine Luke anzubringen. Viel zu viel Eisenballast. Kajüten zu groß, Verkleinerung ergäbe größeren Laderaum."

Dies bezieht sich auf all die sichtbaren Veränderungen. Daneben waren von den Arbeiten aber auch noch Wassertanks, Pumpen, Kettenkasten, Achterpiek und das Orlopdeck unter der Back betroffen.

Nach Beendigung der Umbauten haben Baring Brothers in Liverpool wohl keinen Käufer finden können, denn im September 1839 erhielt das Schiff mit einem neuen Kapitän auch Order für eine neue Reise.[40] Wegen des Opiumkrieges in China verließ die FALCON Liverpool aber erst im Jahre 1840. Irgendwann im gleichen Jahr muß sie dann von der Firma Jardine Matheson & Co. gekauft worden sein, denn im Dezember 1840 trat sie eine Reise von Macau nach Calcutta an, um dort Opium zu laden. Sie blieb in der Opiumfahrt beschäftigt, bis sie in der Mitte der fünfziger Jahre von der Szene verschwand.

T. & J. BROCKLEBANKS BRIGANTINE *DASH*

Die von T. & J. Brocklebank 1828 auf ihrer Werft in Withehaven für eigene Rechnung gebaute DASH bietet ein gutes Beispiel für eine feinlinige Brigantine. In *Lloyd's Register* und auch in Brocklebanks Firmengeschichte wird sie zwar als „Schoner" bezeichnet, jedoch enthält letztere ein Aquarell, das sie deutlich als Brigantine ausweist. Dieses Bild ist in dem unverkennenbaren Stil von Jacob Petersen aus Kopenhagen gemalt;[41] die Takelung wird darüber hinaus auch noch durch einen in den Brocklebank-Archiven befindlichen Segelriß bestätigt. Die meisten Brocklebank-Pläne aus der ersten Hälfte des Jahrhunderts wurden nicht in Maßstäben wie 1/8 Zoll, 1/4 Zoll, 3/8 Zoll oder 1/2 Zoll pro 1 Fuß gezeichnet, sondern es wurden Proportionen wie 1:25, 1:30 usw. benutzt.

Ein Linienriß der DASH konnte im Maßstab 1:30 rekonstruiert werden, wobei ein mit den Plänen anderer Brocklebank-Schiffe übereinstimmender Spantabstand gewählt wurde. Als Grundlage dieser Rekonstruktion dienten ein Längsriß des Überwasserschiffs und ein Spantriß. Die der Brocklebank-Firmengeschichte entnommenen Maße betrugen 20,19 m x 5,26 m x 3,10 m und 86 tons; dazu wird im grünen *Lloyd's Register* ein Tiefgang von 2,74 m angegeben. Dieses Register beschreibt sie dazu als „scharf", und ihr Name soll gewiß auf ein schnelles Schiff hinweisen. Aus welchen Gründen Brocklebanks ihr jedoch feinere Linien als ihren anderen Fahrzeugen gaben, ist nicht zu ersehen, zumal sie lediglich in den üblichen Fahrbereichen der Firma Verwendung fand: Nord- und Südatlantik, Ostsee und Mittelmeer.

Im Vergleich zu NEILSON besaß sie etwas feinere Linien, und das gesamte Achterschiff verjüngte sich bereits vom Hauptspant an. Die Aufkimmung der DASH war beträchtlich, und der Boden rundete sich fast gleichmäßig bis zur Kimm. Es sieht aus, als ob der Spantriß mit Hilfe von Kreisbögen konstruiert worden sei, obwohl man damals bereits begann, diese Methode als veraltet anzusehen. Immerhin ist sie auch weiterhin für etwa fünfundzwanzig Jahre noch hie und da anzutreffen. Wo ein geringerer Widerstand angestrebt wurde, ging man dazu über, den Boden bis zur Kimm gerade ansteigen zu lassen. Vielleicht war es der Mangel an gewachsenen eichenen Krummhölzern für Bodenwrangen und Sitzer, der die Konstrukteure zwang, den Bau gerundeter Böden zu vermeiden. Leider ist kein Decksplan der DASH aufzufinden, vermutlich besaß sie aber wie die NEILSON ein erhöhtes Quarterdeck.

Am Segelriß wurden einige Änderungen vorgenommen, um ihn im wesentlichen in Einklang mit dem Gemälde von Jacob Petersen zu bringen; so waren besonders Leesegel und laufendes Gut zu rekonstruieren. Weder Segelriß noch Gemälde zeigen einen Außenklüver, doch zweifellos konnte ein derartiges Segel hoch oben am Bram- oder Royalstag wie ein Jager gefahren werden, und wahrscheinlich gab es auch ein Sturmstagsegel für das Fockstag. Das Vorroyal wurde ohne Brassen oder Toppnanten als Schönwettersegel fliegend gesetzt. Während so viele Brigantinen dieser Zeit, wie etwa die HELLAS, ein Vorgaffelsegel mit fester Gaffel besaßen, die manche aber auch heißbar an einem besonderen Schnaumast fuhren, ist es interessant, einmal den Segel-

69 Dieses von Jacob Petersen stammende Gemälde der DASH bildet die Hauptgrundlage für die Ergänzungen zum Segelriß der Werft. Hier wird das Schiff im Öresund vor Schloß Kronborg, einem bei dänischen Schiffsporträtisten beliebten Hintergrund, gezeigt. An der Vorroyalrah werden keine Brassen gefahren.

riß einer Brigantine wie dieser zu finden mit zwei mächtigen am Großmast gesetzten Staysegeln. Der Wert der DASH wurde 1829 auf £ 1500 oder £ 17.8s. pro ton geschätzt. Sie fuhr damals mit sieben Mann Besatzung.

Die 1827 gebaute OBERON von 150 tons besaß dem Segelriß nach praktisch die gleiche Takelung wie die DASH; in der Brocklebank-Firmengeschichte wird sie hingegen als Brigg aufgeführt. Die COURIER aus dem Jahr 1826 war, wie ihr Segelriß beweist, ein Toppsegelschoner.

Die Brocklebank-Schiffe scheinen auf recht kostspielige Weise gebaut worden zu sein und müssen bei einem Preis, der etwa dem Doppelten des von Alexander Hall & Sons geforderten entsprach, eine sehr umfassende Ausrüstung besessen haben. Da sie ihre Schiffe selbst bauten, bestand hier für Brocklebanks keine Notwendigkeit, einem günstigsten Angebot den Zuschlag zu geben. Daneben mögen auch unterschiedliche Methoden der Buchhaltung praktiziert worden sein. Die von ihnen im gleichen Jahr wie die DASH gebaute und zu 215 tons vermessene Bark IRT kostete £ 29 pro ton.[42]

Die Brigantine-Takelung erfreute sich im Laufe des Jahrhunderts zunehmender Beliebtheit. Sie veränderte sich auch mit den Jahren kaum, während die Rumpfform einem deutlichen Wandel unterlag. Die Anordnung der Decks und einzelne Details in der Takelage erwiesen sich als Wiederholung des auch bei Briggs und Schonern üblichen. Zahlreiche Illustrationen lassen darauf

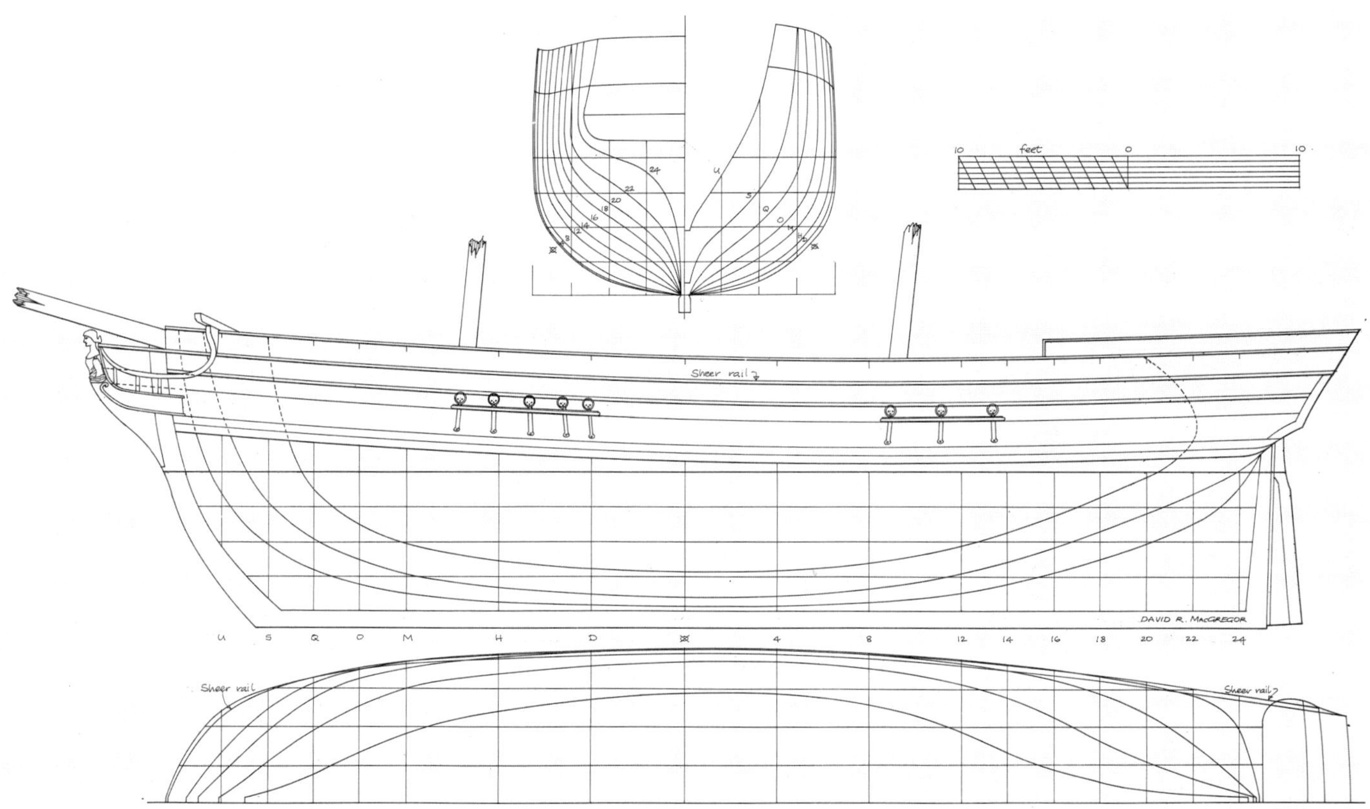

70 Linienriß der DASH, 1828 von T. & J. Brocklebank in Whitehaven gebaut. Nach dem Werftplan gezeichnet mit freundlicher Genehmigung von T. & J. Brocklebank, Liverpool. Abmessungen: 20,19 m × 5,26 m × 3,10 m; 86 tons. Rekonstruktion: Längs- und Wasserlinienriß vom Spantriß, einem Längsriß des Überwasserschiffs und anderen Brocklebank-Plänen abgeleitet.

71 Segelriß der DASH, nach dem Werftplan gezeichnet mit freundlicher Genehmigung von T. & J. Brocklebank, Liverpool. Rekonstruktion: Laufendes Gut und Leesegel gemäß dem Gemälde von Jacob Petersen.

schließen, daß diese Takelung sehr oft für Sklaventransporter und Opium-Klipper verwendet wurde. Bei beiden war dazu ein scharf gebauter Rumpf unabdingbar.

LEITH-SMACKS

Die Kutter des neunzehnten Jahrhunderts verbanden die scharfen Rumpfformen und das große Segelareal ihrer Artgenossen vor 1800 miteinander. Allerdings verringerte sich die Zahl der verwendeten Rahsegel, bis schließlich nur noch eine einzige Rah gefahren wurde.

Eines der bekanntesten Beispiele der Slup- oder Kuttertakelung boten die Leith-Smacks, die Passagiere und Fracht zwischen schottischen Häfen und London beförderten. Den Höhepunkt ihrer Entwicklung hatten sie in den fünfziger Jahren erreicht, bevor die Eisenbahn London mit dem Norden verband. Ihre Bauart war ein Kompromiß zwischen schnellem Passagierboot, größerem Frachter und seefähigem Fahrzeug. Nach Peter Hedderwicks Plan und einem im Londoner Science Museum befindlichen Modell der COMET (1809 in Bridport gebaut und zu 156 tons vermessen) war das Ergebnis dieses Kompromisses ein ziemlich völliger Rumpf mit feinen Linien im Achterschiff und der Fähigkeit, eine hohe Dauergeschwindigkeit zu ermöglichen. Hedderwick lebte in Leith, wo er zahlreiche Smacks beobachten und auch konstruieren konnte. Er schrieb: „Die London-und-Leith-Smacks (ca. 200 RT) sind schwere Fahrzeuge; . . . und sie steuern und segeln ungewöhnlich gut und sind nur wenig achterlastig.“[43] Der erstaunlich völlige Rumpf, den Hedderwick einer zu 173 tons vermessenen Smack gab, verleiht ihr nur wenig feinere Linien als seinem Schoner GLASGOW, und macht sie damit zu einem interessanten Vergleichsobjekt im Hinblick auf das viel schärfer gebaute Paketschiff SYLPH der Post. Eine starke Familienähnlichkeit bestand zwischen Hedderwicks Smack und einer Smack aus Berwick, deren Linienriß 1805 von David Steel veröffentlicht wurde.[44] Bei beiden sind die Hauptspantformen, das Aussehen der Rümpfe und die Überhänge vorn wie auch achtern fast identisch. Steels Smack war zu 140 tons vermessen und hatte sich bereits als Typ durchgesetzt im Transport von Passagieren und frischem Lachs zwischen Berwick und London. Als Gutachter vor einem parlamentarischen Untersuchungsausschuß vertrat Hedderwick 1819 die Ansicht, daß der Entwurf für ein zwischen Holyhead und Howth bei Dublin einzusetzendes Paketboot der Post „ein wenig schärfer“ sein sollte als der für eine Leith-Smack. Vielleicht hielt der Ausschuß seine Entwürfe von Leith-Smacks für zu völlig, denn er wurde dreimal gefragt, ob er schnellere Fahrzeuge mit feineren Linien konstruieren könne:

„Wenn sie lediglich für den Transport von Passagieren und Post zu bauen wären, würden Sie sie dann so konstruieren, daß sie schneller als jetzt segeln könnten?“ – „Ich denke ja.“

„Wenn Sie ein Paketboot zu bauen hätten, würden Sie es dann mit feineren Linien bauen?“ – „Ja.“

„Würden Sie bei der Konstruktion eines Paketbootes für den Verkehr zwischen Holyhead und Dublin die Linien so ändern, daß sie nach den Segeleigenschaften und nicht nach der Ladefähigkeit kalkuliert wären?“ – „Ja, indem ich etwas vom Boden wegnähme.“[45]

Der von Peter Hedderwick eingereichte Konstruktionsvorschlag zeigte tatsächlich eine stärkere Aufkimmung und einen größeren Kimmradius als seine Leith-Smack.[46]

Peter Hedderwick gab 50 bis 54 Stunden als kürzeste ihm bekannte Fahrtdauer auf der 460 Seemeilen langen Strecke zwischen London und Leith an. Das entspricht einem außergewöhnlich schnellen Durchschnitt von 8½ bis 9¼ Knoten, während eine normale schnelle Reise etwa 5 bis 6 Tage dauerte und bei ungünstigen Winden und schlechtem Wetter sogar mehrere Wochen in Anspruch nehmen konnte. Als Kapitän Todd von der Smack EAGLE gehört wurde, sagte er in seinem Bericht, daß die größte von ihm geloggte Geschwindigkeit 10½ Knoten vor raumem Wind betragen habe. Am Wind sei seine Smack den Zollkuttern etwas unterlegen gewesen, und einmal sei sie einem der Post gehörenden Paketboot aus Harwich davongesegelt. Er erklärte, daß die EAGLE in der Lage sein mußte, auf Grund gesetzt zu werden und dort in einigermaßen aufrechter Lage zu verbleiben, weshalb die Paketboote etwas völliger als reine Passagierfahrzeuge gebaut wurden. Die 1814 gebaute EAGLE war zu 196 tons vermessen, und Hedderwick hielt sie für das Musterbeispiel einer Smack.[47]

Während viele von Peter Hedderwicks anderen Plänen als zu tatsächlich gebauten Fahrzeugen gehörend identifiziert werden konnten, war dies bei dem Riß seiner Smack nicht mit Sicherheit möglich, wenn auch ihre Maße denen der MATCHLESS sehr nahe kamen. Dies war eine von sechs Smacks, von denen er besondere Angaben zusammenstellte.[48]

	Hedderwicks Smack (Tafel XVII)	MATCHLESS (1810 in Bridport gebaut)
Vermessungslänge	22,30 m	21,64 m
Breite über alles	7,16 m	7,24 m
Raumtiefe	3,81 m	3,66 m
Tonnage	173 47/94 tons	170 25/94 tons

Die Abbildung 74 wurde nach dem Linienriß von Hedderwicks Smack neu gezeichnet, da die Tafel in seinem Buch durch vielerlei Konstruktionslinien unübersichtlich geworden war und einige Wasserlinien und Schnitte fehlten. Beim Vergleich mit Hedderwicks Schoner GLASGOW zeigt sich, daß sowohl die Aufkimmung wie auch die Rundung der Kimm bei beiden Fahrzeugen übereinstimmten, während andererseits die Smack um 0,36 m breiter war und eine um 0,30 m geringere Raumtiefe besaß. Die Vorschiffsformen sind gleich, aber im Achterschiff sind die Linien der Smack feiner, was noch durch den zusätzlichen Fall ihres Achterstevens unterstützt wird. Eine interessante Besonderheit stellt der in die Bugspanten hineingearbeitete Knick mit hohlen überfallenden Seiten darüber dar. Bei einer Länge in der CWL von 74 Fuß (= 22,56 m) und einer angenommenen Geschwindigkeit von 10 Knoten erreicht der relative Geschwindigkeitskoeffizient dieser Smack den hohen Wert von 1,16. Auf dem Decksplan hatte Hedderwick durch punktierte Linien nur einen Teil des Bugspriets angedeutet, um zu zeigen, wie weit es eingerannt werden konnte; hier ist es jedoch ungekürzt gezeichnet. Zwar findet sich auf dem Originalplan keine Ankerwinde, in der Tabelle mit den Abmessungen wird sie aber zusammen mit einer anderen Winde aufgeführt.[49] Ein nach dem im Science Museum befindlichen Modell der Smack COMET gezeichneter Linienriß macht deutlich, daß sie und Hedderwicks Smack aus der gleichen Familie kamen, wenn auch die COMET eine etwas völligere Rumpfform besaß.[50] Nach diesem Modell, von dem zumindest der Rumpf zeitgenössisch ist, hat William Ward eine Zeichnung angefertigt, um die Ausstattung des Decks und den Verlauf der Beplankung zu veranschaulichen (Abbildung 72). Abgesehen von kleineren Unterschieden, die sich im wesentlichen auf die Zahl der Decksöffnungen hinter der Großluke beschränkten, entsprach der Decksplan im Prinzip dem der Hedderwickschen Smack, bei der die vorderste dieser drei Öffnungen wahrscheinlich eine Ladeluke war; von den nächsten beiden dürften die eine für einen Niedergang und die andere als Skylight benutzt worden sein.

Was die Kosten betrifft, so baute Alexander Hall 1816 die zu 112 tons vermessene ROTTERDAM PACKET für £ 12.12s. pro ton. Im Jahre 1835 baute er die COCK OF THE NORTH, mit 59 tons wohl kaum noch in der gleichen Klasse, für £ 8.12.6 pro ton.[51] In Ipswich schloß 1822/23 George Bayley einen Kontrakt über den Bau einer Leith-Smack von 200 tons zu einem Preis von £ 12 pro ton.[52] Die Kosten bei Hall schlossen Rumpf, Spieren und Tischlerarbeiten mit ein.

Das riesige Großsegel, das die Smacks zur Schau trugen, war zusammen mit dem langen Bugspriet und dem hohen Mast ein wichtiges Merkmal dieser Takelung. Peter Hedderwicks Smack hatte einen 20,12 m langen Großbaum und ein um 11,58 m über die Vorderkante des Vorstevens hinausragendes Bugspriet. J. C. Schetkys Gemälde der Leith-Smack QUEEN CHARLOTTE (1802) unter vollen Segeln zeigt in Abbildung 75 das auch in Hedderwicks Segelriß erscheinende dreieckige Leesegel neben dem Toppsegel (Marssegel) mit seiner kurzen Rah, an die das Segel wahrscheinlich schon an Deck angeschlagen wurde. Die Rah der Breitfock ist noch kürzer und ähnelt der des Schoners ALEXANDER ebenso wie die Methode, das Luvschothorn an einem Baum zu fahren. Das schmale Fußliek des Unterleesegels ist an eine Spiere angeschlagen, mit der es fliegend gesetzt wurde, etwa wie bei Steels Kohlen-Brigg. Die Bedienung dieser riesigen Segel erforderte eine

72 Leith-Smack; die Zeichnung von T. W. Ward stützt sich auf ein im Londoner Science Museum befindliches Modell der 1809 gebauten Smack COMET. Hier sollen die Deckseinrichtung und der völlige Rumpf gezeigt werden. Wenn auch das Modell mit einer Ankerkette ausgerüstet ist, so erscheint diese doch für eine Smack von 1809 als noch recht unwahrscheinlich.

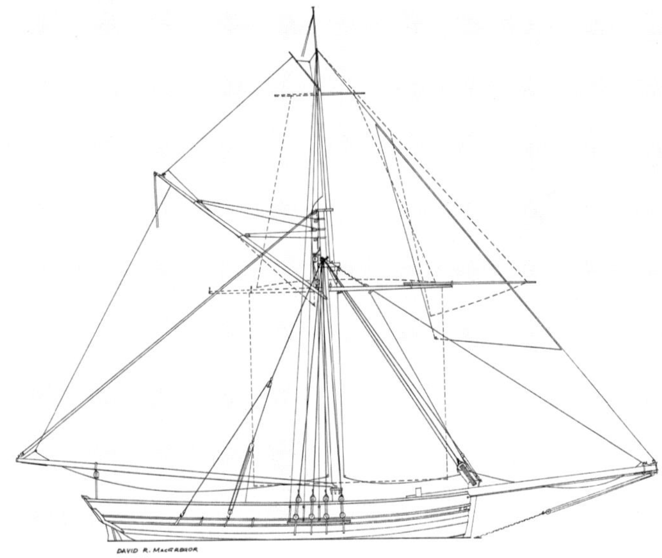

73 *Hedderwicks Leith-Smack;* nach Tafel XXV in Hedderwicks Buch gezeichneter Segelriß. Rekonstruktion: Bei jedem Segel die Segelschwerpunkte weggelassen; Rahsegel und korrigiertes dreieckiges Leesegel mit gestrichelten Linien gezeichnet. Bei Hedderwick fanden sich keine Webeleinen.

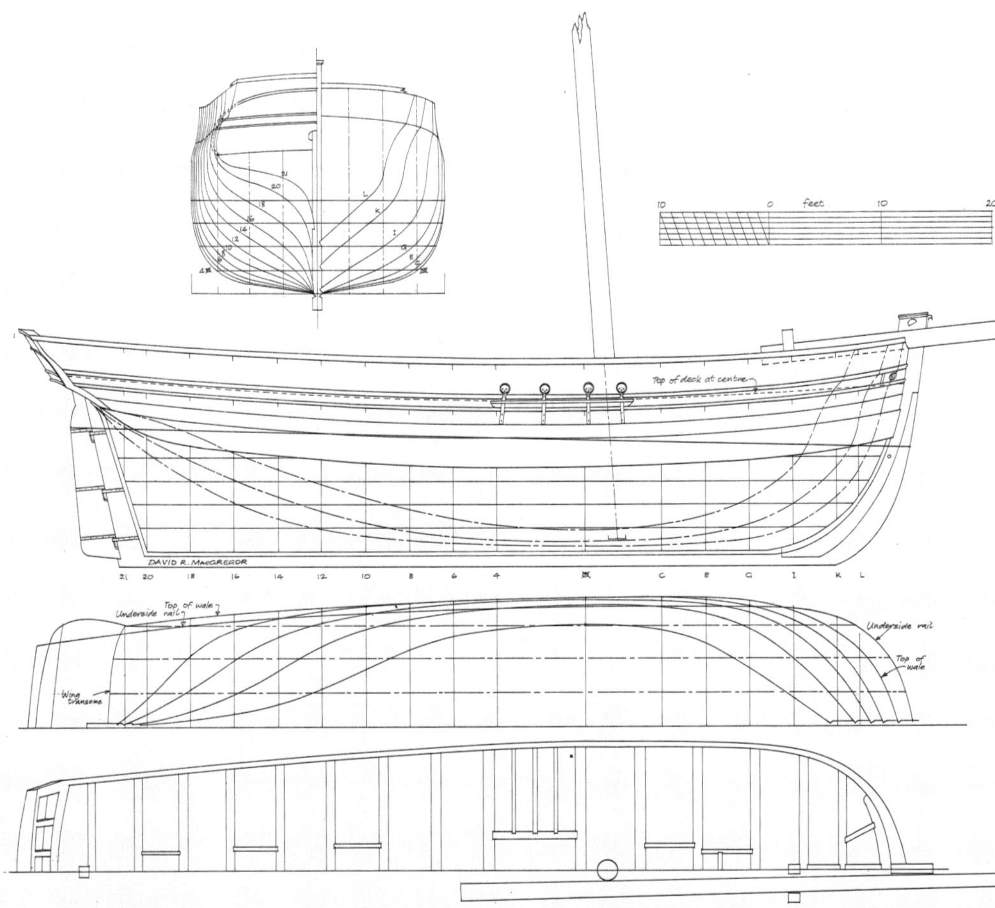

74 *Hedderwicks Leith-Smack;* Linienriß einer nicht identifizierten aber wahrscheinlich von Peter Hedderwick etwa zwischen 1820 und 1825 entworfenen Smack. Gezeichnet nach Tafel XVII aus Peter Hedderwicks *Treatise on Marine Architecture* (1830). Auf dem Plan angegebene Abmessungen: 22,30 m (Kiellänge plus Überhang vorn) × 7,16 m (Breite) × 3,81 m (Raumtiefe); 173 47/94 tons. Rekonstruktion: Senten und Kantspanten weggelassen; die ganze Länge des Bugspriets gezeichnet.

große, gut eingefahrene Besatzung. Aber mit derart übersteigerter Segelfläche konnten die Kapitäne dann bei starker Beanspruchung der Verbände ihre schnellen Reisen aus den Fahrzeugen herausschinden. Eine typische Besatzung solcher Segler bestand aus Kapitän, Steuermann, Steward und elf voll befahrenen Seeleuten.

Einer, der in den dreißiger Jahren zur Crew der Smack KING WILLIAM gehört hatte, berichtet uns: „Wenn der Steuermann dreimal an die Luke zum Logis unter der Back klopfte, war dies das Zeichen für alle Mann, zum Reffen des Großsegels an Deck zu kommen. Jeder wußte, daß dann keine Zeit mehr zu verlieren war, da man so lange wie nur irgend möglich unter vollem Zeug zu segeln pflegte. Es war nichts Ungewöhnliches, wenn der Großbaum durchs Wasser schleifte. Das riesige Großsegel zu reffen war keine leichte Angelegenheit, und wenn dies dann noch in einer dunklen stürmischen Nacht zu geschehen hatte, etwa während eines jede Sicht nehmenden Schneesturmes, dann war diese Arbeit stets mit Lebensgefahr verbunden."[53]

Um 1819 konnte ein zu 102 tons vermessenes Paketboot aus Holyhead vier Wagen an Deck transportieren und acht Pferde, dazu besaß es Kojen für zweiundzwanzig Fahrgäste. Die Kajütspassagiere hatten es natürlich am bequemsten. Die achtere der beiden Kajüten war den Damen vorbehalten. Die Mahlzeiten nahmen alle Passagiere in der Hauptkajüte ein, um die herum die Schlafgelegenheiten für die Männer – entweder als verschließbare Kojen oder in kleinen Kammern – angeordnet waren. Zwischendeckspassagiere hatten keine Kajüte und schliefen überall, wo es möglich war.[54]

Wenn sie die sehr belebte Themse hinauf kreuzten, zwangen die plumpen und stämmigen Kohlen-Briggs aus dem Norden oft andere Fahrzeuge zum Ausweichen, vor den Leith-Smacks aber hatten sie Respekt. Kapitän Andrew Shewan gibt dazu folgende Begründung:

„Wenn Geordie (Anm. d. Übers.: Spitzname für Engländer aus dem Nordosten) sich ein wenig stur gebärdete und eine Lektion verdiente, gab der Schotte ihm scheinbar den Weg frei; aber zwei oder drei Mann standen schon bereit, um den Klüverbaum auszurennen und so im rechten Augenblick dieses „Horn" mit aller Sorgfalt durch des Rivalen Groß- oder Briggsegel zu stoßen. War dieses aufgeschlitzt, wurde der aggressive Baum wieder eingerannt, und nun ließ man das Heck der Smack über Geordies Achterschiff streichen mit dem Ergebnis, daß ein etwa in Heckdavits hängendes Beiboot wahrscheinlich nur noch an einer Talje baumelnd auf der Strecke blieb. Der arme Geordie war dagegen

75 Die Leith-Schmack QUEEN CHARLOTTE (1802) nach einem Gemälde von J. C. Schetky. Das dreieckige Oberleesegel und die kurze Rah des Mars- oder Toppsegels ähneln denen in Hedderwicks Segelriß.

recht hilflos; ihm blieb nichts außer ein paar kräftigen Flüchen, die aber kaum Genugtuung gebracht habe dürften, zumal sie nur mit schallendem Gelächter quittiert wurden."[55]

Das also waren damals die Smacks. Wie eine Diskussion in *Mariner's Mirror* kürzlich gezeigt hat, ist die Frage, warum so viele dieser Fahrzeuge in Südwestengland gebaut wurden, immer noch offen.[56] Von dreiundzwanzig 1832/33 in Leith einkommenden und ausgehenden Smacks wurden zehn in Bridport, vier in Topsham, zwei in Wales, eine in Ipswich, eine in Blythnook und fünf in Leith gebaut.[57] Als Peter Hedderwick, nach dessen Plänen mindestens eine Smack in Topsham gebaut worden war, 1819 von einem parlamentarischen Untersuchungsausschuß als Sachverständiger gehört wurde, beantwortete er die Frage, weshalb man Smacks in Südwestengland baue, mit den Worten: „Wir denken, daß es dort eine etwas größere Auswahl an Holz gibt." Eine solche Antwort erscheint in diesem Zusammenhang allerdings als etwas unbefriedigend. Die Ausgabe des *London and Leith Smack and Steam-Yacht Guide* von 1824 beschreibt Bridport als „eine Seestadt in Dorsetshire, bekannt für die Geschicklichkeit seiner Schiffszimmerleute im Bau von Fahrzeugen der hier interessierenden Klasse."[58] Der bedeutendste Erbauer von Smacks dort hieß Good; er baute die MATCHLESS. Robert Davy war der wichtigste Baumeister in Topsham.

Es ist schwierig, besondere Einflußbereiche betreffende Fragen zu klären. Immerhin hatten die englischen Kanalhäfen um 1810 eine besondere Berühmtheit für den Bau schneller Marinekutter, Schmuggelfahrzeuge und Zollkutter erlangt. Es ist anzunehmen, daß Schiffseigner aus Leith irgendwann für den aufblühenden Leith-London-Passagierdienst noch eine Smack benötigten und beschlossen, ein solches Fahrzeug aus einem für den Bau schneller Schiffe bekannten Gebiet zu beschaffen. Die auf diese Weise etwa aus zweiter Hand oder als Spekulationsbau erworbene Smack dürfte dann zu festen Bestellungen weiterer Fahrzeuge geführt haben. Der Linienriß der Hedderwickschen Smack, David Steels Berwick-Smack und das Modell der COMET aus dem Science Museum, sie alle zeigen einen flachbodigen kräftigen Rumpf mit der unbestrittenen Fähigkeit, eine große Segelfläche bei jedem Wetter vertragen zu können. Diese Eigenschaften wurden von den Konstrukteuren und Kapitänen in ihren vor dem parlamentarischen Untersuchungsausschuß gegebenen Gutachten bestätigt und für unabdingbar erklärt. So wurden die schärferen Linien und die größere Aufkimmung der Kutter von der englischen Südküste nicht für die Leith-Smacks übernommen. Daraus folgt, daß Werften in Bridport und Topsham zwar die Bauaufträge erhielten, weil sie Erfahrung im Bau von bis zu 200 tons großen Kuttern besaßen, ihr Baumuster sich aber auf die an der Nordostküste gebräuchliche Entsprechung der Berwick-Smacks stützte, für die Peter Hedderwick als Konstrukteur eine wichtige Rolle gespielt hatte.

In den 1830er Jahren wurden viele Smacks verlängert und als Schoner getakelt. Im folgenden Jahrzehnt erneuerten dann mehrere Schiffahrtsgesellschaften ihren Fahrzeugbestand durch schnelle Aberdeen-Schoner wie die SCOTTISH MAID. Kapitän Ritchie, Geschäftsführer der Leith & London Shipping Co., gab einen äußerst günstigen Bericht über deren drei neue Aberdeen-Schoner NONSUCH, RAPID und SWIFT, der sich sowohl auf die Geschwindigkeit als auch auf die den Gütertransport betreffenden Fähigkeiten bezog: „Ich kann wirklich ehrlich sagen, daß jeder dieser Klipper in stürmischem Wetter doppelt so schnell am Wind segelt (das ist, gegen den Wind) wie die ROBERT BRUCE, die beste und einzige noch nicht verkaufte Smack unter den alten Schiffen der Gesellschaft . . ."[59] In den fünfziger Jahren begannen die Paketfahrt-Gesellschaften damit, all ihre Segelfahrzeuge durch Dampfschiffe zu ersetzen.

KLIPPER-SCHONER

Obwohl Kutter und Slups in der Tiefwasserfahrt – besonders als Fruchtjager – noch bis zur Mitte des Jahrhunderts verwendet wurden, nahm die Beliebtheit der Schonertakelung allmählich immer mehr zu, besonders nach den 1820er Jahren. Der Gebrauch von Rahsegeln am Fockmast eines Schoners, der manchmal schon das bei einer Brigantine übliche Ausmaß erreichte, befähigte diesen, lange Ozeanreisen mit größerer Zuverlässigkeit zu unternehmen, während die reichlich bemessene Fläche der Schratsegel auch am Wind noch eine gute Geschwindigkeit ermöglichte. Der in Dartmouth gebaute Schoner KING OF TYRE, Abbildung 76 zeigt ihn im Jahr 1837 vor Gibraltar, ist ein gutes Beispiel für ein derartiges Fahrzeug. Er besaß auch eine Spiere für das Luvschothorn der Breitfock. Die leichte Verderblichkeit einer Ladung Frischobst erforderte stets schnelle Schiffe, während bei Trockenfrüchten die Geschwindigkeit nicht ganz so wichtig war. Wegen der Empfindlichkeit frischen Obstes wurden für dessen Transport nur kleine Fahrzeuge von unter 150 tons verwendet, um ein Zerquetschen der Ladung in einem zu großen Schiff zu umgehen und gleichzeitig das mit einer derartigen Fracht verbundene hohe Risiko zu streuen. Zwar gibt es noch kein Buch, das sich speziell mit der Fruchtfahrt befaßt, doch ist das Thema mit einiger Ausführlichkeit in Werken von Basil Greenhill, Michael Bouquet und anderen behandelt worden.[60]

Eine Reihe von Frucht-Schonern wurde von James B. Balley (1788–1863) in Shoreham (Sussex) gebaut. Um 1818 war er als Teilhaber in die Firma des Schiffsbauers John Edwards eingetreten, die darauf ihren Namen in Edwards & Balley änderte, um dann später ganz in Balleys Hände überzugehen. Von den frühen dreißiger Jahren an baute er Klipper-Briggs und Schoner für die Mittelmeer-, Afrika- und Südamerikafahrt. Darunter befanden sich Namen wie die der SANCHO PANZA (1828), SAUCY JACK (1834), AIMWELL (1835), MINSTREL BOY (1839), PARGA (1840), DUSTY MILLER (1841), FREAK (1845) und SPIRIT (1845).[61] Zu diesen Fahrzeugen gehörte auch die 1830 entstandene und zu 142 tons vermessene EMMA. Ihre Spanten waren aus englischer Eiche gebaut, und sie war mit einem Großboot, einer Jolle und einer Ankerwinde ausgerüstet; sie besaß kein Gangspill. In *Lloyd's Register* von 1831 (roter Band) findet sich bei ihrem Eintrag die Abkürzung „Shrp", die gelegentlich in den Registern auftaucht und so viel wie „scharf" (sharp) bedeutet. In diesem Fall kann das als eine Bestätigung für die Verwendung der Rumpfform angesehen werden, für die James Balley berühmt war. Hätte er keine An-

76 Der in Dartmouth gebaute Schoner KING OF TYRE passiert hier im Jahre 1837 Gibraltar auf der Reise von Messina nach London. Dabei fährt er nicht weniger Rahsegel als eine Brigantine. Vor einer Bagstagsbrise leistet die „passaree boom" genannte Spiere, an der das Luvschothorn der Breitfock ausgeholt wird, gute Dienste.

77 Dieses 1843 datierte Gemälde des Flensburger Schoners DIE FRAU LUREWINE ermöglicht, interessante Unterschiede zu britischen Schonern festzustellen. Obwohl die Vorstenge aus einem Stück besteht, befindet sich über der Marsrah eine Saling.

kerwinde besessen, wäre der Schoner EMMA vielleicht bei der näheren Bestimmung des im Science Museum befindlichen Modells der EMMA von Sidmouth als Kandidat in Frage gekommen. James Balley war wahrscheinlich auch verantwortlich für den 1831 erfolgten Bau des zu 143 tons vermessenen Frucht-Schoners PERA, der 1834 in einundzwanzig Tagen von London zur griechischen Insel Syros segelte.

Vor der Mitte der dreißiger Jahre wurden nur von wenigen Paketschiffahrtsgesellschaften Schoner beschäftigt, wie etwa von der Waterford Line, die Südirland mit Bristol verband. Der in Abbildung 82 wiedergegebene und 1833 datierte Stich nach einem Gemälde von John Lynn zeigt die drei Schwesterschiffe ALEXANDER, MARTHA und RAPID, die – je zu etwa 175 tons vermessen – 1833 in Shoreham von James Balley gebaut wurden. Eigner der ALEXANDER und der MARTHA war die Firma Pope & Co., während die RAPID ihrem Kapitän, W. Millar, gehörte, der mit ihr wahrscheinlich in Charter für Pope & Co. fuhr. Im Jahr 1839 ging die RAPID in die Hände der London and Waterford Shipping Association über. Zuvor machte sie aber noch eine schnelle Reise nach Mauritius und erregte dort die Aufmerksamkeit von James Blyth, wovon später noch zu berichten sein wird. Für große Schoner war die Überseeschiffahrt keine Besonderheit. Die auf dem Stich mit unterschiedlicher Segelstellung gezeigten drei Schoner dürften sich nur wenig von den Fruchtseglern ihrer Zeit unterschieden haben. Bei der ALEXANDER ist das Kopfliek der Breitfock in der Mitte an eine kurze Rah angeschlagen, was an die Breitfock des Kutters FLY (Abbildung 18) und seinesgleichen erinnert. Auf John C. Schetkys Aquarell einer Leith-Smack unter vollen Segeln (Abbildung 75) ist eine ähnliche Version einer Breitfock zu sehen. Die ALEXANDER wie die KING OF TYRE fahren beide das Luvschothorn der Breitfock an einer „passaree boom" genannten Spiere, wodurch praktisch der Effekt eines Unterleesegels erzielt wird.

Einige der schnellen Frucht-Schoner – wie etwa die HELLAS (1832) und die TIME – wurden gegen Ende der dreißiger Jahre für die Opiumfahrt angekauft. Die TIME war 1832 in Poplar (London) von Fletcher, Son & Fearnall nach den Plänen von Fletchers Betriebsleiter, Thomas J. Ditchburn, gebaut worden. Ihre Abmessungen betrugen 26,14 m x 6,02 m x 3,28 m und 139 tons. Zweifellos war dies das Schiff, auf das Ditchburn 1860 in der Institution of Naval Architects während einer Diskussion über geneigte ideelle Hauptspantschnitte mit der Bemerkung anspielte:

„Ich habe ein Fahrzeug für die Smyrna-Fahrt nach dem von Mr. Maudslay beschriebenen Prinzip mit diagonalem [ideellem] Hauptspant gebaut, und im Hinblick auf die Segeleigenschaften war das Ergebnis hervorragend. Allerdings reichte die Menge der beförderten Ladung nicht für einen finanziellen Erfolg. Nach einigen weiteren Reisen wurde es als Yacht verkauft. Das Gute aber an diesem Bauprinzip war, daß es eine größere Stabilität bewirkte, die sowohl quer verlaufende Schwingungen verhinderte als auch das Stampfen in der Längsrichtung eindämmte, beides Eigenschaften, deren Beseitigung so erstrebenswert ist."[62]

Bei Fahrzeugen mit einer nach dem Vorschlag von Joseph Maudslay geneigten ideellen Hauptspantform wurde das Vorschiff länger und schärfer, während die größere Völligkeit des Achterschiffs durch die feineren Linien der Schnitte ausgeglichen wurde.

Nach einer Untersuchung der TIME im Hinblick auf ihre Verwendungsmöglichkeit als Opium-Klipper wurde berichtet, ihre Aufkimmung sei so steil gewesen, daß man mit einem Fuß auf dem Kielschwein und dem anderen auf der Wegerung habe stehen müssen.[63] Da diese Feststellung sonst wertlos gewesen wäre, dürfte sie sich auf den gesamten Laderaum bezogen haben. Die TIME hatte den Ruf, der bestaussehende Fruchtjager in der Mittelmeerfahrt zu sein. Sie war als „Ranterpike-Schoner" getakelt;

mit ihrem Eintritt in die Opiumfahrt wurde ihr Rigg jedoch in das eines normalen Toppsegelschoners geändert.

Die „Ranterpike-Takelung" wird selten erwähnt. Zu ihren wesentlichen Merkmalen gehörte offenbar, daß die (obere) Stenge des Fockmastes an der Achterkante des Untermastes, beziehungsweise der unteren Stenge, gefahren wurde. Die seit der Mitte der vierziger Jahre an der Clyde gebauten „Ranterpike-Schoner" fuhren ihre lange Vorstenge an der Achterkante des Untermasttopps.[64] War eine Vorbramstenge vorhanden, wurde diese an der Achterkante der Vormarsstenge gefahren, wie ein Gewährsmann, der in den 1870er Jahren an Bord einer „Glasgow-Rantipike" gefahren war, berichtete.[65] Diese letztere Beschreibung paßte auch recht gut zu der Anordnung, wie sie der Segelriß eines 1838 von T. & J. Brocklebank gebauten und als die SUSANNA identifizierten Schoners zeigt. Der Plan ist hier in Abbildung 81 wiedergegeben, da er den Typ eines Schoners mit schwerer Takelage darstellt, wie er auch in der Fruchtfahrt verwendet wurde. Die Bramstenge war nur eine leichte Spiere und konnte in schwerem Wetter an Deck genommen werden, ohne die Wirksamkeit der Takelung weiter zu beeinträchtigen, weil alle Vorsegel von der Marsstenge oder vom Untermast gefahren wurden. Bei Fahrzeugen mit voll getakelten Masten wäre eine Spiere wie die Bramstenge der SUSANNA als „sliding gunter pole" oder Gleitstenge bezeichnet worden. Man nimmt an, daß die TIME auf die gleiche Art wie die SUSANNA getakelt war.

Die SUSANNA hat nie der Firma Brocklebank gehört, die sie für andere, bislang noch nicht ermittelte Eigner baute. Ihre Hauptabmessungen waren 18,21 m x 4,80 m x 2,49 m und 65 tons. Da sie 1861 in Dublin registriert war, ist es möglich, daß sie ihre Fahrenszeit auch in Irland begann, vielleicht in Limerick oder in Waterford, wo eine ganze Reihe von Mittelmeerfahrern beheimatet gewesen zu sein scheint.

Um die Mitte der vierziger Jahre wurde die sehr hohe Takelung, die man bei Schonern wie der SUSANNA oder der KING OF TYRE sehen konnte, durch die Verwendung kürzerer Masten verändert. Die sich daraus ergebende geringfügige Verkleinerung der Segelfläche wurde durch die schärferen Linien des Vorschiffs ausgeglichen. Gleichzeitig wurde der Vormast weiter nach achtern versetzt, um ein zu tiefes Eintauchen des Bugs zu vermeiden. Der Rumpf war jetzt länger, und die meisten Schoner setzten drei Vorsegel von der Focksaling. Vielfach gab man der Sponung des Vorstevens einen beachtlichen Überhang nach der Art der Aberdeen-Schoner, obwohl der Bug gewöhnlich nicht ganz nach der Aberdeener Art auslief. Der Freibord wurde auch etwas verringert. Dieser neue Typ eines Klipper-Schoners wird in dem Gemälde des 1849 gebauten Salcombe-Schoners QUEEN OF THE WEST veranschaulicht. Einige feinlinige Schoner wurden in den vierziger Jahren aus Eisen gebaut, und in den Vermessungsberichten von *Lloyd's Register* finden sich kleine Hauptspantskizzen, die auf eine beträchtliche Aufkimmung hindeuten. Während dieser Zeit wurde die Verwendung von Klipper-Schonern in der Frucht-, Opium- und Paketfahrt wie auch als Fischtransporter noch weiter ausgedehnt.

Der in Abbildung 83 dargebotene Segelriß von HMS JACKDAW gibt eine Vorstellung von der Größe der Segelfläche eines Scho-

78 Eine frühe von Calvert Jones um 1845 in der Nähe von Swansea aufgenommene Photographie. Der Kimmkiel deutet auf einen Rumpf mit einer überdurchschnittlichen Aufkimmung und auf den Versuch, eine zu starke Krängung beim Trockenfallen zu verhindern. Der Schoner besitzt ein feines etwas hohl gehaltenes Achterschiff. Die Marsrah wird am Eselshaupt gefahren, was vor 1850 auf beiden Seiten der Nordsee eine verbreitete Praxis war.

79 Ein im Londoner Science Museum befindliches Modell des Schoners EMMA, das der Yacht von Sir William Curtis sehr stark ähnelt. Der Fockmast stand zu dieser Zeit sehr weit vorn. Mit schärfer werdendem Vorschiff wanderte er dann weiter nach achtern.

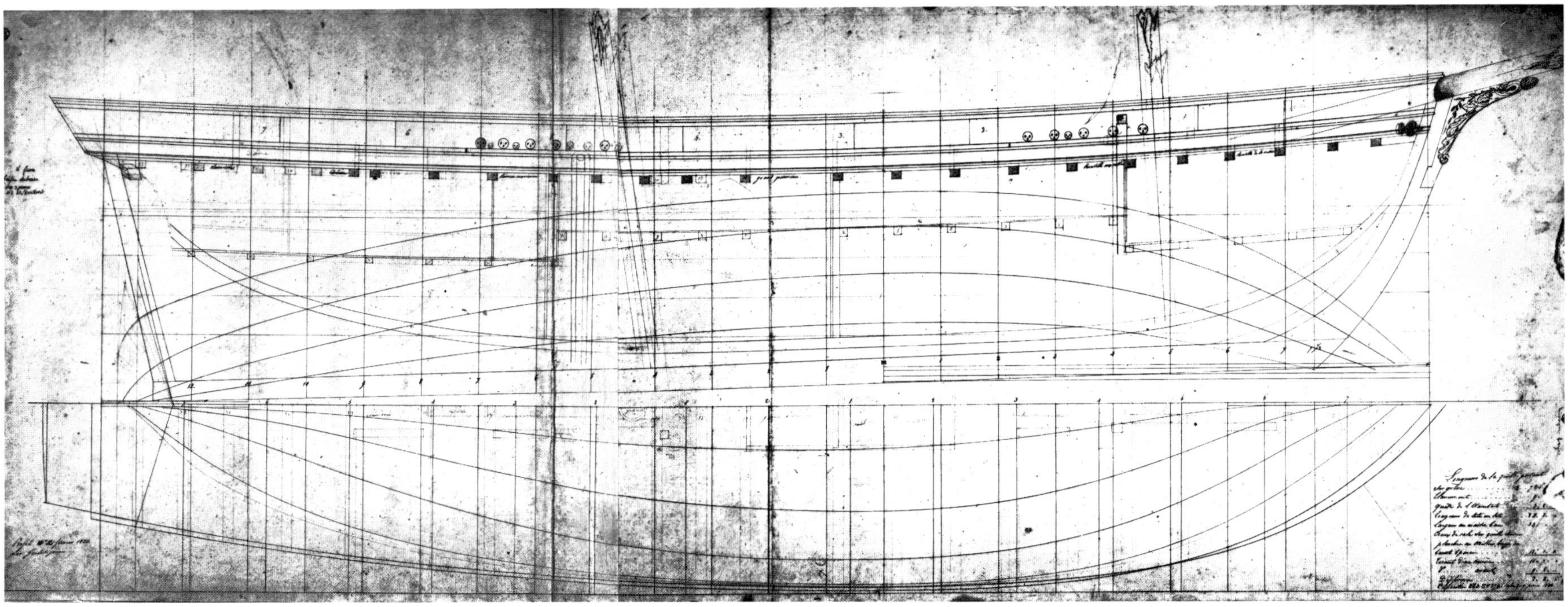

80 Französische Konstruktionszeichnung für einen Schoner oder eine Brigg; von Guibert jun. im Februar 1824 datierter Entwurf. Reproduktion nach einem im Mariners Museum, Newport News, Virginia, befindlichen Plan aus der Sammlung von Guibert-Zeichnungen. Auf dem Plan in „pieds" angegebene Abmessungen: 84–2 (Länge über die Steven) × 23–0 (Breite mittschiffs) × 12–1 (Raumtiefe); 9–5 (Tiefgang vorn), 11–7 (Tiefgang achtern); 242 tons [die zweite Ziffer verdeckt eine ursprüngliche „2"]. Takelungsart und Spierenabmessungen sind nicht angegeben.

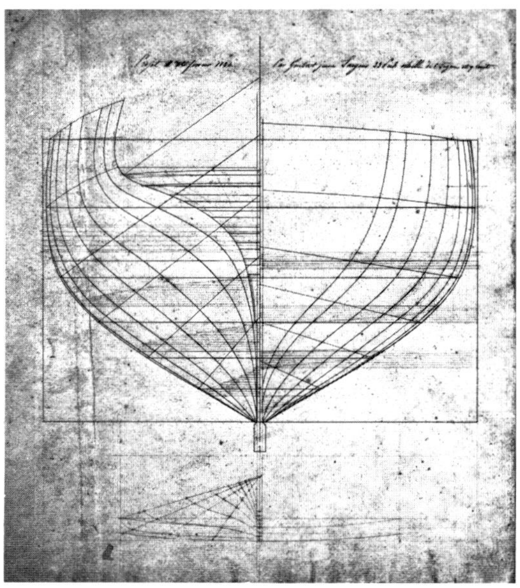

81 SUSANNA, 1838 von T. & J. Brocklebank in Whitehaven gebaut. Nach einem Werftplan gezeichnet mit freundlicher Genehmigung von T. & J. Brocklebank, Liverpool. Abmessungen: 18,21 m × 4,80 m × 2,49 m; 65 tons. – Rekonstruktion: Obere Jungfern, Wanten und Pardunen. Maßstab des Originals wahrscheinlich 1 : 36. ▽

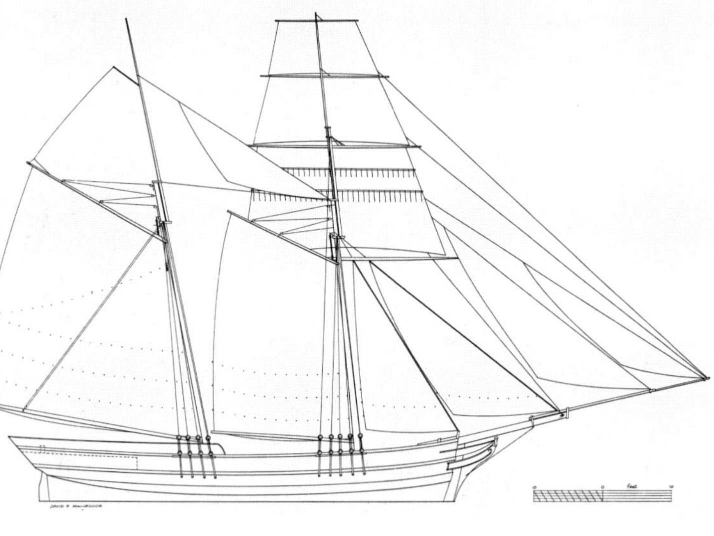

ners.[66] Die JACKDAW war einer von sechs Kuttern der LARK-Klasse; er war 1829/30 entstanden und wurde 1832 für Vermessungsaufgaben zum Schoner umgebaut. Der Plan ist allerdings späteren Datums, er wurde nach einer Verlängerung der Spieren gezeichnet. Bei einigen Handelsschonern hätte man die Stagfock gegen Ende der dreißiger Jahre in zwei Segel aufgeteilt. Bemerkungen auf dem Segelriß der JACKDAW geben an, daß die vierkantig zu machenden Untermasttopps keine Scheibengats besitzen sollen; daß die vordere Quersaling des Fockmastes „sehr stark gebogen" sein soll; daß Längs- und Quersalingen so leicht wie möglich und ohne Mastbacken ausgeführt werden müßten; und daß der Stampfstock an einem am Bugspriet angebrachten Augbolzen „frei beweglich" gefahren werden soll. Wie bei der KING OF TYRE und einigen anderen Schonern besitzt die Vorroyalrah keine Brassen.

Die HELLAS wurde bereits als ein später als Opium-Klipper verwendeter Fruchtjager erwähnt. Wie die TIME lief sie 1832 vom Stapel. Sie ist in Waterford (Irland) gebaut worden, und ihre Abmessungen waren 27,84 m x 7,01 m x 4,52 m und 209 tons. Während ihr Rumpf eher dem einer Kanonen-Brigg glich, wurde sie von Zeitgenossen als ein „Schoner" bezeichnet. Nach Brierlys Lithographie (Abbildung 84) allerdings sollte man sie eine „Brigantine" nennen. Da dieser Steindruck A. Grant gewidmet war, zeigte er sie wahrscheinlich während ihrer Zeit als Opium-Klipper. Sie ist mit an der Achterkante der entsprechenden Stengetopps fahrenden Skysegelgleitstengen dargestellt, was am Großmast etwas deutlicher zu erkennen ist.

BEDARF AN KLIPPERN

In den dreißiger Jahren verstärkte sich allmählich die Nachfrage nach schnellen Schiffen als Ergebnis des Konkurrenzkampfes in der Wirtschaft. Spekulationsgeschäfte hatten in einem Maße zugenommen, daß die zur Verfügung stehenden Transportmöglichkeiten nicht mehr Schritt halten konnten; und auch das Angebot an schnellen Schiffen war nur begrenzt. Die folgenden, zwei Londoner Handelshäuser betreffenden Beispiele mögen hier für viele stehen: „Im Jahre 1834 mußten die Barings ein Spekulationsgeschäft mit Seide, durch das sie für zwei Monate den europäischen Markt zu beherrschen hofften, aufgeben, weil sie kein schnelles Schiff bekommen konnten (Barings an Bryant & Sturgis am 22. Juli 1834). Ebenso benötigten sie im Jahre 1835 ein schnelles Schiff für einen nicht angegebenen Zweck . . .“[67] Vielleicht führten diese Erfahrungen 1836 zum Ankauf der voll getakelten Yacht FALCON durch die Barings.

Das andere Beispiel beruht auf Auszügen aus Briefen, die von James Blyth aus Mauritius an das Londoner Büro von Blyth, Greene, Jourdain & Co. geschrieben wurden. Im April 1834 schrieb er, daß beladene Handelsschiffe für die Reise nach Mauritius selten mit weniger als 100 bis 110 Tagen auskämen[68]; aber im Oktober berichtet er, daß die am 5. Oktober eingetroffene MANCHESTER nur 82 Tage von Falmouth benötigt habe[69], während 11 Monate später die COURIER DE ST. PAUL mit 64 Tagen die schnellste jemals verzeichnete Reise machte.[70] Davor hatte er im gleichen Jahr, vielleicht in der Erkenntnis der sich durch die Verwendung eines schnellen Schiffes bietenden Möglichkeiten, nach London geschrieben: „ . . . [Wenn] Sie sich *vergewissern* können, daß Zucker *in bedeutendem Ausmaß steigen* wird, und zwar für eine für Spekulationen ausreichende *Dauer,* dann lassen Sie einen *echten* Klipper an mich abgehen . . .“[71] Im Oktober 1836 riet er dann: „Ich empfehle nicht den Bau von *Klippern,* deren Ladefähigkeit niedriger ist als ihre Tonnage, sondern den von etwas schärferen Fahrzeugen als die ANNABELLA . . . Die SYMMETOS (Riley), LOUISA (McCatcheon) und ANNABELLA (Anstruther) sind nach ihrer Bauart die feinsten Handelsschiffe, die ich hier gesehen habe.“[72] Im gleichen Brief berichtete er, daß die ANNABELLA zu 199 tons vermessen war, daß sie zusammen mit dem Proviant für ein Jahr £ 3 800 gekostet habe, und daß sie 35 % mehr Tragfähigkeit besitze als ihre registrierte Tonnage betrage. Diese 1834 in Port Glasgow gebaute und beheimatete Bark besaß die Klasse

82 Drei 1833 in Shoreham gebaute und in der Paketfahrt zwischen Bristol und Waterford (Irland) beschäftigte Schoner. Die Namen (von links nach rechts): ALEXANDER, RAPID und MARTHA. Der Stich entstand im Baujahr der Fahrzeuge. Die Breitfock der ALEXANDER mit ihrer kurzen Rah erinnert an die einiger großer Kutter.

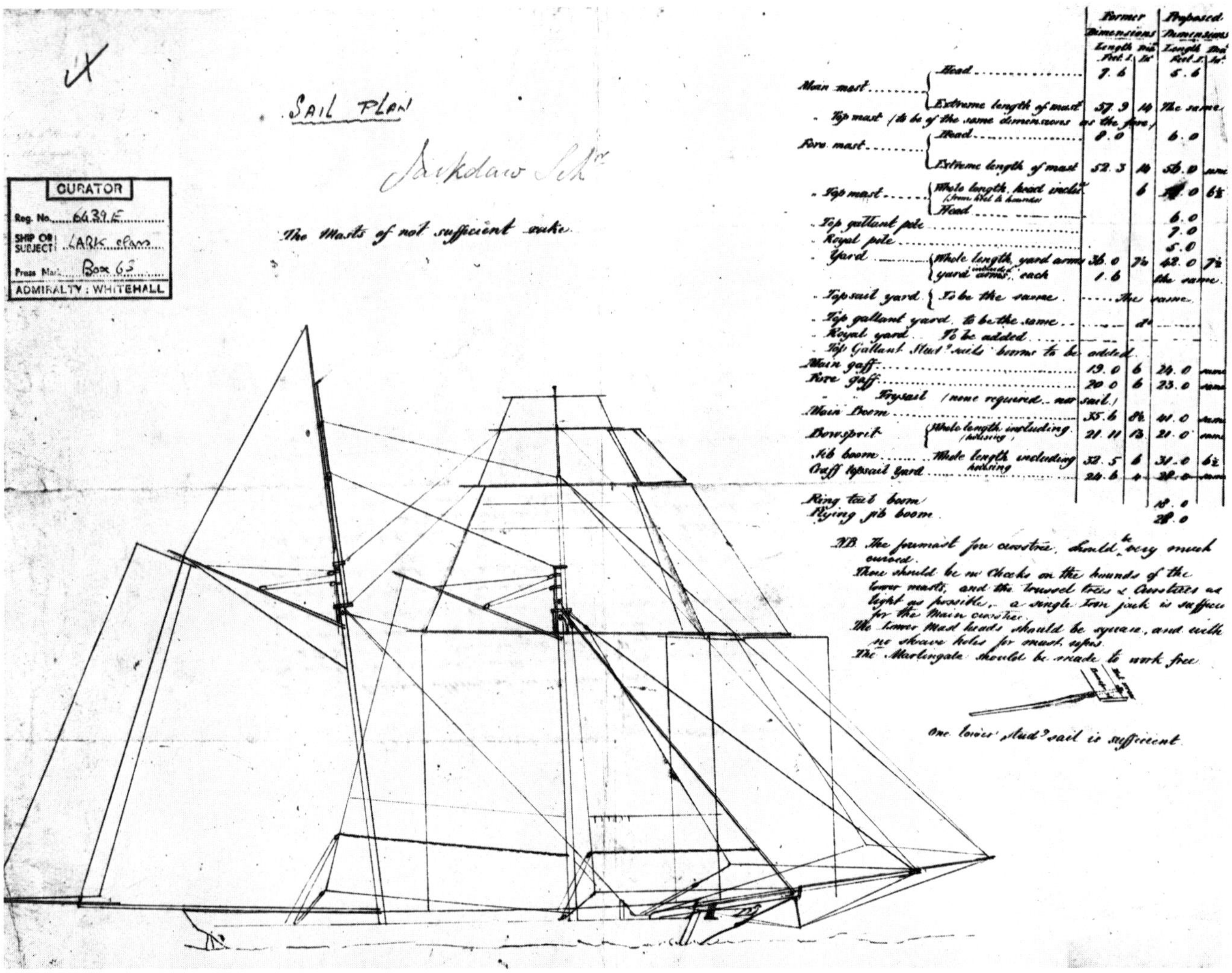

83 HMS JACKDAW, 1829/30 in Chatham als Kutter gebaut. Reproduktion nach einem Admiralitätsplan aus dem National Maritime Museum in Greenwich. Abmessungen: 18,52 m (Länge an Deck) × 6,17 m (Breite über alles) × 2,74 m (Raumtiefe); $107\,^{73}/_{94}$ tons. 1832 zum Schoner umgetakelt. Der Segelriß zeigt, auf welche Weise die Spieren zu einer späteren Zeit verlängert wurden.

10 A1. In *Lloyd's Register* für 1837 wird kein Fahrzeug mit dem Namen SYMMETOS aufgeführt. Es findet sich dort allerdings ein Schiff mit dem Namen SYMMETRY, Kapitän W. Riley, in London beheimatet, 1833 in Hull gebaut und zu 293 tons vermessen. Aus dem gleichen Register ist zu entnehmen, daß die LOUISA eine 1834 in Yarmouth gebaute Brigg von 181 tons war, die ihrem Kapitän gehörte.

In einem anderen Brief schrieb James Blyth gegen Ende des Jahres 1836, daß die Brigg LORD SAUMAREZ für $ 6000 verkauft worden sei, da sie sich nicht rentiert habe und schärfer gebaute Fahrzeuge benötigt würden.[73] Im Jahr 1837 schrieb er, daß die RAPID der einzige tief beladene Klipper war, der jemals eine schnelle Reise gemacht hatte.[74] Zweifellos handelte es sich hierbei um den 1833 in Shoreham gebauten und zu 179 tons vermessenen Schoner dieses Namens, der in der Mitte der Abbildung 82 zu sehen ist.[75] Von Interesse dürfte auch die Tatsache sein, daß die in der Mauritiusfahrt beschäftigten Schiffe häufig der Größenordnung von unter 200 tons angehörten. Daraus lassen sich nützliche Rückschlüsse auf den Markt und die Hafenverhältnisse ziehen, die lediglich Verwendung kleinerer Fahrzeuge gestatteten.

James Blyths Bemerkungen über den Einsatz schneller Schiffe stellen einen hilfreichen Kommentar zu der neuen Art des Denkens dar, die sich rasch bei den Unternehmern durchsetzte.

DIE „SYMONDITES"

Der Bau großer Yachten, die den Marine-Briggs nacheifern oder sie sogar noch übertreffen sollten, war ebenfalls ein Faktor, der sich anregend auf die Entwicklung schneller Schiffe auswirkte. Die Auseinandersetzungen im Zusammenhang mit der angeblich minderwertigen Konstruktion britischer Kriegsschiffe machten von den frühen zwanziger Jahren an für etwa ein Jahrzehnt Schlagzeilen in der Presse und lösten eine Flut von Büchern und Flugschriften aus, die ihren Höhepunkt erreichte, als Kapitän William Symonds 1832 als Nachfolger von Sir Robert Seppings zum Inspekteur der Marine ernannt wurde. Unter dem Titel *Observations on Naval Architecture* war 1824 eine Broschüre von Symonds erschienen, der als Seeoffizier keine schiffbautechnische Ausbildung erhalten hatte. Während seiner Stationierung in Malta hatte er mit seinen Yachtentwürfen die Aufmerksamkeit des Hon. George Vernon erregt, und die Fürsprache einer Persönlichkeit von so hohem Einfluß veranlaßte 1826 die Marinebehörde, die 12-Kanonen-Slup COLUMBINE nach Symonds eigenen Entwürfen in Portsmouth bauen zu lassen.[76] Zwei kleinere Kopien, als Ketsch getakelte Yachten, wurden sofort von George Vernon und dem Duke of Portland in Auftrag gegeben. Letzterer betraute Symonds mit dem Bau einer für ihn selbst bestimmten Yacht, die eine verbesserte Version einer 10-Kanonen-Brigg darstellte, den Namen PANTALOON erhielt und 1831 von der Marine angekauft wurde. Joseph White in Cowes erhielt drei Jahre später von Lord Belfast den Auftrag zum Bau einer 10-Kanonen-Brigg, die in jeder Hinsicht Symonds Schiffen überlegen sein sollte. So entstand die WATERWITCH, die sich als so schnell und erfolgreich erwies, daß die Admiralität sie erwarb.

Einen interessanten Nebenaspekt zur Konstruktion der WATERWITCH eröffnet Thomas White jun. mit seiner Empfehlung, „alle für die gleiche Verwendung bestimmten Fahrzeuge auch nach den gleichen Rissen mit jeweils lediglich zu verändernden Maßstäben zu bauen“. Er fährt dann fort: „Wir finden, daß für die Brigg WATERWITCH von 330 tons die vergrößerte aber sonst völlig gleiche Hauptspantform verwendet wurde wie für die zu 120 tons vermessene Kutter-Yacht HARRIET, die etwa zwanzig Jahre früher für den Marquis Donegal, damals noch Lord Belfast, gebaut worden war. Bei der DARING von 450 tons ist auf die gleiche oder wenigstens auf eine zur Veranschaulichung dieses Punktes ausreichend ähnliche Weise verfahren worden . . .“[77]

William Symonds war Marineinspekteur von 1832 bis 1848. Seine Schiffe besaßen alle die gleichen Merkmale: sehr steile Aufkimmung mit der Kimm etwa im Bereich der CWL oder knapp darüber und der größten Breite in Höhe des Hauptdecks. Die beachtliche Breite ergab Längenverhältnisse mit niedrigen Werten,

84 Die HELLAS war in der Fruchtfahrt beschäftigt, bevor sie als Opium-Klipper (Bild) verwendet wurde. Wie die meisten Brigantinen jener Zeit fuhr sie am Fockmast eine feste Gaffel. Bis in die 1840er Jahre und sogar noch später wurden derart getakelte Schiffe gewöhnlich als „Schoner“ bezeichnet.

die sich in vielen Fällen auf 3,25 : 1 beliefen. Die von ihm konstruierten Schiffe waren schnelle Segler, die bei der Verfolgung von Sklaventransporten wertvolle Dienste leisteten. Allerdings gaben sie wegen ihres starken Schlingerns nur schlechte Geschützplattformen ab. Der Plan von HMS DOLPHIN (Abbildung 87) wurde nach dem im National Maritime Museum, Greenwich, befindlichen Original gezeichnet. Er wird hier als typisches Beispiel für die Konstruktionen Symonds wiedergegeben. Steile Aufkimmung, oben stark eingezogene Seiten und die größte Breite über der CWL sind als Charakteristika im Spantriß erkennbar. Der Sprung ist nur schwach, aber der Überhang von Vor- und Achtersteven ist dagegen deutlich ausgeprägt. Die DOLPHIN war mit einem drehbaren 32pfünder und zwei Kanonen des gleichen Kalibers auf Roll-Lafetten bestückt. Die hier gezeigte Methode zum Drehen der Ankerwinde war auf einer Reihe von Kriegsschiffen ihrer Größe zu dieser Zeit gebräuchlich. Der detaillierte Segelriß (Abbildung 88) wurde nach einem kleinen die Bahnen der Segel zeigenden Plan und nach anderen zeitgenössischen Quellen gezeichnet. Dieser Segelriß einer „echten“ Brigantine entsprach der Takelung mancher Opium-Klipper, Sklaventransporter und anderer Schnellsegler. Enorme durch die Vielfalt an Segelkombinationen bedingte Überlappungen waren ein Merkmal dieser Takelung. Andere interessante Eigenarten waren die losen, legelartigen Ringe der festen Gaffel, an die das Kopfliek des Vorgaffelsegels angeschlagen wurde; das Fehlen jeglicher Gillung an den Fußlieken derjenigen Rahsegel, deren Schoten zu einer Rah fuhren; das Vorhandensein eines Rahsegels unter der Großrah und der gewaltige Heiß des Vorstengestagsegels.

John Sibbald, der als Steuermann auf der DOLPHIN fuhr, berichtet von einem Rennen mit Whites WATERWITCH, als beide vor der afrikanischen Küste nach Sklaventransportern fahndeten:

„Wir trafen die WATERWITCH vor der Kapküste . . ., und wir blieben beieinander, bis wir uns am Mittwoch, dem 30. [November 1836], im Schnellsegeln zu messen versuchten. Wir liefen 6 und 7 Knoten bei einer feinen Backstagsbrise. Bei Tageslicht segelte die WATERWITCH etwa eine halbe Seemeile achterlich in Luv, und bei Sonnenuntergang war sie 5 oder 7 Seemeilen achteraus. Am folgenden Tag und am Freitag in Sicht; . . . Sämtliche Offiziere der WATERWITCH geben zu, daß wir sie mit einer um eine halbe Seemeile pro Stunde höheren Geschwindigkeit schlugen. Sie sind über ihre Niederlage mehr überrascht als wir. Jetzt sind wir der Klipper der Marine.“[78]

OPIUM-KLIPPER

Nach den folgenden Ausführungen im *Canton Register* von 1835 herrschte auf den Opium-Klippern in chinesischen Gewässern ein ähnlicher Enthusiasmus:

„Es freut uns zu hören, daß die Versuche, die in England angestellt werden, um die Segelgeschwindigkeit vieler kürzlich von den Inspekteuren der Marine nach verbesserten Prinzipien gebauter Schiffe zu ermitteln, auch in diesem abgelegenen Teil der Welt beachtet werden und in Lintin einen lebhaften Wettstreit zwischen amerikanischen und britischen Seglern entfacht haben. Es ist allgemein bekannt, daß die Handelsfahrzeuge der Vereinigten Staaten auf allen Meeren die schnellsten ihrer Art sind. Ihre Erbauer haben dieser wesentlichsten Eigenschaft eines Schiffes mehr Aufmerksamkeit gewidmet als der Erzielung großer Ladekapazitäten; . . .“ Der Artikel wird durch einen Bericht über zwei Versuchsfahrten fortgesetzt, bei denen sich die amerikanische Brigg JOHN GILPIN und die britische Brigg FAIRY miteinander maßen. Letztere war besser auf Backbord-, die andere auf Steuerbord-Bug, ohne allerdings die britische Brigg schlagen zu können, da sie „stets etwas achterlicher als querab von der FAIRY“ blieb. „Beide Versuchsfahrten ähnelten sich sehr und endeten gleicher-

85 MALEK-ADHEL, 1840 von William H. Webb in New York für die Südseefahrt gebaut. Reproduktion eines Planes aus Webbs Buch, *Plans of Wooden Vessels.* Auf dem Riß angegebene Abmessungen: 24,38 m (Länge an Deck) × 6,27 m (Breite über die Spanten) × 2,36 m (Raumtiefe); 125 tons. Webb bezeichnete die Brigg als „anmutiges Fahrzeug und schnellen Segler“. Ein ziemlich typisches Beispiel für die abgewandelte Form des Baltimore-Klippers, wie sie in den Neu-England-Staaten für Handelszweige, in denen Geschwindigkeit von überragender Bedeutung war, gebaut wurde.

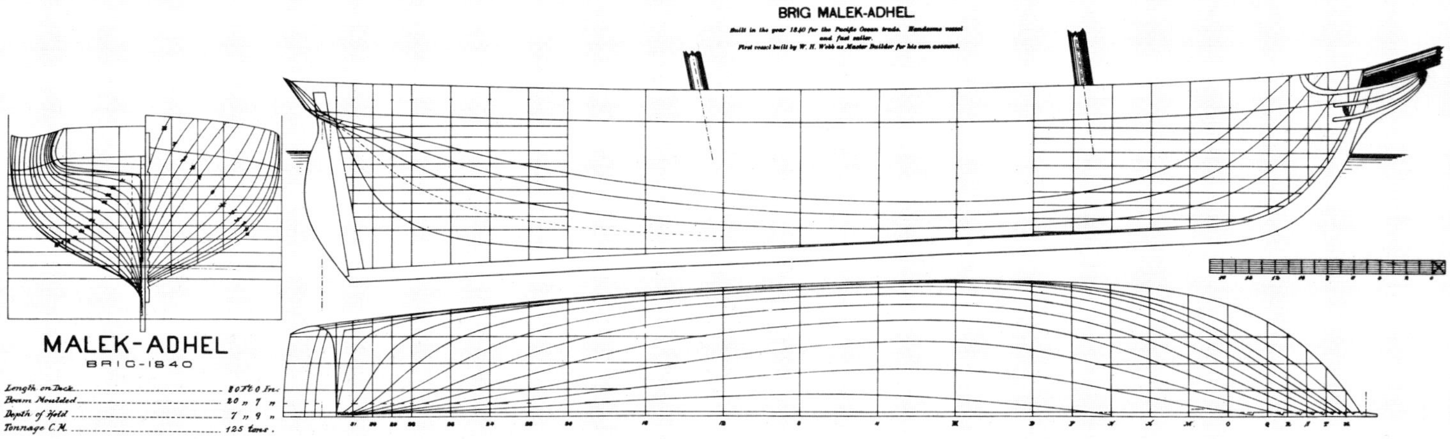

maßen zugunsten der FAIRY, obwohl sie der GILPIN den Vorteil der Royals überlassen hatte.“[79]

Der Opium-Klipper RED ROVER, dessen Konstruktion auf der des Baltimore-Klippers PRINCE DE NEUCHÂTEL basierte, benötigte auf seiner Jungfernreise von der Straße von Singapur bis zur Reede von Macau im Februar 1830 gegen den Monsun im Südchinesischen Meer nur zweiundzwanzig Tage. Seine ersten drei vollständigen Reisen zwischen Calcutta und China wurden innerhalb von zwölf Monaten absolviert.[80] Dies brachte ein neues Programm zum Bau schneller Schiffe in Gang. Zu den ersten dieser Neubauten gehörten die WATERWITCH und die SYLPH. Die WATERWITCH, nicht zu verwechseln mit der von Joseph White gebauten 10-Kanonen-Brigg, war eine wundervolle 1831 bei J. Kyd & Co. in Kidderpore (Calcutta) entstandene Klipper-Bark. Ihr Konstrukteur, Kapitän Andrew Henderson, machte dazu in einem 1854 von der British Association (for the Advancement of Science [Ergänzg. d. Übs.]) gegebenen Bericht folgende Anmerkung:

„Die Bezeichnung ‚Klipper-Schiff‘ kann für alle Fahrzeuge verwendet werden, bei denen die Geschwindigkeit im Vordergrund steht. Unter eben diesem Gesichtspunkt baute Mr. Henderson 1831 die WATERWITCH (es wurde ein Modell auf den Tisch gestellt) so scharf und von so geringer Tiefe, daß ihre Ladefähigkeit nur die Hälfte der registrierten 380 tons betrug. Zwar fuhr sie die Segel eines Schiffes von 500 tons, aber bei der für ihre zweckmäßige Handhabung erforderlichen großen Besatzung, erwiesen sich die sehr langen Masten und Rahen in der Praxis als durchaus noch innerhalb der gebotenen Sicherheitsgrenzen liegend. Daß das Schiff noch immer im Chinahandel beschäftigt wird, obwohl es zweimal zwölf Jahre alt ist, beweist, daß es als Segel-Klipper sicher gebaut und getakelt sowie gut proportioniert wurde. Seine Länge beträgt das 3,75fache der Breite. Im Jahre 1842 baute er die KELPIE mit der gleichen Register-Tonnage, nur vergrößerte er die Länge auf das vierfache der Breite und gab ihr eine geringere Aufkimmung, wie am Modell und aus der Hauptspantzeichnung zu ersehen ist.“[81]

Basil Lubbock gibt die Tonnage der WATERWITCH mit 363 tons und ihre Hauptabmessung mit 31,98 m x 8,48 m x 5,33 m an. Die Tiefe entspricht mit Sicherheit nicht dem geringen Ausmaß, von dem Henderson in seinem Bericht spricht; ja, tatsächlich überschritten sogar nur sehr wenige der von Basil Lubbock aufgeführten Schiffe der „Opium-Flotte“ die Tiefe von 5,33 m.[82] Zugunsten von Lubbocks Angaben spricht ein anderes von Henderson gehaltenes Referat, in dem er die Abmessungen des Opium-Klippers KELPIE, die in Breite und Tiefe denen der WATERWITCH stark ähnelte, wie folgt angibt: 32,92 m x 8,33 m x 5,31 m und 355 tons nach der alten Vermessungsregel. Das Verhältnis der Länge zur Breite (Längenverhältnis) war danach 3,94:1.[83] Es ist bemerkenswert, daß Lubbock die KELPIE als ehemaligen, 1836 beschlagnahmten Sklaventransporter von 109 tons bezeichnet, was vermuten läßt, daß es noch ein anderes Fahrzeug gleichen Namens gab. Die WATERWITCH hatte ein Zwischendeck von 1,60 m Höhe, eine kleine Poop und eine feste Back. Eine alte Lithographie zeigt sie als Bark mit einer riesigen Segelfläche: mit sehr hohen Mars- und Untersegeln bei relativ niedrigen Besansegeln; mit Skysegeln an Fock- und Großmast sowie mit dem Gaffeltoppsegel des Besanmastes über einer Kreuzgaffelsegel genannten Art Oberbesan; dazu besonders große Fock- und Großgaffelsegel sowie zahlreiche Vorsegel. F. G. Helys im National Maritime Museum in Greenwich befindliche Kreidezeichnung bietet eine ziemlich ähnliche Ansicht der Bark. Kapitän Henderson gehörten von diesem Schiff, das er bis 1837 führte, sechzehn Besitzanteile. In den vierziger Jahren konstruierte er für die Assam Co. die Passagierdampfer ASSAM, NAGA und NAUTILUS, die gleichzeitig zum Schleppen von Leichtern auf dem Brahmaputra in Ostbengalen vorgesehen waren.

Die SYLPH wurde zwei Monate nach der WATERWITCH und eben-

86 HMS DOLPHIN bei der Verfolgung einer Sklaven-Brigg; nach einer Lithographie von H. J. Vernon. Obwohl der Segelriß eine kräftige Rahbesegelung an der Großstenge zeigt, wird auf diesem Bild dort kein Rahsegel gefahren.

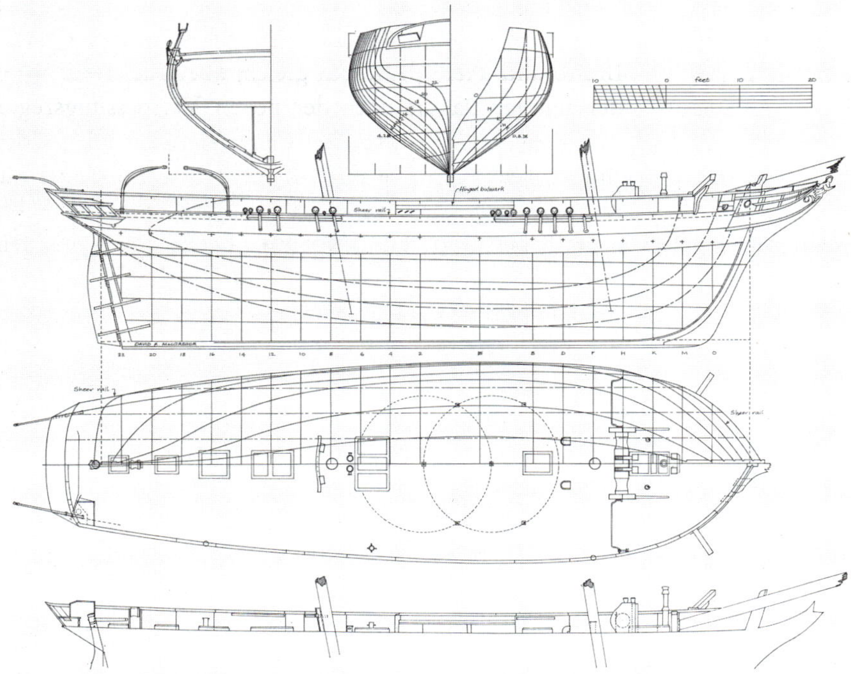

87 Linienriß von HMS DOLPHIN, 1836 in Sheerness nach den Plänen von Sir William Symonds gebaut. Nach Admiralitätsrissen aus dem National Maritime Museum in Greenwich gezeichnet. Abmessungen (wie gebaut): 27,64 m (zwischen den Loten) × 8,93 m (Breite über alles) × 4,46 m (Raumtiefe); 319 62/94 tons. – Rekonstruktion: Kombination von auf verschiedenen Plänen erscheinenden Einzelheiten.

88 Segelriß von HMS DOLPHIN, rekonstruiert nach Längsriß und einer „Jno. Peek Oct 1836“ datierten die Segel zeigenden Skizze. Rekonstruktion: Dicke von Masten und Spieren; stehendes und laufendes Gut; Leesegel. Auf einer 1836 datierten Lithographie von H. J. Vernon finden sich am Großmast keine Rahsegel.

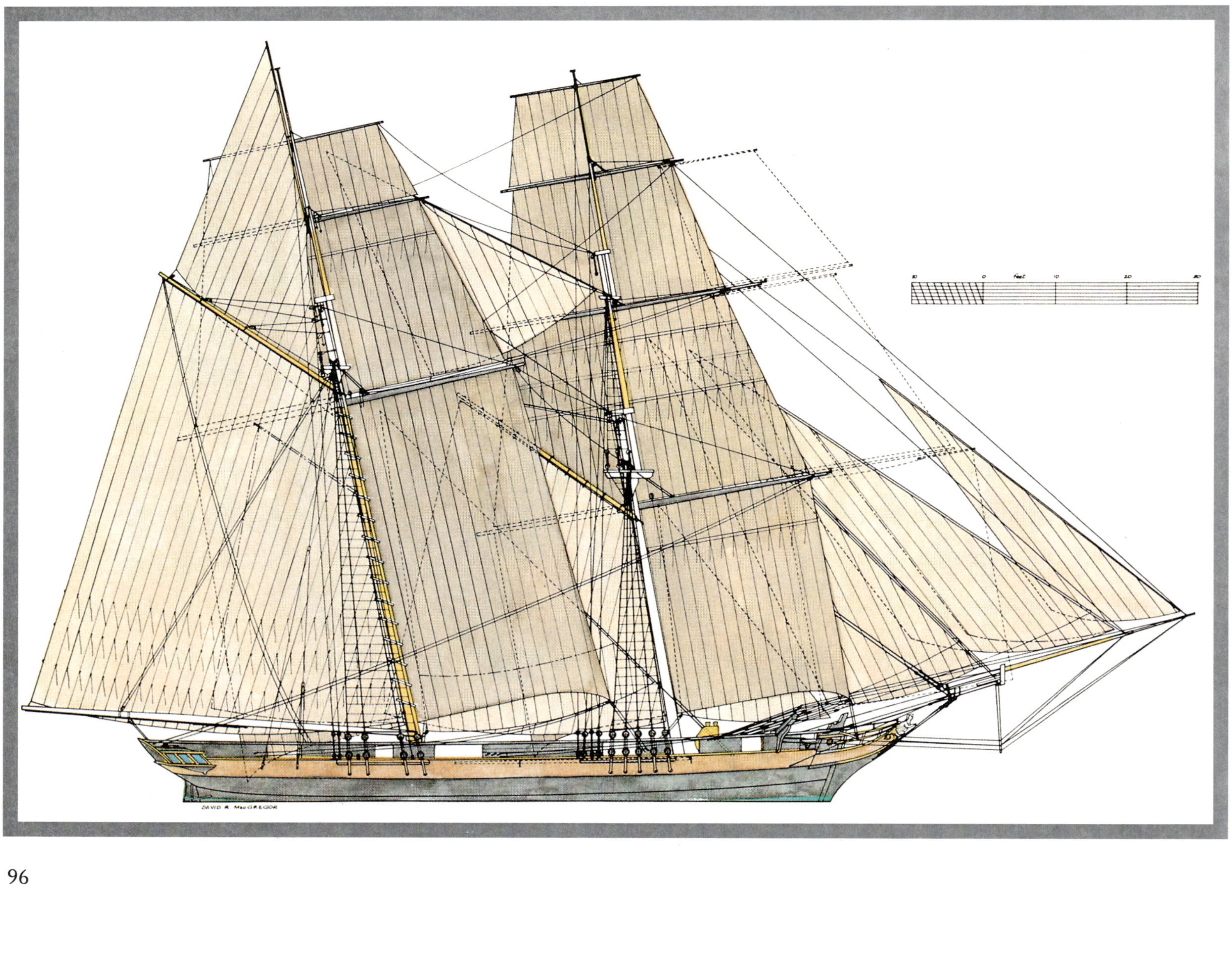

falls im Gebiet von Calcutta gebaut. Sie war von keinem Geringeren als von Robert Seppings konstruiert und nach seiner Methode mit Diagonalschienen versteift worden. Das für den Kaufmann Rustomjee Cowasjee in Calcutta bestimmte Schiff besaß die Hauptabmessungen von 30,61 m x 7,93 m x 3,78 m und eine Tonnage von 305 tons. Die Höhe im Zwischendeck betrug nur 1,38 m.[84] Diese Angaben lassen einen im Vergleich zu anderen Opium-Klippern ähnlicher Länge und Breite wesentlich geringeren Tiefgang erkennen. Später konstruierte Seppings noch zwei weitere Fahrzeuge für den gleichen Eigner: den 1835 gebauten und zu 431 tons vermessenen Opium-Klipper, die Bark COWASJEE FAMILY, und das 1839 entstandene Vollschiff RUSTOMJEE COWASJEE von 764 tons. Ein Gemälde der SYLPH zeigt ein schwer getakeltes Vollschiff mit Gaffelsegeln an Fock- und Großmast und einem Besan mit sehr hohem Heiß und hoch gefahrener Piek. Mars- und Bramsegel trocknen an gefierten Rahen, wobei sie in einer Weise über Stagen und Brassen liegen, wie das nach der Einführung von geteilten Marssegeln nicht mehr zu sehen war. In der Royal Navy hätte man die Stellung der Segel als „hauled a-bowline" beschrieben.

Bedauerlicherweise scheint kein Exemplar von Seppings Plänen für diese Opiumschiffe erhalten geblieben zu sein; jedoch kann man eine Vorstellung von der Rumpfform der SYLPH erhalten, wenn man die im National Maritime Museum in Greenwich aufbewahrten Risse des 1829 von Seppings konstruierten Dreimastschoners SEAGULL studiert.[85] Die Abmessungen der SEAGULL von 29,64 m (Vorderkante Vorsteven bis Achterkante Achtersteven) x 8,00 m x 3,40 m und 280 tons kommen denen der SYLPH sehr nahe. Bei ihrer Konstruktion folgte Seppings dem bereits in den zurückliegenden zehn Jahren übernommenen Muster, das im wesentlichen eine Weiterentwicklung des „schnellen" Kutterrumpfes darstellte, der sich bei vielen Fahrzeugen so hervorragend bewährt hatte. Der Spantriß der SEAGULL zeigt hohlen Kielgang, steile Aufkimmung und sehr großen Kimmradius. Die größte Breite lag knapp oberhalb der CWL. Der Wasserlinienriß läßt konvexe, im Achterschiff lang auslaufende Wasserlinien erkennen. Die im Vergleich zum Kutter größere Länge ergab einen flacheren Rumpftyp mit einem Kielfall von 0,84 m. Es ist äußerst wahrscheinlich, daß die Rumpfformen der SYLPH und der SEAGULL einander sehr ähnlich waren, sogar bis hinunter zu der nach vorn überfallenden Sponung im Vorsteven, die auch in dem Gemälde von der SYLPH erkennbar ist. Der Opium-Klipper hatte allerdings zusätzlich noch ein ausladendes Galion und die üblichen Galionsbretter.

In seinem Entwurf für die COWASJEE FAMILY wählte Sir Robert Seppings auf 32,56 m x 9,22 m x 4,12 m und 431 tons vergrößerte Abmessungen. Basil Lubbock berichtet, daß sie als ein Fahrzeug mit stark ansteigendem Boden und großer Fläche in Höhe der Schwimmwasserlinie beschrieben wurde, wobei letztere besonders bei steilerer Aufkimmung das Ergebnis der gegenüber der SYLPH um 1,22 m angewachsenen Breite gewesen sein könnte.[86] In der Tat mag sie der Bauart der ANONYMA nahe gekommen sein, deren Plan in Abbildung 91 gezeigt wird und die eine weitere Abwandlung der ursprünglichen Form des Kutterrumpfes darstellte. Mit den Abmessungen von 36,04 m (am Plan von Vorderkante Vorsteven bis Achterkante Achtersteven gemessen) x 9,09 m Breite über alles x 4,19 m Tiefe und 459 tons nach alter oder 257 tons nach neuer Vermessungsregel kam sie der COWASJEE FAMILY in Breite und Tiefe praktisch gleich, übertraf sie aber um 3,48 m in der Länge. Da die nach der neuen Vermessungsregel errechnete Tonnage einen beträchtlich kleineren Wert als bei der alten Methode ergab, ist eine extrem scharfe Rumpfform zu vermuten. Die Korrektheit einer derartigen Annahme wird durch den Linienriß bestätigt. Die ANONYMA besaß einen geraden, steil aufkimmenden Boden mit der größten Breite oberhalb der CWL. Das ergab eine Hauptspantfläche, deren Form mit derjenigen der Kanonen-Brigg und Ex-Yacht WATERWITCH nahezu identisch war, wenn auch die WATERWITCH im Boden geringfügig hohle Linien aufwies. Die um 7,62 m größere Länge der ANONYMA verlieh ihr sehr feine, sanfter gerundete und praktisch an keiner Stelle hohlgehaltene Linien. So stellte dieses Schiff ein gutes Beispiel dafür dar, daß der Rumpf eines Klippers nicht notwendigerweise über konkave Linien verfügen mußte. Bei einer Länge in der CWL von 114 Fuß–9 Zoll (= 34,98 m) waren 13,4 Knoten zur Erzielung des hohen relativen Geschwindigkeitskoeffizienten von 1,25 erforderlich.

Die ANONYMA wurde 1839 von William Camper in Gosport (Portsmouth) als Yacht für den Hon. R. F. Greville gebaut, der sie im darauf folgenden Jahr verkaufte. Nachdem sie mehrfach den Besitzer gewechselt hatte, begann 1842 ihre Verwendung in der Opiumfahrt unter der Flagge von Jardine Matheson. Der im National Maritime Museum in Greenwich befindliche Plan aus der Sammlung der Admiralität wurde von George Atkins nach einer im Dezember 1839 an der Brigg vorgenommenen Aufmessung gezeichnet.

Ihr in Abbildung 93 wiedergegebener hoher Segelriß erfordert einige Erläuterungen. Er wurde unter Zugrundelegung von John Finchams *Treatise on Masting Ships* und in Übereinstimmung mit der 1846 entstandenen Lithographie des Schiffes rekonstruiert. Die erste Auflage von Finchams Werk aus dem Jahre 1829 enthält Tabellen zur Bemastung von Briggs, die auch in späteren Ausgaben wiederkehren. Darunter finden sich Abschnitte für „als Briggs getakelte Yachten". Die Längenangaben für die Spieren können in den Tabellen direkt abgelesen werden: für Masten, Stengen und Bugspriet sind sie abgestuft je nach der dazugehörigen über alles gemessenen Breite des Schiffes und für Rahen und Bäume entsprechend der jeweiligen Rumpflänge. Ferner findet sich eine Tabelle, die das Verhältnis aller Masten und Spieren zur Breite über alles angibt, so daß man die Länge der Rundhölzer für Schiffe jeder beliebigen Breite selbst errechnen kann. Obwohl nun die ANONYMA und Lord Belfasts WATERWITCH praktisch von gleicher Breite waren, ergeben sich bei der ersteren unter Verwendung von Finchams Tabellen errechnete Spierenabmessungen, die größer sind als die dem zeitgenössischen Segelriß der letzteren entnommenen Werte.[87] In dem rekonstruierten Segelriß der ANONYMA wirkt dieser Unterschied außerordentlich zufriedenstellend, zumal sie 7,62 m länger war als die WATERWITCH.

Die Länge der Spieren, der starke Fall der Masten und die große Segelfläche machen die ANONYMA zum extremen Beispiel eines Klippers, dessen Takelung ebenso wie seine Rumpfform

89 Eine namentlich nicht bekannte britische Bark nach einem Aquarell. Ein Vergleich zweier Abbildungen der WATERWITCH im National Maritime Museum in Greenwich – einer Kreidezeichnung von F. G. Hely und der Photographie eines alten Stiches – läßt recht stark vermuten, daß es sich auch hier um dieses Fahrzeug handelt. Die abgebildete Bark ist sehr schwer getakelt, wobei es als bemerkenswert erscheint, daß sie neben so vielen Leesegeln auch Vor- und Großgaffelsegel fährt. Eine Bark des 19. Jahrhunderts mit einem Rahsegel am Besanmast und einem wie ein Leesegel wirkenden darüber gesetzten Stagsegel ist ein ungewöhnlicher Anblick.

90 Der von Sir Robert Seppings konstruierte Opium-Klipper SYLPH. Mars- und Bramrahen sind gefiert zum Trocknen der auf Stagen und Brassen liegenden Segel. Die Bulienen sind durchgeholt, um ein Durchhängen der Lieken zu vermeiden. Jeder Mast besitzt ein Gaffelsegel. Die Überlappung der Vorsegel ist beachtlich. Da der Fockmast achterlicher steht als bei den Zeitgenossen des Schiffes, macht es mehr den Eindruck eines Klippers der vierziger Jahre. Links ist eine „echte" Brigantine wie die PSYCHE zu sehen.

Grenzen erreicht haben, die wohl kaum noch überschritten werden können. Die Aquatinta der Klipper-Brigg GOVERNOR McLEAN zeigt ein gleichermaßen extrem schnittiges Fahrzeug.[88] Ähnliche Bilder dieser Zeit bestätigen die Annahme, daß es damals eine ganze Reihe solcher Fahrzeuge gegeben haben muß, die in diversen spezialisierten und oft auch illegalen Fahrtbereichen Verwendung fanden. Schon 1834 berichtete das *Canton Register* von den „Klippern", die Opium von Indien brachten, und wenn es deren Reisezeiten kommentierte, geschah dies in einer Form, als ob es sich um Reportagen von Pferderennen handele.

In einem seltenen Buch über den Schiffbau in Indien führt John Phipps die RED ROVER, SYLPH, WATERWITCH, COWASJEE FAMILY, SYREN, ROB ROY, ARIEL, NYMPH, SYED KHAN, LADY GRANT und ARDASEER als die von 1840 in Indien gebauten Opium-Klipper auf.[89] Die meisten dürften aus Teakholz gebaut und großzügig mit vergoldeten Schnitzereien verziert worden sein, wie man sie auf diesen „Country Wallah" genannten Schiffen so liebte. Obwohl nur das beste Material verwendet wurde, waren die Baukosten wegen der billigen Arbeitskräfte in Bombay und Calcutta wahrscheinlich niedriger als im britischen Mutterland. Die oben erwähnte Bark ARIEL wurde 1837 in Kidderpore (Calcutta) mit einem für diese Zeit ungewöhnlichen runden Heck gebaut.[90] Es ist hier bemerkenswert, daß zu den anderen in Indien mit rundem Heck konstruierten Schiffen die 1833 in Howrah (Calcutta) gebaute LADY WILLIAM BENTINCK und die 1825 in Bombay entstandene MERMAID gehörten. Beide waren als Lotsen-Briggs für den Dienst in bengalischen Gewässern in Auftrag gegeben worden.[91] Das erstere ist wahrscheinlich identisch mit der späteren BENTINCK, die 1841 in Canton verkauft wurde, um als Vermessungsschiff unter dem Namen PLOWER Verwendung zu finden.

Wenn auch der Opiumschmuggel nach China während des gesamten achtzehnten und frühen neunzehnten Jahrhunderts fortgesetzt betrieben wurde, so begann die Zeit der Klipper doch erst nach 1830. In einem „Verzeichnis der Opium-Flotte" führt Basil Lubbock zweiunddreißig Fahrzeuge aller Takelungsarten auf, die zum ersten Mal zwischen 1830 und 1839 in diesem Fahrtgebiet beschäftigt wurden; aber zwischen 1840 und 1843 (einschließlich) gab es nicht weniger als achtundvierzig Neuzugänge. Dieser starke Aufschwung ist gewiß durch die Öffnung der Chinaküste für den allgemeinen Handel als Folge des sogenannten Opiumkrieges zu erklären. Nach 1845 treten weniger Schiffe neu in diesen Handelsbereich ein, wenn auch immerhin einige scharf gebaute Schoner speziell dafür konstruiert wurden.[92]

Befand sich ein Handelszweig in einem Boom, erschien es manchmal wünschenswert, dafür Schiffe aus zweiter Hand zu erwerben. Das ist der Grund, weshalb Yachten wie die beiden FALCONS und die ANONYMA, die Ex-Fruchtjager TIME und HELLAS, manch ehemaliger Sklaventransporter und einige frühere Kriegsschiffe ihren Weg in den Osten fanden. Die HELLAS hatte bereits mehrere Reisen nach China hinter sich, als sie sich 1838 zur „Opium-Flotte" gesellte. Im gleichen Jahr hatte sie für ihre letzte Ausreise von Gravesend nach Canton 124 Tage benötigt. Als

91 Linienriß der ANONYMA, 1839 von William Camper in Gosport gebaut. Nach einem Admiralitätsriß aus dem National Maritime Museum in Greenwich gezeichnet. Auf dem Plan verzeichnete Abmessungen: 35,15 m (Länge an Deck) × 9,09 m (Breite über alles) × 4,19 m (Raumtiefe); 458 85/94 tons. – Rekonstruktion: Projektion der Schnitte; Winkel der Püttings passend zum Segelriß neu ausgerichtet.

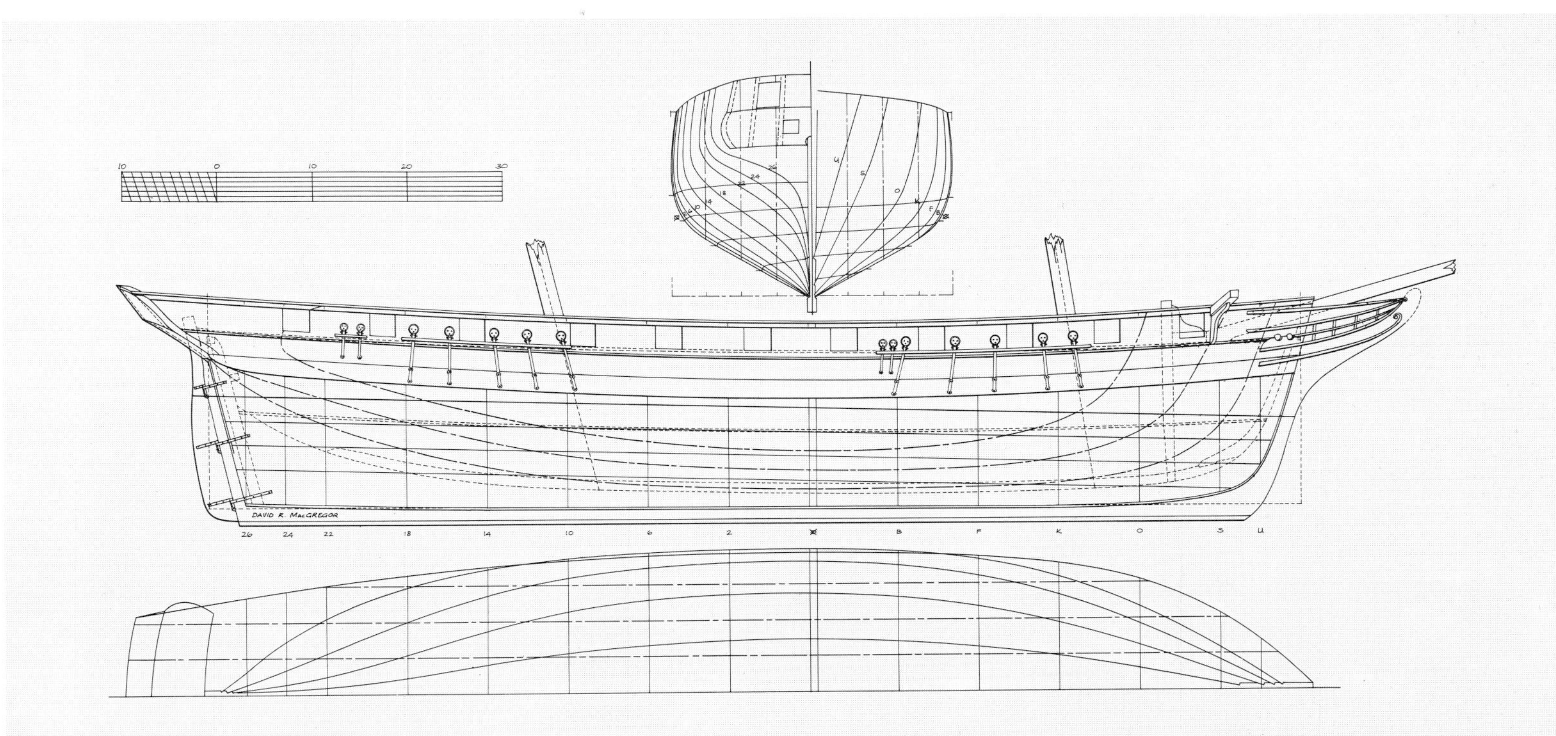

Opium-Klipper war sie schwer bewaffnet und besaß eine Besatzung von 50 Mann. Der andere ehemalige Fruchtjager, die TIME, war mit einer mittschiffs aufgestellten messingnen 12pfünder Drehbasse und sechs 4pfündern bestückt.

SCHNELLE SCHIFFE IN DER OSTASIENFAHRT

Als zu Beginn des Jahres 1834 das Monopol der „Ehrenwerten Ostindischen Kompanie" aufgehoben wurde, führte dies zwar zum Neubau einer Reihe speziell für die Chinafahrt konstruierter Schiffe, aber es dauerte doch noch bis zur Beendigung des Opiumkrieges im Jahr 1842, ehe die Konstruktion schneller für den Teetransport bestimmter Schiffe wirklich begann. Aber auch dann war der Bedarf an neuen Schiffen noch eng verflochten mit den Erfordernissen des Handels, der Senkung der Teesteuer, der ausländischen Konkurrenz und der allgemeinen Auffassung, daß es etwas ganz Besonderes sei, den Tee der neuen Ernte zu erhöhten Preisen zu trinken; und es brauchte seine Zeit, ehe die Auswirkungen all dessen spürbar wurden.

So waren einige der neuen in den dreißiger Jahren gebauten Schiffe nach feineren Linien konstruiert als zuvor. Es gibt allerdings keine Risse, durch die das belegt werden könnte. Henry Hall kommentierte die Situation in seinem *Report on the Shipbuilding Industry of the United States:*

„Bald nach 1814 erlangten die Amerikaner in der ganzen Welt den Ruf, schnelle Schiffe zu bauen, wodurch sie schließlich den Ehrgeiz der Engländer derart reizten, daß letztere eine ganz neue und bessere Klasse von Handelsschiffen, als sie sie je zuvor besessen hatten, in Fahrt brachten, um ihre Überlegenheit im Wettstreit unter Beweis zu stellen. Die ALEXANDER BARING, JOHN O'GAUNT, EUPHRATES, MONARCH, FOAM und andere Schiffe dieser Klasse waren jedem Konkurrenten unter der Flagge der Vereinigten Staaten ebenbürtig in Ladefähigkeit, Segelfläche und Geschwindigkeit. Dieses wiederum forderte den Stolz der amerikanischen Firmen heraus, die zwischen 1840 und 1850 mit Fahrzeugen ant-

92 Die „echte" Brigantine PSYCHE auf einer Kreidezeichnung von F. G. Hely. Am Großmast werden zwei leichte Rahsegel gefahren, nämlich ein Topp- und ein Bramsegel, wobei sogar noch Raum für ein Royal bleibt. Es besteht eine gewisse Ähnlichkeit zum Segelriß von HMS DOLPHIN. Daß sie auch am Fockmast ein großes Gaffelsegel fährt, dürfte nicht übersehen werden. Früher fuhr sie unter spanischer Flagge als Sklaventransporter INDAGADOR, ehe sie 1834 von einer britischen Slup gekapert wurde.

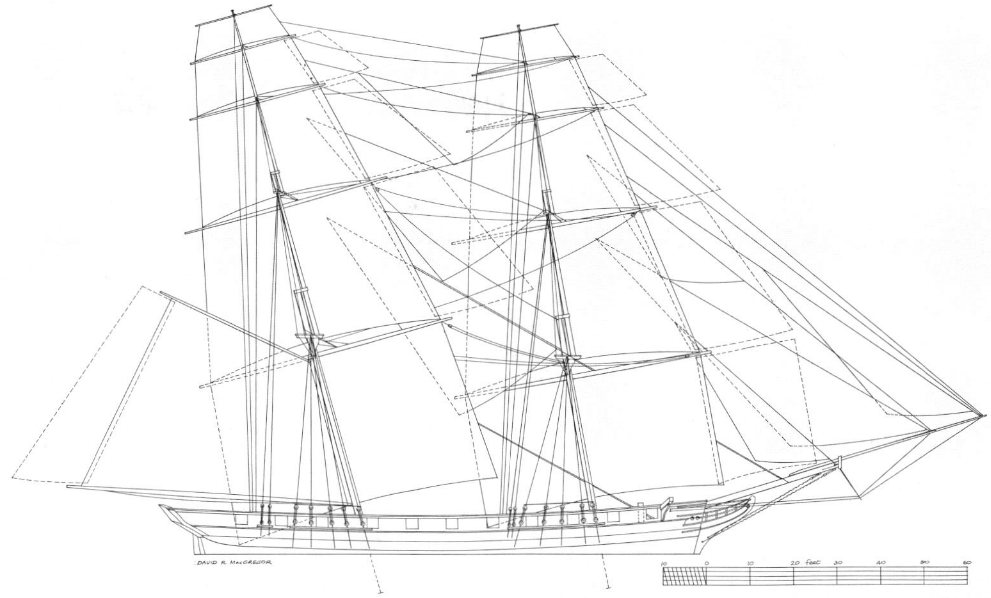

93 Segelriß der ANONYMA; rekonstruiert nach Längsriß, Fall und Position von Masten und Bugspriet sowie den ebenfalls angegebenen Positionen der unteren Jungfern. Rekonstruktion: Abmessungen der Masten und Spieren unter Verwendung einer Tabelle für als Briggs getakelte Yachten aus *Treatise on Masting* (1. und 3. Auflage) von John Fincham; Segel und Takelung nach der Lithographie eines als Brigg getakelten Opium-Klippers und nach anderen ähnlichen Fahrzeugen; Leesegel folgen zeitgenössischen Vorbildern.

worteten, die eine gute und in sorgfältigem Studium erarbeitete Form besaßen."[93]

Die Namen der genannten Schiffe wurden schon früher – aber stets in anderem Zusammenhang – erwähnt. Die ALEXANDER BARING wurde 1834 in der Blackwall-Werft in London gebaut. Ihre Abmessungen betrugen 40,34 m x 8,74 m x 4,17 m und 505 tons nach alter oder 612 tons nach neuer Vermessungsregel. Sie gehörte den Baring Brothers und „wurde nach den Angaben der geschäftsführenden Partner gebaut. [Sie] war ein schneller Segler . . ."[94] Im Jahre 1838 machte sie eine Ausreise von Deal nach Hongkong in 105 Tagen, während sie für die Heimreise, die in Canton am 22. Januar 1839 begonnen hatte, 149 Tage benötigte. Dagegen segelte sie 1842 von Canton, das sie wieder im Januar verlassen hatte, in 127 Tagen nach London. Barings verkaufte sie 1845 für etwa £ 4 500.[95] Bei ihrer ersten Fahrt im Jahre 1834 hatte man für die Heimreise eine Fracht von £ 7 pro ton erwartet.

Die EUPHRATES und die JOHN O'GAUNT wurden 1834 und 1835 in Liverpool von John Wilson gebaut, einem Schiffbauer, der zwischen 1807 und 1845 sechsundfünfzig Fahrzeuge konstruierte.[96] Von den beiden bot die JOHN O'GAUNT mit den entsprechend ausgeschmückten Berichten von ihren schnellen Reisen zwei Jahrzehnte lang Gesprächsstoff. Es folgen hier zwei Beispiele für Reisen, die sie in den späten Dreißigern zwischen China und England unter dem Kommando von Kapitän John Robertson machte:

1838 Canton – Liverpool:	6. Januar – 29. April;		113 Tage
1838 Liverpool – Anjer:	12. Juni –	8. September;	88 Tage

Die zuletzt erwähnte Reise führte weiter über Batavia (Djakarta) nach Canton.

Die Identität der hier erwähnten MONARCH ist ungewiß: Entweder handelt es sich um das 1840 in Leith entstandene Vollschiff von 464 tons alter und 551 neuer Vermessung oder um die 1844 von Thomas Edward auf den Scillyinseln gebaute Bark von 338 tons, die dort mit voller Takelage, mit allen Rahen und angeschlagenen Segeln vom Stapel gelaufen war. Auf die Bedeutung der FALCON als einem frühen britischen Tee-Klipper ist bereits hingewiesen worden; leider ist ohne die Pläne jener aus Liverpool stammender Schiffe ein stichhaltiger Vergleich nicht möglich.

Ein anderes Schiff der dreißiger Jahre war die 1836 in Dartmouth gebaute JAMES MATHESON von 408 tons alter Vermessung. Sie wurde 1844 als „ein Schiff der Spitzenklasse und als einer der schnellsten [in Liverpool beheimateten] Segler" beschrieben.[97]

Als die schnellste Ausreise nach China vor 1840 darf wohl diejenige der MANGLES gelten, von der behauptet wird, daß sie 1829 von London nach Macau vierundneunzig Tage benötigt habe. Dieses Schiff war 1802 in Calcutta gebaut und zu 545 tons vermessen worden.[98] Bis zum Jahre 1845 mögen die einundneunzig Tage, in welchen die Brigg BONANZA 1844 von Shanghai nach Liverpool segelte, die schnellste Heimreise bedeutet haben. Dieses Fahrzeug war 1830 bei T. & J. Brocklebank als Dreimastschoner von 176 tons entstanden.[99]

Man könnte fortfahren, weitere Beispiele von Schiffen und Reisen zu bringen, die zu Ihrer Zeit als besonders schnell galten. Ohne zur Dokumentation beigefügte Pläne wären sie aber in einer Untersuchung der vorliegenden Art wertlos. Immerhin darf es wohl als recht unwahrscheinlich gelten, daß vor 1845 irgendein britisches Schiff mit Tee oder Seide von China nach London fuhr, das dabei ähnlich feine Linien besessen hätte wie die FALCON aus dem Jahr 1824.

TONNAGE NACH NEUER VERMESSUNGSREGEL (1836)

Daß die Kommission für Tonnagevermessung im Jahre 1821 nicht in der Lage war, zu einer praktischen Lösung zu gelangen, hatte die Einberufung einer zweiten Kommission im Jahre 1833 zur Folge. Deren im Jahr darauf herausgegebener Bericht war von einer langen Liste mit Beispielen diverser Schiffe begleitet, deren innere Volumina von dem Schiffbauingenieur H. Cradock errechnet worden waren. Mehrere von Kommissionsmitgliedern vorgelegte Vermessungsregeln basierten auf der Verwendung der von Cradock ermittelten Abmessungen. Allerdings bezogen sich diese Regeln in erster Linie mehr auf die vermessenen Beispiele, als daß sie völlig unabhängig auf jedes mögliche Fahrzeug hätten angewendet werden können. Das von Edward Riddle, einem Mitglied des Greenwich Hospital, vorgeschlagene Verfahren scheint als Grundlage für die Empfehlung der Kommission gedient zu haben. Ebenso wie ihre Vorläuferin aus dem Jahre 1821 versuchte sie, das innere Volumen mittels dreier grob bestimmter Spantflächen zu ermitteln. „Das Prinzip, von dem sich das Komitee bei seiner Auswahl leiten ließ, bestand darin, daß eine derart allgemein anzuwendende Regel auf möglichst wenigen zur Ermittlung der Rumpfformen nötigen Maßen beruhen sollte, wobei durch einen einfachen Rechenvorgang für den erstrebten Zweck ausreichend genaue Ergebnisse zu erzielen waren.“[100] Zum ersten Mal wurden die Maße in Fuß und Zehntelfuß (Anm. d. Übers.: anstatt in Fuß und Zoll) genommen. Die empfohlene Regel wurde 1835 vom Parlament verabschiedet und trat am 1. Januar 1836 als Gesetz in Kraft.[101]

Nach diesem neuen Gesetz, das als „New Measurement“ (neue Vermessung) bekannt wurde, war das Deck von Achterkante Vorsteven bis Vorderkante Achtersteven in sechs gleiche Abschnitte zu teilen. Beim ersten, mittleren und letzten der so erhaltenen fünf Teilungspunkte wurden die Innenmaße zur Bestimmung einer primitiven Spantflächenform ermittelt, die allerdings jeweils nur aus zwei Breiten- und einem Tiefenmaß bestand. Die eigentliche Methode der Tonnageberechnung ist hier weniger von Bedeutung. Eine genaue Beschreibung findet sich in George Moorsoms *Brief Review and Analyses of the Laws for the Admeasurement of Tonnage*.[102] Die beigefügte Skizze (Abbildung 95) zeigt, an welchen Stellen Vermessungen vorzunehmen waren. Dort, wo in der Berechnung das Doppelte oder Dreifache eines Maßes genommen werden mußte, ist dies durch doppelte oder dreifache Linien veranschaulicht worden. Die Idee zu dieser Skizze stammt von einer Zeichnung, die John Lyman für seinen Artikel über Tonnagevermessung anfertigte.[103]

Die geringe Zahl der zur Berechnung erforderlichen Vermessungen führte zu zahlreichen Versuchen, dem Gesetzgeber ein Schnippchen zu schlagen. Die hierfür in aller Öffentlichkeit genannten Möglichkeiten, die von Alexander Hall & Sons bekanntgegeben wurden, richteten das Augenmerk aller auf die dringende Notwendigkeit einer nochmaligen Reform der Methode zur Tonnageberechnung. In Halls Fall war das Ergebnis eine neue Art, an den Bau feinliniger Schiffe heranzugehen, die, wie im folgenden Kapitel dargestellt wird, von zahlreichen Schiffbauern kopiert wurde. So ist es der „neuen Vermessung“ zu danken, daß sie ungewollt eine Aufwertung der Kunst des Schiffbauers sowie eine radikale Änderung der Rumpfproportionen in Gang brachte. Dabei zeigte sich, daß bei einem ganz neu konzipierten flacheren, aber längeren Schiffskörper bei gleicher Ladefähigkeit die tatsächliche Registertonnage geringer war. Es liegt auf der Hand,

94 HELENA, 1841 von William H. Webb in New York gebaut. Reproduktion nach einem Plan aus Webbs Buch, *Plans of Wooden Vessels*. Auf dem Plan verzeichnete Abmessungen: 41,15 m (Länge an Deck) × 9,30 m (Breite über die Spanten) × 6,10 m (Raumtiefe); 856 tons. Für die Chinafahrt gebaut, machte sie einige schnelle Heimreisen nach Amerika.

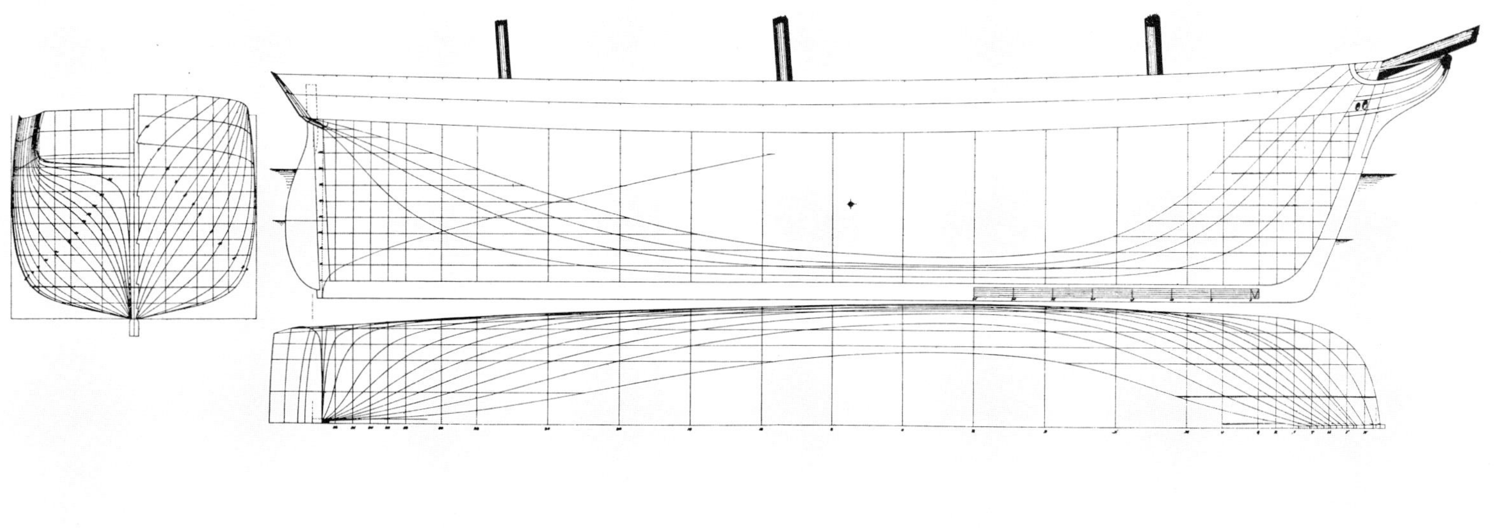

daß dies ein nicht beabsichtigtes Nebenprodukt des neuen Gesetzes war.

Die Punkte, zwischen denen die Hauptabsmessungen genommen wurden, waren jetzt gegenüber der alten Vermessungsregel so radikal geändert worden, daß die Definitionen neu formuliert werden müssen. Über dem Oberdeck liegende umbaute Räume wie Poop oder erhöhtes Quarterdeck wurden erstmalig zur Ermittlung der Tonnage mit vermessen. Die Vermessungsdaten aller neuen Schiffe wurden in Fuß und Zehntelfuß angegeben, und so erscheinen sie auch im Schiffszertifikat, in *Lloyd's Register of Shipping* und in den Besichtigungsberichten. Bereits existierende Schiffe mußten nicht mehr neu vermessen werden, es sei denn, daß der Rumpf wesentlich verändert wurde oder daß der Eigner eine Neuvermessung wünschte. So wurden bis zur Einführung des Moorsom-Systems im Jahre 1854 die Zahlen der alten und der neuen Tonnage bei den meisten Schiffen nebeneinander aufgeführt; und in vielen Fällen blieb es auch weiterhin noch für zehn Jahre bei dieser doppelten Zahlenangabe, falls ein Schiff nicht nach der Moorsom-Regel neu vermessen worden war. In *Lloyd's Register of Shipping* ist die oberste Tonnageangabe gewöhnlich die nach der alten Vermessungsregel. Die untere Zahl, oft etwas kleiner gedruckt, wurde nach der neuen Vermessungsregel ermittelt. Wenn nur eine Tonnageangabe gemacht wird, handelt es sich bei vor 1836 gebauten Schiffen um die alte und bei später entstandenen Fahrzeugen um die neue Vermessung. Als neuer Divisor wurde bei den Berechnungen die Zahl 3500 eingeführt, wodurch sich unangenehme Brüche ergaben. Weitere Definitionen und Richtlinien zur Vermessung finden sich im Anhang 1.

In den die Tonnage und die Registrierung betreffenden Gesetzen sind solche Vermessungsrichtlinien nur recht spärlich vorhanden, was sie heute groben Mißdeutungen aussetzt; dagegen hatten die Schiffsbesichtiger jener Zeit ohne Zweifel ausführliche Erläuterungen erhalten. Die technische Sprache litt unter einem Mangel an präzisen Begriffen, und wer in jenen Tagen ein praktisch anzuwendendes Verfahren beschreiben mußte, war oft genug so gut wie hilflos. Die Verwendung von Worten, die in der bisherigen Literatur völlig angemessen waren, erforderte nun eine gründliche Neuordnung durch spezialisierte Autoren, die allmählich in diesem neuen Medium zur Meisterschaft gelangten und schließlich eine neue Fachsprache schufen.

95 *Tonnagevermessung nach der Regel von 1836.* Die Skizze zeigt, wo die zur Berechnung der Tonnage nötigen Maße zu ermitteln waren. Doppelte oder dreifache Linien deuten an, daß diese Maße in den Berechnungen doppelt oder dreifach zu nehmen waren. Strichpunktierte Linie zeigt die Vermessungslänge und gestrichelte Linie die Teilung der Deckslänge in 6 Teile.

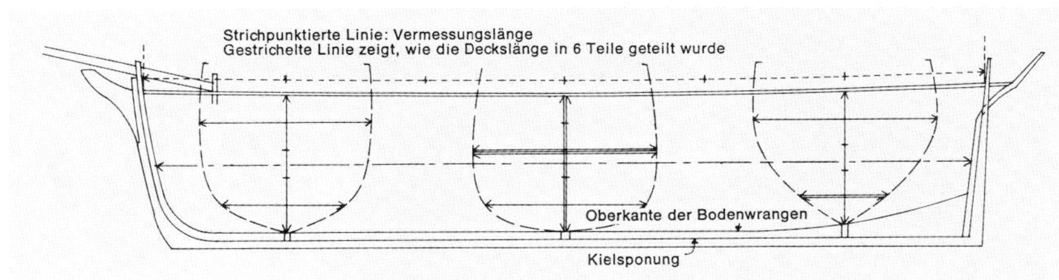

ANMERKUNGEN ZU KAPITEL III
(Abkürzungsverzeichnis am Schluß des Buches)

1 Siehe Kapitel II.
2 N. M. M., Plan Nr. 4148, Box 59.
3 D. W. Privett und J. R. D. Francis, „The Movement of Sailing Ships as a Climatological Tool", *M. M.*, 1959, vol. 45, p. 297.
4 P. P., „Fifth Report from the Select Committee on the Road from London to Holyhead etc.", gedruckt am 6. Juli 1819, Appendices 23–26.
5 N. M. M., Admiralty Draughts, Plan Nr. 6635, Box 65, als *Sylph* bezeichnet, Maßstab 1 : 32 (⅜ Zoll : 1 Fuß). Die Abmessungen dieses Schiffes sind mit denen des Entwurfs identisch, der dem Bericht des parlamentarischen Untersuchungsausschusses beigefügt war. Dadurch wird bestätigt, daß Saintys vorgeschlagene Konstruktion tatsächlich gebaut wurde.
6 Dixon Kemp, *Yacht Architecture* (3. Aufl., London 1897) vol. I, p. 8.
7 P. P., „Fifth Rep. . . . Lond. to Holyhd.", a. a. O., p. 61.
8 Hervey Benham, *Last Stronghold of Sail* (London 1948), p. 52.
9 James Ballingall, *The Mercantile Navy Improved* (London 1832), pp. 124 bis 127.
10 *Lloyd's List,* 2. Mai 1826, gibt Ankunftsdatum.
11 David Steel, *The Elements and Practice of Naval Architecture* (London 1805), Tafel XX.
12 Abraham Rees, *The Cyclopedia; or, Universal Dictionary of Arts, Sciences, and Literature* (London 1820); die Schiffspläne erscheinen in vol. III der Tafelbände unter „Naval Architecture", hier Tafel XII.
13 G. W. Munro, „East Indiamen", *Marine Models,* Juni 1934, vol. 7, Nr. 3, pp. 64–65. Mein Dank gilt B. W. Bathe vom Londoner Science Museum, der meine Aufmerksamkeit auf diesen Artikel lenkte und mir sein Exemplar zur Verfügung stellte.
14 India Office Library, Logbücher Nrn. 40 A–H.
15 David Steel, *Art of Making Masts and Yards* (2. Aufl., London 1816), p. 100.
16 India Office Library, Logbuch Nr. 40 E.
17 John Edye, *Calculations of Ships and Vessels of War* (London 1832), besonders pp. 100–101.
18 India Office Library, Logbuch Nr. 40 C.
19 David Steel, *The Elements and Practice of Rigging and Seamanship,* vol. I (London 1794), p. 37.
20 Carl C. Cutler, *Queens of the Western Ocean* (Annapolis, Md., 1961), p. 97.
21 Hilhouse Collection, Fol. 34. Mein Dank gilt John C. G. Hill von Charles Hill & Sons Ltd., durch dessen Unterstützung mir dieser Plan zugänglich gemacht werden konnte. Die Abmessungen und die Auszüge aus den C. H.-Registern wurden freundlicherweise von Grahame Farr beschafft.
22 Die Auszüge aus der Anzeige besorgte Grahame Farr.
23 John C. G. Hill, *Shipshape and Bristol Fashion* (2. Aufl., Liverpool ca. 1958), p. 94.
24 N. M. M., Admiralty Draughts, Plan Nr. 6457, Box 53.
25 Science Mus., London, Fol. 42 (Neg. Nr. 5955) und Fol. 51 (Neg. Nr. 6101).
26 John Fincham, *Treatise on Masting Ships* (3. Aufl., London 1854), Textband, p. 28.
27 Howard I. Chapelle, *National Watercraft Collection* (Washington 1960), United States National Museum Bulletin 219, p. 24.
28 Ein Linienriß der *Ann McKim* findet sich bei Howard I. Chapelle, *The Baltimore Clipper* (Salem, Mass., 1930), p. 143, und ebenso bei Ders., *The Search for Speed under Sail 1700–1855* (New York 1967), p. 288.
29 Montague Guest und William B. Boulton, *The Royal Yacht Squadron, Memorials of its Members* (1903), p. 137.
30 James A. Sharp, *Memoirs of the Life & Services of Rear-Admiral Sir William Symonds Kt* (London 1858), p. 68.
31 John Fincham, „Dimensions and Calculated Elements of some of the Vessels of the Royal Yacht Club", in William Morgan und Augustin Creuze (Hrsg.), *Papers on Naval Architecture* (London 1826), vol. I, pp. 208 bis 217. Einzelne Stücke wurden von Fincham später in seiner *History of Naval Architecture* (1851) abgedruckt.
32 *Tables of Dimensions of Masts, Yards . . . of Ships and Brigs* (o. J., ca. 1845, 4°). Die Tabellen gelten nur für namentlich genannte Kriegsschiffe der verschiedenen Klassen. Auf dem Titelblatt fehlt jeder Hinweis auf Publikationsort oder -zeit, doch dürfte die Admiralität die Herausgeberin sein. Ich fand eine Ausgabe mit dem Stempel „Chief Draughtsman, C. N. A. Dept., Admiralty, 1873".
33 Zum Beispiel einer Experimentierfahrt mit allen Veränderungen in der Länge der Spieren, der Ballastverteilung etc. siehe „On the Experimental Cruises of His Majesty's Corvettes *Orestes, Champion* and *Pylades*" in William Morgan und Augustin Creuze, *Papers on Naval Architecture* (London 1826), vol. I, pp. 69–94, Artikel XII.
34 Guest und Boulton, *The Royal Yacht Squadron,* a. a. O., p. 170.
35 Archive von Baring Bros, Briefbuch 5 D, Fol. 470–3 (6. Oktober 1836).
36 Basil Lubbock, *Opium Clippers* (Glasgow 1933), p. 187.
37 John Fincham, *History of Naval Architecture* (London 1851), p. 294.
38 Archive von Baring Bros, Briefbuch 9, Fol. 55.
39 Ebd., H. C., 3.35, Teil V, Datierung: 4. Mai 1839.
40 Ebd., Briefbuch 9, Fol. 217–8.
41 John F. Gibson, *Brocklebanks 1770–1950* (Liverpool 1953), vol. I, pp. 84 und 233.
42 Ebd., p. 80.
43 Peter Hedderwick, *A Treatise on Marine Architecture* (Edinburgh 1830), p. 178.
44 David Steel, *The Elements and Practice of Naval Architecture* (London 1805), Folio-Tafelband, Tab. XXVI.
45 P. P., „Fifth Rep. . . . Lond. to Holyhd.", a. a. O., pp. 59–60.
46 Ebd., Appendix Nr. 24.
47 Ebd.
48 Hedderwick, *A Treatise on Mar. Arch.*, a. a. O., p. 147.
49 Ebd., p. 242.
50 Science Mus., London, Plan Nr. A/6/29.
51 A. Hall & Sons, Werftbuch, Abschrift von James Henderson.
52 John Leather, „The Shipbuilding Bayleys", *M. M.*, 1965, vol. 51, p. 138.
53 James Evans („Quaysider"), *Recollections* (Berwick-on-Tweed 1908), p. 25.
54 W. Caufield aus Morpeth möchte ich für Informationen über Smacks, ihre Besatzungen und deren Unterbringung danken.
55 Archive von Baring Bros, D. E. P. 11. 4. (viii), Kapt. Shewan, „East Coast Ships and Seamen". (Ms.)
56 Frage von Michael Bouquet, „English-built Smacks in Scottish Packet Trades", *M. M.*, 1963, vol. 49, p. 75; Antworten von Robert Craig, *M. M.*, 1963, vol. 49, pp. 232–233, W. Salisbury und John Leather, *M. M.*, 1964, vol. 50, pp. 66–68.
57 Die von W. Caufield erhaltenen Daten basieren auf Angaben von 1832/33 aus der *Leith Commercial List,* die alle Schiffsankünfte und -abreisen für Leith vermerkte.
58 W. Caufield, „English-built Smacks in Scottish Packet Trades", *M. M.*, 1964, vol. 50, p. 236.
59 „The ‚Aberdeen Bow'", *Aberdeen Journal,* 12. Juli 1848.
60 Vgl. Basil Greenhill, *The Merchant Schooners* (London 1951), vol. I, bes. pp. 9–11; Michael R. Bouquet, *No Gallant Ship* (London 1959), pp. 70 bis 80; Hervey Benham, *Once Upon a Tide* (London 1955), pp. 49–54; Basil Lubbock, *Last of the Windjammers* (Glasgow 1927), vol. I, pp. 437–445.
61 Henry Cheal, *The Ships and Mariners of Shoreham* (London 1909), p. 62 ff. Ein Bild des Schoners *Parga* findet sich in Basil Lubbock, *Last of the Windjammers,* a. a. O., vol. I, p. 440 (oder 2. Aufl., p. 433).
62 T. J. Ditchburn in der Diskussion über die Abhandlung von Joseph Maudslay, „An Improvement in the Form of Ships", *Transactions of the Institution of Naval Architects*, 1860, vol. I, p. 56. Ditchburn gab für den Bau der *Time* das Jahr 1835 an. Ein derartiges Versehen ist jedoch unerheblich, wo der Erbauer aus dem Gedächtnis über ein dreißig Jahre zuvor gebautes Fahrzeug spricht.
63 Basil Lubbock, *The Opium Clippers,* a. a. O., p. 126.
64 Basil Lubbock, *Last of the Windjammers* (2. Aufl., Glasgow 1935), vol. II, p. 358.
65 Thos. Golding, „Rantipike Schooner", *M. M.*, 1929, vol. 15, p. 202.
66 N. M. M., Admiralty Draughts, Plan Nr. 6439 E, Box 65.
67 R. W. Hidy, *The House of Baring in American Trade & Finance, 1763–1861* (1949), Anmerkungen zu Kapitel VII, pp. 524–525.
68 Mit Schreibmaschine geschriebene und gebundene Briefauszüge, aufbewahrt im Kontor von Blyth, Greene, Jourdain & Co. Ltd, London, Fol. 301, Datierung: 20. April 1834.
69 Ebd., Fol. 382, Datierung: 6. Oktober 1834.
70 Ebd., Fol. 555, Datierung: 28. September 1835.

71 Ebd., Fol. 430, Datierung: 5. Januar 1835.
72 Ebd., Fol. 769, Datierung: 18. Oktober 1836.
73 Ebd., Fol. 785.
74 Ebd., Fol. 914, Datierung: 19. Juli 1837.
75 In *Lloyd's Register* von 1837 ist eine Reise nach Mauritius angegeben, und für kein anderes Fahrzeug mit dem Namen *RAPID* ist eine ähnliche Reise verzeichnet.
76 Sharp, *William Symonds,* a. a. O., pp. 128–129.
77 Thomas White jr., *The Theory and Practice of Ship Building* (2. Aufl., London 1851), pp. 29–30.
78 Sharp, *William Symonds,* a. a. O., p. 614.
79 *The Canton Register,* 3. Februar 1835, vol. 8, Nr. 5, p. 19.
80 Lubbock, *Opium Clippers,* a. a. O., pp. 77–78.
81 Andrew Henderson, „On Ocean Steamers and Clipper Ships", Nachdruck des *Report of British Association for the Advancement of Science,* 1854, p. 2.
82 Lubbock, *Opium Clippers,* a. a. O., pp. 382–384.
83 Andrew Henderson, „On the ‚Descriptive Measurement' of Ships and Steamers", Nachdruck des *Journal of the Society of Arts,* 17. August 1855, p. 3.
84 Lubbock, *Opium Clippers,* a. a. O., pp. 93–94 und 382.
85 N. M. M., Admiralty Draughts, Linienriß Nr. 4574, Box 64.
86 Lubbock, *Opium Clippers,* a. a. O., p. 119.
87 N. M. M., Admiralty Draughts, Plan Nr. 3957, Box 56. Ein kombinierter Segelriß ohne Details für die Briggs *Pantaloon, Waterwitch* und *Rapid,* wobei die jeweiligen Segel und Spieren durch verschiedene Farben gekennzeichnet sind.
88 Frank C. Bowen, *The Golden Age of Sail* (London 1925), Tab. 22. Diese Brigg wurde 1833 gebaut.
89 John Phipps, *Ship Building in India* (Calcutta 1840), pp. 113–115.
90 Lubbock, *Opium Clippers,* a. a. O., p. 134.
91 Phipps, *Ship Building in India,* a. a. O., pp. 134–135.
92 Lubbock, *Opium Clippers,* a. a. O., pp. 382–384.
93 Auf p. 72 des 1882 in New York veröffentlichten Reports.
94 Hidy, *The House of Baring in American Trade,* a. a. O., p. 190.
95 Archive von Baring Bros, HC 3. 35. Ein Brief vom 19. September 1845 zeigt, daß Barings £ 5000 für das Schiff forderten, aber nur ein Angebot von £ 4500 erhalten hatten. Ein Brief vom 27. September 1845 erwähnt ohne Preisangabe, daß das Schiff an seine Käufer abgeliefert wurde. Nach dem Londoner Briefbuch (LB 15, Fol. 318) fehlt ein Brief, in dem möglicherweise etwas über den Preis gestanden haben könnte.
96 Ms. einer von W. Stewart Rees zusammengestellten und am 23. November 1947 datierten Liste Liverpooler Schiffbauer.
97 *The Times,* ca. 1944, Zitat aus „einer Liverpooler Zeitung" vom 20. September 1844.
98 Vgl. David R. MacGregor, „Some Early British Tea Clippers", *M. M.,* 1948, vol. 34, p. 74.
99 John F. Gibson, *Brocklebanks 1770–1950,* a. a. O., vol. I, pp. 114 und 237.
100 George Moorsom, *A Brief Review & Analyses of the Laws for the Admeasurement of Tonnage* (London 1852), p. 152, Wiedergabe des Kommissionsberichtes.
101 5 & 6 William IV, c. 56.
102 Moorsom, *Laws for Admeasurement of Tonnage,* a. a. O., pp. 154–157; auch wiedergegeben in David R. MacGregor, *The Tea Clippers* (London 1952), pp. 242–243.
103 John Lyman, „Register Tonnage and its Measurement", *American Neptune,* 1945, vol. 5, p. 229. Eine ziemlich ähnliche Zeichnung findet sich bei Pelham Richardson, *Practical Digest of the Law of Merchant Ships and Seamen* (London 1847), p. 18.

KAPITEL IV

DER ABERDEEN-BUG
1839-1850

INHALT

DIE *SCOTTISH MAID*

An allen Küsten der britischen Inseln hatte die Paketfahrt als rasche Beförderungsart für Passagiere und Fracht an Bedeutung und Geschäftsumfang zugenommen, als die Einführung von Dampfern begann, den Wohlstand der Segelschiffspaketfahrtgesellschaften ernsthaft zu bedrohen. Die Smacks mit Kuttertakelung, wie die in Kapitel III beschriebenen Leith-Smacks, waren vorherrschend; und um die Schnelligkeit der von ihnen betriebenen Dienste zu erhöhen, erwarben nun viele Gesellschaften Schoner oder ließen ihre Smacks zu Schonern umtakeln. Die London & Edinburgh Shipping Co. aus Leith besaß 1830 sieben Smacks, von denen man aber zwischen 1835 und 1839 sechs zu Schonern umriggte und die verbleibende Smack verkaufte.[1] Viele dieser Schoner dürften den in Abbildung 82 gezeigten Fahrzeugen, die in den dreißiger Jahren von der Waterford-Linie beschäftigt wurden, geähnelt haben.

Die London & Edinburgh Shipping Co. erwarb ihren ersten Dampfer nicht vor 1853, während die Aberdeen & London Steam Navigation Co. immerhin schon gegen Ende der dreißiger Jahre ihre Tätigkeit aufgenommen hatte. Um mit dieser letzteren Firma konkurrieren zu können, aber auch wegen der besonders günstigen Handelsbedingungen, bestellte 1839 eine Gruppe Aberdeener Bürger einen Schoner bei Alexander Hall & Sons. Zur Ausführung eines derartigen Auftrages war diese Werft besonders gut ausgestattet, zumal sie seit 1830 nicht weniger als zehn Schoner gebaut hatte. Der neue Schoner wurde SCOTTISH MAID getauft. Er besaß die Abmessungen von 28,16 m x 5,91 m x 3,48 m und 142 tons neuer Vermessung. Ihr Linienriß findet sich in Abbildung 97.

In den letzten fünfundzwanzig Jahren hat dieser Schoner ein derartiges Maß an Beachtung gefunden, daß es nötig ist, seine Konstruktion mit ihren Auswirkungen sorgfältig zu untersuchen, ohne ihn dabei jedoch aus der allgemeinen Entwicklung, aus der er nicht fortzudenken ist, herauszulösen.

Den Wert der zu besteuernden Registertonnage möglichst klein zu halten sowie die Erzielung verbesserter Segeleigenschaften, dürften die wesentlichsten Gedanken gewesen sein, die bei der Konstruktion der SCOTTISH MAID eine Rolle spielten. Die Auswirkungen des 1836 in Kraft getretenen Gesetzes zur Tonnagebestimmung nach der neuen Vermessungsregel wie auch die Vermessungs- und Berechnungsmethoden wurden in Kapitel III behandelt.

Kaum ein Gesetzeswerk ist so lückenlos, daß es nicht auch hie und da umgangen werden könnte. So begannen Alexander Hall & Sons bereits recht früh mit entsprechenden Untersuchungen, um Wege ausfindig zu machen, die zu einem möglichst niedrigen Wert der zu besteuernden Registertonnage führten. James und William Hall hatten die Leitung der Firma um 1830 von ihrem Vater übernommen, und 1837 begannen sie damit, alle ihre neuen Fahrzeuge nach der neuen Regelung zu vermessen, obwohl sie immer noch ihre Selbstkosten nach der Tonnage alter Vermessung kalkulierten. Daher waren sie, als sie den Auftrag für die SCOTTISH MAID erhielten, völlig vertraut mit den neuen Regeln und den Vorteilen, die sie bei einer Veränderung der Rumpfform boten. So mögen die Brüder James und William, beide damals junge Dreißiger, wohl häufig derartige Möglichkeiten diskutiert haben.

Da die Tiefe eines Schiffes jetzt besteuert wurde, war das oberste Gebot, den Rumpf nunmehr flacher zu halten und ihm zur Erzielung der gleichen Ladefähigkeit eine größere Länge zu geben. Dabei war es günstig, daß die Länge nur in Höhe der halben Tiefe vermessen werden mußte, weiter oben also an beiden Schiffsenden ausgiebig vergrößert werden konnte, um zusätzliche

96 Klipper-Schoner mit sehr starkem Fall der Masten und langem Klüverbaum nach einer Lithographie von John Ward aus Hull. Die außerhalb der Fockwanten drehbar gelagerte Spiere deutet auf die Möglichkeit, ein breites Unterleesegel zu setzen.

„freie“ Tonnage zu gewinnen. Die Länge des Decks war nun weit größer als die des Kiels, und um beide zu verbinden, bekamen Vor- und Achtersteven einen beträchtlichen Überhang. Durch die vergrößerte Deckslänge erhielten die im Gesetz zur Tonnageregistrierung festgelegten Sektionen zur Ermittlung der Tiefen- und Breitenmaße einen größeren Abstand voneinander. Die Folge war, daß die im Vor- und Achterschiff liegenden sich nun an Stellen befanden, wo die Spantflächen kleiner waren oder leicht kleiner gemacht werden konnten. Dazu kam noch, daß durch Verwendung stärkeren Materials dort, wo die Innenmaße zu nehmen waren, die Registertonnage weiter verringert werden konnte.[2] Die in Abbildung 105 reproduzierte von Alexander Hall & Sons zur Werbung herausgegebene Zeichnung verdeutlicht diese Feststellungen. Bei einem schnellen und auf kurzen Strecken eingesetzten Fahrzeug, für das entsprechend häufig Hafen- und Dockgebühren zu entrichten waren, mußte es als besonders wünschenswert erscheinen, die Registertonnage so niedrig wie möglich zu halten, da sich nach ihr die Höhe jener Abgaben richtete.

Da über die Rumpfform irgend eines vor der SCOTTISH MAID von der Hallschen Werft gebauten Fahrzeugs nichts bekannt ist, sind auch Vergleiche nicht möglich. Neun Jahre nachdem der Schoner vom Stapel gelaufen war, brachte das *Aberdeen Journal* eine Baubeschreibung von ihm, welche wohl als die genaueste zur Verfügung stehende gelten darf, da ihre Abfassungszeit und die Bauzeit des Schiffes noch relativ nahe beieinander lagen. Aus ihr geht hervor, daß die Eigner dem Baumuster eines schnellen aber mit „üblichem Bug“ versehenen Schoners zugestimmt hatten. Wenn man daran denkt, daß das Fahrzeug in Auftrag gegeben worden war, um mit Paketdampfern zu konkurrieren, liegt die Vermutung auf der Hand, daß es mit scharfen Linien konstruiert wurde. Doch mag das *Aberdeen Journal* selbst weiter berichten:

„Die Firma Hall begann bei dem Schoner mit dem Bau der Spanten achtern und fuhr dann kontinuierlich fort, bis die Spanten das vordere Ende des Kiels erreicht hatten. Nachdem die Arbeiten bereits so weit gediehen waren, schlugen die Erbauer eine Abweichung von dem ursprünglichen Modell vor, die sie für eine deutliche Verbesserung hielten. Sie empfahlen, den Vorsteven so weit nach vorn auslaufen zu lassen wie ein Galion, was zur Folge hätte, daß die Wasserlinien am Bug schärfer gezeichnet werden mußten, woraus sich als natürliche Konsequenz ergäbe: ein das Wasser leicht durchschneidendes Schiff mit größerem Auftrieb vorn und von geringerer Registertonnage, als es nach dem alten Plan der Fall gewesen wäre. Dieser Vorschlag konnte die Eigner anfänglich nicht überzeugen. Darauf baute man ein Skelettmodell des Bugs, das von nicht wenigen Neugierigen besichtigt wurde, die dem ungewöhnlichen Entwurf mit Skepsis gegenüberstanden. Nach reiflicher Überlegung gaben die Eigner aber schließlich ihre Zustimmung, den Bau des Fahrzeugs nach dem Skelettmodell fortzuführen. Nach diesem Muster wurde es dann auch vollendet und vom Stapel gelassen. Der Anblick des Schoners im Wasser war ermutigend. Nach dem Aussehen seiner Wasserlinien war es offenkundig, daß die Idee eines vollkommenen Bugs realisiert worden war. Einige der anfänglichen Gegner des Projekts zählten nun zu seinen wärmsten Befürwortern.“[3]

Man hielt es für notwendig, die SCOTTISH MAID mit „einer neuartigen Bemastung und Takelung“ auszurüsten „und ihren Masten einen ordentlichen Fall zu geben“. Die ehemaligen Kritiker wurden vollends gewonnen, als der neue Schoner die Strecke zwischen Aberdeen und London wiederholt in neunundvierzig Stunden zurücklegte.[4]

Eine Vorstellung von den Schwierigkeiten, die ein radikales Abweichen von der in Aberdeen üblichen Bauart mit sich brachte, kann schon aus der Tatsache gewonnen werden, daß achtzehn Personen, von denen sicher so mancher seine Ansicht zur Geltung bringen wollte, Anteile an dem Schoner besaßen. Alexander Nicol und George Munro waren mit zusammen zwölf Anteilen die Haupteigner und Korrespondenzreeder. Die SCOTTISH MAID war derart erfolgreich, daß Nicol und Munro ein Jahr nach ihr zwei recht ähnliche Schoner, die ABERDONIAN und die LONDON, bauen ließen. Der Erfolg und die gute Aufnahme dieses neuen Schonerrumpfes waren nur der Auftakt zu seiner weltweiten Anerkennung gegen Ende der vierziger Jahre.

Hier eine Aufstellung der beim Bau der SCOTTISH MAID entstandenen Kosten:[5]

Löhne der Zimmerleute		£ 333.14. 4½
Eisenteile für den Rumpf	£ 63. 2.10	
Eisenteile für die Takelage	£ 39. 1. 7	
	£ 102. 4. 5	£ 102. 4. 5
Herstellung der Blöcke		£ 35.16. 8
Bootsbau		£ 23. 3. 6
Böttcherarbeiten		£ 8. 8. 6
Segelmacherei		£ 167. 5.11½
Kompasse		£ 6. 2. 5
Schiffshändler		£ 7. 0. 0
Flaggen [einschließlich Signalflaggen etc.]		£ 6. 0. 5
Malerarbeiten		£ 24.12. 3
Verwendetes Bauholz und Planken		£ 603.16.10
Barzahlungen: Irdenes Geschirr etc.	£ 6. 2. 5	
Takler	£ 11.11. 0	
Reepschläger	£ 146. 0. 0	
G. Watt & Co.	£ 13.10. 0	
Garn	£ 20. 0. 0	
W. Simpson & Co [für Anker, Ketten etc.]	£ 178.13. 0	
Sackleinwand etc.	£ 2.18. 9	
	£ 378.15. 2	£ 378.15. 2
Ausgleichsbetrag		£ 2.19. 6
		£ 1700. 0. 0

Es findet sich kein Hinweis auf den erzielten Gewinn. Der im Kontrakt festgelegte Preis betrug £ 1700 für das ausgerüstete „vollkommen seeklare“ Schiff.

Die Bedeutung der SCOTTISH MAID liegt darin, daß sie ein frühes Beispiel des stromlinienförmigen Rumpftyps war, dessen Beliebtheit in den 1840er Jahren rasch zunahm. Das Fehlen von Galionsbrettern und Galionsrelings ergab einen sehr leichten graziösen Bug, bei dem „der Vorsteven das Galion bildete“, wie die Besichtiger von Lloyd's Register sich ausdrückten. Im Bereich des Vorschiffs waren sämtliche Wasserlinien ohne Ausnahme konvex und auch die Bugspanten ließen von außen kaum einen hohlen Verlauf erkennen. Das stellte die Form des Vorschiffs in eine Reihe mit dem nach der britischen Theorie vom Bau schneller Schiffe entwickelten Kutter. Sie hatten ein fein geformtes Achterschiff, eine beachtliche Aufkimmung und einen großen Kimmra-

98 Gemälde der drei Jahre nach der SCOTTISH MAID gebauten, dieser aber in Größe, Takelung und allgemeiner Erscheinung sehr ähnlichen NON-SUCH. Hier segelt sie unter allen Hauptsegeln am Wind. Der Name des Künstlers auf der Boje konnte nicht entziffert werden.

97 SCOTTISH MAID, 1839 von Alexander Hall & Sons in Aberdeen gebaut. Nach einem im Besitz der Glasgow Art Gallery and Museum, Kelvingrove, befindlichen Halbmodell der Werft gezeichneter Linienriß. Beschriftung des Modells: „SCOTTISH MAID and NON-SUCH". Abmessungen: 28,16 m × 5,91 m × 3,48 m; 142 tons n. V. – Rekonstruktion: Galionsfigur, Mastpositionen, Bugspriet, CWL und gesamte Decksausstattung. Hauptquelle: Gemälde des Schoners NON-SUCH (Abbildung 98). Daneben wurden auch andere zeitgenössische Pläne und Bilder benutzt.

dius. Der Umriß des Hauptspants könnte nach dem Vorbild von Saintys Paket-Slup SYLPH (Abbildung 50) konstruiert worden sein.

Natürlich war die überhängende Vorstevensponung nicht vollkommen neu, aber bei den Klippern aus Aberdeen war diese Art fast bis zum Übermaß gesteigert worden. Früher schon war sie bei Baltimore-Klippern zu sehen, aber ohne Konkavität im Profil des Vorstevens, wie auch bei den drei Barkentinen des Namens TRANSIT (vergleiche Kapitel III) und bei anderen Fahrzeugen.

Die im folgenden aufgeführten Materialstärken der SCOTTISH MAID stammen aus dem Besichtigungsbericht für Lloyd's Register:[6]

Bodenwrangen: 0,25 m breit und 0,30 m tief; Oberauflanger: 0,18 m breit und 0,15 m tief; Kiel: 0,28 m breit und 0,38 m tief; Kielschwein: 0,30 m breit und 0,43 m tief; 18 Decksbalken: 0,23 m breit und tief; Inholz und Fach (= Spant + Spantabstand): 0,61 m; Stärke der Außenhautplanken: 0,08 m (vom Kiel bis zur Kimm und von der Kimm bis zu den Berghölzern), 0,11 m (Kimmungsplanken), 0,10 m (Berghölzer), 0,06 m (Oberbeplankung) und 0,06 m (Oberdeck).

Sie erhielt nur die niedrige Klasse von 5 A 1, da sie zum großen Teil aus Kiefernholz gebaut worden war. Lediglich Vor- und Achtersteven sowie einen Teil der Außenhautplanken über dem Boden hatte man Eiche und für einige der Bodenwrangen Buche verwendet. Im Bericht des Besichtigers heißt es, daß überall gute

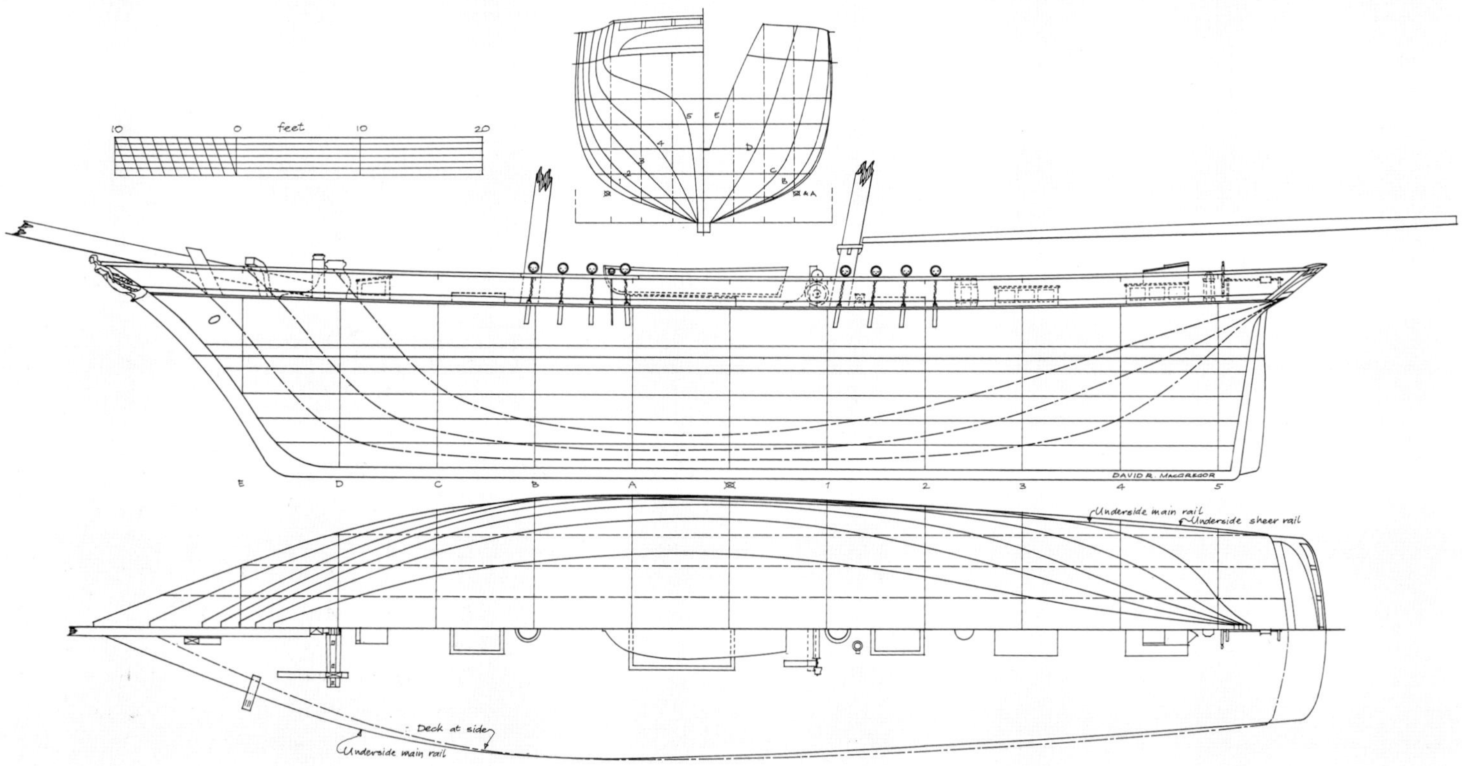

handwerkliche Arbeit geleistet wurde und daß dementsprechend auch die Qualität von Holz und Verbolzung war. Ein Hauptspantschnitt des 1843 von Hall gebauten Schoners SWIFT (Abbildung 104) soll die Art der bei diesem Klipper verwendeten Konstruktion illustrieren.

Der Decksplan wurde nach einem Gemälde der NON-SUCH (Abbildung 98) und nach anderen Aberdeener Schiffen der vierziger Jahre rekonstruiert. Nach dem Besichtigungsbericht für Lloyd's Register besaß die SCOTTISH MAID ein klinkergebautes Groß- und ein Jollboot, welche hier nach den Abmessungen der von Halls Schoner WATER WITCH (1843) mitgeführten Boote als 4,57 m beziehungsweise 4,27 m lang gezeichnet wurden. Da ein Pumpspill in dem Besichtigungsbericht nicht erwähnt wurde, dürfte sie mit dem üblichen Bratspill mit Handspaken ausgerüstet gewesen sein; sie besaß aber eine Patentwinsch. Bei diesen Klipper-Schonern waren keine über die Reling hinausragenden Ohrhölzer sichtbar; ihnen sehr ähnlich sehen die nach vorn geneigten etwas weiter achtern stehenden Bugsprietbetinge.

Einer von den Erbauern erstellten Kostenberechnung wurden die Spierenabmessungen zur Rekonstruktion eines Segel- und Takelrisses entnommen; gleichzeitig sind dabei die Untersuchungen James Hendersons und zeitgenössische Illustrationen verwertet worden. Das Gemälde des Aberdeen Schoners PERA zeigt einige besondere Segel: eine Breitfock, deren Schoten zu einem Baum geschoren werden, ein rechteckiges Unterleesegel an seiner Spiere

99 Auf diesem Gemälde der 1843 bei Hall gebauten PERA von 191 tons n. V. sind die leichten Segel zu erkennen, wie sie von den Aberdeener Klipper-Schonern bei günstigem Wind gefahren wurden. Die Schoten der Breitfock werden zu einem Baum geschoren und neben jedem der drei Rahsegel wird ein Leesegel gefahren. Interessant ist, wie weit achtern der Fockmast steht. Ein Galionsbrett schwingt bis zu den Füßen der Galionsfigur. Dagegen hatte die NON-SUCH einen einfacheren Bug. Der Künstler hat das Gemälde auf der Boje mit dem Namen Skillot signiert.

100 SCOTTISH MAID (Segelriß): Vollständig rekonstruiert mit Unterstützung von James Henderson. Quellen: Linienriß; Spierenabmessungen gemäß der Kostenaufstellung der Werft; Spierendurchmesser und Position der Masten nach der zeitgenössischen Praxis; Gemälde von auf der gleichen Werft gebauten Schiffen, besonders von der NON-SUCH (Abbildung 98) und der PERA (Abbildung 99).

und ganz oben ein kleines Bramleesegel. Da derartige Segel nur bei schönem Wetter gefahren wurden, sind sie auf dem Plan durch unterbrochene Linien markiert worden. Das von Boyd Cable wiedergegebene Gemälde der SCOTTISH MAID läßt geteilte Marssegel erkennen und dürfte somit zweifellos etwa dreißig Jahre nach dem Bau des Schoners entstanden sein; deshalb ist hier meistens das frühere Gemälde der NON-SUCH herangezogen worden. Am Schonersegel werden zwei Geitaue gezeigt, da es bei Schonern damals üblich war, dieses zum Mast aufzugeien, anstatt die Gaffel zu fieren.

Manches von dem, was oben erwähnt wurde, kann durch William Wards Zeichnung der bei Niedrigwasser an einer Pier liegenden SCOTTISH MAID veranschaulicht werden. Hier ist auch die Heckkonstruktion samt dem Verhältnis zwischen Spieren und Rumpf zu erkennen.

Ein 1943 im *Mariner's Mirror* erschienener Artikel von Boyd Cable beschrieb die SCOTTISH MAID ebenso unmißverständlich wie unbegründet als „der Welt ersten Klipper".[7] Selbst eine Bezeichnung wie „Aberdeens erster Klipper" hätte man in Frage stellen können. Als Antwort erschienen drei ausgezeichnete Artikel, die seine Behauptungen völlig zunichte machten.[8] Trotzdem gibt es noch eine Reihe von wichtigen Punkten, zu denen einige Bemerkungen gemacht werden müssen, so besonders zur Quelle der von Boyd Cable benutzten Pläne.

Sein Artikel enthält einige nützliche Angaben von Tatsachen über Aberdeener Schiffe und Schiffbauer. Er stützt sich jedoch auf die übertrieben enge und unhaltbare Hypothese, daß kein Fahrzeug ohne hohle Linien im Vorschiff als Klipper bezeichnet werden könne. Demgemäß streicht Boyd Cable dann auch alle Baltimore-Klipper aus der Klipper-Kategorie, da deren Linien im Vorschiff hie und da sogar konvex waren. So behauptet er auch: „Es ist über jeden Zweifel erhaben, daß die SCOTTISH MAID das erste in Großbritannien nach der Art der Klipper gebaute Fahrzeug war."[9] Die in diesem Buch abgedruckten Pläne widerlegen die letztere Behauptung voll und ganz; auch Howard I. Chapelle schrieb eine Entgegnung, in der er einen einleuchtenden Kommentar gab über die Berechtigung, unabhängig von Takelung oder Rumpfform jedes schnell segelnde Fahrzeug mit scharfen Linien als „Klipper" zu bezeichnen[10]. Eine hohle Form des Vorschiffs kann sich bei den Wasserlinien oder aber auch bei den überfallenden Linien des Spantrisses bemerkbar machen. Es ist leicht möglich, die Form eines Vorschiffes irrtümlich für hohl zu halten, wenn lediglich die Seiten vorn im Überwasserschiff einen hohlen Überhang aufweisen. Im Hinblick auf die Hartnäckigkeit, mit der Boyd Cable auf der hohlen Vorschiffsform als dem eigentlichen Kern seiner Schlußfolgerungen besteht, ist es kaum zu glauben, daß in dem von ihm vorgelegten Linienriß der SCOTTISH MAID im Vorschiff praktisch keine hohle Wasserlinie zu finden ist. Obwohl auf dem Plan kein Maßstab angegeben wird, zeigt die Angabe der Fahrzeugbreite, daß er dem von 1:96 sehr nahe kommt. Daraus ergäbe sich dann eine maximale Konkavität von etwa 51 mm bei der untersten, 0,53 m über der Kielsponung liegenden Wasserlinie. Bei der nächst höheren Wasserlinie ist ein hohler Verlauf kaum zu erkennen, und die Wasserlinien darüber sind konvex. Ein im Spantriß an die Linien der vorderen Spanten angelegtes Lineal vermag praktisch nirgendwo einen hohl gehaltenen Abschnitt aufzudecken. Damit macht Boyd Cable sein Argument durch das eigene Anschauungsmaterial zunichte.

Der hier wiedergegebene Linienriß ist nicht mit dem von Boyd Cable verwendeten identisch, den dieser von Alexander Hall &

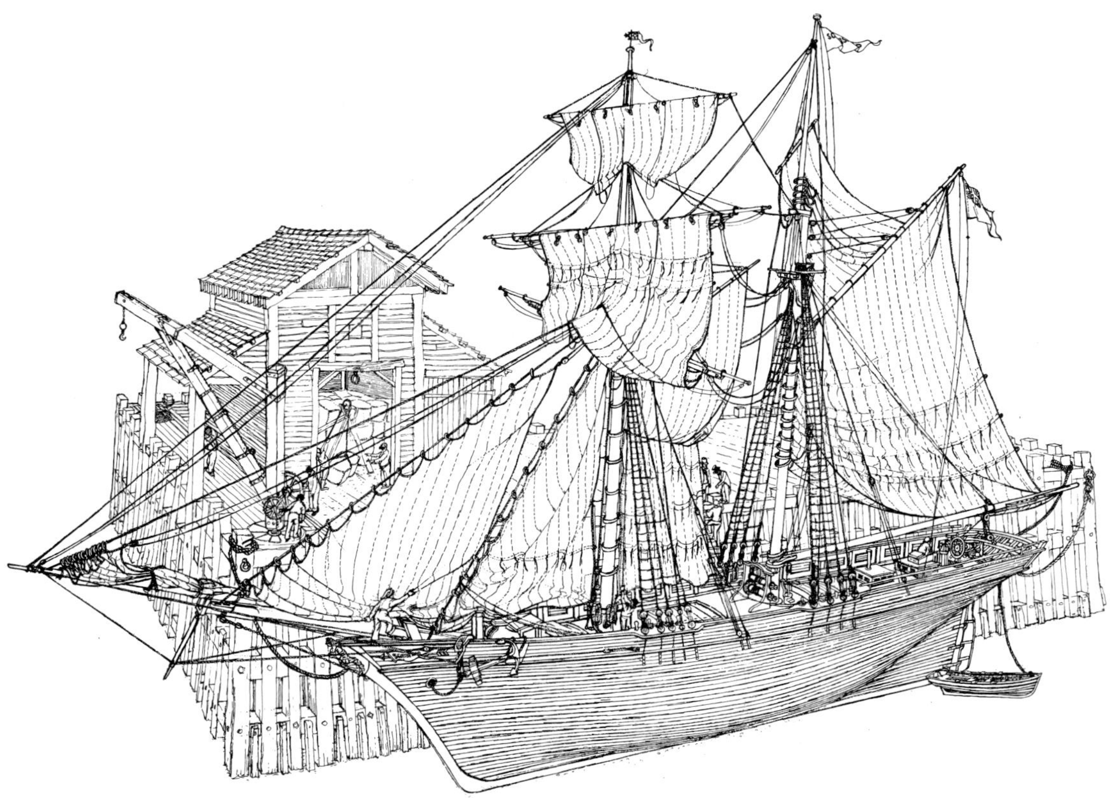

101 Diese rekonstruierte Zeichnung der SCOTTISH MAID beim Löschen der Ladung an einer Londoner Pier stützt sich ausschließlich auf die Pläne; allerdings sind weitere Details hinzugefügt worden, um den Schoner möglichst naturgetreu darstellen zu können. Gezeichnet von T. W. Ward.

102 Die vier erhalten gebliebenen Halbmodelle im Besitz von Alexander Hall & Sons. Oben links: ein nicht identifizierter Klipper, der REINDEER ähnlich aber größer; unten links: angeblich die SCOTTISH MAID und Quelle für die von Boyd Cable benutzten Pläne dieses Schoners; oben rechts: Bark ALEXANDER HALL (1845); unten rechts: Vollschiff THOMAS ARBUTHNOT (1841).

Sons erhalten hatte; er wurde vielmehr nach den Aufmaßen des in der Glasgow Art Gallery and Museum befindlichen Halbmodells mit freundlicher Genehmigung von Mr. Browning, dem Kurator der technologischen Abteilung, gezeichnet. Werft-Halbmodelle der Klipper SCOTTISH MAID, REINDEER, STORNOWAY, CHRYSOLITE, CAIRNGORM, VISION und SCHOMBERG wurden dem Glasgower Museum etwa um 1880 von Alexander Hall & Sons für eine Ausstellung geliehen und niemals zurückgegeben. Das hier verwendete Modell trägt die Bezeichnung „SCOTTISH MAID und NON-SUCH", letztere war 1842 für die London & Edinburgh Shipping Co. gebaut worden. Bei den von der Werft angegebenen Abmessungen wurde das neue 1836 in Kraft getretene Gesetz zur Tonnageregistrierung berücksichtigt. Es handelt sich dabei um Innenmaße: die Länge wurde von Innenkante Vorsteven bis Vorderkante Achtersteven an Deck gemessen, und die Breite ist die maximale Innenbreite auf der halben Länge. Die hier in Meter angeführten Dimensionen sind im Original durchweg in Fuß und Zehntelfuß angegeben. Da das Modell mit ziemlicher Sicherheit nach der üblichen Praxis ohne Berücksichtigung der Außenhaut „auf Mallkante" geschnitzt worden sein dürfte, ist eine kleine Rechnung nötig, um feststellen zu können, inwieweit das Modell den Abmessungen der Schoner entspricht. Nach dem Modell betrug die Breite über die Spanten, also ohne Beplankung, 6,40 m. Der Besichtigungsbericht von Lloyd's Register gibt für die Tiefe der Oberauflanger 0,15 m und für die Stärke der Wegerungsplanken 0,06 m an. So müssen also an jeder Seite 0,21 m von der Breite über die Spanten abgezogen werden, was dann eine Innenbreite von 5,98 m ergibt, und das wiederum ist fast identisch mit der Innenbreite der SCOTTISH MAID, die nach Hall 5,91 m betrug. Die Länge macht beim Modell, so gut das geschätzt werden kann, 27,20 m aus gegenüber den 28,16 m der SCOTTISH MAID. Ohne Hauptspantfläche ist die Tiefe schwer zu überprüfen, sie dürfte aber beim Modell ungefähr stimmen.

So kann als Ergebnis festgehalten werden, daß das Modell in Breite und Tiefe die Verhältnisse korrekt darstellt, daß es aber die Länge für die SCOTTISH MAID um 0,96 m und für die NON-SUCH sogar um 2,85 m zu kurz wiedergibt. Im folgenden findet sich eine Zusammenstellung der wichtigsten Angaben:

VERGLEICH VON ABMESSUNGEN DER *SCOTTISH MAID*

	Länge	Breite	Raumtiefe
Boyd Cables Plan entnommen . .	26,82 m n. V.	6,05 m über die Spanten	ca. 2,97 m
Laut Bielbrief der SCOTTISH MAID	28,16 m n. V.	5,91 m innen bis Wegerung	3,48 m
Kurze Zeitungsnotiz über SCOTTISH MAID im *Aberdeen Herald* vom 20. Juli 1939 . .	30,48 m größte L. an Deck	6,71 m über alles	3,66 m
	24,38 m Kiel		
Halbmodell im Glasgower Museum (wie im Linienriß von Abbildung 97)	27,20 m n. V.	5,98 m innen bis Wegerung	ca. 3,48 m
	23,77 m Kiel	6,40 m über die Spanten	
Abmessungen des Schoners NON-SUCH laut Bielbrief	30,05 m n. V.	5,91 m innen bis Wegerung	3,90 m

Man wird sofort erkennen, daß der nach dem Halbmodell angefertigte Linienriß und der von Boyd Cable unterbreitete Plan zu verschiedenen Fahrzeugen gehören. Boyd Cables Zeichnung zeigt einen völligeren Rumpf mit geringerer Aufkimmung, völligerem Achterschiff, am Achtersteven einem größeren und am Vorsteven einem anders verlaufenden Überhang. Dazu ist der Längsriß nur bis zur Deckshöhe gezeichnet und erweckt so den falschen Eindruck eines langen niedrigen Rumpfes. Da das Maß zwischen Deck und Kielsponung nur 3,43 m beträgt, müßte die Raumtiefe etwa bei 2,97 m liegen, einem recht unwahrscheinlichen Wert. Die Tatsache, daß zwei von drei Maßangaben nicht korrekt sind, läßt starke Zweifel an der Athentizität des Planes aufkommen. Wäre dieser Plan eine Pause oder Nachzeichnung des Originals, hätte Boyd Cable in seinem Artikel diese Tatsache wohl unmißverständlich hervorgehoben. Er schreibt aber nur von „dem Linienriß [der SCOTTISH MAID], der mir von Alexander Hall & Co. Ltd. zur Verfügung gestellt wurde und . . . dem Modell, das sich noch in ihrem Besitz befindet".[11]

Während des Zweiten Weltkrieges zerstörte ein Feuer im Verwaltungsgebäude von Alexander Hall alles, was an alten Plänen und Modellen erhalten geblieben war. Nur ein Schaubrett mit vier darauf befestigten Halbmodellen wurde verschont und befindet sich noch im Firmenbesitz. Keines dieser Modelle trägt einen Namen, aber daneben stehende Anfangsbuchstaben wie A. H. oder S. M., und entsprechende Vergleiche der Abmessungen erhärten die Vermutung, daß es sich dabei um folgende Fahrzeuge handelt: die Bark ALEXANDER HALL und das Vollschiff THOMAS ARBUTHNOT, beide mit völligem Bug, dann ein Klipper, ähnlich der REINDEER, aber von größerer Tonnage, und schließlich noch ein anderer Klipper, den Mr. Smith, der inzwischen verstorbene leitende Direktor, „SCOTTISH MAID" zu nennen pflegte. Diese vier Modelle sind mit ihrem gemeinsamen Brett auf der Abbildung 102 zu sehen. Abmessungen und Form des „SCOTTISH MAID" genannten Modells stimmen genau überein mit dem von Boyd Cable in seinem Artikel wiedergegebenen Plan.

Ich habe diese vier Modelle selbst gesehen, und obwohl mein alter Freund, der aus Aberdeen stammende James Henderson, in den letzten zwanzig Jahren umfangreiche Nachforschungen angestellt hat, konnte er für Boyd Cables Plan keine andere Quelle ausfindig machen als das oben erwähnte Modell. Henderson vermutet, daß es sich dabei um das Muster eines Prototyps oder um einen unfertigen Entwurf handele. Es deutet nicht so stark auf einen für Geschwindigkeit konstruierten Rumpf wie das Glasgower Halbmodell. Der Plan der SCOTTISH MAID, der nach dem *mit Namen versehenen* und im Glasgower Museum befindlichen Werft-Halbmodell gezeichnet wurde, darf hier nach den gegenwärtig verfügbaren Informationen als der bisher zuverlässigste Linienriß des Schoners vorgelegt werden.

Doch zurück zur Konstruktion des Rumpfes: James Sellar, der ein ganzes Leben auf Werften zubrachte und ein Freund William Halls war, schrieb 1924 einen Leserbrief an *Sea Breezes,* in dem er berichtete, daß William Hall eine Abneigung gegen hohle Wasserlinien im Vorschiff hatte. Weiter erwähnte er 1837 von James und William in einem Wassertank durchgeführte Schleppversuche.[12] Eine beweiskräftige Bestätigung dieser Jahresangabe fehlt allerdings. Im übrigen bieten sich folgende Möglichkeiten an: Die Gebrüder könnten, bevor die Order für die SCOTTISH MAID eingegangen war, bereits ihre Experimente durchgeführt haben, um dann aber trotzdem die Zustimmung der Auftraggeber nur für ein mit normalem Bug gebautes Modell einzuholen aus Furcht, bei Vorlage eines unkonventionellen Entwurfs den Auftrag zu verlieren. Ein anfänglich behutsames Vorgehen, um überhaupt erst einmal den Auftrag zu bekommen, und der erst später gemachte Vorschlag einer so einschneidenden Änderung, mögen von vornherein Methode gewesen sein. Möglich wäre allerdings auch, daß die Tests im Versuchstank durchgeführt wurden, während bereits ein Teil des Rumpfes der SCOTTISH MAID im Rohbau entstand.

Die Öffentlichkeit erfuhr von diesen Schleppversuchen aus einem im April 1846 datierten von Alexander Hall & Sons herausgegebenen gedruckten Bericht, der Schiffahrtskreise auf die Vorteile der neuen Konstruktion aufmerksam machen sollte. Eine Reproduktion mit genauer Beschreibung der Tank-Tests ist hier wiedergegeben; dabei ist zu beachten, daß der Bericht die Unterschriften von James und William Hall trägt. Zwar ist für die Experimente kein Datum angegeben, aber es wird allgemein angenommen, daß sie einige Jahre nach dem Bau der SCOTTISH MAID durchgeführt wurden, zumal berichtet wird, daß man „verschiedene nach den Plänen bereits gebauter Fahrzeuge angefertigte Modelle" verwendete.[13] Natürlich wird dadurch die Behauptung nicht entkräftet, daß die eigentlichen Versuche bereits 1837 durchgeführt wurden. Wie dem auch sei, es wird heute nicht mehr geklärt werden können, ob die SCOTTISH MAID das Ergebnis von James und William Halls Schleppversuchen war oder ob die Tests erst später zur Bestätigung und Verbesserung der durch Erfahrung gefundenen Formen Hallscher Konstruktionen dienten.

Neuere Forschungen haben ergeben, daß Schleppversuche bereits um 1670 in England durchgeführt wurden. Weitere Beispiele werden aus der Mitte des achtzehnten Jahrhunderts erwähnt, wo sie unter der Betreuung der „Society of Arts" standen. Die

103 Eine 1846 von Alexander Hall & Sons zur Verdeutlichung der Vorteile des Aberdeen-Bugs veröffentlichte Werbezeichnung. Der Glastank war 3,05 m lang und 0,41 m breit. Auf dem Wasser schwamm eine 51 mm dicke Schicht roten Terpentins (CB). Die 0,61 m langen Rümpfe entsprachen existierenden Fahrzeugen. Figur 3 gibt die Form der CWL wieder, und Figur 4 stellt die Hauptspantfläche dar. Die Schlußfolgerung war, daß die sogenannten Schnitte im Vor- und Achterschiff einen möglichst großen Überhang aufweisen sollten.

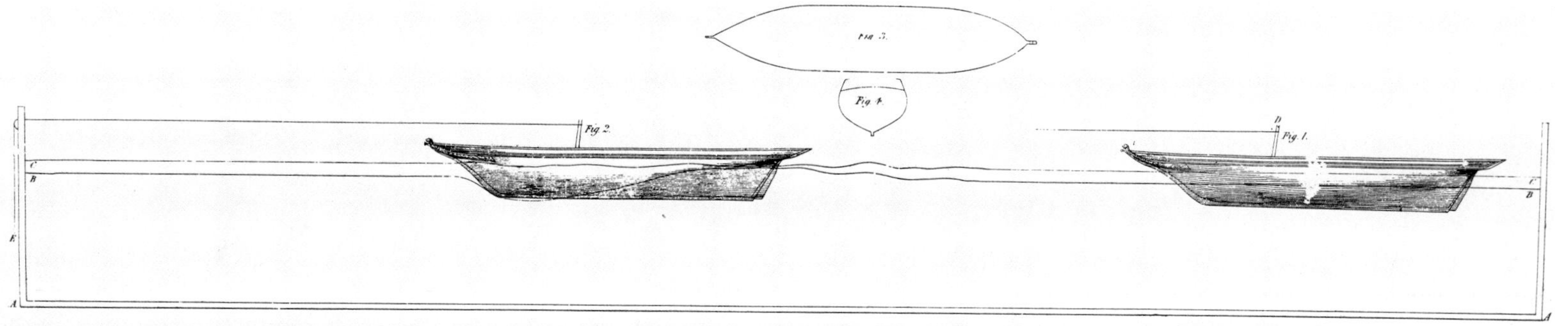

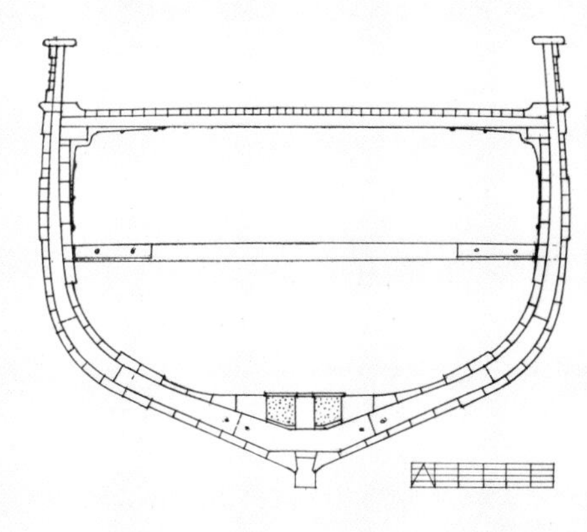

104 Schnitt durch das Hauptspant der 1843 von Alexander Hall & Sons in Aberdeen gebauten SWIFT. Mit einigen Rekonstruktionen nach einer im Besichtigungsbericht von Lloyd's Register enthaltenen Skizzen gezeichnet, um die Bauweise der kleinen Aberdeen-Klipper jener Jahre zu zeigen. Spanten aus Eiche; Außenhaut aus Ulme und Eiche; Balken aus Eiche; Deck aus Yellowpine. Abmessungen: 32,02 m × 6,93 m × 4,06 m; 253 tons a. V. und 184 tons n. V. – Nachforschungen: James Henderson.

1790 gegründete „Society for the Improvement of Naval Architecture" war für zahlreiche Experimente verantwortlich, über die auch Berichte veröffentlicht wurden. Auf dem europäischen Festland wurden Tank-Tests für theoretische Arbeiten verwendet, deren Ergebnisse Chapman immerhin bei seinen Entwürfen auswertete.[14] Im neunzehnten Jahrhundert waren Modellversuche ein anerkanntes Mittel zur Erzielung besserer Bauformen. In Amerika führte der Ingenieur und Yachtsegler Robert Stevens in den Jahren 1838/39 Experimente mit Schonerrümpfen durch, wobei er unter Vorwegnahme der heutigen Praxis echte Modelle ganz bestimmter Bauvorhaben verwendete.[15] Um die gleiche Zeit fanden auch Schleppversuche bei der Firma William Denny & Brothers in Dumbarton bei Glasgow statt.

Ein wichtiges Erkennungszeichen der Hallschen Klipper war die Art der Bugsprietbefestigung. Am Linienriß der SCOTTISH MAID ist deutlich zu sehen, daß dieses nicht wie bei der Brigg ANONYMA aus dem Rumpf herausragte, sondern klar von der Galionsfigur die Relingslinie nach oben durchstieß. Der Neigungswinkel war gering, der Fuß des Bugspriets war in den Pallpfosten eingelassen, während die nach vorn geneigten Betinge zusätzlichen Halt gaben und das Wasserstag und die Bugstage es fest am Bug absicherten. Diese Art der Bugsprietbefestigung war die Krönung des Aberdeen-Bugs.

ENTWICKLUNG DES ABERDEEN-BUGS

Die bei Alexander Hall & Sons in den vierziger Jahren vom Stapel gelaufenen Aberdeen-Klipper waren in allen Fahrtbereichen der Welt beschäftigt. Die Schoner wurden oft an der Ostküste in der Paketfahrt verwendet. Nach einer Reihe von Gemälden zu urteilen, richtete sich ihre allgemeine Erscheinung weitgehend nach der der SCOTTISH MAID. Der durch das Hauptspant der SWIFT gelegte Schnitt zeigt, daß die Aufkimmung in einigen Fällen größer war. Viele der Schoner fuhren eine Royalrah und darüber einen kurzen Topp; die Firma schien eine Abneigung dagegen zu haben, den Masttopp dicht über dem Rigg aufhören zu lassen. Der Anstrich vieler dieser Klipper war oberhalb der CWL in dem jetzt berühmten „Aberdeen-Grün" gehalten, und selbst das im Glasgower Museum befindliche Halbmodell der SCOTTISH MAID zeigt noch eine matte Version davon. Die 1845 gebaute TORRINGTON war Halls erster Opium-Klipper. Obwohl der erste Eisenrumpf der Werft nicht vor den ausgehenden sechziger Jahren entstand, lieferte man gelegentlich für eiserne Fahrzeuge die hölzernen Bauelemente wie im Fall des Paket-Schoners PRINCE OF WALES, für den alle hölzernen Spieren und Deckseinrichtungen bei Hall angefertigt wurden. Er erhielt nicht nur eine Royalstenge samt Rah, sondern auch einen 0,61 m langen Skysegeltopp! Manche der Schoner fuhren drei Vorsegel von der Saling, andere nur zwei. Dabei beanspruchten die Segel oft die gesamte Länge des Stages, so daß dann die Fallblöcke dicht unter der Breitfockrah gefahren wurden. Die hier wiedergegebenen Abbildungen zeigen, daß die Aberdeen-Schoner in dieser Hinsicht keine neuen Wege beschritten, sondern der bestehenden Praxis folgten.

Kapitän Ritchie, Geschäftsführer der Leith & London Shipping Co., schrieb in einem Brief vom 16. Oktober 1847 über die drei der Gesellschaft gehörenden Schoner folgendes:

„Die NONSUCH lief am 12., die RAPID am 19. Januar 1842 und die SWIFT am 12. Oktober [1843] vom Stapel. Die NONSUCH und RAPID haben je sechsundneunzig Reisen absolviert und die SWIFT vierundsechzig. Ich habe selbst einige Fahrten mit jedem von ihnen gemacht und fand stets, daß sie in schlechtem Wetter weitaus trockener waren und wesentlich schneller segelten als Fahrzeuge irgendeiner anderen Art. Davon abgesehen, beförderten sie eine große Ladung im Verhältnis zu ihrer Tonnage. Es ist die volle Wahrheit, wenn ich sage, daß jeder dieser Klipper am Wind (das heißt, gegen den Wind) bei frischer Brise doppelt so schnell läuft wie die ROBERT BRUCE, die beste und einzige noch nicht verkaufte Smack unter den alten Schiffen der Gesellschaft ... Ich habe niemals irgendeine Art von Fahrzeugen gesehen, die es mit den Klippern im Segeln, in punkto Ladefähigkeit und im Abwettern eines Sturmes hätte aufnehmen können."[16]

In *The Opium Clippers* findet sich die Reproduktion einer recht brauchbaren zeitgenössischen Skizze der TORRINGTON.[17] Folgendermaßen beschrieb ein Augenzeuge ihre Ankunft an der Chinaküste:

„Die TORRINGTON erregte unter Kaufleuten und Reedern in Canton und Hongkong durch ihr Erscheinen großes Interesse; und nun nach ihrer Rückkehr von der Reise, die sie in einer so außerordentlich guten Zeit zurücklegte, ist sie hier die Sensation." Achtzehn Monate später meinte der gleiche Briefschreiber: „Immer noch ist der Ruhm der TORRINGTON, die jeden Klipper dieser Küste schlägt, nicht verblaßt." Er fügte noch hinzu, daß ihre Betriebskosten gering waren und sie zwar schon einmal ihr gesprungenes Bugspriet aber, im Gegensatz zu anderen Klippern, noch nie ihre Masten verloren habe.[18]

Der Kapitän des 1847 vom Stapel gelaufenen und für die Fahrt zum Kap der Guten Hoffnung bestimmten Schoners CURLEW behauptete, daß er für die Dauer von sechs Stunden mit einer Geschwindigkeit von nicht weniger als dreizehn Knoten gelaufen sei.[19]

Für Frachtschiffe, die mit ihrer Ladung einen Gewinn einfahren mußten, war es erforderlich, das für die Schoner verwendete Baumuster abzuwandeln. Halls erster Versuch in dieser Richtung bestand darin, zwischen extrem stark überfallenden Vor- und Achtersteven ein völlig gehaltenes Hauptspant unterzubringen. Das interessante und in mancher Hinsicht einmalige Ergebnis kann man in dem in Abbildung 109 wiedergegebenen Linienriß der ACASTA sehen, der nach der 1845 von Alexander Hall & Sons zur Werbung für ihre neue Konstruktionsidee herausgegebenen Zeichnung entwickelt wurde (Abbildung 105). In letzterer wird die Bark ACASTA einem Schiff „gewöhlicher Proportionen" gegenübergestellt, wobei beide die gleiche Kiellänge und Hauptspantfläche besitzen. In dem darunter abgedruckten Kommentar der Erbauer zu ihrer Konstruktion heißt es:

„Aus den oben gemachten Ausführungen wird deutlich, daß die Registertonnage verringert wird bei gleichzeitiger Steigerung der Ladefähigkeit. Dabei wird der Vermessungswert aber nicht nur um 30 tons reduziert, sondern es kommt die gesamte zusätzliche Länge einer Erhöhung des Rauminhalts zugute, die vorn fast das gesamte Logis und auch achtern beachtlichen Raum umfaßt. Gleichzeitig werden Symmetrie und Segeleigenschaften sehr verbessert, und das Deck ist wesentlich trockener, wie es die während der letzten sechs Jahre mit 20 bis 30 Fahrzeugen gewonnene Erfahrung gründlich unter Beweis stellen konnte."[20]

Die vergleichbaren Abmessungen zur Ermittlung der Tonnage nach der neuen Vermessungsregel folgen hier wie auf dem Plan abgedruckt:

„Fahrzeug gewöhnlicher Proportionen"	31,33 m × 7,13 m × 5,09 m; 356 $^{3}/_{4}$	tons n. V.
ACASTA	33,96 m × 7,13 m × 5,09 m; 327 $^{2}/_{5}$	tons n. V.
	385 $^{15}/_{94}$	tons a. V.

In den unten aufgeführten Register-Abmessungen finden sich nur für die Länge andere Werte, da diese hier an Deck gemessen wurde; für die Breite wurde noch das Innenmaß verwendet:

„Fahrzeug gewöhnlicher Proportionen"	31,70 m × 7,13 m × 5,09 m	(Länge dem Plan entnommen)
ACASTA	39,11 m × 7,13 m × 5,09 m	(Länge nach Kostenrechnung der Erbauer)

Diese Zahlen veranschaulichen die kuriose Lage, bei der ein Anwachsen der Länge über alles zu einer Verminderung der Registertonnage führte. Der Dampfer BONNIE DUNDEE wurde gegen 1847, als er einen Aberdeen-Bug erhielt, um 6,71 m verlängert mit dem Resultat, daß seine Registertonnage um sieben tons *kleiner* geworden war.[21]

Ein Vergleich dieser Zahlen bietet einen nützlichen Anhaltspunkt für die Schärfe der charakteristischen Linien eines Fahrzeuges. Die Größe der Differenz zwischen den Tonnageangaben nach alter und nach neuer Vermessungsregel liefert einen ungefähren Hinweis auf den Schärfegrad, da scharf gebaute Fahrzeuge gewöhnlich nach der neuen Vermessungsart eine geringere Tonnage erzielten als nach der alten Methode. So betrugen die entsprechenden Werte bei SCOTTISH MAID 142 tons n. V. gegenüber 195 tons a. V., bei ACASTA 327 tons n. V. gegenüber 385 tons a. V. und bei VISION (Abbildung 188) 563 tons n. V. gegenüber 723 tons a. V. – Umgekehrt ergab sich bei völligen Schiffen nach der neuen Tonnagevermessung ein größerer Wert, so daß sich das

105 Von Alexander Hall & Sons, Aberdeen, veröffentlichte Werbezeichnung, die zeigen soll, daß ihr Bug die Vermessungstonnage nach der neuen Verordnung von 1836 verringert. Auf der Abbildung ist das Schiff mit dem Aberdeen-Bug die ACASTA.

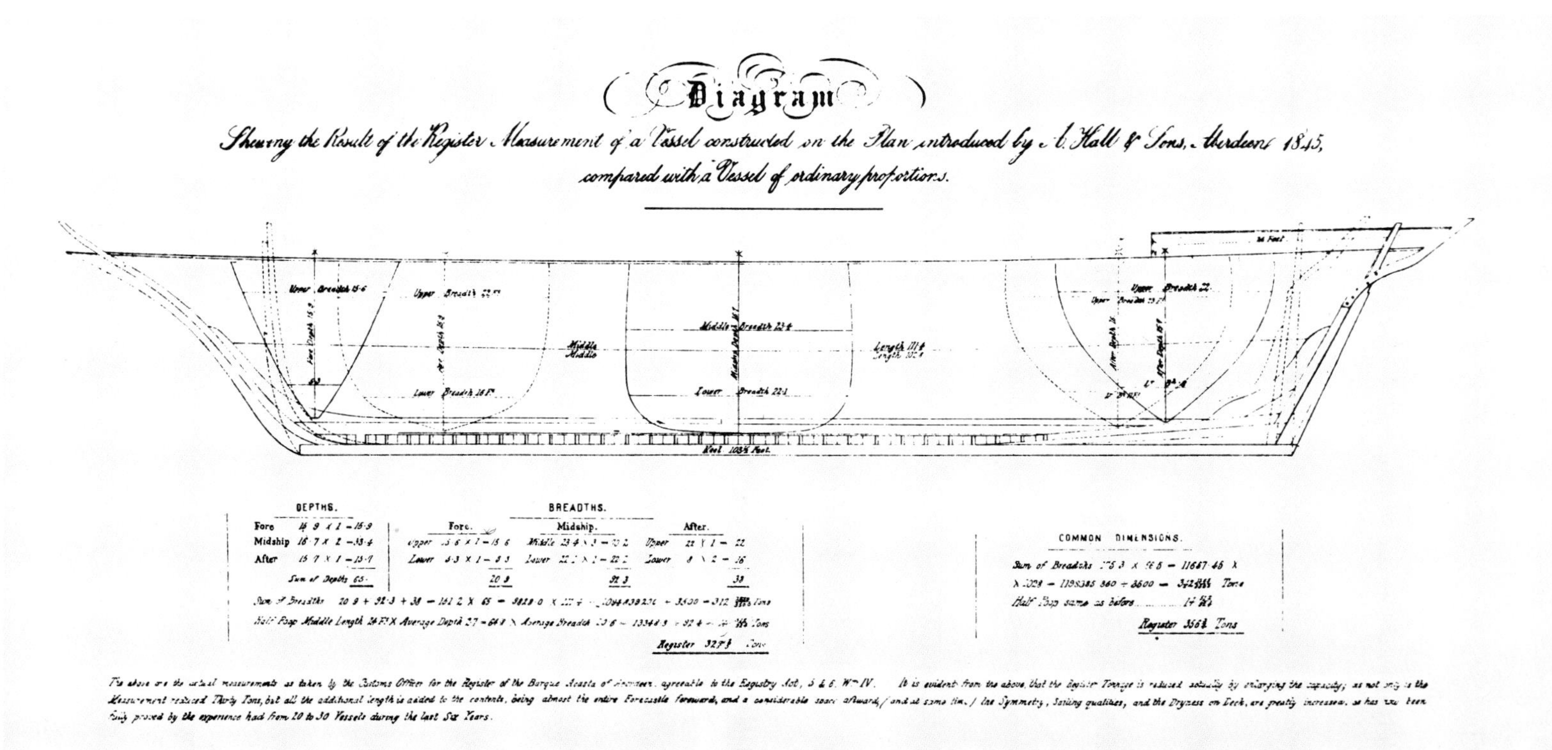

Verhältnis bei THOMAS ARBUTHNOT auf 621 tons n. V. zu 523 tons a. V. und bei ALEXANDER HALL auf 403 tons n. V. zu 358 tons a. V. belief. Diese Faustregel ist für die von 1836–1854 währende Geltungsdauer der „neuen“ Vermessungsmethode auf Fahrzeuge aller Klassen anwendbar, was noch bei zahlreichen sich bietenden Gelegenheiten wird gezeigt werden können.

Man darf sich nun nicht vorstellen, daß alle nach 1839 bei Alexander Hall & Sons vom Stapel gelaufenen Fahrzeuge einen Klipperbug besessen hätten; das war bei weitem nicht so. Glücklicherweise brachte das *Aberdeen Journal* 1848 eine definitive Liste der seit 1839 „mit dem verbesserten Bug“ gebauten Fahrzeuge. Diese Liste liefert einen wichtigen Beweis für den zunehmenden Erfolg des in diesen Jahren seine Bewährungsprobe bestehenden Bugs. Die Baunummern in der folgenden ergänzten Zusammenstellung zeigen, daß in den ersten vier Jahren lediglich elf von insgesamt vierunddreißig Neubauten den Aberdeen-Bug erhielten, daß dann aber von 1843 an die Lage umgekehrt war und nur gelegentlich noch Schiffe ohne ihn gebaut wurden.

Die im *Aberdeen Journal* erschienene Liste gab neben dem Baujahr noch Namen, Takelung, Heimathafen, Registertonnage und vorgesehenes Fahrtgebiet an. In der folgenden Aufstellung wurden diese Daten neu geordnet und jeweils um die Angaben der Baunummer und der Tonnage alter Vermessung vermehrt. Dabei ist zu bemerken, daß das *Aberdeen Journal* für das Jahr 1845 auch eine in Neufundland registrierte Brigg „WM. RENTON“ aufführte. Bei Hall wurde keine Brigg dieses Namens gebaut, der hier offenbar irrtümlich für WILLIAM PUNTON gesetzt wurde, während diese Brigg wiederum fälschlich unter dem Jahr 1848 erschien. In der unten stehenden Liste wurde dieser Fehler berichtigt.

LISTE DER 1839–1848 VON A. HALL & SONS MIT ABERDEEN-BUG GEBAUTEN KLIPPER[22]

Bau-Nr.	Baujahr	Name	Rigg	tons n.V.	tons a.V.	Heimathafen	vorgesehenes Fahrtgebiet
101	1839	SCOTTISH MAID	Sch	142	195	Aberdeen	Aberdeen & London
109	1840	ABERDONIAN	Sch	146	?	Aberdeen	Aberdeen & London
110	1840	ELIZABETH	Sch	136	190	Aberdeen	Aberdeen & Newcastle
111	1840	LONDON	Sch	142	?	Aberdeen	Aberdeen & London
112	1840	PORT FLEETWOOD	Sch	162	180	Fleetwood	Kap der Guten Hoffnung
127	1841	LIGHTNING	Sch	177	?	Glasgow	Grangemouth & London
116	1842	RD IRIS	Sch	187	310	Kopenhagen	Ostsee
128	1842	RAPID	Sch	149	217	Leith	Leith & London
129	1842	NON-SUCH	Sch	151	221	Leith	Leith & London
130	1842	FAIRY	Sch	150	?	Leith	Aberdeen & Leith
132	1842	MOUNTAIN MAID	Bg	192	226	Aberdeen	Kap der Guten Hoffnung
135	1843	BORDER MAID	Sch	90	135	Berwick	Berwick & London
136	1843	WATER WITCH	Sch	92	146	Berwick	Berwick & London
137	1843	PERA	Sch	191	235	Peterhead	Mittelmeer
138	1843	EBENEZER	Sch	67	100	Wick	Wick & Leith
139	1843	SWIFT	Sch	183	252	Leith	Leith & London
142	1843	HERO	Sch	52	85	St. Andrews	St. Andrews & Leith
143	1844	COLLOONY	Bk	287	335	Glasgow	Montreal [„Überhang des Vorstevens, 6,40 m vor Vorderkante des Kiels.“ L. R. Bericht]
144	1844	HEROINE	Sch	75	109	Wick	Wick & Leith
145	1844	D od. RD QUEEN	3-Sch	384	?	Aberdeen	Leith & Inverness
146	1844	DART	Sch	88	132	Arbroath	Arbroath & London
147	1845	ACASTA	Bk	327	385	Aberdeen	unbestimmt [„Klipperbug, wobei der Vorsteven das Galion bildet“. L. R.-Bericht]
148	1845	WILLIAM PUNTON	Bg	170	?	Neufundland	Neufundland
149	1845	PRINCE OF WALES	Sch	178	?	Leith	Leith & London
150	1845	TORRINGTON	Sch	144	237	London	Chinaküste
152	1845	WHITE MOUSE	Sch	72	?	Dartmouth	Fruchtfahrt
153	1846	BON ACCORD	Vs	380	432	London	Ostindien
155	1846	SIR WILLIAM WALLACE	Sch	115	165	Fraserburgh	Küstenfahrt
156	1846	MATCHLESS	Sch	107	170	Lerwick	Lerwick & Leith
157	1846	GITANA	Sch	92	?	Aberdeen	unbestimmt
158	1846	ELECTRA	Bk	306	364	London	Westindien
159	1847	NORTH STAR	Vs	385	459	London	Ostindien
160	1847	AMELIA	Sch	150	240	Glasgow	Chinaküste
161	1847	VICTORIA	Sch	66	111	Leith	Leith & Rotterdam
162	1847	CURLEW	Sch	116	166	Aberdeen	Kap der Guten Hoffnung
163	1848	PILOT FISH	Vs	303	400	Liverpool	Brasilien
164	1848	BEN MUICK DHUI	Bk	244	306	Aberdeen	Brasilien [„Spiegelheck und sogenannter Klipperbug mit beträchtlichem Überhang“. L. R.-Bericht]
165	1848	BONITA	Vs	299	398	Liverpool	Brasilien [„ist mit dem für gewöhnlich sogenannten Klipperbug in ziemlich übertriebener Form versehen“. L. R.-Bericht]

Diese Liste zählt sechsunddreißig Segelfahrzeuge. Bei ihr dürfte es sich ohne Zweifel um die in zeitgenössischen Kommentaren erwähnte Aufstellung handeln, besonders, da dort die Zahl von sechsunddreißig Fahrzeugen ausdrücklich genannt wird.[23]

Um die obige Aufstellung auf den Stand vom Ende des Jahres 1849 zu bringen, folgt hier noch ein Nachtrag. Heimathafen und vorgesehenes Fahrtgebiet sind *Lloyd's Register* entnommen. Ausgewählt wurden diejenigen Fahrzeuge, die nach zeitgenössischen Beschreibungen einen „Aberdeen-Bug" besaßen.

Bau-Nr.	Baujahr	Name	Rigg	tons n.V.	tons a.V.	Heimathafen	vorgesehenes Fahrtgebiet
168	1848	REINDEER	Vs	328	427	Liverpool	Ostindien [vgl. Abbildung 113]
169	1849	PRINCEZA	Bg	149	?	Liverpool	Mexiko [„Gewöhnlicher überhängender Klipperbug". L. R.-Bericht]
170	1849	BENJAMIN ELKIN	Vs	367	425	Liverpool	Australien [„Besitzt überhängenden Klipperbug". L. R.-Bericht; Halbmodell weist ähnliche Linien wie REINDEER auf]
172	1849	EMPEROR	Bk	368	418	Liverpool	Brasilien [„überhängender sogenannter Klipperbug extremer Form". L. R.-Bericht]

(Nr. 172 war das letzte 1849 bei Hall vom Stapel gelaufene Fahrzeug)

Der erste rahgetakelte Dreimaster mit dem Aberdeen-Bug war nach der hier abgedruckten Zusammenstellung die Bark COLLOONY aus dem Jahr 1844, und das erste Vollschiff war danach die 1846 gebaute BON ACCORD. Dagegen möchte Boyd Cable, daß wir die GLENTANNER für das erste nach den Linien eines Klippers gebaute Vollschiff halten.[24] Wenn das einzig und allein eine Frage des Datums gewesen wäre, warum hat er dann nicht wenigstens die ein Jahr früher gebaute THOMAS ARBUTHNOT gewählt, die immerhin das erste von Hall nach dem Stapellauf der SCOTTISH MAID gebaute Vollschiff war? Boyd Cable nahm an, daß nachdem der Aberdeen-Bug sich erst einmal bewährt hatte, nun auch ohne Frage jedes von der Werft gebaute Fahrzeug mit ihm versehen worden sei. Manche Reeder wünschten aber keine scharflinigen Schiffe oder fanden keinen Gefallen an einem derart überhängenden Bug. Auf jeden Fall wurde ja schon am erhaltenen Halbmodell gezeigt, daß die THOMAS ARBUTHNOT einen völligen Bug und einen senkrechten Vorsteven hatte. Die bemerkenswerte Ähnlichkeit ihrer Abmessungen mit denen der GLENNTANNER legt sehr nahe, daß es sich um Schwesterschiffe handelte. Hier die betreffenden Zahlen zum Vergleich:

THOMAS ARBUTHNOT . . . Baujahr 1841; 39,93 m × 8,05 m × 5,82 m; 621 tons n.V. 523 tons a.V.

GLENTANNER . . . . Baujahr 1842; 39,65 m × 7,99 m × 5,94 m; 610 tons n.V. 524 tons a.V.

Das Längenverhältnis (Länge : Breite) betrug annähernd 5 : 1 und kam zwangsläufig ihrer Schnelligkeit zugute. Das Verhältnis liegt für Schiffe jener Zeit über dem Durchschnitt.

Es folgt nun noch eine Liste aller Vollschiffe und Barken, die von Alexander Hall & Sons vom Stapellauf der SCOTTISH MAID an bis zum Jahr 1849 gebaut wurden, aber in den oben gebrachten Zusammenstellungen fehlen. Es fällt auf, daß in jedem Fall die Tonnage nach der neuen Vermessung größer ist als die der alten, ein Zeichen für das Nichtvorhandensein eines Aberdeen-Bugs und dafür, das das jeweilige Fahrzeug nach völligeren und konventionelleren Linien gebaut war. Diese Vollschiffe und Barken dürften kaum als Klipper eingestuft werden können. Diejenigen Baunummern, die hier in keiner der Listen erscheinen, gehören zu Dampfern, Briggs und Fahrzeugen mit Schratbesegelung, die alle keinen Aberdeen-Bug besaßen.

LISTE DER 1839–1849 VON A. HALL & SONS *NICHT* ALS KLIPPER GEBAUTEN VOLLSCHIFFE UND BARKEN

Bau-Nr.	Baujahr	Name	Rigg	tons n.V.	tons a.V.	Bemerkungen
103	1839	ANN SMITH	Bk	292	?	sehr hoch
105	1840	LORD WESTERN	Bk	530	445	
106	1840	CRUSADER	Bk	224	210	
115	1841	THOMAS ARBUTHNOT	Vs	621	523	völlig und hoch; Photo des Halbmodells in Abbildung 102
117	1841	TRIO	Bk	388	355	
122	1842	QUEEN OF THE ISLES	Bk	278	261	
123	1842	GLENTANNER	Vs	610	524	Möglicherweise Schwester von Nr. 115
126	1842	HUMAYOON	Vs	530	446	China-Tee-Fahrt
134	1842	CYNTHIA	Bk	251	242	
151	1845	ALEXANDER HALL	Bk	403	358	völlig und hoch; Photo des Halbmodells in Abbildung 102
167	1848	PERUVIAN	Bk	413	387	„Dies ist ein völlig gebautes schwerfälliges Fahrzeug mit üblichem Bug, fast aufrechtem Vorsteven mit Galion und Büste als Galionsfigur . . ." (L. R.-Bericht)

Interessant ist die Feststellung, daß viele der völliger gebauten Schiffe eine hohe und schmale Takelage im Stil von Hedderwicks 500-tons-Vollschiff besaßen (vgl. Abb. 55).

VERGLEICHENDE BETRACHTUNG EINIGER KLIPPER HALLS

Die Entwicklung des Aberdeen-Bugs, dieses herrlichen ausladenden Vorstevens, ist im britischen Schiffbau einmalig. Er erinnert an den weit überhängenden Bug der nordamerikanischen Neufundland-Schoner oder der britischen Emsworth-Smacks, wie etwa der ECHO. Auf den Plänen der ACASTA, REINDEER und BENJAMIN ELKIN beträgt der vordere Überhang von Vorderkante

106 Unter konventionell gebauten Schiffen im mittleren Hintergrund eine Bark von der Art der ACASTA mit dem unverkennbaren Aberdeener Klipper-Bug. Dieses Photo stammt aus dem Besitz eines Aberdeener Kapitäns, was für eine Aberdeener Herkunft dieses überhängenden Vorstevens spricht. Ort der Aufnahme unbekannt, Datum ca. 1865; keine Namen erkennbar.

Kiel gemessen nicht weniger als 8,53 m, und es ist sehr gut möglich, daß in der Zeit zwischen dem 1844 erfolgten Stapellauf der COLLOONY und der Indienststellung der STORNOWAY im Jahre 1850 alle mit dem Aberdeen-Bug ausgestatteten Vollschiffe und Barken einen ähnlich extremen Überhang in mehr oder weniger ausgeprägter Form besaßen.

Der Linienriß der ACASTA (Abbildung 109) wurde nach den Spantflächen und dem Längsriß auf Halls Zeichnung zur Gegenüberstellung von alter und neuer Vermessungsmethode rekonstruiert. Obwohl dort nur drei Spantflächen gegeben waren, bot die Zeichnung der dazu passenden Linien keinerlei Schwierigkeiten. Einige kurze Bemerkungen zu der für die Ermittlung der Linien verwendeten Methode mögen hier von Interesse sein.

Die Wasserlinien wurden mittels Straklatte ausgestrakt. Die Berührungspunkte der Wasserlinien mit der vordersten Spantfläche E und mit dem Vorsteven standen dabei jeweils in einem solchen Verhältnis, das die Straklatte am Bug zu dieser konvexen Linienführung zwang. Das Achterschiff machte etwas mehr Mühe. Wegen des hohlen und für die Straklatte auch etwas schwierigen Belaufs wurden an ihrer Stelle Schablonen verwendet. Der auf einem Viertel der Konstruktionsbreite parallel zur Mittschiffsebene liegende Schnitt wurde zur Überprüfung der Wasserlinien gezeichnet, und nach ein wenig Probieren mit der Straklatte konnten im Spantriß die fehlenden Spantlinien ermittelt

107 Gemälde der Aberdeener Brigg WILLIAM PUNTON in einem Sturm. Sie besitzt einen extrem überhängenden Vorsteven mit langem Klüverbaum und zusätzlichem Außenklüverbaum. An einem schwarz gemalten Schnaumast wird hinter dem Großmast ein Schnausegel gefahren.

108 Dieses Gemälde von Arthur Smith zeigt eine einkommende Bark in schwerem Wetter vor dem Aberdeener Hafen. Ihre Bramstengen sind teilweise gefiert, ihr Klüverbaum ist eingerannt und die Segel festgemacht oder dicht gerefft. Möglicherweise handelt es sich um die BEN MUICK DHUI (1848) oder die ACASTA (1845).

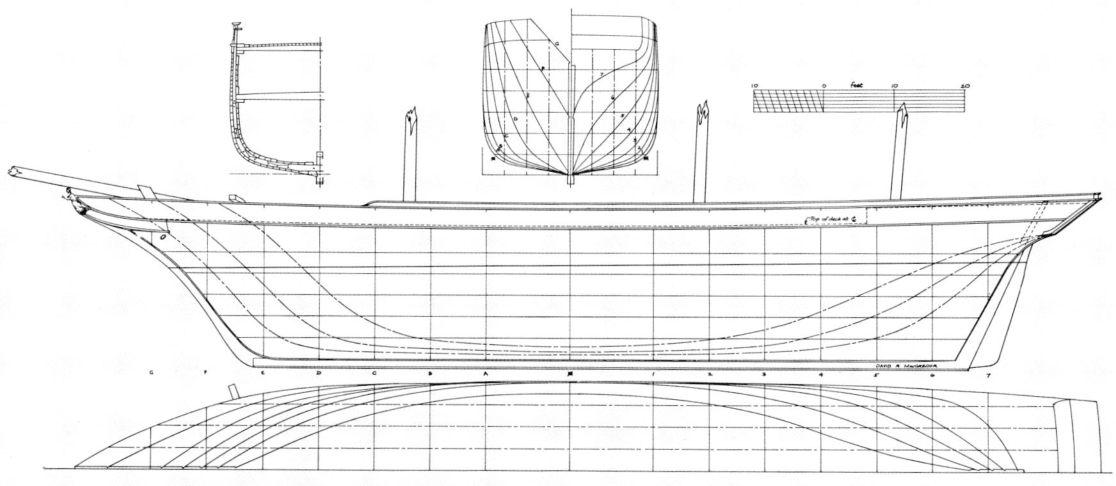

109 ACASTA (Linienriß): 1845 von Alexander Hall & Sons in Aberdeen gebaut. Gezeichnet und rekonstruiert nach einer von der Werft zur Propagierung der Vorteile ihrer neuen Bauweise herausgegebenen Zeichnung (Abbildung 105). Register-Abmessungen: 39,11 m × 7,13 m × 5,09 m; $327\frac{2}{5}$ tons n. V. und $385\frac{15}{94}$ tons a. V. – Rekonstruktion: Galionsfigur, Schanzkleid, Kranbalken und Anordnung der Masten. Der Linienriß wurde aus drei in oben erwähnter Zeichnung enthaltenen Spantflächen entwickelt.

werden. Die Verwendung einer von Dixon Kemps birnenförmigen Schablonen zur Zeichnung von Spantrisssen bot die Gewähr dafür, daß die Spantlinien die jeweils richtigen Formen bekamen. Im Längsriß wurden noch weitere Schnitte gezeichnet, ohne daß mit der Straklatte viel probiert werden mußte. Natürlich war die Vertrautheit mit der generellen Rumpfform der in den vierziger Jahren im Aberdeen-Stil gebauten Schiffe eine wesentliche Voraussetzung. Dazu wurden auch die Linien der SCOTTISH MAID und der WATKINS (Abbildung 126), einer in Sussex gebauten Kopie des Aberdeen-Typs, studiert. Während die WATKINS ein etwa 8,5 m langes Mittelschiff mit gleichbleibender Spantfläche besaß, fehlte etwas Derartiges beispielsweise bei der ACASTA. Im Vor- und Achterschiff ähnelten sich beide Fahrzeuge sehr, sowohl in der Form der Wasserlinien als auch im Maß der Aufkimmung. Eine weitere Gemeinsamkeit findet sich in der völlig gehaltenen Hauptspantfläche. Der die COLLOONY betreffende Besichtigungsbericht von Lloyd's Register enthält eine Hauptspantzeichnung, die in der Form derjenigen der ACASTA ähnlich ist. Bei diesen rahgetakelten Schiffen der mittvierziger Jahre erreichten die Überhänge von Vor- und Achtersteven wahrscheinlich ihre äußerste Grenze, wenn auch der Bau von derart extrem überhängenden Vorsteven noch bis etwa zur Mitte des Jahrhunderts fortgesetzt wurde. Eine Eigentümlichkeit im Vorschiff dieser Fahrzeuge bestand darin, daß dort auf deren Linienrissen die Wasserlinien wegen des so stark ausladenden Stevens fast parallel zueinander verliefen. Ähnliches kann auch bei Baltimore-Klippern und anderen Schiffen mit ausgeprägtem vorderen Überhang beobachtet werden. Indem sie im Bereich des Stevenanlaufs die Linien der ACASTA konvex hielten, schufen die Erbauer einen Anfangswiderstand gegen ein zu erwartendes Stampfen des Vorschiffes, um sich nicht ausschließlich auf den latenten Widerstand zu verlassen, der rasch anwuchs, wenn der in hohler Linie überfallende Bug – manchmal mit unerhörter Wucht – in die See einsetzte. Trotzdem erwarben einige der Aberdeen-Klipper den Ruf, heftig zu stampfen. Immerhin lobte der Kapitän der BON ACCORD deren sanfte Bewegungen auch gegen die See, wie aus seinem weiter unten zitierten Brief an Hall hervorgeht.

Athur Smiths in Abbildung 108 wiedergegebenes Gemälde einer ungenannten einkommenden Klipper-Bark vor Aberdeen zeigt wahrscheinlich einen von Halls Klippern jener Tage. Möglicherweise handelt es sich hierbei um die ACASTA oder die BEN MUICK DHUI, da diese zwischen 1844 und 1852 die beiden einzigen in Aberdeen beheimateten Barken dieser Art waren. Smith malte die Bark unter Sturmsegeln mit halbgefierten Bramstengen und eingeranntem Klüverbaum. Die Rekonstruktion der Takelung für den Segelriß der ACASTA stützt sich auf dieses Bild. Die ACASTA fuhr ein Großboot von 6,10 m Länge und eine 5,50 m lange Jolle. Ersteres dürfte auf dem Hauptdeck gestanden und letztere in den Davits gehangen haben, die auf Smiths Gemälde nur an der Backbordseite zu sehen sind. Die kurz vor dem Fockmast endende Oberschanzkleidreling war eine Eigentümlichkeit dieser Aberdeen-Klipper und auch einiger kleiner Schiffe jener Zeit. Sie ist auf dem oben erwähnten Bild sowie auf dem Gemälde der Klipper-Brigg WILLIAM PUNTON (Abbildung 107) und auf dem Stich der von Walter Hood 1847 gebauten Klipper-Bark PHOENICIAN (Abbildung 120) zu erkennen. Wo vorn ein Ankerdeck fehlte, hätte man für die Arbeit an den Ankern die Oberschanzkleidreling wegnehmen müssen. So verwendete man dann auf manchen Schiffen die oben erwähnte Anordnung.

Der Segelriß der ACASTA zeigt sie mit Gleitstengen, die auch in

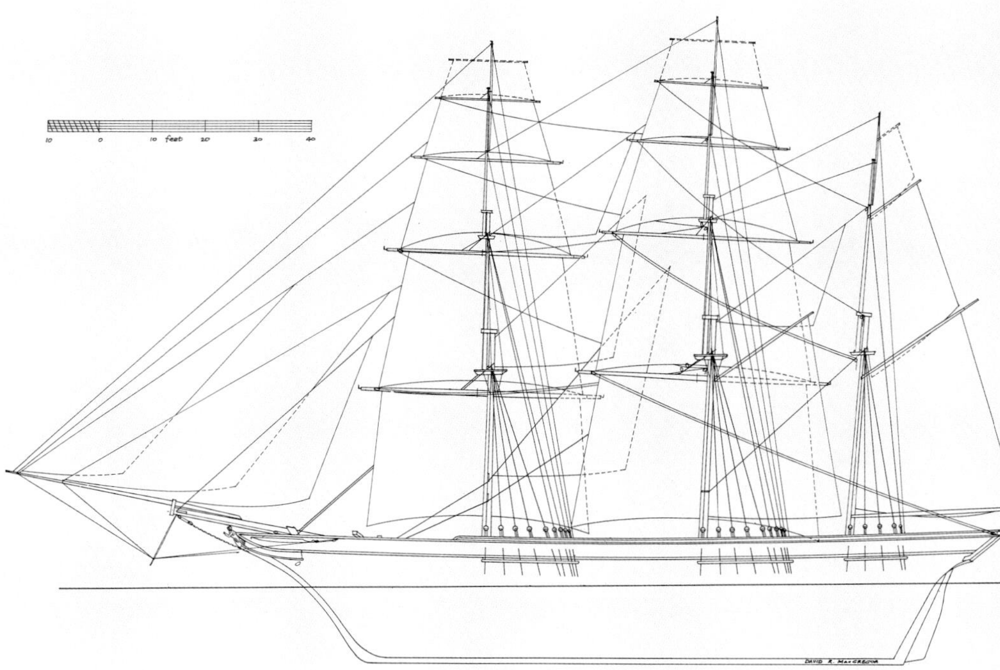

110 ACASTA (Segelriß): Vollkommen rekonstruiert unter Zugrundelegung eines von James Henderson gezeichneten Plans. Quellen: Linienriß, Spierenabmessungen nach der Kostenaufstellung der Werft, Spierendurchmesser und Mastpositionen gemäß der zeitgenössischen Praxis; Gemälde der Aberdeener Bark in Abbildung 108. Von der Werft nicht aufgeführte Skysegelrahen wurden gestrichelt dargestellt.

der Liste der Spierenabmessungen aufgeführt sind, wobei die Länge oberhalb des Führungsringes vermerkt wurde. An Fock- und Großmast wurden offenkundig bei leichter Brise Skysegel gefahren, während am Besanmast die Verwendung der Gleitstenge nicht eindeutig ist.

Da hier mehrere Gemälde von Arthur Smith abgebildet sind, dürften einige Bemerkungen über den Künstler von Interesse sein. Zu Beginn dieses Jahrhunderts erinnerte sich William Skene an das Aberdeen einer um fünfzig oder sechzig Jahre zurückliegenden Zeit; er schrieb:

„Ein paar Häuser von Marischal Street den Kai hinab gab es ein Geschäft, vor dessen Schaufenstern die Jungen vom East-End, besonders solche mit einem Hang zur Seefahrt, zu stehen pflegten, um stundenlang über ein dort ausgestelltes Bild zu diskutieren, das den neuesten in Aberdeen ausgerüsteten Klipper darstellte. Die Wiedergabe war peinlich genau bis ins letzte Detail: Tauwerk, Spieren und alles.

Der Künstler war Arthur Smith, Marinemaler. Ich glaube, daß viele Jahre hindurch kein neues Fahrzeug den Hafen verließ, ohne von Arthur auf der Leinwand abgebildet worden zu sein. Die einzige negative Kritik, die ich jemals über Mr. Smiths Bilder hörte, war, daß er seine Schiffe stets vor einem günstigen Wind und immer unter der Küste von Girdle Ness segeln ließ.“[25]

Die beiden hier abgebildeten Gemälde von Arthur Smith stellen eine unbekannte Bark und die BONITA dar, allerdings durchaus nicht unter günstigen Windverhältnissen: beide fahren in Erwartung schweren Wetters unter verkürzten Segeln.

Einige interessante Bemerkungen über Einrichtung und Ausstattung der Decks finden sich in den Besichtigungsberichten von Lloyd's Register, die von den Besichtigern abgefaßt und zusammen mit ihrem Klassifikationsvorschlag an das Hauptbüro in London geschickt werden mußten. Sie werden jetzt im National Maritime Museum in Greenwich aufbewahrt und geben wertvolle Aufschlüsse über Schiffe, von denen keine andere technische Beschreibung oder sonstige Würdigung erhalten geblieben ist. Als in den vierziger Jahren R. Robinson in Aberdeen der zuständige Besichtiger war, machte er am Rand seiner Berichte Angaben über die Balkenabstände, die eine große Hilfe für die Rekonstruktion von Deckspläne oder die Ermittlung der Mastpositionen sind. Manchmal fertigte der Besichtiger Skizzen von Eisenknien und von Kiel- und Kielgangkonstruktionen an, und er zeichnete gelegentlich auch einen Hauptspantschnitt, wovon einige bereits erwähnt wurden.

Die Deckseinrichtung der 1848 vom Stapel gelaufenen PILOT FISH wird von Lloyds' Besichtiger folgendermaßen beschrieben:

„Besitzt ein durchgehend glatt verlaufendes Hauptdeck mit einem erhöhten Deckshaus für die Kajüte, dessen Abstand von der Reling an jeder Seite 0,76 m und vom Achtersteven etwa 1 m beträgt. Die beiderseitigen Gänge und das Stück hinter dem Haus sind umbaut und mit 64 mm starken Yellowpine-Planken in einer Höhe mit dem unteren Teil der Reling gedeckt und wasserdicht gemacht. Das Ganze bildet ein erhöhtes Quarterdeck neben und hinter dem Haus ... Sie ist mit Klipperbug und rundem Heck gebaut.“[26]

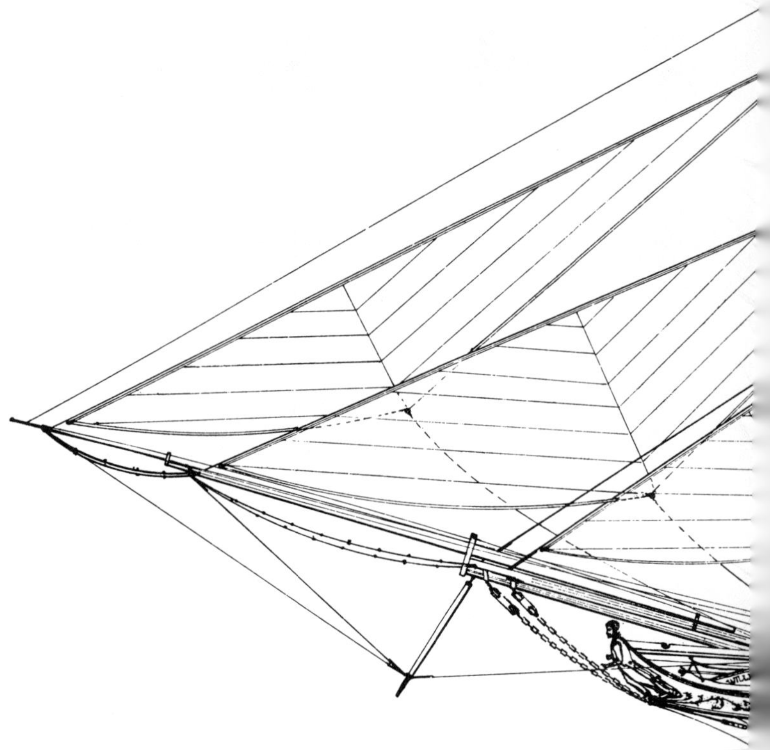

111 WILLIAM PUNTON, 1845 von Alexander Hall & Sons in Aberdeen gebaut. Von James Henderson vollständig rekonstruiert. Abmessungen: 31,70 m × 5,97 m × 3,87 m; 170 tons n. V. – Spiegelheck. Quellen für die Rekonstruktion: Spierenabmessungen nach Werftangaben und sonst Gemälde der Brigg im National Maritime Museum, Greenwich. Heimathafen: Harbour Grace, Neufundland. Gelegentlich findet sich für den Namen die Schreibweise PANTON.

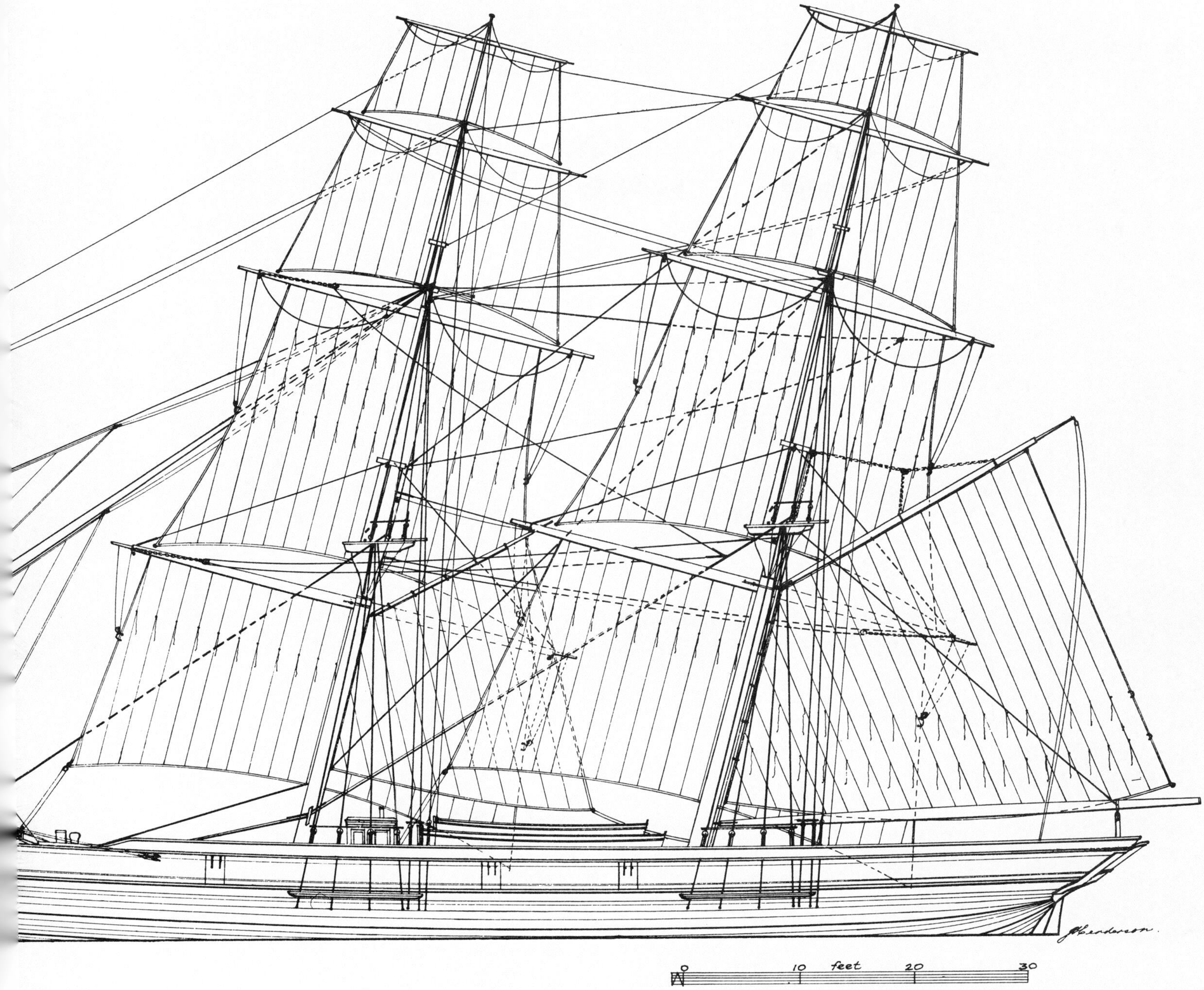

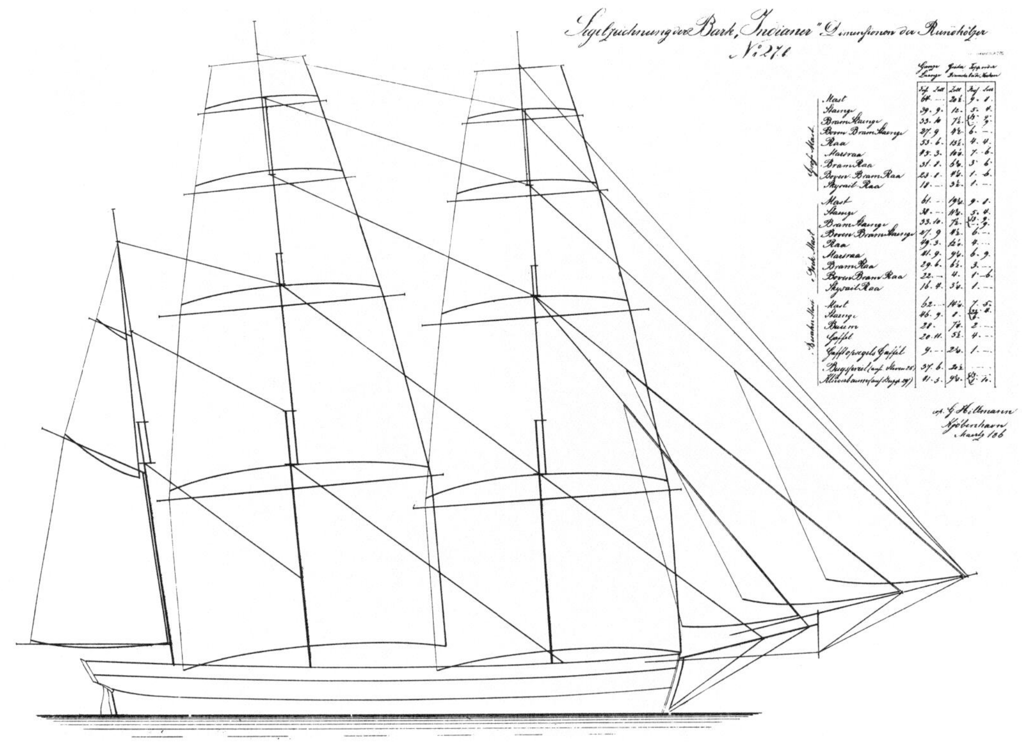

112 INDIANER, 150 CL (Commerzlasten), Segelriß, signiert und datiert: „cop. G. Hillmann, Kjöbenhavn, Maertz 186[1]". Reproduktion eines Risses aus dem Mariners Museum in Newport News, Virginia. Dieser Riß soll die hohe Takelung veranschaulichen, wie sie, was in diesem Fall der Linienriß bestätigt, von völligen Schiffen gefahren wurde. Außerdem wird die Verwendung von Gleitstengen an Fock- und Großmast sowie eine der Möglichkeiten, den Besanmast zu takeln, gezeigt.

Diese Einrichtung achtern wurde manchmal als „Aberdeen-Haus" bezeichnet (vergleiche Plan der VISION in Abbildung 188).

In den vierziger Jahren wurden von Hall allgemein Patent-Ankerwinden der Bauart Tyzack & Dobson verwendet, wobei man den letzteren Namen gelegentlich auch „Dobinson" schrieb.

Interessant ist ebenfalls die Feststellung, daß die BON ACCORD zusätzlich zu drei anderen Booten noch ein eisernes Großboot besaß. Ihr Schiffsführer, Kapitän Buckle, berichtete über die Leistungen und Eigenarten seines Schiffes in einem am 5. Februar 1846 in Dover datierten Brief an Alexander Hall & Sons, der im *Aberdeen Journal* abgedruckt wurde:

„‚Von Newcastle kommend [mit 25 ‚Keels' Kohle (= 538,5 t)] überholten wir alles, was wir sahen, sowohl am Wind als auch mit raumem Wind, mit einer Ausnahme: einem von Ihnen gebauten Klipper-Schoner, der hart am Wind segelnd zu viel für uns war.' Der einzige Nachteil des langen Buges schien uns bei der Handhabung des Ankers zutage zu treten, ein Schaden, der inzwischen behoben wurde. Aber Kapitän Buckle schreibt weiter, ‚die Leichtigkeit mit der sie vor Anker liegt oder gegen die See läuft, macht dies mehr als wett'."[27]

Der Segelriß der WILLIAM PUNTON wird in Abbildung 111 gezeigt, um den Typ der von Alexander Hall & Sons gebauten Klipper-Briggs zu veranschaulichen. Er wurde von James Henderson nach den von der Werft stammenden Spierenabmessungen und nach einem Gemälde des Fahrzeugs rekonstruiert. Der extrem lange Klüverbaum und der starke Fall der Masten fordern zu einem interessanten Vergleich mit dem Opium-Klipper ANONYMA heraus. Natürlich wird die WILLIAM PUNTON zur Vergrößerung der schmalen Segelflächen an jedem Mast auch Leesegel gefahren haben, und dazu dürften mit ziemlicher Sicherheit auch Großbram- und Großroyalstagsegel gesetzt worden sein. Galionsbrett, Bugverzierung und Namensschild entsprechen dem, was auf Gemälden Hallscher Klipper zu sehen ist. Ein Linienriß der WILLIAM PUNTON ist nicht bekannt. Sie besaß ein Spiegelheck. Das erste Segelschiff Alexander Halls mit einem runden Heck war das 1847 vom Stapel gelaufene Vollschiff NORTH STAR. Nach 1849 besaßen jedoch fast alle seiner Schiffe ein rundes Heck. Das erste Mal, daß diese Werft ein rundes Heck baute, war allerdings schon im Jahr 1827 bei dem Radschlepper PAUL JONES.

Der Entwurf der REINDEER verkörperte einen radikalen Wandel gegenüber dem der ACASTA, obwohl der Vorsteven den gleichen extremen Überhang erhielt. Der Linienriß in Abbildung 113 zeigt, daß die REINDEER im Vor- und Achterschiff schärfer gebaut war, eine steilere Aufkimmung besaß und im Verhältnis zur Breite und Tiefe eine größere Länge hatte. Das Verhältnis von Länge : Breite betrug fast 6,25 : 1. Der Spantriß ist jetzt glockenförmig mit großem Kimmradius und eingezogenen, oben aber hohlen überfallenden Seiten. Die CWL verläuft im Vorschiff gerade, weiter unten aber finden sich auch hohle Linien. Ein Anzeichen für ein großes Geschwindigkeitspotential besteht darin, daß der auf einem Viertel der Konstruktionsbreite parallel zur Mittschiffsebene liegende Schnitt die CWL achtern als gerade Linie überquert. Die REINDEER war in der Tat einer der schärfsten bis dahin in Großbritannien gebauten Klipper. Auf ihrem Riß kann man auch zwei als Experiment zu verstehende Besonderheiten feststellen: die Heckform und die oben in hohler Linie überfallenden Seiten.

Das Heck ist äußerst ungewöhnlich; es kann jedoch nicht als einmaliger Ausflug der Phantasie angesehen werden, denn auch das Halbmodell der BENJAMIN ELKIN[28] besitzt ein solches Heck ebenso wie das in Abbildung 102 wiedergegebene nicht identifizierte Halbmodell im Büro von Alexander Hall & Sons. Weiterhin gibt es einen bedeutsamen Vermerk im *Catalogue of Ship-Models* des National Maritime Museum, der eine Brigg (ca. 1845) betrifft und folgendermaßen lautet: „Die Form des Vorschiffs stellt ein extremes Beispiel für den ‚Aberdeen-Bug' dar ... Im vorliegenden Fall mag es sich um eine Übertreibung handeln, da das eingekniffen wirkende Achterschiff ebenfalls etwas zweifelhaft erscheint."[29] Leider waren im Jahre 1965 im Museum nach dem Verbleib des Modells angestellte Nachforschungen erfolglos,

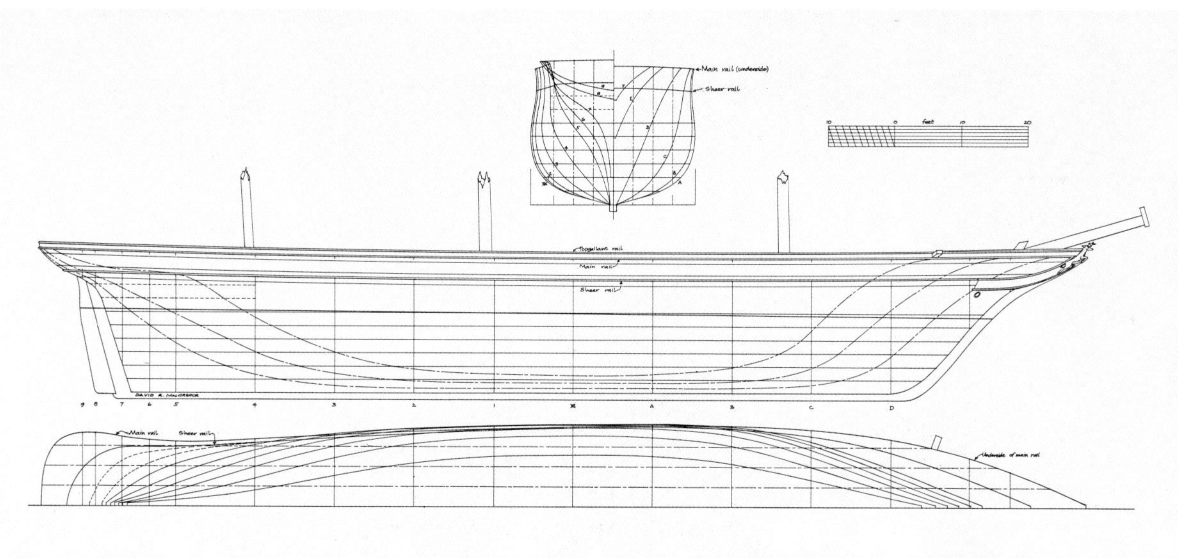

113 REINDEER (Linienriß): 1848 von Alexander Hall & Sons in Aberdeen gebaut. Nach dem in der Glasgow Art Gallery and Museum, Kelvingrove, befindlichen Halbmodell der Werft gezeichnet. Abmessungen: 43,13 m × 6,92 m × 4,72 m; 328 tons n. V. und 427 tons a. V. – Rekonstruktion: Galionsfigur, Mastpositionen, Kranbalken.

114 Das Gemälde von Arthur Smith zeigt die BONITA unter gerefften Sturmsegeln. Im gleichen Jahr wie die REINDEER gebaut, war sie etwas kleiner aber wahrscheinlich im Aussehen sehr ähnlich. Welch ein Unterschied zur Rumpfform nahezu jedes anderen zeitgenössischen Schiffes!

aber Dr. R. C. Anderson, der den Katalog zusammengestellt hatte, beschrieb hier gewiß einen Rumpf, der dem der REINDEER ähnlich war. Die für dieses Modell angegebenen Abmessungen betragen 29,26 m (Länge) x 6,40 m (Breite), während die Tiefenangabe fehlt. Die Zahlen beziehen sich zweifellos auf die äußeren Maße. Eine Übereinstimmung mit den Abmessungen irgendeiner in den vierziger Jahren von Hall gebauten Brigg ist nicht vorhanden. Am nächsten kämen wohl die Maße der MOUNTAIN MAID (1842), die innen genommen 30,33 m x 5,85 m x 3,99 m betrugen. Bei äußerer Vermessung dürfte sich die Breite auf etwa 6,33 m belaufen haben. Das „eingekniffen wirkende Achterschiff" sollte vielleicht die für die Tonnageberechnung verwendeten Abmessungen klein halten, denn die achterlichsten Breitenangaben waren gerade an der Stelle aufzumessen, wo dieser Rumpf am schmalsten wurde. Vielleicht aber sollte diese Form auch achtern einen zusätzlichen Auftrieb bewirken, wenn bei achterlicher See vor dem Wind gesegelt werden mußte. Es wird behauptet, daß auf dem Gemälde in Abbildung 114 das Vollschiff BONITA ein derartiges Heck aufweise. Ob dies zutrifft, ist schwer zu entscheiden.

Mit den eingezogenen Seiten mag ebenfalls eine Verringerung der Vermessungsbreiten bezweckt worden sein. Daß sie dann oben wieder nach außen überfielen, diente wohl dazu, die zum

115 John O'Briens Gemälde der Bark STAG aus Neuschottland läßt die extreme Form eines nachgeahmten Aberdeen-Bugs erkennen. Die STAG wurde 1854 in La Have, Neuschottland, gebaut mit den Abmessungen 31,64 m × 6,89 m × 3,84 m und 209 tons. Ihre größte Geschwindigkeit betrug 12,6 kn und ihr bestes Etmal 225 sm.

116 Der überhängende Aberdeen-Vorsteven der Bark BRISTOW, eines frühen 1854 in Liverpool entstandenen Kompositbaus. Dies ist ein Ausschnitt aus Abbildung 190. Der vordere Abschluß des Schanzkleides wirkt etwas unbeholfen.

Setzen der Unterwanten nötige größere Breite zu erzielen, was bei einem derart schmalen Rumpf besonders wichtig war.

Der Linienriß der REINDEER wurde nach dem in der Glasgow Art Gallery and Museum befindlichen Halbmodell der Werft angefertigt und der Segelriß nach den von der Werft stammenden Spierenabmessungen und einem von James Henderson rekonstruierten Spierenplan gezeichnet. Da die Angaben der Werft weder Fall noch Position der Masten erkennen lassen, wurden diese mit Hilfe der Decksbalkenabstände und Mastlochzentren der BENJAMIN ELKIN rekonstruiert, die der Besichtiger von Lloyd's Register am Rand seines Berichtes vermerkt hatte. Die REINDEER dürfte bei dieser Gesellschaft keine Klassifikation erhalten haben, da ihr Name in deren Registern nicht erscheint. Das erklärt auch das Fehlen eines Besichtigungsberichts. Das Gemälde der BONITA war von besonderem Nutzen bei der Bestimmung von Einzelheiten der Takelage und der Decksanordnung. Die REINDEER hatte ein erhöhtes Quarterdeck, ein rundes Heck, keine Seitentaschen am Achterschiff und ein Renntier als Galionsfigur. Da Thomas McTear und Robert Vining aus Liverpool, die an beiden unten aufgeführten Schiffen Anteile besaßen, über deren Konstruktion und Baukosten mit Hall Verhandlungen geführt hatten, liegt die Vermutung nahe, daß Decksanordnung und Takelung sich bei diesen Fahrzeugen ähnelten. Ihre jeweiligen Abmessungen waren:

BONITA . . . . 1848 gebaut, 299 tons n. V., 398 tons a. V., 41,06 m × 6,86 m × 4,63 m

REINDEER . . . . 1848 gebaut, 328 tons n. V., 427 tons a. V., 43,13 m × 6,92 m × 4,72 m

BAUKOSTEN DER REINDEER[30]

Löhne der Zimmerleute	£ 1007. 8.4
Eisenteile für Rumpf und Takelage	£ 457.15.8½
Bootsbau	£ 58. 7.5
Anfertigung der Blöcke	£ 78. 8.1
Malerarbeiten	£ 64. 6.4
Böttcherarbeiten	£ 15.13.6
Pech, Teer und Werg	£ 52. 7.8
Wm. Simpson & Co. für Ketten, Anker, Tauwerk und Segel	£ 402.10.0
Peter McMillan	£ 8. 2.9
Barauslagen; Liegegebühren	£ 3. 2.0
Bauholz und Planken	£ 1739. 9.3½
	£ 3887.11.1

Im Kontrakt mit McTear und Vining hieß es: „etwa 375 tons zu £ 10 pro ton". Das bezog sich auf Bau und Ausrüstung und ergab den Betrag von £ 3750. Hierzu kamen noch £ 137.11.1. für Extras, so daß die Gesamtkosten sich auf £ 3887.11.1 beliefen.

Wie viele Klipper jener Zeit wurde die REINDEER anfänglich im Chinahandel beschäftigt, aber nach drei Reisen – die erste davon unter dem berühmten Anthony Enright, dem späteren Kapitän der CHRYSOLITE und der LIGHTNING – verwendete man sie wie auch die BONITA in der Südamerikafahrt. Auf ihrer Jungfernreise segelte sie in 108 Tagen von Liverpool nach Hongkong und in 106 Tagen wieder zurück. Im Jahr 1856 ging sie verloren.

Die BENJAMIN ELKIN kostete £ 15 je ton, wobei der Mehrbetrag durch die überwiegende Verwendung von Mahagoni als Bauholz bedingt war. Für die Decksausrüstung wurde sogar poliertes Mahagoni genommen.[31] Wenn man ihre um 0,23 m größere Raumtiefe außer acht läßt, entsprach sie praktisch in Hauptspantfläche, Linien und allgemeiner Rumpfform genau der REINDEER.

Die Entwicklung des Aberdeen-Bugs war ein Ergebnis des Gesetzes zur Tonnagevermessung aus dem Jahre 1836, und so galten auch die für diesen Bug sprechenden Argumente so lange, wie dieses Gesetz in Kraft war. Als dann aber das Handelsschiffahrtsgesetz von 1854 ein neues System zur Tonnagevermessung einführte, wurde jenem Bug von heute auf morgen die Begründung entzogen. In der Praxis wurden so extrem überhängende Vorsteven wie bei der REINDEER und ihresgleichen nach 1850 nicht mehr gebaut, obwohl einige Entwürfe, wie die der VISION und der SCHOMBERG, noch eine gemäßigtere Form der überhängenden Vorstevensponung bewahrten. Um 1856 zeigt das Werft-Halbmodell der ROBIN HOOD den beginnenden Übergang vom ausladenden Aberdeen-Bug zum konventionelleren Klipper-Bug, und bis zur Mitte der sechziger Jahre war der Wandel abgeschlossen.

EINFLUSS DES ABERDEEN-BUGS

Es ist nun an der Zeit, Überlegungen anzustellen über den starken Einfluß, den Halls neue Konstruktion auf andere Schiffbauer ausübte.

In Aberdeen selbst dauerte es einige Jahre, ehe man auf anderen Werften ein Fahrzeug mit Halls überhängendem Vorsteven vom Stapel ließ. Wahrscheinlich war man dort noch nicht sofort von dessen Zweckmäßigkeit überzeugt, oder man hatte von Reedern noch keine Aufträge erhalten, die zu einer entsprechenden Meinungsänderung hätten beitragen können. Man schrieb schon das Jahr 1844, als ein Besichtiger von Lloyd's Register erstmalig einen in Aberdeen nicht bei Hall entstandenen Schoner als „Klipper" bezeichnete. Dies war der von Walter Hood für einen Aberdeener Reeder gebaute „Klipper-Schoner QUEEN OF THE TYNE". Bei 192 tons n.V. und 289 tons a.V. betrugen seine Abmessungen 32,31 m x 7,39 m x 4,05 m. Der Besichtiger schrieb: „Sie hat einen überhängenden Vorsteven, der das Galion bildet."[32] Im gleichen Jahr baute später noch eine andere Aberdeener Werft, die von Alexander Duthie, den „Klipper-Schoner FAVOURITE" von 80 tons n.V. und 130 tons a.V. für einen Reeder aus Burghead. Nach den vorhandenen Besichtigungsberichten von Lloyd's Register und nach dem jeweiligen Verhältnis zwischen der Tonnage neuer und alter Vermessung zu urteilen, wurden von 1844 bis 1849 bei Walter Hood etwa ein Dutzend und bei Alexander Duthie acht Fahrzeuge mit Aberdeen-Bug gebaut.

Obwohl es als eine allgemein anerkannte Tatsache galt, daß der Aberdeen-Bug nicht nur ein elegantes Aussehen verlieh, sondern auch die Segeleigenschaften verbesserte, wurden die ihm bei seiner Einführung zugrunde liegenden Konstruktionsprinzipien mit der Zeit stark gemildert. Bei vielen Schiffen wurde die neue Rumpfform nur über der Wasserlinie kopiert, während man darunter die traditionelle Gestalt beibehielt. Zu den Beispielen dieser Art gehörten auch die eisernen Schoner PROTO (1841) und CALEDONIA (1850). Immerhin steht außer Frage, daß das Interesse schon früh erwachte. Dies wird durch den Nachbau des Schoners RAPID bestätigt, von dem es 1848 im *Aberdeen Journal* hieß: „Die IRIS war der erste Dampfer, der [von Hall] mit dem ‚Aberdeen-Bug' gebaut wurde, dessen Prinzip man jetzt auch allgemein an der Clyde befolgt. Als Vorbild hatte dabei ursprünglich die RAPID aus Leith gedient . . ."[33] Vielleicht ist sie für den Nachbau aufgemessen worden, obwohl das nicht ausdrücklich erwähnt wird. Jedenfalls ist eine nur vom visuellen Eindruck her gezeichnete Kopie bei ihrem Entstehen mancherlei Fehldeutungen ausgesetzt. Der Typ der ACASTA war das Vorbild für den Plan der 1847 in Newhaven gebauten Bark WATKINS. Der einen Frucht-Schoner betreffende Bauauftrag eines Reeders aus Dartmouth, der in der 1845 abgelieferten WHITE MOUSE resultierte, hat in jüngerer Zeit die Neugier einiger Fachautoren geweckt.[34] Mehr als reine Wißbegierde muß hinter einer derartigen Order gestanden haben, und man fragt sich, welche Schiffahrtszentren James und William Hall wohl besucht haben, um Modelle ihrer neuen Konstruktion vorzulegen und Aufträge für neue Schiffe hereinzuholen. Das aus den fünfziger und sechziger Jahren stammende Tagebuch von Alexander Stephen gibt die zahlreichen Reisen wieder, die er zu den wichtigsten Häfen unternahm, und nennt auch die anderen Schiffbauer, die er dort traf. Unter ihnen steht der Name William Hall an hervorragender Stelle.[35] Nach 1845 erhielt man in Aberdeen viele Bauaufträge aus London und Liverpool, die wohl auf besondere Zufriedenheit und wettbewerbsfähige Preise zurückgeführt werden müssen. Selbst der Schiffbauer John Fincham konnte sich diesem Einfluß nicht entziehen. So zeigt in seinem Buch *Outline of Ship-Building* die Tafel eines unbenannten und bislang noch nicht identifizierten „Klipper-Schoners" deutlich den Aberdeen-Bug.[36] Auch aus anderen Ländern können Beispiele für die Nachahmung des Aberdeen-Bugs angeführt werden: eine in den späten vierziger Jahren gebaute „Klipper-Schonerbrigg" aus Holland mit senkrechtem Vorsteven unterhalb

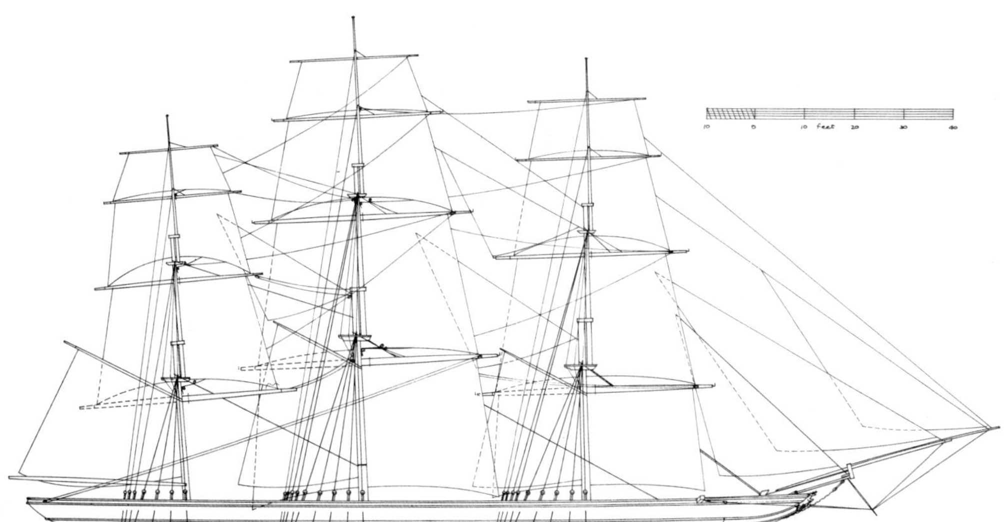

117 REINDEER (Segelriß): Vollständige auf einen Plan von James Henderson gestützte Rekonstruktion. Quellen: Linienriß; Spierenabmessungen nach Kostenaufstellung der Werft; Spierendurchmesser und Mastpositionen nach zeitgenössischer Praxis; Gemälde der BONITA (Abbildung 114) und anderer Aberdeen-Klipper.

118 Die Klipper-Brigg LUNA, die Walter Hood 1848 für die Archangelsk-Fahrt baute. Dieses Gemälde von Arthur Smith ist typisch für seine Malweise.

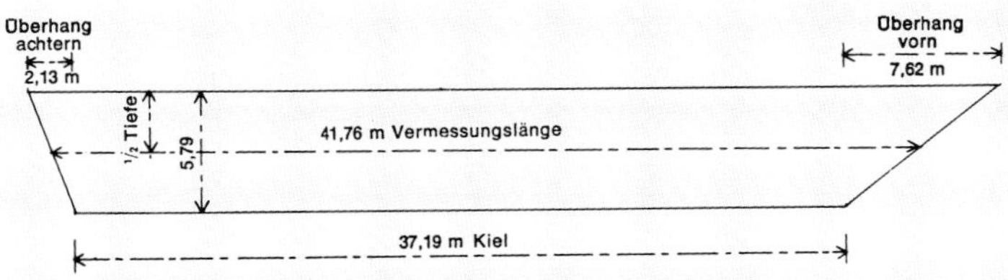

119 PHOENICIAN. Zeichnung zur Veranschaulichung der Tatsache, daß die Vermessungslänge der Bark um mehr als 3 m unter der Registerlänge liegen konnte.

der CWL und überhängender Vorstevensponung darüber[37]; die in den fünfziger Jahren in Troense in Dänemark gebaute Brigantine HARMONIE, deren Vorstevenüberhang dem der ACASTA glich[38]; und einzelne in den fünfziger Jahren von Ebenezer Moseley in La Have in Neuschottland entworfene und gebaute Fahrzeuge.[39]

Es lohnt sich, einige dieser Beispiele näher zu betrachten, wobei mit den in Aberdeen nicht bei Hall gebauten Schiffen begonnen werden soll.

Von den bei Walter Hood gebauten Schiffen scheinen keine Pläne oder Modelle mehr zu existieren außer im Fall der THERMOPYLAE und vielleicht noch der SALAMIS. So bleibt nichts anderes übrig, als über die Rumpfformen Spekulationen anzustellen anhand von Bildern und Beschreibungen, wobei letztere für ihre Unzuverlässigkeit, die immer wieder beim Auffinden von Plänen bestätigt wird, bekannt sind. Zwei von den Hoodschen Klippern dieser frühen Epoche waren Schoner, während sieben als Briggs und der Rest als Barken oder Vollschiffe getakelt waren. Die *Illustrated London News* gab als Maß für den Überhang des Vorstevens der PHOENICIAN 7,62 m und für den des Achterstevens 2,13 m an.[40] Damit gehörte sie in die gleiche Kategorie wie die ACASTA und die REINDEER. Mit der OLIVER CROMWELL und der JOHN BUNYAN gehörte sie George Thompson aus Aberdeen von der „Aberdeen White Star Line". Alle drei Fahrzeuge dürften ungeachtet einer weiter unten besprochenen Diskrepanz bei den Abmessungen der JOHN BUNYAN ähnliche Rumpfformen besessen haben. Hier die nach dem Registrierungsgesetz von 1854 ermittelten Abmessungen:

DREI VON WALTER HOOD & CO GEBAUTE KLIPPER

Name	Baujahr	Rigg	tons n.V.	tons a.V.	Register-Abmessungen gemäß Gesetz von 1854
PHOENICIAN	1847	Bk	478	521	44,81 m × 8,35 m (außen) × 5,79 m (37,19 m Kiel)
OLIVER CROMWELL	1847	Vs	478	527	45,26 m × 8,32 m (außen) × 5,70 m
JOHN BUNYAN	1848	Vs	466	526	45,81 m × 8,44 m (außen) × 5,58 m

Als Hinweis auf die mit den Angaben von Tonnage- und Register-Abmessungen verbundenen Schwierigkeiten soll hier erwähnt werden, daß der Besichtigungsbericht von Lloyd's Register die Abmessungen der JOHN BUNYAN mit 41,85 m x 7,62 m x 5,58 m angab. Die mit den beiden anderen fast übereinstimmende Tonnage zeigt, daß diese kleineren Hauptabmessungen aus dem Rahmen fallen; es waren zweifellos die für die Tonnagevermessung verwendeten. Verschiedene Informationen schaffen hier Klarheit: erstens die Angabe der *Illustrated London News,* daß die PHOENICIAN eine Breite über alles von 8,35 m besessen habe, woraus hervorgeht, daß die oben in der Tabelle aufgeführte Breite nicht innen gemessen wurde; zweitens die Zeichnung eines Trapezes mit der Kiellänge, dem vorderen und achteren Überhang und der Raumtiefe der PHOENICIAN, worin die Vermessungslänge auf halber Tiefe annähernd 41,76 m beträgt; drittens die Entdeckung, daß die JOHN BUNYAN niemals verlängert worden ist.

Über die PHOENICIAN schrieb die *Illustrated London News* mit einigem Stolz: „Segeleigenschaften und Ladefähigkeit waren niemals glücklicher vereinigt als bei diesem Fahrzeug, das eine Ladung von 780 tons löschte und regelmäßig Reisen machte, die weder von britischen noch von amerikanischen Schiffen übertroffen wurden."[41] Schließlich absolvierte sie im Jahre 1851 eine Rundreise von Sydney nach London und zurück in acht Monaten. Was die Zeitungen jener Tage aber besonders beeindruckte, war, daß sie eine Ladung befördern konnte, die um fünfzig Prozent größer war als ihre Register-Tonnage. Es wurde auch ein deutlicher Stich der Bark veröffentlicht (vergleiche Abbildung 120), der in mancher Hinsicht Arthur Smiths Gemälde von der unbekannten Aberdeener Bark ähnelte: der vordere Abschluß des Oberschanzkleides, die Traverse über der Winde am Großmast, die Anordnung der Davits, die Heckform und die eiserne Reling um das erhöhte Quarterdeck. Die PHOENICIAN fuhr ein auf dem Stich nicht abgebildetes 7-m-Großboot sowie zwei andere Boote. Die Art, wie Groß- und Besanstengestag gesetzt waren, läßt vermuten, daß sie Vor- und Großgaffel besaß, was bei Schiffen aus Aberdeen bis weit in die fünfziger Jahre üblich war. Man nimmt an, daß die OLIVER CROMWELL und die JOHN BUNYAN voll getakelte Versionen der PHOENICIAN waren, was auch ein chinesisches Ölgemälde der JOHN BUNYAN weitgehend zu bestätigen scheint.[42] Letztere wurde besonders bekannt durch eine Heimreise von Shanghai in achtundneunzig oder neunundneunzig Tagen. Das entsprach genau der Zeit, die der die zweifache Tonnage besitzende amerikanische Klipper ORIENTAL für eine Reise von China benötigte. Die Tatsachen wurden von britischen Journalisten verdreht, um den Ruhm ihrer Klipper zu steigern. Es ist jedoch unmöglich, Reisen angemessen miteinander zu vergleichen, die zu verschiedenen Jahreszeiten und von 860 Seemeilen auseinanderliegenden Häfen angetreten wurden. Ausführlichere Erörterungen hierüber finden sich in *The Tea Clippers*.[43]

John Duthies voll getakelter Klipper COUNTESS OF SEAFIELD lief mit der gleichen Tide vom Stapel wie die JOHN BUNYAN und wurde wie diese in der China-Teefahrt verwendet. Ihre Abmessungen betrugen 42,73 m x 7,62 m x 5,55 m bei 450 tons n. V. und 520 tons a. V. Der Besichtiger von Lloyd's Register berichtete, daß sie einen „sogenannten Klipperbug mit extremem Überhang und ein ganzfiguriges Galionsbildnis" fuhr. Von zwei anderen Klippern Duthies schrieben die Besichtiger: Die Bark OCEAN QUEEN (1846) „hat keine Ohrhölzer oder Klüshölzer; das Bugspriet wird durch starke mit Oberdecks- und Raumbalken verbolzte Betinge gesichert und durch einen Eisenbügel innen am Vorsteven befestigt"; die Form der Bark SHEPHERDESS (1850) ist von dem „in hohler Linien beträchtlich vorspringenden Klipperbug" geprägt. Der zu 126 tons vermessene Klipper-Schoner THAMES wurde 1847 für die Berwick Shipping Co. gebaut, die bereits zwei Dampfer im Dienst zwischen dem Tweed und London beschäftigte. Die in Berwick ansässige Werft von A. B. Gowan & Son baute für diese Reederei zwei weitere Schoner nach dem Muster der THAMES. Auf einem Bild von einem der beiden, der TEVIOT (1848), ist ein Bug mit einem Überhang, der dem der REINDEER gleicht, zu sehen.[44]

William Duthie (1789–1861) hatte die Werft William Duthie Bros 1815 in Aberdeen gegründet. Später übergab er den Betrieb seinen beiden Brüdern, John (1792–1880) und Alexander (1799 bis 1863), unter deren Leitung die Firma zunächst als Alexander Duthie & Co. und dann als John Duthie Sons & Co. geführt wurde. William und Alexander waren unverheiratet geblieben, aber John hatte sechs Söhne, von denen drei als Kapitäne auf seinen eigenen Schiffen fuhren. Sein ältester Sohn John (1817–1872) arbeitete sowohl in der Werft wie auch in der ihm gehörenden Reepschlägerei. Zwei andere Söhne, Robert und George, waren ebenfalls in der Werft tätig.[45]

120 Die PHOENICIAN, 1847 von Walter Hood & Co gebaut, besaß einen das Hallsche Baumuster imitierenden Bug. Dieser Stich erschien im Februar 1852, fünf Jahre nach ihrem Stapellauf. Das Oberschanzkleid beginnt erst ein Stück hinter dem Kranbalken.

121 Die Klipper-Bark OCEAN QUEEN, 1846 von John Duthie gebaut. Der Beginn des Oberschanzkleides liegt viel weiter achtern als üblich. Das Gemälde stammt von J. Heard.

Im Nederlandsch Historisch Scheepvaart Museum in Amsterdam befindet sich ein am 1. April 1846 datierter Linienriß eines Klipper-Schoners mit Aberdeen-Bug. Dieser Plan ist von John Duthie jr. unterzeichnet und enthält folgende Daten: 32,31 m Vermessungskiellänge, 6,81 m Vermessungsbreite, 3,81 m Raumtiefe und und $253^{64}/_{94}$ tons a. V. Da es sich hier also um die Tonnage nach der alten Vermessungsregel handelt, müßte man durch die Addition von $^{3}/_{5}$ der Vermessungsbreite zur Vermessungskiellänge die Länge „an Deck" erhalten, die dann 36,39 m über die Steven betrüge. Allerdings läßt sich in den Besichtigungsberichten von Lloyd's Register kein Fahrzeug finden, auf das diese Abmessungen paßten. Da diese Zeichnung dazu auf Holländisch die Bezeichnung „Englischer Schoner" trägt, mag es sich dabei um den Entwurf eines in Holland zu bauenden Fahrzeuges handeln, denn der Aberdeen-Bug wurde dort gelegentlich kopiert. Die Galionsfigur stellte einen Engel mit Flügeln dar. Nach der Zeichnung betrug die Tiefe insgesamt 0,51m beim Kiel, 0,28 m bei den Bodenwrangen und 0,38 m beim Kielschwein. Die Ebenen der Kantspanten standen vorn in einem sehr spitzen Winkel zur Mittschiffsebene. Die Spierenabmessungen sind auf dem Original angegeben und entsprachen praktisch denen der SCOTTISH MAID, mit Ausnahme der Marsrah und des Großbaumes, die um 0,91 m, beziehungsweise 1,68 m, länger waren. Auch die Linien ähnelten sich stark, nur war auf diesem Plan der Kimmradius kleiner, die Form des Vorschiffs leicht konkav und der Überhang von Vor- und Achtersteven etwas größer.

Es ist nun an der Zeit, näher auf die außerhalb Aberdeens mit einem Aberdeen-Bug gebauten Fahrzeuge einzugehen.

Ein frühes Beispiel dieser Art war der eiserne Schoner PROTO, der 1841 von John Laird in Birkenhead für die London & Liverpool Shipping Co. gebaut worden war. Während er auf einer Lithographie wie die SCOTTISH MAID über der CWL aussieht, weist sein Linienriß im Unterwasserschiff beträchtliche Abweichungen auf mit hohlen unteren Wasserlinien, ausgeglichenerem Vor- und Achterschiff und geringerer Aufkimmung.[46] Vielleicht hatte sein Kapitän oder der Reeder die SCOTTISH MAID auf der Themse gesehen, ihre klaren Linien im Vorschiff bewundert und dann bei Laird einen Schoner von ähnlichem Aussehen bestellt, ohne den hinter der Konstruktion des Aberdeener Schoners stehenden Grundgedanken zu kennen. Nach der Beschriftung der Lithographie besaß die PROTO folgende Abmessungen: 26,52 m Länge an Deck x 6,16 m x 3,77 m bei 128 tons n. V. und 155 tons a. V. Alle Schiffe John Lairds, von denen das erste 1829 vom Stapel gelaufen war, waren aus Eisen gebaut. Die PROTO war Nr. 41.

Ebenfalls ein eiserner Schoner war die CALEDONIA, 1850 von William Denny & Brothers in Dumbarton/Clyde gebaut. Ihre Daten waren: 30,27 m x 6,46 m x 3,81 m bei 187 tons n. V. Sie gehörte der Stockton & London Shipping Co. in Stockton-on-Tees. Der Besichtiger von Lloyd's Register bezeichnete sie in seinem Bericht als „Klipper-Schoner". Von ihr befinden sich Pläne im National Maritime Museum, Greenwich, die hier in Abbildung 124 wiedergegeben sind, um den Stil der auf Dennys Werft gezeichneten Risse zu illustrieren. Wie bei der SCOTTISH MAID finden sich in den Wasserlinien nur wenig hohle Abschnitte, aber sie besitzt eine geringere Aufkimmung und ähnelt in dieser Hinsicht mehr der Bark ACASTA. Leider existiert kein Decksplan. Auf dem Spantriß befinden sich einige Hinweise zur Beplattung. Der Segelriß enthält eine Reihe von Einzelheiten und läßt, wie alle derartigen Pläne von Denny, deutlich die Leesegel mit ihrem Geschirr erkennen. Vermutlich wurde die zum Ausholen des Luvschothorns der Breitfock dienende Spiere wie ein sogenannter „passaree boom" am Fockmast gefahren. An ihrem äußeren Ende war dann noch die Unterleesegelspiere angebracht. Mehrere von Dennys Segelrissen zeigen diese Anordnung. Kurz gestrichelte Linien deuten die Verwendung von Ketten an. Das Innenklüverstag wurde mit Bleistift durchgestrichen und ebenfalls mit Bleistift ein drittes Stag von der Focksaling zum vorderen Ende des Klüverbaums gezeichnet.

Die Umstände, die dazu führten, daß die Stockton & London Shipping Co. ihrer Flotte den eisernen Schoner CALEDONIA hinzu-

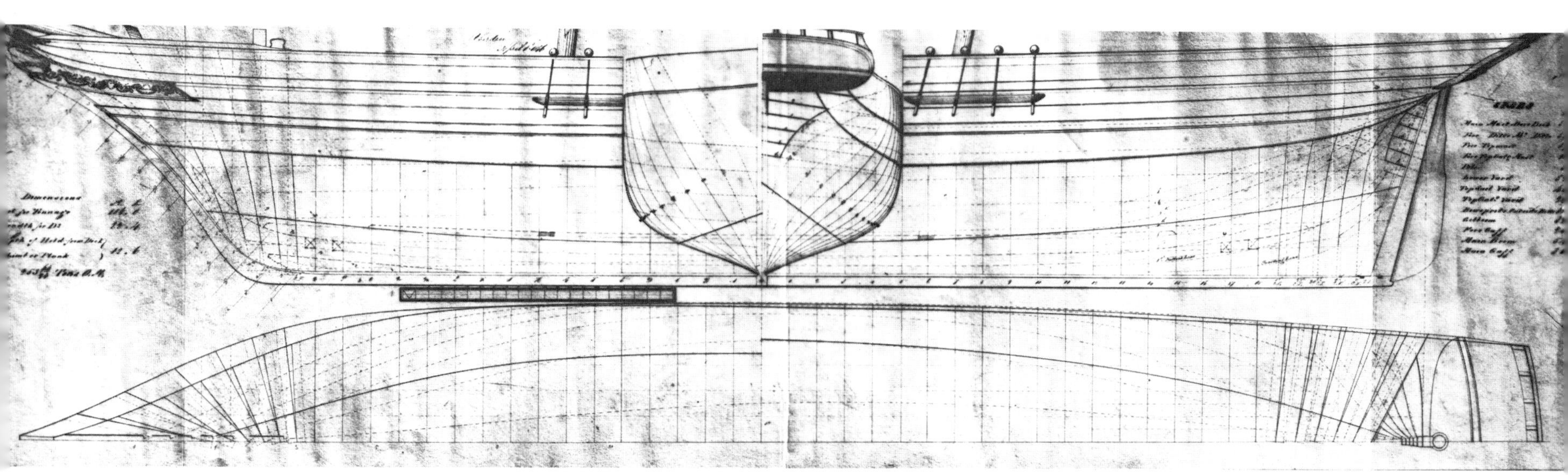

122 *Aberdeen-Schoner*, nicht identifiziert (siehe Text); signiert und datiert: „John-Duthie Jnr., Aberdeen, April 1, 1846". Reproduktion des im Nederlandsch Historisch Scheepvaart Museum, Amsterdam, befindlichen Originalplans. Auf dem Plan aufgeführte Abmessungen: 32,31 m (Vermessungskiellänge) × 6,81 m (Vermessungsbreite) × 3,81 m (Raumtiefe von Deck bis Kielwegerung); 253 $^{64}/_{94}$ tons.

123 Die 1841 gebaute PROTO stellte eine frühe eiserne Kopie des Typs der Aberdeener Klipper-Schoner dar.

124 CALEDONIA (Linienriß): 1850 von Denny Bros. in Dumbarton aus Eisen gebaut. Nach dem im National Maritime Museum, Greenwich, befindlichen Originalplan gezeichnet. Abmessungen: 30,27 m × 6,46 m × 3,81 m; 187 tons n. V. – Die Dimensionen der Luken sind auf dem Längsriß mit Bleistift eingetragen.

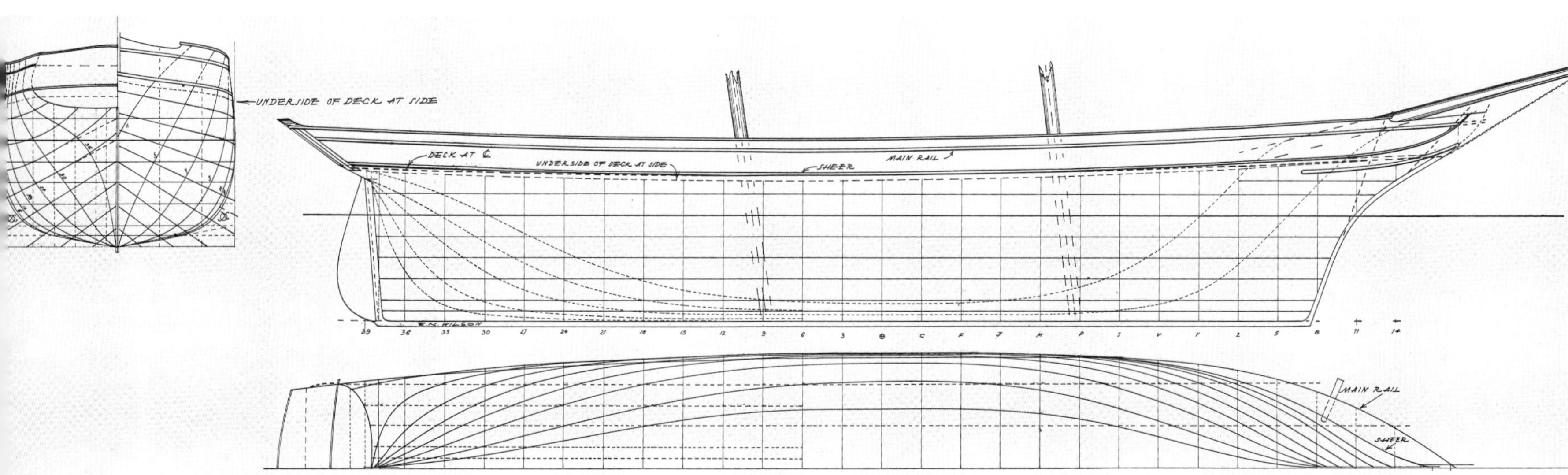

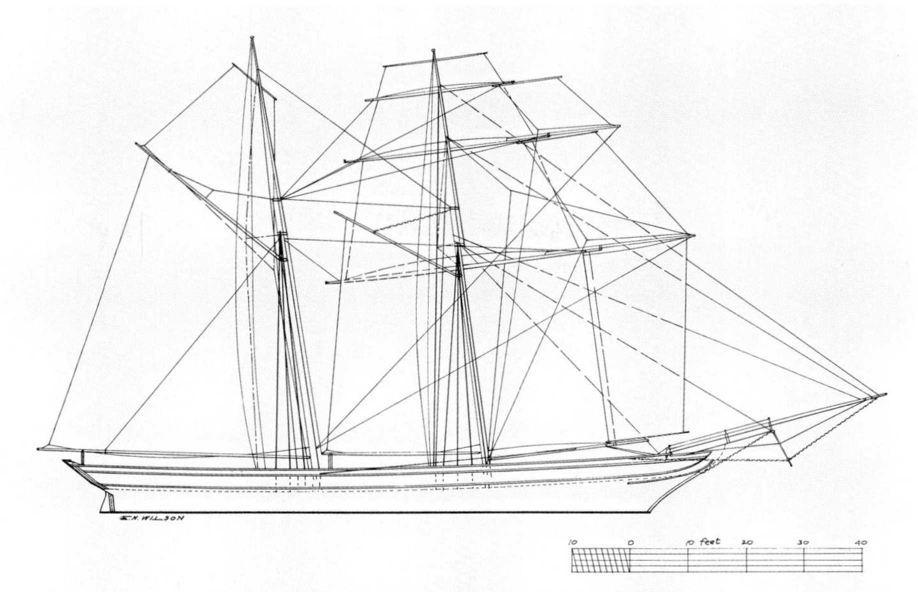

125 CALEDONIA (Segelriß): Nach dem im National Maritime Museum, Greenwich, befindlichen Originalplan gezeichnet. Die CWL wurde mit dem Wasserlinienriß in Übereinstimmung gebracht.

fügte, sind heute unbekannt. Über die Gründe, die die Reederei veranlaßten, den Bauauftrag einer Werft an der Clyde zu geben anstatt einer in der Wear- oder Tyne-Region, kann man nur Vermutungen anstellen. Am 22. April 1850 schloß C. Martin bei einem Besuch von Dennys Werft den Vertrag im Namen der Reeder zu einem Kontraktpreis von £ 2900 ab; und dies war die Aufschlüsselung der Kosten: eiserner Rumpf, £ 1288; Holzteile, £ 816 (wahrscheinlich Spieren inbegriffen); Ausrüstung, £ 478. Unter Berücksichtigung einiger Nebenkosten ergab sich dabei ein Reingewinn von £ 267.[47]

Es handelte sich um das einzige eiserne Fahrzeug der Reederei. Bei seinem ersten Erscheinen in Stockton berichtete die Lokalzeitung von dem „schönen neuen eisernen Schoner mit dem Namen CALEDONIA, der hier am letzten Donnerstag aus Dumbarton, seinem Bauort, kommend eintraf. ... Bauart und Takelung außerordentlich bewundert; ein ähnliches Schiff wurde noch nie auf dem Fluß gesehen".[48] Die CALEDONIA wurde 1857 für £ 1800 verkauft. In einem späteren Bericht hieß es, daß sie während der fünfziger Jahre zwei- oder dreimal auf dem Tees gekentert sei. Ihre ersten Eigner verwendeten sie für den Transport von Fracht und einigen Passagieren zwischen Stockton und London.

Andere in dieser Zeit von William Denny & Brothers gebaute eiserne Klipper-Schoner waren die flachgehende ANNSBRO' (1846), die ein drehbar gelagertes Mittelschwert besaß, das in gefiertem Zustand 2,44 m unter dem Kiel herausragte, so wie die SHAMROCK (1849) und die EL ZEIDE (1851). Die meisten auf dieser Werft bis in die mittfünfziger Jahre gebauten Dampfer besaßen ebenfalls einen Aberdeen-Bug.

Im National Maritime Museum befindet sich ein nicht näher bezeichneter Plan, signiert von John Gray und datiert „Newhaven July 1847", den Michael Bouquet als die WATKINS identifizieren konnte. Diese Bark wurde 1848 von Gray auf dessen Werft in Newhaven gebaut. Der Plan zeigt, daß sie die Kopie eines Aberdeen-Klippers von der Art der ACASTA war. Sie besaß die überhängende Sponung des Vorstevens, ein Sprung fehlte, und sie hatte ein völliges Hauptspant, konvexe Formen im Vorschiff, ein erhöhtes Quarterdeck, Spiegelheck und ein von oben zum Deck geführtes Bugspriet. Die auf dem Linienriß gemachten Tonnageangaben von 288 tons n. V. und 330 tons a. V. werden durch den für die WATKINS abgefaßten Besichtigungsbericht von Lloyd's Register bestätigt. Folgende Abmessungen finden sich ebenfalls auf dem Plan: 37,19 m alte Vermessungslänge, 7,32 m alte Vermessungsbreite (über alles) und 4,72 m Raumtiefe. Der Wasserlinienriß, Hauptspant- und Längsschnitte wurden in Abbildung 126 nach dem Original gezeichnet. Merkwürdigerweise fehlte der Spantriß, der jedoch mühelos rekonstruiert werden konnte. Auch die Decksausstattung ist im Plan nicht dargestellt. Nach dem Besichtigungsbericht von Lloyd's Register besaß sie drei Boote: ein Großboot von 7,01 m, eine Gig von 6,71 m und ein Jollboot von 5,49 m. Sie verfügte über eine nach dem Patent von Tyzack & Dobinson gebaute Ankerwinde, eine Doppelwinsch, und sie fuhr an Fock- und Großmast auch je ein Gaffelsegel sowie ein volles Stell Leesegel. Im Aussehen muß sie sehr stark der von John Gray sieben Jahre später gebauten Bark LEWES geähnelt haben.[49]

Am 21. April 1852 lief bei John Gray die Bark ELECTRIC TELEGRAPH vom Stapel, die George Moorsom in seinem Buch über Tonnagevermessung als „sehr lang, von sehr geringer Tiefe, im Hauptspantbereich völlig und vorn und achtern sehr scharf" bezeichnete. Außerdem hielt er sie für „ein bemerkenswertes Fahrzeug ... in Form und Größenverhältnissen höchst ungewöhnlich".[50] Dies hätte eine summarische auf die Rumpfform der WATKINS oder eine vielleicht noch schärfere Variante passende Beschreibung sein können, was darauf schließen läßt, daß zu dieser Zeit viele Schiffe Grays den Einfluß des Aberdeen-Bugs zeigten. Bei 215 tons n. V. und 285 tons a. V. wies die ELECTRIC TELEGRAPH eine Länge an Deck von 34,44 m auf. Sie wurde 1852/53 an Eigner in Liverpool verkauft und in NOVIDADE umbenannt.

Der in den frühen 1850er Jahren allgemein spürbare Bedarf

an Segelschiffen mit einem maximalen Geschwindigkeitspotential brachte das Aberdeener Baumuster zu größerer Bedeutung. Hinzu kommt der Beifall der nationalen Presse, besonders wenn Reisen der in der Teefahrt beschäftigten britischen und amerikanischen Schiffe miteinander verglichen wurden. Zweifellos verhalf dieser Ruhm den Aberdeener Werften zu neuen Aufträgen. Überall wurden die Schiffbauer bestürmt, bessere und schnellere Schiffe zu konstruieren. Manche Firmen ließen sich von dem Aberdeener Muster beeinflussen, andere wiederum waren der Ansicht, daß sie verbesserte Abwandlungen oder gar überlegene Neukonstruktionen herausbringen könnten. Damals wie heute war der Schiffbau eine Frage persönlicher Auffassungen, des Geschmacks und der Laune; und jeder Schiffbauer vertrat leidenschaftlich die Ansicht, daß seine eigenen Erzeugnisse die besten wären.

ANDERE KLIPPER DER ZEIT UM 1840

Nicht jeder Schiffbaumeister war bei einer Werft fest angestellt. Viele waren ausschließlich als beratende Konstrukteure tätig. Diese Praxis breitete sich in dem Maße aus, in dem sich das Entwerfen von Schiffen spezialisierte, in dem sich neue Baumaterialien durchsetzten und in dem sich der Konkurrenzkampf in dem Streben nach höheren Geschwindigkeiten bei größter Ladefähigkeit verschärfte. Zwar blieben die traditionellen Baumethoden, aber oft wurde die Laufzeit der entsprechenden Verträge verkürzt. Reeder erkannten neue Chancen für profitable Geschäfte, für die sie in übergroßem Optimismus oft über Nacht ein neues Schiff verlangten, manchmal mit Erfolg, wenn gerade ein geeignetes Fahrzeug auf dem Markt war. Die neuen Konstrukteure mußten im Holz- wie Eisenschiffbau bewandert sein und sich bei Seglern und Dampfern gleichermaßen auskennen.

Einer dieser Schiffbauer war William Rennie, der von 1845 an in einem Vierteljahrhundert manch schnelles Segelschiff konstruierte. Die erste Nachricht über von ihm konstruierte Klipper ist in der Beschriftung einer die Barken BERAZA und RAPHAEL unter Segeln darstellenden Lithographie enthalten. Sie lautet: „Diese beiden Barken von ungewöhnlich großer Geschwindigkeit wurden von Mr. William Rennie konstruiert und eigens für die Fahrt zwischen Liverpool und Vera Cruz von Joseph Cunard Esq. gebaut."[51] Die BERAZA entstand im Jahr 1846 mit einer Tonnage von 339 tons n. V. und 375 tons a. V. – Joseph Cunards Werft befand sich südlich von Bathurst am Miramichi, Neubraunschweig, am St.-Lorenz-Golf. Beide Fahrzeuge gehörten McCalmont in London. Rennie besaß damals eine Werft in Bathurst, bevor er 1848 nach Liverpool ging. Auf ihn wird in Kapitel VI noch näher einzugehen sein.

Im Jahr 1845 hatte Cunard für McCalmont bereits das zu 345 tons vermessene Vollschiff SWORDFISH gebaut, das von Thomas Joseph Ditchburn (1801–1870) entworfen worden war. Dies geht aus der folgenden Beschriftung einer Lithographie dieses Schiffes hervor: „Berühmt für die Schnelligkeit ihrer Reisen zwischen Liverpool und Brasilien, besonders aber wegen einer bemerkenswerten Reise von Pernambuco nach Liverpool in nur 22 Tagen. Wurde von Joseph Cunard & Co. am Miramichi nach einer Zeichnung von T. J. Ditchburn Esq. aus Blackwall gebaut."

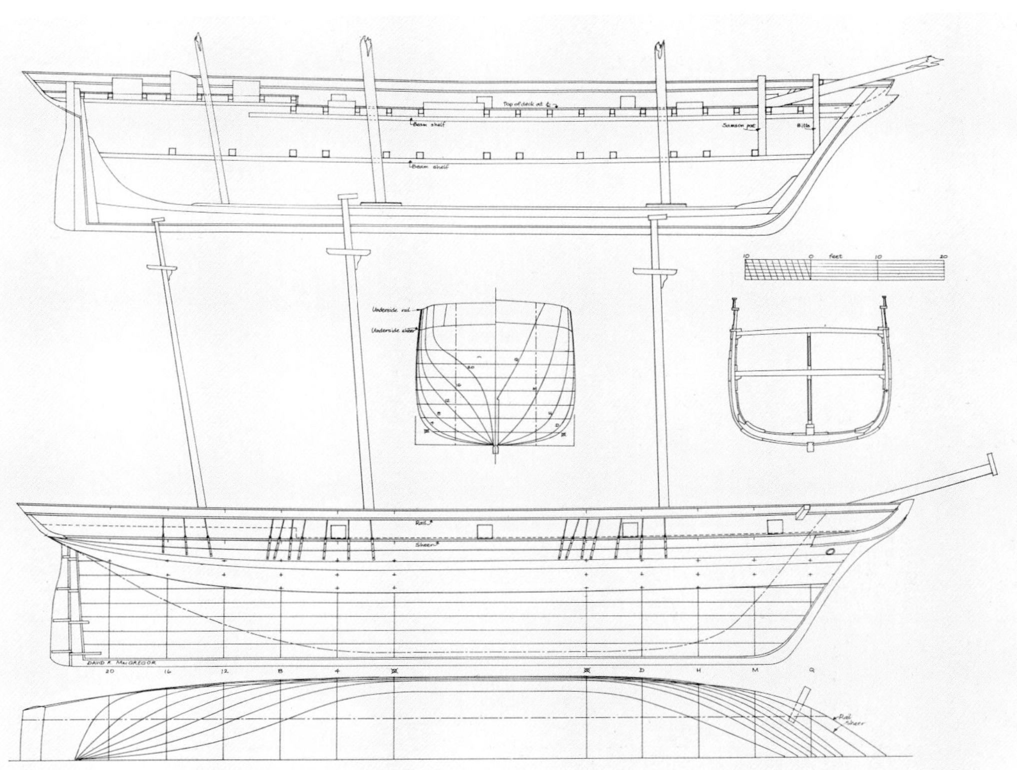

126 WATKINS, 1848 von John Gray in Newhaven gebaut. Nach dem im National Maritime Museum in Greenwich befindlichen Originalplan gezeichnet; signiert und datiert: „John Gray, Newhaven July 1847". Auf dem Plan verzeichnete Abmessungen: 37,19 m (größte Länge für a. V.) × 7,32 m (Breite über alles für a. V.) × 4,72 m (Raumtiefe); 329 62/94 tons a. V. und 288 1307/3500 tons n. V. – Rekonstruktion: Länge der Masten (gemäß Ausrichtung der Püttings) und des Bugspriets; Trennung von Längsriß und Längsschnitt. Ein Spantriß war nicht vorhanden, er wurde aus Wasserlinienriß und Hauptspant rekonstruiert.

Eine Reproduktion dieser Lithographie findet sich in Abbildung 128; der Rumpf des Schiffes war grün, und die Galionsfigur stellte einen Schwertfisch dar. In einer zeitgenössischen Zeitung wurde diese schnelle Reise, die in der ersten Januarwoche des Jahres 1846 in Liverpool endete, bestätigt. Dort hieß es weiter:

„Auf dieser Reise betrug ihre mittlere Geschwindigkeit (ein Tag Flaute und die letzten fünf Tage ausgenommen) 220 Seemeilen pro Tag à 24 Stunden. Bis auf die letzten paar Tage hatte sie sehr freundliches Wetter, so daß sie während der ganzen Reise ihre Leesegel setzen konnte. Im Oktober vergangenen Jahres hatte dieses Fahrzeug hier seine Ausreise angetreten und in 27 Tagen beendet, wofür es bei einer früheren Gelegenheit sogar nur 25 Tage benötigt hatte."[52]

Nach siebenjähriger Lehrzeit in der Marinewerft von Chatham war T. J. Ditchburn seit etwa 1824 fünfzehn Jahre lang Betriebsleiter der Werft Fletcher, Son & Fearnall in Poplar (London). Während dieser Zeit beaufsichtigte er bei zahlreichen Dampfern die Änderung des Bugs und der Vorschiffsform, wodurch die Eigenschaften der betreffenden Fahrzeuge stark verbessert wurden. Da im Jahr 1832 bei Fletcher der Frucht-Schoner TIME gebaut wurde, liegt es auf der Hand, daß Ditchburn ihn entworfen haben muß. Er bevorzugte ein langes scharfes Vorschiff bei völliger Aufgabe der sogenannten „Dorschkopf"-Bugform. Beachtliches Lob wurde ihm für die Formschönheit und Geschwindigkeit der Dampfyacht FAIRY zuteil, die, 1845 aus Eisen gebaut, der königlichen Yacht als Tender diente. Von etwa 1838 an baute er in Blackwall (London) gemeinsam mit Charles Mare im Zeitraum von zehn Jahren über 400 Dampfer.[53] Im Jahr 1846 entwarf und baute er in seiner eigenen Werft die eiserne Brigg RECRUIT, eines der frühen eisernen Kriegsschiffe. Ihr Vor- und Achterschiff waren sehr scharf mit außerordentlich hohlen Bodenwrangen und steiler Aufkimmung, wodurch die große Tiefe des Kiels noch betont wurde. Die größte Breite befand sich in Höhe der CWL, und darüber waren die Seiten spürbar eingezogen.[54] Aus alledem wird deutlich, daß die SWORDFISH sehr scharfe Linien und möglicherweise auch eine beachtliche Aufkimmung erhalten haben dürfte, als sie 1845 nach seinen Entwürfen gebaut wurde. Wahrscheinlich spielte Thomas Ditchburn bei der Entwicklung scharf gebauter Segelschiffe in den dreißiger und vierziger Jahren eine wichtige Rolle, die nur später vergessen und überstrahlt wurde von den Erfolgen seiner Raddampfer. Zwei seiner eisernen Yachten, die MYSTERY von 1841 und die MOSQUITO von 1848, waren zu ihrer Zeit wohlbekannt. Letztere „besaß viele der Eigenschaften, derentwegen die AMERICA drei Jahre später so sehr bewundert wurde".[55]

Ein weiteres Beispiel eines scharf gebauten Handelsschiffs der vierziger Jahre kann in der eisernen Bark RICHARD COBDEN gesehen werden, deren Entwurf samt Bauvorschrift von Thomas R. Guppy aus Bristol stammte. Thomas Guppy war auch am Bau der Dampfer GREAT WESTERN und GREAT BRITAIN beteiligt. Die RICHARD COBDEN wurde 1844 von James Hodgson in Liverpool gebaut; ihre Abmessungen betrugen 41,94 m x 8,38 m x 5,84 m bei 461 tons n. V. und 522 tons a. V. In einem 1871 vor der Institution of Naval Architects gehaltenen Vortrag machte John Grantham kurze Angaben zu ihrer Konstruktion. Das Bemerkenswerteste an ihr war aber die Hauptspantform, die in Abbildung 129

127 Diese Bleistiftskizze der VIRGINIA trägt die Aufschrift: „Das neue schnelle als Klipper gebaute Vollschiff VIRGINIA beim Heraussegeln seines Etmals von 279 sm, von Küste zu Küste wurden 11 Tage benötigt." Näheres über diese Reise ist nicht bekannt; vermutlich fand sie im Jahr 1845, in dem das Schiff gebaut wurde, statt. Da St. John (Neubraunschweig) der Bauort und Liverpool der Heimathafen war, könnte es sich hier um die erste Reise zwischen diesen Häfen gehandelt haben. Der Erbauer der zu 733 tons vermessenen VIRGINIA, die von Lloyd's Register nur die Klasse 4 A1 erhalten hatte, war A. Titus.

128 Die von Thomas J. Ditchburn entworfene SWORDFISH wurde 1845 von Joseph Cunard am Miramichi (Neubraunschweig) gebaut. Ihre Galionsfigur stellte einen Schwertfisch dar. Die festen Gaffeln an Fock- und Großmast waren bei vielen Schiffen jener Zeit üblich. Die SWORDFISH ermöglichte interessante Vergleiche mit gleichaltrigen Aberdeen-Klippern.

wiedergegeben ist. Diese Zeichnung wurde damals von John Grantham vorgelegt, leider ohne Beifügung eines Linienrisses. Eine derart extreme Aufkimmung war bei einem Handelsschiff dieser Größe ungewöhnlich. Dadurch wurde ihre Ladefähigkeit im Vergleich zu Fahrzeugen gleicher Abmessungen, aber weniger extremer Form, stark verringert. Sie besaß einen guten Ruf, was ihre Geschwindigkeit und die tadellose Beschaffenheit der von ihr gelöschten Ladung betraf. Da sie in der Chinafahrt beschäftigt war, ist anzunehmen, daß man den Frachtausfall bei der geringeren Ladefähigkeit durch die bei schnellen Fahrzeugen gezahlten höheren Frachtraten wieder wettzumachen hoffte. Die im Hauptspant erkennbare Ausbauchung knapp unterhalb der CWL erinnert zusammen mit den eingezogenen und dann wieder leicht überhängenden Seiten an den 1844 fertiggestellten Dampfer GREAT BRITAIN. Wie er war auch die RICHARD COBDEN aus mittelenglischem Coalbrookdale-Eisen gebaut, wobei die Platten von gewaltiger Dicke waren. Ein Außenkiel fehlte, und die Spantentfernung betrug das Doppelte des erforderlichen Abstandes; allerdings sorgten noch eine Reihe von Stringern für eine größere Festigkeit. Vor- und Achtersteven waren aus massivem Eisen mit einem Profil von 152 mm x 76 mm, beziehungsweise 152 mm x 57 mm. Sie überdauerte sechsundzwanzig Jahre, ehe sie abgewrackt wurde.[56]

Es dürfte interessieren, daß T. R. Guppy in Bristol den eisernen Schraubendampfer TINTERN und den eisernen Schoner JOHN BRIGHT für Darby & Sim, die Eigner der RICHARD COBDEN, baute. Ersterer wurde 1845 als Küstenfahrer von 90 tons gebaut; die JOHN BRIGHT lief 1846 als Toppsegelschoner von 298 tons vom Stapel. Sie war zum nachträglichen Einbau von Maschinen und einem Schraubenantrieb im Anschluß an eine Reise nach New York vorgesehen. Allerdings war dies noch nicht geschehen, als sie im Jahre 1848 vor einer Reise nach Valparaiso besichtigt wurde.[57]

129 Hauptspant der 1844 in Liverpool gebauten RICHARD COBDEN. Ein Außenkiel fehlt und die Eisenplatten sind wie bei der Klinkerbauweise hölzerner Rümpfe angeordnet. Die Aufkimmung ist für ein Frachtschiff sehr steil. Die aus je zwei Winkelprofilen zusammengesetzten U-Stringer sind in ihrer Verbindung mit den Platten zu sehen. Die Wassergänge sind aus Eisen, und die Oberdecksbeplankung besteht aus zwei Lagen.

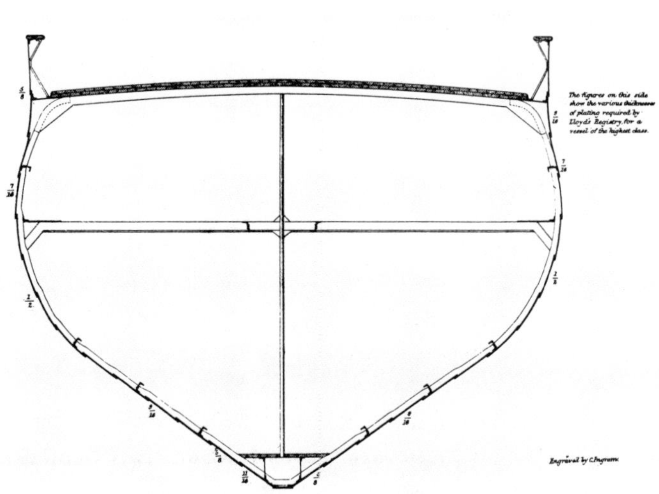

DIE *CAMERTONIAN*

Wenn man bedenkt, in welcher Nähe sich die Werften Cumberlands zu den küstennahen Kohlen- und Eisenlagern befanden, muß es verwundern, daß dort nicht schon damals das Holz im Schiffbau vom Eisen verdrängt wurde. Im Hafen von Workington, etwa elf Kilometer nördlich von Whitehaven, entstanden bei der Firma Peile, Scott & Co. in den Jahren 1834–1857 einige hervorragend gebaute Fahrzeuge. Als der Besichtigungsausschuß (Visitation Committee) von Lloyd's Register im Jahre 1851 die Werft inspizierte, bemerkte er, daß „es kaum möglich schien, einen höheren Stand schiffbaulicher Qualität zu erzielen".[58] Der damalige Betriebsleiter war Jonathan Fell, der somit auch für den Entwurf und Bau der CAMERTONIAN verantwortlich gewesen sein muß, die im Jahre 1848 von dieser Firma als feinliniges Schiff für die Asienfahrt gebaut worden war.

Eine örtliche Zeitung schrieb anläßlich des Stapellaufs mit den für jene Zeit typischen Übertreibungen:

„Am Freitag [18. August] lief auf der Werft der Messrs. Wm. Peile, Scott & Co. in Workington ein herrliches zu 550 Registertons vermessenes neues Schiff vom Stapel, das den Namen CAMERTONIAN erhielt und für Isaak Scott Esq. gebaut worden war. Das Ebenmaß dieses Fahrzeugs findet nach dem Urteil von Kritikern nicht seinesgleichen, und der Ruf der Erbauer bietet ausreichende Garantien dafür, daß Material und fachmännische Arbeit nicht zu übertreffen sind. Dies ist das dritte innerhalb von zwölf Monaten bei der oben genannten Firma vom Stapel gelaufene neue Schiff, was zusammen 1700 tons ergibt. Das dürfte die größte je von einer Werft dieses Landes in so kurzer Zeit erzielte Neubautonnage sein."[59]

Lokalzeitungen pflegen stets treu zur heimischen Industrie zu halten und sich mit ihen Ansichten in einem engen Horizont zu bewegen. Daher sind Stapellaufberichte selten, die über nichtssagende Freundlichkeiten hinaus fundierte Urteile bieten. Die in den 1850er Jahren von Duncan MacLean für den *Boston Atlas* über amerikanische Schiffe geschriebenen Beiträge, von denen einige 1952 nachgedruckt wurden, waren mit ihren detaillierten Angaben einmalig; allerdings war der Verfasser auch Seemann.[60] Australische Häfen anlaufende britische Schiffe erhielten dort bessere Würdigungen, als sie ihnen jemals in ihrem Mutterland zuteil wurden. Aus den in diesem Buch enthaltenen Zitaten kann sich der Leser ein eigenes Urteil über die Qualität der Berichterstattung bilden; Gemeinplätze wie „das Ebenmaß dieses Fahrzeugs" sind jedoch völlig bedeutungslos.

Glücklicherweise befindet sich im Besitz von William Salisbury ein ausgezeichnetes zeitgenössisches Modell der CAMERTONIAN im Maßstab 1:48, nach dem der Linienriß in Abbildung 130 gezeichnet wurde. Zwar ist das Modell zur Zeit nicht aufgetakelt, aber alle Masten und Spieren sind ebenso wie ein großer Teil des Tauwerks und der Blöcke noch vorhanden. Die Abmessungen des

Vollschiffs waren 39,01 m an Deck x 8,76 m x 6,17 m bei 485 tons a. V. und 543 tons n. V. – Der Besichtigungsbericht von Lloyd's Register gibt die Materialstärke des Kiels mit 0,36 m Breite und 0,38 m Tiefe, die der Bodenwrangen mit 0,34 m Breite und Tiefe sowie das Profil des Kielschweins mit 0,36 m Breite und 0,53 m Tiefe an. Für die Außenhautbeplankung wird die Stärke von 0,10 m genannt bei Stärken von 0,13 m für den Kimmgang und 0,14 m für die Berghölzer. An Holz wurde für die Spanten Eiche, für die Balken Teak und für die Decksplanken Yellowpine verwendet. Das Schiff erhielt für 12 Jahre die Klasse A 1. Das kurz vor der Beplankung fertig in seinen Spanten stehende Schiff muß einen herrlichen Anblick geboten haben mit seinen kräftigen dicht liegenden Bodenwrangen und den etwas schlankeren sich gegen den Himmel abhebenden Oberauflangern. Mit langen biegsamen Latten wurden dann die Außenkanten der Spanten auf ebenmäßigen Belauf überprüft und gegebenenfalls mit Dechseln geschlichtet. Erfahrene Schiffszimmerleute wußten aus langer Praxis wie die Hölzer jeweils am günstigsten zu bearbeiten waren; ein Umstand, von dem die Rentabilität einer Werft abhing, wo englische Eiche ein so knapper und wertvoller Artikel war.

Die Rumpfkonstruktion weist eine beträchtliche Aufkimmung und einen sehr großen Kimmradius auf. Das Vorschiff ist lang und konvex. Nach achtern verjüngt sich der Rumpf merklich; trotzdem bleibt das Achterschiff über der Leichtwasserlinie sehr völlig, was dort, wo der Rumpf im Achtersteven endet, zu einem deutlich hohlen Belauf führt. Beim Modell entsprechen die Maße des Kiels einer Breite von 0,46 m in Höhe der Sponung und einer Tiefe von 0,76 m, was die im Besichtigungsbericht angegebenen Werte beträchtlich übersteigt und dazu den falschen Eindruck einer relativ größeren Tiefe des Rumpfes erweckt. Nach den Registerabmessungen belief sich das Verhältnis von Länge : Breite auf 4,46:1 und das von Länge : Tiefe auf 6,33:1, was vollkommen den damals üblichen Rumpfproportionen entsprach. Aber das gewichtige Galion und das schwerfällige Spiegelheck mit imitierten Seitentaschen, so ehrwürdig sie auch aussehen mochten, paßten nicht so recht zu dem scharfen Boden.

In einigen Punkten hinsichtlich der Tiefe des Kiels, der Aufkimmung und der konvexen Wasserlinien gibt es Ähnlichkeiten mit dem für den Klipper SCAWFELL gezeichneten Linienriß (Abbildung 214), wofür auch die Annahme spräche, daß Jonathan Fell mit den Entwürfen beider Fahrzeuge etwas zu tun hatte.

Da das Modell ungewöhnlich gutgearbeitete Details enthält, wurde hier die Gelegenheit wahrgenommen, diese in einigen Skizzen der CAMERTONIAN vorzustellen. In Abbildung 132 wird

130 CAMERTONIAN (Linienriß): 1848 von Peile, Scott & Co. in Workington gebaut. Riß nach den Maßen eines im Besitz von Wiliam Salisbury befindlichen zeitgenössischen 1 : 48-Modells gezeichnet. Abmessungen: 39,01 m × 8,76 m × 6,17 m; 485 tons a. V. und 543 tons n. V. – Rekonstruktion: Galionsfigur.

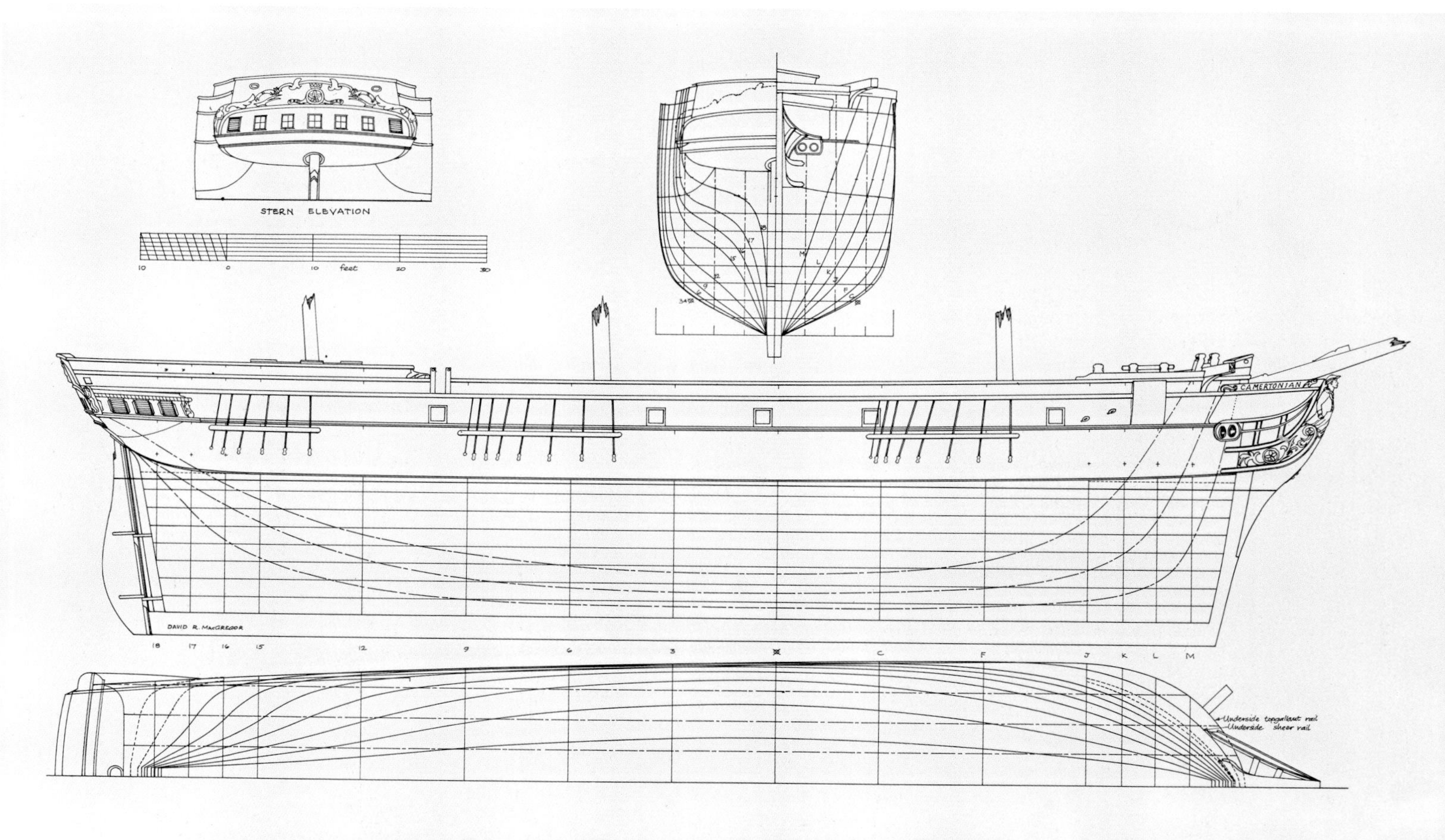

das Pumpspill in Aktion beim Aufhieven des Steuerbordankers gezeigt. Es gibt kaum Photographien, auf denen eine derartige Szene festgehalten wurde. Andere Skizzen zeigen den Vormars mit dem Rack der Fockrah und eine Ansicht von Heck und Steuerbordseite mit Heckverzierungen, Seitentaschen und einem in festen eisernen Davits hängenden Boot.

Einzelne Teile des Schanzkleides sind bei dem Modell der CAMERTONIAN etwas zu massiv geraten, und von der Ausstattung fehlt offenbar einiges: so etwa die Kombüse, eine der Bootsklampen für das Großboot und das Kajütskylight. Die unterschiedliche Färbung des Decks läßt jedoch deutlich das Ausmaß des Fehlenden erkennen. Die Rekonstruktionen sind auf dem Plan gestrichelt dargestellt. Nach dem Besichtigungsbericht von Lloyd's Register besaß die CAMERTONIAN ein Großboot, ein Quarterboot und eine Jolle. Das Modell ist nicht mit Davits ausgerüstet, die aber zu jener Zeit zweifellos vorhanden gewesen sein dürften, wenigstens an einer Seite des Schiffes, wenn nicht an beiden. Obwohl der eine Bootsgalgen ein paar schräge Einschnitte für ein Bootsauflager zeigt, fehlen die entsprechenden Anzeichen für die achtere Lagerung der Boote auf der balustradeartigen Reling an der Vorderkante des erhöhten Quarterdecks. Die CAMERTONIAN war mit drei Bugankern (1270 kg, 1270 kg und 1220 kg), einem 508 kg schweren Stromanker und einem Warpanker von 152 kg Gewicht ausgerüstet. Der asymmetrische Aufbau auf dem Quarterdeck mit zwei Niedergangskappen ist ungewöhnlich.

Am Modell der CAMERTONIAN befanden sich keine Segel; so wurde ihre vermutliche Form auf dem rekonstruierten Takelriß (Abbildung 135) gestrichelt dargestellt. Das, was an Tauwerk gezeigt wird, steht mit den an den Spieren des Modells erhaltenen Resten im Einklang. Der Stampfstock war aus Holz und von ungewöhnlicher Länge. Die sehr starke Steigung des Bugspriets entsprach dem Brauch früherer Jahre. Es ergab sich für den Segelriß eine ziemlich hohe Takelung, aber das Ausmaß an Überlappungen bei den Rahsegeln macht deutlich, daß jetzt die Rahen länger und damit die Segelflächen breiter wurden. Die Leesegel am Großmast waren größer als die des Fockmastes. Am Modell sind keine Skysegelrahen erhalten geblieben, aber die Art wie die Stage aufgesetzt sind, und die Höhe der Toppen hätten das Setzen recht großer Skysegel erlaubt.

Leider ist über die Wohnräume nichts bekannt. Wahrscheinlich gelangte die Crew in ihr stickiges Logis im Zwischendeck durch eine kleine Luke unter dem Ankerdeck, die nur tief gebückt zu erreichen war. Der Zugang zu den Räumen der Offiziere erfolgte vom Quarterdeck aus über den am weitesten achtern liegenden Niedergang. Durch die andere Schiebekappe ging es wahrscheinlich zur Segelkammer und zu den Storeräumen.

Die CAMERTONIAN verbrachte ihr kurzes Leben in der Indienfahrt. Im Jahre 1854 wurde sie auf einer Ausreise nach Calcutta, 114 Tage von Liverpool, bei den Sand Heads wrack.

Im Jahr 1849 waren nur wenige britische Klipper größer als 500 tons. Dies war die Zeit, in der die Verwendung schneller Segelschiffe einem großartigen Aufschwung entgegenging. Den Anreiz dazu hatte die Aufhebung der britischen Navigationsakte mit dem anschließend einsetzenden internationalen Wettbewerb gegeben. Hinzu kam die Entdeckung von Gold in Kalifornien

131 Vormars der CAMERTONIAN. Um der Klarheit willen wurde ein Teil der Takelage weggelassen.

132 Aufhieven des Steuerbordankers der CAMERTONIAN mit dem Pumpspill: Eine derartige Szene findet man nur selten auf Photographien. Der Erste Offizier blickt über die Seite, um die Kette zu beobachten. Jeder Hebel des Pumpspills ist von drei Mann besetzt, ein anderer hält mit einem Haken die Kette klar vom Spillstamm, über dem man an beiden Seiten die hufeisenförmigen Katzenköpfe sieht, die beim Ankern benutzt wurden, um ein Unklarkommen der Kette zu verhindern. Die massiven Klüverbackstagausleger sind durch Eisenbügel an den Kranbalken befestigt.

und Australien, die für den Transport der vom Goldfieber befallenen Menschen und ihrer Bedarfsgüter eine in diesem Ausmaß noch nie dagewesene Nachfrage nach besonders schnellen Schiffen auslöste. Die Größe britischer Klipper verdoppelte, ja verdreifachte sich, aber der Bedarf wurde erst wirklich befriedigt durch die noch größeren Schiffe aus den USA und aus Kanada, die dann auch die stärkste Herausforderung für den britischen Schiffbau darstellten.

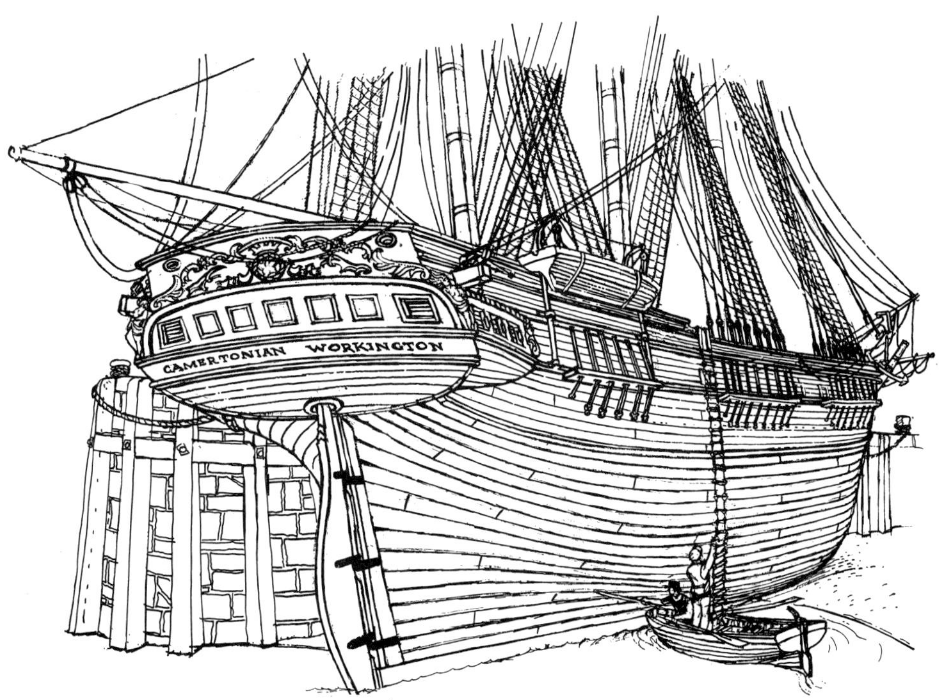

133 Heck und Steuerbordseite der CAMERTONIAN.

134 CAMERTONIAN: Allgemeiner Plan der Decksausstattung und der Aufbauten, nach dem gleichen Modell gezeichnet wie der Linienriß. Rekonstruktion (gestrichelt): Schanzkleider dünner gemacht, Kombüse, Bootsklampe auf dem Hauptdeck, Skylight auf dem erhöhten Quarterdeck, Großbraßbaum und Galionsfigur.

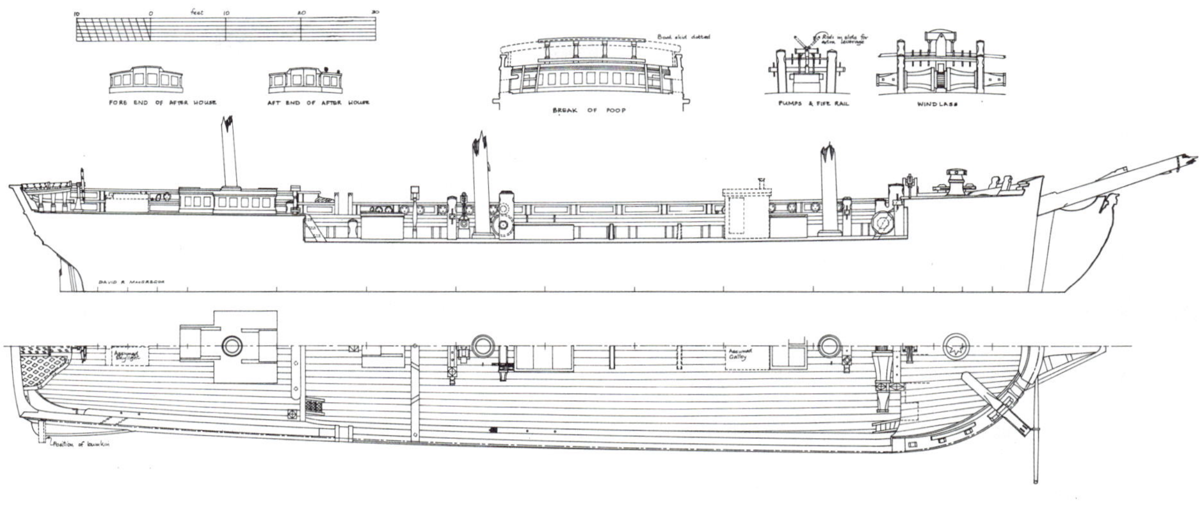

135 CAMERTONIAN (Segelriß): Das Modell war nicht aufgetakelt, aber sämtliche Spieren entsprechen den Abmessungen der auf dem Modell liegenden Rundhölzer, wie auch das Tauwerk gemäß den an Spieren und Modell befindlichen Resten geschoren wurde. Auf dem Modell wurden keine Skysegelrahen gefunden. Rekonstruktion (gestrichelt): Form der Segel.

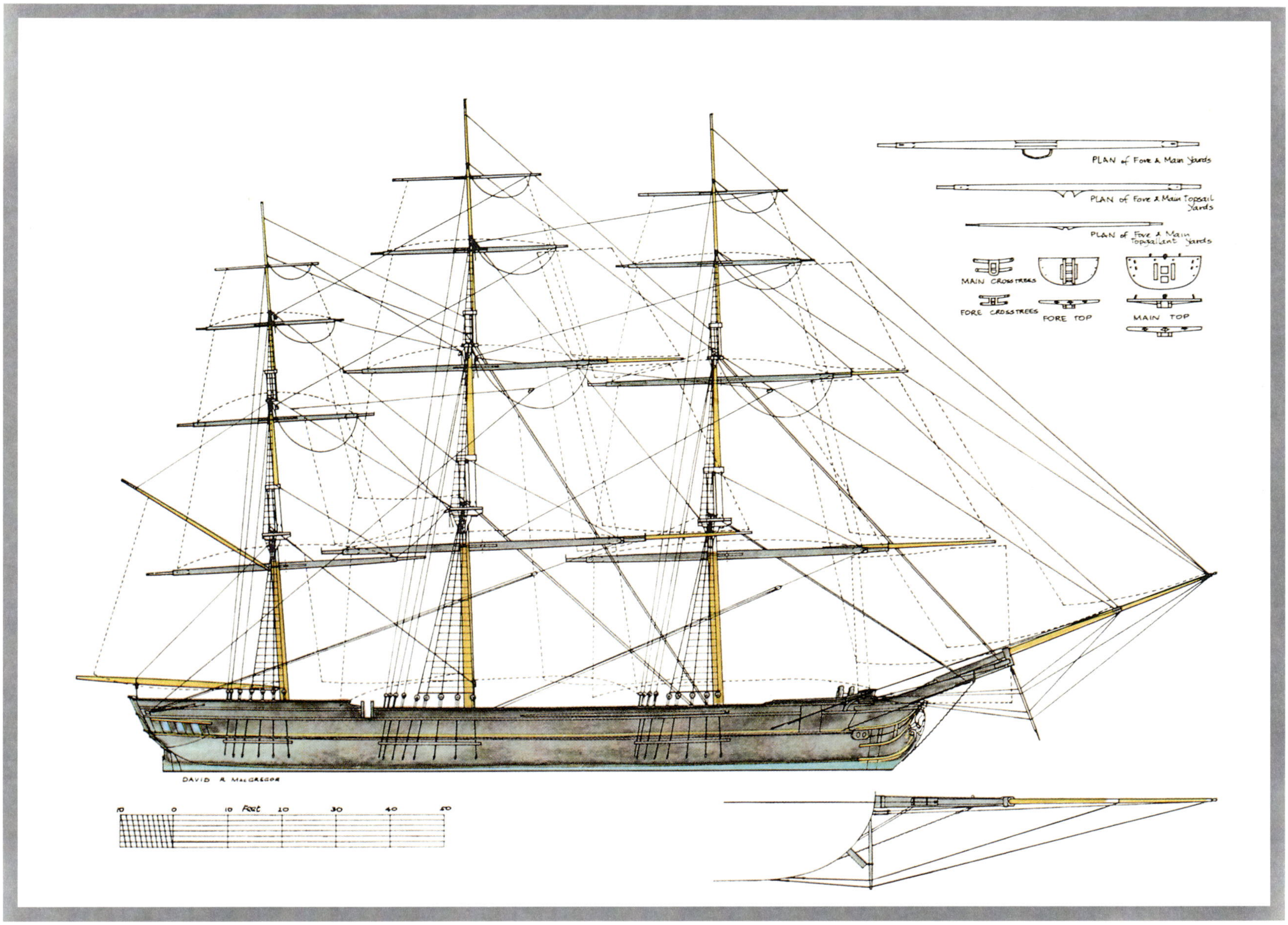

ANMERKUNGEN ZU KAPITEL IV
(Abkürzungsverzeichnis am Schluß des Buches)

[1] Graeme Sommer, „The London & Edinburgh Shipping Co. Ltd of Leith", *Sea Breezes,* 1963, vol. 36, pp. 144 und 146.
[2] John Lyman, „Register Tonnage and its Measurement", *The American Neptune,* 1945, vol. 5, pp. 228 f.
[3] „The ‚Aberdeen Bow'", *Aberdeen Journal,* 12. Juli 1848, p. 5.
[4] Ebd.
[5] Kostenaufstellung der Werft, Auszug nach James Henderson.
[6] N. M. M., L. R. Besichtigungsbericht, Aberdeen, Nr. 560.
[7] Boyd Cable, „The World's First Clipper", *M. M.,* 1943, vol. 29, pp. 66–91.
[8] John Lyman, „The *Scottish Maid* as the World's First Clipper", *M. M.,* 1944, vol. 30, pp. 194 ff.; W. Salisbury, „Hollow Water-Lines and Early Clippers", *M. M.,* 1946, vol. 32, pp. 237 ff.; Howard I. Chapelle, „The First Clipper", *M. M.,* 1948, vol. 34, pp. 26 ff.
[9] Boyd Cable, „The World's First Clipper", *M. M.,* a. a. O., p. 68.
[10] Howard I. Chapelle, „The First Clipper", *M. M.,* a. a. O., bes. pp. 26–28.
[11] Boyd Cable, „The World's First Clipper", *M. M.,* a. a. O., pp. 76–77.
[12] James Sellar, „Hall's of Aberdeen", *Sea Breezes,* 1924, vol. 6, p. 57.
[13] Science Museum, London, Segelschiffssammlung; plan press B, drawer 2.
[14] Howard I. Chapelle, *The Search for Speed under Sail, 1700–1855,* (New York 1967), p. 151 mit Fußnote.
[15] Ders., „The First Clipper", *M. M.,* a. a. O., p. 33.
[16] „The ‚Aberdeen Bow'", *Aberdeen Journal,* a. a. O.
[17] Basil Lubbock, *The Opium Clippers,* (Glasgow 1933), p. 322.
[18] „The ‚Aberdeen Bow'", *Aberdeen Journal,* a. a. O.
[19] Ebd.
[20] Mein Dank gilt James Henderson, der mir ein von Alexander Hall & Sons Ltd erhaltenes Exemplar zur Verfügung stellte. Diese Zeichnung wurde auch im *Artizan,* Juni 1850, vol. VIII, Tafel 10, wiedergegeben.
[21] „The ‚Aberdeen Bow'", *Aberdeen Journal,* a. a. O.
[22] Ebd.
[23] Siehe „Aberdeen Clipper Bow", *Artizan,* Juni 1850, vol. VIII, p. 126.
[24] Boyd Cable, „The World's First Clipper", *M. M.,* a. a. O., pp. 82 ff.
[25] William Skene, *East Neuk Chronicles* (1905). Dieser Auszug stammt von James Henderson. „East Neuk" ist die einheimische Bezeichnung für das Aberdeener Ostend.
[26] N. M. M., L. R. Besichtigungsbericht, Aberdeen, Nr. 1227.
[27] „The ‚Aberdeen Bow'", *Aberdeen Journal,* a. a. O.
[28] Das Halbmodell der *Benjamin Elkin* wurde von James Henderson aufgemessen, als es sich im Besitz von Mr. Smith, dem ehemaligen geschäftsführenden Direktor von Alexander Hall & Sons Ltd, befand.
[29] N. M. M., R. C. Anderson, *Catalogue of Ship-Models* (London 1952), p. 71, Nr. 1845–5 betreffend.
[30] Kostenaufstellung der Werft, Auszug nach James Henderson.
[31] *Sydney Morning Herald,* 14. Januar 1854.
[32] N. M. M., L. R. Besichtigungsbericht, Aberdeen, Nr. 1064.
[33] „The ‚Aberdeen Bow'", *Aberdeen Journal,* a. a. O.
[34] Vgl. Basil Greenhill, *The Merchant Schooners* (London 1951), vol. I, p. 13.
[35] Tagebücher im Besitz von Alexander Stephen & Sons Ltd, Glasgow.
[36] John Fincham, *Outline of Ship Building* (3. Aufl., London 1852), Tafel 20. Kein von A. Hall gebauter Schoner stimmt genau mit den von Fincham angegebenen Abmessungen überein, allerdings kommen ihnen einige Schoner, wie die *Torrington* oder die *Amelia,* sehr nahe. Die Tonnageangabe dürfte sich auf die alte Vermessungsregel beziehen.
[37] Im Besitz von Howard I. Chapelle befindliche Photokopie eines Linienrisses aus einem niederländischen Museum; im Oktober 1964 überprüft.
[38] Linienriß im Besitz von F. Holm-Petersen, Troense, Dänemark.
[39] Nach Angaben von John Stevens, Maritime Museum of Canada, Halifax, N. S.
[40] *Illustrated London News,* 21. Februar 1852.
[41] Ebd.
[42] Gemälde im Besitz von Alan Stinchcombe aus Okehampton, Devonshire, der es mir 1952 zur Verfügung stellte.
[43] David R. MacGregor, *The Tea Clippers* (London 1952), p. 52.
[44] James Evans („Quaysider"), *Recollections* (Berwick-upon-Tweed, 1908), pp. 28, 29 und 40.
[45] Tower Hamlets Borough Council (ehemals Poplar Borough Council), Central Library; die Angaben über die Familie Duthie stellte Boyd Cable zusammen.
[46] Nach der ca. 1935 angefertigten und in meinem Besitz befindlichen Kopie eines Linienrisses des Schoners *Proto.*
[47] Universität Glasgow, Register of Business Archives, William Denny Brothers, private ledger, Fol. 419.
[48] *Stockton Herald,* 1. November 1850. Mein Dank gilt Peter Barton für dieses Zitat und Informationen über die *Caledonia,* solange sie in Stockton beheimatet war. David I. Moor verdanke ich den Kontraktpreis und den seine Annahme betreffenden Brief.
[49] Michael R. Bouquet, *No Gallant Ship* (London 1959), p. 113.
[50] George Moorsom, *Brief Review and Analyses of the Laws for the Admeasurement of Tonnage* (London 1852), p. 94.
[51] N. M. M., den Kaufleuten von Mexiko gewidmete Lithographie von T. G. Dutton; neg. no. 7413.
[52] *The Times,* 10. Januar 1846, p. 7, dort Zitat aus dem *Liverpool Mercury* ohne Datum.
[53] „Memoir of the late T. J. Ditchburn", *Transactions of the Institution of Naval Architects,* 1870, vol. XI, pp. 241 ff. Wahrscheinlich fehlt die *Swordfish* auf der Schiffsliste, weil sie nicht auf seiner Werft gebaut wurde.
[54] N. M. M., Admiralty Draughts, Linienriß von HMS *Recruit,* Plan Nr. 3740, Box 53.
[55] P. R. Marett, *Yachts and Yacht Building: being a Treatise on the Construction of Yachts* (London 1865), p. 85. Tafel 5 zeigt ihren Linienriß.
[56] John Grantham, „On the *Richard Cobden* Iron Sailing Ship", *Transactions of the Institution of Naval Architects,* 1871, vol. XII, p. 254 und Tafel IX. Der Artikel und die Diskussion darüber wurden für die Beschreibung des Schiffes ausgewertet.
[57] N. M. M., L. R. Besichtigungsberichte über Eisenschiffe.
[58] Lloyd's Register of Shipping, Visitation Committee Reports, jährlicher Besuch für 1851.
[59] *The Whitehaven Herald,* Sonnabend, den 19. August 1848. Den Auszug machte Stadtbibliothekar Daniel Hay aus Whitehaven für mich.
[60] Duncan MacLean, *Clipper Ships and Packets, 1851–1853* (Washington, D. C., 1952). Von den Berichten MacLeans wurden neununddreißig von John Lyman gesammelt und als Faksimiledruck herausgegeben, so daß sie hier als wertvolles Quellenmaterial dienen konnten.

KAPITEL V

FORTSCHRITTE IM SCHIFFBAU 1850-1875

INHALT

EISEN ALS SCHIFFBAUMATERIAL

Aus dem offiziellen Katalog der Londoner Weltausstellung von 1851 ist das große Ausmaß der im Schiffbau investierten Erfindungsgabe zu ersehen. Dieser Katalog stellt ein wertvolles Kompendium im Hinblick auf einige damals noch in der Entwicklung befindliche neue Techniken dar. Häufig gab es keine Präzedenzfälle, auf die Reeder oder Besichtiger ihr Urteil hätten stützen können. So bedurfte es vieler Experimente und Fehlschläge, ehe ein Produkt oder ein Verfahren als vollkommen zufriedenstellend und narrensicher angesehen wurde.

Über die Entwicklung des Eisenschiffbaus schrieb im Jahr 1864 jener glänzende Schiffbaulehrer J. Scott Russell (1808 bis 1882):

„Das für den guten Entwurf eines Eisenschiffes benötigte Können war neu in seiner Art und selten anzutreffen, da die Erfahrung im Eisenbau besonders für seegehende Schiffe völlig fehlte. Auf der Suche nach den richtigen Proportionen für die eisernen Bauelemente dieser Schiffe hielten wir uns natürlich zuerst an die Holzschiffbauer und ihre hölzernen Schiffe. Leider haßten diese Männer die Eisenschiffe, so daß von dort keine nennenswerte Unterstützung kam. Daneben wußten sie auch nur wenig oder gar nichts über die Eigenschaften des Eisens, seine Festigkeit, seine jeweils günstigsten Dimensionen und die besten Methoden, es zu formen. Die Männer, die sich mit Eisen auskannten, waren von einer völlig anderen Rasse, deren Gedanken auch um ganz andere Dinge kreisten. Es gab nur wenige Berührungspunkte zwischen den Fertigkeiten von Schmied und Zimmermann; doch die Schmiede waren es, die allein verstanden, wie Eisen zu behandeln war und was man mit ihm machen konnte. Von ganz besonderem Schlag aber waren die Kesselschmiede, die als Fachleute für das Schneiden und Biegen, das Formen und Verbinden von Eisenblechen bekannt waren. Auf handwerklichem Gebiet war hier Hilfe zu erwarten. Was jedoch den allgemeinen Entwurf und die umfassende naturwissenschaftlich fundierte Beherrschung der Mechanik in Theorie und Praxis betraf, kam dem Ingenieur niemand gleich. Er hatte bereits beachtliche Fertigkeit in der Verwendung des Eisens dadurch erworben, daß er es in großem Umfang im Maschinenbau einsetzte, wo es starken Beanspruchungen ausgesetzt wurde, für die es äußerst sorgfältig und geschickt dimensioniert werden mußte. Dort war daher ein beträchtliches Quantum des einschlägigen fachlichen Könnens zu finden, auf das man im Eisenschiffbau zurückgreifen konnte, wann immer es nötig war. Als dann ein sehr ausgedehnter diesbezüglicher Bedarf entstand und eiserne Schiffe dringend benötigt wurden, waren es im Wesentlichen die Maschinenbauer und nicht die Holzschiffbauer, die hier schließlich in die Bresche sprangen. So ergab es sich, daß Kunst und Wissenschaft des Eisenschiffbaus hauptsächlich von den Maschinenbauern entwickelt werden mußten."[1]

Wo früher Eisenschiffe in Unfälle oder Katastrophen verwikkelt waren, wurden weite Kreise der Öffentlichkeit auf die Stärke und Haltbarkeit ihres Baumaterials aufmerksam und einige zweifellos auch ermutigt, in Schiffe dieser Art zu investieren. Ein besonders bekannter Fall ist der des Dampfers GREAT BRITAIN, der an der irischen Küste gestrandet war und von September 1846 bis August 1847 festsaß, völlig den Winterstürmen ausgesetzt. Obwohl „jeder Teil des Bodens durch die Felsen, auf die er geworfen worden war, Stöße und Beschädigungen erhalten hatte, war es schwierig, auch nur die geringste Belastung der oberen Seiten oder irgendeine Verformung festzustellen."[2] Die Tatsache, daß das Schiff immer noch seine Schwimmfähigkeit besaß, als es schließlich abgebracht wurde, seine riesigen Abmessungen und die durch den Kampf um das Überleben gewonnene große Popularität gaben dem Eisenschiffbau einen bedeutenden Auftrieb.

Es dürfte angebracht sein, einmal die Vorzüge anzuführen, die

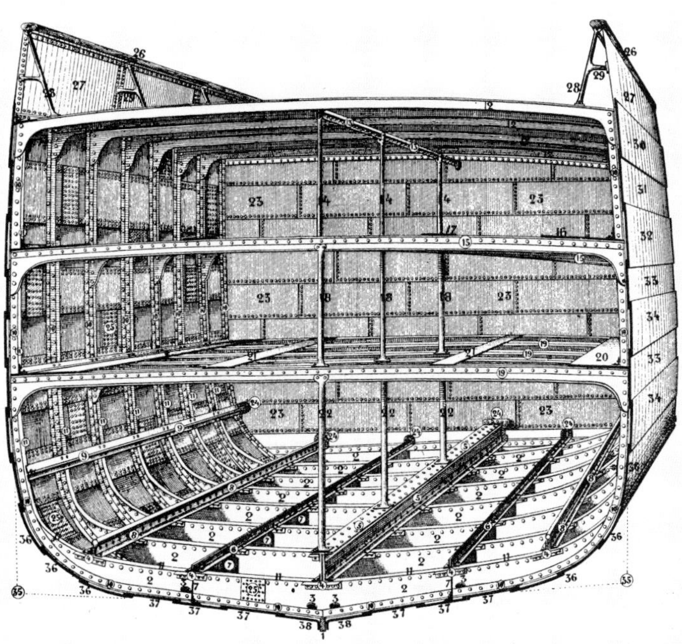

136 Konstruktionselemente eines Eisenrumpfes nach Kapitän H. Paasch, *Illustrated Marine Encyclopedia*: 1 Kiel. 2 Bodenwrangen. 3 Wasserlauflöcher; Nüstergatten. 4 Kurze Gegenwinkel. 5 Kielschwein; Mittelkielschwein. 6 Seitenkielschwein. 7 Interkostales oder eingeschobenes Seitenkielschwein. 8 Kimmkielschwein. 9 Kimmstringer. 10 Spanten. 11 Gegenspanten. 12 Oberdecksbalken. 13 Mittelstringer; Unterzug. 14 Oberdeckstützen. 15 Hauptdecksbalken. 16 Hauptdeckstringer. 17 Hauptdecksbalkenlängsband. 18 Hauptdeckstützen. 19 Unterdecksbalken. 20 Unterdeckstringer. 21 Unterdecksbalkenlängsband. 22 Raumstützen; Laderaumstützen. 23 Schott. 24 Kragen; Bünde. 25 Stoßlaschen. 26 Reling; Relingsleiste; Handlauf. 27 Schanzkleidbeplattung. 28 Schanzkleidstützen. 29 Streben. 30 Oberdeckschergang. 31 Gang über Wasserlinie und Wetterdeck. 32 Hauptdeckschergang. 33 Seitenbeplattung (anliegende Gänge). 34 Seitenbeplattung (abliegende Gänge). 35 Kimm. 36 Kimmgänge. 37 Bodengänge; Bodenstraken. 38 Kielgänge.

sich den Eisenschiffbauern jener Tage besonders eindrucksvoll präsentierten.

John Grantham nannte die folgenden „von einem Kaufmann bei der Wahl eines Schiffes am stärksten gefragten Eigenschaften ...: Festigkeit verbunden mit geringem Gewicht; große Ladefähigkeit; Sicherheit; Schnelligkeit; Haltbarkeit; Wirtschaftlichkeit bei Reparaturen; geringe Kosten; günstiger Tiefgang". Und er fügte hinzu, daß eiserne Fahrzeuge denen aus Holz in jedem dieser Punkte bedeutend überlegen seien.[3]

In einem im November 1858 datierten Brief an einen Londoner Reeder stellte Alexander Stephen jr. zusammen, welche Vorteile er bei Eisenschiffen sah:

1. Anschaffungskosten zur Zeit niedriger als bei einem hölzernen Schiff der gleichen Klasse.

2. In vielen Fahrtbereichen besitzen Eisenschiffe den Vorzug, einen sichereren Transport zu gewährleisten.

3. Ladefähigkeit ist bei gleicher Tonnage wesentlich größer.

4. Haltbarkeit spricht außerordentlich zu ihren Gunsten.

5. Wirtschaftlichkeit in der Unterhaltung; keine langen Zimmermannsrechnungen für innere Schäden durch Holzfäule.[4]

Briefe mit ähnlichen Argumenten wurden an mögliche Kunden in London, Hull, Liverpool, Glasgow, Dundee und Peterhead geschickt.

Im Jahre 1858 betrug der Preisunterschied zu Gunsten des Eisenschiffes etwa 10 s bis 30 s je ton bei einem 13 A 1-Fahrzeug mit vollständiger Ostindienausrüstung. Gegen Ende der fünfziger Jahre fielen die Preise für Eisenschiffe bis auf £ 14.10 s pro ton bei der Klasse 12 A 1 mit voller Ostindienausrüstung, womit sie um etwa £ 4 unter den Kosten lagen, die früher in diesem Jahrzehnt auf der Höhe des Booms hatten gezahlt werden müssen. In den sechziger Jahren kosteten eiserne Segelschiffe an der Clyde zwischen £ 14 und £ 16.10 s pro ton.

Im Hinblick auf die Ladefähigkeit schätzte John Grantham, daß, wo ein hölzernes Schiff 500 tons tragen konnte, ein eisernes Fahrzeug gleicher Form und Größe 600 tons zu befördern vermochte, denn die Wandstärken des Holzschiffes waren vor allem an den Enden sehr viel größer.[5] Dieser Unterschied zeigte sich besonders deutlich bei scharf gebauten Fahrzeugen, deren Spantenkonstruktion mehr Holz erforderte; auch im Fall extrem langer Schiffe fiel die Relation erheblich zugunsten der Eisenfahrzeuge aus.[6] Der Hauptspantschnitt des extremen Klippers ANNANDALE deutet auf eine enorme Menge zur Versteifung benötigten Bauholzes, während der eiserne Klipper HURRICANE verhältnismäßig dünne Wände besaß. Bei dieser Gelegenheit soll noch bemerkt werden, daß aus Eiche gebaute Schiffe mit geringeren Stärken für Spanten und Beplankung auskamen als Fahrzeuge aus Nadelhölzern, wodurch sie eine größere Ladefähigkeit erzielten. Die folgende 1852 von George Moorsom zusammengestellte Tabelle vergleicht Holz- und Eisenschiffe miteinander:

MATERIALBEDINGTE ZUSÄTZLICHE LADEKAPAZITÄTEN
(Angaben in Prozent)[7]

Schiffstonnage	Überschuß Eiche gegen Kiefer	Überschuß Eisen gegen Eiche	Überschuß Eisen gegen Kiefer
1000	7,54	14,0	21,46
500	6,8	16,0	22,8
200	10,0	18,6	28,6

Zweifellos wäre es möglich, für bestimmte Schiffe noch interessante Zahlen zu ermitteln, die die in einigen Fällen relativ hohen Profite erklären könnten. Mit der Berechnung der Gewinne unter Berücksichtigung sämtlicher Faktoren hat sich bislang kaum jemand befaßt.

Natürlich mußten im Eisenschiffbau zahlreiche Schwierigkeiten bewältigt werden: Durch Bilgewasser im Laderaum verursachte Korrosion von Platten wurde verhindert durch einen Belag von Portlandzement oder Asphalt; die großen Eisenmassen im Rumpf bewirkten eine beträchtliche Devitation des Kompasses, um deren Kompensation sich Wissenschaftler bemühten; Ladungen sollen ernstlich zu Schaden gekommen sein, bevor man die Ventilation verbesserte. Mangel an Erfahrung und Anpassungsschwierigkeiten bei neuen Konstruktionsmethoden wurden nach und nach überwunden. Die Tüchtigkeit der Schiffbauer in fernen Ländern wurde auch im Hinblick auf eiserne Schiffe immer weniger eine Frage des Zufalls, da die Ausstattung der Häfen und der Docks sich in der ganzen Welt verbesserte.

Bodenbewuchs etwa durch Seepocken oder ähnliches erwies sich noch im Jahre 1870 als ernstes Problem. Die Erfolglosigkeit im Kampf gegen den Anwuchs wurde von vielen Fachleuten beklagt; John Grantham sprach von „dem alten Feind des Eisens".[8] Man wies nach, daß ein übermäßiger Bewuchs die Geschwindigkeit eines Dampfers um drei bis vier Knoten herabsetzen konnte; das galt in gleichem Maße auch für Segelschiffe. Bei eingedockten Eisenschiffen konnten Seepocken oft tonnenweise vom Boden entfernt werden, besonders nach Reisen durch tropische Gewässer. Allerdings war durch Liegezeiten im Frischwasser von Flüssen weiterer Anwuchs zu stoppen und manchmal sogar eine partielle Verbesserung des Zustandes zu erreichen. Es wurde empfohlen, Eisenschiffe ein- oder zweimal im Jahr einzudocken, um die Platten zu schrapen und mit einem Antifoulinganstrich zu versehen.[9] Alexander Stephen jr. meinte 1858 bei einer Gegenüberstellung entsprechender Kosten: „Ein 900-tons-Segelschiff von George Smith & Sons im Dock nach einer Indienreise zu schrapen und zu malen", kostete £ 70, was „merklich billiger war, als [die Kupferhaut] herunter zu reißen, [den Rumpf] zu kalfatern und wieder neu zu kupfern". Für diese letzteren Arbeiten an einem Holzschiff gab er keinen Preis zum Vergleich an.[10]

Eine Vielzahl von Antifoulingfarben und Mixturen wurde verwendet, häufig mit geringem Erfolg. Charles Young stellte eine Liste seltsamer Mischungen zusammen.[11] Indessen hatte die 1848 gegründete Firma Peacock & Buchan bessere Resultate als die meisten erzielt.[12]

Der Mangel an Erfolg mit Antifoulingfarben führte dazu, daß man bei den Schiffen der Royal Navy ein oder zwei Lagen Holzplanken mit dem Boden verbolzte, um darauf eine Kupferhaut

137 Ein Eisenrumpf mit den deutlich erkennbaren Gängen der Beplattung. Es handelt sich hier um den Bug des 1874 von William Pile & Co. in Sunderland gebauten eisernen Vollschiffs RODNEY von 1447 tons.

anbringen zu können. Die Holzschicht zwischen beiden Metallen war nötig, da diese sonst im Wasser ein galvanisches Element gebildet hätten mit der Folge schwerer Korrosionsschäden am eisernen Rumpf. Dagegen übte die in Verbindung mit Holz dem Kupfer weit unterlegene Zinkhaut auf Eisen keine zerstörerische Wirkung aus; dafür beschleunigte das Eisen beim Zink den Abblätterungsvorgang, wodurch der Anwuchs von Seepocken und Tang verhindert wurde. Bis zum Ende der sechziger Jahre wurden Zinkbeschläge bei Kriegsfahrzeugen und sehr vereinzelt auch bei Handelssegelschiffen verwendet.[13] Der geringe Erfolg der Antifoulingpräparate war ein wichtiges Argument zugunsten der Kompositbauweise, bei der der Rumpf ebenso von der Stärke eiserner Spanten profitierte, wie die hölzerne Außenhaut ohne Mühe gekupfert werden konnte; aber diese Art der Konstruktion wird später noch zu erörtern sein.

VORSCHRIFTEN FÜR EISENSCHIFFE

Bis 1840 befand sich der Eisenbau noch in einem relativ experimentellen Stadium; aber der in diesem Jahr erfolgte Bau von drei größeren Schiffen – der IRON DUKE von 392 tons n. V., der VULCAN von 318 tons n. V. und der JOHN GARROW von 711 tons n. V. – bewies überzeugend, daß das neue Baumaterial sich bewährte. Im Jahr 1836 wurde zum ersten Mal von Lloyd's Register ein Eisenfahrzeug besichtigt, die Ketsch GOLIATH, und 1846/47 gab man ein verändertes Besichtigungsformular heraus, das für Eisenschiffe bestimmt war. Dies war das Resultat mehrerer Werftbesuche, die Augustin F. B. Creuze 1846 zum detaillierten Studium der angewendeten Baumethoden unternommen hatte. Im folgenden Jahr wurde er von Lloyd's Register nach Liverpool geschickt zur Begutachtung des so lange nach seiner Strandung an der irischen Küste wieder flott gemachten Dampfers GREAT BRITAIN. Danach nahmen sie eine Verbesserung ihrer Besichtigungsmethoden für Eisenschiffe in Angriff und stellten geeignete, die Interessen aller Beteiligten berücksichtigende Grundsätze auf.

Vom Sommer des Jahres 1851 an wurde jährlich von Lloyd's Register ein Komitee zum Besuch von Werften in verschiedene Teile des Landes entsandt. Man wollte dadurch den Geist einer engen Zusammenarbeit zwischen den Schiffbauern und der Gesellschaft festigen. Als dieses „Visitation Committee" 1853 den Norden Englands und Schottland bereiste, war es überrascht von dem Umfang des Eisenschiffbaus, wie er sich besonders an der Clyde zeigte. In dem entsprechenden Bericht hieß es:

„Diese Besuche verfehlten nicht, einen tiefen Eindruck zu hinterlassen von der Schnelligkeit, mit der im Schiffbau das Eisen an die Stelle des Holzes tritt, und von der großen Bedeutung dieser Entwicklung. Es schien keinen Mangel an Arbeitskräften zu geben, obwohl gesagt wurde, daß man noch mehr beschäftigen könnte. Jedenfalls war die allgemein in allen Zweigen vorherrschende Aktivität wahrhaft erstaunlich."[14]

Das Komitee beschloß seinen Bericht aus dem Jahr 1853 mit einer Zusammenstellung der aus seinem Blickwinkel wichtigen mit dem Eisenschiffbau verknüpften Entwicklungen. Dabei wurde die große Bedeutung der Einführung einiger Richtlinien hervorgehoben, „durch die wenigstens die Besichtiger und das Komitee befähigt würden, nach Format und Qualität die Eignung des Eisens für die Spanten, Platten, Balken etc. von Eisenschiffen zu beurteilen".[15] Zwischen den Zeilen lesend gewinnt man den Eindruck, daß einige an den Bauorten ansässige Besichtiger ziemlich in den Händen der Schiffbauer waren und daher volle Rückendeckung durch die Gesellschaft benötigten. Selbst im Holzschiffbau mußten die Besichtiger sehr bewanderte und fähige Männer sein, da sie sonst von einigen Werften hätten hintergangen werden können. So wurde jetzt im Eisenschiffbau das Augenmerk auf diese Situation gerichtet.

Im September des Jahres 1850 beauftragte das Visitation Committee Augustin F. B. Creuze mit dem Besuch von im Eisenschiffbau spezialisierten Werften. Er sollte sich die Konstruktionsmethoden betreffende Daten beschaffen, die als Grundlagen für die Aufstellung von Richtlinien dienen konnten. In seinem Bericht hielt er das Festsetzen jeglicher Regeln für eine Einengung der gerade in der Entwicklung befindlichen Verbesserungen im Eisenschiffbau. Dabei blieb es, bis im August 1852 an eine Reihe von Werften Fragebogen ausgegeben wurden, um sie dann für die Erarbeitung einiger Regeln zu verwenden. Zu diesen Bogen gehörte der normale Besichtigungsbericht für Eisenschiffe mit der Bitte, die Werft möge noch die von ihr empfohlenen Materialstärken für Schiffe von 100, 200, 400, 600, 800, 1000, 1300 und 1800 tons angeben.

Zum Ärger des Komitees wurde kein einziger Fragebogen ausgefüllt.

Robert Napier schrieb in seiner Antwort, es liege ihm sehr daran, daß Eisenschiffe so solide wie möglich gebaut würden und fügte hinzu:

„Ich weiß nicht, wie ich diese Formulare zufriedenstellend ausfüllen soll, denn ich sehe die Angelegenheit derart in praktische Schwierigkeiten verwickelt, daß es mir unmöglich erscheint, Richtlinien aufzustellen, die die verschiedenen Fälle wirklich berücksichtigen und dabei diesem neuen wachsenden Schiffbau- und Handelszweig keinen großen Schaden zufügen.“[16]

Ähnliche Antworten kamen von Smith & Rodger und von A. Stephen & Sons aus Glasgow, von Denny & Rankin aus Dumbarton und von Coutts & Parkinson aus Newcastle.

Während das Komitee die Gründe für die Antwort Napiers anerkannte, verstärkte sich dort jetzt aber auch die Sorge, die ganze Angelegenheit könne ihm über den Kopf wachsen. So unternahmen die Hauptbesichtiger der Gesellschaft, Martin und Ritchie, eine Inspektionsreise zu den bedeutendsten Plätzen des Eisenschiffbaus. Auf der Basis ihrer Ermittlungen wurden im Februar 1854 auf einer Konferenz der leitenden Besichtiger in Glasgow mehrere Bauregeln aufgestellt, die im August 1854 dem Liverpooler Unterausschuß vorgetragen und dort allgemein gebilligt wurden.[17] Zum ersten Mal erschienen diese Richtlinien in dem Registerbuch des Jahres 1855, wo es zu Beginn heißt:

„Da der Eisenschiffbau noch in seinen Kinderschuhen steckt und es keine verständlichen allgemeinen Richtlinien für den Bau eiserner Schiffe gibt, hielt es das Komitee einerseits nicht für wünschenswert, einen Plan für die verbindliche Annahme einer bestimmten Konstruktionsart oder Methode zu entwerfen, andererseits aber doch für wichtig, bestimmte allgemeine Erfordernisse herauszustellen. Die Grundlage bilden dabei die Plattenstärken und die Spantfestigkeit mit den angegebenen *jeweiligen Mindestwerten,* die zu dem für mehrere Jahre erteilten Klassifikationszeichen A berechtigen ...“[18]

Diese Richtlinien blieben mit leichten Änderungen etwa zehn Jahre in Kraft. Ihr Tenor war bewußt milde gehalten, um ein Höchstmaß an Zusammenarbeit zwischen den Werften und Lloyd's Register herbeizuführen. Während seiner jährlichen Inspektionsreise im August 1855 konnte das Visitation Committee feststellen, daß nur wenige Einwendungen gegen die neuen Richtlinien für Eisenschiffe gemacht wurden.[19] Allerdings vertrat man in den verschiedenen Schiffbauzentren recht unterschiedliche Auffassungen von der Praxis des Eisenschiffbaus, und die Vertreter von Lloyd's Register mußten mit äußerstem Takt und größter Klugheit vorgehen, um Zusammenstöße mit den Werften zu vermeiden. Tatsächlich lehnten viele Reeder eine Klassifikation ihrer Fahrzeuge durch Lloyds ab, was dann im Mai 1858 zur Bildung der Liverpool Underwriters' Association für die Besichtigung und Klassifikation von Eisen- und später Kompositschiffen führte. Diese Gesellschaft gab 1862 ihr eigenes Register und eine Reihe von Richtlinien heraus. Die Registerbücher im Querformat bieten für reine Eisenfahrzeuge wertvolle Vergleichsmöglichkeiten.

In seinem 1861 für die *Encyclopaedia Britannica* geschriebenen Artikel über den Schiffbau wandte Andrew Murray (1813 bis 1872) sich heftig gegen die, wie er sich ausdrückte, „tote und geistlose Mittelmäßigkeit“ der nach Lloyds Richtlinien gebauten Handelsschiffe.[20] (Murray war von 1846–1869 der leitende Ingenieur der Marinewerft in Portsmouth). Auf der anderen Seite hob J. Scott Russell, der zwar die Kritik vieler Schiffbauer anerkannte, die „gleichmäßig geübte Gerechtigkeit und die Unparteilichkeit“ hervor, mit denen die Richtlinien angewendet wurden. Als ein Beispiel für die Bereitschaft von Lloyd's Register, auch neue Methoden der Rumpfbauweise zu berücksichtigen, führt er den Fall der mit einer Hilfsmaschine ausgestatteten eisernen ANNETTE an, die 1861 nach seinem eigenen „Longitudinal-System“ gebaut worden war und dabei die volle Unterstützung von Lloyds Besichtigern erhalten hatte. Sie bekam die höchste Klasse für Eisenschiffe: 12 A 1.[21] Im Registerbuch findet sich noch die Bemerkung „Experimental B. S.“ (B. S. = biennial survey = jedes 2. Jahr Besichtigung), die manche Schiffbauer bei einem starken gut gebauten Schiff für überflüssig hielten.

AUSBREITUNG DES EISENSCHIFFBAUS

Gegen Ende der vierziger und Anfang der fünfziger Jahre baute man auf vielen Werften nebeneinander in Eisen wie auch in Holz. Allerdings gab es auch andere, bei denen, von einem gelegentlichen Holzschiff abgesehen, fast ausschließlich eiserne Fahrzeuge entstanden. Die Werften an den Flüssen Themse, Mersey, Tyne und Clyde befaßten sich besonders mit dem Eisenschiffbau, wobei Raddampfer eine wichtige Rolle spielten. So waren unter den siebenunddreißig im Januar 1846 an der Clyde in Bau befindlichen Fahrzeugen sechsundzwanzig eiserne Dampfer mit einer Gesamttonnage von 14 137 tons; die verbleibenden hölzernen Fahrzeuge ergaben zusammen 8890 tons.[22] Im Jahre 1850 leitete der bereits in Dundee niedergelassene Schiffbauer Alexander Stephen sen. auf dem Kelvinhaugh-Gelände in Glasgow die Eröffnung einer neuen Werft an der Clyde ein. Im folgenden Jahr meinte er bei einem Rückblick auf die bisher geleistete Arbeit, daß es „um den Schiffbau besonders in letzter Zeit sehr schlecht bestellt“ sei; immerhin schloß er dann mit den Worten: „Entschlossen, mit dem Eisenschiffbau zu beginnen.“[23] Gegen Ende der fünfziger Jahre berichtete Alexander Stephen jr. von einem Gespräch mit James und William Hall in Aberdeen. Danach hätten diese den Eisenschiffbau bereits aufgenommen, wenn beide nicht schon im fortgeschrittenen Alter gewesen wären. Er fügte noch hinzu, daß sie „Männer von großer Erfahrung und Klugheit“ waren.[24] Es handelte sich um die Brüder die die SCOTTISH MAID gebaut hatten.

Zuverlässige Angaben über die in bestimmten Häfen entstandene Neubautonnage fehlen für die fünfziger Jahre. Allerdings führt ein Bericht im *Glasgow Herald* vom 25. März 1853 folgende an der Clyde in Bau befindlichen Fahrzeuge an: dreizehn eiserne Segelschiffe; sechsundzwanzig eiserne Raddampfer; zweiundfünfzig eiserne Schraubendampfer; sechs hölzerne Segelschiffe und einen hölzernen Schraubendampfer. Vierzehn der Eisenschiffe waren für die Australienfahrt bestimmt. Während die meisten der vor 1850 gebauten eisernen Segelfahrzeuge kleinere Schoner, Briggs oder Barken waren, trat hier im Jahre 1852 mit dem Bau großer eiserner Vollschiffe eine plötzliche Wende ein, mit der diese neue Entwicklung sich allgemein durchsetzte. Kleine eiserne Schoner, Brigantinen, Briggs oder sonstige eiserne Segelschiffe von unter 100 tons waren in der Zukunft nicht mehr allzu häufig. Meistens bauten nur die größeren Werften in Eisen, da wegen der hierfür benötigten Maschinen und der entsprechenden Materiallager umfangreichere Investitionen erforderlich wurden. So waren auf diesem Sektor viele kleine im Bau von Schonern spezialisierte Werften ausgeschlossen. Die großen Werften wiederum wiesen eine Tendenz zum Bau großer Schiffe auf, wenn auch gelegentlich einmal ein Schoner in den Neubaulisten fast aller Werften auftaucht.

Die folgende Aufstellung enthält die Namen der meisten in Großbritannien während der fünfziger Jahre gebauten eisernen Segelschiffe von über 900 tons. Wie bereits erwähnt, erteilte Lloyd's Register nicht jedem Eisenschiff eine Klasse; daher kann diese Liste auch keinen Anspruch auf Vollständigkeit erheben, obwohl neben Lloyd's Register noch mehrere andere Quellen herangezogen wurden.[25]

IN GROSSBRITANNIEN 1850/59 GEBAUTE EISERNE SEGELSCHIFFE VON ÜBER 900 TONS

Baujahr	Name	tons n. V	Werft
1850	–		
1851	–		
1852	W. S. LINDSAY	900	Coutts & Parkinson, Newcastle
1853	ELLEN BATES	1098	Neath Abbey Iron Co., Neath
1853	EVANGELINE	954	Jordan & Getty, Liverpool
1853*	HURRICANE	979	A. Stephen & Sons, Glasgow
1853	SWARTHMORE	1381	Coutts & Parkinson, Newcastle
1853*	TAYLEUR	1979 a. V.	Bank Quay Foundry Co., Warrington
1853	TORNADO	1229	William Simons, Glasgow
1854	CONFLICT	1326	Cato, Miller & Co., Liverpool
1854*	CAIRNSMORE	1086	J. Reid & Co., Port Glasgow
1854	ELLEN STUART	1373	Getty, Jones & Co., Liverpool
1854	FLYING VENUS	1393	Mare & Co., London
1854	HENRY MOORE	1117	J. Scott & Sons, Greenock
1854	GLEN ROY	1220	Denny & Rankin, Dumbarton
1854	JAMES PILKINGTON	1350	John Getty & Co., Liverpool
1854*	JOHN BELL	1208	A. Stephen & Sons, Glasgow
1854	LADY OCTAVIA	1319	Bank Quay Foundry Co., Warrington
1854	MARY STENHOUSE	1289	R. Hickson & Co., Belfast
1854*	STORM CLOUD	908	A. Stephen & Sons, Glasgow
1854	TALAVERA	1160	Cato, Miller & Co., Liverpool
1854	WINEFRED	1468	H. Cram, Chester
1855	CITY OF MADRAS	914	R. Steele & Co., Greenock
1855	HOWDEN	1322	C. & W. Earle, Hull
1855	PRIDE OF CANADA	1013	Laurence, Hill & Co., Port Glasgow
1855*	SARAH PALMER	1325	Bank Quay Foundry Co., Warrington
1855	SIR CHARLES NAPIER	1161	Coutts & Parkinson, Newcastle
1855	STARTLED FAWN	1164	Bank Quay Foundry Co., Warrington
1855*	WHITE EAGLE	993	A. Stephen & Sons, Glasgow
1856	KIRKHAM	1061	J. Laird, Birkenhead
1856	KHIMJEE OODOWJEE	909	Josiah Jones jr., Liverpool
1856	WILLIAM FAIRBAIRN	1293	J. Laird, Birkenhead
1857*	CHARLEMAGNE	1014	A. Stephen & Sons, Glasgow
1857	CITY OF CANTON	909	R. Steele & Co., Greenock
1857	DEFIANCE	955	W. C. Miller, Liverpool
1857	JAMES LIVESEY	1072	T. Vernon & Son, Liverpool
1857	PHILOSOPHER	1059	T. Vernon & Son, Liverpool
1858*	APHRODITA	1601	Josiah Jones jr., Liverpool
1858	EDITH MOORE	1429	W. C. Miller, Liverpool
1858	KNIGHT ERRANT	1312	? , Hull
1858	NORAH GRAEME	1001	R. Hickson & Co., Belfast
1858	SIMLA	1444	Canada Works, Birkenhead
1859	BATES FAMILY	2154	Samuelson & Co., Hull
1859	CITY OF MADRAS	999	A. Steven & Sons, Glasgow
1859	CITY OF NANKIN	986	Barclay, Curle & Co., Glasgow
1859	SLIEVE DONARD	1498	T. Vernon & Son, Liverpool

* Existenz von Plänen oder Halbmodellen bekannt

Das Übergewicht der Werften aus dem Gebiet um Liverpool ist ebenso bemerkenswert wie die Tatsache, daß nur ein einziges Fahrzeug aus London kam. Der Gipfel des Booms fiel in das Jahr 1854. Schiffe mit Hilfsmaschine sind selbst in Zweifelsfällen nicht in die Liste aufgenommen worden, wie etwa im Fall der Bark TYNEMOUTH (1854; 1228 tons), die *Lloyd's Register* nur als Segelschiff anführt.

Diese Schiffe repräsentieren die unterschiedlichsten Typen vom extremen Klipper STORM CLOUD bis hin zum völlig gebauten Frachtschiff APHRODITA. Es ist wahrscheinlich, daß die von 1853 bis 1855 entstandenen Fahrzeuge etwas feinere Formen besaßen als die gegen Ende des Jahrzehnts nach dem Rückgang des Booms für Schnellsegler und dem Sinken der Frachtraten vom Stapel gelaufenen Schiffe. Die TAYLEUR und die BATES FAMILY sind hinsichtlich der Tonnage bei weitem die größten Fahrzeuge; daneben aber wiesen manche Schiffe eine bemerkenswerte Länge im Verhältnis zur Breite auf, ein Merkmal, das sich bei Eisenschiffen in zunehmendem Maße einbürgerte. Die beiden größten in den fünfziger Jahren aus Holz gebauten Fahrzeuge waren die SCHOMBERG von 2284 tons n. V. und die zu 1631 tons vermessene EASTERN MONARCH. In dieser Zeitspanne entstanden in Nordamerika riesige Holzschiffe, die einen besonderen Ansporn für britische Schiffbauer und Reeder bildeten.

Während der sechziger Jahre setzte sich der Eisenschiffbau weiter durch, und viele Fahrzeuge von über 1400 tons liefen regelmäßig neben einzelnen 1500 tons übersteigenden vom Stapel. Insgesamt lagen die Höhepunkte für die Ablieferung eiserner Segelschiffstonnage in den Jahren 1864, 1869 und 1875. In den frühen siebziger Jahren wurden viele Schiffe zwischen 1500 und 2000 tons gebaut.

Es wurde bereits festgestellt, daß Einzelheiten über Segelschiffe nicht in großer Zahl veröffentlicht wurden. Im Fall der Eisenschiffe wurde dieser Mangel etwas behoben aus dem einfachen Grund, daß sie aus Eisen gebaut und dadurch von größerem Interesse waren. John Grantham veröffentlichte die Bauvorschriften für die Eisenschiffe JOSEPHINE, DEERSLAYER, LADY OCTAVIA,

SARAH PALMER und PHILOSOPHER;[26] Professor W. J. M. Rankine druckte einen kompletten Satz der Pläne des stählernen Segelschiffs FORMBY, das von den Nachfolgern der Firma Josiah Jones jr. gebaut worden war.[27] Vereinzelt lassen sich hier und dort noch ähnliche Beispiele finden.

STAHLSCHIFFBAU

Das erste aus Stahl gebaute Fahrzeug könnte die MA ROBERTS gewesen sein, die John Laird 1858 für Dr. Livingstone baute; sie wurde in Teilen nach Afrika verschifft, um dort wieder zusammengesetzt zu werden.[28] Ihr folgten einige am Tees gebaute Dampfer: LITTLE LUCY, 20 tons, 1859 von Richardson, Duck & Co. in Stockton gebaut; CUIRASSIER, 73 tons, von der gleichen Firma 1860 gebaut; TALPORE, von M. Pearse 1860 in Stockton als Truppentransporter für den Indus gebaut.[29] Die Liverpooler Schiffbauer Jones, Quiggin & Co., Nachfolger von Josiah Jones jr., bauten einer Neubauliste ihrer Werft zufolge eine Reihe früher stählerner Fahrzeuge. Das erste war entweder eine für J. Jones bestimmte Kutter-Yacht (Baubeginn um 1860) oder der für die Fahrt auf dem Nil gebaute Raddampfer LIGHT OF THE RIVER (289 tons). Unter den Baunummern 94, 102 und 105 wurden 1861 drei kleine Dampfer gebaut. Im gleichen Jahr entstand für Horsfall & Co., Liverpool, ein Schoner von 134 tons, der £ 2050 kostete und wahrscheinlich DONIETTA hieß. Im Dezember 1862 wurde unter der Baunummer 146 der Raddampfer BANSHEE (432 tons) als Blockadebrecher für die amerikanischen Südstaaten gebaut. Im Jahr 1863 entstanden der Schoner DOMITILA (Bau-Nr. 151) und für £ 24 003 das zu 1271 tons vermessene Vollschiff FORMBY (Bau-Nr. 152). Zwei weitere stählerne Vollschiffe liefen 1864 vom Stapel: die CLYTEMNESTRA (Bau-Nr. 154) und die ALTCAR (Bau-Nr. 156).[30]

An der Clyde machte Alexander Stephen jr. im September 1862 John Campbell aus Glasgow ein Preisangebot von £ 20 pro ton B. M. „komplett" für ein vollständig aus Stahl gebautes Schiff von etwa 950 tons.[31] Dies entsprach dem Preis für ein Kompositschiff der Klassen 14 oder 15 A 1.

Alle oben erwähnten Schiffe wurden aus Bessemerstahl gebaut, dessen hoher Preis seine Verwendung auf kleine Fahrzeuge und spezielle Bauverträge begrenzte. Gelegentlich wurden auch Masten und Rahen aus Stahl hergestellt; weitere große Segelschiffe scheinen aus diesem Material bis zum Stapellauf des Vollschiffes BAY OF CADIZ im Jahr 1878 nicht mehr gebaut worden zu sein. Sie war bei J. & G. Thomson, Glasgow, aus Siemens-Martin-Stahl entstanden und wurde zu 1700 BRT vermessen. Von nun an gewann die Verwendung von Stahl für Segelschiffe an Beliebtheit.[32]

138 Diese Photographie zeigt die RANEE während einer Reparatur in Neuseeland und läßt Einzelheiten der Eisenbeplattung gut erkennen. Durch Vertrimmen wurde der Bug aus dem Wasser gehoben, um die Platten sicher entfernen zu können. Die Galionsbretter, die im Jahre 1864, dem Baujahr des Schiffes, von einem Bug nicht wegzudenken waren, sind inzwischen entfernt worden. Die RANEE war von Hart in Liverpool als COWASJEE JEHANGEER gebaut und zu 1264 tons vermessen worden.

ÜBERSICHT ÜBER DEN HOLZSCHIFFBAU

Der Verfasser ist ebenso wie die Autoren vor einem Jahrhundert dazu geneigt, den Holzschiffbau zugunsten neuer Baustoffe zu vernachlässigen. Nichtsdestoweniger wurden bei den Beschreibungen der einzelnen Fahrzeuge die beim Bau verwendeten Holzarten und die entsprechenden Konstruktionsmethoden in einer Weise berücksichtigt, daß dies als angemessener Kommentar wird dienen können. Um die Mitte des Jahrhunderts machte der akute Mangel an einheimischem Hartholz den Holzschiffbauern die größte Sorge. Umfangreiche Importe von Eiche und Teak waren unvermeidlich. Holzhändler durchkämmten die Wälder der Welt nach geeignetem Bauholz, und allmählich tauchte eine Vielzahl neuer Holzarten auf, wodurch Lloyd's Register zu einer entsprechenden Revision seiner Güterrichtlinien gezwungen wurde. Die Lage wurde besonders angespannt durch den riesigen Bedarf an neuer Tonnage in den frühen fünfziger Jahren, weshalb viele Schiffe niederer Klassifikation ganz oder teilweise aus Nadelholz gebaut wurden, um die hohen Frachtraten auszunutzen. Das führte dazu, daß, als diese Schiffe der Klassen 5 bis 7 A1 in den frühen sechziger Jahren neu klassifiziert werden mußten, viele zur Vermeidung dieser Unkosten verkauft oder abgewrackt wurden. Die dadurch nötig werdenden Ersatzbauten brachten den Werften willkommene Aufträge und förderten einen neuen gerade beginnenden Boom.

Der spürbare Mangel an gutem Bauholz und der große Schiffsbedarf führte natürlich zu überhöhten Preisen für Schiffe einer hohen Klasse, was wiederum dem Eisenschiffbau zugute kam. Im Jahre 1855 kosteten Holzschiffe der Klasse 14 A1 mit Ostindienausrüstung bei Alexander Stephen & Sons zwischen £ 17 und £ 20 pro ton. Bei günstiger Marktlage konnte ein Spekulationsbau einen hohen Preis erzielen, oft genug aber blieb eine Werft auf einem unverkäuflichen Schiff sitzen. Da viele der kleineren Holzschiffe als Spekulationsbauten entstanden, mußte der verantwortliche Schiffsbaumeister den Markt sehr genau beobachten und den Bedarf möglicher Kunden klug abschätzen.

Die durch die Verwendung von Eisen für Knie, Balken, Raumstützen und Diagonalschienen erzielte zusätzliche Festigkeit erlaubte auch ohne die sonst unentbehrlichen sperrigen Holzbauteile den Bau großer hölzerner Schiffe. Mit der Konstruktion sehr langer und relativ schmaler Schiffe wurde die Längsfestigkeit ein wesentlicher Faktor. Die Verwendung von Eisen erlaubte den Bau von Trägern, die diese Festigkeit gewährleisteten und dabei nur wenig Frachtraum wegnahmen.

Die folgende Gegenüberstellung eines amerikanischen und eines britischen Schiffes soll zwei unterschiedliche Arten des Holzschiffbaus veranschaulichen. Ganz aus Holz gebaute Schiffe erforderten für die notwendige Festigkeit massive Materialstärken. Dabei wurde aber in einem wahren Wald von Raumstützen, Seitenkielschweinen und Hängeknien das Stauen der Ladung zum Problem. Die amerikanische Methode bestand darin, für den gesamten Rumpf fast ausschließlich Holz zu verwenden. Eine im Peabody Museum in Salem, Mass., befindliche kolorierte Zeichnung (Abbildung 141) zeigt die hölzernen Bauelemente der amerikanischen Paketschiffe STAR OF EMPIRE und CHARIOT OF FAME. Diese beiden Schiffe besaßen eine Länge an Deck von 67,06 m, eine Breite von 13,11 m und eine Raumtiefe von 8,38 m bei einer Tonnage von 2050 tons. Das Kielschwein war aus acht ca. 0,38 m x 0,38 m starken Balken gebaut: auf drei nebeneinander liegenden Balken befanden sich von je einem Balken flankiert drei übereinander liegende Balken. Unter jedem Haupt- und Unterdecksbalken befanden sich je drei Stützen, die Hängeknie waren klobig und durch starke Bolzen mit den Spanten verbunden, dazu kamen schwere Kimmstringer, und die Kimmwegerung scheint mindestens 0,30 m stark gewesen zu sein. All diese massiven Hölzer beanspruchten viel Raum, so daß man sich mühelos den dagegen bei einem Eisenschiff gleicher Form und Größe zu erzielenden großen Gewinn an Ladekapazität vorstellen kann.

Anders war das bei dem 1854 in Schottland vom Stapel gelaufenen Klipper ANNANDALE mit den Abmessungen von 69,13 m x 8,69 m (innerhalb der Wegerung) x 5,64 m bei 759 tons n. V. – Er besaß Raumstützen, Hängeknie und Bugbänder aus Eisen sowie Eisenplatten (4267 mm x 108 mm x 22 mm) über den Laschungen der Unterdeckbalkweger. Trotzdem machte seine große Länge bei der geringen Breite ein Oberkielschwein und an jeder Seite zwei massive Kielwegerungsplanken nötig; in der Kimm betrug die Plankenstärke der Wegerung 0,24 m und die der Außenhaut 0,17 m, während die Berghölzer eine Dicke von 0,19 m besaßen. Ein Schnitt durch das Hauptspant dieses Schiffes erscheint mit dem Linienriß in Abbildung 182. Die Verwendung derart schwerer Hölzer war der Preis für einen Klipper von extremen Abmessungen. Das Einfügen bündig mit der Spantoberfläche abschließender eiserner Diagonalschienen ergab eine große Längsfestigkeit und erlaubte die Verwendung von Planken geringerer Stärken. Auf dem Plan des 1824 von J. M. Hilhouse gebauten Westindienfahrers RENOWN ist ein wahrscheinlich recht frühes Beispiel für die Verwendung von Diagonalschienen zu sehen.

Trotz des großen Tonnagebedarfs in der ersten Hälfte der 1850er Jahre wurden damals in Großbritannien relativ wenig hölzerne Schiffe von über 1000 tons gebaut. Es wurden zwar nicht sämtliche verfügbaren Listen erschöpfend ausgewertet, aber immerhin tauchten bei den gemachten Stichproben derartige Fahrzeuge nur gelegentlich auf. Im übrigen gab es mit einer Ausnahme keine Tradition im Bau großer Holzschiffe. Diese Ausnahme betrifft den Bau der sogenannten „Blackwall-Fregatten", die die Elite unter den Passagierschiffen der Indien-, Australien- und Ostasienfahrt bildeten. Einige große Fahrzeuge dieses Typs wurden bereits in den vierziger Jahren gebaut, wie etwa die MONARCH (1444 tons), die MARLBOROUGH (1402 tons) und die BLENHEIM (1314 tons). Für das folgende Jahrzehnt registriert Basil Lubbock 51 dieser Passagier-Fregatten, von denen 22 zu 1000 tons oder darüber vermessen waren.[33] Die bei weitem größten unter ihnen waren die 1855 von Richard Green in Blackwall (London) gebaute AGAMEMNON, deren Abmessungen bei 1431 tons 76,90 m x 11,03 m x 7,07 m betrugen, und die 1856 von Alexander Stephen in Dundee gebaute EASTERN MONARCH von 1631 tons (1849 tons a. V.) mit den Abmessungen von 72,85 m x 12,28 m x 7,59 m. Erstere war mit einem Längenverhältnis (Länge : Breite) von 7:1 besonders lang.

Bei einer Tonnage von 2600 tons a. V. und 2284 tons n. V. war

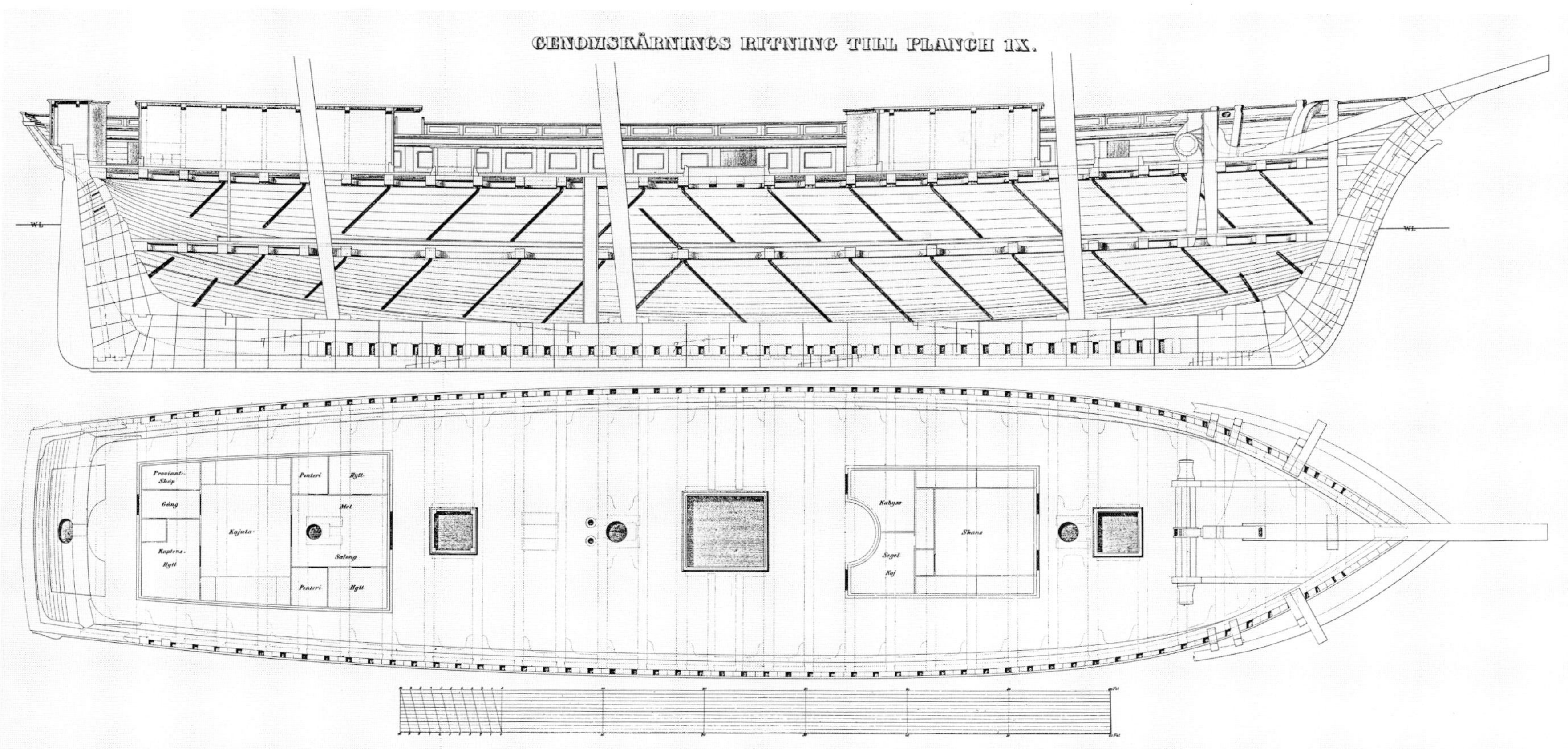

139 Holzbauweise: Längsschnitt und Decksplan, von N. C. Kierkegaard gezeichnet, am 22. September 1862 in Göteborg datiert und danach mit anderen Plänen in einer Sammelmappe unter dem Titel *Plancher till Praktisk Skeppsbyggnadskonst* herausgegeben. Diese Zeichnungen gehören zu Plan IX und betreffen eine Bark von etwa 180 Lasten [Anm. d. Übers.: 1 schwed. „schwere Last" entspricht ca. 2,4 tons Tragfähigkeit] mit den Abmessungen von 125 Fuß (Länge in der CWL zwischen den Sponungen der Steven) × 29 Fuß × 18 Fuß (alles in schwed. Fuß à 0,296 m).

140 Konstruktionselemente eines hölzernen Rumpfes nach Kapitän H. Paasch. Deutlich sind die eisernen Hängeknie zu sehen. Bei derartigen Schiffen mit drei Decks wurden die Raumbalken nur selten beplankt. 1 Loskiel. 2 Kiel. 3 Spant; Inhölzer. 4 Kielschwein. 5 Oberkielschwein; Binnenkielschwein. 6 Wasserlauf. 7 Kielgang. 8 Bodenbeplankung. 9 Berghölzer. 10 Oberbeplankung. 11 Farbegang; Schergang. 12 Oberdecksbeplankung. 13 Oberdeckwassergang; Oberdeckleibholz. 14 Oberdecksbalken. 15 Oberdeckstützen. 16 Hauptdeck. 17 Hauptdecksbalken. 18 Hauptdeckstützen. 19 Raumbalken (für Orlopdeck). 20 Raumstützen. 21 Kielwegerungsgang. 22 Bodenwegerung. 23 Raumbalkenhängeknie. 24 Horizontalknie der Raumbalken. 25 Raumunterbalkweger. 26 Raumbalkweger. 27 Raumbalkenwassergang; Raumbalkenleibholz. 28 Raumbalkensetzweger. 29 Zwischendeckswegerung. 30 Hauptdecksbalkenhängeknie. 31 Hauptdeckunterbalkweger. 32 Hauptdeckbalkweger. 33 Hauptdeckwassergang; Hauptdeckleibholz. 34 Hauptdecksetzweger. 35 Horizontalknie der Hauptdecksbalken. 36 Oberdecksbalkenhängeknie. 37 Oberdeckunterbalkweger. 38 Oberdeckbalkweger. 39 Schanzkleidstützen. 40 Schanzkleidbeplankung. 41 Schanzkleidreling; Reling; Relingsleiste. 42 Oberschanzkleidstützen; Monkeyschanzkleidstützen. 43 Oberschanzkleidbeplankung; Monkeyschanzkleidbeplankung. 44 Oberschanzkleidreling; Monkeyreling.

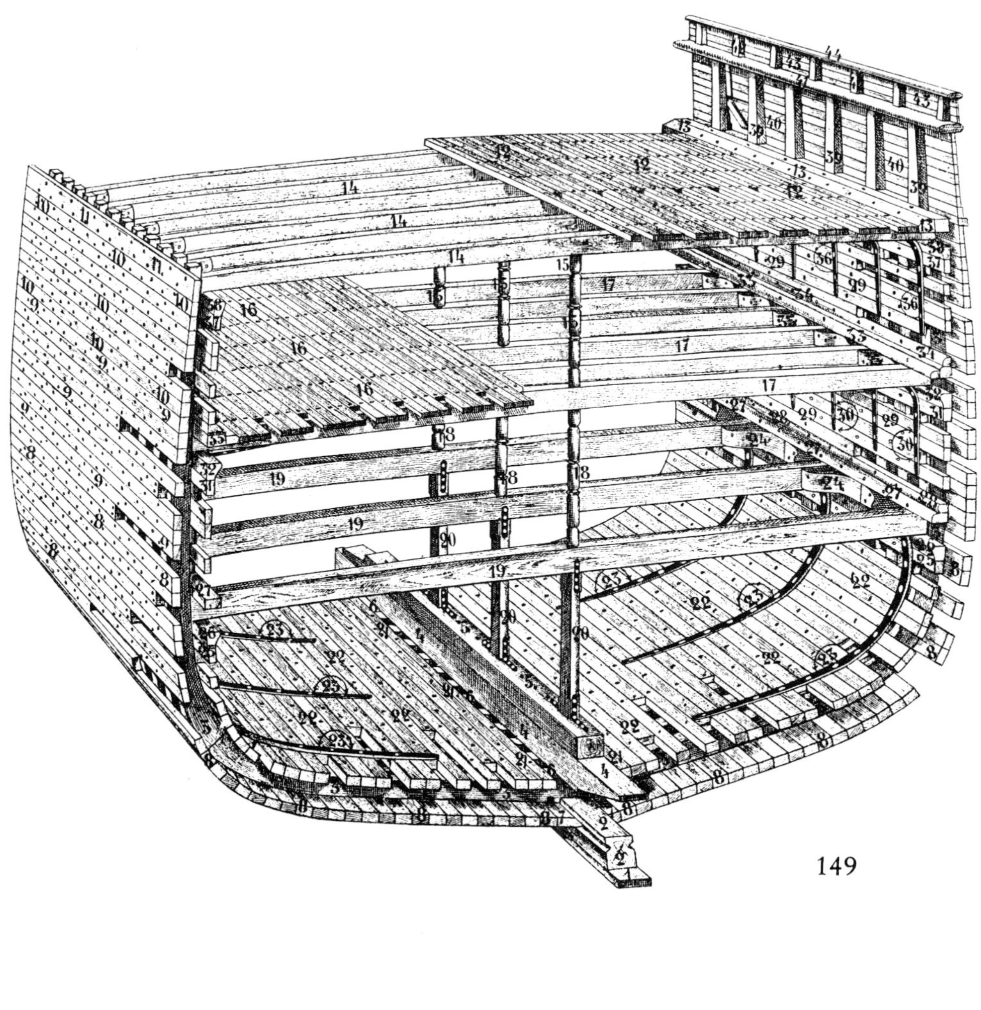

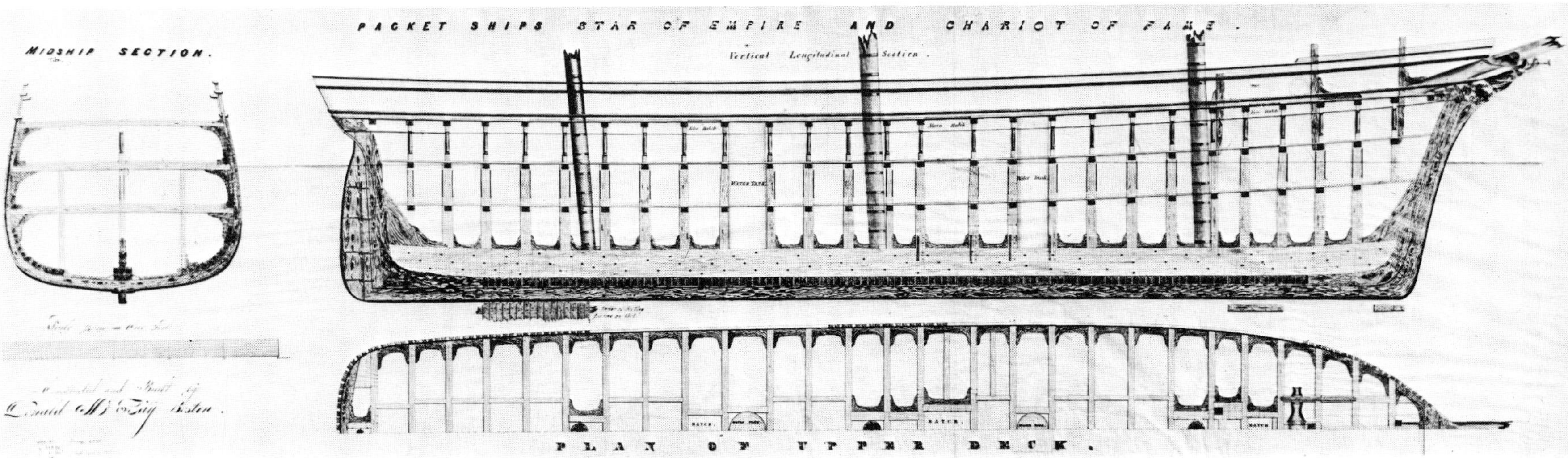

141 Diese getönte Zeichnung von Donald McKays Vollschiffen STAR OF EMPIRE und CHARIOT OF FAME zeigt die bei diesen Riesenschiffen notwendige massive Holzkonstruktion. Der Hauptspantschnitt läßt die enormen Stärken der Hölzer erkennen, wie sie für eine ausreichende Längsfestigkeit nötig waren. Die Abmessungen der CHARIOT OF FAME betrugen 67,06 m × 13,11 m × 8,38 m bei 2050 tons.

142 Im Jahre 1966 auf den Falklandinseln photographiert: Blick nach vorn im Zwischendeck der JHELUM. Das Bild ermöglicht eine gute Vorstellung von der massiven Bauweise eines hölzernen Rumpfes. Alle Oberdecksbalken tragen an beiden Unterkanten eine Zierleiste; eine Reihe von Wegerungsplanken besitzt eine ähnliche Verzierung. Die langen eisernen Hängeknie sind ebenso zu sehen wie die T-förmigen eisernen Knaggen, die anstelle hölzerner Horizontalknie verwendet wurden. Links erkennt man eiserne Raumstützen. Im Laderaum liegt der gewaltige Spillstamm der Ankerwinde, deren Pallpfosten bis ins Unterdeck hinunterreicht.

der Aberdeener Klipper SCHOMBERG mit Abstand das größte in Großbritannien während der fünfziger Jahre oder wahrscheinlich sogar überhaupt je in diesem Land aus Holz gebaute Segelschiff der Handelsflotte. Er war auch größer als irgendein im gleichen Jahrzehnt entstandenes eisernes Segelfahrzeug. Die SCHOMBERG war 1855 für James Baines als die britische Antwort auf die riesigen amerikanischen Klipper vom Stapel gelaufen. Sie besaß eine Länge von 75,50 m (Achterkante Vorsteven bis Vorderkante Achtersteven), eine Breite von 12,86 m (innen) und eine Raumtiefe von 8,81 m. Eine detaillierte Beschreibung folgt im nächsten Kapitel.

Da man für die Zeit vor 1855 oft zwischen Tonnageangaben nach alter wie auch nach neuer Vermessungsregel die Wahl hat, kann ein Schiff manchmal mit der einen Angabe über und mit der anderen unter die 1000-tons-Grenze geraten. Da obendrein die Tonnage amerikanischer Schiffe bis zum Jahre 1864 nach einer ungefähr der britischen alten Vermessungsregel entsprechenden Formel ermittelt wurde, liegt es auf der Hand, daß hier keine starre Grenze gezogen werden darf. Viele der großen hölzernen Schiffe der fünfziger Jahre kamen aus Sunderland. In der folgenden Aufstellung finden sich die ungefähren Zahlen der mit über 1000 tons registrierten hölzernen Fahrzeuge:

IN GROSSBRITANNIEN 1850/59 GEBAUTE HÖLZERNE SEGELSCHIFFE VON ÜBER 1000 TONS

Diese lediglich sondierende Aufstellung enthält nur angenäherte Zahlen. Bei nach 1854 gebauten Schiffen ist die Tonnage entweder nach der n. V. oder der 1854er Regel angegeben.

Baujahr	Gesamtzahl	namentlich erwähnte Schiffe von über 1200 tons
1850	1	–
1851	1	–
1852	4	–
1853	9	DUNBAR (1321 ts, bei J. Laing, Sunderland)
1854	9	EARL OF EGLINTON (1270 ts, in Troon); GEORGE MARSHALL (1361 ts, bei G. Marshall, S. Shields); ORWELL (1220 ts, in Harwich)

Baujahr	Gesamtzahl	namentlich erwähnte Schiffe von über 1200 tons
1855	6	AGAMEMNON (1431 ts, bei R. Green, Blackwall); LA HOGUE (1331 ts, bei J. Laing, Sunderland); SCHOMBERG (2284 ts, bei A. Hall, Aberdeen)
1856	5	EASTERN MONARCH (1631 ts, bei A. Stephen, Dundee)
1857	3	DUNCAN DUNBAR (1374 ts, bei J. Laing, Sunderland)
1858	5	HOLMSDALE (1257 ts, bei J. Reed, Sunderland); RAJMAHAL (1302 ts, bei Brocklebank, Whitehaven)
1859	3	–

Wenn man auch die nach der alten Vermessungsregel angegebene Tonnage berücksichtigte, erhöhte sich die Zahl der mit über 1200 tons registrierten Schiffe und schlösse etwa auch die OMAR PASCHA (1279 ts a. V.), die MATILDA WATTENBACH (1300 ts a. V.) und die SARAH NEUMANN (1220 ts a. V.) mit ein; gleichzeitig erhöhte sich dann die Tonnage der RAJMAHAL auf 1467 ts a. V.

Auch einige große hölzerne Dampfschiffe von über 2000 tons wurden gebaut, wie etwa die zu 2402 tons vermessene ARABIA. Die Werften waren also durchaus imstande, große Fahrzeuge aus Holz zu bauen, wenn sie nur die Aufträge erhielten.

In Kanada dagegen entstanden unzählige mit über 1000 tons registrierte Schiffe; und aus Nadelholz gebaute Fahrzeuge mit einer niederen A1-Klasse waren billig in Bristol und Liverpool zu haben. Mit ihnen konnten ihre Eigner schnelle Gewinne einfahren, als in den frühen fünfziger Jahren die Frachtraten gestiegen waren. Frederick W. Wallace schreibt über den Schiffbau-Boom in den Küstenprovinzen Kanadas und meint, es seien so viele große Fahrzeuge vom Stapel gelaufen, daß dies ein alltägliches Ereignis wurde und selbst der Stapellauf eines 1500-tons-Schiffes sich sang- und klanglos vollzog.[34] Während der 1850er Jahre war es schon fast eine Selbstverständlichkeit, anzunehmen, daß ein in *Lloyd's Register* mit über 1000 tons verzeichnetes Schiff in Kanada gebaut worden sei. Eine flüchtige Durchsicht einzelner diesbezüglicher Veröffentlichungen ergab, daß über dreißig Schiffe von mehr als 1500 tons in Kanada entstanden sind. Vier davon waren zu über 2000 tons vermessen: die GUIDING STAR (2012 ts), die WHITE STAR (2467 ts), die MORNING LIGHT (2377 ts) und die ACADIA (2030 ts).[35]

Hinsichtlich der Schiffsgrößen gilt das gleiche auch von den USA, nur daß der Bau in noch größerem Maßstab vor sich ging und auch die maximalen Abmessungen entsprechend wuchsen. Einzelne britische Reeder bestellten Klipper von bekannten amerikanischen Schiffbauern, um auf der Höhe des australischen Goldfiebers den Anforderungen der Passagiere genügen zu können; im übrigen aber wurde die gesamte Neubautonnage zunächst bei amerikanischen Interessenten für diverse Bereiche im Zusammenhang mit den Goldfunden in Kalifornien untergebracht. Gegen Ende der fünfziger Jahre wurden dann viele amerikanische Schiffe zu wahrscheinlich recht niedrigen Preisen an britische Eigner verkauft. Wenn man in Carl Cutlers Buch *Greyhounds of the Sea* die Liste der Klipper überfliegt, ist man überrascht von

143 Ein typischer hölzerner Rumpf, bereits vollkommen fertiggestellt und klar zum Stapellauf. Bei dem hier abgebildeten Schiff handelt es sich um die im April 1860 am River Wear bei Robert Thompson & Sons in North Sands, Sunderland, vom Stapel gelaufene VENCEDORA von 466 tons.

144 Im Jahre 1966 an Bord des Wracks der ACTAEON auf den Falklandinseln: Die hölzernen Unterdecksbalken sind bereits sehr verrottet, aber die starken Eisenknie sind noch vorhanden. Auf den Balken und an den Seiten sind die unteren Enden von Doppelknien zu erkennen. Rechts unten befindet sich ein Diagonalhängeknie. Es ist interessant zu sehen, wie die Knie sich den Konturen der hölzernen Bauelemente anpassen. Die ACTAEON wurde 1838 am Miramichi, N. B., Kanada, gebaut und zu 561 tons vermessen.

145 Das kanadische Klipper-Vollschiff STAR OF THE EAST beigedreht. Es wurde 1852 während des Goldfiebers für die Australienfahrt von W. & R. Wright in St. John, N. B., Kanada, gebaut und zu 1219 tons vermessen. Die Skysegelstengen werden als Gleitstengen an der Achterkante der jeweiligen Royalstenge gefahren.

146 Am River Wear in Sunderland befanden sich die Werften auf einem schmalen flachen Landstreifen unterhalb des Steilufers. Diese alte vor 1858 am Nordufer gemachte Photographie zeigt stromabwärts im Hintergrund die Wearmouth-Brücke. Im Fluß sind mehrere vermurte Briggs zu sehen. In einem winzigen Trockendock wird links gerade eine Brigantine getakelt und mit Segeln ausgerüstet (der Winkel, in dem die Wanten gesetzt sind, läßt eher auf diesen Typ als auf eine Brigg schließen). Im Vordergrund steht ein Rumpf in den Spanten mit bereits angebrachten Senten, aber die Decksbalken fehlen noch. Ganz vorne links ist ein aufgerichteter Steven zu erkennen, ohne daß allerdings die dazugehörigen Spanten eindeutig auszumachen wären.

den riesigen Abmessungen dieser so bekannten Schiffe, die die doppelte oder sogar dreifache Größe ihrer britischen Gegenspieler besaßen. Dabei fragt man sich, wieviel Hektar Wald wohl abgeholzt werden mußten, um das Baumaterial für diese gigantischen Fahrzeuge zu liefern.[36]

Unter den von Cutler aufgeführten Schiffen befindet sich eine beträchtliche Anzahl zu über 1500 tons vermessener Fahrzeuge, wie aus der folgenden Zusammenstellung hervorgeht:

IN DEN USA 1850/59 GEBAUTE KLIPPER VON ÜBER 1500 TONS[37]

Baujahr	Gesamtzahl	namentlich erwähnte Schiffe von über 2000 tons
1850	1	–
1851	11	CHALLENGE (2006 ts); TRADE WIND (2045 ts)
1852	6	SOVEREIGN OF THE SEAS (2420 ts)
1853	29	CHARIOT OF FAME (2050 ts); EMPRESS OF THE SEAS (2197 ts); GREAT REPUBLIC (4555 ts ursprünglich, 3357 ts bei Fertigstellung nach dem Brand); QUEEN OF CLIPPERS (2361 ts); RED JACKET (2305 ts); STAR OF EMPIRE (2050 ts)
1854	15	CHAMPION OF THE SEAS (2447 ts); JAMES BAINES (2515 ts); LIGHTNING (2084 ts)
1855	7	DONALD McKAY (2595 ts)
1856	2	–
1857	– (a)	–
1858	1	–
1859	– (b)	–

(a) größtes Schiff: 1482 ts (b) kein Schiff über 1000 ts

Da die Tonnage der amerikanischen Schiffe in etwa der nach der britischen alten Vermessungsregel ermittelten entsprach, war die SCHOMBERG mit ihren 2600 tons a. V. offensichtlich dem größten amerikanischen Schiff ebenbürtig. Alle aber überragte selbst noch in den verkleinerten Abmessungen nach dem Brand der Gigant GREAT REPUBLIC.

Der Vorzug bei dem kaufmännischen Verhalten britischer Schiffahrtskreise bestand darin, daß man zur Zeit eines vorübergehenden Booms sich vorteilhaft der von den Werften der USA und Kanadas erhältlichen großen Schiffe bediente, während auch in einer nachfolgenden Depression die einheimischen Fahrzeuge der Größe zwischen 500 und 1000 tons immer noch gefragt waren. Die kleineren Schiffe waren vielseitiger zu verwenden und besser geeignet für die kleinen wenig ausgebauten Häfen und die engen Flüsse ihres Fahrtbereichs.

DIAGONALBAUWEISE UND EXPERIMENTE IN HOLZ

Die Baumethoden mit Diagonalspanten und Diagonalbeplankung, wie sie in der ersten Hälfte des neunzehnten Jahrhunderts Annesley, Seppings, Fletcher & Fearnall und andere anwendeten, wurden bereits in Kapitel I beschrieben. In den fünfziger Jahren kamen sie wieder in Mode. Die beiden Werften, die Schiffe mit Diagonalbeplankung und einem Minimum an Spanten bauten, waren J. & R. White in Cowes und Alexander Hall & Sons in Aberdeen. An der Themse verwendeten Bilbe & Perry zwischen 1851 und 1856 Diagonalspanten mit konventioneller Beplankung.

147 Ein neues großes hölzernes Vollschiff wird auf Donald McKays Werft in East Boston ausgerüstet. Es wurde vermutet, daß es sich hier um die 1854 gebaute und zu 2447 tons vermessene CHAMPION OF THE SEAS handele.

148 Mit Schnitzereien etc. verziertes Heck der hier bereits hochbetagten STRATFORD, die 1850 in Williamsburg, New York, als ARCTIC gebaut wurde. Das zu 1157 tons vermessene Paketschiff war für die Passagierfahrt im Atlantik bestimmt.

Im Jahre 1850 begannen John und Robert White mit Experimenten zur Diagonalbauweise, die sich über drei Jahre erstreckten und im März 1852 zur Anmeldung eines Patents und zur Veröffentlichung eines die Konstruktionsmethoden beschreibenden Prospekts führten.[38] Nach gewohnter Weise gab es einen Kiel, Bodenwrangen, Kielschwein und Längsbeplankung der Außenhaut; dagegen hörten die Spanten oberhalb der Sitzer auf. Die Mittellinien der Bodenwrangen lagen etwa 1,0 m auseinander. Es wurden Hilfsspanten aufgerichtet und an ihren Außenkanten eine Art Längsspanten angebracht, um darüber zwei gegenläufige Lagen dünner Diagonalplanken zu befestigen, über die dann noch eine normale Längsbeplankung kam. Mit dem Fortschreiten des Baus wurden die Hilfsspanten nach und nach wieder entfernt mit Ausnahme der „Längsspanten", die einen Teil des Verbandes bildeten. Unter jedem zweiten Balken befanden sich lange eiserne Hängeknie, die im Laderaum genügend weit nach unten reichten, um mit dem oberen Ende der Sitzer verbolzt zu werden. Ursprünglich waren Gewinde in die Dübel geschnitten, was aber später aufgegeben wurde. John White schätzte, daß die Baukosten bei dem Diagonalsystem um etwa £ 1.15 s pro ton über dem normalen Preis lägen. Die meisten von ihm gebauten Segelschiffe hatten von Lloyd's Register eine Klasse bekommen, dabei waren auch einige mit 13 A1. Bei dem Vollschiff EMPRESS betrug die Stärke der Diagonalplanken je 57 mm und die der Außenbeplankung 102–127 mm. Dazu war auch eine vollständige 64 bis 102 mm starke Wegerung vorhanden.

VON J. & R. WHITE NACH DEM DIAGONALSYSTEM GEBAUTE SCHIFFE[39]

Baujahr	Name	Takelung	tons		Eigner
1853	RD VECTIS	Sch	983	a. V.	P. & O., London (erstes Schiff dieser Art)
1853	RD SOLENT	Sch	1804		Royal West Indian Mail Co.
1853	PATRICIA	Bk	267	n. V.	James Shepherd, London
1853	RD TARTAR	Sch	471	a. V.	P. & O., London
1854	ROYAL BLUE JACKET	Sch	105	n. V.	Ivens & Chessell, Bristol
1855	HEROES OF ALMA	Vs	651	n. V.	James Shepherd, London
1855	CECILE (Yacht)	Sch	200	a. V.	Marquis of Conyngham
1857	SOLENT	Vs	732	n. V.	James Shepherd, London
1857	MEDINA	Vs	410	a. V.	James Shepherd, London
1858	EMPRESS	Vs	480	n. V.	E. I. Wheeler & Co., London

Die wesentlichen Unterschiede gegenüber dem System von J. & R. White bestanden bei der von Alexander Hall & Sons verwendeten Methode darin, daß Hall in weiten Abständen stehende Spanten als permanente Strukturelemente und zur Formgebung für den Rumpf benutzte; über die halbe Schiffslänge ließ Hall die Diagonalbeplankung zwischen Kiel und Bodenwrangen hindurch auf die andere Rumpfseite verlaufen. Die drei Lagen der Außenhautbeplankung wurden mit Dübeln, die ein Gewinde besaßen, befestigt, was einen sehr stabilen Rumpf ergab. Genauer wird diese Konstruktionsmethode Halls im Kapitel VI in Verbindung mit dem Klipper VISION beschrieben.

In dem Artikel „Schiffbau" der *Encyclopaedia Britannica* äußerte sich Andrew Murray positiv über Halls Diagonalsystem und beschrieb die Konstruktion der SCHOMBERG und der VISION mit Hilfe eines Hauptspantschnittes und diverser Zeichnungen.[40]

Bei insgesamt 563 tons n. V. kostete die VISION £ 16.15 s pro ton, erhielt aber nur die Klasse 7 A1; die CAIRNGORM kostete dagegen bei vertraglich festgelegten 1094 tons £ 14 pro ton und erhielt ebenfalls die Klasse 7 A1. Letztere war in der herkömmlichen Bauweise entstanden. Der Preisunterschied läßt die für das besondere Diagonalverfahren aufzuwendenden Mehrkosten erkennen.

VON ALEXANDER HALL & SONS NACH DEM DIAGONALSYSTEM GEBAUTE SCHIFFE

Baujahr	Name	Takelung	tons		Heimathafen
1854	VISION	Vs	563	n. V.	Liverpool (erstes Schiff dieser Art)
1855	SCHOMBERG	Vs	2284	n. V.	Liverpool
1856	KITTA WAKE	Sch	150	BRT	Ayr (Yacht)
1856	SALAMANDER	Sch	115	BRT	Kirkcudbright (Yacht)
1860	CHAA-SZE	Vs	556		London

Davor hatte Hall in den frühen fünfziger Jahren das Vollschiff JOHN TAYLOR und die Bark MARION mit einer diagonal beplankten Wegerung im Unterraum gebaut; es folgten Schiffe, die als durch 114 mm x 16 mm Eisenschienen in den Verbänden versteift beschrieben wurden. Das alles läßt darauf schließen, daß die Firma mit neuen Konstruktionsmethoden experimentierte. Die SCHOMBERG und die CHARLES HORSFALL hatten eiserne Balken erhalten.

Im Jahr 1855 verwendete noch eine andere Aberdeener Werft, Thomas Wright (auch als F. Wright bekannt), die Diagonalbeplankung: Die so gebaute Bark ADMIRAL COLLINGWOOD war ein Glattdecker und besaß eine dreifache Außenhautbeplankung aus Lärchen- und Kiefernholz sowie einen Zinkbeschlag; dabei hatte sie die Klasse 7 A1 bekommen.[41] Diagonalbeplankungen wurden damals in unterschiedlichen Ausführungen von einer Reihe von Werften gebaut. Allerdings verhinderten die erhöhten Kosten, daß diese Methode allgemeinere Verwendung fand.

Mit einer interessanten Konstruktionsart experimentierte Charles Harratt aus Barking, London, bei dem 1853 der Dreimastschoner ISIS, 1856 das Vollschiff SPHYNX und 1858 der Schoner LOUISA vom Stapel liefen. Die Konstruktion bestand aus einer Kombination der Diagonalbeplankung mit einer Art Längsspantensystem; jedoch waren alle drei Fahrzeuge voneinander verschieden. H. J. Boolds signierte die Zeichnung der SPHYNX, und eine ähnliche Art der Beschriftung läßt vermuten, daß alle drei Pläne von ihm stammen.[42] Er erscheint als Mitglied der Scottish Shipbuilders Association in deren Sitzungsberichten von 1863/64, wobei Greenock als sein Wohnsitz angegeben wurde.

Die unternehmungsfreudigen Schiffbauer Bilbe & Perry am Nelson Dock in Rotherhithe, London, experimentierten ebenfalls mit der Diagonal- und der Kompositbauweise. Auf der Weltausstellung von 1851 stellten sie das Modell eines Handelsschiffes

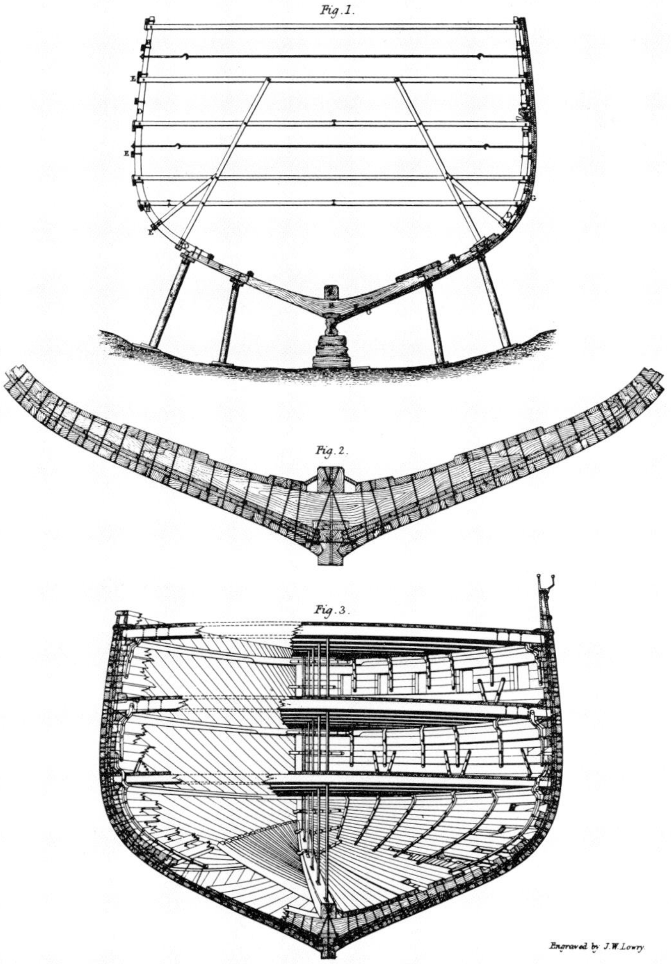

149 Eine Zeichnung zur Illustration der Diagonalbauweise nach der Methode von J. & R. White. In Fig. 3 sind links Wegerung und Balken fortgelassen, um die Diagonalbeplankung zu zeigen; rechts ist das Aussehen des fertigen Rumpfes dargestellt.

mit diagonal verlaufenden Spanten aus. Dadurch, so behaupteten sie, werde eine zusätzliche Festigkeit erzielt; gleichzeitig sei das Verfahren wegen der geringeren Krümmung der Hölzer wirtschaftlicher.[43] Der Besichtiger von Lloyd's Register beschrieb das bei der ORIENT angewandte System radial verlaufender Spanten folgendermaßen:

„Gebaut nach Mr. Bilbes Diagonalentwurf, das heißt, mittschiffs stehen die Spanten jeweils im Lot zum Kiel, während sie im Vor- und Achterschiff strahlenförmig, also in zunehmendem Maße geneigt sind, bis das vorderste vom Schandeckel schräg nach achtern verlaufende Spant einen Winkel von fünfzig Grad mit dem Kiel bildet; in gleicher Weise verlaufen die Spanten im Achterschiff vom Schergang schräg nach vorn ... Alles am Schiff ist von bester Wertarbeit. Es ist schön geformt und sauber und sorgfältig verarbeitet."[44]

Bei dem im Katalog des Science Museums aufgeführten Halbmodell eines Schiffes mit Radialspanten handelt es sich wahrscheinlich um das 1851 von Bilbe auf der Weltausstellung gezeigte Modell, das vor 1939 an Lloyd's Register of Shipping zurückgegeben wurde, dort heute aber nicht mehr auffindbar ist.

Die folgende Zusammenstellung berücksichtigt nur solche dieser von Bilbe gebauten Schiffe, die von Lloyd's Register besichtigt wurden. Es ist nicht bekannt, wann und bei welchem Schiff dieses System von der Werft zum ersten Mal angewendet wurde.

EINIGE VON BILBE & PERRY GEBAUTE SCHIFFE MIT RADIALSPANTEN[45]

Baujahr	Name	Takelung	tons	Bemerkungen
1581	CELESTIAL	Vs	438 n. V.	Inholz und Fach am Kiel 0,76 m, unter dem Schandeckel 0,61 m; 13 A1
1852	IGNIS FATUUS	Bk	173 n. V.	Wahrscheinlich Spekulationsbau, da Bilbe Eigner war; 10 A1
1853	ORIENT	Vs	1032 n. V.	Erhielt nur 7 A1, was Eigner nicht akzeptierte; keine Klasse
1854	GAZEHOUND	Bk	350 n. V.	
1856	ALHAMBRA	Vs	335	

Vielleicht bauten Bilbe & Perry zwischen den Stapelläufen der letzten beiden Fahrzeuge auch die KOH-I-NOOR und die VICTORIA. Als die Firma 1856 mit der Kompositbauweise begann, wurden möglicherweise keine weiteren Schiffe mehr mit Radialspanten gebaut.

KOMPOSITBAUWEISE

Der 1850 nach John Jordans Patent gebaute Schoner EXCELSIOR gilt zwar nach allgemeiner Auffassung als das erste Kompositfahrzeug; doch gibt es noch frühere Patente und auch danach gebaute Fahrzeuge, die das Werk Jordans an Alter um einige Jahre übertreffen. So meldete John Walters 1814 ein Patent auf mehrere Methoden der Kombination von Eisen und Holz beim Bau von Schiffsrümpfen an, William Watson forderte 1839 in einer Bauvorschrift Winkel- oder T-Profileisen in Verbindung mit hölzerner Beplankung und Thomas J. Ditchburn ließ 1841 die Kombination von hölzerner Innen- und Außenbeplankung mit T-Profil- oder Winkeleisen als Spanten patentieren.[46] Die Namen tatsächlich gebauter Fahrzeuge sind nur schwer zu ermitteln, da der experimentelle Charakter dieser Bauten die Eigner davon abhielt, sie durch Lloyd's Register klassifizieren zu lassen, wo man sie wahrscheinlich zu jährlicher Besichtigung verpflichtet hätte. Der 1839 von Captain Andrew Henderson wahrscheinlich in Indien gebaute Dampfer ASSAM ist ein frühes Beispiel für ein Kompositschiff. T. J. Ditchburn baute nach seinem Patent kleine Themsedampfer, „aber [sie] überdauerten keine zwei Sommer".[47] Die ARCHDUKE, die MAXIMILIAN und die LITTLE WESTERN wurden um 1842 in Bristol gebaut mit teilweise aus leichten T-Profileisen bestehenden Spanten, hölzernen Balken und Bodenwrangen sowie mit zwei Lagen Diagonalbeplankung.[48] Ein genaues Studium von *Mechanics' Magazine*, dem *Artizan* oder ähnlichen Zeitschriften dürfte noch weitere Namen zutage fördern.

So war also John Jordans Patent vom November 1849 nicht ohne Vorläufer. Allerdings behauptete er später, seines habe als erstes eine Bauvorschrift für eine komplette Eisenkonstruktion mit Spanten, Kiel, Balken, Vor- und Achtersteven enthalten. In Verbindung mit John Getty baute die Firma Jordan & Getty in Liverpool die folgenden Fahrzeuge nach diesem Kompositprinzip: den Schoner EXCELSIOR (1850; 33 tons), die Bark MARION MACINTYRE (1851; 283 tons), das Vollschiff TUBAL CAINE (1851; 787 tons) und den flachbodigen Schoner GEORGE JORDAN (1853; 91 tons). Die MARION MACINTYRE und die TUBAL CAINE wurden beide für L. H. Macintyre & Co., Liverpool, gebaut und kosteten £ 10 pro ton für Rumpf, Masten und Takelung, was sehr billig war. Allerdings wurden Eisenbolzen verwendet, die wegen der in Verbindung mit der Kupferhaut verursachten elektrochemischen Vorgänge durch Korrosion zerstört wurden.[49] Von Oktober 1853 an erscheint die Werft als „John Getty (late Jordan and Getty)“[50], so daß die Komposit-Bark BRISTOW (1854; 374 tons) wohl im Einvernehmen mit Jordan von Getty gebaut worden sein muß. Jordan & Getty waren in Schwierigkeiten geraten und hatten sich getrennt. Jordan scheint sich dann als Schiffsbesichtiger betätigt zu haben; in den sechziger Jahren war er, wie wir noch sehen werden, sehr eifrig mit der Förderung des Baus von Kompositschiffen und dem Schutz seines Patentes befaßt.

Im Jahre 1854 wurde an der Themse für eine Reederei in Southampton der Dampfer UNION gebaut. Da Jordan sehr viel über ihn zu berichten wußte, ist es möglich, daß das Schiff nach seinem System gebaut worden ist.

Thomas Bilbe aus Rotherhithe, London, stellte zu Beginn der fünfziger Jahre eine Reihe von Experimentalbauten mit Diagonalspanten fertig; im Jahre 1856 erhielt er dann ein Patent auf eine Kompositkonstruktionsweise, bei der aus je zwei Winkeleisen gebildete U-Profile verwendet wurden, die mit Holz ausgefüllt eine Art zusammengesetzter Bauelemente bildeten. Diese dienten entweder als Spanten oder als Balken, und Bolzen oder andere Befestigungsmittel konnten durch die Winkel oder die hölzernen Füllstücke getrieben werden. Es wird allgemein angenommen, daß Bilbes erstes nach dieser Methode gebaute Schiff die RED RIDING HOOD gewesen sei. Zu ihr und anderen Kompositschiffen Bilbes gegebene Erläuterungen finden sich in der folgenden Aufstellung.

BEI BILBE & PERRY 1857/60 IN KOMPOSITBAUWEISE ENTSTANDENE SCHIFFE[51]

Baujahr	Name	Takelung	tons	Beschreibung der Bauart nach *Lloyd's Register*
1857	RED RIDING HOOD	Vs	709	„Spanten aus Eisen, Pitchpine und Hackmatack [Anm. d. Übers.: amerik. Lärchenholz]; Planken aus Pitchpine; experimental; jedes zweite Jahr Besichtigung“
1857	GONDOLA	Bk	407	„Eisen- und Teakspanten; Mahagonibeplankung“
1858	LAUDERDALE	Vs	851	„Eisenspanten; Diagonalbauweise“
1859	DEMERARA	K	81	„Eisenspanten; Diagonalbauweise“
1859	GLEAM	Bk	292	„Eisenspanten; Diagonalbauweise“
1860	WOODPECKER	Sch	175	„Eisenspanten; Planken aus Puget Sound pine (jedes zweite Jahr Besichtigung)“

In den sechziger Jahren bauten Bilbe & Perry weitere Kompositschiffe.

Auf der anderen Seite des Kanals, in Frankreich, wurden während der fünfziger Jahre in Nantes und Bordeaux Kompositschiffe gebaut.

Wirklich durchsetzen konnte sich der Kompositschiffbau allerdings erst nach 1863. Anläßlich des Vortrages von John Jordan über dieses Thema vor der Scottish Shipbuilders' Association am 7. Dezember 1863 bemerkte der Präsident, Peter Denny, daß „alle Mr. Stephen für die Beachtung, die er ihm [dem Kompositschiffbau] geschenkt hat, Dank schulden. Ich denke, ohne Mr. Stephen hätte dieser Zweig der Schiffbaukunst wohl nicht die erzielten Fortschritte gemacht . . . Inzwischen aber, so darf ich wohl mit der Zustimmung aller sagen, ist Mr. Stephen auf diesem Gebiet führend . . .“.[52]

Über die Rolle, die Alexander Stephen jr. dabei spielte, als es darum ging, den Kompositbau attraktiver zu machen und bei Lloyd's Register die ihm zustehende Klasse zu erwirken, ist bisher nur wenig veröffentlicht worden. Es ist interessant zu sehen, wie die Initiative eines einzelnen Mannes eine so bedeutende Wandlung bewirken kann.

Die früheste Erwähnung von Kompositschiffen findet sich in Alexander Stephens Tagebuch unter dem 31. März 1856. Sie betraf ein diesbezügliches Gespräch mit seinem Bruder William. Zehn Tage später fertigte er ein Modell in natürlicher Größe von einem Teil der Spantenkonstruktion für ein 1000-tons-Kompositschiff an. Das Modell war 1,02 m lang und 0,46 m breit; die Mittellinien der 127 mm x 76 mm x 13 mm Winkeleisen befanden sich in einem Abstand von 0,41m voneinander. Die kupfernen Schraubbolzen zur Befestigung der Planken wurden durch ins Bolzenloch und unter die Unterlegscheibe gelegte Gummistücke am Kontakt mit den Eisenspanten gehindert. Diese Maßnahme zur Isolierung der Kupferbolzen von den Eisenspanten war notwendig, um beim Naßwerden des Kupfers die sonst durch elektrochemische Vorgänge bewirkte Korrosion des Eisens zu verhindern. Später meisterte Stephen dieses Problem noch wirkungsvoller, indem er die Winkeleisenspanten und Kupferbolzen mit Zement umgab, so daß kein Wasser zu ihnen gelangen konnte und diesbezüglicher Schaden vermieden wurde. Im Februar 1862 ließ er sich diese Idee patentieren.[53] Auf manchen Werften wurden später galvanisierte Eisenbolzen verwendet.

Gleichzeitig hatte Stephen jede Gelegenheit wahrgenommen, etwas über andere Methoden des Kompositbaus in Erfahrung zu bringen; auch hatte er John Jordan kennengelernt, 1861 ein in Sunderland in Bau befindliches 260-tons-Schiff besichtigt und die ganze Angelegenheit immer wieder mit seinem Bruder William diskutiert. Er glaubte, daß die größte Schwierigkeit auf dem Weg zum Erfolg dieses Systems in der Beschaffung von Bauaufträgen für derartige Schiffe liege; und nur der Mangel an Kapital hinderte ihn daran, ein kleines Fahrzeug auf eigene Rechnung zu bauen und so die Realisierbarkeit des Projektes zu demonstrieren.[54] Weiterhin ergaben sich Briefwechsel mit John Jordan, dem Erbauer der MARION MACINTYRE und der TUBAL CAINE, und mit deren Eigner, L. H. Macintyre & Co., über die Vorteile des Systems und dessen Erfolg. Auf Stephens Bitte hin besuchte das Visita-

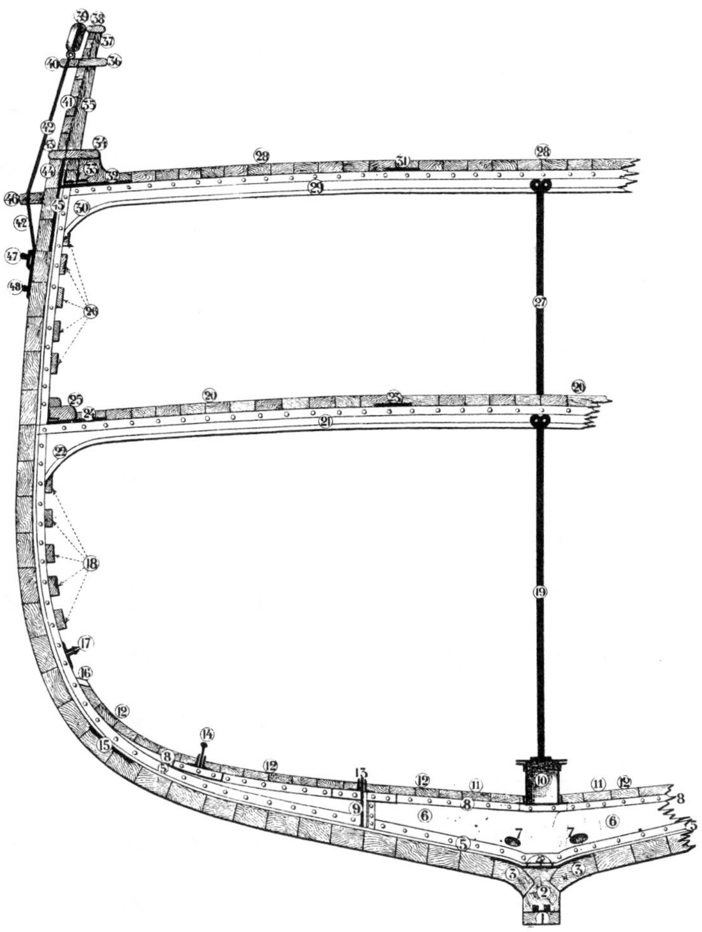

150 Schnitt durch das Hauptspant eines Kompositschiffes mit den Namen der einzelnen Bauelemente (nach Kapitän H. Paasch, *Illustrated Marine Encyclopedia):* 1 Loskiel. 2 Kiel. 3 Kielgang. 4 Kielplatte. 5 Spant. 6 Bodenwrange. 7 Wasserlauflöcher; Nüstergatten. 8 Gegenspant. 9 Interkostales [eingeschobenes] Seitenkielschwein. 10 Mittelkielschwein (als Kastenkielschwein). 11 Füllungen des Wasserlaufs. 12 Wegerung. 13 Seitenkielschwein. 14 Kimmkielschwein. 15 Kimmplattengang. 16 Wegerungsdeckel. 17 Kimmstringer. 18 Wegerungs- oder Schweißlatten (im Raum). 19 Raumstütze. 20 Zwischendeck. 21 Zwischendecksbalken. 22 Zwischendecksbalkenknie. 23 Zwischendecksbalkenlängsband. 24 Zwischendeckstringer. 25 Zwischendeckwassergang; Zwischendeckleibholz. 26 Wegerungs- oder Schweißlatten (Zwischendeck). 27 Hauptdeckstütze; Oberdeckstütze. 28 Hauptdeck; Oberdeck. 29 Haupt- oder Oberdecksbalken. 30 Haupt- oder Oberdecksbalkenknie. 31 Haupt- oder Oberdecksbalkenlängsband. 32 Haupt- oder Oberdeckstringer. 33 Haupt- oder Oberdeckwassergang; Haupt- oder Oberdeckleibholz. 34 Schandeckel. 35 Schanzkleidstütze. 36 Schanzkleidreling; Reling; Relingsleiste. 37 Ober- oder Monkeyschanzkleidstütze. 38 Oberschanzkleid- oder Monkeyreling. 39 Jungfer. 40 Obere Rüste. 41 Schanzkleidbeplankung. 42 Pütting; Püttingseisen; Rüsteisen. 43 Schandeckel. 44 Schergang. 45 Eiserner Schergang. 46 Untere Rüste. 47 Püttingsbolzen. 48 Püttingsklappbolzen.

tion Committee von Lloyd's Register seine Werft am 30. Juli 1861 und erörterte mit ihm den Bau von Schiffen mit Eisenspanten und Holzplanken auf überdachten Helgen. Man neigte dazu, sich zunächst einmal für eine Probezeit zu arrangieren, wie man es bereits früher bei ähnlich gelagerten Klassifikationsanträgen gehalten hatte. Trotz der anfänglich positiven Reaktion änderte man bei Lloyds jedoch später seine Meinung. Gleichzeitig entdeckte Alexander Stephen, daß die Kompositbauweise höhere Kosten erforderte, als er ursprünglich vermutet hatte: Ein seiner Bau-Nr. 27 (CITY OF CALCUTTA) ähnliches unter einem Schutzdach gebautes Schiff von 1000 tons mit der Klasse 15 A1 würde pro ton £ 12.8.3 kosten; bei einer Ostindienausrüstung kämen noch £ 2 hinzu, und zusätzlich 16 s für die Kupferhaut ergäben dann je ton einen Gesamtbetrag von £ 15.4.3. Bei Berücksichtigung des Gewinns und der allgemeinen Unkosten hätte sich die Summe nochmals erhöht.[55]

Nicht entmutigt durch ihr mangelndes Interesse suchte Alexander Stephen Lloyd's Register in London auf, wo er feststellen mußte, daß man sich dort auf nichts einlassen wolle, bevor er einen schriftlichen Bericht eingereicht habe. Inzwischen besuchte er Reeder und erläutete ihnen die Vorzüge einer Kombination von Eisenspanten und Holzplanken. Die Angelegenheit begann nun weitere Kreise zu ziehen, als er am 23. September 1861 erfuhr, daß John Willis von einer Werft in Sunderland ein Angebot über ein Kompositschiff gemacht wurde. (Wahrscheinlich handelte es sich dabei um die 1862 gebaute AMUR.) Am 25. September schickte er seine Bauvorschrift und Zeichnungen für Kompositschiffe an Lloyd's Register. Anschließend reiste er nochmals nach London, wo er diese Baumethode mit Frederick Somes, Lidgett & Co., John Willis, Lloyds Besichtiger J. H. Ritchie und George Marshall diskutierte. Letzterer versprach, seinen Einfluß bei Lloyds geltend zu machen.

Bald darauf folgte ein weiterer Besuch in London, und am 10. Oktober wurde Stephen die Zustimmung von Lloyds mündlich mitgeteilt. „Ich kann nun eine so hohe Klasse wie 15 Jahre A1 bauen. Das ist eine große Sache, und ich bin Gott dankbar für seine Freundlichkeit, mit der er mich hierbei geführt hat."[56] Sein Tagebucheintrag vom 11. Oktober lautet:

„Bei Lloyds vorgesprochen und von Mr. Seyfang Brief mit der Entscheidung des Komitees erhalten, die alle meine Wünsche erfüllt. Sie trägt das Datum von gestern. Ich habe auch die Pläne und die Modelle zurückbekommen zusammen mit den Bolzen, die wir beim Bau dieser Schiffe zu verwenden gedenken und die ich dem Komitee vorgelegt hatte. Dies ist das erste Mal, daß Lloyds entschieden haben, *ganz* mit eisernen Spanten und Holzplanken gebauten Schiffen eine Klasse für mehrere Jahre zu erteilen."[57]

Am folgenden Tag schloß er mit John Lidgett & Co. einen Bauvertrag über sein erstes Kompositschiff von 750 tons B. M. ab zu einem Preis von £ 18.18 s pro ton B. M. mit Ostindienausrüstung und der Klasse 15 A1. Er stellte für sich folgende Kalkulation auf:

Alle Preise sind pro ton B. M. kalkuliert

	Kosten mit Ostindienausrüstung	£ 15. 5. 4
abzüglich	Einsparung durch galvanisierte Eisenbolzen	£ 1. 0.10
		£ 14. 4. 6
zuzüglich	Wegerung aus Greenheart	
	[Anm. d. Übers.: südam. Hartholz]	£ —. 3. 1
	Doppelhaut aus Ulme	£ 1. 3. 0
	Schutzdach	£ —. 6. 6
		£ 15.17. 1
	Vertragspreis	£ 18.18. 0[58]

Der Kiel dieses Vollschiffs mit der Bau-Nr. 34 wurde am 4. März 1862 gestreckt. Bei seinem Stapellauf erhielt es den Namen JOHN LIDGETT.

Lloyd's Register bestand darauf, daß das Schiff im Registerbuch als in zweijährigem Turnus zu besichtigen bezeichnet wurde. Um Lidgett zu besänftigen, versprach Stephen, bei der ersten Besichtigung nach zwei Jahren für etwa notwendig gewordene Reparaturen an den Spanten die Kosten bis zu einer Höhe von £ 500 zu übernehmen. Aber Lidgetts Sorgen waren unnötig, da diese erste Besichtigung im März 1866 zur völligen Zufriedenheit aller Beteiligten ausfiel.

Nachdem nun Lloyd's Register auch für Schiffe dieser Art die Zuerkennung einer mehrjährigen hohen Klasse genehmigt hatte, häuften sich die Anfragen bei Alexander Stephen & Sons, und zahlreiche Angebote wurden gemacht. Der zweite Bauvertrag über ein Kompositschiff wurde am 21. Januar 1862 abgeschlossen. Er betraf das für Gregor Turnbull & Co. unter der Bau-Nr. 35 gebaute Vollschiff ARIMA. Natürlich waren auch die anderen Werften rasch bei der Hand, ihren Nutzen aus der Alexander Stephen & Sons von Lloyd's Register erteilten Billigung zu ziehen. Bis zum April 1862 hatten bereits fünf weitere Schiffbaubetriebe bei Lloyds ihre eigenen Anträge gestellt. Mit dieser unvermeidlichen Folge hat Alexander Stephen sicher gerechnet, trotzdem war er verärgert, als er hörte, daß James Hall von Alexander Hall & Sons seinem Chefzeichner William Robertson geschrieben hatte, daß sie jetzt ein Kompositschiff bauten und mit dessen Stapellauf im Juni 1862 rechneten. Das hätte nämlich bedeuten können, daß Halls ihr Schiff als erste zu Wasser ließen, da bei Stephen der Kiel der JOHN LIDGETT nicht gestreckt werden konnte, ehe die CITY OF BOMBAY für George Smith vom Stapel gelaufen war.[59] Nachdem aber Halls Schiff, die REINDEER, im August erst zur Hälfte in ihren Spanten stand und nicht vor Februar 1863 fertig wurde, hatte Stephen dann doch die Genugtuung, der erste Schiffbauer zu sein, der ein Kompositschiff nach dem neuen, aber im Prinzip alten Baukonzept fertigstellte. Man muß sich auf Stephens Werft ziemlich beeilt haben, denn immerhin lief die JOHN LIDGETT bereits am 29. August 1862 vom Stapel, nur fünf Monate und vierundzwanzig Tage nach der Kiellegung.

Was man ursprünglich als einzelnen neuen Versuch mit wieder einmal einem Kompositschiff ansah, verwandelte sich rasch in eine von zahlreichen Schiffbauern geförderte Entwicklung, die durch feste Bauaufträge gestützt wurde, zu deren Erlangung den Reedern erst in vielen Beratungen und Diskussionen die geforderten überzeugenden Argumente für das neue System dargelegt werden mußten. Neben der oft gepriesenen Leichtigkeit, mit der ein hölzerner Rumpf gekupfert werden konnte, dürften die Schiffbauer auch die hohen Kosten in China für das Eindocken und Schrapen der ganz aus Eisen gebauten Schiffe erwähnt haben. Vielleicht verwiesen sie auch auf die gegenüber dem hölzernen Fahrzeug relativ größere Ladefähigkeit des Kompositschiffs, dessen Eisenspanten die Dicke der Wände beträchtlich verringerten. Lloyd's Register verfolgte die rasch wachsende Beliebtheit der Kompositbauweise mit Argwohn, wie der folgende Bericht vom Januar 1863 zeigt:

„Der Unterausschuß schenkte voller Sorge seine Aufmerksamkeit dem ‚kürzlich in Gebrauch gekommenen Prinzip, Schiffe mit Eisenspanten und Holzplanken zu bauen' und wies auf das Protokoll der Sitzung des Hauptausschusses vom 18. September 1862 hin. Bei der Behandlung dieses wichtigen Themas hatte der Unterausschuß durchaus den Eindruck, daß es wünschenswert sei,

151 Kompositbauweise: Von Alexander Stephen & Sons gezeichneter und am 15. Oktober 1861 datierter Längsschnitt, der die Lloyd's Register am Anfang des Monats gemachten Vorschläge zur Kompositkonstruktion berücksichtigt haben dürfte. Der hier abgebildete sehr lange, im Maßstab 1 : 24 gezeichnete und auf Leinen aufgezogene Originalplan befindet sich im Besitz der Werft.

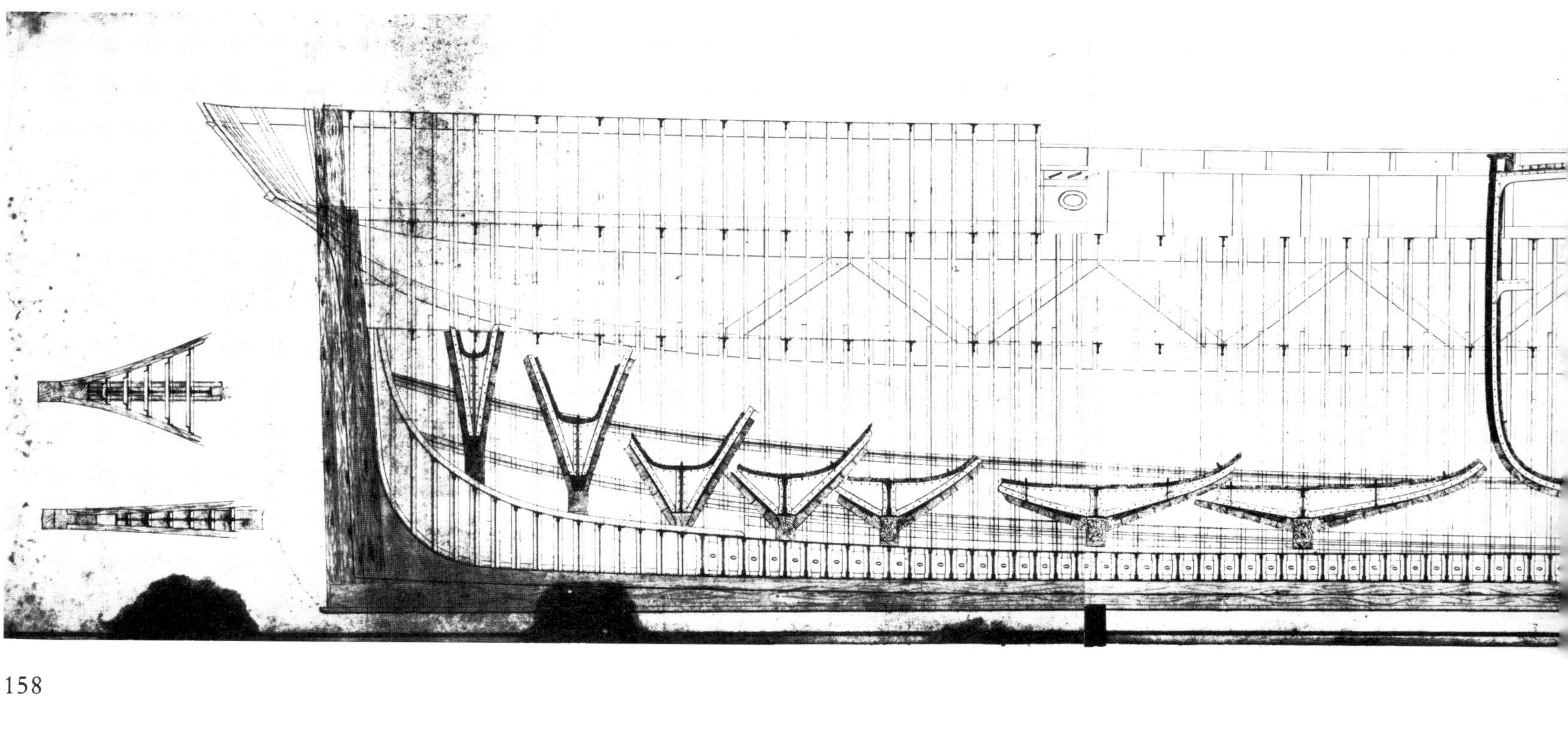

die Anstrengungen einzelner in ihrem Bestreben, durch Experimente schiffbauliche Verbesserungen zu erzielen, nicht zu behindern. Andererseits mag es aber nötig sein, einige Grundregeln aufzustellen für den Bau von Schiffen mit holzbeplankten Eisenspanten, eine Bauweise, die seit kurzem viel angewendet wird, wobei sich allerdings fast jedes Fahrzeug wieder irgendwie vom anderen unterscheidet."

Dann folgten drei Seiten mit Vorschlägen für Bauvorschriften. Der Bericht schließt:

„Weiter wird empfohlen, alle derartigen Schiffe mit dem Vermerk ‚experimental' zu versehen und ihnen nur eine Klasse mit der Auflage einer in jedem zweiten Jahr zu erfolgenden Besichtigung zu erteilen; daneben sollte zur Bedingung gemacht werden, daß, ‚um für solche Experimentalbauten eine Klasse beantragen zu können, deren Baupläne dem Komitee zur Genehmigung vorgelegt werden müssen'."[60]

Wie sich herausstellte, besaßen diese „Experimental"-Schiffe eine besonders lange Lebensdauer.

Erst im Jahr 1867 erließ Lloyd's Register Richtlinien für den Bau von Kompositschiffen, die zu dieser Zeit bereits keine Besonderheit mehr auf den Auftragslisten der Werften darstellten. Das Wort „experimental" wurde jetzt fallengelassen.

Ein interessantes aber in Vergessenheit geratenes Detail aus der Zeit der Kompositschiffe ist die Rolle, die John Jordan nach 1862 spielte. Sein Patent von 1849 beschrieb eine vollständige Konstruktion eiserner Spanten. Dafür bot ihm Alexander Stephen eine Woche nach Erhalt des Bauauftrages für die JOHN LIDGETT eine Lizenzgebühr von £ 40, aber Jordan lehnte ab. Das Patent war bis zum Jahre 1863 erteilt worden, jedoch im März des gleichen Jahres hatten George und Henry Jordan die Rechte daran erworben. Alexander Stephen konnte George Jordan nicht davon überzeugen, daß ein Verzicht auf die Lizenzgebühren angebracht wäre, wo doch „unsere Firma ... die Wiedereinführung [der Kompositbauweise] bewerkstelligte, nachdem man sie vor Jahren bereits aufgegeben hatte". Schließlich vereinbarte man, daß für die Lizenz künftig nicht mehr als 3 d (= 3 pence) pro RT Schiffsraum zu zahlen seien.[61]

Dies war nur der Anfang zahlreicher langwieriger Verhandlungen, und es scheint, daß George und Henry Jordan, die im Juli 1863 die Verlängerung der Patentrechte um weitere sieben Jahre erreicht hatten, überall, wo ein Kompositschiff gebaut wurde, dem Schiffbauer eine möglichst hohe Lizenzgebühr abzuverlangen suchten. In Alexander Stephens Tagebuch finden sich wiederholt Bemerkungen über neue Vereinbarungen mit George Jordan wegen weiterer Kompositschiffe. Im Oktober 1863 einigte man sich, daß die von Alexander Stephen & Sons verlangten Lizenzgebühren um 75 % unter den von anderen Firmen geforderten liegen sollten. Da Jordan sonst 2 s pro ton verlangen wollte, hätte Stephen also nur 6 d zahlen müssen. Für die Lizenz zum Bau des mit Hilfsmaschine ausgerüsteten Vollschiffs SEA KING und des Klippers ELIZA SHAW wurden zusammen £ 37.3 s entrichtet.[62] Immerhin hatte Jordan von Alexander Hall & Sons für deren erstes Kompositschiff, die REINDEER, eine Gebühr von £ 48.5 s kassiert. Auf die Fragen anderer Schiffbauer antwortete Stephen mit dem Hinweis, daß die Lizenzgebühren deshalb für seine Firma relativ niedrig seien, weil sie dieses System wieder eingeführt hatte.

Im Jahre 1865 schlossen sich einige Schiffbauer zusammen, um Jordans Rechte zu bestreiten, und es kam im Dezember zum Prozeß „Jordan gegen Moore". G. S. Moore war der Schiffbauer, der 1862 in Sunderland die kleine Komposit-Bark AMUR mit zum

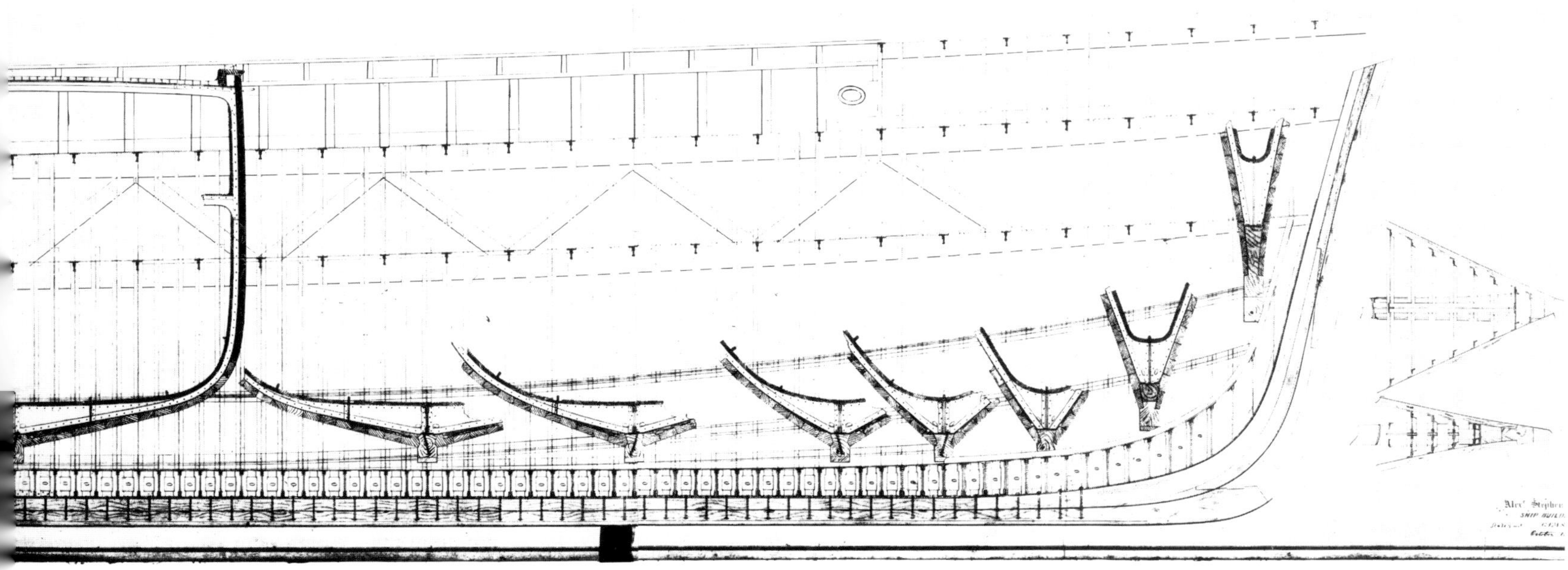

Teil eisernen Spanten und mit Eisenbalken gebaut hatte. George Jordan gewann den Prozeß und erhielt £ 2 Schadenersatz.[63] Moore legte Berufung ein mit der Begründung, daß das Patent viel zu weit gefaßt sei und daß frühere Patente, wie das Ditchburns, bereits eiserne Spantkonstruktionen beschrieben hatten. Die Berufungsverhandlung, durch die das frühere Urteil aufgehoben wurde, fand im April 1866 statt. „Nach Auffassung des Gerichts war die Erfindung nicht neu und nicht Gegenstand eines Patents."[64]

George Jordan fuhr jedoch fort, seine Lizenzgebühren zu verlangen; im November 1867 forderte er sogar von Alexander Stephen 6 s pro ton, während Robert Steele nur 1 s bezahlte. Im Februar 1868 entrichtete Stephen 3 d pro ton für einen Neubau. Zur gleichen Zeit wurde der Rechtsstreit gegen andere Schiffbauer fortgesetzt. George und Henry Jordan dürften für all die von ihnen verursachten Schwierigkeiten eine beachtliche finanzielle Vergütung erhalten haben. Als aber 1870 ihre Patentrechte endgültig erloschen, hatte auch die Kompositbauweise praktisch ihr Ende gefunden.

Die Mehrzahl der Kompositschiffe gehörte zwar in die 500- bis 1000-tons-Größenordnung, doch gab es auch einige kleinere und nur ganz wenige größere Fahrzeuge. Von letzteren waren die größten die 1866 von Alexander Hall & Sons gebaute und zu 2131 tons vermessene SOBRAON, gefolgt von der 1864 bei Jones, Quiggin & Co. in Liverpool entstandenen ANDROMEDA von 1876 tons. Hall zahlte Jordan £ 173 für die Lizenz zum Bau der SOBRAON.

Natürlich wurden auch Varianten des Jordanschen Systems vorgestellt wie im Jahr 1864 die von Charles Lungley stammende Methode, nach der die DILPUSSUND, die DILAWUR und die DILBHUR gebaut wurden. Alexander Stephen & Sons bauten 1869 den Klipper CITY OF HANKOW und den Dampfer TSZ'RU, bei denen die Eisenspanten bis etwa 0,30 m über der CWL holzbeplankt waren und darüber Eisenplatten trugen. Das Jahr 1876 war wahrscheinlich das letzte, in dem in Großbritannien Handelsschiffe nach dem Kompositsystem gebaut wurden. Damals ist bei Stephen noch die Bark INDIA und bei Robert Thompson jr. die Bark HELENA MENA entstanden. Diese Bauweise war in den Niederlanden sehr beliebt, wo sie sich bis in die 1880er Jahre halten konnte.[65]

VERBESSERUNGEN BEI DER DECKSAUSRÜSTUNG UND DER TAKELUNG

In den fünfziger und sechziger Jahren wurden zahlreiche die Decksausrüstung und die Takelung betreffende Experimente und Verbesserungen vorgenommen und viele Patente jeder Art angemeldet.

Besondere Aufmerksamkeit widmete man der Verbesserung der Ankerwinden, besonders dem rationelleren und wirkungsvolleren Einsatz der Muskelkraft sowie der Verwendung von Dampfantrieben. Das Pumpspill der CAMERTONIAN, wie es in Abbildung 132 gezeichnet wurde, stellte eine Standardausrüstung dar, wie sie in verschiedenen Abwandlungen während der restlichen Segelschiffszeit in ständigem Gebrauch war. Im Englischen wurde sie allgemein als „Armstrong's Patent" bezeichnet. Da aber kein Mr. Armstrong ein Patent auf eine Ankerwinde erhalten zu haben scheint, dürfte es sich hier nach allgemeiner Ansicht um eine scherzhafte Anspielung auf die benötigten starken (= strong) Arme der Crew handeln. Zahlreiche Methoden, das Auf und Nieder der Spillhebel in eine Drehbewegung des Spillstamms umzusetzen, wurden patentiert. So tauchen in Besichtigungsberichten und Baubestecken Namen auf wie Tyzack & Dobinson, Bowman & Vernon oder Pow & Fawcus; die beiden führenden Firmen waren jedoch Brown & Harfield und Emerson & Walker.

Brown & Harfield nahmen weitere Verbesserungen an der „Armstrong-Patent"-Ausführung vor und brachten die Spillhebel hinter die Achterkante des Spillstamms, wie es auf dem Decksplan des Klippers ARIEL (Abbildung 251) zu sehen ist. Sie erhielten 1847 auch ein Patent auf eine modernisierte Form der alten bei Kriegsschiffen üblichen Praxis, die Bewegungskraft durch ein Gangspill zu übertragen. Bei dieser neuen Version wurde die Ankerkette direkt zum Gangspill geführt und nicht an ein Kabelar geschäkelt. Unterhalb der Gangspilltrommel befand sich noch eine mit Vertiefungen versehene Kettenscheibe, welche die Kette aufnahm. Diese fuhr dann um Leitrollen und durch einen Kettenstopper in den Kettenkasten. Zur Herabsetzung des Materialverschleißes waren alle Teile aus Eisen. Das Gangspill wurde mittels der Spillspaken vom Backdeck aus bedient, von wo eine lange Spillspindel die Kraft auf Trommel und Kettenscheibe im Hauptdeck übertrug, wohin auch die Kette fuhr. Die von T. & W. Smith gebaute Passagierfregatte HOTSPUR wurde 1851 mit einem solchen Gangspill ausgerüstet.

Emerson & Walker benutzten ebenfalls ein Gangspill zum Antrieb, nur wurde hier die Kraft von der Spillspindel über ein Schneckengetriebe auf die horizontale Trommel der Ankerwinde übertragen, an der sich zwei Kettenscheiben befanden, um je eine Kette in der gleichen Weise aufzunehmen, wie es auch bei Brown & Harfields System geschah. Allerdings machte jetzt die Kette nur eine halbe Umdrehung, bevor sie weiter in den Kettenkasten geführt wurde. Bei Schiffen ohne Backdeck mußte das dortige Gangspill entfallen, dafür wurden die Spillspaken dann in einen Spillkopf am oberen Ende der Spindel gesteckt. Die 1860 gebaute CHAA-SZE war Alexander Halls zweites mit einer Emerson & Walker-Ankerwinde ausgerüstetes Schiff; die Kosten für diese beliefen sich auf £ 100.[66]

Auch andere Neuerungen zur Arbeitserleichterung begannen sich durchzusetzen wie Ankerdavits, kleine Winden an der Reling für Brassen oder Schoten, wirkungsvollere Ladewinden und Pumpen sowie zuverlässigere Einrichtungen für das Aussetzen der Boote. Das Großboot blieb durch Verschläge für Schafe, Hühner und Schweine behindert, und mancherlei Wege wurden beschritten, um es handiger an Deck aufzustellen. In der Takelage wurden Sicherheit und Zuverlässigkeit durch die Verwendung von eisernen und stählernen Masten, Stengen und Rahen, von Drähten und Ketten sowie von Patentreffeinrichtungen erhöht.

Im Jahr 1809 wurde den Ingenieuren Richard Trevithick und Robert Dickinson ein den Bau eiserner Masten betreffendes Patent erteilt. Auf Anregung Robert Bills, der bereits mit eisernen T-Profilen im Bau von Schiffsrümpfen experimentiert hatte, ließ die Admiralität 1825 die 46-Kanonen-Fregatte PHAETON mit eisernem Großmast und eisernem Bugspriet ausrüsten. Unglücklicherweise brach das Bugspriet und ging verloren, und der Mast zeigte Symptome mangelnder Festigkeit, so daß er ausgewechselt werden mußte. Vor diesen Pannen hatten aber noch wertvolle Experimente angestellt werden können bezüglich der durch das Eisen von Mast und Bugspriet verursachten Deviation des Kompasses. Das Ergebnis war: „Die Kanonen etc. wirkten stärker auf die Nadel ein als Mast und Bugspriet . . .“[67] Der Eisenmast war 28,19 m lang bei einem mittleren Durchmesser von 0,61 m, während die Länge des eisernen Bugspriets 16,61 m betrug bei 0,50 m mittlerer Stärke. Mast und Bugspriet waren aus hohlen schmiedeeisernen und an ihren Enden miteinander vernieteten Zylindern von 1,07 m Länge und 6 mm Wandstärke zusammengesetzt. An den Stößen und in der Mitte wurden die Zylinder durch Eisenringe versteift. Die Überlappungen machten am Bugspriet jeweils eine halbe Zylinderlänge aus.[68] Längsversteifungen gab es anscheinend weder innen noch außen, so daß die Konstruktionen sich unter ihrem eigenen Gewicht gebogen haben müssen. Das überrascht, denn 1820 hatte Robert Bills erstes Patent für den Bau von Eisenmasten die Verwendung von T-Profilen vorgesehen, um die gebogene Eisenplatten herumgelegt wurden.[69] Im Hoch- und Tiefbau gewonnene Erfahrungen erwiesen sich für den Eisenschiffbau als wertvoll. So baute man später die Masten, indem man einzelne gebogene Platten miteinander vernietete und sie innen durch Winkeleisen versteifte.

Die 1884 von Coutts & Co. in Newcastle gebaute und mit einer Hilfsmaschine ausgerüstete Bark Q. E. D. (d. h. quod erat demonstrandum [Anm. d. Übers.]) muß einen eisernen Besanmast besessen haben, da sie ihn als Schornstein benutzte, und vielleicht waren sogar sämtliche Untermasten aus Eisen. Das stehende Gut war aus Eisendraht und wurde auf Spannschrauben gesetzt. Ein frühes Beispiel in den fünfziger Jahren war der niederländische Ostindienfahrer OLIVIER VAN NOORD, der bereits im Januar 1851, als er im Liverpooler Salthouse Dock lag, eiserne Untermasten besaß.[70] So wie sich Eisen als Baumaterial immer mehr durchsetzte, wurde es natürlich auch häufiger für Masten – besonders für Untermasten und Unterrahen – verwendet; bei Barken jedoch war auch später noch oft ein hözerner Besanuntermast anzutreffen. In den sechziger Jahren nahm die Verwendung von Stahl für hohle Masten und Spieren an Beliebtheit rasch zu, möglicherweise weil seine größere Festigkeit dünnere Platten erlaubte. Die damit verbundene Gewichtsersparnis war besonders dort von großer Bedeutung, wo es um die Aufhängung von langen Unter- und Marsrahen ging. Bereits zu Beginn des vorigen Jahrhunderts hatte man mit stehendem Gut aus Draht experimentiert, dessen Verwendung sich aber vor den dreißiger und vierziger Jahren wirtschaftlich nicht lohnte; dabei wurden auch Spannschrauben erprobt. Durch 1841 von Andrew Smith und 1848 von Robert S. Newall angemeldete Patente wurde die Technik, die Eisenschiffe der fünfziger Jahre mit Drahttauwerk zu takeln, verbessert.

Die Verkürzung von Rahsegeln durch verschiedenartige Reffmethoden war eine Aufgabe, die von zahlreichen Erfindern angegangen wurde, aber die harten Bewährungsproben in schwerstem

152 Vorsteven und unterer Teil der Galionsfigur des Tee-Klippers AMBASSADOR, aufgenommen 1970 in Punta Arenas an der Magalhãesstraße.

153 Punta Arenas, 1970: Im Laderaum des Tee-Klippers AMBASSADOR. Deutlich sind die Eisenspanten, die Raumstützen, das Kielschwein und die Zwischendecksbalken zu sehen. Die Holzbeplankung der Kompositkonstruktion ist praktisch nicht mehr vorhanden. Das zu 692 tons vermessene Vollschiff wurde 1869 von William Walker in Rotherhithe, London, gebaut.

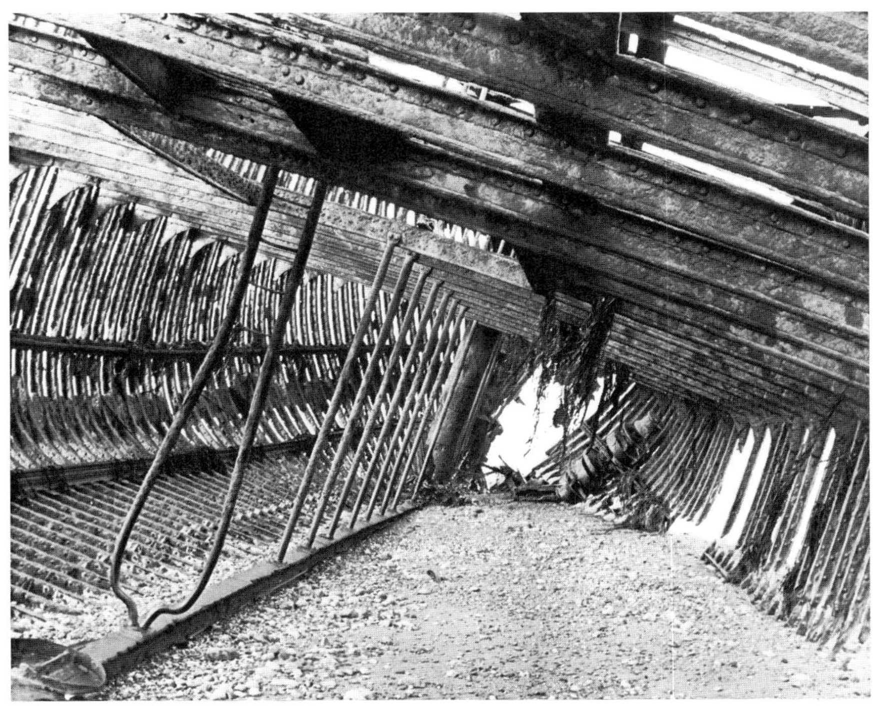

Wetter begruben offenbar jegliche Hoffnung auf Erfolg bei der Mehrzahl der Patentinhaber, denn nur die Namen weniger sind bekannt geworden. Unter ihnen standen Henry D. P. Cunningham und Colling & Pinkney an erster Stelle. Immerhin illustrierte Robert Kipping auch das Patent eines Captain Samuel Dyer, das diesem zuerst im April 1856 erteilt wurde.[71] Henry Cunningham konnte sein Patent zum ersten Mal im November 1850 registrieren lassen, was einen großen Vorsprung vor den anderen bedeutete.[72]

Nach Cunninghams System wurde die Rah beim Fieren durch eine Drehreepskette, die über eine in der Rahmitte aufgekeilte Kettenscheibe lief, gedreht. Der Name des ersten mit derartigen Rahen ausgerüsteten Fahrzeugs ist nicht bekannt; jedenfalls besaß der P. & O.-Dampfer IBERIA im Februar 1851 solche Reffeinrichtungen, und bald gehörten sie zur Takelung einer Reihe von Briggs, Barken und Vollschiffen. Im April 1853 schrieb Robert B. Forbes an das *Nautical Magazine,* um die Leser auf seine eigene Methode zum Reffen von Marssegeln aufmerksam zu machen. Im Monat darauf empfahl H. D. P. Cunningham in einem Leserbrief, dem von ihm entwickelten System den Vorzug zu geben, wobei er zwölf damit ausgerüstete Fahrzeuge anführte, zu denen auch der RD IBERIA gehörte.[73] Die Kapitäne brauchten Zeit, um diese Neuerungen zu erproben. So besaß das Vollschiff MADGE WILDFIRE zum Beispiel auf einer Indienreise am Kreuzmarssegel Cunninghams Patentreffeinrichtung. Nach ihrer Rückkehr im Mai 1855 wurde dann in Liverpool das Vormarssegel ebenso ausgerüstet.[74] Bei anderen Schiffen wollte man ganz sicher gehen: Die FAIRLIGHT (1858) fuhr drei Cunningham-Marssegel, die zugleich je drei Reihen der herkömmlichen Reffbändsel besaßen.[75]

Cunninghams Patentrahen wurden in geringerer Zahl auch für Bramsegel verwendet: In den frühen sechziger Jahren besaßen die Vollschiffe NELSON und VICTORY sie an jedem und die ELISABETH NICHOLSON nur am Großmast. Vom Tee-Klipper FIERY CROSS wurde 1864 berichtet, er habe Drehreffeinrichtungen für Mars- und Bramsegel an jedem Mast gefahren; das eiserne Vollschiff SHANDON (1855) besaß sie sogar für Unter-, Mars- und Bramsegel.

Während der fünfziger und sechziger Jahre fuhr Henry Cunningham fort, sein Patent zu verbessern, und im Jahr 1865 waren rund 4000 Schiffe mit seinen Marssegeln ausgerüstet, gerade als der Übergang zu geteilten Marssegeln sich beschleunigte. Einen Hinweis auf die für die Ausrüstung mit Cunninghams Marssegeln benötigten Kosten gibt ein im April 1858 datiertes Angebot von Alexander Stephen & Sons. Darin wurden allein für Vor- und Großmarssegel dieser Art £ 32 verlangt, ausschließlich der Kosten für Segeltuch, und die, Bonnets genannten, zum Schließen des vertikalen Schlitzes im Segel dienenden Segeltuchbahnen.[76]

Im April 1862 veröffentlichte John Colling ein anderes Patent für ein Marssegel mit Drehreffeinrichtung, und achtzehn Monate später ließen er und David G. Pinkney ein gemeinsames Patent registrieren, das weniger kompliziert als das Cunninghams war. Nicht mehr die ganze Rah wurde gedreht, sondern nur eine leichte Spiere, an die das Segel angeschlagen war. In den sechziger Jahren wurden mehrere Schiffe mit dieser Art Patentreffeinrichtung ausgerüstet, wie etwa das weiße Aberdeener Vollschiff KAGOSIMA und die Eisenbrigg BELLE OF THE CLYDE. Die CHRISTIANA THOMPSON, die LEANDER, die THERMOPYLAE und andere fuhren ein nach diesem Prinzip zu reffendes Großbramsegel über geteilten Marssegeln, und Walter Hoods ETHIOPIAN (1864) setzte sämtliche Mars- und Bramsegel an derartigen Patentrahen.

Im Jahr 1841 hatte R. B. Forbes auf amerikanischen Schiffen geteilte Marssegel eingeführt, die im Prinzip denen sehr ähnelten, die vor etwa 1835 auf vielen Slups, Schonern und Briggs rings um die Nordsee, einschließlich Schottlands und Nordenglands, gefahren wurden. Die Untermarsrah konnte bis zum Eselshaupt vorgeheißt oder bis zur Saling gefiert werden. Bei Forbes Takelung fuhr die Marsstenge an der Achterkante des Untermastes, und Unter- wie Obermarsrah waren fierbar. Dieses System erlangte jedoch nicht die Beliebtheit des 1853 in Amerika von Kapitän Frederick Howes eingeführten, bei dem die Untermarsrah am Eselshaupt des jeweiligen Mastes fest angeschlagen war und so das große Marssegel wirkungsvoll teilte. Seine Art der Takelung erforderte keine Veränderungen in der üblichen Anordnung von Masten und Stengen, und es wurde nur noch eine einzige fierbare Rah benötigt. Es ist nicht bekannt, wie viele britische Schiffe nach der einen oder anderen Methode getakelt waren; immerhin fand Kapitän Howes System schon bald Unterstützung, und Robert Kipping empfahl dessen Anwendung in der 1858er Auflage seines Buches *Sails and Sailmaking* mit drei angefügten erläuternden Zeichnungen.[77]

Das 1855 in Chester aus Eisen gebaute und mit einer Hilfsmaschine ausgerüstete Vollschiff ROYAL CHARTER von 2719 tons fuhr Howes Marssegel, wie aus einem Artikel der *Illustrated London News* hervorgeht:

„Die ROYAL CHARTER ist unabhängig von ihrer Dampfmaschine ein Vollschiff und zugleich das erste englische Fahrzeug, das an jedem Mast nach amerikanischem Vorbild geteilte Marssegel fährt. Diese Takelung macht das Schiff mit fünf Rahen an jedem Mast zu einer überwältigenden Erscheinung. Der Unterschied gegenüber der normalen Takelungsart besteht darin, daß die Untermarsrah mit ihrem Rack fest am Eselshaupt gefahren und, wenn kein Hanger vorhanden, in der Mitte durch eine Strebe unterstützt wird, deren unteres Ende am Fuß des Fockmastes befestigt ist. [Da der Fuß des Fockmastes tatsächlich in der Mastspur auf dem Kiel steht, sollte man wohl ‚Marsstenge' statt ‚Fockmast' lesen.] So besitzt das Untermarssegel die Größe eines dichtgerefften Marssegels alter Art; es wird ausschließlich mit Hilfe der Schoten gesetzt . . . durch Festmachen der Obermarssegel an den gefierten Rahen können also jederzeit die Segel zu dichtgerefften Marssegeln verkürzt werden."[78]

Ein dazu abgebildeter Stich zeigt an Ober- und Untermarssegeln jeweils nur eine Reihe von Reffbändseln.

Das in den USA für James Baines gebaute Vollschiff DONALD McKAY traf im März 1855 in Liverpool mit Howes geteilten Marssegeln ein und beeinflußte wahrscheinlich in der Folge die Takelung anderer Schiffe, wie etwa auch der ROYAL CHARTER.

In Liverpool baute 1858 Josiah Jones jr. das eiserne Vollschiff APHRODITA. Mit 1601 tons war dies für seine Zeit ein großes Schiff. Bei seiner Konstruktion war es um eine große Ladefähigkeit und nicht um Geschwindigkeit gegangen. Der Segelriß im National

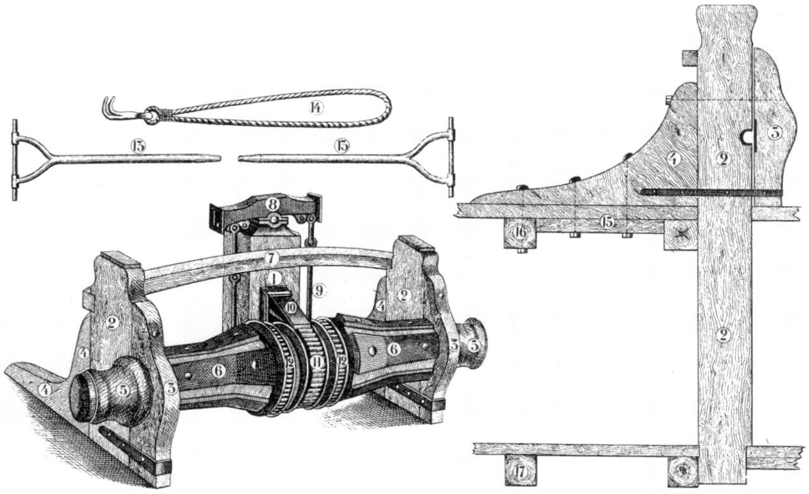

154 Pumpspill („Armstrong-Patent"-Ankerwinde), wie es von der Mehrzahl der Segelschiffe benutzt wurde; perspektivisch und von der Seite gesehen (nach Kapitän H. Paasch): 1 Pallpfosten. 2 Spillbetinge. 3 Spillbetingsklampen. 4 Betingsknie. 5 Spillköpfe. 6 Spillstamm mit Spilleisten. 7 Spillbogen; Traverse. 8 Kreuzkopf. 9 Zugstange. 10 Pall. 11 Pallkranz. 12 Spillkränze. 13 Spillhebel. 14 Kettenstopper. 15 Schlinge. 16 Oberdecksbalken. 17 Zwischendecksbalken.

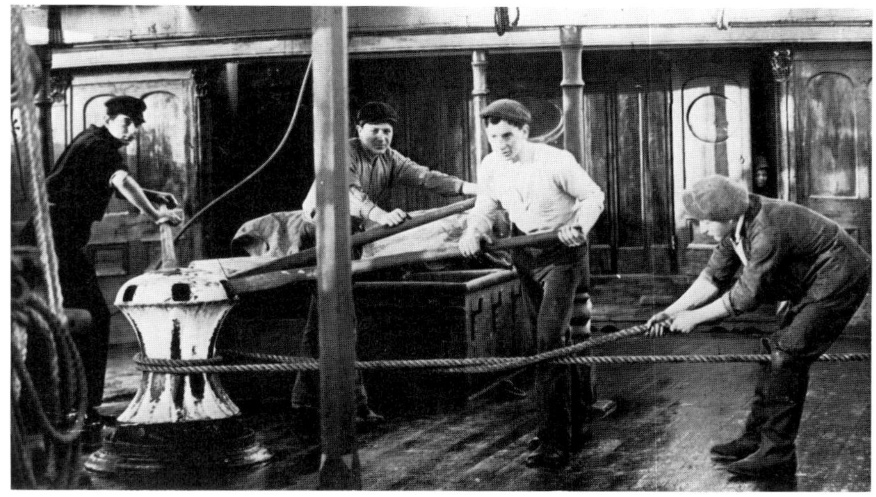

155 Arbeiten mit dem achteren Gangspill an Bord des Vollschiffs AGDA, ex WAITANGI (1874). Im Vordergrund Stützen für die Bootsgalgen, in der Bildmitte das hohe Süll der achteren Luke und im Hintergrund die getäfelte Vorderseite der Poop.

156 Brown & Harfield-Patentgangspill. Mit dieser Version wurden meist große Fahrzeuge ausgerüstet (vgl. Plan des eisernen Klippers HURRICANE in Abb. 172).

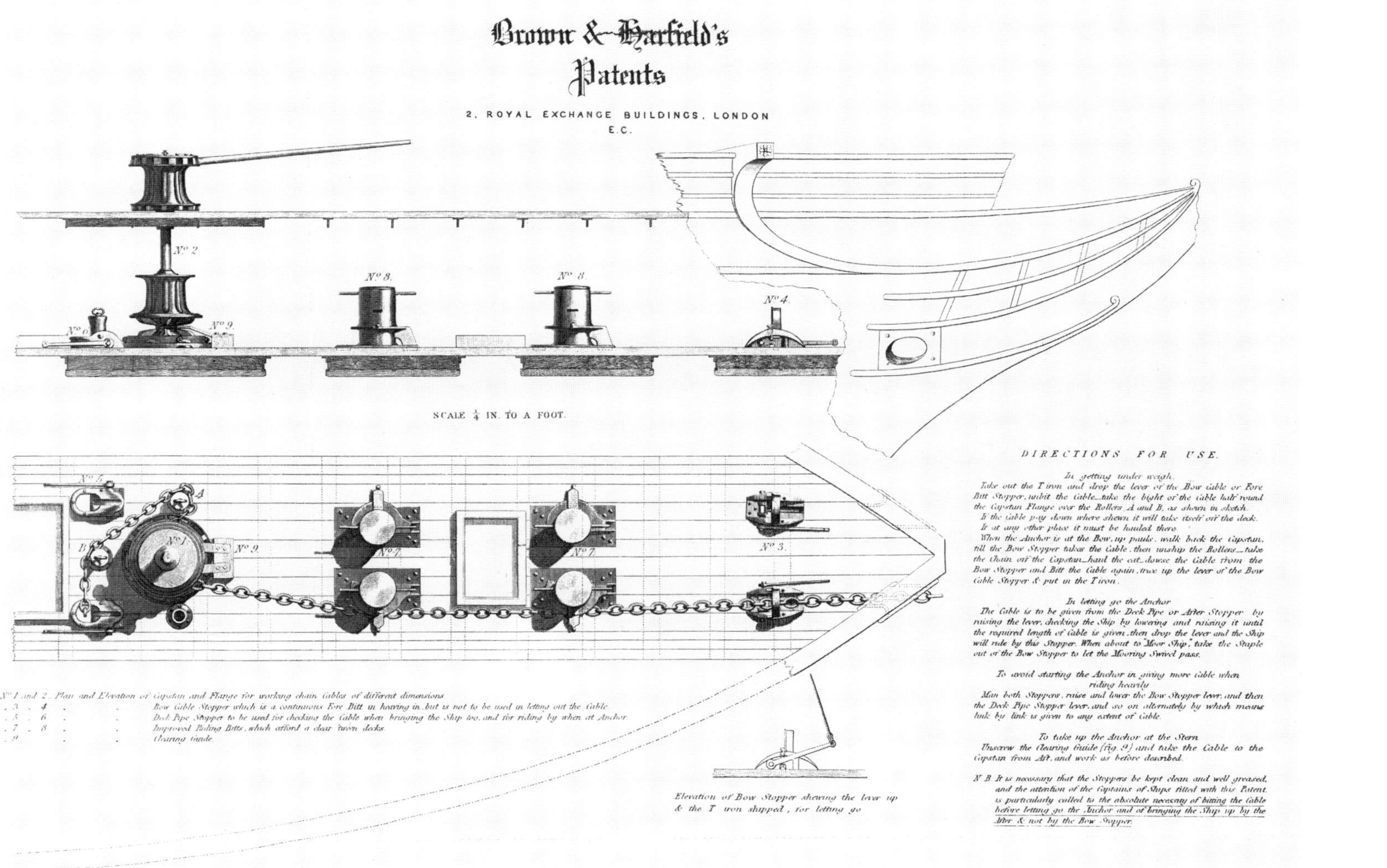

Maritime Museum in Greenwich dürfte die ursprüngliche Takelung wiedergeben. Das Fahrzeug fuhr Rahsegel an allen drei Masten; während die Marssegel an Fock- und Großmast geteilt waren, wurde am Kreuzmast ein einfaches Marssegel gesetzt. Die Untermarsrahen waren mit ihrem Rack am Eselshaupt des Untermastes befestigt. Unter- und Obermarssegel waren am Fußliek leicht ausgegillt. Die APHRODITA kann als ein weiteres frühes Beispiel eines britischen geteilte Marssegel fahrenden Schiffes angesehen werden.

Drei Jahre später zogen einige Reeder vorsichtig Erkundigungen über geteilte Marssegel ein, und bis 1862 waren bereits mehrere Fahrzeuge mit ihnen ausgerüstet. Das eiserne in der Passagierfahrt beschäftigte Vollschiff CORNWALLIS (1862) nutzte die Vorteile beider Systeme: geteilte Marssegel an allen drei Masten mit Cunninghams Patentreffeinrichtung für die Vor- und Großobermarssegel.[79] Ein Segelriß der 1862 von A. Stephen & Sons gebauten JOHN LIDGETT zeigt geteilte Marssegel; auf einer 1862 veröffentlichten Lithographie der im gleichen Jahr bei Walter Hood & Co. entstandenen KOSCIUSKO sind derartige Segel an Fock- und Großmast zu sehen; ebenso finden sie sich auf einem Plan der 1863 von Barclay, Curle & Co. gebauten MONTROSE wie in der Tabelle mit den Spierenabmessungen von Alexander Halls Komposit-Vollschiff REINDEER (1863). Immer wieder wird man weiteren Beispielen begegnen, und gegen 1865 boten sie bei rasch wachsender Beliebtheit bereits einen recht alltäglichen Anblick.

Geteilte Bramsegel tauchten offenbar nicht vor den mittsechziger Jahren auf. Die ersten mit ihnen ausgerüsteten britischen Fahrzeuge sollen nach Basil Lubbock die eisernen Vollschiffe ANTIOPE und MARPESIA gewesen sein, die John Reid 1866 in Port Glasgow baute.[80] Einige von George Thompsons Klippern, so etwa die THERMOPYLAE, erhielten in den frühen siebziger Jahren geteilte Bramsegel, die sich um die Mitte jenes Jahrzehnts bei den größeren Eisenschiffen allgemein eingebürgert hatten. F. W. Wallace berichtet, daß die SEA GULL aus Toronto 1869 vor einer Reise nach Südafrika zur Brigantine umgetakelt wurde und geteilte Mars- und Bramsegel erhielt.[81] Das 1872 von Barclay, Curle & Co. gebaute Vollschiff MERMERUS war eins der ersten Schiffe dieser Werft mit geteilten Bramsegeln.

Natürlich gab es noch viele andere Verbesserungen bei der Decksausrüstung und der Takelung, einschließlich der für sie verwendeten Eisenteile und der Methode zur Bedienung der Segel, die zu zahlreich waren, um hier alle beschrieben zu werden. Nur eine weitere Erfindung Henry Cunninghams soll noch erwähnt werden: seine Vorrichtung zum Brassen von Vor- und Großrah, die darin bestand, daß die Luv- und Leebrassenläufer aus einer einzigen Kette gemacht waren, die über die Trommel einer an Deck stehenden Winde von einer zur anderen Seite fuhr. Durch die Winde wurde die nötige Arbeit geleistet, und während man die Rah auf der einen Seite dichtholte, wurde automatisch auf der anderen Seite Lose gegeben. Cunningham ließ dieses System im September 1864 patentieren. Wie er drei Jahre später berichtete, wurde es auf folgenden Vollschiffen angewendet: DRAGON (1864), COLONIAL EMPIRE (1861), ROSENEATH (1857, INDIAN CHIEF (1864), CHRISTIANA THOMPSON (1866), SAINT VINCENT (1865) und MAITLAND (1865).[82] Manche Schiffe fuhren die Brassen sowohl der Groß- als auch der Fockrah auf diese Weise. Spätere derart ausgerüstete Schiffe waren die BEN VOIRLICH (1873), die THERMOPYLAE (1868) und die SALAMIS (1875). Die 1868 von A. Stephens & Sons gebaute MARY MOORE sollte eine Brassenwinde für die Fockrah erhalten, ob sie aber tatsächlich damit ausgerüstet wurde, ist ungewiß. Als Ergebnis weiterer Nachforschungen könnten hier gewiß noch mehr Namen genannt werden.

TONNAGEVERMESSUNG NACH DER REGELUNG VON 1854

Die Frage nach einer korrekten Methode zur Tonnagevermessung hatte eine beachtliche Diskussion ausgelöst, und im Jahr 1849 setzte die britische Regierung eine Kommission ein, die die Angelegenheit untersuchen und eine zufriedenstellendere Regelung entwerfen sollte. Die Kommission bestand ausschließlich aus Männern der Praxis, Reedern, Werftbesitzern und Schiffbauingenieuren, welche die Ansicht vertraten, daß nur durch sorgfältige Vermessung des Rumpfes und die Errechnung des Rauminhaltes eine genaue Tonnageangabe gemacht werden könne. Ihre auf einem Entwurf der Schiffbauingenieure William Parsons und George Moorsom beruhenden Vorschläge erforderten eine äußere Vermessung, wobei Aufmaße in mehreren Spantebenen zu nehmen waren. Danach wurde dann zur Berechnung des Bruttorumpfvolumens eine Spantflächenkurve gezeichnet.[83] Dies erforderte beträchtlichen Sachverstand und entsprach nicht dem angestrebten Ziel. Schiffe mit starken hölzernen Spanten und dicker Beplankung wären gegenüber solchen mit dünnen Eisenplatten stark benachteiligt gewesen, da ein Eisenschiff einen größeren Innenraum, und damit eine höhere Ladefähigkeit als ein Fahrzeug aus Holz mit den gleichen Außenabmessungen besaß.[84] Die Vorschläge fanden keine gute Aufnahme in Schiffahrtskreisen, und die Regierung verwarf den Bericht der Kommission.

Die lebhafte Diskussion ging jedoch weiter, und das Board of Trade im Ministerium sowie viele andere Gremien wurden mit Anregungen und Entwürfen bombardiert. Inzwischen hatte George Moorsom ein System zur Innenvermessung vorgeschlagen, nachdem er in einigen Veröffentlichungen bereits anerkannt hatte, daß die äußere Vermessung hier nicht angebracht sei. Es herrschte Einmütigkeit darüber, daß eine äußerst zuverlässige und genaue Vermessungsmethode gewählt werden müsse, durch die keine Fahrzeugklasse benachteiligt werde. Diese Bedingungen wurden sämtlich durch Moorsoms Vorschlag erfüllt. Danach sollten in mehreren Spantebenen im Laderaum die entsprechenden Aufmaße genommen werden, um mit den daraus zu ermittelnden Flächen nach der Simpsonschen Regel das innere Volumen zu errechnen. Je nach der Länge des Rumpfes kamen hierfür vier bis zwölf Spantebenen in Frage, wobei die benötigten Flächen unter dem *Vermessungsdeck* (Anm. d. Übers: auch Haupt- oder Tonnagedeck genannt) zu vermessen waren. Dieses war laut Definition das Oberdeck oder bei Schiffen mit drei Decks das mittlere. Zu der so gewonnenen Zahl wurden die Volumina von Poop, Back und Deckshäusern addiert, wenn ein Bruttowert zu ermitteln war. Um die Tonnage zu erhalten, muß-

157 Diese Photographie zeigt die WILD DUCK (1859) in Auckland im Trokkendock. Die doppelten Vormarsrahen bilden einen Kontrast zu den Drehreffeinrichtungen für ungeteilte Marssegel der übrigen Masten. Photographien von derartigen Kombinationen in der Takelung sind selten.

158 Das eiserne in der Passagierfahrt beschäftigte Vollschiff CORNWALLIS verband geteilte Marssegel mit Cunninghams Patentreffeinrichtung.

te das Volumen noch durch 100 dividiert werden.[85] Dieser Divisor war zustande gekommen, indem man die geschätzte Zahl für den Raumgehalt aller britischen Schiffe des Jahres 1833 durch den entsprechenden Wert ihrer Gesamttonnage dividierte. Das Ergebnis betrug 98,22, was auf 100 aufgerundet wurde.[86] Die Wahl dieses Divisors erleichterte die Kalkulationen, denn er bedeutete, daß 100 Kubikfuß einer ton entsprachen.

George Moorsoms Vorschläge wurden Bestandteil des Handelsschiffartsgesetzes (Merchant Shipping Act) von 1854.[87] Seitdem sind sie „die Grundlage der Gesetze zur Tonnageregistrierung und der Vermessungsregeln aller seefahrenden Nationen der Welt".[88]

Es gab drei verschiedene Tonnageangaben: Unter-Deck-, Nettoregister- und Bruttotonnage. Räume für die Besatzung *oberhalb* des Vermessungsdecks waren ausgenommen, wenn sie nicht mehr als ein Zwanzigstel der Bruttotonnage umfaßten; nur was darüber hinausging, mußte gewertet werden. Diese Bestimmung hatte zur Folge, daß die Besatzung über dem Vermessungsdeck in einer festen Back oder in einem großen Deckshaus untergebracht wurden, damit es unter dem Hauptdeck keinen zu versteuernden Raum gab, der nicht für Fracht genutzt werden konnte. Über viele Jahre hinweg war bei Segelschiffen die Brutto- mit der Nettotonnage und oft auch mit der Tonnage unter Deck identisch. Von dem Gesamtbetrag der Bruttotonnage durfte 1854 nur der Maschinenraum der Dampfschiffe abgezogen werden. Im Jahre 1867 erlaubte ein neues Gesetz, daß Räume für die Besatzung, wo immer sie sich auch im Rumpf befinden mochten, von der Bruttotonnage abgezogen werden durften. Von nun an konnte bei einem Segelschiff die Nettoregistertonnage geringer als die Bruttotonnage sein. Seitdem wurden noch weitere Abzüge gestattet, wie für die Kapitänsräume und die verschiedensten Stores.

Zu Moorsoms Bemühungen um die Lösung der schwierigen Vermessungsprobleme lieferte W. S. Lindsay einen interessanten Beitrag:

„Es dürfte nicht leicht sein, eine gerechtere und vernünftigere Methode zur Bestimmung der Registertonnage von Handelsschiffen zu ersinnen als die, welche Mr. Moorsom, ein Mann von bemerkenswerter Begabung, nach jahrelanger Arbeit der Regierung vorlegte und die dann durch die Vermittlung Mr. Farrers[89] weitgehend übernommen und Bestandteil des Handelsschifffahrtsgesetzes von 1854 wurde. Zu meinen angenehmen Erinnerungen aus dem öffentlichen Leben gehören die gemeinsam mit Mr. Moorsom verbrachten Stunden, in denen wir die Details seines Entwurfs durchgingen, bevor er veröffentlicht wurde. Wenn auch hie und da von mir wie wohl auch von anderen eine Verbesserung vorgeschlagen werden konnte, das Verdienst an dieser Methode gehört ihm ganz allein. Inzwischen ist sie von fast allen seefahrenden Nationen übernommen worden. Mr. Moorsom war der bescheidenste Mensch, den ich kannte; so erfüllt es mich mit größter Freude, hier mit einem kleinen Beitrag von dem öffentlichen Wirken dieses hervorragenden und selbstlosen Mannes Zeugnis ablegen zu können."[90]

Wieder ist es nötig, die Punkte zu definieren, zwischen denen die Abmessungen zur Bestimmung der Tonnage wie der Registerangaben ermittelt werden mußten. Die Zeichnungen in Abbildung 161 sollen hier die nötige Klarheit schaffen. Die Definitionen selbst finden sich im Anhang.

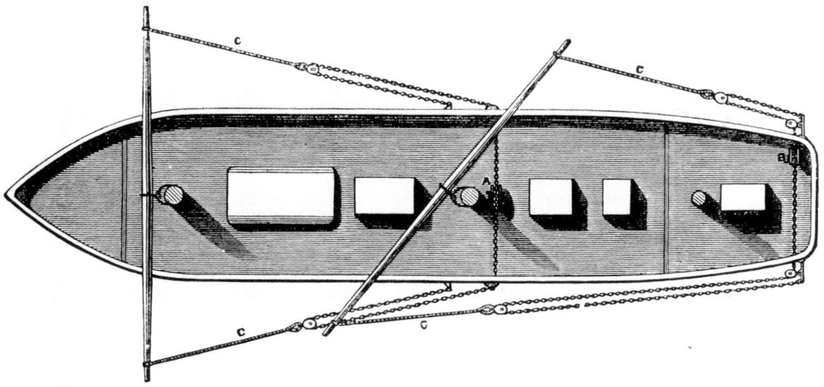

159 Plan eines Vollschiffes mit nach Cunninghams System arbeitenden Fock- und Großbrassen.

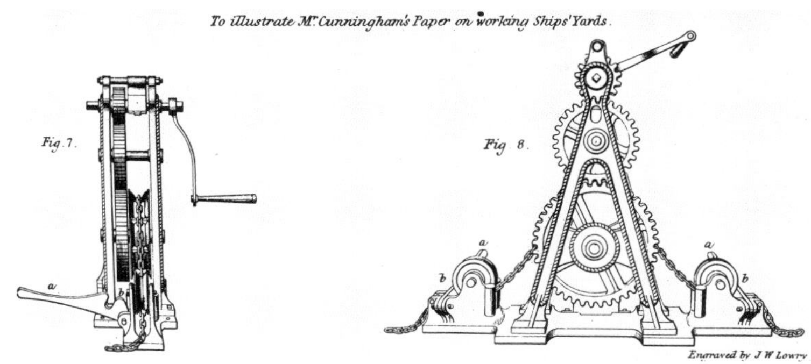

160 Die an Deck stehende Winde für nach Cunninghams System arbeitende Brassen. Sollte die Luvbrasse steif durchgesetzt werden, blockierte man vorher die Kette an der Leeseite durch den Hebel „a“; mit dem entsprechenden Hebel an der Luvseite wurde dann nach beendetem Durchsetzen auch dort die Kette arretiert.

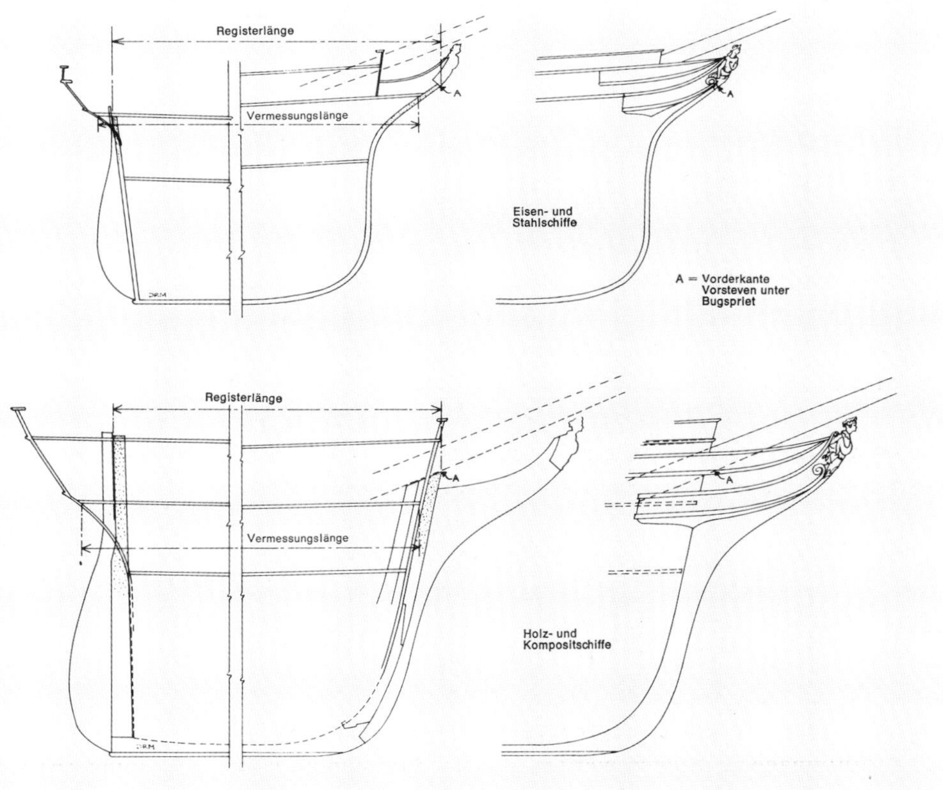

161 Tonnagevermessung nach der Regelung von 1854. Die Skizzen zeigen die Unterschiede zwischen „Vermessungslänge“ und „Registerlänge“. Letztere wurde an Oberdeck von Vorderkante Vorsteven bis Achterkante Achtersteven gemessen. Die „Vermessungslänge“ war hingegen zwischen Vor- und Achtersteven an den Innenkanten der Innenbeplankung zu messen; und obwohl dies theoretisch an der Unterseite des Vermessungsdecks zu geschehen hatte, maß man *auf* dem Vermessungsdeck und nahm dann entsprechende durch etwaige Überhänge der Steven bedingte Korrekturen am Ergebnis vor.

ANMERKUNGEN ZU KAPITEL V
(Abkürzungsverzeichnis am Schluß des Buches)

[1] J. Scott Russell, *The Modern System of Naval Architecture* (London 1865), vol. I, p. 352.
[2] John Grantham, *Iron Ship-Building* (London 1858), p. 96.
[3] Grantham, *Iron Ship-Building,* a. a. O., pp. 86–87.
[4] A. S. & Sons, Letter Book A, Brief vom 18. November 1858 an William Duthie Esq., London.
[5] Grantham, *Iron Ship-Building,* a. a. O., p. 98.
[6] George Moorsom, *A Brief Review and Analyses of the Laws for the Admeasurement of Tonnage,* (London 1852), pp. 71 ff. – Moorsom war ausgebildeter Schiffbauingenieur.
[7] Ebd., p. 78. Die dieser Tabelle zugrunde liegenden Berechnungen wurden vorher im gleichen Kapitel erläutert.
[8] Vgl. Grantham, *Iron Ship-Building,* 5. Aufl. (London 1868), Nachtrag, pp. 237–241; ebenso Charles F. T. Young, *The Fouling and Corrosion of Iron Ships* (London 1867), bes. Kapitel V; weiterhin W. H. White, *A Manual of Naval Architecture,* 2. Aufl. (London 1882), pp. 415–424.
[9] Ebd., p. 416.
[10] A. S. & Sons, Letter Book A, Brief vom 23. Oktober 1858 an Thomas Hood Esq., Hull.
[11] Young, *Fouling and Corrosion of Iron Ships,* a. a. O., p. 66.
[12] Von Peacock & Buchan Ltd., Southampton, ca. 1960 herausgegebene Broschüre.
[13] Vgl. White, *Manual of Naval Architecture,* a. a. O., pp. 416–424 und Young, *Fouling and Corrosion of Iron Ships,* a. a. O., Kapitel VII.
[14] L. R., Visitation Committee Reports des Jahres 1853.
[15] Ebd.
[16] Ebd.
[17] *Annals of Lloyd's Register,* (London 1934), p. 83.
[18] *Lloyd's Register of British and Foreign Shipping, 1 July 1855 to 30 June 1856* (London 1855), p. 29.
[19] L. R., Visitation Committee Reports des Jahres 1855.
[20] Andrew Murray, *Theory and Practice of Ship-Building,* Nachdruck aus der „Encyclopaedia Britannica", (Edinburgh 1861), p. 104.
[21] J. Scott Russell, *Modern System of Naval Architecture,* a. a. O., pp. 372 und 380.
[22] *The Times,* 7. Januar 1846, p. 7, Spalte 1, Zitat aus *North British Railway and Shipping Journal* (ohne Datum).
[23] A. S. & Sons, Diary, „Remarks on 1851".
[24] A. S. & Sons, Letter Book A, Fol. 259, ca. 30. September 1858.
[25] Mein Dank gilt Winston V. Langdon aus Hornersville, Mo., USA, der mir seine Forschungsergebnisse über den Bau von Eisenschiffen vor 1865 zur Verfügung stellte.
[26] John Grantham, *Iron Ship-Building* (1858), a. a. O., pp. 221–233.
[27] W. J. Macquorn Rankine, *Shipbuilding, Theoretical and Practical* (London 1866), Tafeln F 1–5.
[28] Capt. H. Parker und Frank C. Boven, *Mail and Passenger Steamers of the Nineteenth Century* (London 1928), p. 193.
[29] Angaben von Peter Barton, Middlesbrough, 15. Dezember 1966.
[30] Liverpool Museum, Segelschiffssammlung, Ms.-Liste von bei Jones, Quiggin & Co. gebauten Schiffen.
[31] A. S. & Sons, Diary, 29. September 1862.
[32] *Log Chips,* Mai 1951, vol. 2, p. 72. John Lyman war der Herausgeber und zugleich der Autor der meisten Beiträge.
[33] Basil Lubbock, *The Blackwall Frigates* (Glasgow 1922), pp. 300–302.
[34] Frederick W. Wallace, *Wooden Ships and Iron Men* (London 1924), p. 71.
[35] Ebd., vgl. auch die anderen Bücher von Wallace: *In the Wake of the Windships* (London 1927) und *Record of Canadian Shipping* (Toronto 1929).
[36] Carl C. Cutler, *Greyhounds of the Sea* (New York 1930), pp. 412–447.
[37] Ebd. – Drei Schiffe der Gesamtzahl für 1854 ermittelt nach Richard C. McKay, *Some famous Sailing Ships and their Builder Donald McKay* (New York 1928), p. 371.
[38] Patent Nr. 14 034 vom 24. März 1852. Vgl. auch John Whites Beschreibung in „On an Improved Method of Building Diagonal Ships", *Transactions of the Institution of Naval Architects,* 1860, vol. 1, pp. 112–120 und Tafel IV. Aufschlußreiche Pläne von Whites Dampfer *Vectis* finden sich in Scott Russel, *Modern System of Naval Architecture,* a. a. O., vol. III, Tafel 125.
[39] White, *Manual of Naval Architecture,* a. a. O., p. 117. – Die Baudaten und Takelungsarten wurden nach *Lloyd's Register,* der *Illustrated London News* und anderen Quellen ergänzt.
[40] Murray, *Theory and Practice of Ship-Building,* a. a. O., pp. 92–93.
[41] N. M. M., L. R. survey reports, Aberdeen, Nr. 1647.
[42] N. M. M., L. R. survey reports, London, „plans case".
[43] *Official Descriptive and Illustrated Catalogue of the Great Exhibition* (London 1851), 3 Bände; „class 2, item 141".
[44] N. M. M., L. R. survey reports, London, Nr. 18 764.
[45] Ebd., nach Durchsicht der „London boxes" Nr. 17 051 bis 19 100. Das Halbmodell wurde vor 1939 an Lloyd's Register zurückgegeben und ist jetzt unauffindbar.
[46] Commissioners of Patents, *Abridgements of Specifications Relating to Shipbuilding, Repairing, Sheathing, Launching etc.* (London 1862), pp. 59 bis 60, 106–107, 114.
[47] John Jordan, „On Composite Ships", *Proceedings of the Scottish Shipbuilders' Association* (Session 1863/64), p. 39 (während einer Diskussion von John D. Napier gemachte Äußerung).
[48] Ebd., Diskussionsbeitrag von John Jordan.
[49] A. S. & Sons, Diary, 23. Juli 1861, Kopie eines Briefes von L. H. Macintyre & Co.
[50] In *Albion* (Liverpool), 10. Oktober 1853, p. 9.
[51] Einige der Schiffsnamen aus A. C. Wardles Ms.-Liste, Liverpool Museum, Schiffahrtssammlung (vol. 3, p. 28); Baubeschreibungen aus entsprechenden Bänden von *Lloyd's Register.*
[52] John Jordan, „On Composite Ships", a. a. O., p. 41.
[53] Patent Nr. 517 vom 26. Februar 1862.
[54] A. S. & Sons, Letter Book A, Fol. 191, Brief vom 7. Juni 1861 an William Stephen.
[55] A. S. & Sons, Diary, 31. Juli 1861.
[56] Ebd., 10. Oktober 1861.
[57] Ebd., 11. Oktober 1861.
[58] Ebd., 10. und 12. Oktober 1861.
[59] Ebd., 16. Januar 1862.
[60] Lloyd's Register, Surveyors Committee Reports, Mai 1838–Juni 1874: der Bericht ist am 31. Januar 1863 datiert worden.
[61] A. S. & Sons, Diary, 24. und 25. März 1863.
[62] Ebd., 16. Oktober 1863.
[63] *The Times,* 6. Dezember 1865, p. 11.
[64] Ebd., 30. April 1866, p. 11.
[65] John Lyman, „Composite and Diagonal Building", *Log Chips,* 1951, vol. 2, Nr. 7, p. 78.
[66] Alexander Hall & Sons, von James Henderson stammender Auszug der Kostenrechnung.
[67] J. Bennett, „Observations on the Effect Produced by Iron Masts...", *Papers on Naval Architecture,* herausgegeben von William Morgan und Augustin Creuze (London 1826), vol. I, p. 106.
[68] Ebd., p. 101. Vgl. auch den „C. P." signierten und am 15. März 1825 datierten Bericht aus Deptford in *Mechanics' Magazine,* 1825, vol. 3, p. 432.
[69] Patent Nr. 4461 vom 15. Mai 1820.
[70] *The Times,* 31. Januar 1851.
[71] Robert Kipping, *Elementary Treatise on Sails and Sailmaking* (London 1858), pp. 171–173.
[72] Patent Nr. 13 368 vom 30. November 1850.
[73] Leserbrief von H. D. P. Cunningham, *Nautical Magazine,* Mai 1853, vol. 22, pp. 261–266.
[74] *The Liverpool Telegraph and Shipping Gazette,* 18. Mai 1855.
[75] Ölgemälde des Schiffes am 5. November 1965 in der Parker Gallery, London, gesehen.
[76] A. S. & Sons, Letter Book A, Datum: 5. April 1858, Angebot an George Smith & Sons, Glasgow.
[77] Vgl. W. A. McEwan und A. H. Lewis, *Encyclopaedia of Nautical Knowledge* (Cambridge, Md., USA, 1953), pp. 179 und 565, sowie Kipping, *Treatise on Sails and Sailmaking,* a. a. O., pp. 174–175.
[78] *Illustrated London News,* Dezember 1855; Beschreibung und Stich des Schiffes.
[79] Ebd., August 1862; Beschreibung und Stich des Schiffes sowie zeitgenössische Lithographie von T. G. Dutton.
[80] Basil Lubbock, *Last of the Windjammers* (Glasgow 1927), vol. I, p. 141.
[81] Wallace, *Wooden Ships and Iron Men,* a. a. O., pp. 150 und 155.

[82] H. D. P. Cunningham, „On Working Ships' Yards", *Transactions of the Institution of Naval Architects,* 1867, vol. VIII, pp. 183–186, und Tafel VII, Abb. 7 und 8.

[83] George Moorsom, *A Brief Review & Analyses of the Laws for the Admeasurement of Tonnage,* (London 1852), p. 180.

[84] Ebd., pp. 12 und 78.

[85] H. M. Customs, *Instructions to Measuring Surveyors* (London 1861), pp. 42–46 (Zitate aus dem Gesetz).

[86] Moorsom, *Laws for Admeasurement of Tonnage,* a. a. O., p. 70.

[87] 17 & 18 Vict., c. 104, sec. 20–29.

[88] John Lyman, „Register Tonnage and its Measurement", *American Neptune,* 1945, vol. 5, p. 231.

[89] Thomas H. Farrer wurde 1850 zum „assistant secretary" der Schiffahrtsabteilung des „Board of Trade" ernannt und wurde später „chief secretary". Vgl. Roger Prouty, *Transformation of the Board of Trade 1830 to 1855* (London 1957), p. 93, sowie W. S. Lindsay, *History of Merchant Shipping and Ancient Commerce* (London 1876), vol. III, pp. 298–299.

[90] Lindsay, *History of Merchant Shipping,* a. a. O., vol. III, p. 309, Anm. 1.

KAPITEL VI

DIE GROSSE ZEIT DER KLIPPERSCHIFFE 1850-1859

INHALT

Es ist hier bereits mit einiger Ausführlichkeit auf verschiedene den Klipper betreffende Aspekte eingegangen worden. Dabei konnte an einer ganzen Reihe von Beispielen gezeigt werden, wie stark verwurzelt schon um die Mitte des Jahrhunderts die Tradition im Bau schnellsegelnder Schiffe war, so daß der lange geglaubte Mythos eines „ersten Klippers" nicht mehr aufrechterhalten werden kann. Die treibende Kraft hinter dem Wunsch nach schnellen Schiffen dürfte auf neue im internationalen Handel sich bei den Unternehmern durchsetzende Prinzipien zurückzuführen sein. Die Aufträge zum Bau schneller Fahrzeuge waren eng mit kaufmännischen Erwägungen der Reeder verknüpft. Der wachsende Handel mit anderen Ländern erhielt 1849 nach der Aufhebung der Navigationsakte trotz düsterster Prognosen einen bedeutenden Aufschwung. Im Schiffbau gingen allerdings zunächst zwischen 1849 und 1851 die Ablieferungsziffern etwas zurück, da manche Reeder erst die nach der Aufhebung der Schutzgesetze möglichen Folgeerscheinungen abwarten wollten. Weder Schiffbauer noch Reeder gingen jedoch bankrott, zumal die Abschaffung jener Gesetze zeitlich mit den Entdeckungen der Goldfelder in Kalifornien und Australien zusammenfiel. In Verbindung mit dem Freihandel führte dies zu einem großen Bedarf an Schiffen aller Art und damit zu einer über mehrere Jahre andauernden Hochkonjunktur im britischen Schiffbau. In der Teefahrt von China bewirkte der Wettbewerb mit den Amerikanern Aufträge zum Bau schnellerer und größerer Klipper und erwies sich als gewaltiger Ansporn für britische Werften. In allen Handelszweigen entstand das Bedürfnis nach kürzeren Lieferzeiten, so daß schnellere Schiffe höhere Frachtraten erzielten. Entsprechende Aufträge von interessierten Reedern trafen erst relativ spät bei den Werften ein, so daß die ersten wirklich extremen Klipper nicht vor 1853 vom Stapel liefen.

Der Bau von Klippern erreichte seinen Höhepunkt in den Jahren 1853–1855. Damals wurden mehr extreme Klipper gebaut und in einer größeren Zahl von Fahrtbereichen verwendet, als es jemals wieder der Fall war. Während des Krimkrieges führte der große zusätzliche Bedarf an Transportfahrzeugen zu der Rekordziffer von insgesamt 323 200 tons 1855 gebauter Dampf- und Segelschiffstonnage. Als im April des folgenden Jahres der Krieg beendet wurde, war ein Fallen der Frachtraten und bei den Werften ein Auftragsrückgang unvermeidlich. Dieses Absinken der Konjunktur wurde gegen Ende der fünfziger Jahre durch stabilere Verhältnisse abgelöst, wodurch sich auch die Auftragslage bei den Werften wieder besserte. Abgesehen von der Teefahrt, für die gelegentlich noch scharflinige Schiffe bestellt wurden, ging die Zahl der Klipperneubauten stark zurück.

In Amerika dauerte der Boom für den Bau von Klippern von 1851–1854, fiel also praktisch in die gleiche Zeit wie der in Großbritannien. Auf beiden Seiten des Atlantik sind zahlreiche Schiffe als Experimente anzusehen, wobei aber ein besonderer Reiz gerade darin liegen kann, die Art herauszufinden, wie die verschiedenen Werften ihre Baumuster entwickelten.

In der Zeit von 1865–1869 wurde dann nur noch eine Handvoll extremer Klipper gebaut; aber lediglich die Tatsache, daß die Mehrzahl ihrer Pläne erhalten geblieben ist, machte sie bekannter und berühmter als die Klipper der fünfziger Jahre, die von der Nachwelt ungerechterweise übersehen oder gering geachtet wurden. Hoffentlich können die hier vorgelegten Pläne endlich die diesbezüglichen Auffassungen korrigieren.

Einen frühen Anschauungsunterricht über den Wert eines Klippers, dessen guter Ruf erwiesen war, erhielten die britischen Reeder im Dezember 1850, als der amerikanische Klipper ORIENTAL nach 97 Tagen von Hongkong mit 1600 tons Tee an Bord in London eintraf. Er hatte seine Ladung zu einer Frachtrate von £ 6 pro ton bekommen, während die besten britischen Schiffe nur £ 3 bis £ 4 je ton erzielen konnten. Die ORIENTAL war das erste amerikanische Schiff, das den Fortfall der Einschränkungen im britischen Teehandel nutzte. Die gewinnbringenden Möglichkeiten eines Klippers müssen nun sehr rasch erkannt worden sein.

Hätten sich in Großbritannien früher Gelegenheiten geboten, hohe Frachtraten durch schnelle Reisen zu erzielen, wären gewiß auch hier Schiffe mit schärferen Linien gebaut worden, wie das in Amerika der Fall war, wo die Zeit der Klipper ihren Höhepunkt erreichte, als dort noch die der britischen „Old-Measurement"-Regel („a. V.") sehr nahekommenden Vermessungsgesetze in Kraft waren. Sie galten in dieser Form von 1789–1864, wobei die Vermessung von Länge und Breite ebenso wie die Verwendung einer angenommenen Tiefe der alten britischen Methode stark ähnelte; allerdings, bei Fahrzeugen mit nur einem Deck mußte die Raumtiefe vermessen werden. Nach 1864 übernahmen auch die Amerikaner das Moorsom-System, das bereits zum Bestandteil des britischen Handelsschiffahrtsgesetzes von 1854 geworden war. Die lange Geltungsdauer der amerikanischen alten Vermessungsregeln wurde hier deshalb so herausgestellt, weil viele Autoren meinen, daß die Klipperkonstruktionen der günstigeren Vermessungsbedingungen wegen in Amerika entstanden seien; während doch ihre Entstehung dort gerade trotz eines nachteiligen Vermessungssystems erfolgte. Jene irrige Annahme führte dann zu der falschen Schlußfolgerung, daß die Bedauernswerten Briten die Opfer einer unfairen Gesetzgebung gewesen seien; und es werden dann noch zahlreiche Entschuldigungen für den traurigen Zustand der britischen Schiffbauindustrie angeführt. Die Wahrheit jedoch ist, daß die Briten seit 1835 ein System zur Tonnagevermessung verwendeten, das gerade zu besseren Schiffskonstruktionen ermutigte, während die Navigationsakte gleichzeitig einen beachtlichen Schutz vor der ausländischen Konkurrenz bot. Immerhin können Schutzmaßnahmen ebenso wie Monopole zur Stagnation unternehmerischer Initiativen führen.

Im Jahre 1850 gab es eine Handvoll kleiner britischer Klipperneubauten, die, wie etwa die REINDEER, deren Pläne sich in Abbildung 113 finden, in der Teefahrt verwendet wurden; offenbar war dort aber noch Raum für mehr und größere Schiffe. Die REINDEER wurde 1848 von Alexander Hall & Sons gebaut. Diese Firma gab damals anderen Schiffbauern wertvollste Anregungen und baute daneben einige der schnellsten Schiffe. Erhalten gebliebene Halbmodelle zeigen, daß man auf dieser Werft zwischen 1848 und 1856 acht bedeutende Klipper gebaut hat, von denen die meisten einen beträchtlichen Einfluß auf damalige Theorien über die Konstruktion von Schnellseglern ausübten. Diese Schiffe waren die REINDEER, die BENJAMIN ELKIN, die STORNOWAY, die CHRYSOLITE, die CAIRNGORM, die VISION, die SCHOMBERG und die ROBIN HOOD. Es war damals weitverbreitet, britische Klipper fast ausschließlich mit Aberdeen in Verbindung zu bringen, so daß ein Journalist aus Launceston (Tasmanien) in einem Bericht über den von der Clyde nach einundsiebzigtägiger Reise eingetroffenen extremen Klipper STORM CLOUD diesen mit den Worten, „ein edles Erzeugnis der Schiffbaukunst, ein eiserner Aberdeen-Klipper", rühmen konnte; dabei ist das Schiff in Glasgow von Alexander Stephen & Sons gebaut worden.[1] In gleicher Weise wurde anläßlich einer in Shanghai begonnenen Wettfahrt mit der JOSEPH FLETCHER das in Liverpool 1852 vom Stapel gelaufene Vollschiff WILD FLOWER als das „Klipper-Vollschiff (Aberdeen-Modell) WILD FLOWER" bezeichnet.[2]

Diese und andere ähnliche Äußerungen lassen allgemeine Zweifel an der Zuverlässigkeit solcher von Zeitungen erteilten Attribute aufkommen, besonders wenn Klipperbauart und Rumpfform eines Fahrzeuges zur Diskussion stehen. Es ist hier beabsichtigt, die Bezeichnung „Klipper" nur solchen Schiffen zuzuerkennen, deren Pläne oder Modelle untersucht wurden, während andere Ansprüche auf diesen Titel kritischen Analysen unterworfen werden sollen. Allerdings gibt es auch Schiffe, die, obwohl von ihnen keine Pläne existieren, es auf Grund technisch zuverlässiger Beschreibungen und Berechnungen verdienen, als Klipper eingestuft zu werden. – Im übrigen gibt es dann noch viele Fahrzeuge, die zu dem Zusatz „Klipper" lediglich infolge einer einzigen schnellen Reise, wegen ihrer Überwasserform oder durch einfache Werbeanzeigen kamen. Von den fünfziger Jahren an mußte ein Schiff in der Werbung, wenn sie erfolgreich sein sollte, „Klipper" genannt werden; und wem dieses Wort etwas abgedroschen erschien, der mochte möglicherweise eine sensationellere Bezeichnung, wie etwa „Yacht in Fregattenbauart", für wirkungsvoller halten.

Einige der Methoden, den feinen Belauf eines Rumpfes zu beurteilen, wurden bereits im Kapitel I in dem Abschnitt „Kriterien zur Beurteilung der Rumpfform" umrissen. Diese waren der relative Geschwindigkeitskoeffizient, der Völligkeitsgrad des Hauptspantzylinders und der Völligkeitsgrad der Unterdecktonnage. Die Verwendung des Vergleichs der Tonnage alter und neuer Vermessung miteinander als Faustregel wurde in Kapitel IV erläutert. Ein hohes Längenverhältnis (Länge : Breite) muß nicht unbedingt als Klippermerkmal gelten.

Gelegentlich wird die Bezeichnung „extremer Klipper" für Schiffe, die im Vor- oder Achterschiff oder sogar an beiden Enden ungewöhnlich scharf waren, verwendet, wie auch für solche mit maximaler Aufkimmung. Danach wäre die THREE BELLS ein Klipper, die ANNANDALE aber ein extremer Klipper gewesen. Die Halbklipper (medium clippers) waren dagegen oft nur wenig mehr als etwas schärfer gebaute Versionen normaler Frachtschiffe; deshalb werden sie auch, mit ein oder zwei Ausnahmen, hier nicht behandelt.

Die Frage der zusätzlichen Ladefähigkeit der raumsparend konstruierten eisernen Schiffe gegenüber der ihrer hölzernen Schwestern wurde bereits im letzten Kapitel erörtert. Sie muß sich als gewichtiges Argument für die Wirtschaftlichkeit der schlanken eisernen Klipper mit ihren scharf gebauten Enden erwiesen haben, wie sie seit den frühen fünfziger Jahren in Erscheinung traten.

DIE *THREE BELLS*

William Denny (1815–1854) arbeitete einige Jahre als Konstrukteur für die Werft von Coats & Young in Belfast, die er 1842 verließ, um an der Clyde auf dem Glasgower „Govan Shipyard" seines entfernten Vetters Robert Napier in gleicher Eigenschaft zu wirken; kurz darauf ging er nach Amerika, von wo er aber bereits 1844 zurückkehrte. In Dumbarton begründete er jetzt eine Partnerschaft mit seinen Brüdern Peter und Alexander, die jedoch 1849 wieder aufgelöst wurde, nachdem sich Alexander selbständig gemacht hatte. Nun wurde die neue Firma von William Denny & Brothers gegründet, an der neben William die Brüder Peter und James beteiligt waren. Auf der Werft wurde nur in Eisen gebaut, und abgesehen von ein paar Schonern und dem 1850 vom Stapel gelaufenen Klipper THREE BELLS handelte es sich dabei ausschließlich um Dampfschiffe. Die Pläne aus dieser Firma werden im National Maritime Museum in Greenwich aufbewahrt. Sie zeigen, daß alle aus jener frühen Zeit stammenden Schiffe Dennys sich in der Rumpfform und im Aussehen ähnelten. Die damals hin und wieder bei Denny vom Stapel gelaufenen Schoner, wie etwa die CALEDONIA (Abbildung 124), waren verkleinerte Versionen der THREE BELLS.

Die hier wiedergegebenen Risse der THREE BELLS wurden nach dem Originalplan gezeichnet und zeigen einen eisernen Klipper mit einem über winkligem Stevenanlauf weit ausladenden Aberdeen-Bug, zu dem das schwere Spiegelheck mit imitierten Galerien nicht recht zu passen scheint. Der Bug endete in einer einwärts gebogenen Galionskrulle. Der Belauf war im Vor- und Achterschiff unter der Leichtladelinie konkav und darüber konvex. Da das Hauptspant annähernd mittschiffs lag, waren die Enden gut gegeneinander ausgewogen. Das Vorschiff war wesentlich schärfer als das der CAMERTONIAN oder der BALLARAT, und die Schnitte weisen sanft gekrümmte Kurven auf. Der hier zwar nicht eingezeichnete auf einem Viertel der Konstruktionsbreite parallel zur Mittschiffsebene liegende Schnitt kreuzt die CWL in gerader Linie und läßt so auf ein schnelles Schiff schließen. Die Kimm ist lang gerundet und die Seiten sind oben leicht eingezogen.

Von der Decksausstattung sind leider keine Einzelheiten bekannt außer den Positionen der drei Luken und der Ausdehnung von Back und Poop. Der Klipper dürfte aber mindestens hinter dem Fockmast ein Deckshaus für die Kombüse besessen haben. Die feste Back war an der Achterkante 1,68 m hoch und diente wahrscheinlich als Logis, das man ähnlich wie auf der BLACK PRINCE nur tief gebückt betreten konnte. Es gab vier wasserdichte Schotten. In den drei mittleren Abteilungen standen messingne Kolbenpumpen, während die beiden äußersten über Hähne zur jeweiligen Nachbarabteilung entwässerten. Das Schiff besaß drei Boote und ein holzbeplanktes Oberdeck. Die Hauptabmessungen betrugen 52,12 m x 8,84 m x 5,09 m bei 649 tons n. V. und 730 tons a. V.

Anläßlich seiner ersten Reise nach Australien schrieb eine Adelaider Zeitung über den Segler, er sei „das erste eiserne Fahrzeug, das diese Kolonie besuchte"; dazu kommentierte sie den „dampferartigen Bug" und den „schönen klaren Belauf achtern". Im Zwischendeck war Raum für 250 Passagiere, und im Achterschiff waren die „Kabinen mit Eiche getäfelt". Als Höchstgeschwindigkeit wurden 12,5 kn und als bestes Etmal 273 sm angegeben.[3] Bei einer Länge in der CWL von 163,5 Fuß (= 49,83 m) ergibt sich bei 12,5 kn ein relativer Geschwindigkeitskoeffizient von 0,98. Um allerdings einen hohen Koeffizienten von 1,25 zu erlangen, wäre eine Geschwindigkeit von 16 kn erforderlich gewesen.

Die ersten Eigner waren Glasgower Fleischer: John Bell besaß zweiunddreißig Anteile und William und Findlay Bell je sechzehn Anteile an der demnach sehr treffend benannten THREE BELLS. Im gleichen Verhältnis teilten die Bells sich auch in den Besitz der hölzernen Bark ALCESTE (1839). Später gehörten John Bell auch zweiunddreißig Anteile an dem nach ihm benannten extremen Klipper.

In den frühen fünfziger Jahren war es für Eisenschiffe unvermeidlich, Geschichte zu machen, so daß die THREE BELLS beanspruchen kann, nicht nur Adelaide, sondern auch Montreal als erstes Eisenschiff besucht zu haben. Von dem letzteren Hafen, dem Bestimmungshafen ihrer Jungfernreise, machte sie die Heimreise nach Glasgow in 16 Tagen. Im November 1850 segelte sie nach Adelaide in nur 86 Tagen von Cape Clear in Irland bis zum Adelaide Feuerschiff. Über Melbourne und Calcutta kehrte sie nach Glasgow zurück, um dort am 24. März 1852 wieder nach Melbourne auszulaufen, wo sie nach 96 Tagen eintraf. Auf einer späteren Atlantikreise blieb sie eine Woche bei dem sinkenden Dampfer SAN FRANCISCO und rettete in schwerem Sturm über 200 Passagiere. Dieser Leistung hat Walt Whitman ein würdiges Andenken bewahrt.[4] Das Schiff blieb im Besitz der Brüder Bell, bis es nach 1871 aus *Lloyd's Register* verschwand.

Der Segelriß in Abbildung 163 zeigt eine hohe Takelung mit drei Skysegeln. Durch die geringe Breite des Riggs wird eine Überlappung der Segel mit einer einzigen Ausnahme vermieden. Ein kompletter Satz an Leesegeln bietet einen vollen Ausgleich für die Kürze der Rahen. Dabei besitzt das Vorunterleesegel eine ungewöhnliche Breite. Rekonstruiert wurden bei dem Riss lediglich die gestrichelten Umrisse der Stagsegel, die Fußlieken der Fock und des Großsegels (die Seitenlieken waren bereits eingezeichnet), die Brassen, die Rüsteisen mit den Jungfern und die Unterleesegelspiere. Es ist ungewöhnlich, daß auf dem Segelriß einer Werft die Leesegel mit ihrem Geschirr so klar eingezeichnet sind.

Ein anderer 1850 vom Stapel gelaufener Klipper war die STORNOWAY, über deren Konstruktion in diesem Kapitel noch später zu berichten sein wird. Bei fast gleicher Breite aber nicht ganz so scharfen Enden war die STORNOWAY 4,27 m kürzer und 0,31 m tiefer als die THREE BELLS, deren Eisenkonstruktion einen längeren und schmaleren Rumpf und damit auch eine größere Ge-

162 THREE BELLS (Linienriß); 1850 aus Eisen bei William Denny in Dumbarton gebaut. Nach dem im National Maritime Museum in Greenwich befindlichen Werftplan gezeichneter Linienriß. Abmessungen: 52,12 m × 8,84 m × 5,09 m; 649 tons n. V. und 730 tons a. V. – Keine Rekonstruktion außer der Einzeichnung der Untermasten in Übereinstimmung mit dem Segelriß der Werft.

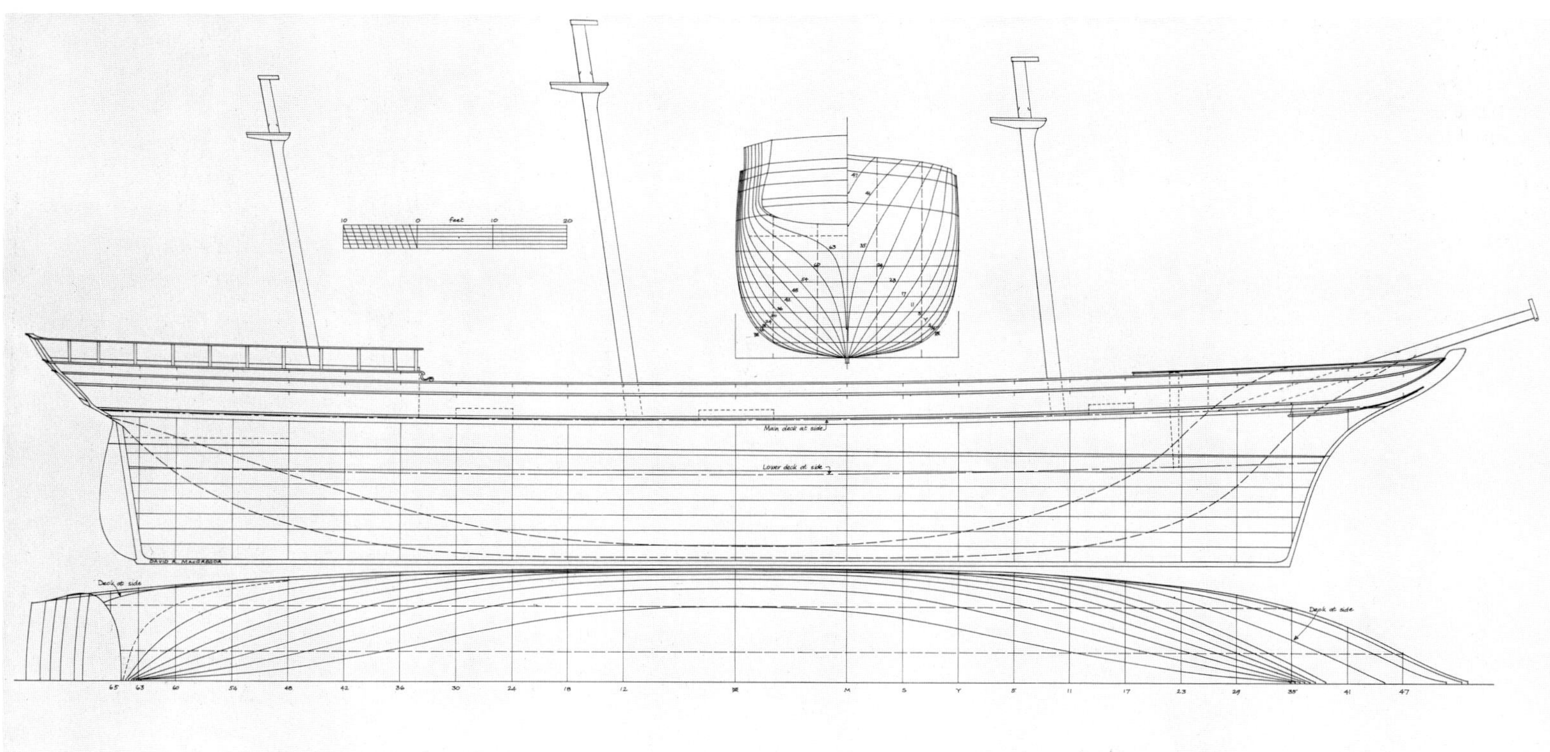

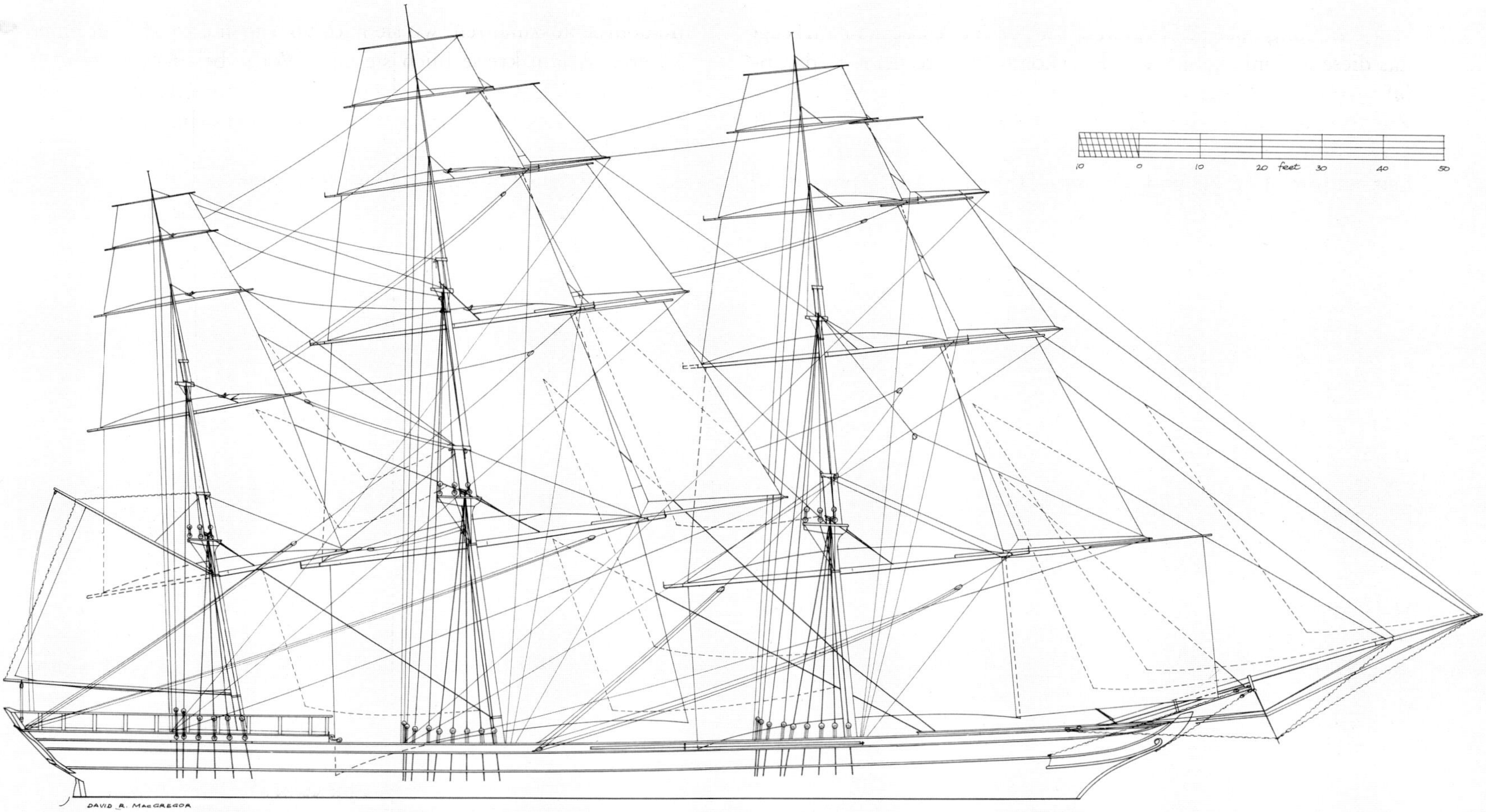

163 THREE BELLS (Segelriß), nach dem im National Maritime Museum in Greenwich befindlichen Segelriß der Werft gezeichnet. Rekonstruktionen: Stagsegel; Unterleesegelspiere; Fußlieken der Untersegel und des Unterleesegels; Rüsteisen und Jungfern; fast sämtliche Brassen. Eine ungewöhnliche Eigenart dieses Planes bestand in den derart detailliert vom Konstrukteur gezeichneten Leesegeln mit ihren Spieren, Rahen, Schoten und Halsen.

164 Auf diesem für den niederländischen Schiffsporträtisten J. Spin typischen Aquarell ist die TERNATE (1855) als Vollschiff mit sehr hoher Takelage dargestellt. Die Skysegelstengen werden an den Achterkanten der Royalstengen gefahren, und die Toppen der ersteren sind lang genug, um auch noch Mondsegel tragen zu können.

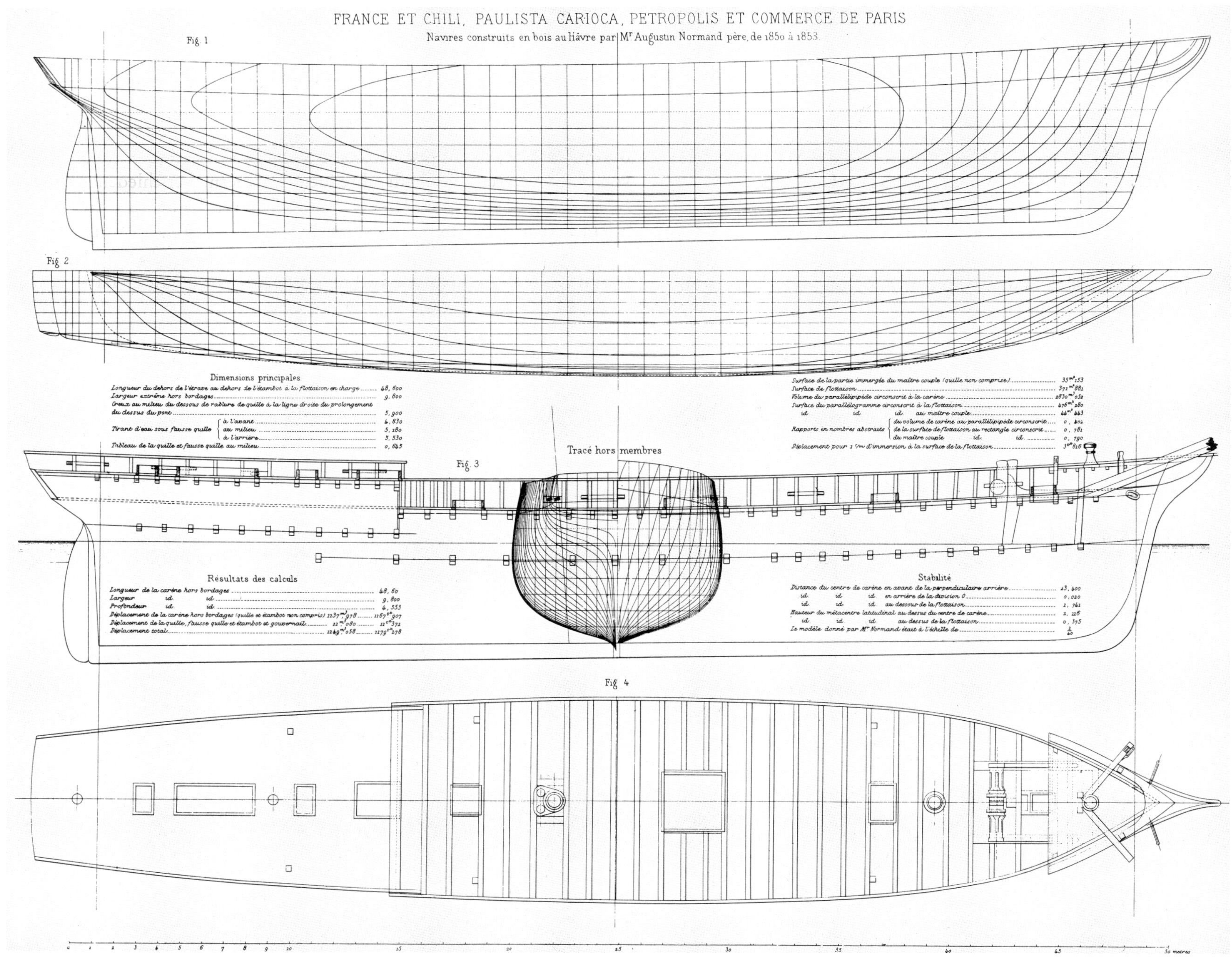

165 PAULISTA (Linienriß); 1853 gebaut von Augustin Normand (Vater) in Le Havre. Reproduktion von Tafel 176 der *Souvenirs de Marine Conservés* von Edmond Pâris. Abmessungen (laut Bureau Veritas): 47,2 m × 9,1 m × 5,4 m (Tiefe mittschiffs von Bodenwegerung bis Oberdeck); 609 tons (Register der französischen Zollbehörde). Sie war in der Südamerikafahrt beschäftigt, wo sie einmal in 30 Tagen von Havre de Grace (Chesapeake Bay) nach Rio de Janeiro segelte. Hauptspant ähnlich wie bei den britischen Klippern CAIRNSMORE (1855), LEANDER (1867) und THERMOPYLAE (1868). Nach Edmond Pâris war sie eins von fünf nach dem gleichen Plan gebauten Schiffen.

166 PAULISTA (Segelriß); Reproduktion von Tafel 175 der *Souvenirs de Marine Conservés* von Edmond Pâris. Die rechteckige Form des Großskysegels findet sich auch bei einigen Schiffen von Alexander Hall & Sons. Die ausgegillten Fußlieken der Rahsegel wurden fortgelassen, aber die geraden Fußlieken der Untersegel sind ungewöhnlich. Normalerweise waren Großsegel auch trapezförmig geschnitten, so daß sie nach den Schothörnern zu um etwa ein bis zwei Meter breiter wurden.

schwindigkeit ermöglichte. Die meisten eisernen Klipper verfügten über ein Längenverhältnis von 6 : 1 und darüber.

AUSWIRKUNGEN DER AUSTRALISCHEN GOLDFUNDE

Anfang der fünfziger Jahre hatte der Fortschritt im Bereich der Schiffbautechnik kaum erst begonnen, und die britische Schiffahrt war auf den enormen Tonnagebedarf für den Transport von Menschen und Gütern zu den Goldfeldern Australiens nicht vorbereitet. Das erste Gold wurde in Australien 1841 gefunden, aber die Nachricht darüber erschien erst am 15. Mai 1851 in einem Leitartikel des *Sydney Morning Herald,* als sie wie eine Atombombe unter der verträumten ländlichen Bevölkerung von Neusüdwales explodierte. Alle waren sich darin einig, daß man dem „Fluch des Goldfiebers" nicht widerstehen könne, und vier Tage später waren 600 Männer auf den Feldern von Bathurst. In London brachte die *Times* am 2. September 1851 in einem Leitartikel die erste Nachricht von den Funden. Nachforschungen, die der Verfasser vor etwa zehn Jahren bei dieser Zeitung anstellte, konnten die Quelle dieser Meldung nicht ermitteln. Immerhin berichtete ein australisches „Gold Circular" des Jahres 1852:

„Von der VIMEIRA erfahren wir, daß die Nachricht von unseren Goldfunden England am 28. August durch die Post via Southampton erreicht hat. ... Zwei weitere Personen waren im Besitz der Neuigkeit – sehr wahrscheinlich aus der gleichen Quelle; eine von ihnen bot sie der *Times* für £ 200 an".[5]

Das erste australische Gold traf in England im September 1851 an Bord der THOMAS ARBUTHNOT ein, eine Tatsache, die oft übersehen wird. Da das Schiff unterwegs Pernambuco angelaufen hatte, wurden dort die Briefe und Dokumente von dem Postdampfer TEVIOT übernommen, mit dem sie Southampton am 10. September erreichten. Drei Tage später wurde in der *Times* ein Brief von G. H. Heaton, dem Kapitän der THOMAS ARBUTHNOT, abgedruckt. Er enthielt einen Situationsbericht aus Sydney, wo sich die Lage während der frühen fünfziger Jahre, solange das Goldfieber auf dem Höhepunkt war, nur wenig änderte.

Dieser in Pernambuco am 20. August 1851 datierte Brief war an Phillips, Shaw & Lowther, die Reeder und späteren Eigner von Tee-Klippern, adressiert:

„Gentlemen – Wie ich vermute, kennen Sie die Gerüchte von der Entdeckung ausgedehnter Goldfelder in Neusüdwales, die eine derart plötzliche Umwälzung bewirkte, wie sie meiner Meinung nach nur irgendein Land heimsuchen kann. Die Kolonie ist vollständig gelähmt. Jeder Mann und jeder Junge, soweit er nur eine Schaufel halten kann, geht auf die Goldfelder, wenn er nicht bereits dort ist. Viele Arbeitsstellen sind völlig verwaist. Die Folge ist, daß Schafe und Rinder ganz und gar sich selbst überlassen sind. Die Preise fast aller Lebensmittel sind gestiegen, in einigen Fällen um 200 % und wenn man an die wegen des Arbeitskräftemangels stark zurückgehende nächste Getreideernte denkt, wird klar, daß der Lebensunterhalt für Mensch und Tier notgedrungen knapp und teuer werden wird. Zweifellos wird eine Auswanderungswelle aus allen Teilen Europas einsetzen, wenn sich die Nachricht erst einmal herumgesprochen hat.

Wir haben australisches Gold im Wert von über £ 800 an Bord, das erste, das aus der Kolonie verschifft wurde. Es wurde von vier Herren, geschäftsführenden Partnern verschiedener Handelshäuser in Sydney, an Ort und Stelle aufgekauft (tatsächlich grub man es vor ihren Augen aus). Es sind alles Klumpen aus fast purem Gold, von denen dem größten nur 2 Unzen an 4 Pfund fehlten. Als dies zum Schiff gebracht wurde, lag in Bathurst noch viel Gold und wartete auf eine Militäreskorte, auf deren Bewilligung durch die Regierung man hoffte. Was wir an Bord haben, wurde von vier bis an die Zähne bewaffneten Herren heruntergebracht.

Ich hatte große Schwierigkeiten, aus Sydney fortzukommen. Obwohl ich die Heuer der Besatzung verdoppelte, verließen mich sechs oder sieben Leute, sobald die Sache bekannt wurde. In Voraussicht dessen, was sich wahrscheinlich ereignen würde, nahm ich einen Dampfer, der das Schiff zu den ‚Heads' hinausschleppte. Tag und Nacht postierte ich je einen bewaffneten Polizisten an jedem Ende des Schiffes. Trotzdem schafften es die Schwimmer, irgendwie von Bord zu kommen. All diese Maßnahmen verursachten hohe Ausgaben. Als ich in See ging, blieb die LADY CLARKE in seeklarem Zustand zurück, ohne eine Menschenseele an Bord außer dem Kapitän. Ich glaube, er war gerade im Begriff, mit seiner Musterrolle in der Tasche sich auf den Weg nach Bathurst zu machen in der Annahme, er könne vielleicht einige Seeleute zur Rückkehr und zum Anmustern bewegen. Sie (das heißt, was noch in Sydney an Seeleuten geblieben war) forderten kaltlächelnd £ 80 für die Heimreise und die Garantie, ihnen ein Schiff für die sofortige Rückkehr nach Sydney zu verschaffen. Ich bezahlte £ 5 und £ 6 pro Monat für das, was ich [an Leuten] benötigte.

Ihr sehr ergebener
(gez.) G. M. Heaton."[6]

Im Juli und August 1851 wurde auch im australischen Bundesstaat Victoria Gold gefunden. Die Ausbeute war dort bald sehr hoch, und schließlich zog Melbourne mehr Schiffe von Übersee an als Sydney. Das erste Gold, das aus Victoria verschifft wurde, bestand nur aus 18 Unzen, die die HONDURAS mitnahm, als sie am 29. August 1851 Melbourne verließ. Die PHOENICIAN, die gelegentlich als das erste Schiff bezeichnet wurde, das Gold von Sydney aus befördert habe, ging erst am 12. November 1851 in See, nachdem bereits zwanzig andere Schiffe mit Gold an Bord ausgelaufen waren.[7]

ALEXANDER DUTHIE UND WALTER HOOD

Der Plan des in Aberdeen gebauten Vollschiffs BALLARAT stellt ein schnelles Frachtschiff dar und kommt dem Typ des Halbklippers (medium clipper) nahe, der in den frühen fünfziger Jahren in Erscheinung zu treten begann. Ein Schiff dieser Art konnte erwiesenermaßen mit guten Seeleuten, wenn es hart geknüppelt wurde, schnelle Reisen erzielen. Der Anlaß, der die BALLARAT in den Tagen des Goldfiebers nach Australien trieb, erforderte vor allen Dingen schnelle Reisen. Er war auch dafür verantwortlich, daß viele relativ völlig gebaute Schiffe schnellere Reisen machten als manche der extremen Klipper.

Der in Abbildung 167 wiedergegebene Linienriß der BALLARAT wurde nach einer Skizze gezeichnet, die James Henderson nach dem von ihm aufgemessenen Halbmodell der Werft angefertigt hatte. Die Linien zeigen ein kräftiges Fahrzeug mit kurzem und mäßig scharfen Vorschiff, aber längerem Achterschiff. Der Rumpf besaß gerade senkrechte Seiten, eine merkliche Aufkimmung und eine weit gerundete Kimm; zum breiten Heck hin verjüngte er sich nur wenig und trug eine in voller Höhe ausgeführte Poop. Die Abmessungen betrugen 43,25 m x 8,35 m x 6,10 m (Gesetz von 1836 über die Registrierung) bei 637 tons a. V. und 713 tons n. V. – Nach diesen Registerabmessungen belief sich ihr Verhältnis von Länge : Tiefe auf 7,1 : 1.

Die BALLARAT wurde 1852 in Aberdeen von Alexander Duthie & Co. gebaut, den Nachfolgern der bis zu den vierziger Jahren bestehenden Firma William Duthie Bros. Sie gehörte zur riesigen Flotte des Londoner Reeders Duncan Dunbar. Auf ihrer Jungfernreise im Jahr 1852 benötigte sie 78 Tage von Lizard Point nach Melbourne, und auf der nächsten Ausreise waren es 79 Tage für die gleiche Strecke. Spätere Reisen führten sie auch nach China und Neuseeland. Der Stich von der JAMES BOOTH (1851), ebenfalls von Duthie gebaut, gibt einen Anhaltspunkt für das vermutliche Aussehen der BALLARAT. James Henderson ist es zu danken, daß die Halbmodelle dieser beiden Schiffe erhalten geblieben sind. Die JAMES BOOTH hatte eine völligere Rumpfform, obwohl die *Illustrated London News* sie als „ein bemerkenswert feines Exemplar der als Klipper gebauten Fahrzeuge“ bezeichnete. Über ihre Erbauer schrieb die Zeitung, sie hätten sich „ausgezeichnet durch das gefällige Ebenmaß ihrer Baumuster“.[8] Der Besichtiger von Lloyd's Register in Aberdeen beschrieb beide Schiffe wesentlich prosaischer als mit einem „gewöhnlichen Bug“ ausgestattet, das heißt, sie besaßen also keinen Aberdeen-Klipperbug.[9]

Klippermerkmale werden dagegen in den folgenden aus den frühen fünfziger Jahren stammenden Berichten des Besichtigers von Lloyd's Register beschrieben: BRILLIANT (1850) „mit einem Klipperbug gemäßigten Ausmaßes versehen“; RUBENS (1853) „Dieses Fahrzeug wurde mit scharfen Enden ausgebildet“; RAPHAEL (1854) „gemäßigt scharf an den Enden“.[10] Diese Schiffe stammten alle von Duthie.

Aus den Schiffen Walter Hoods können nicht viele Rückschlüsse gezogen werden, da, abgesehen von der THERMOPYLAE, von ihnen keine Pläne oder Modelle überlebt zu haben scheinen. Eine Photographie der STAR OF PEACE läßt darauf schließen, daß sie oberhalb der CWL der BALLARAT nicht unähnlich war, und möglicherweise glich sie ihr auch einigermaßen im Unterwasserschiff. Walter Hood baute ungefähr in jedem Jahr ein Schiff für die „Aberdeen White Star Line“ von George Thompson & Co. Die grün gemalten Schiffe dieser Linie wie die PHOENICIAN, die JOHN BUNYAN, die WALTER HOOD, die MAID OF JUDAH, die OMAR PASHA, die STAR OF PEACE usw. waren recht bekannt in der Australien- und

167 BALLARAT; 1852 bei Alexander Duthie & Co. in Aberdeen gebaut. Linienriß unter Zugrundelegung der von James Henderson nach dem Halbmodell der Werft angefertigten Aufmaßzeichnung. Abmessungen: 43,25 m × 8,35 m × 6,10 m; 637 tons a. V. und 713 tons n. V. – Keine Rekonstruktion.

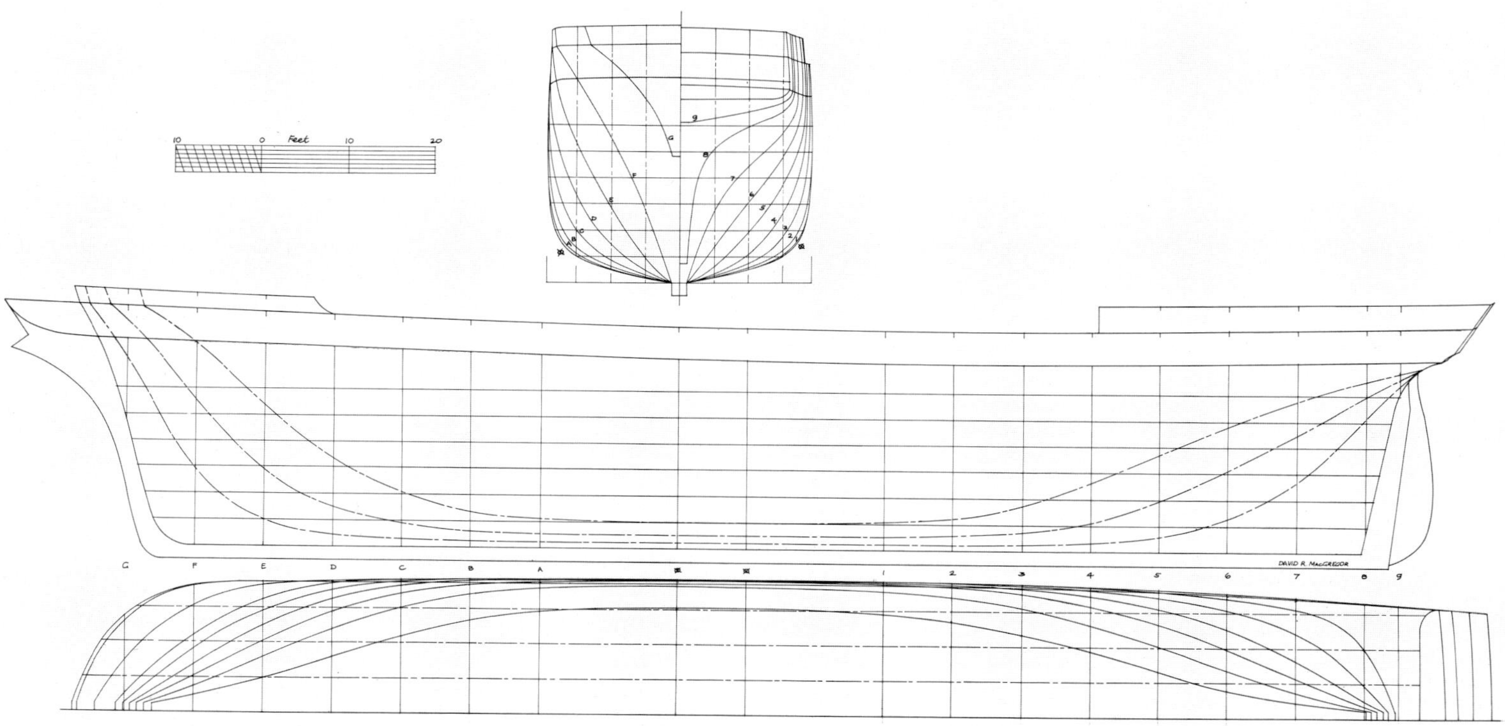

168 Dieses Gemälde des niederländischen Klippers ARGONAUT zeigt, daß er einen Stevenüberhang wie bei einem Aberdeen-Bug besaß. Die Größe der an Bord befindlichen Personen deutet auf ein kleines Schiff.

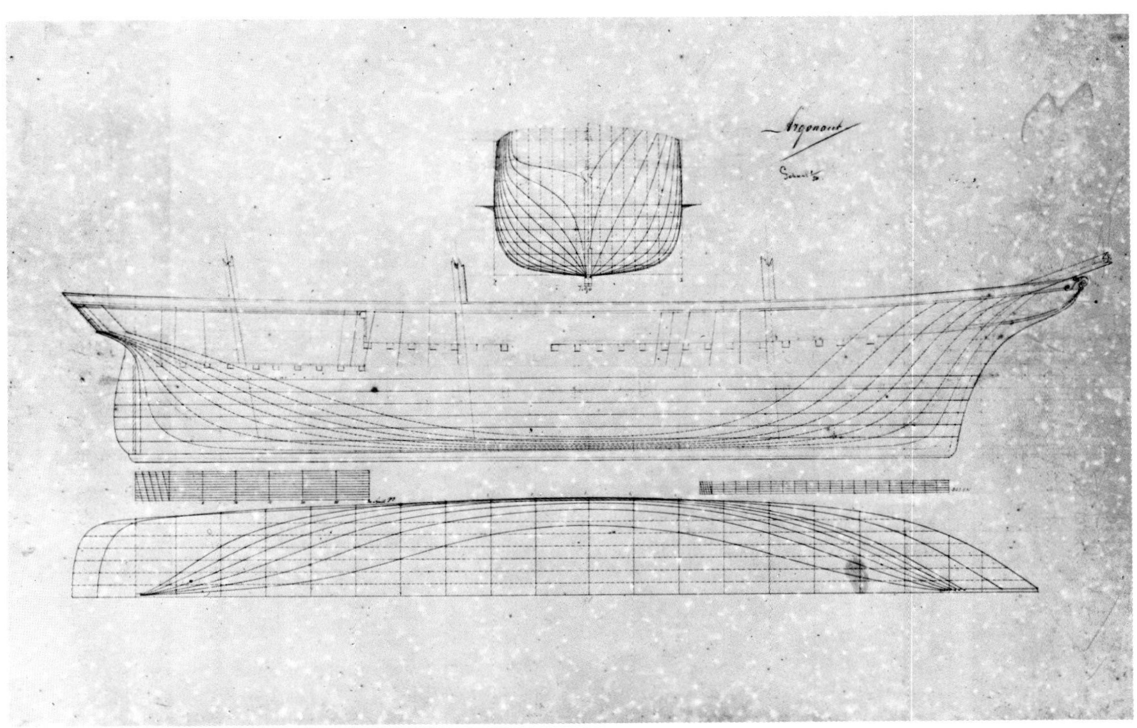

169 ARGONAUT (Linienriß); 1858 bei F. F. Groen in Amsterdam gebaut. Reproduktion eines Planes aus dem Maritiem Museum „Prins Hendrik" in Rotterdam. Abmessungen: 39,30 m × 5,60 m × 3,94 m (Raumtiefe von Oberkante Kiel bis Oberkante Decksbalken); 387 tons (niederländisch). Der Rumpf besaß scharfe Enden bei völligem Mittelschiff. 1861 machte das Schiff eine schnelle Reise in 78 Tagen von Texel nach Batavia.

Chinafahrt. Die beiden letztgenannten Fahrzeuge waren mit ihren rund 1100 tons etwas größer als der Durchschnitt der in Großbritannien gebauten hölzernen Handelsschiffe. Seit 1853 wurden bei Hood viele Schiffe unter einem Schutzdach gebaut.

Zahlreiche von jener Werft stammenden Fahrzeuge beschrieb der Besichtiger von Lloyd's Register als mit einem „Klipper-Steven" oder einem „Klipper-Bug" versehen; und die Bark JOHN KNOX hatte sich sogar eine eingehendere Bemerkung verdient: „Dies ist ein Fahrzeug von langer, niedriger und scharfer Bauweise mit geringem Überhang vorn".[11] Das deutet klar auf einen feinlinigen Rumpf. Sie wurde 1852 für die Chinafahrt gebaut. Ihre Abmessungen betrugen 39,08 m x 6,61 m x 4,27 m bei 296 tons n. V. und 358 tons a. V.; ihr Tiefgang war achtern um 0,38 m größer als vorn. Ein Gemälde der Bark ist im *Mariner's Mirror* zu finden.[12]

DIE *HURRICANE* UND ANDERE EISERNE KLIPPER

Im Herbst des Jahres 1852 war die Auswanderung nach Australien in vollem Gange. Nachdem die Reeder endlich davon überzeugt waren, daß es sich hier nicht um eine nur sehr kurzlebige Erscheinung handelte, begannen sie sich die schärfsten Schiffe mit den feinsten Linien zu bestellen, die jemals auf den britischen Inseln gebaut wurden. Die Australien-Klipper verlangten feine Linien für die Fahrt im Atlantik; für die „Roaring Forties" aber mußten sie stark sein, um auch bei Sturm noch Segel vertragen zu können. Viele waren an den Enden außerordentlich scharf, im Hauptspantbereich aber völlig gebaut, oder aber sie besaßen ein Hauptspant mit steiler Aufkimmung und kurz gerundeter Kimm. Das Auftauchen so vieler eiserner Klipper mit bedeutend vergrößerten Abmessungen war etwas Neues. Die meisten von ihnen kamen aus Werften von der Clyde. Die Linien eines solchen Schiffes, der LORD OF THE ISLES, wurden 1861 von Andrew Murray und nochmals in diesem Jahrhundert von Basil Lubbock veröffentlicht, wodurch das Fahrzeug außerordentlich bekannt wurde.[13] Ein anderes ähnliches Schiff war die HURRICANE, von der detailliertere Pläne existieren.

Im Jahre 1843 verlegte Alexander Stephen (1795–1875) seine Werft von Arbroath nach Dundee, wo sie bis 1893 im Familienbesitz blieb; sein Unternehmungsgeist veranlaßte ihn, 1850 die Eröffnung einer zweiten Werft anzubahnen, und zwar an der Clyde auf dem Kelvinhaugh-Gelände in Glasgow. Dort sollte von Anfang an der Bau von Eisenschiffen betrieben werden, was nicht ausschloß, daß in den fünfziger Jahren auch zwei Schiffe aus Holz gebaut wurden. Das erste Schiff, dessen Kiel auf der neuen Werft gestreckt wurde, war die hölzerne CYCLONE, auf die die eiserne TYPHOON folgte; da die letztere aber bereits am 20. August 1852 vom Stapel gelassen wurde, nur vier Monate und zehn Tage nach Baubeginn, war dies der erste Stapellauf auf der

170 Dieser Stich der JAMES BOOTH vermittelt einen Eindruck vom ungefähren Aussehen der BALLARAT, deren Linien in Abbildung 167 wiedergegeben sind.

neuen Werft. Die 994 eisernen Außenhautplatten wurden in nur 6 Wochen vernietet.[14] Das war sehr schnelle Arbeit; wahrscheinlich brauchten die Eigner das Schiff eilig, um den Boom in der Australienfahrt zu nutzen. Ein der Firma Potter, Wilson & Co. im Februar 1852 vermutlich im Blick auf die TYPHOON gemachtes Angebot nannte einen Preis von £ 12 270 oder £ 12.14.2 pro ton bei 965 tons a. V. – Das dürfte aber nur der Betrag für Rumpf und Rundhölzer gewesen sein, denn für ein segelfertig ausgerüstetes anderes Schiff ähnlicher Größe verlangte Stephen £ 14.13.6 pro ton.[15] Die für die Clyde & Australian Shipping Co. von Potter, Wilson & Co. gebaute TYPHOON besaß die Abmessungen von 59,77 m x 9,48 m x 6,10 m bei 965 tons. Sie war ein langes schmales Schiff mit merklicher Aufkimmung, großem Kimmradius und oben leicht eingezogenen Seiten, und sie hatte einen überhängenden Vorsteven sowie ein schweres rundes Heck. Das Längsprofil findet sich wieder bei der HURRICANE, die aber eine etwas schärfere Rumpfform erhielt. Anläßlich eines Kommentars zur schweren Konstruktion der TYPHOON bemerkte der *Glasgow Herald*: „Die drei Untermasten sind aus Eisen; die Marsstengen und der Klüverbaum sind aus Holz; letzterer sitzt im hohlen Bugspriet und kann teleskopartig oder wie ein Beistift in der Hülse herein- und hinausgeschoben werden".[16] Viele von Stephens Schiffen waren so ausgerüstet, wie es der Segelriß der HURRICANE zeigt, und nicht wenige fuhren vier Vorsegel von der Vormarsstenge. Die TYPHOON wurde gleich zu Beginn ihrer Jungfernreise entmastet und mußte Lissabon anlaufen, wo man ihr ganz aus Holz bestehende neue Masten gab. Von dort bis Melbourne benötigte sie dann 100 Tage.

William Stephen blieb auf der Werft in Dundee, während sein jüngerer Bruder Alexander, der 1852 zwanzig Jahre alt war, nach Glasgow ging. Alexander sen. hielt sich vermutlich abwechselnd auf der einen oder anderen Werft auf. Im Jahr 1852 war er siebenundfünfzig Jahre alt mit der Schiffbauerfahrung eines Menschenalters. Die Materie des Eisenbaus war jedoch Neuland für ihn. Sicher entwarf er auch die Schiffe, indem er wahrscheinlich zunächst ein Halbmodell schnitzte und dann einen Plan zeichnete. Allerdings ist nicht bekannt, in welchem Ausmaß Alexander jr. bei den Entwürfen beteiligt war. Von der HURRICANE an ähneln sich die Risse im Zeichenstil und einige sind mit „W. Robertson" signiert. William Robertson war 1852 Chefzeichner geworden und vielleicht verantwortlich dafür, den Entwürfen den letzten Schliff zu geben. Er blieb zehn Jahre bei der Firma, die er schließlich am 31. Dezember 1862 verließ, um „assistant surveyor" für Schottland der Liverpool Association of Underwriters, einer Versicherungsgesellschaft, zu werden. Es ist mehr als wahrscheinlich, daß Alexander jr. in zunehmendem Maße Möglichkeiten erhielt, von seinen Talenten als Konstrukteur Gebrauch zu machen; jedenfalls wurde die Kelvinhaugh-Werft 1858 auf ihn und seinen Bruder James überschrieben.

Wie die TYPHOON wurde auch die HURRICANE für die Clyde & Australian Shipping Co. gebaut, deren Geschäftsführung in den Händen der Firma Potter, Wilson & Co. gelegen zu haben schien. Jedenfalls war Lewis Potter (geb. 1807) der an erster Stelle genannte Bevollmächtigte der Gesellschaft und zusammen mit Alexander Potter Partner in der Firma Potter, Wilson & Co. Neben der TYPHOON und der HURRICANE gehörten der Firma noch die MELBOURNE, die GEELONG, die ADMIRAL und andere in der Australienfahrt beschäftigte Schiffe. Die HURRICANE besaß die Abmesungen von 65,50 m x 9,36 m x 6,10 bei 979 tons n. V. und 1110 tons a. V. Sie lief am 26. April 1853 vom Stapel, wurde am 11. Mai abgeliefert und trat am 15. Juni ihre Jungfernreise nach Melbourne an. Nach den oben angegebenen Maßen besaß sie im Vergleich zur TYPHOON die gleiche Raumtiefe, eine etwas geringere Breite, aber eine um nicht weniger als 5,73 m größere Länge.

Über den Kaufpreis der HURRICANE ist nichts bekannt. Nimmt man aber einmal an, es seien £ 12.15 s pro ton a. V. nur für Rumpf und Rundhölzer gefordert worden, also nur wenig mehr als das, was die gleichen Eigner für die TYPHOON zahlten, dann hätte der Vertragspreis sich auf £ 14 152.10 s belaufen. Rechnet man nochmals £ 2 bis £ 3 pro ton für eine komplette Ostindienausrüstung, kommt man auf Selbstkosten im Bereich von £ 16 500 bis £ 17 500.

Kurz vor der Fertigstellung der HURRICANE hieß es im April 1853 in einem Bericht des *Glasgow Herald*:

„Das größte vielleicht jemals gebaute eiserne Segelschiff befindet sich im Augenblick unter seinem Schutzdach auf Kelvinhaugh kurz vor der Vollendung. Die Firma Stephen & Sons war, wie wir glauben, die erste in Schottland, die ihre Schiffe unter einem Dach baute, was, abgesehen von der größeren Bequemlichkeit für die Schiffbauer, auch günstig sein soll . . ., um für ein Jahr länger bei Lloyd's [Register] eingestuft zu werden."

Nach der Bemerkung, daß es sich wirklich lohne, ein Eisenschiff von über 1300 tons auf dem Helgen oder im Wasser zu sehen, schreibt die Zeitung weiter:

„Die Form der HURRICANE ist weit schärfer als bei Handelsschiffen üblich. Die Aufkimmung ihres Bodens ist größer als bei den meisten Kriegsschiffen, während ihre größere Länge im Verhältnis zur Breite ihr ein schärferes Vor- und Achterschiff verleiht, als man es bei irgendeiner Fregatte sehen kann . . .

Der Vorsteven . . . endet in einer der schönsten Galionsfiguren, die wir je gesehen haben. Wir vermuten, der gutaussehende Gott mit seinen fliegenden Haaren und seinen ‚in herrlicher Wildheit rollenden Augen' soll den Sturmgeist darstellen . . . Wir waren überrascht von der von oben bis unten sorgfältig geschnitzten Figur, die dem Atelier eines Bildhauers Ehre gemacht hätte und sich in der Tat stark abhebt von der gewöhnlichen Art der Galionsfiguren. Sie wurde von einem Handwerker der Firma Stephen & Sons geschnitzt und verdient mehr als eine nur beiläufige Lobrede."[17]

Diese Beschreibung stimmt so sehr mit den Plänen überein, daß sie von einem Experten stammen muß. Viele Schiffe trugen damals Namen, die etwas mit Wind zu tun hatten wie TYPHOON, HURRICANE, STORM CLOUD, WHIRLWIND, MONSOON, TORNADO und TEMPEST, die vielleicht als Herausforderung der Elemente zu verstehen waren.

Die Konstruktion der HURRICANE verkörpert alle Merkmale eines extremen eisernen Klippers: große Länge im Verhältnis zur Breite, sehr scharfe Linien und minimalen Sprung. Auf dem Plan finden sich keine gleichbleibenden Spantflächen im Mittelschiff, obwohl dies oft bei Schiffen geringer Breite der Fall war;

statt dessen findet sich auch im Hauptspantbereich noch eine schwache Krümmung der Wasserlinien. Wie bei vielen eisernen Klippern weist die CWL in der Nähe von Vor- und Achtersteven einen beachtlichen hohlen Belauf auf, was auch für alle Wasserlinien darunter gilt. Der Spantriß und die Schnitte lassen im Vorschiff dicht über der CWL eine Ausbauchung erkennen; diese sollte das eintauchende Vorschiff stützen und die Tendenz zum Stampfen verringern. Außerdem wurde dadurch das Vorschiff in der CWL etwas völliger als bei der LORD OF THE ISLES, die dafür weiter unten nicht so schlank war. Die HURRICANE besaß einen geraden und deutlich aufkimmenden Boden, aber Kimm und größte Breite lagen tief; die Seiten waren etwas eingezogen. Die LORD OF THE ISLES hatte eine steilere Aufkimmung und einen sehr großen Kimmradius. Der auf einem Viertel der Konstruktionsbreite parallel zur Mittschiffsebene liegende Schnitt kreuzt die CWL in gerader Linie, ein sicheres Zeichen für ein schnelles Fahrzeug.

Der Linienriß mit Deckseinrichtung in Abbildung 172 wurde nach einer Kopie gezeichnet, die vom Original gemacht wurde, als es sich noch im Besitz von Alexander Stephen & Sons befand, deren Pläne jetzt als ständige Leihgabe im National Maritime Museum in Greenwich aufbewahrt werden. Der Decksplan des fertigen Schiffs muß offenbar etwas geändert worden sein, denn dieses besaß zwischen Fock- und Großmast ein Deckshaus für Passagiere. Durch Verlegung der vorderen Luke vor den Fockmast, wäre die Unterbringung eines 8,23 m langen Deckshauses möglich gewesen. Der Besichtigungsbericht für Lloyd's Register führt folgende Boote auf: ein Großboot (28 Fuß = 8,53 m), zwei Kutter (24 Fuß = 7,32 m), eine Gig (26 Fuß = 7,93 m) und ein Rettungsboot (25 Fuß = 7,62 m). Die Höhe des Schanzkleides war mit 2,21 m über Deck beträchtlich. Die ausgewachsene Poop und die feste Back konnten bequem dahinter verschwinden, so daß man einen Glattdecker zu sehen meinte. In jeder der vier wasserdichten Abteilungen befand sich eine Pumpe. Das Schiff war mit drei von Porters Patentbugankern ausgerüstet, die zwischen 1575 kg und 1676 kg wogen und deren Ketten über ein Brown & Harfield-Gangspill liefen, wie es in Kapitel V beschrieben wurde. Der Spillkopf über der oberen Trommel wurde auf dem Backdeck gedreht, während die Kette zur Kettenscheibe im darunterliegenden Deck fuhr. Dort befanden sich auch ein Paar Kettenstopper dicht bei den Klüsen, ein Paar Betinge und hinter dem Spill ein weiteres Paar Kettenstopper vor der Klüse zum Kettenkasten. Abgesehen von den Kojen der Seeleute und dem Fuß des Bugspriets, war also der Raum unter der Back bereits gut ausgenutzt. Auf dem Plan der STORM CLOUD ist eine zum Teil ähnliche Decksausrüstung detaillierter dargestellt.

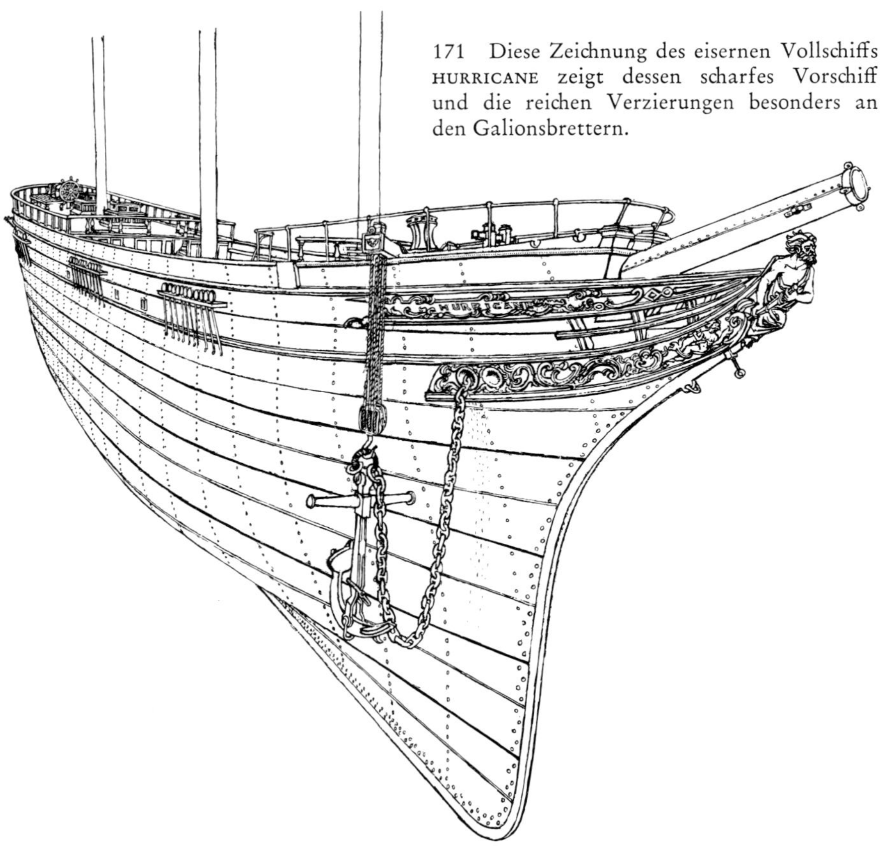

171 Diese Zeichnung des eisernen Vollschiffs HURRICANE zeigt dessen scharfes Vorschiff und die reichen Verzierungen besonders an den Galionsbrettern.

Im Zwischendeck konnten etwa 250 Passagiere befördert werden, dazu befanden sich in der langen Poop 12–15 Kajüten. Der Zugang zum Poopdeck erfolgte über zwei je einen Viertelkreis beschreibende „Wendeltreppen" an der Vorderkante der Poop, deren Stirnwand zwischen diesen Niedergängen und unter dem weiter nach vorn reichenden Deck zurückgesetzt war. Die Tür zum WC neben dem Niedergang dürfte sich an der Vorderseite zum Oberdeck hin befunden haben. Die hölzernen Relingsstützen auf der Poop waren mit Drahtnetzen versehen. Einen ähnlichen Schutz hatten manche von Stephens Schiffen auch auf der Back.

William Wards Zeichnung (Abbildung 171) zeigt die prächtige Galionsfigur und die geschnitzten Galionsbretter, die sich über nicht weniger als elf Meter von den Schultern des Sturmgottes nach achtern erstreckten. Dieser Verzierung entsprachen ebenso sorgfältige Schnitzereien am Heck.

Die CWL wurde bei einem mittleren Tiefgang von 4,80 m gezeichnet, bei dem nach der Tragfähigkeitsskala des Schiffes eine Ladung von etwa 1600 tons befördert werden konnte, während bei dem in Höhe der oberen Wasserlinie des Plans liegenden Tiefgang von 5,72 m die Ladefähigkeit 2007 tons betrug.

Der Segelriß zeigt zwei interessante Details: Pfahlmasten und eine teleskopartige Verbindung von Bugspriet und Klüverbaum. Allgemein wird angenommen, das erste Schiff mit Pfahlmasten sei das 1869 von Walter Hood & Co. gebaute Vollschiff PATRIARCH gewesen. Der betreffende Segelriß fehlt zwar, jedoch konnte diese Annahme durch Photographien erhärtet werden. Im Fall der HURRICANE ist der Originalplan mit Tusche auf durchscheinendes weißes Leinen gezeichnet mit der Beschriftung: „Takelriß des Vollschiffs HURRICANE, Stapellauf 26. April 1853, Kelvinhaugh", wozu am Rand noch die Bemerkung „Kopie des Takelrisses" kam. Nach diesem Plan erwies sich das Schiff in der CWL um 0,46 m länger als auf dem Linienriß. Dieses wurde beim Zeichnen des Segelrisses, der sonst eine genaue Kopie darstellt, korrigiert. Im übrigen waren lediglich die Umrisse der drei Untersegel sowie die Rüsten, Rüsteisen und Jungfern zu rekonstruieren. Pläne anderer Schiffe von Stephen zeigen, daß sie allgemein mit Rüsten ausgestattet waren. Zweifellos dachten fortschrittliche Schiffbauer daran, ihre Schiffe vom Kiel bis zum Flaggenknopf

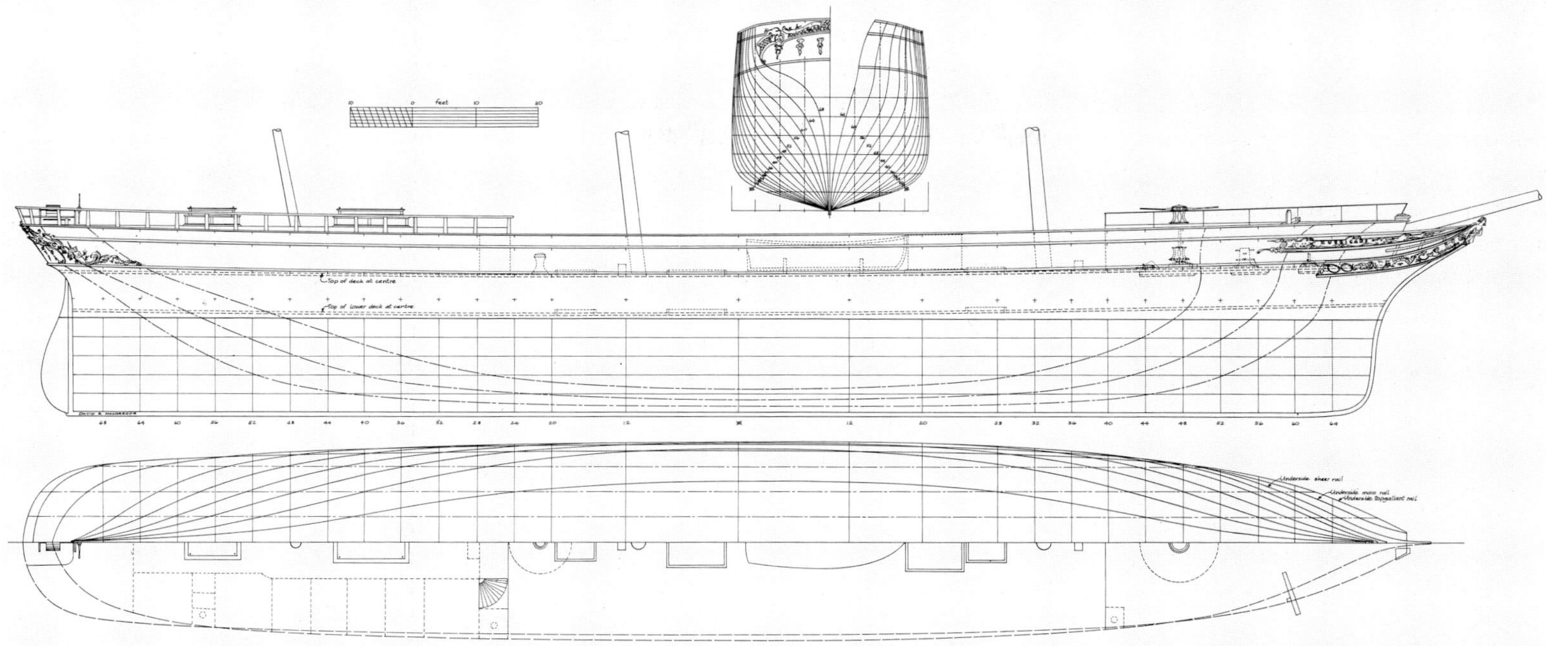

172 HURRICANE (Linienriß); 1853 bei Alexander Stephen & Sons in Glasgow aus Eisen gebaut. Plan nach einer Kopie der Werftzeichnung und besonderem Decksplan angefertigt. Abmessungen: 65,50 m × 9,36 m × 6,10 m bei 979 tons n. V. und 1100 tons a. V.; keine Rekonstruktion.

173 HURRICANE (Segelriß); nach einer Kopie der Werftzeichnung angefertigt mit folgenden Rekonstruktionen: Die gegenüber dem Linienriß um 0,46 m längere CWL hier durch entsprechende Kürzung angepaßt; die vermutlichen Umrisse der drei Untersegel strichpunktiert; Rüsten, Rüsteisen und Jungfern ergänzt; Fock- und Großstag doppelt gezeichnet; Marsen zu den Längssalingen hinzugefügt. Die eisernen Pfahlmasten und das Bugspriet wurden wie im Original gezeichnet.

aus Eisen zu bauen, und dieser Segelriß wäre wohl auch als sicherer Beweis dafür akzeptiert worden, daß schon die HURRICANE Pfahlmasten besaß, wenn es nicht in der ausgezeichneten, bereits zitierten Beschreibung im *Glasgow Herald* eine Bemerkung gegeben hätte, wonach die Masten aus in der üblichen Weise mit Bolzen und Bändern zusammengesetzten Kiefernhölzern bestanden.[18] So ist also der Nachweis der Pfahlmasten nicht mit Sicherheit möglich. Ein Chinabild des Schiffes im National Maritime Museum in Greenwich läßt an den Untermasten und am Bugspriet Bänder erkennen und daneben auch normale losnehmbare Mars- und Bramstengen. Immerhin ist die Tatsache unbestreitbar, daß Pfahlmasten für das Schiff mindestens vorgeschlagen worden sind. Vielleicht verwarf man die Idee mit den Eisenmasten nach der Entmastung der TYPHOON im Oktober 1852. Die Ausrüstung mit teleskopartig verbundenen Bugspriet und Klüverbaum wurde bereits bei der Beschreibung der TYPHOON erwähnt.

Es ist noch zu beachten, daß Konstrukteure die Rahen oft wie in diesem Fall parallel zur CWL zeichneten und nicht im rechten Winkel zum Mast. Bei der letzteren Art wird die tatsächliche Form der Segel korrekt dargestellt, während im Segelriß der HURRICANE die Seitenlieken die Rahen nur in einem bestimmten Abstand von den Nocken verbinden, dadurch aber das Segel nicht genau wiedergeben. Die Art, wie das laufende Gut geschoren war und die Leesegel gefahren wurden, erinnert an den Plan der STORM CLOUD (Abbildung 179).

Eine gute Vorstellung von dem Äußeren eines eisernen Klippers jener Tage vermittelt der Stich der 1853 von Denny & Rankin gebauten GAUNTLET. Der lange Rumpf, das Fehlen eines Sprunges und die offensichtlich kurzen Masten entsprechen ganz dem Aussehen der HURRICANE; auch sind die Bänder der gebauten Untermasten zu sehen.

Auf ihrer Jungfernreise unter Kapitän R. Tait benötigte die HURRICANE von Glasgow bis zu den Port-Phillip-Heads 85 Tage und traf zwei Tage später, am 10. September 1853, in Melbourne ein, wo 256 Passagiere von Bord gingen. Auf ihrer Rückreise nach London legte sie die Strecke von den „Heads" bis zur Isle of Wight vom 3. November 1853 bis zum 25. Januar 1854 in 83 Tagen zurück. Nachdem sie in Glasgow neue Ladung übernommen hatte, verließ sie Greenock am 12. Mai 1854 zu ihrer zweiten Reise; nach 40 sm warf der Schlepper los, worauf sie zwei Tage später Tuskar Light [Anm. d. Übers.: am Südausgang des St.-Georgs-Kanals] passierte. Sie kreuzte die Linie am 7. Juni, mußte sich dann mit Gegenwind herumschlagen und konnte etwas von der verlorenen Zeit wieder wettmachen auf der Strecke vom Meridian des Kaps der Guten Hoffnung bis zu den Port-Phillip-Heads, für die bei achterlichem Wind 24 Tage benötigt wurden. Nach einer Meldung im *Argus* machte sie die Reise in 74 Tagen von Tuskar Light nach Kap Otway, das sie demnach am 27. Juli gesichtet haben müßte; offensichtlich brauchte sie dann aber noch drei Tage, um die in gerader Linie nur 75 sm entfernten Port-Phillip-Heads zu erreichen.[19] Sie kehrte über Bombay nach London zurück und wurde etwa im Juli 1855 für £ 14 000 an die dortige Maschinenbaufirma Swayne & Bovill verkauft.

Über den von der HURRICANE eingefahrenen Gewinn ist nichts bekannt. Mit einer Ladung von 1600 tons bei einer Mindestrate von £ 3 pro ton, 200 je £ 15 zahlenden Zwischendeckspassagieren und einigen Fahrgästen erster Klasse dürften die Bücher im Juni 1853 Einnahmen zwischen £ 8 300 und £ 10 000 ausgewiesen haben. Bei Alexander Stephen errechnete man für die beiden ersten Australienreisen ihrer STORM CLOUD Nettoeinnahmen von £ 8 700, wie später noch zu berichten sein wird. Die Eigner der HURRICANE hatten, als sie das Schiff verkauften, alles in allem wahrscheinlich einen Reingewinn von £ 6 000 zu verzeichnen.

Ihre neuen Eigner beauftragten die Firma Stephen, zum Preis von £ 761 den Achtersteven zur Ausrüstung mit einer Schraube einzurichten und den Einbau der Maschinen samt Kohlenbunkern sowie andere nötige Arbeiten für zusätzlich £ 25 pro ton verarbeiteten Metalls vorzunehmen. Diese Arbeiten wurden auf ihrem Helgen ausgeführt und bis Ende 1855 abgeschlossen. Hierfür waren 55 tons Metall benötigt worden, und man vereinbarte schließlich einen Gesamtpreis von £ 2 807. Leider stellte sich dann heraus, daß Swayne & Bovill ihr Bankkonto um £ 15 000 überzogen hatten und zahlungsunfähig geworden waren. So mußte das Schiff auf dem Helgen bleiben und verursachte damit tägliche Unkosten von £ 5.0.3¹/₄, bis es schließlich am 2. August 1856 ablaufen konnte, nachdem die Werft auch durch die Blockierung des Helgens Schaden erlitten hatte.[20] Noch im Jahr 1867 machte sie eine Reise nach Melbourne in 96 Tagen.

Bei einer Länge in der CWL von 210 Fuß (= 64,01 m) und einer für dieses Schiff durchaus im Bereich des Möglichen liegenden Geschwindigkeit von 18 kn, ergäbe sich für die HURRICANE ein relativer Geschwindigkeitskoeffizient von 1,25. Vom Klipper LORD OF THE ISLES wird behauptet, er habe eine derartige Geschwindigkeit auf seiner Jungfernreise nach Sydney erzielt, was bei 187 Fuß (= 57 m) in der CWL einem relativen Geschwindigkeitskoeffizienten von 1,31 entspricht. Diese Zahl ist sehr hoch, wie denn auch Werte über 1,25 nur selten vorkommen. Der betreffende Koeffizient des amerikanischen Klippers LIGHTNING betrug 1,26 bei einer Geschwindigkeit von 19 kn.[21]

Auf ihrer Jungfernreise von Greenock nach Sydney passierte die LORD OF THE ISLES Tuskar Light am 19. November 1853 und lief am 1. Februar 1854 nach 74 Tagen in den Hafen von Sydney ein. Der Meridian von Melbourne wurde bereits nach 66 Tagen von Tuskar Light erreicht: eine wahrhaft schnelle Reise. Der sich wahrscheinlich auf das Logbuch stützende Brief eines Passagiers enthält folgende Bemerkungen:

„Als es mir und den übrigen Passagieren schien, daß wir kaum Wind hatten, machte das Schiff noch 8 oder 9 Knoten. In einer steifen Brise liefen wir sogar 18 Knoten. An mehreren Tagen wurden Etmale von 360 bis 400 Seemeilen erzielt, und an einem Tag betrug die zurückgelegte Distanz 428 Seemeilen, obwohl wir nur ein paar Stunden mit Höchstgeschwindigkeit gelaufen sind.

Die oben angegebenen an einzelnen Tagen zurückgelegten Distanzen wurden durch Höhenbeobachtungen ermittelt und durch Masseys Patentlog erhärtet."[22]

Obwohl sie keinen offiziellen Logbuchauszug darstellen, machen diese Angaben den Eindruck, aus einer vom Schiffsführer, dem Kapitän Peter Maxton, herausgegebenen Mitteilung zu

174 Im Begleittext zu diesem nach einer Zeichnung von E. Weedon angefertigten Stich des eisernen Vollschiffs GAUNTLET wurde es 1853 von der *Illustrated London News* als der „vollkommenste aller jemals an der Clyde vom Stapel gelaufenen Klipper" bezeichnet.

stammen. Falls sie zutreffen, würde es sich dabei um einige der größten je von britischen Segelschiffen erzielten Etmale handeln.

Da ihre Länge und geringe Breite derart wesentliche Konstruktionsmerkmale dieser extremen eisernen Klipper waren, wurde die folgende Liste einiger Längenverhältnisse (Länge : Breite) nach den Besichtigungsberichten von Lloyd's Register errechnet und zusammengestellt:

EINIGE SEGELSCHIFFE VON 1853–1856 MIT EINEM LÄNGENVERHÄLTNIS VON ÜBER 6,5 [23]

Die Liste beschränkt sich auf Schiffe über 800 tons, die von Lloyd's Register besichtigt wurden. Die Errechnung der Verhältniszahlen erfolgte nach den Registerabmessungen. Dabei ergaben sich geringfügige Unterschiede je nachdem, ob man die Abmessungen nach dem Gesetz von 1854 oder nach der neuen Vermessungsregel von 1836 ermittelte.

Baujahr	Schiff	Längenverhältnis (Länge : Breite)	Baumaterial
1853	HURRICANE	7,0 : 1	Eisen
1853	SWARTHMORE	6,6 : 1	Eisen
1853	LORD OF THE ISLES	6,8 : 1	Eisen
1853	TORNADO	6,6 : 1	Eisen
1854	ANNANDALE	7,1 : 1	Holz
1854	JOHN BELL	7,3 : 1	Eisen
1854	STORM CLOUD	6,5 : 1	Eisen
1854	GREENOCK	6,7 : 1	Eisen
1854	GLEN ROY	7,0 : 1	Eisen
1855	TEMPEST	7,5 : 1	Eisen
1855	CAIRNSMORE	6,8 : 1	Eisen
1855	AGAMEMNON	6,9 : 1	Holz
1856	QUEENSBERRY	7,2 : 1	Holz

Man könnte gewiß durch weitere Nachforschungen die Zahl der Beispiele noch vermehren, die zum mindesten beweisen, daß nicht die oft genannte LORD OF THE ISLES, ja noch nicht einmal die von Dr. R. C. Anderson immer wieder favorisierten ANNANDALE und QUEENSBERRY das größte Längenverhältnis besaßen.

Die GREENOCK wurde in Govan, Glasgow, von Smith & Rodger gebaut, bei denen in den frühen fünfziger Jahren auch zahlreiche Dampfer vom Stapel liefen. Die Werft bestand von 1842–1864. Die TEMPEST wurde im Auftrag von Handyside & Co., den Geschäftsführern der Anchor Line, bei Sandeman & McLaurin in Whiteinch, Glasgow, gebaut und besaß bei 845 tons die Abmessungen von 65,29 m x 8,75 m x 5,82 m. Für ihre Jungfernreise nach Bombay benötigte sie 105 Tage, während sie von dort nach Liverpool in 111 Tagen zurücksegelte. Sie wurde dann 1856 mit Schraube und Hilfsdampfmaschine für die Nordatlantikfahrt ausgerüstet und bereits im folgenden Jahr als vermißt gemeldet. Auf einem Gemälde, das sie nach dem Umbau zeigt, steht der Fockmast sehr weit achtern, was auf eine äußerst langgezogene scharfe Unterwasserform des Vorschiffs deutet.[24] Ihr Aussehen glich stark dem der HURRICANE und der JOHN BELL.

Der Plan der CAIRNSMORE, eines anderen an der Clyde gebauten eisernen Klippers, weist die gleichen charakteristischen Merkmale auf, wie sie sich bei der HURRICANE und der LORD OF THE ISLES finden. Sie besaß eine steile Aufkimmung, einen sehr großen Kimmradius und stark eingezogene Seiten; dabei waren ihre Wasserlinien im Vor- und Achterschiff nicht schärfer als die der HURRICANE. Basil Lubbock bringt eine Abbildung ihrer Linien und bemerkt dazu, daß sie „ihrer Zeit weit voraus" war. Diese Behauptung kann heute nicht mehr aufrechterhalten werden angesichts der vielen inzwischen zusammengetragenen weiteren Pläne von Schiffen der gleichen Zeit.[25] Ihr Kiel wurde bereits im Dezember 1853 gestreckt, aber der Stapellauf fand erst im Januar 1855 statt. Während eines Booms war das eine lange Zeit, in der das Kapital stillgelegt war. Der Erbauer war John Reid in Port Glasgow, und ihre Abmessungen betrugen 67,82 m x 9,94 m x

6,31 m bei 1086 tons n. V. und 1211 tons a. V. – Lubbock bringt leider keinen Segelriß des Schiffes.

Im Glasgower Museum befindet sich das Halbmodell eines anderen von Reids Schiffen, der 1852 für die Chinafahrt gebauten eisernen VANGUARD von 687 tons. Das Modell zeigt eine deutliche Aufkimmung, einen großen Kimmradius und eingezogene Seiten. Sie war als schnellsegelndes Frachtschiff geplant mit weit weniger extremen Formen als die CAIRNSMORE.

Die „herrliche" GLEN ROY, wie sie einmal in einer Zeitungsanzeige gepriesen wurde, war von Denny & Rankin in Dumbarton gebaut worden. Die Firma hatte 1839 den Baubetrieb begonnen und 1843 die Werft von Charles Wood übernommen. Inhaber waren Peter Denny (1788–1856) und Daniel Rankin (1787 bis 1862). Die Firma bestand bis etwa zum Jahre 1867. Der dort 1853 gebaute eiserne Klipper GAUNTLET wurde von William Rennie entworfen. Obwohl die Jungfernreise der GLEN ROY nach Melbourne mit 99 Tagen etwas lang ausgefallen war, wurde behauptet, einmal 1099 sm in drei Tagen zurückgelegt zu haben, was einen Tagesdurchschnitt von 366¹/₃ sm und einer mittleren Geschwindigkeit von 15²/₃ kn entsprochen hätte. Bei 1219 tons n. V. betrugen ihre Abmessungen 69,80 m x 9,94 m x 6,40 m. Ähnlich wie die TITANIA und auch die THERMOPYLAE hatte die GAUNTLET einen Völligkeitsgrad der Unterdecktonnage von 0,58, so daß man sie mit gutem Gewissen als Klipper bezeichnen kann.

Da sein Längenverhältnis nur 6,45 betrug, fehlt das eiserne Vollschiff PRIDE OF CANADA in der oben aufgeführten Liste, aber es besaß einige interessante technische Einrichtungen: eine Dampfwinde, zwei eiserne Doppelwinden, Browns Patentgangspill, ein normales Gangspill und vier Pumpen. Dieses Schiff wurde 1855 von Laurence Hill in Port Glasgow gebaut und mit 1013 tons registriert.

Im Jahr 1855 lief bei Barclay, Curle & Co. unter der Bau-Nr. 44 das eiserne zu 729 tons netto vermessene Vollschiff SHANDON vom Stapel. Es besaß die Abmessungen von 55,99 m x 9,91 m x 5,79 m. Der Werftplan weist ein kurzes Vorschiff auf mit nur geringfügig hohlem Belauf, ein Mittelschiff mit gleichbleibenden Spantflächen über eine Länge von etwa 5,50 m und dafür ein längeres Achterschiff. Der ziemlich flache Boden geht bald in eine weit gerundete Kimm über, während die Seiten oben stark eingezogen sind. Die SHANDON fuhr für alle Bram-, Mars- und Untersegel Rollreffeinrichtungen.

WILLIAM RENNIE

Vielleicht ist kein Schiffbaumeister durch seine Entwürfe von Klipperschiffen bekannter geworden als William Rennie, und doch wird stets nur so flüchtig und kurz auf ihn eingegangen, daß es der Arbeit einiger Jahre bedurfte, um diesen Überblick über seine Schiffbautätigkeit samt den Namen einiger von ihm konstruierter Schiffe aus vielerlei Bruchstücken zusammenzusetzen.

Die älteste noch auffindbare Erwähnung findet er in Verbindung mit dem 1831 von ihm in Aberdeen gebauten Schoner FLORENCE; vielleicht war er damals in seinen mittzwanziger Jahren; seine Lehrzeit hatte er vorher auf einer Aberdeener Werft abgeleistet. Hier mag noch am Rand bemerkt werden, daß Aberdeen seit je behauptete, die besten Klipperkonstrukteure hervorgebracht zu haben. Gegen Ende der dreißiger Jahre hatte er sich in Kanada niedergelassen und in Bathurst, Neubraunschweig, eine Werft gegründet. Es existieren Unterlagen über dort von 1839 an gebaute Schiffe. Im Jahre 1846 konstruierte er die Klipper-Barken BERAZA und RAPHAEL, die Joseph Cunard am nahegelegenen Miramichi am St.-Lorenz-Golf für Londoner Eigner baute. Diese Barken wurden in Kapitel IV eingehender beschrieben. In dem Besichtigungsbericht zur 5 A1-Bark CAROLINE (1839) schrieb der Besichtiger über Rennie: „Dies ist ein guter Schiffbauer".[26]

William Rennie kehrte in den späten vierziger Jahren nach Großbritannien zurück und ließ sich in Liverpool nieder. Der erste Hinweis auf ihn findet sich im Adreßbuch von 1848, in dem er als „marine architect" erscheint. Um 1851 hatte er sich mit John Johnson zur Firma Rennie, Johnson & Co. zusammengeschlossen. In diese am Brunswick Dock gelegene Werft trat bald darauf noch William Rankine ein, so daß ihr Name in Rennie, Johnson & Rankine geändert wurde. Bislang ist noch kein Versuch unternommen worden, einmal die Namen der von ihm vor 1853 in Liverpool entworfenen oder gebauten Schiffe zusammenzustellen, obwohl eine Durchsicht Liverpooler Zeitungen jener Jahre zweifellos einige zutage fördern würde.

Im Jahre 1853 wurde das eiserne Vollschiff GAUNTLET in Dumbarton von Denny & Rankin fertiggestellt; sein Konstrukteur soll William Rennie gewesen sein. Es ist nicht bekannt, ob Daniel Rankin ein Verwandter von Rennies Partner William Rankine war. Die meisten Quellen schreiben den Namen des Liverpooler Rankine mit „e", während sie dies bei dem des Schiffbauers in Dumbarton fortlassen. Die GAUNTLET wurde beschrieben als „mehr einer Yacht von großer Tonnage gleichend als einem privaten Handelsschiff".[27]

Im gleichen Jahr entwarf und baute Rennie in Liverpool das hölzerne Vollschiff MARGARET DEANE. Leider konnte von ihm kein Plan oder Modell aufgefunden werden, und der folgende Bericht aus dem *Albion* bietet nur eine in Worten schwelgende vage Beschreibung der Rumpfform:

„Mr. Rennie, der dieses Schiff entwarf und dessen Fahrzeuge unübertroffen sind, wendete hier sein Prinzip der hohlen Linien an, das überall im Schiff verwirklicht wurde. Die Linien verlaufen in einer Vielzahl von Kurven, die alle in leichtem Fluß ineinander übergehen . . . Das Auge kann die Schönheit der Linienführung von jedem Punkt, auf dem es ruhen mag, bis zu jedem anderen Punkt verfolgen, so weit der Blick nur reicht. Mr. Rennie hat dieses Prinzip bereits früher angewendet, aber noch nie in so bewunderswerter Weise wie bei dem jetzigen Neubau. Mr. Rennie besitz ein schönes Modell eines von ihm entworfenen eisernen Schiffes von 1000 tons, das wahrscheinlich in dieser Stadt gebaut werden soll."[28]

Dieses eiserne 1000-tons-Schiff konnte bisher nicht identifiziert werden; vielleicht wurde es niemals oder jedenfalls nicht in Liverpool gebaut.

Die MARGARET DEANE wurde ihrem Element am 30. November 1853 durch Mrs. Green übergeben. Diese war die Frau des künftigen Kapitäns, der ehemals die in Kapitel IV erwähnte SWORD-

FISH auf einigen ihrer schnellen Reisen nach und von Brasilien geführt hatte. Die Abmessungen des neuen Schiffes wurden mit 43,89 m (Kiel + Überhang vorn) x 8,53 m (Breite über alles) x 4,88 m (Raumtiefe) bei 468 tons n. V. und 530 tons a. V. angegeben. Der größere Wert der nach der alten Vermessungsregel ermittelten Tonnage, deutet auf eine scharfe Rumpfform.

Mit der 1854 vom Stapel gelaufenen Bark SAPPHO von 359 tons n. V. hatte die Firma mit dem Bau von Eisenschiffen begonnen. Der Besichtiger berichtete, daß „fachmännische Arbeit und Baumuster beide gut“ waren, sie aber keine große Ladefähigkeit besaß, was auf ein scharfes Unterwasserschiff schließen läßt.[29] Weiter gibt es noch Berichte von ein oder zwei von Rennie entworfenen und 1854 vom Stapel gelaufenen Schiffen.

Das erste von ihnen war das „Fregattschiff“ EARL OF EGLINTON, von dem es in einer Anzeige heißt: „Von dem berühmten Konstrukteur W. Rennie Esq. aus Liverpool entworfen mit einer Form, die einen starken Schnellsegler garantiert.“[30] Dieses aus Eiche und Teak gebaute Schiff lief am 13. Juni 1854 bei der Portland Shipbuilding Co. in Troon (Clydemündung) vom Stapel und besaß die Abmessungen von 63,52 m x 9,57 m x 6,68 m bei 1274 tons n. V. und 1270 tons a. V.

Eine gewisse Unsicherheit besteht hinsichtlich des anderen Schiffes, des 1854 von Sandeman & McLaurin in Whiteinch, Glasgow, gebauten eisernen „Klippers“ VISION von 422 tons. In einem zeitgenössischen Bericht heißt es, daß er „nach den Entwürfen von G. Rennie Esq. aus Liverpool gebaut wurde“.[31] Wenn es auch 1860 in London einen Ingenieur und Schiffbauer George Rennie gab, war William doch der einzige im Schiffbau tätige Rennie, der in Liverpool ermittelt werden konnte. Wahrscheinlich handelt es sich im vorliegenden Fall nur um einen Schreibfehler.

Im Laufe des Jahres 1855 wurden von ihm in Liverpool zwei Dampfer und vier Segelschiffe fertiggestellt. Im Januar desselben Jahres hatte die Werft Bankrott gemacht und wurde im Juni von Thomas Vernon übernommen.[32] Das Leben muß in dieser Zeit nicht gerade einfach gewesen sein. Trotz des Konkurses wurden die erwähnten Schiffe noch alle entweder Rennie, Johnson & Rankine oder Rennie & Co. zugeschrieben.

Das bemerkenswerteste der 1855 gebauten Segelschiffe war der „schöne hölzerne Klipper“ FIERY CROSS. Aus einem Bericht über seinen Stapellauf geht hervor, daß er von John Campbell aus Glasgow erworben wurde, man ihn also zunächst wohl auf eigene Rechnung begonnen hatte.[33] Er lief beim Brunswick Dock am 31. Juli 1855 vom Helgen. Wenn auch Rennie, Johnson & Rankine als die Erbauer angegeben wurden, könnte das Schiff doch von anderen fertiggestellt worden sein. Vielleicht ist dies der Grund dafür, daß Basil Lubbock angibt, es sei von Chaloner gebaut worden.[34] Der *Albion* bringt etwas mehr Klarheit in die Angelegenheit, indem er als Werft „die ehemalige Firma Rennie, Johnson & Rankine“ nennt und hinzufügt: „Die Risse dieses großartigen Fahrzeuges stammen von Mr. Rennie aus Liverpool, berühmt als der beste Schiffskonstrukteur in England.“[35]

Der von Basil Lubbock veröffentlichte Linienriß dieses Schiffes ist die früheste uns bekannte Zeichnung eines Entwurfs von William Rennie.[36] Das Schiff war entstellt durch ein schweres Spiegelheck und eine volle Poop, trotzdem nannte man es in Melbourne „ein elegantes einem Rennpferd gleichendes Schiff“.[37] Vor- und Achterschiff zeigten im Bereich der unteren Wasserlinien einen hohlen Belauf bei scharf und konvex gehaltener CWL. Das Schanzkleid wies im Vorschiff einen hohlen über die sonstige Relingslinie hinausragenden Überhang auf, der das Gegenstück zu den Linien am Achterschiff der REINDEER bildete. Bei hohlen Kielgängen war eine spürbare Aufkimmung zu verzeichnen, die Kimm lag verhältnismäßig tief und die Seiten waren oben leicht eingezogen. Es dürfte interessant sein, Erwägungen darüber anzustellen, wie stark dieser Entwurf dem bei der MARGARET DEANE beschriebenen ähnelt. Die FIERY CROSS machte einige schnelle Reisen. So segelte sie im Jahr 1855 von Liverpool nach Melbourne in 81 Tagen, 1857 mit Tee von Futschou (9. August) nach Dartmouth in 94 Tagen und Anfang 1858 von London nach Hongkong in 96 Tagen.

Es folgt eine Liste der von Rennie, Johnson & Rankine in Liverpool gebauten Schiffe, soweit sie heute bekannt sind:

LISTE VON BEI RENNIE, JOHNSON & RANKINE GEBAUTEN SCHIFFEN[38]

Baujahr	Name	Takelung	tons n. V.	tons a. V.		Hauptabmessungen
1853	MARGARET DEANE	Vs	468	530	Holz	43,89 m × 8,53 m × 4,88 m
1854	SAPPHO	Bk	359		Eisen	42,21 m × 6,98 m × 4,51 m
1854	Tonnenleger		90		Holz	
1854	ESTHER	Bk	264	280	Holz	
1855	ELIZABETH BARTER	Bk	210		Eisen	
1855	FUSILIER	Vs	503	552	Eisen	46,54 m × 7,80 m × 5,15 m
1855	D EMPRESS EUGENIE		441	686	Eisen	(nicht in L. R.)
1855	JOHN CAMPBELL	Vs	?	?		(nicht in L. R.)
1855	FIERY CROSS	Vs	672	688	Holz	53,04 (Kiel + Überhang vorn) × 9,14 m × 5,79 m
1855	D CARBON		440	587		(nicht in L. R.; unter der Bauaufsicht von Jas. Hodgson gebaut)

Man glaubt, daß die für die Chinafahrt gebaute und 1856 in Dundee vom Stapel gelaufene Bark STRATHMORE von William Rennie entworfen wurde. Im folgenden Jahr, in dem das Liverpooler Adreßbuch ihn als Schiffbauer aufführte, baute er die hölzerne Bark SHARSTON von 353 RT. Zu dieser Zeit war er technischer Berater der Royal Mail Steam Packet Co. und verantwortlich für den Entwurf von deren eisernem Raddampfer PARAMATTA von 3092 tons, der im November 1858 bei der Thames Iron & Shipbuilding Co. in Blackwall, London, vom Stapel lief. Im Jahre 1860 zog er nach London, wo er Schiffe entwarf und als Berater am King and Queen Dock in Rotherhithe unter der Firmenbezeichnung Rennie & Marshall tätig war. Um 1864 bezeichneten sie sich nicht nur als Schiffbauingenieure, sondern auch als Schiffbau- und Reparaturbetrieb, der aber 1868 zum letzten Mal im Londoner Adreßbuch erschien. Von 1860–1871 lebte William Rennie in Railstone Villas, Campbell Road, im Osten der Stadt. Danach verliert sich seine Spur. Er dürfte damals ein Mitt- oder Endsechziger gewesen sein und mindestens vierzig Jahre mit dem Entwurf und Bau von Schiffen zugebracht haben.

In den sechziger Jahren entwarf William Rennie die Tee-Klipper FIERY CROSS, BLACK PRINCE, JOHN R. WORCESTER und NORMAN

COURT, das Vollschiff mit Hilfsmaschine SEA KING, das später als Kreuzer SHENANDOAH der amerikanischen Südstaaten bekannt wurde, und den Walfänger und späteren Chinafahrer CHAA-SZE. Vielleicht hatte er den Auftrag für die BLACK PRINCE durch William Inglis, ihren Kapitän und Partenreeder, erhalten, der früher die 1853 von Rennie entworfene GAUNTLET geführt hatte. Seine Arbeit in Verbindung mit diesen Schiffen wird noch eingehender im nächsten Kapitel zu behandeln sein.

ALEXANDER STEPHEN JR. UND DIE *STORM CLOUD*

Der *Glasgow Herald* vom Montag, dem 17. Juli 1854, enthielt folgenden Bericht:

„Am Donnerstagnachmittag lief um vier Uhr auf der Werft der Firma Alexander Stephen & Sons, Kelvinhaugh, ein herrliches neues Klipper-Vollschiff unter dem Namen STORM CLOUD vom Stapel. Dieses wahrhaft edle Schiff wurde eigens im Hinblick auf die Erzielung einer höheren Geschwindigkeit konstruiert, als sie je von einem hier oder im Ausland gebauten Fahrzeug erreicht wurde; und, nach der erlesenen Schönheit seiner Form zu urteilen, verspricht es, all diesen Erwartungen gerecht zu werden. Es ist schwer, seine bemerkenswerte und neuartige Bauweise zu erklären. Immerhin kann man sagen, daß bei dem scharfen bis weit nach achtern reichenden Vorschiff seine Linien denen der berühmten Yacht AMERICA nahekommen. Der Kiel ist nicht eben, sondern steigt vorn und achtern an, wodurch ein besseres Steuern des Schiffes bewirkt werden soll."

Die *North British Daily Mail* vom 15. Juli 1854 widmete der Beschreibung des Schiffes eine Kolumne von dreiunddreißig Zentimetern, und der *Artizan* brachte einen ausführlichen technischen Beitrag über Konstruktion und praktische Bewährung ein Jahr nach dem Stapellauf. Drei derart ausführliche Berichte bedeuteten in jenen Tagen eine großartige Presse für ein Handelssegelschiff.

Die Linien der STORM CLOUD sind gewiß einmalig, besonders für ein Schiff ihrer Größe; deshalb ist es gut möglich, daß der Reporter des *Glasgow Herald* verzweifelt nach einer ähnlichen Rumpfform für einen Vergleich suchte, als er dafür schließlich die AMERICA heranzog. Die Linien dieser Schoner-Yacht waren von den Besichtigern der Admiralität 1851 oder 1852 aufgemessen worden, und die Fachpresse war voll von Zeichnungen und detaillierten Beschreibungen der Rumpfform. Außerdem fand sich die Reproduktion eines Linienrisses in der 1853 erschienenen dritten Auflage von John W. Griffiths *Treatise on Marine and Naval Architecture.*[39] Der Titel dieses Buches ist auf der letzten Seite eines von Alexander Stephen jr. in den Jahren von 1851 bis 1853 geführten Notizbuches verzeichnet, wie übrigens auch John Scott Russells *Theory of the Wave System of Naval Architecture* und Lardners *Hydrostatics.* Stephen muß also vertraut gewesen sein mit den zeitgenössischen Theorien über hohle Linien, wie sie von deren hauptsächlichen Verfechtern in Großbritannien und Amerika vertreten wurden.

J. W. Griffiths beurteilte die Konstruktion der AMERICA positiv und vertrat die Auffassung, daß zur Erzielung maximaler Geschwindigkeiten ein langes scharfes Vorschiff mit hohlem Belauf erforderlich sei und daß das Hauptspant hinter der Mitte der CWL zu liegen habe, was wiederum ein nur kurzes Achterschiff bedeutet. Im übrigen bestritt er, daß die konkaven Linien amerikanischer Klipper eine Folge der Theorien Scott Russells seien, vielmehr hielt er sie für das Ergebnis fortschreitender Entwicklung.

Nach umfassenden praktischen Versuchen, empfahl J. Scott Russell 1842/43 seine Wellenformtheorie der British Association [Anm. d. Übers.: Britische Gesellschaft zur Förderung der Naturwissenschaften] und vervollkommnete sie in den folgenden Jahren. Er erklärte, daß der Rumpf eines gut geformten Schiffes bis zu einer bestimmten Höchstgeschwindigkeit durchs Wasser bewegt werden könne, die von der Länge der CWL abhänge; bei Überschreitung dieser Geschwindigkeit entstehe dann ein Wellen erzeugender Widerstand derartigen Ausmaßes, daß eine höhere Geschwindigkeit unwirtschaftlich werde. Nach seiner Theorie entsprach die wirtschaftlich vertretbare Höchstgeschwindigkeit etwa der Quadratwurzel aus der Länge der CWL (gemessen in Fuß), während spätere Untersuchungen nachweisen konnten, daß dieser Wert noch mit 1,25 zu multiplizieren war. Außerdem setzte er sich dafür ein, daß die Länge des Achterschiffs etwa zwei Drittel der Vorschiffslänge betragen sollte, wodurch das Hauptspant hinter die Mitte der CWL zu liegen kam. Er behauptete, daß für die Wasserlinie die Form des geringsten Widerstandes im Bereich des Bugs eine horizontal verlaufende Cosecanskurve und im Heckbereich des Fahrzeuges eine Zykloide sei.[40] Diese Formen ergeben ein langes konkaves Vorschiff und ein kürzeres, ebenfalls konkaves Achterschiff.

Bei der STORM CLOUD beläuft sich das Verhältnis der Vorschiffs- zur Achterschiffslänge in Höhe der CWL nicht wie in der Wellenformtheorie auf 3 : 2, sondern auf 2,8 : 2,0. Diese geringe Abweichung reicht aber nicht aus, um den Schluß zu erschüttern, daß dieses Schiff nach den allgemeinen Prinzipien der Wellenformtheorie von J. Scott Russell konstruiert wurde. Die Länge in der CWL betrug 195,25 Fuß (= 59,51 m) bei einem Tiefgang von 4,80 m; nach seiner Theorie müßte die wirtschaftliche Konstruktionsgeschwindigkeit der Quadratwurzel aus dieser Länge, also 13,97 kn oder rund 14 kn entsprechen. Allerdings verzeichnete eine im *Artizan* veröffentlichte technische Würdigung ihres Baumusters und ihrer Jungfernreise eine bei $5^1/_2$ Strich [ca. 62 °] am Wind gesegelte Geschwindigkeit von 12 kn, vor einer Backstagsbrise erzielte Geschwindigkeiten von 15 kn und 16 kn sowie ein Etmal von 345 sm, was einem Tagesmittel von 14,4 kn entspricht.[41] In Tasmanien behauptete eine Zeitung, daß sie auf ihrer zweiten Reise eine Geschwindigkeit von 17 kn erreichte und ein Etmal von 370 sm.[42] Eine Geschwindigkeit von 16 kn entspricht hier einem relativen Geschwindigkeitskoeffizienten von 1,14, während sich dafür bei 17 kn ein Wert von 1,22 ergibt.

Eine weitere Bestätigung dafür, daß Alexander Stephen jr. durch Russells Theorien angeregt wurde, findet sich in seinem im März 1853 gemachten Aufzeichnungen:

„Hatte die Idee, da einem Wasserteilchen beim ersten Kontakt mit dem vorderen Ende eines in Fahrt befindlichen Schiffes nicht sofort seine Endgeschwindigkeit verliehen wird, die Geschwindigkeit mittels einer hohlen Wasserlinie allmählich zu steigern. Indem es dadurch mehr in die Nähe des Gewichtsschwerpunktes geworfen wird, kann eine Ansammlung des Wassers am Vorschiff verhindert werden.“ Eine Woche später dachte er daran, nach einer bestimmten Zeichnung ein maßstabgerechtes Modell anzufertigen, es auszuhöhlen und dann schwimmen zu lassen: „Bei den Experimenten damit sollte das Modell auch einmal herumgedreht und die sich dann ergebende Wellenlinie untersucht werden.“[43]

Begleitende Skizzen zeigten einen langen, scharfen und konkaven Bug; und die Verwendung des Wortes „Wellenlinie“ macht deutlich, daß Stephen jr. damals stark von Russell beeinflußt war.

Vermutlich hatte Stephen sen. seinem Sohn Alexander bei der Konstruktion der STORM CLOUD freie Hand gelassen, denn die Rumpfform unterschied sich so radikal von allem, was bislang auf der Werft entstanden war, daß hier der Einfluß eines neuen Konstrukteurs sofort auffällt. Eine andere wichtige sich auf den Entwurf auswirkende Tatsache war, daß Stephen das Schiff für eigene Rechnung baute, also niemanden von seinen Ideen überzeugen mußte. Das ermöglichte eine völlige Freiheit für eigene Inspirationen, die im Schiffbau nur außerordentlich selten anzutreffen ist. Die *North British Daily Mail* bezog sich auch auf die dadurch, daß die Erbauer zugleich die Eigner waren, bewirkte Unabhängigkeit vom bisher Üblichen und fügte hinzu, daß „es so selten ist, daß die Form eines Fahrzeuges ausschließlich nach dem wissenschaftlichen Urteil der Erbauer und unabhängig von den Wünschen der Eigner entwickelt wird, daß wir uns oft fragten, . . . welcher Reeder wohl so mutig war, sich in derart wichtigen Punkten den normalen Regeln des Schiffbaus entgegenzustellen“.[44] In seinen Tagebucheintragungen machte Alexander Stephen jr. deutlich, daß seine Firma eine Werft und keine Reederei war; so wundert man sich dann auch nicht über die Bemühungen, das Schiff zu verkaufen.

Einen Monat vor dem Stapellauf der STORM CLOUD hatte die Firma den Klipper JOHN BELL fertiggestellt, der vielleicht als eine Hinwendung zur Wellenformtheorie angesehen werden kann, da sein Hauptspant sich etwas weiter achtern befand. Bei der HURRICANE lag es in der Mitte der CWL, bei der JOHN BELL jedoch 1,22 m dahinter. Deshalb war auch deren Vorschiff länger und etwas schärfer als das der HURRICANE, während das Achterschiff kürzer und ein wenig völliger war. Die Stärke der Aufkimmung und das Profil waren gleich geblieben.

Im Februar 1855 lief bei Stephen die WHITE EAGLE, praktisch eine Wiederholung der STORM CLOUD, vom Stapel, und im Juni des gleichen Jahres folgte das Vollschiff mit Hilfsmaschine EUPHRATES als eine etwas völligere Version. Auch diese beiden waren zunächst einmal für eigene Rechnung gebaut worden.

Die übereinandergelegten Pausen von Werftplänen der STORM CLOUD und der WHITE EAGLE ließen die gleiche Länge zwischen Vor- und Achtersteven erkennen. Andere Ähnlichkeiten fanden sich im Bugprofil, in der Galionsfigur, im Ausmaß der Aufkimmung, im Belauf des Achterschiffs, im gekrümmten Kiel vorn und im kleinen Rundheck. Bei der WHITE EAGLE wurde achtern auf die Krümmung des Kiels verzichtet. Ein weiterer Unterschied bestand in der Position des Hauptspants, das bei der WHITE EAGLE gegenüber dem der STORM CLOUD um 1,83 m weiter vorn lag. Dadurch wurde das Vorschiff etwas kürzer und völliger, obwohl es immer noch einen scharfen und hohlen Belauf aufwies.

Bei der EUPHRATES handelt es sich um eine im ganzen völligere Version der WHITE EAGLE. Die Abmessungen sind rundum gewachsen, und die auf dem Plan angegebene Verlängerung um 5,49 m scheint im Mittelschiff zu einem sich über ca. 3,7 m erstreckenden Bereich fast gleichbleibender Spantflächen geführt zu haben. Das Bugprofil erscheint nicht derart abgeschnitten, die Galionsfigur wurde von leichten Galionsbrettern flankiert, und achtern war sowohl ein gekrümmter als auch ein waagerechter Kielverlauf zur endgültigen Auswahl angeboten.

Um diese vier ungewöhnlichen Schiffe besser vergleichen zu können, folgt hier eine Zusammenstellung ihrer Hauptdaten:

Baujahr	Name	tons unt. Deck	tons (netto)	tons n. V. 1836	Abmessungen nach Gesetz von 1854 üb. Registrierung.[45]	Völligkeitsgrd. d. U.-D.-Tonnage
1854	JOHN BELL	940	1057	1207	L: 70,56 m B: 10,12 m T: 6,28 m	0,61
1854	STORM CLOUD	688	798	907	L: 61,45 m B: 10,06 m T: 6,20 m	0,51
1855	WHITE EAGLE	756	879	997	L: 61,97 m B: 10,00 m T: 6,37 m	0,54
1855	D EUPHRATES	1144 brutto	658	–	L: 78,52 m B: 8,87 m T: 6,10 m	–

[Anm. d. Übers.: Um den hier eingeführten „Völligkeitsgrad der Unterdecktonnage“ zu erhalten (vgl. p. 22), muß bei in m angegebenen Abmessungen die Zahl der tons mit 2,832 multipliziert werden, ehe das Ergebnis (m^3) durch das Produkt aus Länge, Breite und Raumtiefe dividiert werden kann.]

175 Das eiserne Vollschiff STORM CLOUD schräg von achtern gesehen mit seinem ungewöhnlich geformten Ruder und nicht alltäglichen Heck. Das lange konkave Vorschiff erstreckt sich bis weit in den Hintergrund. Die aus Winkeleisen hergestellten Rüsten wurden offen gelassen, um so der See wenig Widerstand entgegenzusetzen.

In den USA entwarf George Steers, der Konstrukteur der Yacht AMERICA, auch den 1854 in New York gebauten extremen Klipper SUNNY SOUTH, der der AMERICA im Prinzip sehr ähnlich war. Sein Hauptspant lag beim Großmast, und bei langem konkavem Vorschiff hatte das kürzere scharfe Achterschiff ebenfalls einen hohlen Belauf. Der Kiel war auf seiner ganzen Länge gekrümmt. Dies ist der einzige amerikanische Entwurf, der eine Ähnlichkeit mit Stephens Schiffen aufweist; allerdings machten ihre Abmessungen von 41,25 m x 9,25 m (auf Spanten) x 5,26 m die SUNNY SOUTH im Verhältnis zu ihrer Länge breiter als die STORM CLOUD. Im übrigen waren die Linien ihres Vorschiffs nicht so lang, scharf und hohl wie die bei Stephens Klipper; aber ihr Achterschiff war sehr ähnlich und ihre Aufkimmung sogar steiler.[46]

Obwohl ein Werftplan der STORM CLOUD existierte, wurde der in Abbildung 178 gezeigte Linienriß nach einer unter Dokumenten in den Archiven von Alexander Stephen & Sons gefundenen Aufmaßtabelle gezeichnet, nur das Längsprofil stammt aus dem Linienriß. In den Zeichnungen der STORM CLOUD und der WHITE EAGLE wurden die Spantrisse bezüglich des Arrangements von Vor- und Achterschiffshälften, wie hier abgebildet und wie es damals nicht ungewöhnlich war, dargestellt. Bei den Linienrissen der Werft für diese beiden Schiffe und die JOHN BELL wurde der Maßstab von 1:32 gegenüber dem von 1:48 bevorzugt. Das führte zu sehr großen Zeichnungen, von denen der Linienriß der JOHN BELL zum Beispiel 2,44 m lang war. In ihrem Fall fehlt ein Spantriß, statt dessen nur die Umrisse des Hauptspants an der entsprechenden Stelle des Längsrisses eingezeichnet wurden.

Es ist auf den ersten Blick zu erkennen, daß das Vorschiff der STORM CLOUD gewiß eines der längsten und schärfsten im Verhältnis zur Länge über alles war, mit dem in Großbritannien oder Amerika je ein Klipper gebaut wurde. In diesem Fall war das Vorschiff in der CWL zwischen Vorsteven und Hauptspant 34,75 m lang; das sind 3,05 m mehr als bei dem bemerkenswert

176 Dieser Stich aus der *Illustrated London News* zeigt HMS BRISK im August 1860 nach der Aufbringung des hier unter vollem Zeug beigedrehten Sklavenschiffes MANUELA, das ursprünglich der 1854 von George Steers in Williamsburg, New York, nach eigenen Entwürfen gebaute extreme Klipper SUNNY SOUTH war. Das zu 702 tons vermessene Fahrzeug wurde später unter dem Namen ENCHANTRESS von der Royal Navy an der afrikanischen Küste als Vorratsschiff verwendet.

scharfen Klipper ANNANDALE, dessen Enden dafür aber, wie sein Plan zeigt, ausgewogener waren. Obwohl das Achterschiff der STORM CLOUD wesentlich kürzer als das Vorschiff war, besaß es dennoch einen scharfen und hohlen Belauf mit einem Minimum an Völligkeit. Der parallel zur Mittschiffsebene auf einem Viertel der Konstruktionsbreite liegende Schnitt kreuzt die CWL in gekrümmter anstatt in gerader Linie, aber der allgemeine Verlauf der Schnitte ist recht gleichmäßig. Das Hauptspant besitzt einen deutlich und gerade aufkimmenden Boden, einen kleinen Kimmradius und etwas eingezogene Seiten. Das runde Heck ist auf dem Plan außerordentlich breit, und das Deck verjüngt sich nach achtern nur wenig. Hinter dem Hauptspant ist der Verlauf der Oberschanzkleidreling über etwa 18 m völlig gerade und parallel zur Mittschiffslinie.

Ungewöhnliche Abweichungen kann man auch am Längsprofil erkennen: der Kiel ist vom jeweiligen Lot an gemessen über eine Strecke von 15,85 m vorn und von 12,19 m achtern gekrümmt. Der Vorsteven endet in einer Galionsfigur, sonst noch bei anderen Schiffen übliche Zierleisten etc. fehlen. Das Heck ist sehr leicht und von einer nur bei Eisenschiffen möglichen Form. Das Längsprofil steht an den Enden in krassem Gegensatz zu dem der HURRICANE. Eine Vorstellung von dem einfachen Bug kann die Photographie der ihr sehr ähnlichen WHITE EAGLE (Abbildung 180) vermitteln. Zahlreiche Öffnungen in der Bordwand ermöglichten eine gute Belüftung des Zwischendecks. Die aus Winkeleisen und nicht aus Holz gebauten Rüsten wurden durch Diagonalstreben gestützt und boten der See nur geringen Widerstand.

Wie der Besichtigungsbericht zeigt, wurden für die STORM CLOUD beachtliche Materialstärken eingesetzt: Für den massiven Kiel und den Vorsteven waren dies 254 mm x 64 mm gegenüber 203 mm x 89 mm für den Achtersteven; das Kielschwein bestand aus eisernen 559 mm x 13 mm Platten mit oben und unten angebrachten 102 mm x 76 mm x 13 mm Winkeleisen; die Winkeleisen der in einem Mittellinienabstand von 457 mm stehenden Spanten besaßen, von Spant zu Spant abwechselnd, die Maße von 127 mm x 76 mm x 13 mm und von 76 mm x 76 mm x 10 mm; in der Mitte des Bodens betrug die Breite der Platten 508 mm, während die Dicke der Platten sich von 19 mm bei den Kielgängen über 14 mm oberhalb der Kimmgänge auf 13 mm für die obere Seitenbeplattung verringerte. Es gab noch einen 610 mm breiten und 13 mm dicken Oberdeckschergang, und über die Schanzkleidbeplattung liegen keine Angaben vor. Der Wassergang war aus Teak von 305 mm x 152 mm und die Decksplanken aus 89 mm Yellowpine. Woher das Eisen kam, wird nicht gesagt, es heißt lediglich, daß es von bester Qualität gewesen sei. Die einzigen benötigten Prüfungszertifikate waren die für die Ankerketten.[47] Nach einer Schätzung der Werft wurden bei der WHITE EAGLE 388 tons Eisen und 144 tons Holz verbaut; diese Zahlen dürften in etwa auch für die STORM CLOUD zutreffen.

Es existiert eine Werftzeichnung der STORM CLOUD, welche die Hauptdecksbalken, die Luken, die achteren Wohnräume und die jeweilige Länge von Poop und Back zeigt. Manche Einzelheiten mußten zwar rekonstruiert werden, doch konnte auch eine Reihe von Informationen den Plänen zeitgenössischer von Stephen gebauter Schiffe entnommen werden, besonders denen der WHITE EAGLE, des D EUPHRATES, der HURRICANE und der CHARLEMAGNE. Auf dem Plan der letzteren, deren Bau 1856 begonnen wurde, sind auch die Niedergänge vom Haupt- zum Zwischendeck zu sehen. Im Besichtigungsbericht werden sieben Boote aufgeführt; dennoch wurden hier nur fünf gezeichnet, da es nicht sicher ist, wo sie alle ihren Platz hatten. Folgende Größen werden genannt: ein Großboot von 27 Fuß (= 8,23 m), zwei Rettungsboote von je 28,5 Fuß (= 8,69 m), zwei Kutter à 25 Fuß (= 7,62 m), eine Gig zu 28 Fuß (= 8,53 m) und ein Dingi von 14 Fuß (= 4, 27 m). Der auf dem Plan der WHITE EAGLE eingezeichnete Pallpfosten deutet auf eine Ankerwinde der hier rekonstruierten Art. Es gibt keine Anhaltspunkte für wie bei der HURRICANE gewendelte Niedergänge am Vorderende der Poop, obwohl die Art der Skylights auf der Hütte mit den sie umgebenden Sitzbänken ähnlich ist. Die allgemeine Einrichtung ist für Stephens Schiffe zwischen 1852 und 1858 typisch.

Der Segel- und Takelriß der STORM CLOUD wurde nach einem „W. Robertson, 18. Juni 1855“ signierten Plan kopiert, dessen Datum in die Zeit von zehn Monaten nach dem Stapellauf fällt. Das ist für den Nachweis wichtig, daß es sich hier nicht um einen nie ausgeführten phantasievollen Entwurf handelt, sondern um einen Riß, der das Aussehen des Schiffes kurz vor seiner zweiten Reise wiedergibt. Weiter ist noch eine besondere Liste mit den Spierenabmessungen vorhanden, die ziemlich gut zu diesem Riß von 1855 passen, der den gebogenen Außenklüverbaum, die beiden Stampfstöcke, die sechs Vorsegel und sämtliche Brassen von Fock- und Großmast zeigt. Die Rekonstruktion konnte sich daher auf die Leesegel mit ihren Spieren und Rahen, die Brassen am Kreuzmast, die Reffbänder, und die Jungfern, Rüsten und Rüsteisen beschränken. Letztere erscheinen in Segelrissen des D EUPHRATES und der CHARLEMAGNE, während von der WHITE EAGLE keine entsprechende Zeichnung mehr existiert. Vorgaffelsegel und Kreuzgaffelsegel (Besangaffeltoppsegel) sind auf dem Werftplan nur mit Bleistift gezeichnet und daher hier punktiert wiedergegeben. Für das stehende Gut wurde Draht verwendet. Interessant ist, daß hier noch nach der alten Methode die Vorbrassen zum Großmars und von den Marsbrassen die holenden statt der stehenden Parten zum Stengestag fuhren. Letzteres galt allgemein seit den frühen fünfziger Jahren als überholt, findet sich aber in Stephens Plänen des D EUPHRATES, der CHARLEMAGNE und der SEA QUEEN. Die hier gezeichneten Strake der Plattengänge wurden vom Konstrukteur auf seinem großen Spantriß im Maßstab 1 : 32 angegeben.

Die Höhe der für die STORM CLOUD benutzten CWL entspricht der des Werftsegelrisses. Sie gilt für das Schiff während seiner früheren Reisen, als im Zwischendeck nur Passagiere und im Laderaum nicht zu viel Schwergut befördert wurden. Der Rumpf hatte einen derart scharfen Belauf, daß man sich beim Betrachten des Werfthalbmodells nur schwer vorstellen kann, es mit einer zur Erzielung von Gewinnen in der Fracht- und Passagierfahrt bestimmten Konstruktion zu tun zu haben und nicht mit einer zum Vergnügen gebauten Yacht. Ein Zeichen dafür, daß die wirtschaftlich nutzbaren Qualitäten des Fahrzeugs von möglichen Käufern nicht sehr hoch eingeschätzt wurden, findet sich in der Tatsache, daß es Stephen bis zum Jahre 1862 nicht gelang,

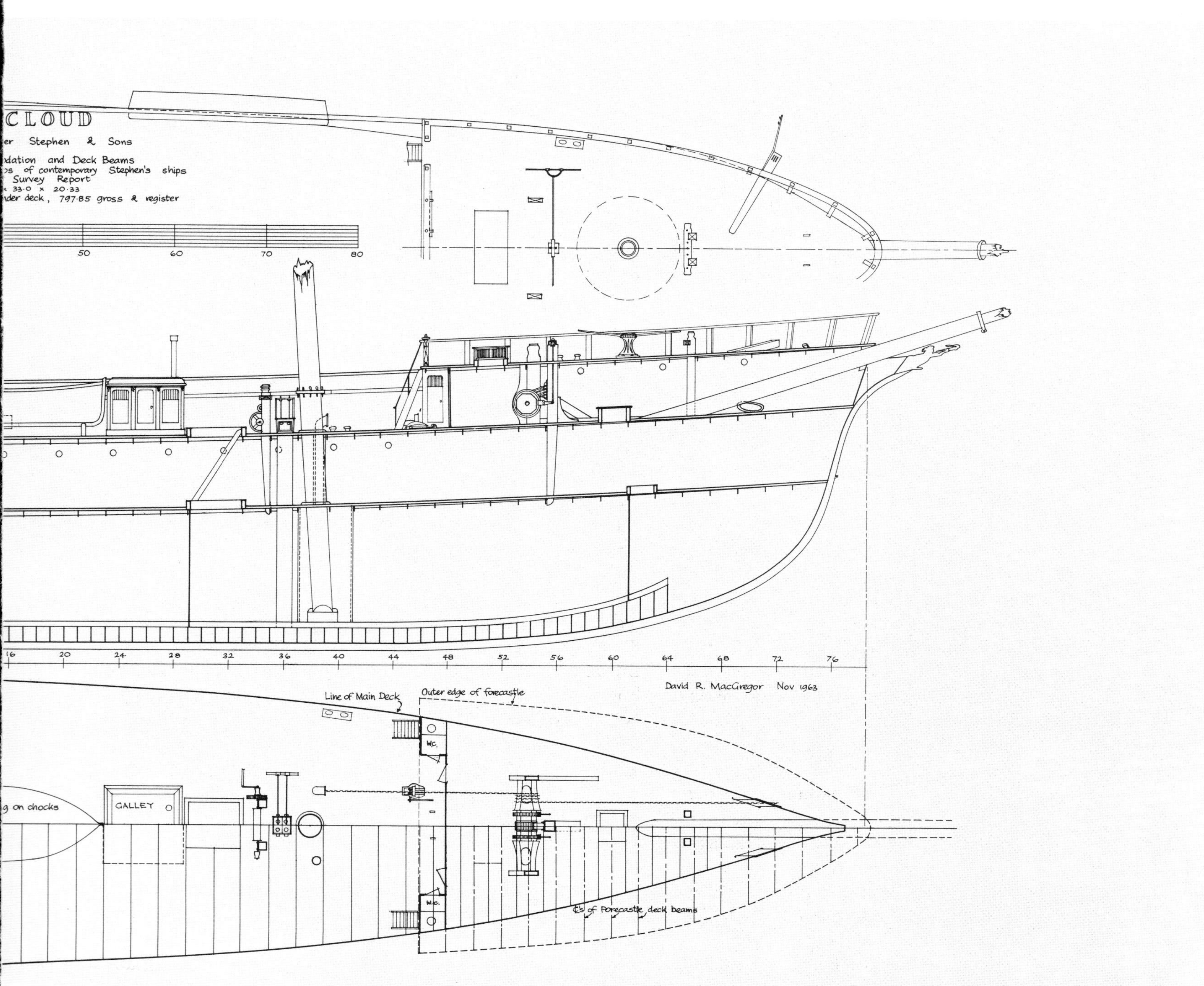

177 STORM CLOUD (Längsschnitt und Decksplan); überwiegend rekonstruiert. Quellen für die Rekonstruktion: Linienriß, Einrichtungsplan und Angaben über die Decksbalken; Pläne und Photographien von Stephen gebauter zeitgenössische Schiffe; Lloyd's Register Besichtigungsberichte.

178 STORM CLOUD (Linienriß); 1854 bei Alexander Stephen & Sons in Glasgow aus Eisen gebaut. Nach Aufmaßtabelle der Werft und undatiertem Linienriß gezeichnet. Abmessungen (gemäß dem Gesetz von 1854): 61,45 m × 10,06 × 6,20 m; 688,20 tons (unter Deck); 797,85 BRT. Rekonstruktion: Hauptspantschnitt nach Stephens Plan für die mit Hilfsmaschine ausgerüstete EUPHRATES und nach im Besichtigungsbericht von Lloyd's Register angegebenen Materialstärken.

179 STORM CLOUD (Segelriß); nach dem „W. Robertson 18th June 1855" signierten und datierten im Besitz der Werft befindlichen Plan kopiert. Vorgaffelsegel und Kreuzgaffelsegel (Besangaffeltoppsegel) waren auf jenem Plan nur mit Bleistift eingezeichnet und sind daher hier nur punktiert angedeutet. Rekonstruktion: Leesegel; Plattengänge (nach Linienriß der Werft); Rüsten, Rüsteisen und Jungfern; Brassen des Großskysegels und der Rahen am Kreuzmast.

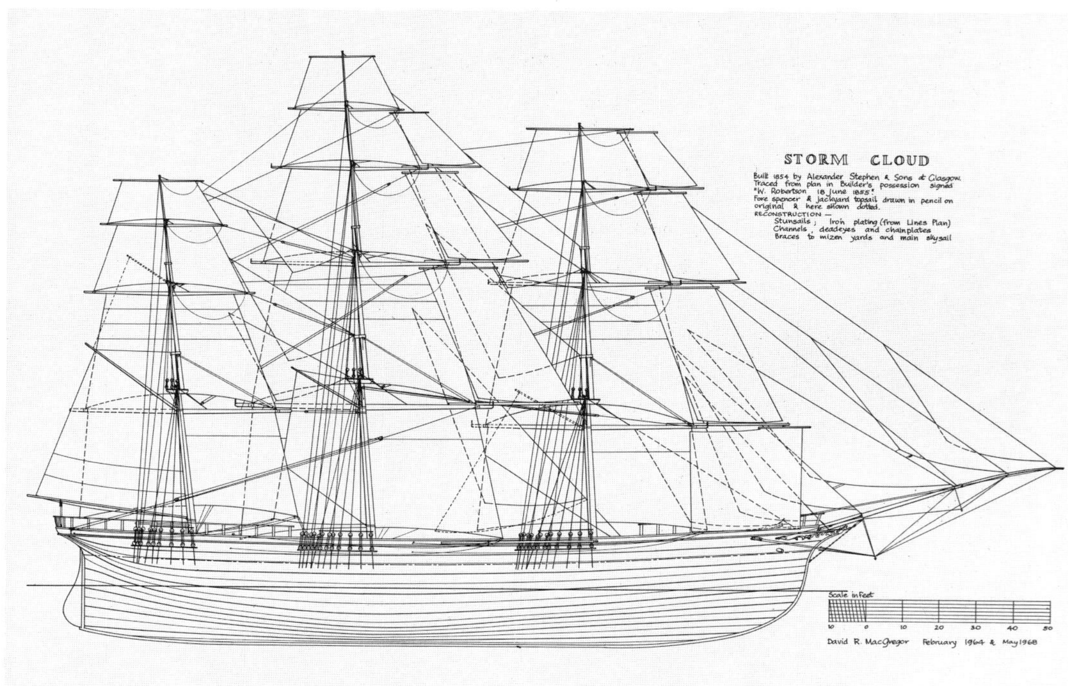

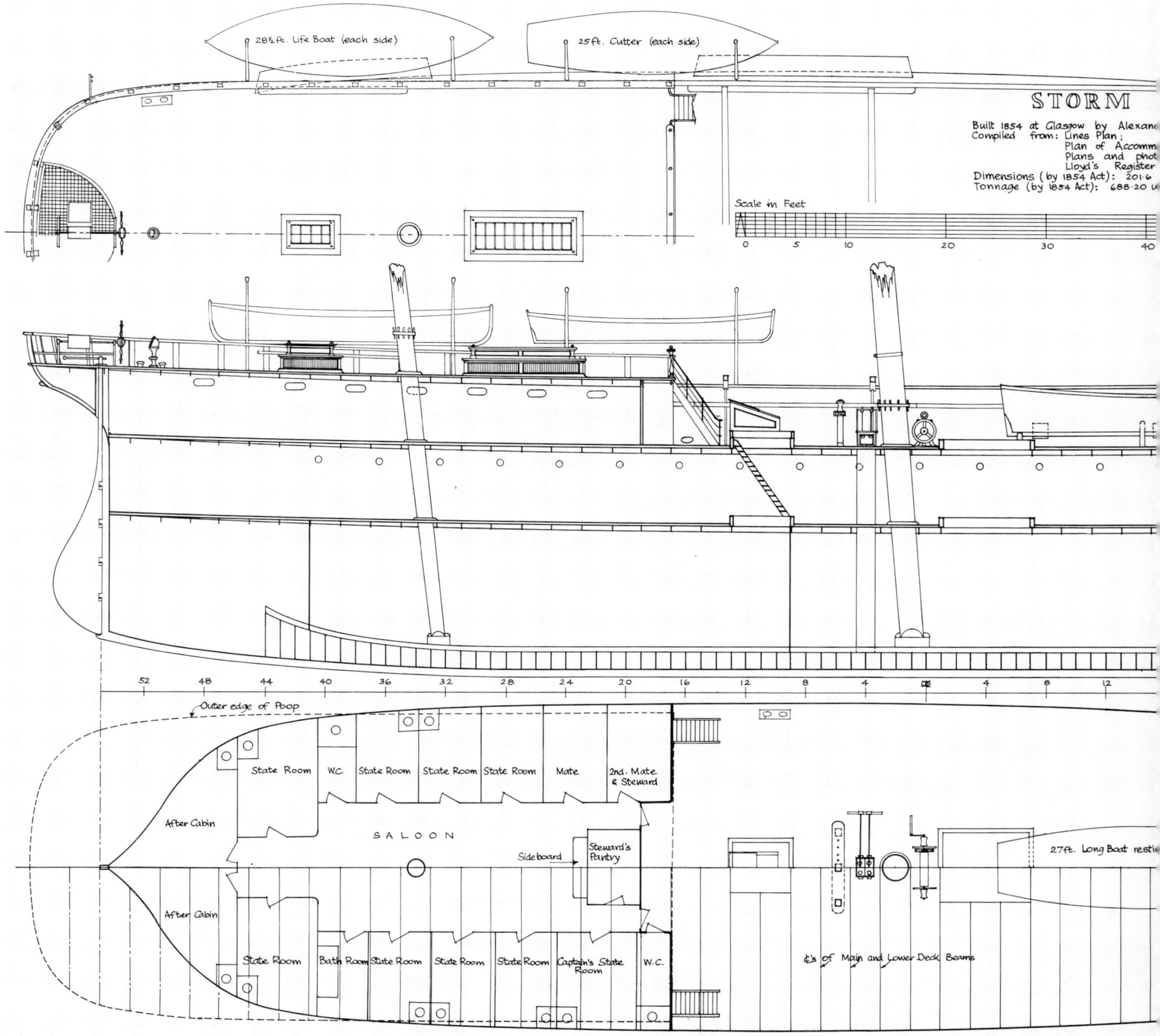
28½ ft. Life Boat (each side)
25 ft. Cutter (each side)
STORM
Built 1854 at Glasgow by Alexand
Compiled from: Lines Plan;
Plan of Accomm
Plans and phot
Lloyd's Register
Dimensions (by 1854 Act): 201·6
Tonnage (by 1854 Act): 688·20 u
Scale in Feet
Outer edge of Poop
After Cabin
State Room
W.C.
Mate
2nd. Mate & Steward
SALOON
Steward's Pantry
Sideboard
27ft. Long Boat resti
Bath Room
Captain's State Room
℄'s of Main and Lower Deck Beams

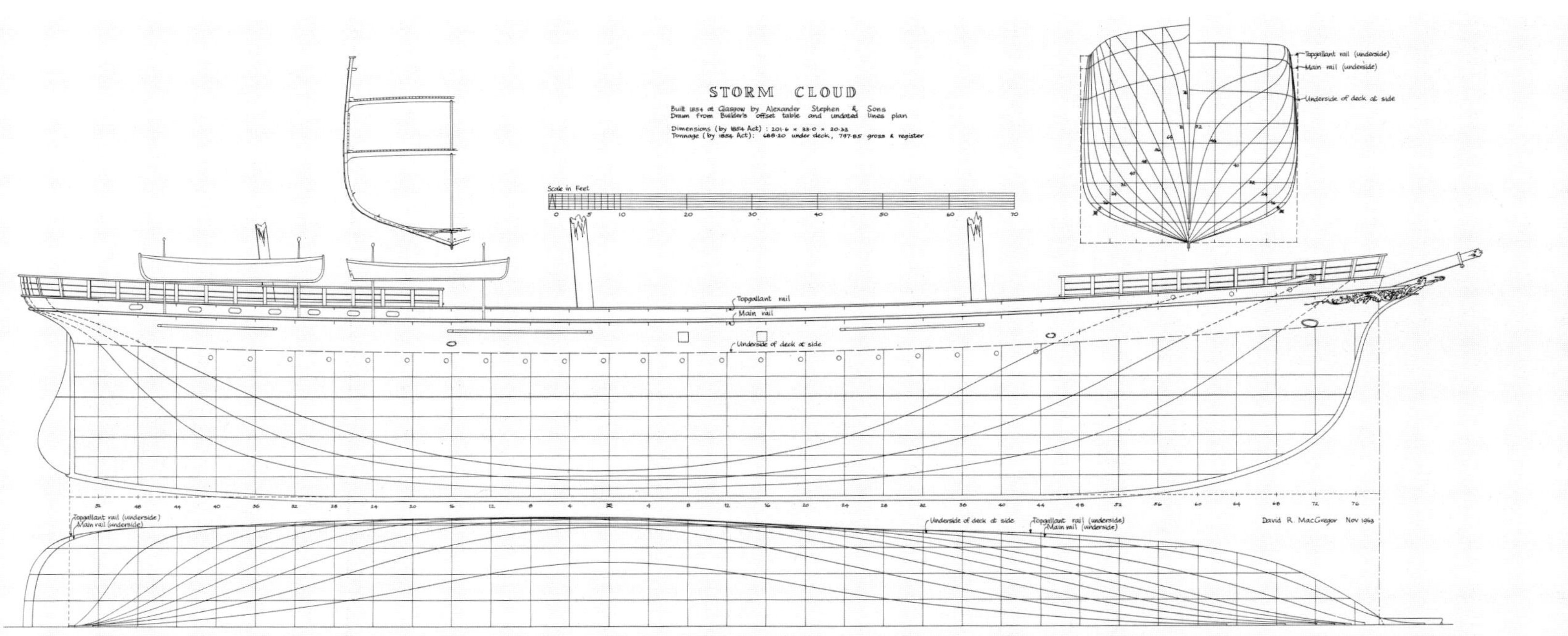
STORM CLOUD
Built 1854 at Glasgow by Alexander Stephen & Sons
Drawn from Builder's offset table and undated lines plan
Dimensions (by 1854 Act): 201·6 × 33·0 × 20·33
Tonnage (by 1854 Act): 688·20 under deck, 797·85 gross & register
Scale in Feet
Topgallant rail
Main rail
Underside of deck at side
Topgallant rail (underside)
Main rail (underside)
David R. MacGregor Nov 1983

das Schiff zu verkaufen, obwohl die Firma sich in dieser Hinsicht ständig bemühte und dem Kapitän vier Verkaufsvollmachten ausgestellt hatte, die ihn ermächtigten, das Schiff an jedem Ort außerhalb Großbritanniens zu verkaufen.[48]

Alexander Stephen jr. schätzte, daß Selbstkosten und Zinsen für die STORM CLOUD sich von August 1854 bis Februar 1856 auf £ 16 741 belaufen hätten; ihre Tonnage nach der gewöhnlich in Kostenangelegenheiten verwendeten alten Vermessung betrug 1 012 tons, was bedeutet, daß ihre Kosten mit voller Ostindienausrüstung auf etwa £ 16 pro ton gekommen wäre. Auf ihren beiden ersten Reisen von zusammen 21 Monaten erwirtschaftete sie für Stephen nach Abzug aller Unkosten einen Reingewinn von £ 8 700. Im Februar 1856 hieß es in einem Brief: „Nur mit Widerstreben denken wir an einen Verkauf unserer Schiffe STORM CLOUD und WHITE EAGLE, die im Augenblick recht gute Gewinne abwerfen und sehr erfolgreiche Reisen gemacht haben.“[49] Die Frachtraten waren noch hoch während dieser beiden Reisen, für deren erste sie wahrscheinlich ihre nach Melbourne bestimmte Ladung zu £ 4 oder £ 5 pro ton erhielt. Auf ihrer zweiten Heimreise von Calcutta nach London beförderte sie 1 000 tons gemischter Ladung für eine Fracht von £ 4 700, während die Ausgaben in Calcutta £ 700 betrugen. Natürlich ist eine Ladung von 1 000 tons etwas dürftig für ein Schiff von nur wenig unter 800 RT, und hohe Unkosten konnten den ganzen Gewinn auffressen. Bei einem Schiff von 800 RT konnte man gewöhnlich mit einer Ladung von 1 300 bis 1 600 tons rechnen. Um einen Gewinn abzuwerfen, mußten extreme Klipper natürlich höhere Frachten fordern. Bei schnellen Reisen konnten aber dann, wenn Passagiere mitfuhren, Ausgaben ausgeglichen werden, indem man den eingesparten Proviant verkaufte. So verringerte die STORM CLOUD ihre Unkosten auf diese Weise um £ 1 200, als sie 1855 mit 364 Auswanderern an Bord ihre schnelle Reise von 71 Tagen nach Launceston (Tasmanien) machte.

Im Februar 1856 boten Alexander Stephen & Sons die voll ausgerüstete STORM CLOUD für £ 14 978 und die WHITE EAGLE für £ 15 986 zum Kauf an.[50] Im April schien es, als ob wegen der gefallenen Eisenpreise aus den Verkäufen nichts würde, aber im September 1856 ging die WHITE EAGLE dann doch für £ 11 500 an J. G. Macfarlane in Glasgow. Die STORM CLOUD allerdings wurde nicht verkauft. Im Oktober 1859 bot man sie der Firma Handyside & Henderson für £ 7 000 an plus £ 5 700 für die Verlängerung des Schiffes um 18,29 m und den Umbau zu einem Schraubendampfer, aber der Preis erwies sich als zu hoch.[51] Statt dessen wurde sie für £ 5 412 an Patrick Henderson verchartert, um im Januar 1860 eine Reise mit Auswanderern nach Neuseeland anzutreten.[52] Sie wurde dann schließlich für £ 7 250 im Juli 1862 an Kapitän James Adams aus Helensburgh (Clyde) verkauft und ging im folgenden Jahr vor Akyab (Birma) verloren. In den frühen sechziger Jahren herrschte eine ziemliche Nachfrage nach Schiffen, besonders nach eisernen, deshalb konnte auch noch der gute Preis für sie erzielt werden.

Es wurde zwar behauptet, sie sei für den Kulitransport von Indien zu den westindischen Inseln gebaut worden; ihre beiden ersten Reisen machte sie jedoch nach Australien. Auf ihrer Jungfernreise segelte sie im Jahre 1854 vom 6. September bis zum 3. Dezember in 88 Tagen von Glasgow nach Melbourne und kehrte in 97 Tagen nach London zurück. In Glasgow, wo wahrscheinlich ihr Boden geschrapt und mit einem neuen Anstrich versehen wurde, übernahm sie neue Ladung, verließ die Clyde am 17. Juni 1855 und stand bereits nach 71 Tagen, am 27. August, bei den Launceston Heads. Über diese Reise berichtete eine tasmanische Zeitung folgendermaßen:

„Auf ihrer gegenwärtigen Reise erreichte sie Madeira in 6 Tagen; die Strecke von den Scilly-Inseln zum Kap Otway legte sie in 66 Tagen zurück und sichtete die Küste Tasmaniens am 69. Tag ... Einmal erzielte sie ein Etmal von 370 sm – eine Leistung, die der der gefeierten MARCO POLO gleichkommt, wenn sie sie nicht sogar noch übertrifft.“[53]

Von Tasmanien segelte sie nach Indien und brachte eine in Calcutta übernommene Ladung in 94 Tagen nach London.

Die WHITE EAGLE wurde 1855 auf ihrer Jungfernreise gezwungen, Kapstadt zur Reparatur von Sturmschäden anzulaufen, wodurch die Gesamtzeit der Reise sich auf 119 Tage verlängerte. Die Heimreise machte sie über Calcutta, von wo sie bis Deal 114 Tage benötigte. Danach wurde sie gechartert, um im Sommer 1856 für den Rücktransport britischer Truppen von der Krim eingesetzt zu werden. Sie hatte ein langes wechselvolles Leben unter verschiedenen Eignern, und 1877 kaufte sie in Dunedin die New Zealand Shipping Co. für eine Summe von über £ 7 000. Sie erhielt nun den Namen PAREORA und wurde erst 1885 abgewrackt.

Die JOHN BELL war einer der Klipper von Stephen, die zu Dampfschiffen umgebaut wurden. Diese Veränderung erfolgte im Jahr 1857. Von da an fuhr sie bis 1863 für die Anchor Line. In dieser Zeit hatte John Bell die Mehrheit der Besitzanteile inne mit Ausnahme von zwei Perioden, in denen er überhaupt keine besaß. Das Fahrzeug wechselte häufig Namen und Eigner, und von der Mitte der siebziger Jahre an fuhr es wieder als Segelschiff. Im Jahre 1905 wurde es dann in Genua abgewrackt.

Es überrascht, daß Stephen auf der Glasgower Werft keinen Klipper mehr baute, der so scharfe Linien besaß wie die TYPHOON, die HURRICANE, die JOHN BELL, die STORM CLOUD oder die WHITE EAGLE. Vielleicht fehlte es an den passenden Aufträgen, selbst während des Klipper-Booms gegen Ende der sechziger Jahre; es ist aber auch möglich, daß Stephens Preise stets zu hoch waren. Nach den erhalten gebliebenen Plänen zu urteilen, scheint der China-Klipper ELIZA SHAW (1863) das nächstschärfste dort entstandene Schiff gewesen zu sein. Viele Jahre hindurch waren die Fahrzeuge dieser Werft teils völligere, teils schärfere Versionen des 1857 vom Stapel gelaufenen Halbklippers TYBURNIA.

BENJAMIN NICHOLSON UND DIE *ANNANDALE*

Die im Laufe des Jahres 1854 gebauten extremen Klipper sind etwa zwölf Monate vorher entworfen worden. Der Baubeginn der am 10. August 1854 vom Stapel gelaufenen ANNANDALE erfolgte im Januar 1853. Sie entstand auf einer nur relativ kleinen Werft, aber achtzehn Monate sind eine lange Zeit, um einen bis zum äußersten extremen Klipper auf den Helgen heranreifen zu

180 Die WHITE EAGLE war ein eiserner, 1855 bei Alexander Stephen & Sons vom Stapel gelaufener, extremer Klipper. Der scharfe Belauf des langen Vorschiffs kann aus der Tatsache ersehen werden, daß der Rumpf noch bei der dritten gemalten Pforte einen Überhang besitzt. Das Bugspriet ähnelt dem der STORM CLOUD. Zur Zeit, als diese Aufnahme in Neuseeland gemacht wurde, war das Schiff bereits nach seinem Verkauf an die New Zealand Shipping Co. in PAREORA umbenannt worden.

lassen, wo jeder konjunkturelle Umschwung das Unternehmen ruiniert und das lobenswerte Wagnis in eine wirtschaftliche Katastrophe verwandelt hätte. Immerhin war sie wahrscheinlich gerade rechtzeitig fertig, um noch vor der Depression in den späten fünfziger Jahren einige gute Ladungen zu erhalten, obwohl sie, wenn sie Gewinne abwerfen sollte, wie die STORM CLOUD wegen der geringen Ladefähigkeit auf hohe Frachtraten angewiesen war. Eine andere Analogie zur STORM CLOUD bestand darin, daß auch bei ihr Erbauer und Eigner Partner in einem Familienbetrieb waren – in ihrem Fall John Nicholson & Co.; das erklärt auch die Bereitschaft der Eigner, sich auf ein extremes Baumuster der Werft einzulassen.

Annan liegt in Dumfriesshire (Südschottland) am River Annan, noch keine zwei Kilometer vom Nordstrand des Solway Firth entfernt. Dort wurden Slups, Schoner, Briggs und Barken von der Familie Nicholson gebaut. Von 1825 bis zu seinem Tode im Jahre 1853 leitete John Nicholson den Betrieb, als dessen in dieser Zeit größtes Fahrzeug 1827 das zu 338 tons vermessene Vollschiff ANNANDALE mit vollständiger Takelage vom Stapel lief. Erst das 1853 gebaute völlige frachtfahrende Vollschiff BURNS übertraf es mit 375 tons. Danach wurden einige wesentlich größere Schiffe gebaut, beginnend mit einer neuen ANNANDALE im Jahre 1854. Nach John Nicholsons Tod übernahm dessen damals zwanzig Jahre alter Sohn Benjamin (1833–1913) die Leitung der Werft, und begann sofort, seine ehrgeizigen Pläne vom Bau erheblich größerer hölzerner Schiffe in die Tat umzusetzen, die alle im Firmenbesitz blieben. Vettern in Liverpool aus der dortigen Reederei Nicholson & McGill halfen mit ihrer Erfahrung, die Schiffe gewinnbringend fahren zu lassen.

VON B. E. NICHOLSON 1853–1865 GEBAUTE SCHIFFE MIT RAHTAKELUNG[54]

Baujahr	Name	Takelung	tons n. V.	tons a. V.	Abmessungen
1853	BURNS	Vs	363	375	37,80 m × 7,77 m × 5,12 m (S)
1854	ANNANDALE	Vs	759	1131	69,16 m × 8,69 m × 5,64 m (Gesetz v. 1836) (Breite über alles: 9,69 m) (S)
1856	QUEENSBERRY	Vs	635	767	63,06 m × 8,72 m × 5,85 m (S)
1857	SHAKSPERE	Vs	486	565	50,23 m × 8,29 m × 5,49 m (S)
1859	JOHN NICHOLSON	Vs	685	–	54,13 m × 8,96 m × 6,10 m (S)
1861	MANSFIELD	Bk	357	–	40,54 m × 7,80 m × 5,15 m (S)
1862	BURNSWARK	Bk	323	–	37,03 m × 7,47 m × 4,51 m
1863	ELIZABETH NICHOLSON	Vs	904	–	58,67 m × 9,91 m × 6,77 m
1865	SARAH NICHOLSON	Vs	934	–	59,34 m × 9,97 m × 6,89 m

(S) bedeutet: unter Schutzdach gebaut. Wahrscheinlich wurden auch die letzten Schiffe unter einem Schutzdach gebaut; die Besichtigungsberichte von Lloyd's Register konnten nur noch nicht durchgesehen werden.

In der Zeit von 1853 bis 1865 entstanden auch zwei kleinere Fahrzeuge bei Nicholson: der Schoner SYREN (1856), der hinter der SHAKSPERE auf dem gleichen Helgen mit ihr von dem übriggebliebenen Holz der QUEENSBERRY gebaut wurde, und die Brigg SOLWAY QUEEN (1864).

Als die ANNANDALE 1858 neu vermessen wurde entsprechend dem Gesetz von 1854 über die Registrierung, wurde die maximale Außenbreite anstatt der zwischen der Wegerung ermittelten Innenbreite gemessen, wodurch dieser Wert auf 9,69 m anwuchs. Zweifellos war das für einige Leute der Grund zu der Annahme, sie sei umgebaut oder neu verzimmert worden. Die auf dem Plan nachgemessene Länge beträgt 68,28 m, was darauf deutet, daß noch beim Bau ein zusätzliches Spant eingefügt wurde; bei dem hier vorliegenden Spantabstand (Inholz und Fach) von 0,77 m hätte das eine Verlängerung des Rumpfes auf 69,05 m bedeutet, was beinahe der Registerlänge entspricht. Der im Verhältnis zu seiner Länge beachtlich schmale Rumpf wurde in diesem Kapitel bereits in einer besonderen Tabelle zusammen mit ähnlichen Beispielen herausgestellt.

Commander Francis Tweedie, der als Pionier in der Erforschung eines Großteils der Schiffbaugeschichte von Annan gelten darf, glaubt, daß der junge Benjamin Nicholson zum Entwurf und zum Bau eines extremen Klippers angeregt wurde, als er im Büro von Nicholson & McGill in Liverpool arbeitete. Dies wird teilweise bestätigt durch den Bericht einer Lokalzeitung über den Stapellauf der ANNANDALE, der auch deshalb interessant ist, weil er aus einem überwiegend von der Landwirtschaft geprägten Gebiet stammt:

„Wir brauchen unsere Leser nicht davon zu unterrichten, daß die als Klipper bekannten schmalen scharf gebauten Schiffe sich seit kurzem wegen ihrer Segeleigenschaften eines guten Rufes erfreuen und daß sie aus diesem Grunde besonders für die Chinafahrt gefragt sind. McKay und andere Amerikaner übernahmen im Bau dieser Fahrzeuge die Führung und monopolisierten sogar für einige Zeit den Markt; unlängst aber konnten die Piles in Sunderland und einige Firmen in Aberdeen erfolgreich mit den Yankee-Werften konkurrieren, ja sie sogar gelegentlich noch überflügeln. Die Firma Nicholson in Annan, von der nicht wenige feine Fahrzeuge stammen, faßte den Entschluß, ein sehr großes in der Art der Klipper zu bauen, und zwar nicht nach irgendeinem bereits existierenden Vorbild, sondern nach einem Originalentwurf, der ihrer Meinung nach eine beispiellose Geschwindigkeit ohne nennenswerte Einbuße an Ladefähigkeit gewährleisten würde. Der benötigte Entwurf stammt von einem jungen Teilhaber der Firma, Mr. Benjamin Nicholson, der von klein auf eine starke Neigung zum Schiffbau erkennen ließ. Das Hauptmerkmal [der Konstruktion] besteht in der extremen Länge im Verhältnis zur Breite, wobei letztere nur ein Siebtel der ersteren betrug."[55]

Der Kiel wurde im Januar 1853 gestreckt und das Schiff unter einem Schutzdach gebaut; der Boden erhielt vor dem Stapellauf einen Muntzmetallbeschlag, aber es wurden noch keine Masten eingesetzt. Für den Stapellauf standen in Welldale nur wenig mehr als 3 m Wassertiefe zur Verfügung, und der Kiel hatte achtern leichte Grundberührung. Die oben erwähnte Zeitung vergleicht Größe und Abmessungen der ANNANDALE mit denen des in Sunderland im Dezember 1833 vom Stapel gelaufenen Passagierschiffes DUNBAR. Die Zeitung zeigte sich davon beeindruckt, daß der Kiel der ANNANDALE trotz ihrer bedeutend geringeren Tonnage um 6,10 m länger war als der der DUNBAR.

Die ANNANDALE erhielt ihre Masten samt Takelung in Annan, wo sie auch ausgerüstet wurde. Da ihr Bodenbeschlag wahrscheinlich anläßlich einer Grundberührung bei Niedrigwasser beschädigt worden war, wurden die nachfolgenden Schiffe nach Liverpool geschleppt und dort ausgerüstet. Auch die Tatsache, daß sie zu Beginn ihrer Jungfernreise zweimal teilweise entmastet wurde und die Großrah nach einem Bruch ihres Racks an Deck gefallen war, mag den Wunsch gestärkt haben, die Bemastung und Takelung der Schiffe durch Männer ausführen zu lassen, die Erfahrung mit größeren Fahrzeugen hatten. Ihre Segel wurden in Annan gemacht, und das Material für die Takelage stammte von der Gourock Rope Co. Die Wohnräume befanden sich in einem mit Kojen für vierundzwanzig Seeleute ausgestatteten vorderen Deckshaus sowie in einem weiter achtern gelegenen Deckshaus für den Kapitän, drei Offiziere, Bootsmann, Zimmermann, Steward und drei Offiziersaspiranten. Das würde auch in etwa der auf einem Gemälde der QUEENSBERRY gezeigten Einrichtung entsprechen.

Vor einigen Jahren hat Benjamin Nicholson alle von seinem Großvater entworfenen Halbmodelle zu einer Sammlung zusammengetragen, nur das der QUEENSBERRY war nicht mehr aufzufinden. Von diesen Modellen besitzt das der ANNANDALE den bei weitem feinsten Belauf; es folgen dann nach Schärfe geordnet die MANSFIELD, die SHAKSPERE und die ELISABETH NICHOLSON, während es sich bei dem Rest nur um völlige Frachtschiffe handelt. Die meisten Modelle sind im Maßstab 1 : 32 gearbeitet, der sie groß und unhandlich macht. Das der ANNANDALE ist 2,29 m lang, und in dem engen Keller, in dem ich sie aufmaß, kam ich mir wie unter einer Gruppe schlafender Alligatoren vor. Das Modell der BURNS war auf einem rechteckigen Brett angebracht, während die anderen Rückenbretter dem Längsprofil des jeweiligen Rumpfes entsprachen, über den sie an allen Seiten um etwa 6 mm hinausragten. Diese Art war auf vielen Werften üblich.

Die ANNANDALE stellte eines der wesentlichsten Beispiele für den britischen Typus des extremen Klippers dar. Sie verkörperte ein Ideal, das zumeist aus praktischen Erwägungen unverwirklicht blieb. Vor- und Achterschiff waren sehr lang, scharf und konkav. Unter der Annahme, daß die sechste Wasserlinie der CWL bei einem Tiefgang von 5,41 m entsprach, befand sich das Hauptspant etwa 0,90 m hinter der Schiffsmitte. Die Schnitte weisen sehr weit geschwungene Kurven auf und der auf einem Viertel der Konstruktionsbreite liegende Schnitt verläuft gerade, wo er die angenommene CWL schneidet. Ein Sprung fehlt völlig. Der Kielgang war hohl, die Aufkimmung gering und der Boden ging in eine weit gerundete Kimm über. Die Seiten waren oben leicht eingezogen. William Crockett, ihr Kapitän, gibt an, mit ihr eine Geschwindigkeit von 18 kn erzielt zu haben. Das entspräche bei einer Länge in der CWL von 220,33 Fuß (= 67,16 m) einem relativen Geschwindigkeitskoeffizienten von 1,22. An dem Tag, an dem diese hohe Geschwindigkeit erreicht wurde, betrug das

Etmal gemäß astronomischer Beobachtung 381 sm, was einer mittleren Geschwindigkeit von $15^{3}/_{4}$ kn entspricht.

Eine Gegenüberstellung der Querschnittszeichnung und des Spantrisses ermöglicht einen aufschlußreichen Vergleich, da die Spantlinien des Modellrumpfes in gleichmäßigen Straken auf den Spanten innerhalb der Beplankung verlaufen, während die außen an den Planken entlanglaufenden Linien je nach der wechselnden Plankenstärke an- und abschwellen. Im Bereich des Kielgangs ist die Form des Halbmodells als imaginäre Fortsetzung des Spants bis zum Kiel ausgearbeitet; über der Reling ignoriert das Halbmodell die Neigung der Oberschanzkleidreling wie auch die Tatsache, daß diese nach außen versetzt ist; statt dessen schwingt die Seitenlinie in schöner Gleichmäßigkeit nach oben. Zierleisten fehlen im allgemeinen bei derartigen Modellen, obwohl sie gelegentlich angebracht wurden, als ob es sich um ein beplanktes Modell handelte.

Über die Konstruktion der ANNANDALE wurde bereits im vorangegangenen Kapitel bei einem Überblick über den Holzschiffbau berichtet. Zu ergänzen wäre noch, daß die Bodenwrangen eine Breite von 0,37 m und eine Tiefe von 0,36 m besaßen und daß diese Maße sich bis zu den Oberauflangern auf 0,25 m x 0,25 m verringerten. Aus der Querschnittszeichnung ist zu ersehen, daß man wegen der großen Schiffslänge sehr darauf bedacht war, ungewöhnlich schwere Hölzer für den Längsverband zu verwenden. Für die Spanten wurde englische Eiche verwendet, während man für die Balken und Knie importierte Eiche und Lärche benutzte. Die äußere Beplankung bestand aus Ostsee-Kiefer, sonstiger Kiefer, amerikanischer Ulme und Eiche. Von Lloyds erhielt sie die Klasse 8 A 1. Der Besichtiger Thomas W. Wawn berichtete: „Dieses Fahrzeug ist achtern so scharf, daß es unmöglich ist, ein normales Heckband anzubringen, immerhin beträgt 6,10 m von achtern gemessen die Tiefe ihrer Aufklotzung noch 3,66 m. Deshalb wurden Piekstücke angebracht und durch und durch von Seite zu Seite verbolzt. Allgemein sind ihre Spanten breiter als vorgeschrieben, und die handwerkliche Arbeit ist von sehr guter Qualität."[56]

Ein Decksplan ist leider nicht bekannt, aber der Besichtiger erwähnt ein Großboot und drei weitere Boote, eine Patent-Ankerwinde, zwei Winschen, ein eisernes Gangspill und zwei Pumpen aus Metall. Aus anderen Beschreibungen geht hervor, daß sie ein Großskysegel fuhr. Im Besitz von Benjamin Nicholson befindet sich ein Gemälde der QUEENSBERRY von Samuel Walters, der dafür £ 21 erhalten haben soll. Die Zeichnung in Abbildung 183 ist genau nach dem Gemälde und in gleicher Größe angefertigt worden, wobei die Längen der diversen Teile sorgfältig am Original nachgemessen wurden. Da andere Darstellungen dieser Art fehlen, gibt es uns den besten Eindruck von dem wahrscheinlichen Aussehen der ANNANDALE, besonders wenn man noch ein Großskysegel hinzufügt. Im Blick auf die große Länge des Rumpfes erscheinen die Masten als zu kurz gezeichnet, aber bei einem so scharf gebauten Fahrzeug benötigte man keine in den Himmel ragende Besegelung, um Fahrt ins Schiff zu bekommen. Es ist mehr als wahrscheinlich, daß man Walters einen Segelriß zur Verfügung gestellt hatte und daß das Gemälde in ausreichender Weise maßstabgetreu ist, um für die Rekonstruktion eines Segelrisses herhalten zu können. Geht man davon aus, daß die ANNANDALE 69,16 m lang war, dann ist das Gemälde fast genau im Maßstab 1 : 128 gehalten, daß heißt, die Großrah war 21,34 m lang und die Länge des Großmastes von der Reling bis zum Flaggenknopf betrug 34,75 m; das entspricht recht gut den entsprechenden Abmessungen bei anderen Klippern, obwohl die oberen Rahen dann etwas knapp ausfielen.

Die Tatsache, daß sie am Anfang ihrer Jungfernreise zweimal umkehren mußte, und zwar jedes Mal mit über Bord gegangenen Marsstengen, deutet entweder auf eine ursprüngliche Übertakelung oder darauf, daß die einheimischen Takler aus Annan ihrer Aufgabe nicht ganz gewachsen waren. Zunächst war sie am 7. Dezember 1854 von Liverpool aus in See gegangen; nachdem sie aber nach Liverpool und dann nach Queenstown zurück mußte, um Schäden beheben zu lassen, verließ sie Queenstown schließlich am 23. März 1855 und erreichte Bombay nach 83 Tagen, während sie für die Heimreise nach Liverpool 98 Tage benötigte.

Die gesamte zweite Reise, auf der sie sich Ladungen in aller Welt zusammensuchte, dauerte vom 30. Januar 1856 bis zum 12. Oktober 1858. Dabei besuchte sie der Reihe nach Melbourne, Hongkong, Singapur, Hongkong, Melbourne, Callao, Barbados, Bahia, Bombay und Liverpool. Den ersten Abschnitt dieser langen Reise legte sie in 78 Tagen von Liverpool nach Melbourne zurück, gefolgt von einer sehr kurzen Fahrt nach Hongkong in 31 Tagen vom 11. Mai bis zum 11. Juni. Später fuhr sie im gleichen Jahr vom 6. bis zum 13. September 1856 in der unglaublich kurzen Zeit von 7 Tagen von Singapur nach Hongkong. Dabei hatte sie beständigen Südwestwind und konnte an mehreren Tagen zwei Royalleesegel und das Großskysegel setzen. W. Crockett, ihr erster Kapitän, verließ sie nach Beendigung der zweiten Reise. Einige Jahre später, nach dem er sich in Australien zur Ruhe gesetzt hatte, schrieb Kapitän Crockett in einem Leserbrief an den *Sydney Daily Telegraph:*

„In Ihrer Ausgabe vom 17. des Monats konnte ich feststellen, daß Sie einige begeisterte Beiträge über mehrere berühmte Klipper brachten. Ich habe kein einziges der von Ihnen erwähnten Schiffe gesehen. Ich bin selbst ein alter Seemann, und ich halte die Leistungen der von Ihnen beschriebenen Klipper nicht für bewundernswert. Ich erhebe sogar Einspruch gegen die Behauptung, daß die THERMOPYLAE die größte Distanz in 24 Stunden zurückgelegt habe, die jemals von einem Fahrzeug erzielt wurde, das auf den Wind als Antriebskraft angewiesen war. Mit dem 1855 unter meinem Kommando auf einer Reise von Bombay nach Liverpool befindlichen Vollschiff ANNANDALE legten wir an

181 Diese Flaggen wurden von Schiffen der Firma Nicholson, Annan, geführt. (Waagerechte Schraffur: blau; senkrechte Schraffur: rot; gepunktet: gelb.)

einem Tag von Mittag bis Mittag eine durch Beobachtung ermittelte Distanz von 381 sm zurück. Während dieser 24 Stunden passierten wir um Mitternacht in geringer Entfernung die Insel Rodrigues. Ich bin sicher, daß das Schiff während dieses Etmals zeitweilig 18 Knoten lief. Wir loggten dreimal, und jedes Mal wurde die Leine bis jenseits von 18 Knoten ausgesteckt, und jedes Mal verloren wir das Logscheit.

Im Jahre 1858 verließ ich das Vollschiff ANNANDALE in Liverpool und habe nichts mehr von ihm gehört, außer das es umgebaut worden sei. Es war zu lang für seine Breite. Die ANNANDALE wurde 1854 in Annan am Solway Firth gebaut und war damals das im Verhältnis zur Breite längste existierende Segelschiff. Wie ich feststelle segelte die THERMOPYLAE am besten mit halbem Wind. Die ANNANDALE segelte gut mit halbem Wind, aber sie lief am besten vor dem Wind. Auf ihrer Reise von Liverpool nach Melbourne im Jahre 1856 betrug das beste Etmal 375 sm. Um Mitternacht wurde das Großskysegel festgemacht, und mit dieser Ausnahme blieben während der 24 Stunden alle Segel stehen. Am Wind war sie nicht schlechter als der Durchschnitt, aber es war kein Verlaß auf ihre Verstagung. Sie war aus Lärche gebaut und pflegte die Kupferung ihres Bodens zu verlieren. Ich sollte noch erwähnen, daß ich die ANNANDALE bei ihrem Stapellauf übernahm und sie vier Jahre lang führte. Die Firma John Nicholson & Co. in Annan war Erbauer und auch Eigner des Schiffes.“[57]

John Nicholson & Co. verkaufte das Fahrzeug 1860 für £ 5 287 an Stuart & Douglas in Liverpool. Fünf Jahre später strandete es im Dezember vor Key West, wurde kondemniert und der Rumpf im folgenden März verkauft.

Obwohl das Halbmodell der QUEENSBERRY im Jahre 1955 nicht aufzufinden war, liegen genügend Anhaltspunkte dafür vor, daß sie eine kleinere Version der ANNANDALE darstellte: das Hauptspant war ähnlich; der Besichtiger bezeichnete sie als „vorn äußerst scharf“; das Gemälde zeigt ein klipperartiges Fahrzeug mit einem ziemlich weit achtern stehenden Fockmast; bei ihren Abmessungen von 63,06 m x 8,72 m x 5,85 m war auch sie schmal. Die Tonnage wurde mit 635 tons angegeben. Ihr Kiel wurde im Oktober 1854 gestreckt, und das unter einem Schutzdach gebaute Schiff lief am 8. Februar 1856 vom Stapel. Zu ihrer Jungfernreise verließ sie Liverpool am 14. April und traf am 20. Juli nach 97 Tagen in Hongkong ein. Eine weitere schnelle Reise machte sie 1861, als sie am 7. April vor den Scilly-Inseln stand und 99 Tage von Canton gebraucht hatte. Der Bruttogewinn der entsprechenden Rundreise, die im November 1859 begonnen hatte und eine Charter als Transportschiff mit einschloß, betrug ohne Abzüge £ 6 092. Im Jahre 1863 wurde sie für £ 4 327 verkauft.[58]

Die 1857 gebaute SHAKSPERE besaß die gleiche Bugform wie die ANNANDALE, aber einen völligeren Rumpf, so daß sie als schneller Halbklipper gelten konnte. Das Vorschiff war scharf und konvex, das Mittelschiff hingegen völlig gehalten, während das Achterschiff hohle und schärfere Linien zeigte. Ihre Hauptspantform glich derjenigen der ANNANDALE. Eine solche Rumpfform ermöglichte es, daß sie sich bei ihren zahlreichen Fahrten um Kap-Horn zur Westküste Südamerikas als gutes und starkes Schiff bewährte. Auf einer sehr schnellen Fahrt vom 29. September bis zum 9. Dezember des Jahres 1857 benötigte sie von Caldera nach Swansea nur 71 Tage.[59] Von 1860 bis zum Jahr 1870, in dem sie wrack wurde, konnte die SHAKSPERE ohne Abzug der Unkosten einen Bruttogewinn von £ 21 447 erzielen.[60]

182 ANNANDALE, 1854 bei Benjamin Nicholson in Annan aus Holz gebaut. Aufmaßzeichnung nach dem im Besitz von B. E. Nicholson befindlichen Halbmodell der Werft. Linien auf Spanten gezeichnet. Abmessungen (gemäß dem Gesetz von 1836): 69,16 m × 8,69 m (innen) × 5,64 m; Breite über alles: 9,69 m; 759 tons n. V. und 1131 tons a. V. – Rekonstruktion: Bug, Galionsbretter, Galionsschegg, Mastpositionen und Heckgalerien nach einem Gemälde der QUEENSBERRY; Hauptspantschnitt nach einer Zeichnung im Lloyd's Register Besichtigungsbericht.

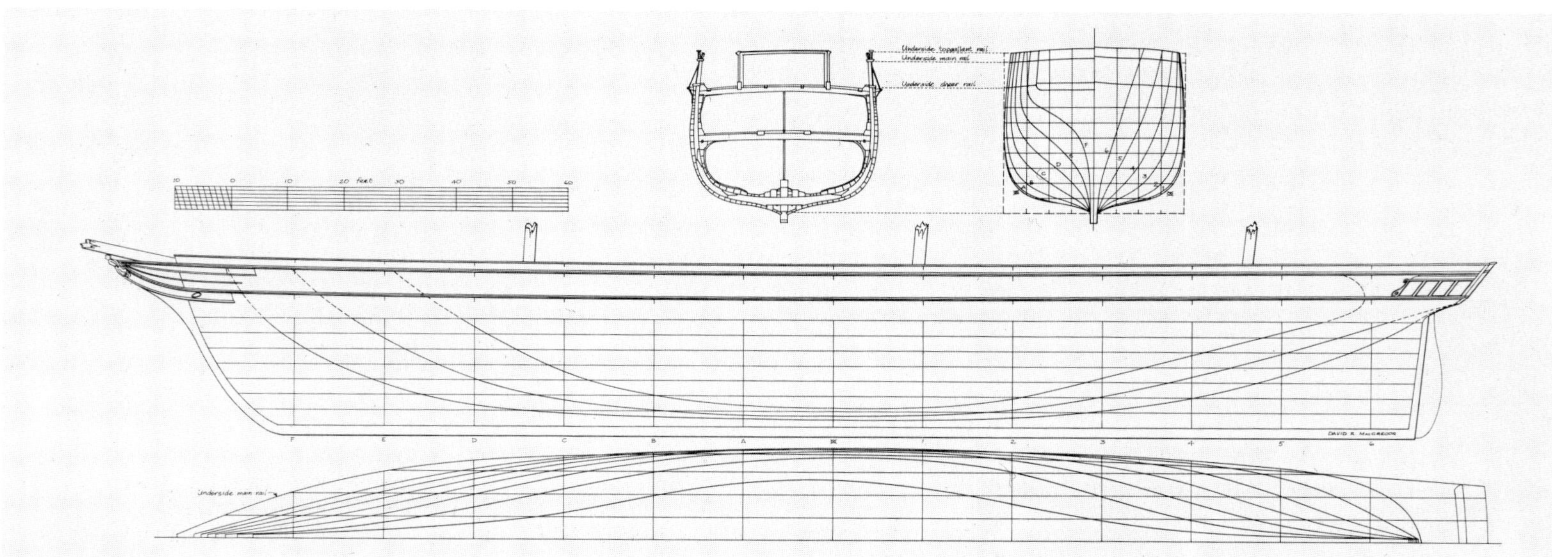

183 QUEENSBERRY, 1856 bei Benjamin Nicholson in Annan gebaut. Sie besaß dieselben extremen Proportionen wie die auf der gleichen Werft gebaute ANNANDALE, von der eine Abbildung fehlt. Von ihr dürfte aber auch die mit 635 tons n.V. geringfügig kleinere QUEENSBERRY einen ziemlich genauen Eindruck vermitteln. Diese Zeichnung entstand auf Pauspapier, das zur Erzielung größerer Genauigkeit auf das Glas des im Besitz von B. E. Nicholson befindlichen Ölgemäldes von Samuel Walters gelegt wurde.

ALEXANDER HALLS TEE-KLIPPER

Es ist bereits so viel über Alexander Hall & Sons geschrieben worden, daß sich einleitende Bemerkungen über diese Firma, die eine große Zahl extremer Klipper baute, erübrigen. Die Zeitungen jener Jahre waren unermüdlich in ihrer Berichterstattung über die Erfolge der Aberdeener Schiffe gegenüber den „vielgerühmten amerikanischen Klippern". Wirklich zuverlässige Vergleiche können aber nur anhand der erhalten gebliebenen Pläne angestellt werden. Zwar existieren von vielen Aberdeen-Klippern auch Halbmodelle; diese stimmen jedoch nur sehr ungenau mit den Registerabmessungen überein, was die Beurteilung erschwert. Weiter unten folgt eine Tabelle mit den abweichenden Daten. Halbmodelle der SCOTTISH MAID, der REINDEER, der STORNOWAY, der CHRYSOLITE, der CAIRNGORM, der VISION und der SCHOMBERG wurden dem Glasgower Museum 1881 für eine Ausstellung geliehen und nie wieder zurückgegeben, so daß sie den Brand in Alexander Halls Verwaltungsgebäude überlebten, der die Mehrzahl der übrigen Modelle und sämtliche Pläne vernichtete. Nach dieser Quelle entstanden die in *The Tea Clippers* reproduzierten Risse der STORNOWAY und der CAIRNGORM[61] wie auch die hier zum ersten Mal veröffentlichten Pläne der SCOTTISH MAID, der REINDEER, der VISION und der SCHOMBERG.

Ein Längenunterschied zwischen 0,5 und 1,0 m mag nichts weiter bedeuten, als daß während des Baus noch ein oder zwei Spanten hinzugefügt wurden, während 0,30 m Differenz in Breite oder Tiefe ein Anzeichen für beträchtliche Unterschiede in den Rumpfformen sein kann. In der nebenstehenden Liste finden sich Diskrepanzen bei jedem Schiff; vielleicht können nur Aufmaß-

VERGLEICH VERSCHIEDENER ABMESSUNGEN FÜR VON ALEXANDER HALL & SONS 1850 BIS 1856 GEBAUTE SCHIFFE, VON DENEN NOCH HALBMODELLE EXISTIEREN.

		Tonnage neu	Tonnage alt	Registerabmessungen (n. V.-Regel) [in m]	Abmessungen nach Modell [in m]
1850	STORNOWAY	527	595	48,10 x 7,86 (I) x 5,43 8,78 (A)	48,10 x 8,41 (S) x 5,43
1851	CHRYSOLITE	440	570	45,51 x 7,96 (I) x 5,18 8,84 (A)	44,81 x 8,38 (S) x 4,72
1853	CAIRNGORM	939	1246	58,92 x 10,24 (I) x 6,16 11,16 (A)	57,91 x 10,85 (S) x 6,16
1854	VISION	563	720	51,82 x 8,41 (I) x 5,55 8,93 (A)	51,82 x 8,41 (S) x 5,79 47,70 x 8,99 (A) x 5,33 Modell im Liverpooler Museum
1855	SCHOMBERG	2284	2600	75,50 x 12,86 (I) x 8,81 13,87 (A)	78,55 x 13,08 (S) x 7,77
1856	ROBIN HOOD	853 (RT)	1185	62,18 x 10,76 (A) x 6,40 (nach Gesetz von 1854)	67,97 x 12,19 (S) x 6,71 (Modell in Aberdeen Public Library)

(I) Innenbreite nach neuer Vermessung

(S) Breite auf Spanten

(A) Breite über alles

Alle Modelle befinden sich, wenn nicht anders angegeben, im Glasgower Museum. VISION und SCHOMBERG waren in Diagonalbauweise ohne Wegerung gebaut. Bei ihnen sind daher Innenbreite und Breite auf Spanten nahezu identisch.

tabellen die Kriterien einer Rumpfform mit sehr großer Zuverlässigkeit angeben, doch diese scheinen recht selten zu sein, auch sind für die obengenannten Schiffe bisher keine aufgefunden worden.

Aus den veröffentlichten Linien der STORNOWAY ist zu ersehen, daß sie eine gute Aufkimmung, eine runde Kimm und eingezogene Seiten besaß, die oberhalb eines bestimmten Punktes über der CWL im gleichen Maße wie bei der REINDEER wieder in hohler Linie nach außen überhingen (Abbildung 113). Dieses Merkmal findet sich auch bei den Halbmodellen der CHRYSOLITE und der SCHOMBERG. Vor- und Achterschiff sind bei der STORNOWAY kürzer als bei der REINDEER. James Hendersons schönes Modell der STORNOWAY im Aberdeen Regional Museum zeigt ihr Bugprofil, die Poop mit ihren verrundeten Seiten, das kurze scharfe Vorschiff, die zwei Deckshäuser und die wahrscheinliche Anordnung der Takelage. Letztere ist ziemlich typisch für jene Zeit, obwohl bei manchen Schiffen das Großstag und das Großstengestag etwas höher am Fockmast gesetzt wurde.

Die sieben Monate nach der STORNOWAY im März 1851 vom Stapel gelaufene CHRYSOLITE war, nach dem Halbmodell zu urteilen, von einer anderen Art mit kurzem, scharfem und konkavem Vorschiff, aber einem längeren konkaven Achterschiff. Sie besaß eine beträchtliche Aufkimmung bei hohlen Bodenwrangen; die Kimmrundungen waren recht markant, hier lag auch die größte Breite. Wie bei der REINDEER besaßen die Seiten oben einen hohlen Überhang; trotzdem war die Breite in Höhe der Reling um 0,46 m geringer als in Kimmhöhe. Am Modell ermittelte Länge und Breite stimmen einigermaßen mit den Registerabmessungen überein, nur die Raumtiefe nach dem Modell ist offenkundig um 0,46 m zu niedrig. Man darf wohl ruhig noch einmal den großen Unterschied hervorheben, der vor dem Jahre 1855 zwischen der zur Tonnagevermesssung ermittelten Innenbreite und der Breite über alles bestand: Bei der CHRYSOLITE betrug die erstere 7,96 m und die letztere 8,84 m. Die Photographie ihres Halbmodells läßt in der Mitte des Rumpfes die Spuren zweier Einschnitte erkennen, die darauf schließen lassen, daß zu irgendeinem Zeitpunkt der Entwurf geändert und ein längeres Stück eingeschoben wurde.

Die CHRYSOLITE besaß ein schärferes Vorschiff als die BALLARAT sowie ein längeres und schärferes Achterschiff. Sie stellte in etwa den gleichen Typus wie William Webbs Klipper SWORDFISH dar, nur mit geringerer Breite und steilerer Aufkimmung.[62] Die SWORDFISH wurde 1851 in New York gebaut und zu 1130 tons vermessen. Sie machte einige schnelle Reisen nach San Francisco und zurück über China mit Tee.

Ein kurzer von einem Linienriß begleiteter Artikel über die CHRYSOLITE erschien in dem von John W. Griffiths in New York herausgegebenen *Monthly Nautical Magazine;* aber die Linien zeigen keine Ähnlichkeit mit dem Halbmodell oder sonst irgendeinem Modell eines der Schiffe Halls. Auf jenem Plan ist der aufkimmende Boden fast gerade gezeichnet mit sehr weit gerundeter Kimm; die Seiten sind etwas eingezogen, haben oben aber keinen Überhang; der Sprung vorn ist außerordentlich stark, und der Vorsteven stammt ganz bestimmt nicht aus Aberdeen. Vor- und Achterschiff sind scharf und gut gegeneinander ausgewogen. Die Abmessungen, auf die Griffiths seine Kalkulationen stützte, weisen keine Ähnlichkeit mit den Registerabmessungen des wirklichen Fahrzeugs oder mit dem Halbmodell auf. Außerdem war er der Auffassung, daß Aberdeen an der Clyde lag! Damit ist auch die Möglichkeit der Bestätigung durch einen Zeigenossen dahin.[63]

Während ihrer frühen Reisen wurden diese Aberdeen-Klipper das Chinesische Meer hinunter gegen den Südwestmonsun geknüppelt; das Mittel ihrer Reisen von Whampoa bei Canton nach England betrug damals 104 bis 108 Tage. Auf ihrer Jungfernreise betrug das größte für die CHRYSOLITE angegebene Etmal 320 sm und die höchste Geschwindigkeit 14 kn.[64] Nach dem Halbmodell betrug die Länge in der CWL 143,25 Fuß (= 43,66 m), was einem relativen Geschwindigkeitskoeffizienten von 1,15 entspricht, der auf eine hohen Geschwindigkeiten förderliche Rumpfform weist. Der Besichtiger von Lloyd's Register bemerkte zu ihr: „mit scharfen Enden und großer Aufkimmung [konstruiert]; Klipperbug mit mäßigem Überhang".[65]

In den frühen fünfziger Jahren wurden die Zeitungen nicht müde, immer wieder die Namen STORNOWAY, CHRYSOLITE und später auch CAIRNGORM zu nennen, wenn sie über andere Klipper oder schnelle Reisen berichteten. Andrew Shewan erinnert sich an sie als an „schmale Schiffe mit scharfem Bug und hoher Takelung, bei deren eigentümlichem Vorschiff die Beplankung bis ganz vorne zum Vorsteven (mit großem Überhang) lief; Galion oder Galionsknie fehlten, was nach meinem Eindruck nicht zu ihrer Schönheit beitrug".[66]

Über die CAIRNGORM berichtete der Besichtiger von Lloyds: „Dies ist ein scharf gebautes Fahrzeug mit großer Aufkimmung und sich fein verjüngenden Enden. Ein überhängender Vorsteven bildet zugleich das nur wenig [mehr] überhängende Galion. Heck rund mit voller Poop, deren Decksbalken an den Enden nach unten gebogen und längs der Seiten mit den Poopspanten abgerundet verbunden sind."[67] Dieses sogenannte Walrückendeck war bei den späteren Eisen- und Stahlschiffen sehr gebräuchlich.

Die *Illustrated London News* vermutete bei der Veröffentlichung ihres Bildes, daß Alexander Hall & Sons bei ihren Klipper-Entwürfen durch die Wünsche der Eigner eingeengt wurden, und die Erbauer sich daher entschlossen hätten, einmal ein Schiff ganz nach ihren Vorstellungen von der Beschaffenheit eines Klippers zu bauen; das ist übrigens genau das, was Alexander Stephen mit der STORM CLOUD und Benjamin Nicholson mit der ANNANDALE getan haben.

Nach einem Lob der Aberdeen-Bauweise erklärte die Zeitschrift, wie es zu der Konstruktion kam, mit den folgenden Worten:

„Während so die Dauer der Chinareisen stark verringert wurde, . . . glaubte man dessenungeachtet, daß die Amerikaner durch die beachtliche Größe ihrer Klipper, von denen einige das Doppelte der Registertonnage der größten britischen Schiffe besaßen, über einen großen Vorteil verfügten. Um diesem Einwand zu begegenen, entschloß sich die Firma Hall, den bislang größten und mit den schärfsten Linien entworfenen Klipper auf Stapel zu legen, der je in Schottland gebaut worden war; er sollte so konstruiert werden, daß jeder Käufer mit ihm in gutem Glauben den schnellsten der amerikanischen Flotte herausfordern konnte. Auf dieses Fahrzeug wurde die Firma Jardine, Matheson & Co. durch den unternehmungsfreudigen Kapitän ihres Klippers STORNOWAY, Mr. Robertson, aufmerksam gemacht, der es auch für sie kaufte, um den Tee der neuen Ernte nach Hause zu bringen."[68] Die CAIRNGORM entstand also als Spekulationsbau.

Für ein Fahrzeug ihrer Größe besaß die CAIRNGORM eine enorme Aufkimmung, die entlang dem zwischen hohlem Kielgang und Kimm gerade ansteigenden Boden fünfundzwanzig Grad betrug. Ihr Linienriß erscheint in *The Tea Clippers*, einem früheren Werk des Verfassers. Von den amerikanischen Klippern, deren Pläne von Howard I. Chapelle in *Search for Speed under Sail* wiedergegeben wurden, besaß nur die SAMUEL RUSSELL (1847) eine derart steile Aufkimmung, allerdings ohne die hohlen Kielgänge und bei völligeren Enden. Die NIGHTINGALE (1851) verfügte ebenfalls über eine starke Aufkimmung, aber ihr Hauptspant zeigte eine Krümmung auf der ganzen Linie von der Kielsponung bis zu den eingezogenen Seiten.[69]

Nachdem sie am Anfang ihrer Jungfernreise entmastet worden war, segelte die CAIRNGORM von Lissabon nach Hongkong in nur 72 Tagen (1. Mai bis 12. Juli 1853). Obwohl sie nur für eine ihrer Heimreisen mit Tee weniger als 100 Tage benötigt hatte, konnte sie offenbar hohe Frachtraten erzielen, wie zum Beispiel £ 7 pro ton im Jahre 1855 und 1857 den Betrag von £ 4 pro ton. Ihre schnellste Heimreise dauerte 91 Tage von Macau nach Deal, das sie am 5. Februar 1859 erreichte. Obwohl William Piles LAMMERMUIR von ihr auf dieser schnellen Reise nur knapp geschlagen wurde, schrieb Andrew Shewan, daß die CAIRNGORM der „anerkannte ‚Spitzenreiter'" war und „als der beste Teeklipper galt, vielleicht außer der ROBIN HOOD (1856 gebaut). Niemand kam ihr an Geschwindigkeit gleich, obwohl sie ihre besten Tage schon nahezu hinter sich hatte".[70] Daß sie nur die Klasse 7 A 1 erhalten hatte, war kaum von Bedeutung, da sie Jardine, Matheson & Co. gehörte und so jede gewünschte Menge vom besten Tee bekommen konnte. Da bei ihrem Bau weniger Hartholz verwendet wurde, lagen die Baukosten auch mit £ 14 pro ton wesentlich unter den £ 18.18 s pro ton der STORNOWAY, wodurch sie zusammen mit den hohen Frachtraten einen größeren Gewinn abwarf. Als die ursprünglich erhaltene Klasse 1860 ablief, wurde sie, um für die neue Klassifikation anfallende Reparaturkosten zu sparen, verkauft.

Die VISION kann wohl wegen der Ähnlichkeit der Linien als kleinere Version der CAIRNGORM angesehen werden. Aus dem Plan in Abbildung 188 geht hervor, daß das Hauptspant der VISION etwa 1,22 m vor der Mitte der CWL lag, wodurch das Vorschiff etwas kürzer als das Achterschiff wurde. Trotzdem war das Vorschiff sehr scharf, lang und hohl gehalten; selbst die CWL weist noch eine gewisse Konkavität auf. Das Achterschiff war von gleicher Beschaffenheit, schön ausgezogen und mit feinem Belauf der Seiten. Der auf einem Viertel der Konstruktionsbreite liegende Schnitt ist gerade, wo er achtern die CWL schneidet. Der Rumpf hat eine steile Aufkimmung erhalten und der hohle Spantverlauf setzt sich vom Kielgang bis zur Kimm fort, die weit gerundet ist und in oben eingezogene Seiten übergeht. Die VISION lief am 31. Dezember 1853 vom Stapel, da sie aber erst 1854 fertiggestellt wurde, wird das letztere Jahr meist als ihr Baujahr angegeben. Ihr Eigner war James Beazley aus Liverpool, und ihre Hauptabmessungen betrugen 51,82 m x 8,41 m (innen) x 5,55 m bei 563 tons n. V. und 720 tons a. V.; sie war also kleiner als die CAIRNGORM. Das Fehlen einer Wegerung läßt das Maß der Innenbreite fast bis zur Mallkante der Spanten reichen, so daß es praktisch der Breite auf Spanten gleichkommt.

Im Museum von Liverpool existiert noch ein Halbmodell der VISION; die nach seinen Maßen von William Salisbury gezeichneten Linien wurden im *Mariner's Mirror* veröffentlicht.[71] Die bereits in der Tabelle angegebenen Abmessungen nach diesem Modell liegen in der Länge um 4,12 m unter der Registerlänge, während sie sich in der Breite mit den Registerangaben decken, wenn an jeder Seite etwa 0,25 m für die Beplankung berücksichtigt werden; in der Tiefe sind sie allerdings wieder 0,22 m zu niedrig. Seine Linien sind im Vergleich zu dem Glasgower Halbmodell wesentlich völliger, und auch die Aufkimmung ist be-

184 Ein von James Henderson 1959 gebautes Modell des Aberdeen-Klippers STORNOWAY, das sich jetzt im Aberdeen Regional Museum befindet. Leider konnte der Photograph mit der Aufnahme nicht warten, bis auch die Vorroyal- und Skysegelrahen aufgebracht waren. Für den Kreuzmast war kein Skysegel vorgesehen. – Das kurze scharfe Vorschiff ist bemerkenswert.

trächtlich schwächer. Der steile Bodenanstieg des Glasgower Modells wird durch eine Zeichnung bei dem Besichtigungsbericht für Lloyd's Register bestätigt, die auch hilft, die Authentizität des Halbmodells in Glasgow zu stützen.

Das Brett an der Rückseite des Glasgower Modells ist nach dem Profil des Rumpfes geschnitten, das muß im Hinblick auf die Gesamtbreite des Kiels berücksichtigt werden. Die hier gezeigten Details an Deck basieren weitgehend auf dem Liverpooler Modell, einem im Besitz von James Henderson befindlichen Modell, dem Besichtigungsbericht und einem Gracie, Beazley & Co. gehörenden Gemälde des Schiffes von Samuel Walters. Das Großboot hatte man auf ungewöhnliche Weise unter dem verlängerten Dach des Deckshauses aufgestellt, dessen Stützen teilweise wegnehmbar gewesen sein müssen, wenn das Boot nicht permanent dort eingeschlossen bleiben sollte. Auf dem amerikanischen Klipper WITCH OF THE WAVE (1851) gab es eine ähnliche Einrichtung, bei der das Boot zur leichteren Handhabung auf Rollen stand. Die VISION besaß auf der Poop ein „Aberdeen-Haus". Die Form der festen Back ist sehr ungewöhnlich.

Lloyds Besichtiger bemerkte: „Dies ist ein an Enden und Boden sehr scharfes nach dem Diagonalprinzip gebautes Fahrzeug; Vorsteven und Bug mit hohlem Überhang; rundes Heck ohne Spiegel; Hauptdeck von Vor- bis Achtersteven durchgehend mit einem Rundhaus achtern für die Kajüte, neben und hinter diesem ein gut erhöhtes Quarterdeck."[72]

Der Besichtiger fuhr dann fort mit einer genauen Beschreibung von Halls Diagonalbauweise. Die Spanten standen in einem Mittellinienabstand von durchschnittlich 1,37 m mit dazwischenliegenden kurzen Bodenwrangen. Eine 44 mm starke Haut verlief vertikal zwischen den Spanten. An die Außenseiten der Spanten wurden zwei ebenfalls 44 mm starke sich diagonal überlagernde Häute aus Lärche und Kiefer angebracht. Über eine Länge von 25,91 m erstreckten sich mittschiffs diese Diagonalhäute ohne Unterbrechung von Schandeckel zu Schandeckel, wobei sie über den Kiel hinweg auf die andere Schiffsseite geführt wurden. Ein Innenkiel trennte sie von den Bodenwrangen. Um dieses zu ermöglichen, müssen die Spanten außen unterstützt und vorübergehend Klötze zwischen Kiel und Bodenwrangen eingeschoben worden sein, die dann mit fortschreitender Diagonalbeplankung wieder entfernt werden konnten. Vor und hinter diesem 25,91 m langen Mittelabschnitt endeten die Diagonalplanken in einer Sponung am Kiel. Eine 89 mm bis 127 mm dicke Außenhaut war normal in Längsrichtung angebracht und besaß auch die üblichen in die Kielsponung eingefügten Kielgänge. Die verschiedenen Lagen der Planken wurden durch mit einem Gewinde versehene Dübel verbunden, die einen viereckigen Kopf besaßen und aus Greenheartholz oder afrikanischer Eiche bestanden; diese Verbindung ergab einen überaus festen und haltbaren Rumpf. (William Hall hatte im Juni 1853 ein Patent auf Schraubdübel erhalten.[73]) Das Hauptdeck war 76 mm stark und befand sich auf zwei Lagen je 32 mm dicker Diagonalplanken. Zu jedem zweiten Spant gehörte ein Decksbalken mit langen eisernen Hängeknien.

Die VISION war das erste von fünf diagonal gebauten Fahrzeugen; die SCHOMBERG war in der Konstruktion ähnlich. Dazu kamen noch zwei Schoner-Yachten, die KITTA WAKE und die SALAMANDER, sowie das Vollschiff CHAA-SZE. Alexander Hall & Sons veröffentlichten zur Illustration ihrer Konstruktionsweise einen Hauptspantschnitt der VISION, der wiederum von Andrew Murray mit seinem Schiffbauartikel in der *Encyclopaedia Britannica* abgedruckt wurde.[74] Allerdings ist die Form dieses Hauptspantschnittes völliger, und sie besitzt auch eine geringere Aufkimmung, als es in der Zeichnung beim Besichtigungsbericht für Lloyd's Register oder am Glasgower Halbmodell der Fall ist.

Der Segelriß wurde nach dem Gemälde von Walters und den von der Werft stammenden Spierenabmessungen, mit denen auch die Positionen der Masten angegeben werden, rekonstruiert. Vier interessante Punkte verdienen hervorgehoben zu werden: Da ist einmal die größere Länge der Rahen am Großmast im Vergleich zu denen am Fockmast bei besonders langer Großroyalrah; die Großrah war um ein Fünftel länger als die Fockrah, was 3,50 m ausmachte. Zweitens fällt auf, daß der Großmast von der Reling gemessen nur 0,61 m höher als der Kreuzmast war, während bei den meisten Fahzeugen der Kreuzmast eine beachtlich geringere Länge besaß. Im übrigen waren die Rahen am Fockmast etwas länger als die des Kreuzmastes, wobei allerdings die Fock eine um 0,31 m geringere Tiefe als das Bagiensegel hatte. Drittens ist zu beachten, daß die Nocken der Fockrah erstaunlich kurz waren, nämlich nur je 0,61 m; vielleicht besaß das Segel kein Reffband. Viertens ist bemerkenswert, daß nur ein Hornbugspriet gefahren wurde, denn in der Spierentabelle ist kein Klüverbaum aufgeführt. Viele Aberdeen-Klipper besaßen ein derart kurzes Bugspriet, daß dessen Eselshaupt sich nur wenig vor der Galionsfigur befand; eine einzige Spiere war daher ebenso geeignet.

Großstag und Großstengestag wurden an Deck am Fuß des Pallpfostens aufgesetzt, wohin sie deshalb nur in geringer Höhe über der Vorluke und dazu hier noch in doppelter Stärke fuhren. Dies scheint jedoch die allgemeine Praxis gewesen zu sein, die auch durch zahlreiche Bilder bestätigt wird, wie etwa durch die Photographie der im River Avon in Bristol gestrandeten Bark EMIGRANT. Viele der am Modell der STORNOWAY zu sehenden die Decksausrüstung und die Takelung betreffenden Merkmale, dürften auch für die VISION gelten.

Auf ihrer Jungfernreise segelte die VISION in 95 Tagen von Liverpool nach Hongkong (18. März bis 21. Juni 1854); dann verließ sie am 16. Juli Whampoa (Canton) mit 720 000 Pfund [(britisch) = 326 571 kg] Tee und traf nach 103 Tagen am 27. Oktober in Liverpool ein. Wegen dieser schnellen Reise konnte sie im folgenden Jahr eine Frachtrate von £ 6 pro ton erzielen, obwohl sie dann für die Heimreise nicht weniger als 139 Tage benötigte. Im Jahr 1857 ging sie in China verloren.

Andere von Hall in den frühen fünfziger Jahren gebaute Schiffe, die nach dem Besichtiger von Lloyd's Register einen „Klipperbug" besaßen, waren die CONQUEROR, die JOHN TAYLOR, die FRANCIS HENTY, die HANNIBAL, die MARION, die VELOCIDADE und die WOODLARK (Brigg); die LEICHARDT hatte „hohl überfallende Vorsteven und Bug". Das einzige Schiff, dessen Rumpfform erwähnt wird, war das 1852 gebaute und zu 510 neuen und 624 alten tons vermessene Vollschiff JULIA: „Dies ist ein scharfes niedriges Fahrzeug mit beträchtlichem Bodenanstieg, konstruiert mit

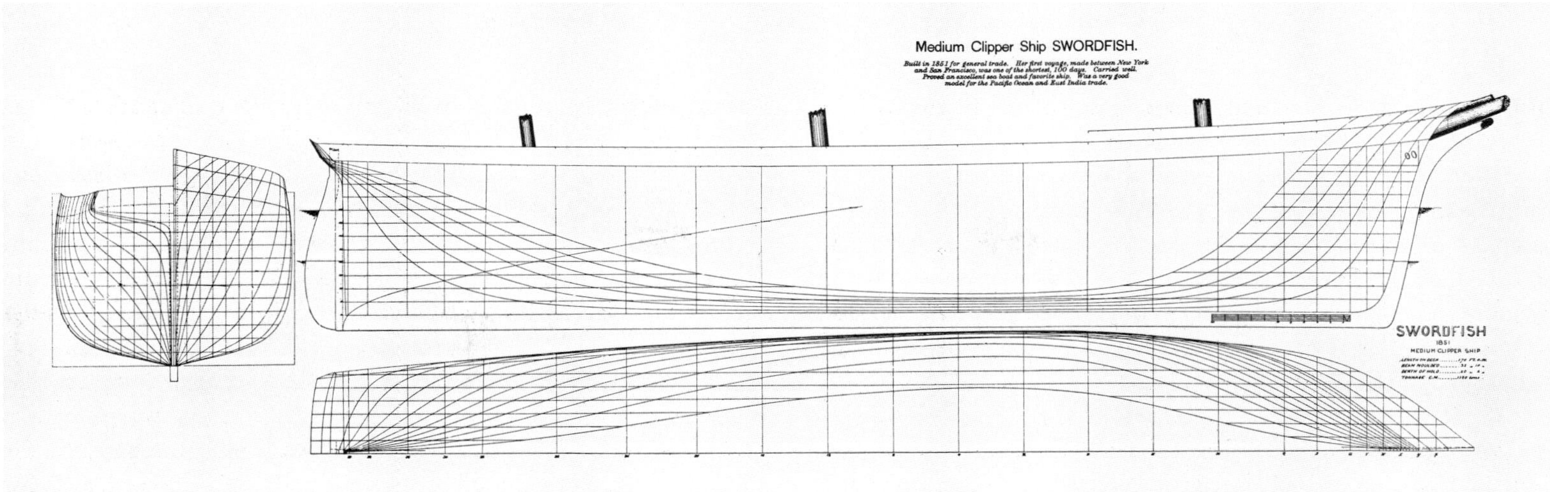

185 SWORDFISH, 1851 bei William H. Webb in New York gebaut. Reproduktion des Linienrisses aus *Plans of Wooden Vessels* von William H. Webb. Abmessungen laut Plan: 51,82 m (Länge an Deck) × 10,92 m (Breite auf Spanten) × 6,15 m (Raumtiefe); 1130 tons C. M. (Customs Measurement). Ihre Jungfernreise machte sie in 100 Tagen von New York nach San Francisco. Wie alle Schiffe von Webb besaß sie ein kurzes scharfes Vorschiff und ein langes Achterschiff. Die meisten seiner Fahrzeuge besaßen keine große Aufkimmung.

186 Das im Glasgower Museum befindliche Werft-Halbmodell des Aberdeen-Klippers CHRYSOLITE. Die Spuren zweier senkrechter Schnitte deuten auf ein während des Entwurfs zur Verlängerung eingefügtes Mittelstück.

187 Das Werft-Halbmodell des 1853 bei Hall & Sons gebauten extremen Klippers CAIRNGORM. Er besaß einen steil aufkimmenden Boden und lange scharfe Enden. Das Modell befindet sich im Glasgower Museum.

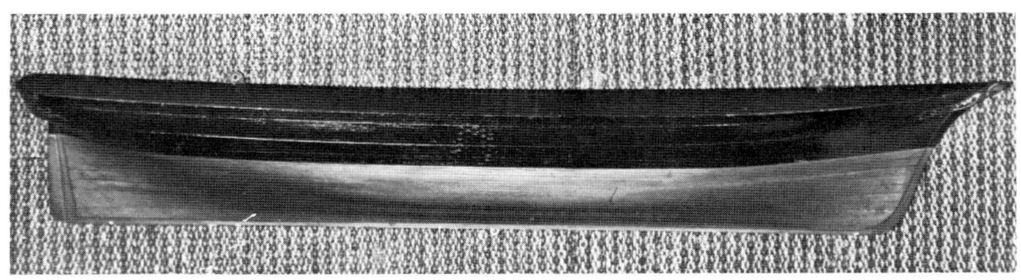

188 VISION (Linienriß); 1854 bei Alexander Hall & Sons in Aberdeen nach dem Diagonalsystem aus Holz gebaut. Nach dem im Glasgower Museum befindlichen Halbmodell (auf Spanten) gezeichneter Linienriß. Abmessungen (gemäß dem Gesetz von 1836): 51,82 m × 8,41 m (innen) × 5,55 m; 563 tons n. V. und 720 tons a. V. – Rekonstruktion: Die gesamte Decksausrüstung etc. unter Zugrundelegung eines im Besitz von Gracie, Beazley & Co., Liverpool, befindlichen, von S. Walters stammenden Gemäldes des Schiffes sowie eines im Liverpooler Museum aufbewahrten Halbmodells des Fahrzeugs; weitere Quellen waren die Lloyd's Register Besichtigungsberichte und zeitgenössische Gemälde anderer von Hall gebauter Schiffe.

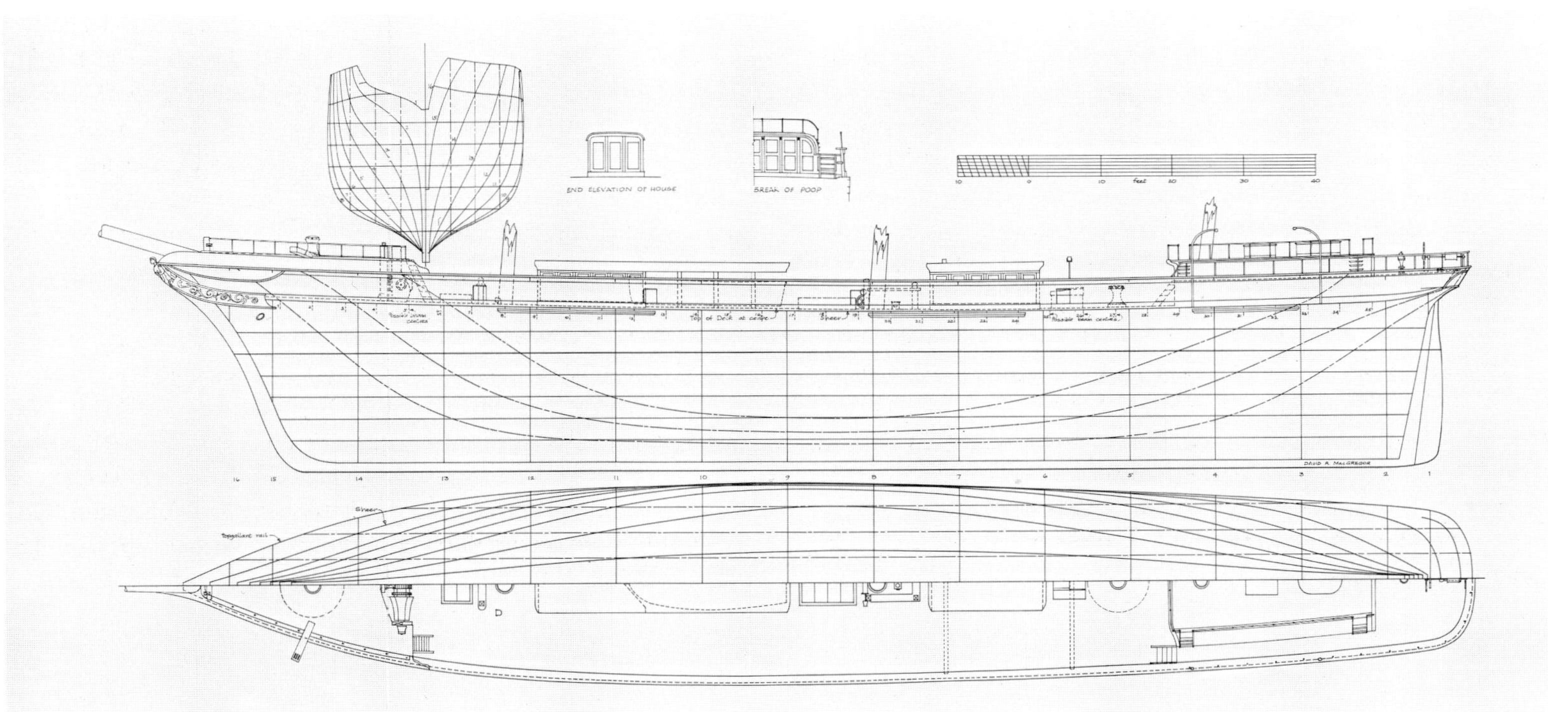

Klipperbug und rundem Heck." Es erscheint begründet, sie als Klipper einzustufen; vielleicht war sie der CHRYSOLITE ähnlich, beide verfügten über die gleiche Breite, aber die JULIA war 2,74 m länger.[75] Viele der Aberdeen Schiffe besaßen, gleichgültig von welcher Werft sie kamen, einen grünen Anstrich, die CAIRNGORM soll jedoch schwarz gewesen sein.

Zahlreiche außerhalb Aberdeens gebaute Fahrzeuge waren mit Halls Version des Klipperbugs ausgestattet; einige Beispiele dafür finden sich in Gemälden, wie dem im Liverpooler Museum befindlichen der Bark RAPIDO, die 1855 in Harrington (Workington, Cumb.) gebaut, zu 328 tons vermessen und mit grünem Anstrich versehen wurde. Ein anderes Beispiel war die 1854 in Liverpool nach dem Kompositprinzip gebaute Bark BRISTOW, von der sogar eine Photographie existiert (Abbildung 190). Diese Ansicht zeigt die Anbringung von Galionsbrett und Krullgalion; wegen der Keilform des Backdecks konnten keine sogenannten „hair rails" angebracht werden. Sie scheint ein einigermaßen scharfes Vorschiff gehabt zu haben; es ist jedoch weder ein Plan noch ein Modell von ihr bekannt.

Außerordentlich bedauerlich ist die Tatsache, daß das schöne Halbmodell der ROBIN HOOD ganz offenkundig nicht das Schiff, wie es gebaut wurde, darstellt und wir deshalb nichts über die Rumfform des Schiffes wissen. Es ist zu lesen, daß Alexander Hall & Sons von James Beazley, dem bereits die VISION gehörte, einen Auftrag erhielten, für den ihnen freie Hand gelassen wurde, „um ein Schiff zu bauen, das in Geschwindigkeit, Stärke und Bauausführung von keinem Fahrzeug der Welt übertroffen werden sollte"; das Resultat war von entsprechender Vollkommenheit.[76] Auf ihrer Jungfernreise soll sie eine Geschwindigkeit von 15 kn erreicht haben und ein bestes Etmal von 364 sm; letzteres bedeutet aber bereits eine mittlere Geschwindigkeit von 15¹/₆ kn, so daß zeitweilig mindestens 17 kn gelaufen worden sein dürften. Halls Vorentwurf für die ROBIN HOOD, so wie das jetzt im Aberdeen Regional Museum befindliche Halbmodell ihn verkörpert, war für einen extremen Klipper mit einer im Verhältnis zur Länge größeren Breite als bei seinen früheren Schiffen vorgesehen; die Konstruktion ähnelt im großen ganzen den Linien des amerikanischen extremen Klippers SWEEPSTAKES sowohl im Hinblick auf das lange scharfe Vor- und Achterschiff als auch bezüglich des in gerader Linie aufkimmenden Bodens; allerdings besitzt das Modell der ROBIN HOOD keine eingezogenen Seiten.[77] Es ist aus Mahagoni im Maßstab 1 : 48 gearbeitet und stellt ein prächtiges Beispiel handwerklichen Könnens dar. Im Jahre 1960 befand sich dieses Modell in der Aberdeen Public Library, wo man dafür keinen besseren Platz finden konnte als an der Wand der Herrentoilette, wo ich es zum ersten Mal sah.

JOHN UND WILLIAM PILE

Diesen beiden Brüdern wird die Konstruktion zahlreicher Schiffe zugeschrieben, aber weder Pläne noch Modelle der hier interessierenden Art sind aus den fünfziger Jahren erhalten geblieben. Daher wird eine zuverlässige Würdigung ihrer Bauart unmöglich, und ob die Fahrzeuge zu Recht als Klipper bezeichnet werden können, bleibt dem Gutdünken überlassen. Es existiert zwar ein Halbmodell der CHOWRINGHEE und ein Linienriß der ROXBURGH CASTLE, beide wurden von William in den fünfziger Jahren gebaut, doch waren sie keine Klipper. Die von William 1853 gebaute CREST OF THE WAVE besaß einen Völligkeitsgrad der Unterdecktonnage von 0,55, der dem der CUTTY SARK gleicht und somit auf einen Rumpf mit feinem Belauf deutet. Was ihre Bewährung in der Praxis betrifft, so segelte sie 1854 auf ihrer Jungfernreise in 73 Tagen von Liverpool nach Melbourne, was als sehr schnell galt.

John Pile baute die SPIRIT OF THE NORTH (1853), die FLYING DRAGON (1853) und die SPIRIT OF THE AGE (1854), die alle als Klipper gebaut worden sein sollen. Ein Stich der FLYING DRAGON wurde in der *Illustrated London News* abgedruckt, und die dazu angegebenen Abmessungen betrugen 57,91 m (über alles) x 9,60 m x 5,51 m bei 675 neuen und 780 alten tons.[78] Auf ihrer Jungfernfahrt benötigte sie vom River Wear bis zur Themse 28 Stunden und für die anschließende Reise von Deal nach Melbourne nur 77 Tage. Diese drei Fahrzeuge waren sämtlich als Barken getakelt.

Andere den Titel Klipper beanspruchende und von diesen beiden Brüdern gebaute Schiffe waren die NORMA (1851), die Brigg LIZZIE WEBBER (1852) und die MIRAGE (1855) von John Pile sowie die AURORA (1852), die SPRAY OF THE OCEAN (1854), die KELSO (1855) und die LAMMERMUIR (1856) von William Pile. Im Museum von West Hartlepool befindet sich ein Modell der MIRAGE, das aber als Brigg getakelt und in eine „See" gesetzt wurde, wobei ein Aufmessen des Rumpfes unmöglich war. In einem zeitgenössischen Bericht wurde von einer Brigg ANNIE DIXON berichtet, daß sie einen Aberdeen-Klipper-Bug und einen Baltimore-Klipper-Boden besaß und ihr Modell auf der Pariser Ausstellung von 1855 gezeigt wurde.

Das letzte am River Wear von John Pile gebaute Schiff war die im März 1854 vom Stapel gelaufene PORT JACKSON, die man anschließend von Sunderland zu seiner neuen Werft nach West Hartlepool brachte, um dort ihren Boden zu kupfern; hier baute John Pile Schiffe bis zum Jahr 1866. Das erste auf der Werft in West Hartlepool entstandene Fahrzeug war die im Dezember 1854 vom Stapel gelaufene und 1855 fertiggestellte MIRAGE.[79] William Pile hingegen setzte den Schiffbau am River Wear in Sunderland bis an sein Lebensende fort. Der früheste zu einem seiner Klipper gehörende Linienriß stammt von einem Halbmodell der eisernen GANGES (1861). Das einzige Halbmodell eines seiner Tee-Klipper ist das der zweiten MAITLAND (1865), deren Linien sich in Abbildung 247 finden.

AMERIKANISCHE KLIPPER UND DIE *LIGHTNING*

Einen stichhaltigen Beleg dafür, daß britische Schiffbauer tatsächlich die Entwürfe amerikanischer Klipper kopiert hätten, konnte man bislang nicht finden, wenn auch amerikanische Fachautoren derartiges behauptet haben. Nach Aufhebung der Navigationsakte unternahmen amerikanische Klipper viele Reisen nach britischen Häfen mit Tee aus China, und gegen Ende des

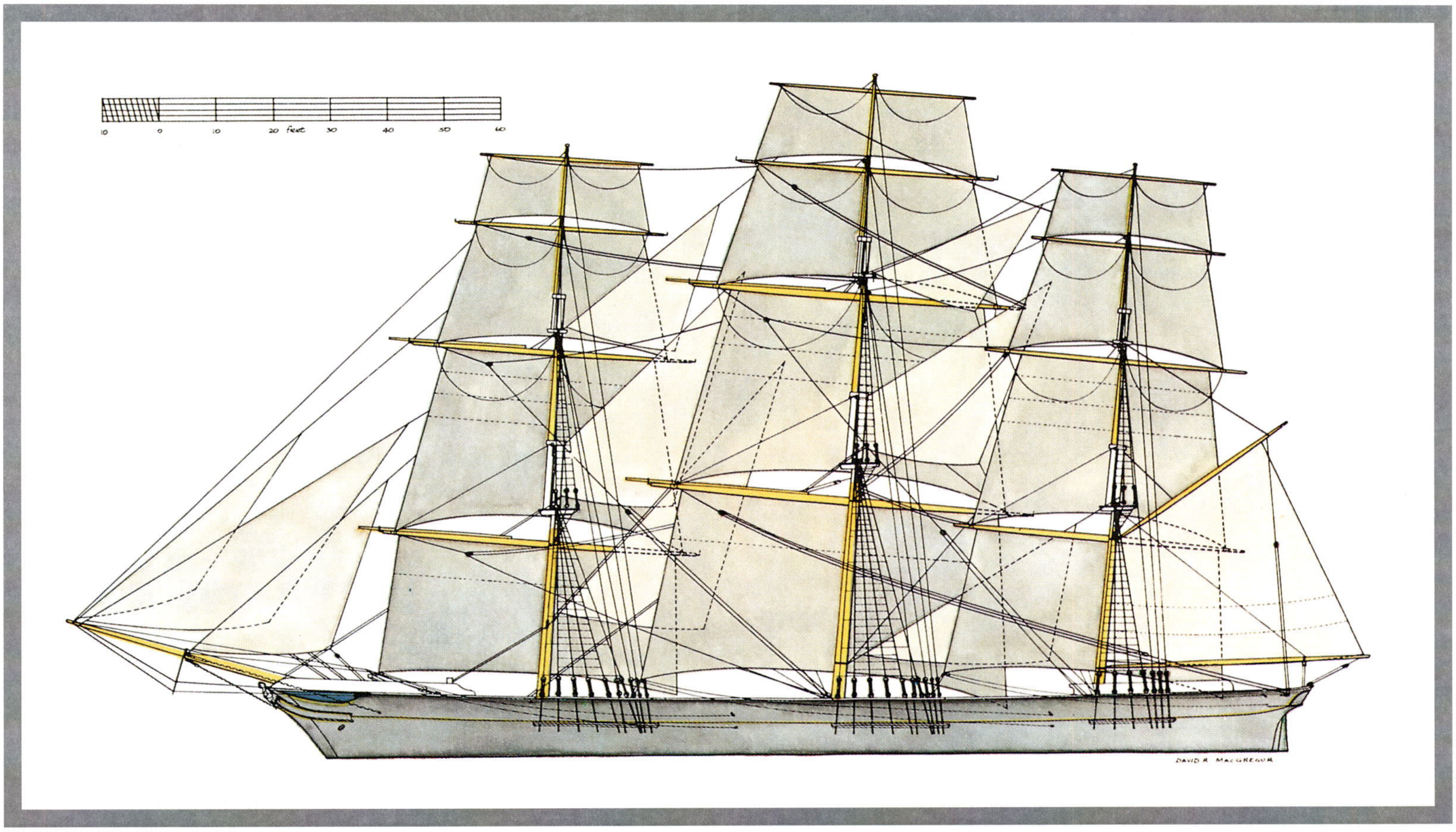

189 VISION (Segelriß); rekonstruiert nach den Spierenabmessungen der Werft, einem Gemälde des Schiffes von S. Walters und anderen zeitgenössischen Illustrationen von Hall gebauter Schiffe sowie unter Verwendung der von James Henderson erzielten Untersuchungsergebnisse. Das Hornbugspriet entspricht den Spierenabmessungen, ist aber nicht auf Walters Gemälde zu sehen. Bei den Spierenabmessungen fehlen die auf die gewiß gefahrenen Leesegel deutenden Angaben.

Jahres 1850 oder zu Beginn des folgenden Jahres wurde die ORIENTAL in Greens Werft in Blackwall (London) aufgemessen. Aus Gründen, die in *The China Bird* dargelegt wurden, wies die CHALLENGER, die Richard Green für die Teefahrt gebaut und im Januar 1852 fertiggestellt hatte, keine eindeutigen Merkmale amerikanischen Einflusses auf.[80] Später wurde in London auch der riesige amerikanische Klipper CHALLENGE aufgemessen, aber das war erst gegen Ende des Jahres 1852, und es ist kein Plan irgendeines britischen Klippers gefunden worden, der als Kopie der CHALLENGE bezeichnet werden könnte.

Zweifellos machten sich Schiffbauer Aufzeichnungen über amerikanische Fahrzeuge, wie sie überhaupt neugierig waren, die Schiffe zu sehen, von denen die Zeitungen berichteten. William Simons fertigte sich Listen an mit den Spierenabmessungen der STAR OF EMPIRE, der SOVEREIGN OF THE SEAS und der RED JACKET, wobei die beiden ersteren von Donald McKay kamen, während der Entwurf der letzteren von Samuel Pook stammte. (Er hatte sich auch die Spierenabmessungen von Stephens eisernem Klipper TYPHOON wie auch von zahlreichen anderen schottischen Fahrzeugen zusammengestellt, vielleicht weil er gelegentlich für andere Werften hölzerne oder eiserne Spieren anfertigte.)[81] Alexander Stephen jr. hatte sich Aufzeichnungen über die Spierenabmessungen der amerikanischen Vollschiffe ENOCH TRAIN und QUEEN OF CLIPPERS gemacht, wobei er die der letzteren der *New York Tribune* verdankte; am 18. Juli 1854 skizzierte er in Liverpool den Bug der CHAMPION OF THE SEAS.[82] Gelegentlich hatte man bei Stephen auch einmal ein amerikanisches Fahrzeug zur Reparatur auf dem Helgen, wie etwa den Dreimastschoner ECKFORD WEBB; das erklärt auch, wie eine Kopie seines Segelrisses unter die Pläne der Werft geraten konnte; sein Baumuster wurde dagegen nicht kopiert. Alexander Stephen jr. wußte auch von John Griffiths' Buch über den Schiffbau, vielleicht besaß er sogar ein Exemplar davon. Manchmal widmeten britische Zeitungen der detaillierten Beschreibung eines amerikanischen Klippers, die vielleicht dem Bostoner *Atlas* mit seinen genauen Angaben der Spierenabmessungen und Materialstärken entnommen war, eine halbe Kolumne.

Es ist unbestreitbar, daß die von James Baines bei Donald McKay bestellten vier großen Schiffe ungeheures Aufsehen in ganz Großbritannien und Australien erregten. Als Antwort darauf wurde aber nur ein einziges entsprechendes britisches Schiff gebaut, die SCHOMBERG, die im nächsten Abschnitt behandelt wird. In den meisten Fällen konnten britische Reeder auf Anforderung große hölzerne Schiffe von kanadischen Werften be-

190 Die BRISTOW beim Laden von Getreide in Säcken gegen Ende des 19. Jahrhunderts in King's Lynn, Norfolk. Ihr „Aberdeen"-Klipperbug ist auffallend; die BRISTOW wurde 1854 in Liperpool gebaut.

kommen, und auch hier gibt es keinen Beleg dafür, daß man auf britischen Werften diese Fahrzeuge kopiert oder auch nur den Wunsch zum Nachbau gehabt hätte. In einem Fall konnte das Gegenteil nachgewiesen werden: Walter Brown, ein Schiffbauer aus St. John, N. B., beauftragte nämlich den britischen Schiffbaumeister Oliver Lang mit dem Entwurf eines Schiffes, das dann unter dem Namen OLIVER LANG in Fahrt kam. Von der so populären MARCO POLO gab es viele Berichte über schnelle und erfolgreiche Reisen, trotzdem wurden in Großbritannien keine Kopien ihres ungewöhnlich tiefen Rumpfes angefertigt. Wenn britische Schiffbauer wirklich ernsthaft bestrebt gewesen sein sollten, amerikanische Klipper nachzubauen, dann hätten sie es nicht unternommen, den hohlen Belauf am Bug der LIGHTNING zu beseitigen. Howard Chapelle hat mit seiner kürzlich geäußerten Bemerkung recht: „Die britische Entwicklung [des Klippers] war unabhängig von der Entstehung des amerikanischen Klippers. Beide waren die Produkte der Erfordernisse des Handels, diese Erfordernisse waren für beide aber nicht die gleichen, und so waren auch die Konstruktionsmerkmale bei britischen und amerikanischen Klippern recht unterschiedlich."[83]

Unter den vielen kanadischen Schiffen, die sich durch schnelle Reisen in der Australienfahrt ausgezeichnet hatten, war keines bekannter als die MARCO POLO, die auf ihrer Jungfernreise bereits nach 68 Tagen Kap Otway sichtete; es folgte im Jahre 1853 eine Reise von Bardsey Island bis zu den Port Phillip Heads in 76 Tagen, und 1853/54 erreichte sie die Port Phillip Heads von Tuskar Light (St.-Georgs-Kanal) in 64 Tagen. Sie war zwar nur ein für den Baumwoll- oder Holztransport in der Atlantikfahrt konstruierter Halbklipper, aber ihre gewaltige Tiefe samt flachem Boden, geraden Seiten und kurzen scharfen Enden machte sie zu einem sehr kräftigen Schiff, das es gut vertragen konnte, von Kapitänen wie J. N. Forbes und Charles MacDonnell mit größter Härte geknüppelt zu werden. Im Jahr 1852 betrugen ihre Registerabmessungen 56,11 m x 11,06 m x 8,96 m bei 1 625 tons n. V. und 1 400 tons a. V. – Auch andere Halbklipper, wie die in Aberdeen gebaute BALLARAT (Abbildung 167), vertrugen es gut, scharf gesegelt zu werden, um etwa in der Australienfahrt die Passagiere durch kurze Reisen und die Eigner durch große Ladungen und hohe Frachtraten zufriedenzustellen. Eine andere Annehmlichkeit für die Passagiere bestand in ausreichenden Mengen mitgeführten Frischfleisches. Bei der Ausreise nach Melbourne in den Jahren 1855/56 hatte die MARCO POLO eine Milchkuh, dreißig Schafe, dreißig Schweine, dreißig Dutzend Hühner und einen großen Vorrat an Kaninchen, Hasen und Wild an Bord. Dann standen den 520 Passagieren eine Musikkapelle, eine Druckerpresse für eine Zeitung und eine photographische Ausstattung zur Verfügung. Da aber die Eigner sich vertraglich verpflichtet hatten, die Post in 65 Tagen abzuliefern, fragt man sich, ob den Passagieren viel Gelegenheit zu beschaulicher Muße blieb.[84]

Der folgende Vorfall, der sich 1852 gegen Ende ihrer Jungfernreise abspielte, war einer von vielen aus dem bunten Leben der MARCO POLO:

„Bei der Ankunft der MARCO POLO in Melbourne war die Begeisterung über ihre schnelle Reise derart, daß die Leute kleine Goldnuggets unter die Besatzung an Bord warfen. Als seine Männer später aufsässig wurden, ließ Kapitän Forbes sie insgesamt bis zum Auslaufen ins Gefängnis setzen und war so in der Lage, ohne Zeitverlust wieder in See zu gehen. Viele Schiffe mußten in Melbourne aufgelegt werden, weil die Leute fehlen und um keinen Preis zu bekommen sind. Ein Schiff suchte durch ein Inserat Männer für eine Monatsheuer von £ 30, aber niemand meldete sich."[85]

Als er im Sommer 1853 Liverpool besuchte, konnte sich Donald McKay von James Baines einen Auftrag zum Bau von vier großen für die Australienfahrt bestimmten Klippern verschaffen. Der erste war die im März 1854 abgelieferte LIGHTNING; im gleichen Jahr erfolgte noch die Ablieferung der CHAMPION OF THE SEAS und der JAMES BAINES, während die DONALD McKAY 1855 fertiggestellt wurde. McKays „Unbeständigkeit in den Entwürfen", wie Howard Chapelle es nennt, ist bei diesen vier Schiffen erkennbar: Die JAMES BAINES war ein extremer Klipper, aber nicht ganz so scharf wie die LIGHTNING; die CHAMPION OF THE SEAS war etwas völliger an den Enden als die erstere, während die DONALD McKAY nur ein Halbklipper mit einem tiefen flachbodigen Rumpf und vollen Enden war; die LIGHTNING wiederum stellte einen extremen Klipper mit sehr scharfem hohlem Belauf im Vor- und Achterschiff dar.[86] James Baines besaß vermutlich genügend Weitblick, um eine bevorstehende Depression in der Australienfahrt vorauszusehen, so daß er McKay beauftragte, das letzte Fahrzeug des Quartetts völliger zu bauen.

Die Linien der LIGHTNING werden hier in Abbildung 197 wiedergegeben, um eine Version der extremen amerikanischen Klipper zu zeigen. Dieser Riß wurde nach dem im Maßstab 1 : 96 gezeichneten Plan aus der Clark Collection angefertigt.[87] Für britische Verhältnisse ist das völlige Hauptspant mit dem fast platten Boden, der sich zu einer tief liegenden Kimm rundet, und mit den oben beträchtlich eingezogenen Seiten ungewöhnlich. Das Achterschiff ist lang und konkav und wird hierin vom Vorschiff mit beträchtlich hohlen Abschnitten in der CWL noch übertroffen. Das Hauptspant liegt hinter der CWL-Mitte, was in etwa den von J. W. Griffiths aufgestellten Theorien für schnelle Schiffe entspricht. Die Ladelinie liegt tief wegen des Vorranges der Passagiere auf zwei Decks und eines Minumums an Ladung. Dadurch waren die großen Passagierfahrzeuge auch noch in schwerer See trockene Schiffe. Obwohl sie keine große Raumtiefe besaß, war bei der LIGHTNING die Breite im Verhältnis zur Länge größer als bei den meisten britischen Klippern. Ihre Abmessungen betrugen 72,39 m (an Deck) x 13,41 m (Breite über alles) x 7,01 m (Raumtiefe) bei 2 084 tons. Damit betrug das Längenverhältnis 5,4 : 1. Das Deck der festen Back stieß an das Dach des hinter dem Fockmast stehenden großen Deckshauses, und von dort führte an jeder Seite eine Laufbrücke zur Vorderkante der langen Poop. Später wurden Poop und Back durch den Einbau eines durchlaufenden ringsum mit einer offenen Reling versehenen vierten Decks vollständig miteinander verbunden. Daß die Segelfläche riesig war, muß nicht besonders erwähnt werden bei einer Länge der Großrah von 28,96 m. Die in Amerika für das neue Schiff angegebenen Spierenabmessungen sahen ein Skysegel am Großmast vor; da aber alle zeitgenössischen Abbildungen Skysegel an sämtlichen Masten und ein Mondsegel über dem Großskysegel zeigen, ist anzunehmen, daß in England neue und längere Bramstengen angefertigt und aufgebracht wurden. Es könnten allerdings statt dessen auch Schiebestengen oder lose Royalstengen aufgebracht worden sein, jedoch gibt es hierfür keinerlei Anhaltspunkte.

Die höchste Geschwindigkeit, welche die LIGHTNING erzielt haben soll, betrug 19 kn, während 21 kn von der JAMES BAINES und 20 kn von der CHAMPION OF THE SEAS erreicht wurden. Die SOVEREIGN OF THE SEAS soll sogar 22 kn gelaufen sein, und einige der großen amerikanischen Passagier-Klipper meldeten ähnliche Geschwindigkeiten. Im Hinblick auf von Mittag zu Mittag zurückgelegte Distanzen sammelte Carl Cutler vierzehn Etmale von über 400 sm. Das größte war das der CHAMPION OF THE SEAS, für die vom 11. zum 12. Dezember 1854 eine durchlaufene Distanz von 465 sm gemeldet wurden; das nächste mit 449 sm für die FLYING SCUD ist nicht sicher; es folgen Etmale von 438 sm für die MARCO POLO, von 436 sm, 430 sm und 421 sm für die LIGHTNING, von 423 sm, 407 sm und 404 sm für die JAMES BAINES, von 421 sm für die DONALD McKAY und so fort.[88] Dieses Thema hat stets Diskussionen herausgefordert; immerhin wurden 1957 und 1958 im *Mariner's Mirror* genügend Argumente vorgebracht, die zeigten, daß viele dieser großen Etmale keinesfalls in den Bereich der Mythen zu verweisen sind, sondern durchaus erreichbar waren. Viele der Schiffe, die diese hohen Geschwindigkeiten erzielten, fuhren damals unter britischer Flagge und unter britischen Kapitänen; es waren große Fahrzeuge, für hohe Geschwindigkeiten konstruiert, die weitaus weniger Tonnen an Ladung beförderten, als ihre Registertonnage betrug. Manche der späteren großen Eisen- und Stahlschiffe erzielten ebenfalls hohe Geschwindigkeiten und große Etmale im 380-sm-Bereich, obwohl sie primär zum Transport riesiger Massengutladungen konstruiert wurden. Was hätte also ein großes zur Erzielung hoher Geschwindigkeiten entworfenes Schiff nicht an Schnelligkeit entwickeln können?[89]

Die stärkste Beachtung durch die britische oder australische Presse fanden zweifellos die in Amerika gebauten Fahrzeuge der Black-Ball- und der White-Star-Line aus Liverpool. Diese Schiffe machten Schlagzeilen, wo immer sie auftauchten. In Melbourne zitierte der *Argus* die zuerst im Bostoner *Atlas* erschienenen Lobhudeleien wörtlich. Vielleicht verstanden die Eigner etwas von Öffentlichkeitsarbeit und sorgten dafür, daß ihre Kapitäne mit vollständigen Presseberichten versehen wurden, die sie nur an Zeitungsreporter weiterzugeben brauchten, um sich so eine kostenlose Werbung zu sichern. Die einzigen in Großbritannien gebauten Segelschiffe, denen derart ausführliche Berichte gewidmet wurden, obwohl hier die technischen Informationen des Bostoner Reporters fehlten, waren wahrscheinlich nur die SCHOMBERG und die STORM CLOUD; die meisten anderen britischen Schiffe erhielten ein oder zwei Absätze, aber ohne viele technische Details.

Ganz offenkundig erhielten die Zeitungleser damals ihre neuesten Nachrichten oft durch einen Klipper, der seine Rivalen hinter sich gelassen hatte und so bereits die sonst erst eine Woche später fälligen „letzten Meldungen" übermitteln konnte. So machte zum Beispiel der Fall Sewastopols und die Ankunft des eisernen Klippers JOHN BELL auf der gleichen Seite der *Tasmanian Daily News* Schlagzeilen.

Die Zeitungen jener Tage liebten es, von den Leistungen der Klipper in einer sonst den Pferderennen vorbehaltenen Sprache zu berichten; vielleicht ist der Beitrag des Melbourner *Argus* über die „Große Ozean-Regatta" zwischen der RED JACKET und der LIGHTNING das Originellste dieser Art:

„Das Rennen geht, wie unsere Leser wissen, von der Mersey-mündung nach Hobson's Bay [Melbourne], um die weiße Boje vor Gellibrand's Point und zurück – ein offenes Rennen." Und so geht es weiter. Der „erste Lauf" des Rennens wurde von der LIGHTNING mit 162 Tagen gegenüber den 164 Tagen der RED JACKET gewonnen.[90]

191 Die Bark FLYING DRAGON war typisch für die von John Pile in Sunderland gebauten Schiffe.

Bei einer Reise nach Melbourne von unter 70 Tagen ergab sich als Tagesmittel eine Distanz von etwa 200 sm, was die Segelschiffahrt auch als kaufmännisch lohnend ausweist. Der Bruttogewinn der RED JACKET auf ihrer Reise von Melbourne nach Liverpool im Jahre 1855 belief sich auf £ 12 500. Das zu 2 305 tons vermessene Schiff war voll ausgelastet mit Ladung, Passagieren, Post und 138 643 Unzen Gold. Die White-Star- und die Black-Ball-Line hatten beide für das Jahr 1855 mit der Post Verträge abgeschlossen, jeden Monat ein Postschiff nach Australien abgehen zu lassen, denn die regulären Dampfer waren für den Krimkrieg gechartert worden. Die Black-Ball-Line verpflichtete sich etwas leichtsinnig, die Post innerhalb von 65 Tagen abzuliefern und akzeptierte eine Klausel über eine Konventionalstrafe.

DIE *SCHOMBERG*

Die zum Bau dieses großen Schiffes führenden Begleitumstände sind in Vergessenheit geraten, es ist jedoch sehr wahrscheinlich, daß die unternehmungsfreudigen Schiffbauer Alexander Hall & Sons den ersten Anstoß gaben und James Baines & Co. davon zu überzeugen vermochten, daß sie einen Klipper bauen konnten, der in Größe und Leistungsvermögen den von Donald McKay gebauten ähnlich war. Natürlich wird James Baines ihren Namen und ihre Arbeit recht gut gekannt haben. James und William Hall dürften ihn bei mehreren Gelegenheiten, wenn sie zu Kundenbesuchen in Liverpool waren, aufgesucht und jedesmal mit ihren derzeitigen Neubaupreisen bekanntgemacht haben. Als dann im März oder April 1854 Baines sich entschloß, ihnen einen Bauauftrag zu erteilen, benötigte er das Schiff sehr bald, so daß der Bau des riesigen Fahrzeugs nur zwölf Monate in Anspruch nahm. Das Vollschiff lief am 5. April 1855 vom Stapel, und der Bielbrief wurde am 14. Juni ausgestellt. Die Kalkulation der Kosten sah folgendermaßen aus:

„Von Jas. Baines & Co. für Bau, Fertigstellung und Ausrüstung nach Bauvorschrift, wobei das Fahrzeug 2 600 tons B. M. messen soll, aber nach Vereinbarung ein Fuß von der Breite abgezogen wird –

demnach 2492 8/94 tons à £ 14	£ 34 889. 3. 9
Extras laut Journal, Juli 1855	£ 4 623. 0. 0
Tanks	£ 3 463. 0.10
Extras laut Ende des Tagebuchs	£ 128.15. 1
Nachlaß erhalten für Kettenstopper	£ 1.14. 0
	£ 43 105.13. 8“[91]

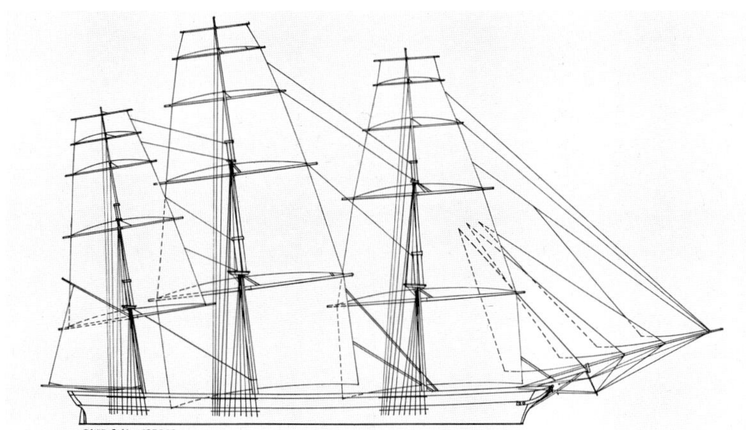

193 NIGHTINGALE (Segelriß); vollkommen rekonstruiert: Rumpfprofil, Positionen und Fall der Masten nach Linienriß; weitere Quellen waren Spierenabmessungen aus *American Clipper Ships* von O. T. Howe und F. C. Matthews, 1927, vol. II, p. 427 (jedoch nicht für Bugspriet, Klüver- und Außenklüverbaum, Besangaffel und -baum) und das Gemälde eines Schiffes aus *American Sail* von Alexander Laing, 1961, p. 264 (für Takelage).

192 NIGHTINGALE (Linienriß); 1851 bei Samuel Hanscom jr. in Portsmouth, New Hampshire, gebaut. Nach einem im Mariners Museum, Newport News, Virginia, befindlichen Plan gezeichnet, der von G. Hillmann (wahrscheinlich um 1860 in Liverpool) angefertigt wurde. Abmessungen (Customs Measurement); 56,39 m × 10,97 m × 6,10 m; 1060 tons. Abmessungen laut Plan: 52,20 m (Länge in der CWL) × 10,67 m (Breite auf Spanten) × 6,10 m (Raumtiefe); 1100 tons (Ladefähigkeit). Rekonstruktion: Galionsfigur und Galionsbretter.

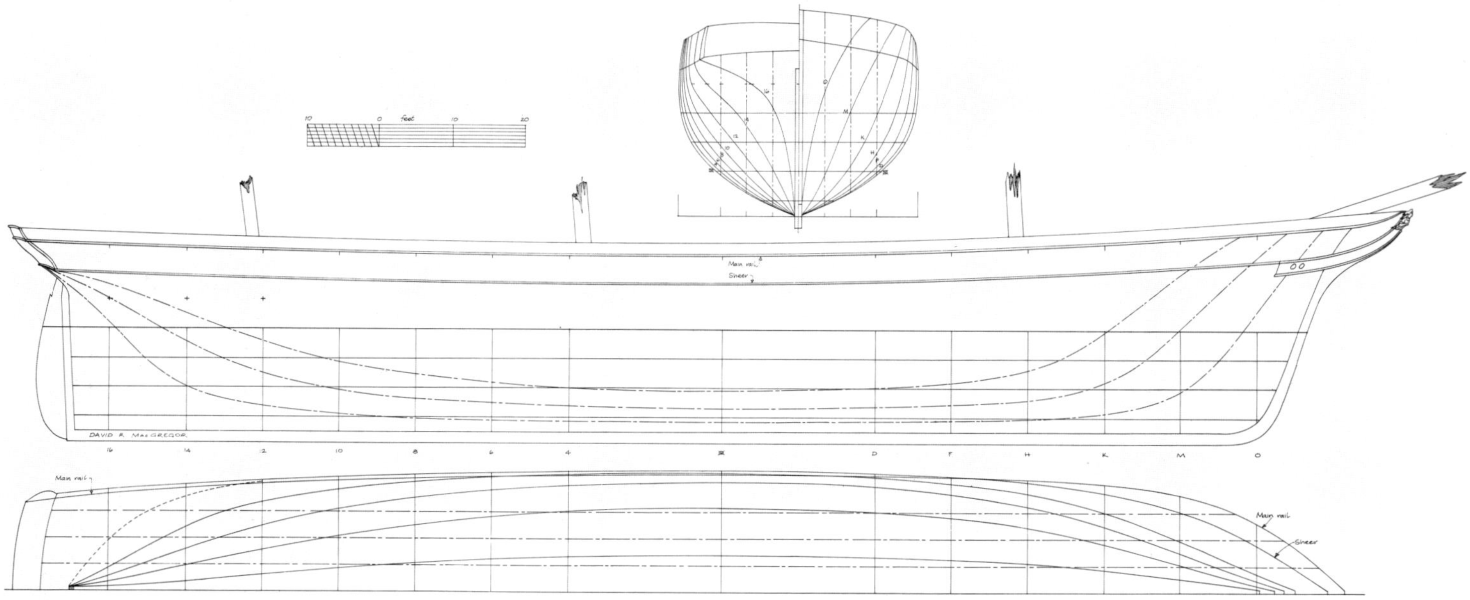

194 Das amerikanische Vollschiff ARCHER wahrscheinlich in Futschou während einer Reparatur im Jahre 1865, nachdem es im Min Kiang auf Grund geraten war. Das 905 tons n. V. große Fahrzeug wurde 1852 in Somerset, Mass., in der Nähe von Boston gebaut. Die Aufnahme läßt die schöne Rumpfform eines hölzernen Schiffes mit feinem Belauf deutlich erkennen.

Der Endpreis für 2 492 tons kann dann als £ 17.6 s pro ton angenommen werden.

Die Abmessungen des Schiffes betrugen 75,50 m (zw. den Steven) x 12,86 m (Innenbreite) x 8,81 m (Raumtiefe) bei 2 284 tons n. V.; ihre Breite auf Spanten wurde mit 12,95 m angegeben, und durch ihre sehr dicke Diagonalbeplankung erhöhte sich die Breite über alles auf 13,87 m. Eine Zusammenstellung in Kapitel V zeigt, daß sie den riesigen amerikanischen Klippern, die GREAT REPUBLIC ausgenommen, in der Größe ebenbürtig war.

Ihre hier in Abbildung 208 wiedergegebenen Linien konnten nach einer den Stempel von Alexander Hall & Sons tragenden Blaupause gezeichnet werden, die dem Autor durch Frederick C. Poyser von der Nautical Photo Agency zur Verfügung gestellt wurde. Der in Murrays Schiffbauartikel in der *Encyclopaedia Britannica* veröffentlichte Riß der SCHOMBERG stammt zweifellos vom gleichen Original, obwohl dem Bildstecher einige seltsame Fehler unterlaufen sind.[92] Die Ähnlichkeit mit dem Stich konnte dazu beitragen, die Authentizität der Blaupause nachzuweisen; da letztere aber keinen Hauptspantschnitt enthielt, wurde dieser nach Murrays Stich und nach veröffentlichten Beschreibungen rekonstruiert. Die bereits von James Henderson durchgeführten Untersuchungen erwiesen sich als besonders hilfreich. Der Decksplan wurde ausschließlich mit seiner Hilfe und unter Verwendung von Zeitungsberichten rekonstruiert. Für den Segelriß stand glücklicherweise eine aus der Kostenberechnung der Werft stammende Aufstellung mit den Spierenabmessungen zur Verfügung; eine in Aberdeen aufgenommene Photographie des Schiffes konnte sonst nicht zu erhaltende zusätzliche Informationen liefern.

Das Halbmodell des Schiffes in der Glasgow Art Gallery and Museum stimmt nicht mit dem hier verwendeten Plan überein; das konnte James Henderson schlüssig durch die von ihm nach dem Glasgower Modell gezeichneten Linien beweisen. In Abbildung 205 werden die Längsprofile, drei sich jeweils entsprechende Spantflächen und die CWLs der beiden Pläne übereinanderliegend gezeigt, wobei die ausgezogenen Linien dem Halbmodell und die gestrichelten Linien dem Plan in Abbildung 208 entsprechen. Dabei kann man sehen, daß das Halbmodell hohle Kielgänge, hohle überhängende Seiten, einen hohlen Belauf vorn in der CWL und einen etwas niedrigeren Rumpf besaß. Es gibt keinen Hinweis auf den Zeitpunkt, an dem der Entwurf geändert wurde; vielleicht hatten James und William Hall eben dieses Modell mit nach Liverpool genommen, als sie zum ersten Mal Baines gegenüber das Thema eines großen Klippers zur Sprache brachten. Ihr Angebot erhielt bedeutend mehr Gewicht, wenn sie ein Halbmodell und eine in den Grundzügen ausgearbeitete Bauvorschrift vorlegen konnten. Es ist gut möglich, daß sie auch die Geschäftsführer der White-Star-Line und anderer Reedereien besucht haben, ehe sie mit Baines den Vertrag schlossen. Vielleicht war Baines von Donald McKay zugunsten der amerikanischen Schiffe beeinflußt worden, so daß die für die SCHOMBERG entworfenen Linien möglicherweise einen Kompromiß darstellten. Immerhin wurde der Aberdeen-Bug beibehalten. Es wird berichtet, daß die Erbauer zum Zeitpunkt des Stapellaufs ihre Zufriedenheit mit dem Entwurf zum Ausdruck brachten, aber meinten, man hätte die Länge noch um 15 m vergrößern können.[93]

Die Linien der SCHOMBERG machten das Schiff zu einem extremen Klipper mit einem langen und in der unteren Hälfte etwas

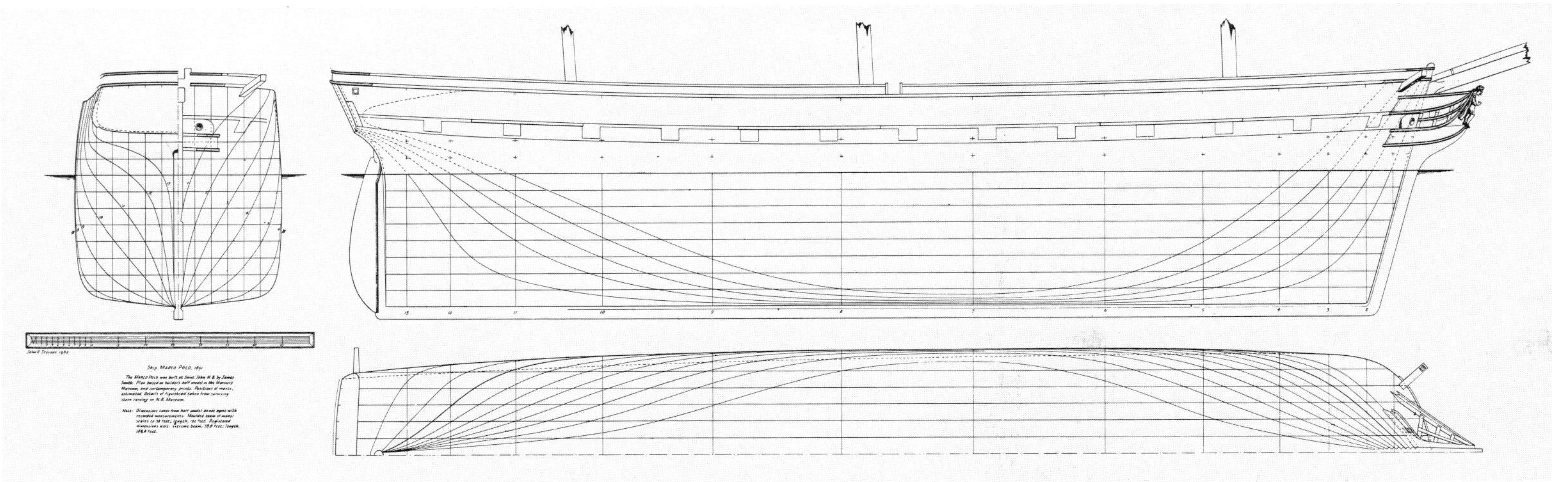

195 MARCO POLO; 1851 bei James Smith in St. John, N. B., Kanada, aus Holz gebaut. Linienriß von John R. Stevens nach dem im Mariners Museum in Newport News, Virginia, befindlichen Werft-Halbmodell gezeichnet. Abmessungen (1852 in England): 56,11 m × 11,06 m ×8,96 m; 1625 tons n. V. und 1400 tons a. V. – Rekonstruktion: Mastpositionen, Galionsreling und Galionsfigur, Kranbalken und Pfortenband.

196 Dieses Gemälde des bekannten Marinemalers John Stobart stellt das zu 1836 tons vermessene amerikanische Klipper-Vollschiff COMET dar, das 1851 von William H. Webb gebaut wurde. Der Künstler hat die COMET mit geteilten, vermutlich Howes-Patent-Marssegeln gemalt. Im Jahre 1854 benötigte sie für eine Ausreise von Liverpool nach Hongkong (von Lotsenboot zu Lotsenboot) nur 83 Tage und 21 Stunden.

197 LIGHTNING; 1854 von Donald McKay in Boston, Mass., aus Holz gebaut. Nach einem Linienriß aus der Clark Collection im Francis Russell Hart Nautical Museum des Massachusetts Institute of Technology gezeichnet. Abmessungen: 72,39 m (Länge an Deck) × 13,41 m (Breite über alles) × 7,01 m (Raumtiefe); 2084 tons. Rekonstruktion: Galionsfigur; Untermasten und Bugspriet, deren Längen aber zeitgenössischen Aufzeichnungen entnommen wurden.

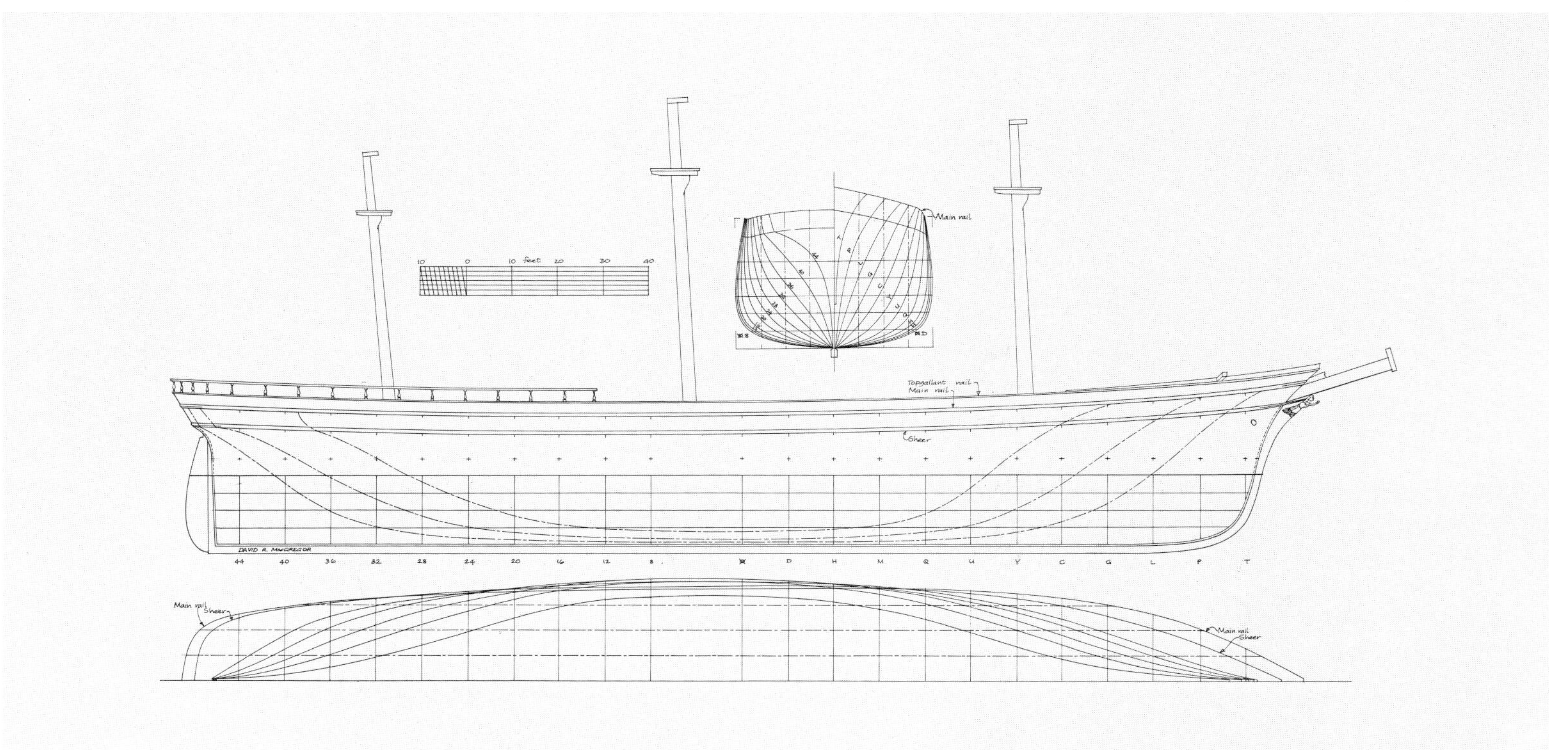

hohlen Vorschiff; die CWL allerdings war geringfügig konvex. Das Hauptspant lag 2,13 m vor der CWL-Mitte, wodurch das Achterschiff länger als das Vorschiff wurde. Die Schnitte verlaufen als leicht geschwungene Kurven, und der auf einem Viertel der Konstruktionsbreite liegende Schnitt kreuzt die CWL in gerader Linie. Die Kielgänge weisen keine Konkavität auf, aber ein steil aufkimmender Boden steigt geradlinig zu einer weit gerundeten Kimm, die allmählich in die etwas eingezogene und oben in hohler Linie schwach überhängende Seite übergeht. Die Tiefe des Kiels unterhalb der Sponung betrug nur 0,30 m, was im Vergleich zu vielen anderen Klippern wenig war. Bei der ANNANDALE und der LIGHTNING besaß der Kiel unter der Sponung eine Tiefe von 0,46 m und bei der amerikanischen SWEEPSTAKES sogar von etwa 0,76 m.

Für eine Australienreise, ihre einzige Reise überhaupt, wurden $15^1/_2$ kn als höchste Geschwindigkeit und ein bestes Etmal von 368 sm angegeben. Bei einer Länge in der CWL von 256 Fuß (= 78,03 m) ergäbe sich dann ein relativer Geschwindigkeitskoeffizient von 0,97, was nicht viel ist für ein Schiff ihrer Länge und Rumpfform. Andererseits ergibt ein Etmal von 368 sm eine mittlere Geschwindigkeit von $15^1/_3$ kn, so daß an diesem Tag zeitweilig 16 kn bis 17 kn erreicht worden sein müssen, die allerdings vielleicht nicht geloggt wurden. Bei 17 kn stiege der relative Geschwindigkeitskoeffizient auf 1,06; und um auf einen Wert von 1,25 zu kommen, hätte die SCHOMBERG, da die Quadratwurzel aus ihrer in Fuß angegebenen CWL-Länge genau 16 ist, 20 kn segeln müssen.

Die Art ihrer Diagonalkonstruktion ähnelte der der VISION, allerdings waren die Lagen der Planken dicker. Die Beplankung zwischen den Spanten, die beiden Diagonalhäute und eine noch weiter außen quer durchlaufende Beplankung waren je 64 mm dick und bestanden aus Aberdeen-Lärche. Die Längsplanken außen – aus Ostsee-Kiefer und Pitchpine – waren durchschnittlich 152 mm dick. Zwischen sämtlichen Lagen befand sich eine Schicht aus Filz und Teer, wobei das Ganze mit 35 mm starken Schraubdübeln aus afrikanischer Eiche befestigt war. So waren die Seiten außerhalb der Spanten mindestens 344 mm dick, doch stellenweise wahrscheinlich dicker. Die Spanten bestanden aus englischer Eiche. Andrew Murray berichtete, daß sie eiserne Decksbalken für alle drei Decks besaß, während die beiden Beiträge im *Aberdeen Journal* nur von eisernen Haupt- und Oberdecksbalken, aber von Zwischendecksbalken aus Pitchpine schrieben.[94] Es gehörte ein Decksbalken zu jedem Spant. Die Balken lagen auf Balkwegern aus Pitchpine und waren durch eiserne Doppelknie gesichert. Raumstützen aus Eisen waren angeordnet, wie es im Hauptspantschnitt gezeigt wird. Im Laderaum befand sich über dem Kielschwein und zwischen den Kimmstringern ein viertes Deck, unter dem eiserne Wassertanks für etwa 300 tons Frischwasser lagen. Beträchtliche Aufmerksamkeit hatte man dem Problem der Ventilation gewidmet.

„Zur Lüftung wurden die 0,91 m breiten Fächer zwischen den Spanten mit Brettern verschlagen und bildeten für die einzelnen Decks und den Laderaum ausgezeichnete Ventilationsschächte, die zu einem rundum mit Jalousien versehenen Hohlraum unmittelbar unter der Reling führten. Sie war dazu mit großen Lüftern und einem Ventilator ausgerüstet, der die Luft bis zum Kiel hinunterdrückte. Im Abstand von etwa 1,80 m gab es dazu noch kleine Öffnungen im Hauptdeck. Der Salon auf dem Oberdeck besaß ein doppeltes Dach, das zur Erzeugung eines Durchzuges ringsherum unter der Außenkante des Simses mit Luftlöchern versehen war.“[95]

Auf dem Hauptdeck waren achtern sechzig Kabinen für die Passagiere der ersten Klasse eingerichtet, während der übrige Teil des Decks den Fahrgästen der zweiten Klasse zur Verfügung stand. Quadratisch verglaste Lichtpforten sorgten für die Beleuchtung des Hauptdecks. Die Passagiere der dritten Klasse waren im Zwischendeck untergebracht.

Die Poop war ziemlich kurz und wahrscheinlich dem Kapitän, den Offizieren, Stewards, Ärzten und Offiziersaspiranten vorbehalten. Vor ihr stand noch ein separates Deckshaus, in dem sich vielleicht die Bibliothek, der Rauch- und der Damensalon befanden. Der Speisesaal war 9,14 m lang und lag ebenfalls auf dem Oberdeck. Auf See wurde ein abnehmbares Haus auf der Großluke gefahren, und die Decks waren voll von Verschlägen für Schafe, Hühner, Kühe und dergleichen. Die Boote standen querschiffs auf dem großen Deckshaus und konnten durch mittschiffs an der Reling befindliche Davits ausgesetzt werden. Die Besatzung bestand mit den Offizieren aus 130 Mann, während das Fahrzeug zur Beförderung von 1 000 Passagieren eingerichtet gewesen sein soll.

Auf dem in Abbildung 207 wiedergegebenen Segelriß ist der relativ niedrige Heiß der Marssegel, der am Großmast durch die Länge von Unter- und Marsrah noch betont wird, besonders beachtenswert. Die Länge der Großrah betrug 33,99 m und die der

198 Ein Donald McKays riesigen Klipper JAMES BAINES recht lebendig unter vollen Segeln darstellender Stich: Das Schiff ist 1857 zur Zeit des Großen Aufstandes mit Truppen nach Indien unterwegs; es fährt Skyleesegel und am Großmast sogar ein Mondsegel.

199 Viele feine amerikanische Klipper wurden während des Bürgerkrieges in den USA an britische Eigner verkauft wie etwa auch die OCEAN TELEGRAPH, die hier unter ihrem neuen Namen LIGHT BRIGADE auf der Themse bei Gravesend zu sehen ist. Sie war zu 1495 tons vermessen und 1854 bei J. O. Curtis in Medford, Mass., nach Entwürfen von Samuel H. Pook gebaut worden. Die Skysegelrahen, die zweifellos zu ihrer ursprünglichen Takelung gehört haben dürften, sind zur Zeit der Aufnahme bereits entfernt worden.

Großmarsrah 27,58 m, wobei deren Segel die entsprechenden Segel des Kreuzmastes beträchtlich überlappten. Die Skysegelstengen waren bei allen Masten lang genug, um an ihnen noch Mondsegel zu fahren. Das Kreuzmarssegel war mit Cunninghams Rollreffeinrichtung ausgerüstet, daher die zweite kleinere Spiere. Das Setzen von Leesegeln dürfte an beiden Seiten von Fock- und Großmast bis hinauf zu Royal- oder sogar Skyleesegeln möglich gewesen sein. Da hierfür aber keine Angaben von der Werft vorliegen, sind sie auf dem Riß weggelassen worden. Gegenüber den langen Rahen erscheinen Bugspriet und Klüverbaum sehr kurz. Die Länge der Stagsegel kann aus der Photographie des Schiffes ermittelt werden, da die meisten Stagsegel dort zu den Legeln gezeist und dann wieder vorgeheißt wurden. Das Werftbuch verwendete eine ungewöhnliche Ausdrucksweise zur Angabe der Rahlängen. So wurde die Gesamtlänge der Unterrahen definiert als von der „Schulter der Kappe [wohl am Beschlag für den Leesegelspierenbügel (Anmerkung des Übersetzers)] bis zur Schulter der Kappe", während es für die Länge der Nocken hieß: von der „Schulter der Kappe bis zum Bolzen"; bei den anderen Rahen wurde die Gesamtlänge auch als solche bezeichnet und die Länge der Nocken als „Nocken bis Bolzen" definiert. Mit dem Bolzen ist vermutlich der Bolzen der Scheibe gemeint, über die die Schot des darüberliegenden Segels geschoren wurde.

Noch ein paar andere britische Schiffe besaßen über 30 m lange Großrahen, wie etwa die BRITISH AMBASSADOR (1873) mit einer Rahlänge von 32,92 m und die STUART HAHNEMANN (1874) mit einer solchen von 30,48 m. Bei dem McKay-Quartett betrug diese Abmessung 30,48 m bei der JAMES BAINES und 35,05 m bei der DONALD McKAY, deren Fockrah bereits 32 m lang war.

Auf ihrer Jungfernreise nach Melbourne segelte die SCHOMBERG ziemlich lange in einer leichten Brise und befand sich am Äquator für etwa zehn Tage in den Kalmen. Sie hatte Liverpool am 6. Oktober 1855 verlassen und benötigte 28 Tage bis zur Linie und 55 Tage bis zum Meridian von Greenwich, von da an hatte sie aber stetigen und günstigen Wind. Sie machte Land in der Nähe von Kap Bridgewater am 25. Dezember nach 81 Tagen von Liverpool. Am folgenden Tag, etwa 35 sm von Kap Otway, schlief der Wind ein, und die westliche Strömung versetzte sie so stark, daß sie strandete und bald völlig wrack wurde. Auch andere Schiffe machten in diesem Herbst nur langsame Reisen. So benötigte die LIGHTNING 81 Tage von Liverpool nach Melbourne oder 77 Tage von Land zu Land, und bei der JAMES BAINES waren es 84 Tage oder 79 Tage von Land zu Land, womit die Zeit der SCHOMBERG gar nicht so schlecht war. Obwohl er bei der Seeamtsverhandlung freigesprochen wurde, erhielt Forbes niemals wieder ein Kommando bei James Baines & Co., und Alexander Hall & Sons erhielten von dieser Reederei auch keinen Auftrag mehr, um die SCHOMBERG zu ersetzen.

Wenn auch noch andere große Segelschiffe auf den britischen Inseln gebaut wurden, dauerte es doch elf Jahre, bis wieder ein Klipper vergleichbarer Größe vom Stapel lief. Es war dies die ebenfalls auf Alexander Halls Werft gebaute und zu 2 130 tons vermessene SOBRAON.

DIE *SARAH NEUMANN* UND DIE KLIPPER AUS SÜDENGLAND

Zwar wurden auch an der Themse Schiffe nach Klipperart gebaut, aber es sind von dort keine Pläne eines extremen Klippers erhalten geblieben. Tatsächlich sind sogar nur die Pläne eines einzigen in London entstandenen Klippers bekannt, der von R. & H. Green im Jahre 1852 fertiggestellten und für die Chinafahrt bestimmten CHALLENGER, deren Abmessungen 53,04 m x 9,75 m x 6,10 m bei 699 tons n. V. betrugen. Ihre in *The Tea Clippers* und *The China Bird* veröffentlichten Linien zeigen eine Rumpfform mit scharfem Vor- und Achterschiff bei geringer Aufkimmung, kleinem Kimmradius und etwas eingezogenen Seiten.[96] Das sichert ihr einen Platz in der Kategorie der Klipper, und wenn

200 *Fregattschiff*; Segelriß eines namentlich nicht näher bezeichneten Schiffes, der signiert und datiert wurde mit „cop. G. Hillmann L'pool Septbr. 1862". Reproduktion eines Planes aus dem Mariners Museum in Newport News, Virginia. Auf der Zeichnung angegebene Abmessungen: 69,19 m („Länge in der Ober-Wasserlinie") × 13,72 m („Größte Breite") × 6,83 m („Tiefe von Oberkante Sponung bis C. W. L."); 1083 tons; 1913,45 m² (Segelfläche). Es dürfte sich hier sehr wahrscheinlich um die LIGHTNING handeln, zu der die Abmessungen – mit Ausnahme der Tonnage – fast genau passen. Die große Breite dieses Schiffes läßt sich nicht mit einer Tonnage von nur 1083 tons in Einklang bringen. Wahrscheinlich liegt ein Versehen Hillmanns vor, der bei der tatsächlichen Tonnage der LIGHTNING von 2083 tons lediglich die erste Ziffer falsch abschrieb. Eine Besonderheit dieses Risses liegt in der mehr durch Breite als durch Höhe erzielten großen Rahsegelfläche, wogegen das Areal der Schratsegel nur gering ist. Viele der Spierenabmessungen stimmen mit den ursprünglichen der LIGHTNING überein, einschließlich der 28,96 m für die Länge der Großrah.

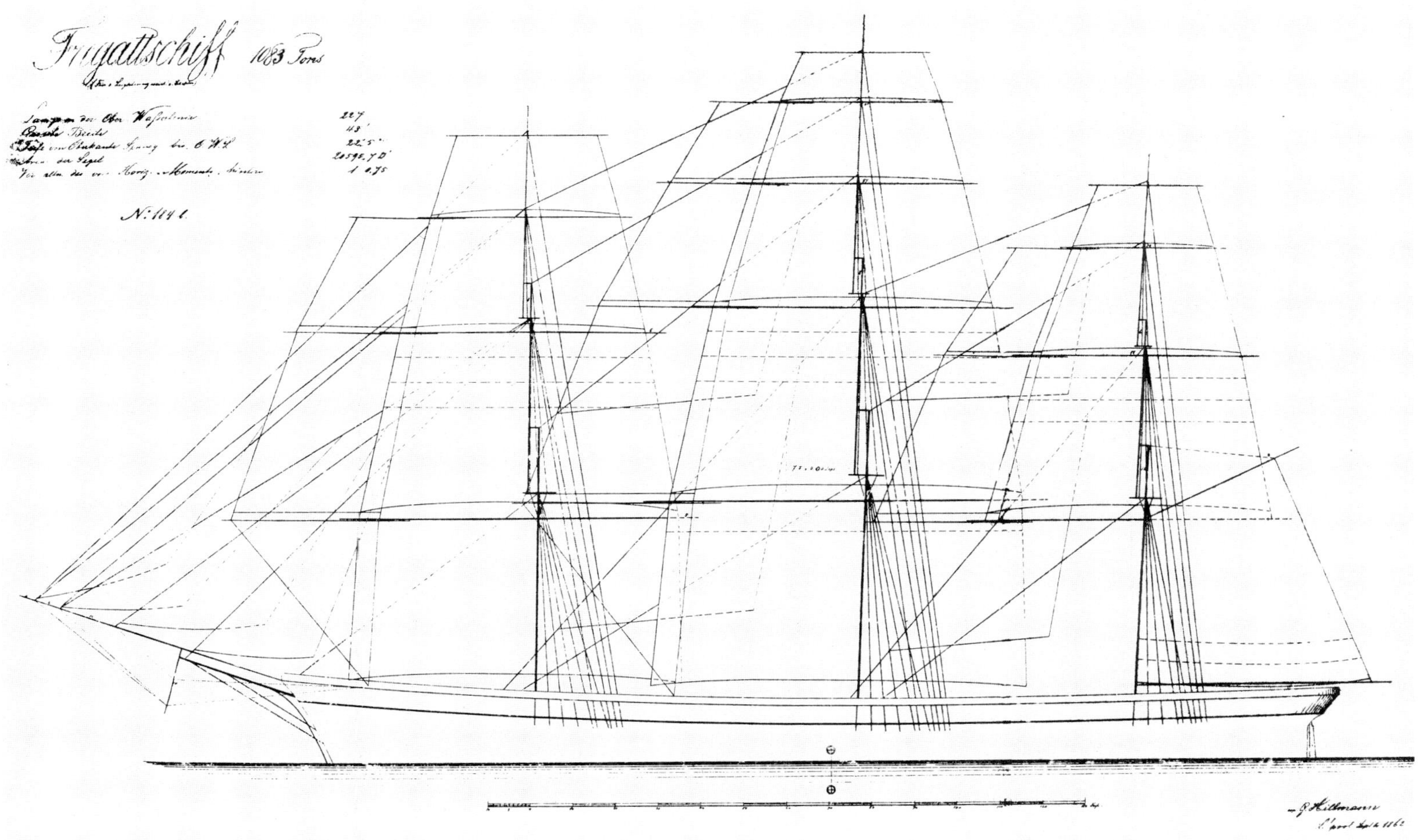

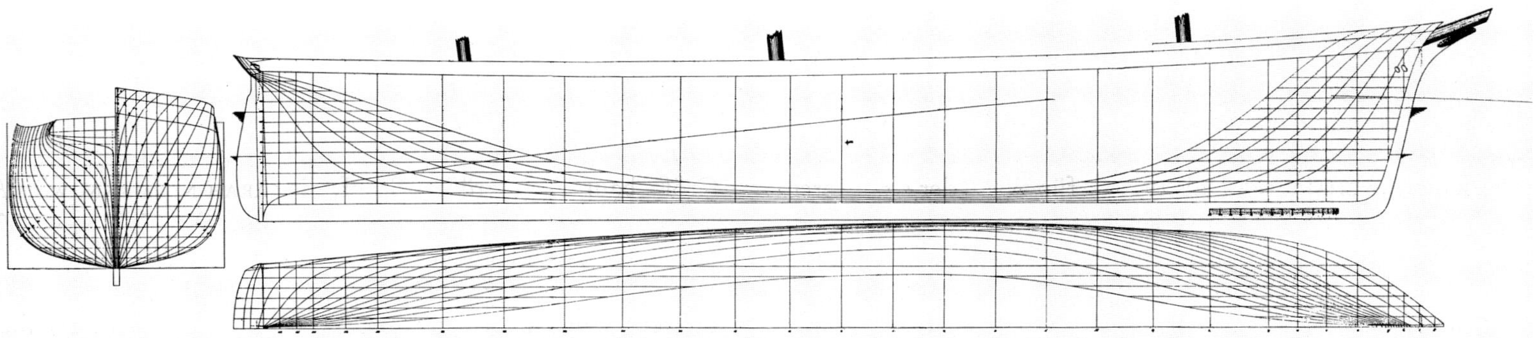

201 COMET; 1851 bei William H. Webb in New York gebaut. Reproduktion eines Planes aus *Plans of Wooden Vessels* von William H. Webb. Abmessungen: 69,57 m (Hauptdeckslänge) × 12,50 m (Breite auf Spanten) × 6,97 m (Raumtiefe an der Seite von Unterkante Spant bis Oberkante Decksbalken); 2000 tons C. M. (Customs Measurement). – Ihr Kiel war unterhalb der Sponung außergewöhnlich tief. Sie war ein schneller Segler, welcher Kurs zum Wind auch anliegen mochte.

202 RED JACKET (Linienriß); 1853 bei George Thomas in Rockland, Maine, nach einem Entwurf von Samuel H. Pook aus Boston gebaut. Gezeichnet nach Plan und Spierenabmessungen in *The United States Nautical Magazine and Naval Journal*, 1856, vol. IV, zwischen pp. 198/199. Abmessungen: 76,57 m × 13,41 m × 9,45 m; 2305 tons. – Rekonstruktion: Stevenanlauf und vorderes Ende des Kiels; Mastposition gemäß der in oben erwähnter Zeitschrift angegebenen Spierenabmessungen (diese passen nicht zu den auf dem veröffentlichten Plan eingezeichneten Mastpositionen); Takelung nach zeitgenössischen Illustrationen des Schiffes; Segelumrisse; Spierendurchmesser nach Angaben zu amerikanischen Klippern der gleichen Zeit; Galionsfigur; Schnaumast für den Besan; Bänder für Untermasten und Bugspriet; Ruder. Bei den Spierenabmessungen finden sich keine Anhaltspunkte für Leesegel, obwohl diese gefahren worden sein dürften. Trotz der sehr langen Unterrahen tritt keine Überlappung der Segel auf.

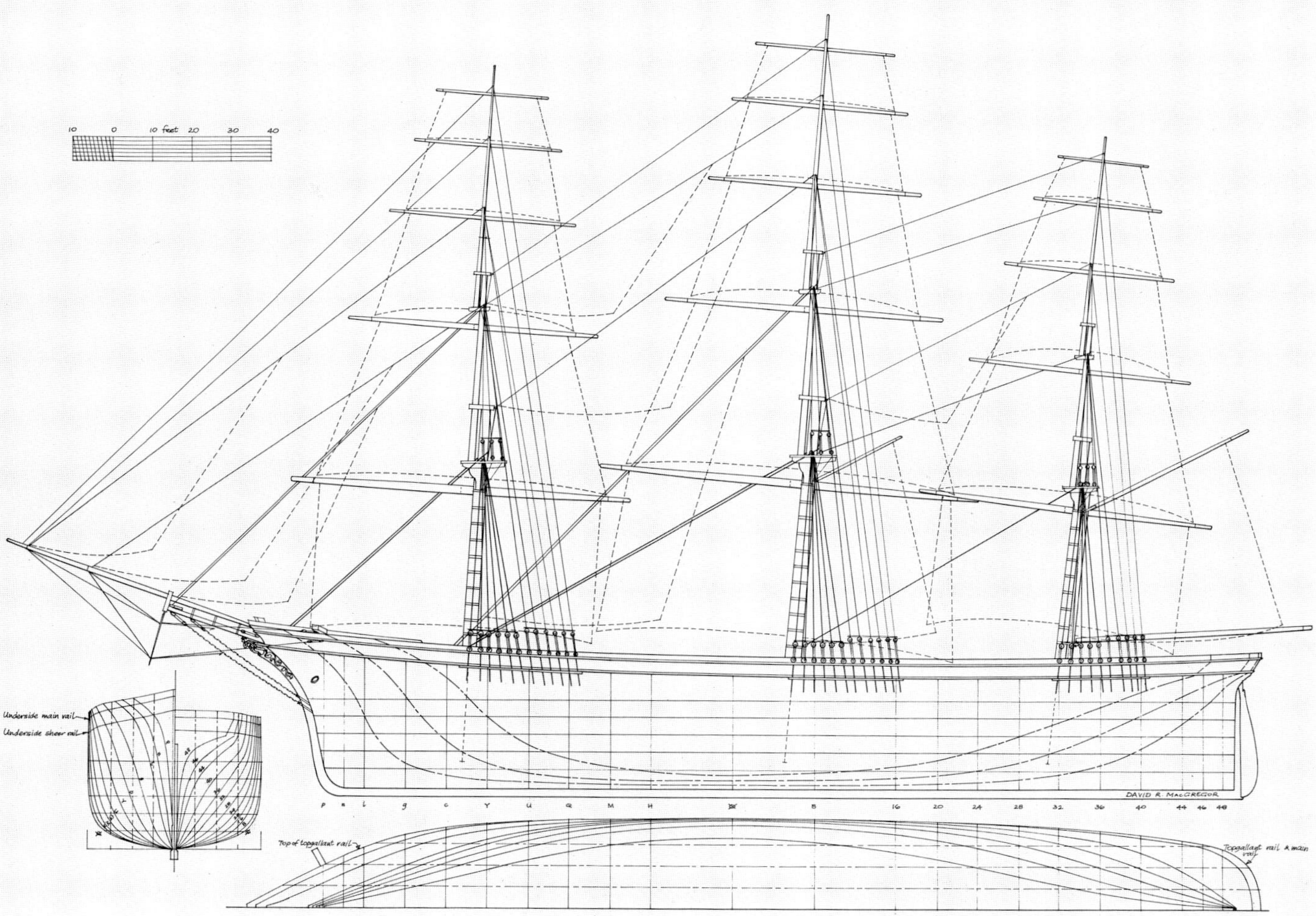

sie auch keine extremen Geschwindigkeiten erzielte, konnte sie doch eine ganze Serie sehr gleichbleibender Reisen von durchschnittlich nur 115 Tagen von Shanghai nach London verzeichnen, als James Killick von 1852 bis 1860 das Schiff führte. Vielleicht kann die CHALLENGER als typisch für einige der schnelleren Blackwall-Passagierschiffe von der Themse angesehen werden.

Bei Thomas Bilbe & Co. in Rotherhithe, London, lief 1851 die CELESTIAL vom Stapel; bei 438 tons n. V. und 452 tons a. V. besaß sie Abmessungen von 40,84 m x 8,18 m x 5,56 m. Sie war für die Chinafahrt gebaut, und der Besichtiger beschrieb sie als „einen langen, scharfen Glattdecker".[97]

An anderen Plätzen in Südengland wurde eine große Zahl schneller Schiffe bis zu 500 tons gebaut, aber es existieren nur wenige zuverlässige Unterlagen, auf die man sich stützen könnte, und an Plänen oder Modellen ist fast gar nichts mehr vorhanden. John Grays 1852 in Newhaven, Sussex, gebaute ELECTRIC TELEGRAPH soll wohl der WATKINS (Abbildung 126) ähnlich gewesen sein. Die *Illustrated London News* brachte Stiche von Schiffen wie etwa der SPEEDY, die 1853 bei Cox & Son in Bridport, Dorset, entstanden war „nach Linien, die von keinem Fahrzeug übertroffen worden sein sollen"![98] Sie wurde für die Liverpooler Firma J. Prowse & Co. gebaut in der Erwartung, die Reise nach Sydney in 70 Tagen zu bewältigen. Tatsächlich aber benötigte sie im Jahre 1854 von Land zu Land 88 Tage, was nach Ansicht des *Sydney Morning Herald* „eine hervorragende Reise" war.[99] Im Jahre 1855 dauerte ihre zweite Ausreise nach Sydney 96 Tage von Portsmouth. Die SPEEDY hatte die Klasse 8 A 1 erhalten. Die angegebenen Abmessungen betrugen 58,52 m („Vor- bis Achtersteven") x 10,06 m (Breite) x 6,40 m (Raumtiefe) bei 1 031 tons n. V. und 1 002 tons a. V.

Im Besitz von Vernon Boyle aus Westward Ho!, Nord-Devon, befand sich das Halbmodell eines großen Schiffes; es wurde aufgemessen und nach ihm ein Linienriß gezeichnet, der, wenn man den normalen Maßstab von 1 : 48 voraussetzt, Abmessungen von 61,87 m (Vorderkante Vorsteven unter Bugsriet bis Achterkante Hintersteven) x 10,36 m (Breite auf Spanten) x ca. 6,70 m (Raumtiefe) besaß. George Cox in Bideford, Nord-Devon, war dort der einzige Schiffbauer, der Fahrzeuge dieser Größe baute. Sein größtes Schiff, die SARAH NEUMANN, wies Abmessungen von 61,47 m (zwischen den Loten) x 10,92 m x 6,50 m bei 1 004 tons n. V. und 1 220 tons a. V. auf. Zieht man das starke Interesse Vernon Boyles an der Geschichte des Schiffbaus in Devonshire in Betracht, dann darf man wohl mit ziemlicher Sicherheit behaupten, daß das Modell aus einer Werft jener Gegend stammt und, wenn man noch die Ähnlichkeit der Abmessungen berücksichtigt, das Vollschiff SARAH NEUMANN darstellt.[100]

Die Linien lassen zweifelsfrei ein Fahrzeug mit den Formen eines Klippers erkennen. Es besaß ein langes konvexes Vorschiff und ein noch längeres konvexes Achterschiff; nur die unterste Wasserlinie zeigt eine geringfügige Konkavität. Das Hauptspant lag 3,12 m vor der Mitte der CWL; letztere war auf dem Halbmodell markiert und gab einen Tiefgang an, der achtern 6,55 m und vorn 5,41 m betrug; der Kielfall war also größer, als es sonst üblich war. Bei in gerader Linie merklich aufkimmendem Boden gingen die Kimmrundungen sanft in die gekrümmten Seiten über, die oben deutlich eingezogen waren. Die vorderen Spantlinien waren unten recht voll gehalten, um eine gute Anfangsstabilität zu gewährleisten, wie auch die Konvexität im Vor- und Achterschiff zu den hervorstechendsten Merkmalen ihrer Linien gehörte. Der auf einem Viertel der Konstruktionsbreite liegende Schnitt quert die CWL in gerader Linie, was auf eine „schnelle" Rumpfform deutet. Wenn die für das Schiff gemachte Breitenangabe von 10,92 m sich auf die Breite über alles bezieht, könnten 130 mm bis 150 mm an jeder Seite für Beplankung abgezogen werden, um auf eine Breite auf Spanten von 10,62 m bis 10,66 m zu kommen, was nicht mehr sehr weit von der nach dem Modell ermittelten Breite entfernt wäre.

Der Besichtiger von Lloyd's Register beschrieb die SARAH NEU-

203 LIGHTNING; dieses Modell des Schiffes im San Francisco Maritime Museum zeigt den Klipper mit einer Skysegelrah nur am Großmast, während an den beiden anderen Masten sich keine Rah mehr über den Royals befindet; vielleicht war die Takelung ursprünglich so geplant. Das Dach des Deckshauses ist mit der Poop über zwei Laufbrücken und mit der Back durch einen Decksvorsprung verbunden.

204 Auf dieser frühen Photographie ist das riesige Klipper-Vollschiff SCHOMBERG im Sommer 1855 in fast segelfertigem Zustand im Hafen von Aberdeen zu sehen. Leider ist die vermutlich noch unvollständige Galionsfigur verhüllt. Unterhalb des Kirchturms sind die eigenartig geformten Bootsklampen auf dem Deckshaus sichtbar.

MANN folgendermaßen: „Es ist ein gutaussehendes Baumuster im Klipperstil; Material und handwerkliche Arbeit sind von bester Qualität."[101] Sie bekam die Klasse 13 A 1 und wurde mit einem Großboot sowie drei anderen Booten ausgerüstet. Die Poop war 18,90 m lang und 1,98 m hoch, während die Back 13,41 m lang und 1,83 m hoch war. Die Bodenwrangen besaßen eine Breite von 381 mm bei einer Tiefe von 406 mm. Die SARAH NEUMANN lief am 15. Mai 1855 vom Stapel und traf am 2. August in Liverpool ein, um Ladung für Australien zu übernehmen. John Leech, ihrem Eigner, gehörten bereits die JANE LEECH und die SHUTTLE, die beide 1854 von George Cox gebaut worden waren.

In Barnstaple, Nord-Devon, baute John Westacott im Jahre 1853 die zu 425 tons vermessene SEA SNAKE „im Stil eines Klippers" und das „lange, scharfe Schiff" SPRING BOK von 198 neuen und 230 alten tons. Letzteres war eine Bark mit den Abmessungen von 36,58 m x 6,10 m x 3,66 m. Der Unterschied zwischen ihren beiden Tonnageangaben deutet auf ein Fahrzeug mit feinem Belauf. Modelle dieser oder ähnlicher Schiffe, von denen einige wahrscheinlich als Klipper bezeichnet werden konnten, waren bisher nicht aufzufinden.

Die Rumpfform betreffende Experimente wurden von einer Reihe von Schiffbauern durchgeführt. Im Museum von Bristol befindet sich zum Beispiel das Halbmodell eines Schiffes mit dem für den Entwurf bezeichnenden Namen IDEA [= Idee]. Das Modell besitzt sehr hohle Kielgänge, eine steile Aufkimmung, einen hohlen Belauf im Achterschiff und einen Bug, der einen Versuch in der Richtung des Aberdeen-Bugs darstellt, aber über der CWL völliger war. Es ist fraglich, ob überhaupt jemals ein Schiff nach diesem vermutlich um 1850 angefertigten Modell gebaut wurde.

CHARLES TAYLEUR & CO., WARRINGTON

Die erste Nachricht über den Eisenschiffbau in Warrington stammt aus dem Jahr 1840, als die Bridge Foundry Co. vier kleine eiserne Raddampfer für die Fahrt auf dem Mersey und den eisernen Schoner WARRINGTON baute. Das Unternehmen fuhr in den vierziger Jahren mit dem gelegentlichen Bau eiserner Fahrzeuge fort.

Nachdem Charles Tayleur und George S. Sanderson im Jahre 1844 von J. Wilson Patten MP, Bank Hall, 15 050 Quadratmeter Land für 99 Jahre gepachtet hatten, gründeten sie die Firma Tayleur, Sanderson & Co. und nannten den Betrieb Bank Quay Foundry. Über den technischen Werdegang der beiden Partner konnte nichts in Erfahrung gebracht werden. Im Jahre 1847 setzte sich George Sanderson zur Ruhe und Charles Tayleurs Sohn Edward trat als Partner in die Firma ein. Ursprünglich wurden in dem Betrieb Kanonen für Kriegsschiffe gegossen. Das Unternehmen, das sich auf schwere geschmiedete und gegossene eiserne Bauteile spezialisierte, wurde durch seine Mitarbeit an der aus Röhren konstruierten „Britannia Tubular Bridge" bekannt. Im Jahr 1846 liefen dort mit der gleichen Tide zwei eiserne Schoner von 75 tons, die ENTERPRIZE und die NEPTUNE, vom Stapel. Weitere Namen dort gebauter Schiffe konnten für die Zeit bis zum Jahre 1852 nicht ermittelt werden. Dann aber wurde die Werft durch die Pacht weiteren Landes erweitert und mit Eifer ein jedoch nur kurzlebiges Schiffbauprogramm verfolgt. Die Werft lag ganz in der Nähe des London & North Western Railway Bahnhofes, und wegen einer Biegung des River

Mersey stand eine freie Strecke von etwa 200 m bis 300 m für Stapelläufe zur Verfügung.[102]

1852–1855 VON C. TAYLEUR & CO. GEBAUTE EISENSCHIFFE[103]

Baujahr	Name	Takelung	tons n. V.	tons a. V.	Abmessungen [in m]	Eigner
1852	RD INVINCIBLE		111			auf dem Mersey verwendet
1853	RD LA PERLITA		140			P. S. N. Co.
1853	TAYLEUR	Vs	1750	1979	68,58 x 12,01 x 8,41	C. Moore
1854	LADY OCTAVIA	Vs	1319	1272	61,05 x 10,58 x 6,80	
1854/ 1855	DEERSLAYER	Bk	390		43,28 x 7,96 x 4,79	Blyth
1854/ 1855	LIVERPOOLIANA	Vs	390		45,42 x 7,93 x 4,57	C. Moore
	1855 umbenannt in MEDORA nach Verkauf an Shallcross & Co.					
1855	RETRIEVER	Bk	410		50,11 x 7,99 x 4,79	
	seit Juli 1855 umbenannt in MYSTERY					
1855	STARTLED FAWN	Vs	1165	1329	61,05 x 11,25 x 6,80	Fletcher
1855	SARAH PALMER	Vs	1325		68,73 x 11,16 x 6,80 (nach B. M.)	Palmer
1855	CONFERENCE	Vs	531		50,23 x 8,05 x 4,88	H. Moore

Nach 1855 scheinen keine Schiffe mehr gebaut worden zu sein. Charles und Edward Tayleur waren ebenfalls Teilhaber bei der Vulcan Foundry [Gießerei] in Newton-le-Willows, wahrscheinlich seit 1847, aber auf diesem Gebiet sind noch weitere Nachforschungen erforderlich. Die Arbeit ging in der Bank Quay Foundry nach 1855 zurück und wurde schließlich eingestellt.

Von der TAYLEUR existiert ein Halbmodell der Werft, das sich jetzt im Besitz der Vulcan Foundry Ltd. befindet. Es trägt ein Schild „Original Model", und nach dem Gesetz von 1836 zur Registrierung betragen die maßstäblich umgerechneten Abmessungen 62,18 m x 10,97 m x 7,01 m. Das tatsächlich gebaute Schiff wurde auf Verlangen des Eigners in jeder Richtung etwas größer bemessen, so daß die Dimensionen der TAYLEUR dann 68,58 m x 12,01 m x 8,41 m bei 1750 tons n. V. und 1979 tons a. V. betrugen. Sie war das größte eiserne Segelschiff bis zum Stapellauf der BATES FAMILY im Jahre 1859. Die nach dem „Original Model" gezeichneten Linien weisen sie als Klipper aus, wenn auch nicht als einen der extremen Art. Sie besaß ein langes Vorschiff mit konvexem und weiter unten etwas hohlem Belauf, dem das Achterschiff ungefähr entsprach. Das Hauptspant lag auf der Mitte der angenommenen CWL. Die Aufkimmung belief sich auf 12,5 Grad bei großem Kimmradius und geringfügig eingezogenen Seiten. Sie war im Stil der SARAH NEUMANN gebaut, aber breiter und tiefer sowie mit dem schweren Rundheck vieler Eisenschiffe.

Das größer als geplant gebaute Schiff muß aber einige Ähnlichkeit mit dem Halbmodell gehabt haben. Ein in Australien abgedruckter Bericht des *Liverpool Standard* meint zum Beispiel: „Im Vorchiff ist sie merklich hohl gehalten und scharf im Achterschiff. Ihre Bug- und Hecklinien beginnen gleichermaßen in Mittschiffsnähe, während ein großer Boden die Gewähr dafür bietet, daß sie viele Segel tragen kann, um schnell das ihr bestimmte Element zu durcheilen."[104] Ein anderer Bericht gibt 10 Grad als Maß für die Aufkimmung an. Es waren drei Decks vorhanden, aber nur das Hauptdeck war für Passagiere eingerichtet, während das Zwischendeck und der Laderaum für Fracht bestimmt waren. Man hat geschätzt, daß sie bei 6,40 m Tiefgang 4200 tons laden konnte. Die Stärke des Kielganges betrug 25 mm und verringerte sich auf 13 mm; das Kielschwein wurde von einem aus 13 mm starken Platten zusammengesetzten 762 mm x 610 mm Kastenträger gebildet, daneben gab es noch zwei Seitenkielschweine. Der Mittellinienabstand der Spanten betrug 457 mm, mittschiffs jedoch nur 381 mm. Die eisernen Bauteile wogen 780 tons. Die eisernen Untermasten waren innen durch Querplatten verstärkt; Fock- und Großrah waren 25,60 m lang, andere Spierenabmessungen werden nicht erwähnt. Zeitgenössische Stiche und sonstige Illustrationen, die bereits entstanden waren, bevor die TAYLEUR zum ersten Mal Segel gesetzt hatte, zeigen alle drei Masten für Skysegel eingerichtet, ungeteilte Marssegel mit Reffbändseln, Vor- und Großgaffelsegel sowie Rüsten für die Unterwanten. Als Galionsfigur diente eine Statue von Charles Tayleur, während sein Familienwappen und andere Embleme das Heck schmückten. Von der Unterzeichnung des Bauvertrages bis zum Stapellauf am 4. Oktober 1853 vergingen nur sechs Monate, es ist also sehr schnell gearbeitet worden. Die Bauaufsicht lag bei Mr. Heathcote, dem Leiter der Bank Quay Foundry. Der Stapellauf erfolgte mit Schlepperassistenz, und das Schiff wurde anschließend sofort nach Liverpool zum Ausrüsten geschleppt. Die Gesamtkosten werden mit £ 34 000 angegeben, was einem Betrag von £ 17.3 s pro ton a. V. entspricht.[105]

Als die TAYLEUR noch im Bau war, fiel Kapitän Noble, ihr späterer Schiffsführer, in den Laderaum, was von den Schiffszimmerleuten als ein Zeichen künftigen Unheils gedeutet wurde; leider behielten sie recht, denn das Schiff ging zwei Tage nach Antritt seiner Jungfernreise an der Küste von Lambay Island in der Dublin Bay am 21. Januar 1854 total verloren, wobei etwa 300 Menschen ertranken. Im Spruch des Seeamtes wurde festgestellt, daß die 55 Mann starke Crew hauptsächlich aus in kaltem Wetter untauglichen Chinesen und Laskaren bestand, daß die Eigner es schuldhaft unterlassen hatten, die falsch anzeigenden Kompasse zu regulieren und eine Probefahrt durchzuführen und schließlich, daß Kapitän Noble die Verantwortung dafür trifft, kein Lot haben auswerfen zu lassen.[106]

Probefahrten für Segelschiffe waren damals allerdings so gut wie unbekannt.

Über die Regulierung von Kompassen auf Eisenschiffen wußte man zu dieser Zeit nur wenig. Das Liverpool Compass Committee legte dem Board of Trade zwischen 1855 und 1860 drei Berichte vor. Solch ein Unglück ließ Eigner mit der Erteilung von Bauaufträgen für Eisenschiffe zögern. So war zum Beispiel, als die STARTLED FAWN im Mai 1855 nach Melbourne in See gehen

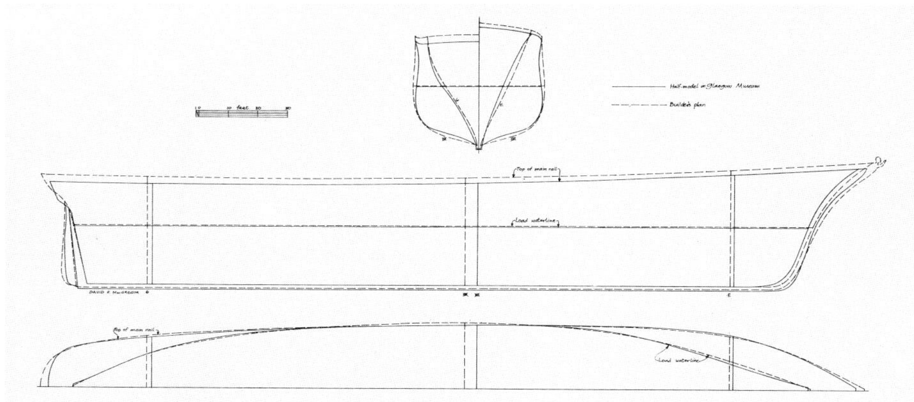

205 SCHOMBERG: Bei den hier übereinander gezeichneten Rissen wird der ursprüngliche, dem im Glasgower Museum befindlichen Halbmodell entsprechende Entwurf von Alexander Hall & Sons für ihren Mammutklipper mit dem in Abbildung 208 gezeigten Plan verglichen. Zur Gegenüberstellung wurden auch drei einander entsprechende Spantflächen ausgewählt. Die ausgezogenen Linien gehören zum Glasgower Halbmodell, während die gestrichelten Linien der Werftzeichnung entsprechen.

206 Dieser Stich aus der *Illustrated Times* zeigt die SCHOMBERG beim Wenden auf dem Mersey am Anfang ihrer Jungfernreise. Obwohl der Künstler ihren Rumpf perspektivisch etwas verdreht dargestellt hat, lassen sich ihre allgemeinen Proportionen klar erkennen.

207 SCHOMBERG (Segelriß); rekonstruiert nach Werftangaben zu den Spierenabmessungen, Längsriß und zeitgenössischen Photographien und Illustrationen. Das Kreuzmarssegel wurde mit Cunninghams Rollreffeinrichtung gefahren. Die Spierenabmessungen der Werft geben keine Hinweise auf Leesegel, obwohl solche zweifellos gesetzt werden konnten. Zwei je 27,43 m lange in Liverpool hergestellte eiserne Rahen wurden vermutlich vor der Jungfernreise aufgebracht.

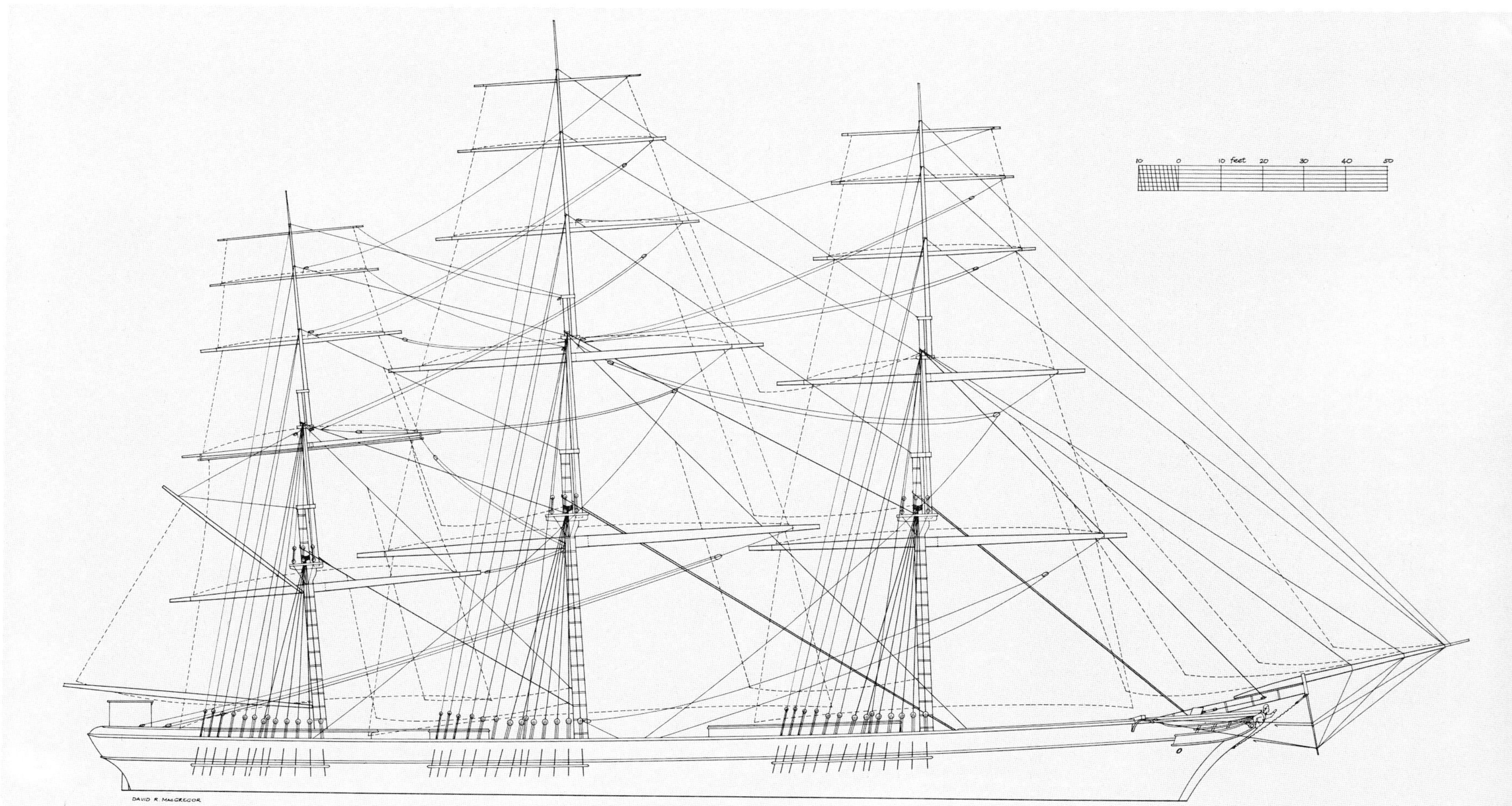

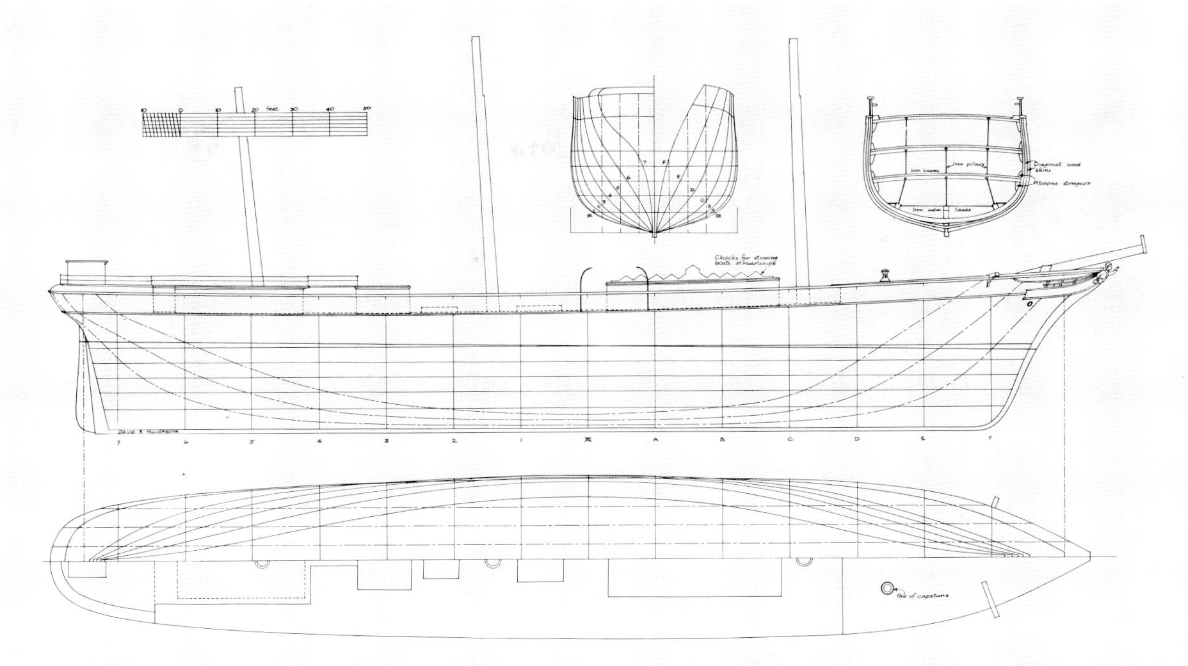

208 SCHOMBERG (Linienriß); 1855 bei Alexander Hall & Sons in Aberdeen nach dem Diagonalsystem aus Holz gebaut. Nach einer von F. C. Poyser zur Verfügung gestellten und mit einem Werftstempel versehenen Blaupause der Werft gezeichnet. Abmessungen (nach dem Gesetz von 1836): 75,50 m × 12,86 m (Innenbreite) × 8,81 m; Außenbreite: 13,87 m; 2284 tons n. V. – Rekonstruktion: Decksanordnung; Hauptspantschnitt; Rundhölzer. Quellen für die Rekonstruktion: Photographie des Schiffes in Aberdeen; Pläne in der *Encyclopaedia Britannica* (1861); Spierenabmessungen der Werft; zeitgenössische Beschreibungen. Die eigenartige Form der Bootsklampen, in denen die Boote querschiffs auf dem Deckshaus stehen konnten, wurde nach der Photographie des Schiffes gezeichnet.

sollte, zu lesen, daß „das durch die TAYLEUR-Katastrophe geweckte Vorurteil gegen eiserne Fahrzeuge rasch der Vernunft und der wachsenden Einsicht weicht, und wenn schon nicht geleugnet werden kann, daß Eisen als Schiffbaumaterial leichter als Holz ist, so ist es auf jeden Fall billiger".[107] Die STARTLED FAWN fuhr damals in Charter für James Baines & Co.

Die Liverpooler Firma Charles Moore & Co., die die TAYLEUR und LIVERPOOLIANA bei Charles Tayleur & Co. hatte bauen lassen, bestellte jetzt einen anderen großen eisernen Klipper von etwa 1 300 tons a. V., den sie aber noch vor dem Stapellauf an Jones, Palmer & Co. verkaufte, so daß die neuen Eigner ihm den von ihnen gewählten Namen SARAH PALMER geben konnten. Miss Sarah erschien rechtzeitig am Tage des Stapellaufs, dem 31. Juli 1855, auf dem Werftgelände, aber das neue Schiff machte sich selbständig und glitt eher als beabsichtigt und noch bevor die Stützhölzer weggeschlagen waren sachte ins Wasser, so daß Sarah Palmer nicht mehr in der Lage war, ihre Namensschwester zu taufen.[108] Ob die örtlichen Spökenkieker nun Unheil für das neue Schiff prophezeiten, ist nicht überliefert; immerhin erlitt es bereits fünf Jahre später Schiffbruch, als es 1860 von Callao mit Guano nach Queenstown unterwegs war.

Zum Beweis dafür, daß sie ein extremer Klipper war, werden hier Linien- und Segelriß der SARAH PALMER, die nach Plänen aus dem National Maritime Museum in Greenwich gezeichnet wurden, wiedergegeben. Das lange konkave Vorschiff besaß in der CWL einen ausgeprägt hohlen Belauf. Wegen der großen Breite des auf der CWL-Mitte liegenden Hauptspants reicht das Vorschiff bis dorthin, wo auch das gleichlange Achterschiff beginnt. Letzteres weist hohle Abschnitte in den unteren Wasserlinien auf, während die oberen konvex sind. Auf einem Drittel und auf zwei Dritteln der halben Konstruktionsbreite wurden zwei Schnitte gezeichnet, die sehr scharfe Enden ohne jegliche stärkere Krümmung aufweisen. Die Aufkimmung ist die gleiche wie bei der TAYLEUR, deren Originalhalbmodell das Hauptspant auch sonst mit dem großem Kimmradius und den nur schwach eingezogenen Seiten außerordentlich ähnlich ist. Einzelne Punkte des Entwurfes ähneln also, wie wohl auch erwartet werden durfte, dem „Original Model" der TAYLEUR, wie etwa das Hauptspant, das schwere Rundheck und das Decksprofil; der Stevenanlauf ist allerdings nicht mehr winklig und der Überhang des Bugs wurde stark reduziert.

Diese in Warrington gebauten Klipper besaßen nicht den schmalen Rumpf der eisernen Klipper von der Clyde wie etwa die HURRICANE, vielmehr entsprach ihre Breite im Verhältnis derjenigen der SCHOMBERG. Es hat auch den Anschein, als ob die Werft nur Schiffe von im Grunde zwei Größenklassen gebaut habe: Die kleinere Art wie die DEERSLAYER, die LIVERPOOLIANA, die RETRIEVER und die CONFERENCE, deren Breiten- und Tiefenabmessungen fast identisch waren, nur die Rumpflänge wurde in der einen oder anderen Richtung den Wünschen des Eigners angepaßt; und die größere Klasse, zu der die TAYLEUR, die LADY OCTAVIA, die STARTLED FAWN und die SARAH PALMER gehörten, deren Breiten und Tiefen sich ebenfalls praktisch glichen und deren Längen entweder 60,96 m oder 68,58 m betrugen. Der Schiffbauingenieur John Grantham (1809–1874) hatte die Bauaufsicht bei der SARAH PALMER; von ihm stammt ein Baubesteck für die Eisenkonstruktion. Da er auch derartige Spezifikationen für die LADY OCTAVIA und die DEERSLAYER aufstellte, führte er vielleicht auch bei ihnen die Bauaufsicht oder übte wenigstens die Funktion eines Beraters aus.[109] Die Konstruktion der SARAH PALMER stand nicht im Einklang mit den Vorschriften von Lloyd's Register; trotzdem lobte der Besichtiger die Bauweise, die handwerkliche Arbeit, das Material und die Ausrüstung. Der Schandeckel wurde durch einen Kastenträger gebildet, während die Wassergänge aus Teak waren. Das Schiff besaß vier wasserdichte Schotten und wurde mit sechs Booten ausgerüstet.

Der in Abbildung 212 wiedergegebene und nach dem Original gezeichnete Segelriß der SARAH PALMER zeigt ein nicht sehr attraktives Schiff mit schwerfällig wirkenden Details an Bug und Heck. Auch die im Verhältnis zur Rumpflänge etwas kurzen Masten tragen nicht gerade zu einem besseren Aussehen bei. Der Großuntermast ist 1,07 m länger als der Voruntermast; alle anderen Teile sind an Vor- und Großmast von ähnlichen Abmessungen, das gilt auch für die einander entsprechenden Rahen. Die Länge der Unterrahen betrug je 23,32 m, was für ein Schiff dieser Größe etwas kurz war, auch wenn man seine sehr scharfen Linien berücksichtigt. Dadurch entstanden große Lücken zwischen den Segeln, die natürlich durch mit Sicherheit an Vor- und Großmast zu setzende Leesegel verringert werden konnten. Das Fehlen des Bagiensegels war zu dieser Zeit bereits ungewöhnlich, und auch die Schlingerpardune war bei einem rahgetakelten Schiff dieser Größe nicht üblich. Die eisernen Untermasten waren nach einem Zeitungsbericht „gefüllt mit sogenannten ‚feathers'".[110] War dies eine in dieser Gegend übliche technische Bezeichnung? Es war mir nicht möglich die Bedeutung dieses Ausdrucks zu klären.

Die LADY OCTAVIA und die STARTLED FAWN machten ihre Jungfernreisen nach Australien, während die der SARAH PALMER nach Indien ging.

KLIPPER AUS NORDWESTENGLAND

In Whitehaven, Cumberland, unterhielten Thomas und John Brocklebank eine Werft, die fast ausschließlich Schiffe für ihren eigenen Bedarf baute; aber nur wenige davon konnten als Klipper bezeichnet werden. Im Jahre 1852 lief dort das glattgedeckte hölzerne Vollschiff MARTABAN (852 tons n. V. und 827 tons a. V.) vom Stapel, das wesentlich länger war und bei einem Verhältnis der Länge zur Breite von 5,5 : 1 auch etwas schärfere Linien besaß als seine Vorgänger. In den Brocklebank-Archiven befindet sich ein Plan, bei dem einige Wasserlinien dieses Schiffes in den Linienriß der zwei Jahre später vom Stapel gelaufenen ARACAN eingezeichnet wurden. Daraus geht hervor, daß letztere ein längeres und schärferes Fahrzeug mit den Abmessungen von 56,88 m x 9,75 m x 6,58 m bei 864 tons n. V. und 911 tons a. V. war.

209 SARAH NEUMANN; 1855 bei George Cox in Bideford gebaut. Linien nach einem namenlosen Halbmodell gezeichnet, das sich im Besitz Vernon Boyles in Westward Ho!, Nord-Devon, befand. Abmessungen: 61,47 m (zwischen den Loten) × 10,92 m × 6,50 m; 1004 tons n. V. und 1220 tons a. V. – Rekonstruktion: Zuordnung des Namens (siehe Text).

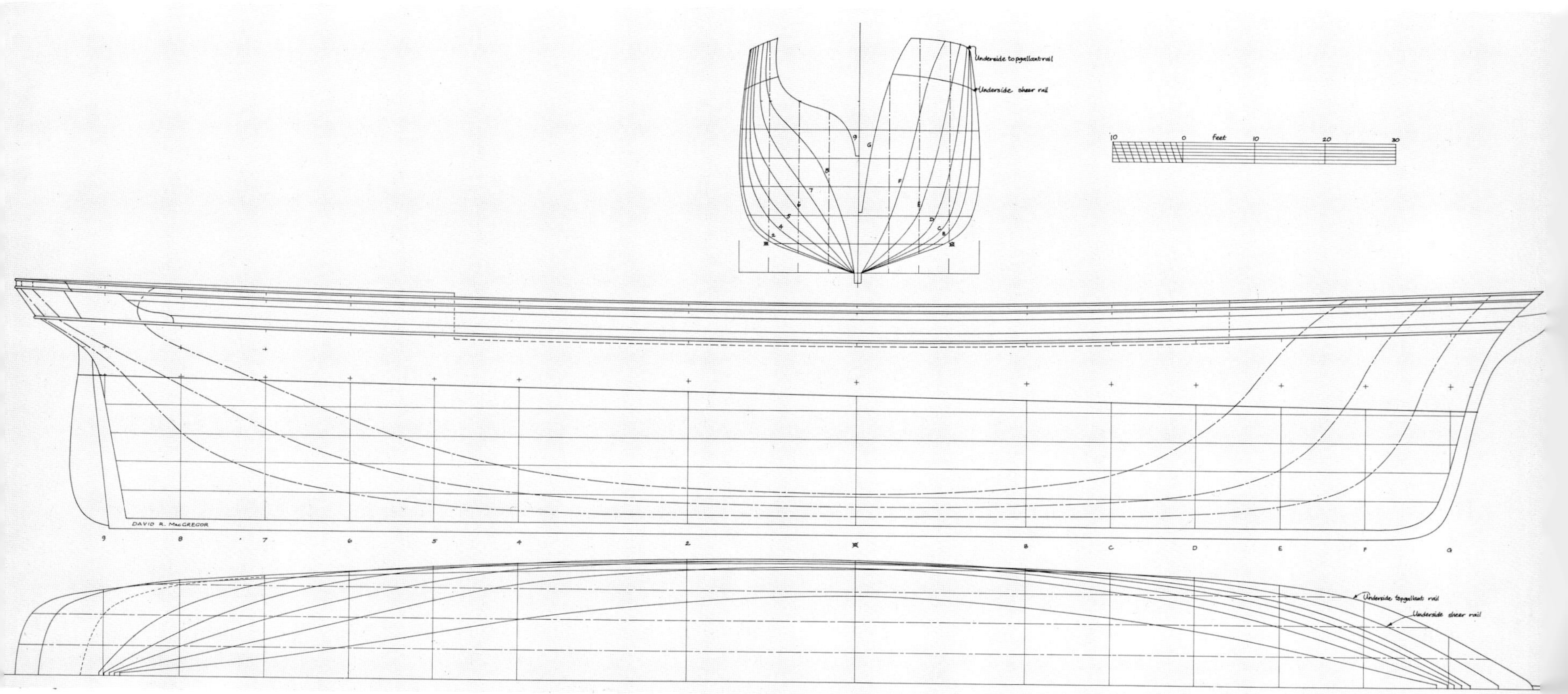

210 Dieses von Joseph Heard stammende Gemälde der SHUTTLE zeigt den von George Cox in Bideford während der fünfziger Jahre gebauten Fahrzeugtyp. Der Rumpf war grün gemalt und die Bugform entsprach dem Aberdeen-Typ.

Ihre Crew bestand aus 35 Mann. Ihr Plan läßt einen spürbar aufkimmenden Boden, der sehr bald in eine weit gerundete Kimm übergeht, erkennen; allerdings besaß das Fahrzeug mittschiffs über eine Länge von 9,14 m gleichbleibende Spantflächen, während die Enden dagegen in der CWL ziemlich scharf und konvex waren. Auf ihrer Jungernreise segelte sie nach Indien und kehrte in 85 Tagen von Bombay nach Liverpool zurück.

Wir kommen nun zu einer wesentlich anders proportionierten Rumpfform von in sehr viel stärkerem Maße experimenteller Natur. Die diesbezüglichen Linien wurden nach einem schön gearbeiteten aus den üblichen Schichtbrettchen bestehenden Halbmodell gezeichnet, das sich in der Schiffahrtsabteilung des Liverpooler Museums befindet. Für das Modell, das den 1858 von Charles Lamport in Workington, Cumberland, gebauten Tee-Klipper SCAWFELL darstellen soll, wird ein Maßstab von 1 : 96 angenommen. In jenem Jahrzehnt waren bei Lamport bereits viele feine Schiffe entstanden wie die CAMBALU, die SEBASTIAN CABOT und die LODORE. Sein einziger echter Klipper aber war bis dahin wohl nur die AEROLITE. Dies wird aus dem großen Unterschied zwischen den Tonnageangaben nach neuer und alter Vermessung geschlossen: es stehen hier 911 tons n. V. gegen 1160 tons a. V. – Die Berechtigung eines solchen Schlusses kann durch viele belegte Fälle erhärtet werden.

Die AEROLITE wurde 1853 aus Holz gebaut, sie war diagonal gewegert und besaß eiserne Vor- und Großuntermasten. Ihre Abmessungen betrugen 55,98 m x 11,13 m x 6,10 m. Auf ihrer Jungfernreise im Jahre 1853 segelte sie in 93 Tagen nach Melbourne, und in den frühen sechziger Jahren machte sie Heimreisen von China wie die von 1864/65, für die sie 98 Tage von Shanghai nach Liverpool benötigte.

Gegen Ende der fünfziger Jahre wurden viele feine Schiffe sehr ähnlicher Größe in Workington für die Chinafahrt gebaut. Nachstehend folgt zum Vergleich eine Zusammenstellung mit den Hauptabmessungen und Bauwerften.

IN WORKINGTON GEBAUTE SCHIFFE MIT DEM PROTOTYP-HALBMODELL DER *SCAWFELL* ÄHNLICHEN DIMENSIONEN

Baujahr	Name	RT	Völligkeitsgrad der U.-D.-Tonnage	Abmessungen	Werft
–	Halbmodell (Abb. 214)	–	–	L: 56,08 m B: 9,60 m T: ca. 5,50 m	–
1856	BANIAN	760	–	L: 56,69 m B: 9,30 m T: 6,34 m	Peile, Scott & Co.
1857	JUBILEE	764	0,57	L: 58,64 m B: 9,45 m T: 6,49 m	Workington & Harrington S. B. Co.
1858	SCAWFELL	826	0,57	L: 60,35 m B: 9,94 m T: 6,64 m	Charles Lamport
1859	DUNMAIL	768	–	L: 56,30 m B: 9,60 m T: 6,52 m	Workington & Harrington S. B. Co.
1863	BELTED WILL	812	0,59	L: 56,85 m B: 9,88 m T: 6,37 m	Jonathan Fell

Jonathan Fell leitete die Workington & Harrington Shipbuilding Co., deren erstes Schiff die JUBILEE war. Davor war er Betriebsleiter von Peile, Scott & Co., so daß außer der SCAWFELL jedes der oben aufgeführten Schiffe in seinem Einflußbereich entstand.

Die obenstehende Liste wirft die Frage der Identität des Modells auf und bietet dafür mehrere Möglichkeiten an, von denen die allein durch die Abmessungen am stärksten gestützte auf die DUNMAIL weist. Merkwürdigerweise besteht bei den Abmessungen der SCAWFELL die größte Diskrepanz zum Modell, die allerdings verringert werden könnte, wenn man für die Dicke der Beplankung zu der auf Spanten gemessenen Modellbreite auf jeder Seite noch 0,10 m hinzufügt, um so auf 9,80 m zu kommen. Auch könnte die Tiefe nach dem Modell noch durch die Annahme, daß das Deck während des Baus höher gelegt wurde, um etwa 0,60 m vergrößert werden. Ein schwierigeres Problem stellt der Längenunterschied zwischen Modell und SCAWFELL dar, der nur zu erklären wäre, wenn, wie im Fall der TAYLEUR oder der ROBIN HOOD, das Modell einen vorläufigen Entwurf repräsentiert hätte. Ob man dann diesen Entwurf einfach um 4,27 m verlängerte oder eine völlig neue Konstruktion entwarf, dürfte kaum mehr festzustellen sein. Immerhin deutet die Rekordreise der SCAWFELL von Macau nach Liverpool in 85 Tagen ebenso wie der Völligkeitsgrad der Unterdecktonnage, der mit 0,57 noch unter dem der TITANIA von 0,58 lag, auf einen scharfen Rumpf.

Die Linien des Halbmodells zeigen einen Rumpf, bei dem im Längsriß eine Verbindungslinie zwischen den Punkten größter Breite der einzelnen Wasserlinien einen Fall nach achtern gehabt hätte, da die breiteste Stelle jeder Wasserlinie sich weiter achtern als bei der darunterliegenden befand. Dadurch wurde der Belauf des Achterschiffs länger und schärfer als der des Vorschiffs in den untersten Wasserlinien, andererseits aber erhielt hierbei das Vorschiff in der CWL eine größere Länge und Schärfe als das Achterschiff. Dies hatte günstige Auswirkungen auf eine Stabilitätserhöhung und verminderte die Neigung zum Stampfen, dazu förderte es die Geschwindigkeitsfreundlichkeit der Rumpfform. Hierbei waren Vor- und Achterschiff vollkommen konvex und ohne hohle Abschnitte in den Wasserlinien. Die breiteste Stelle der untersten Wasserlinie lag unter der CWL-Mitte, während die größte Breite in der CWL etwa 7,60 m weiter achtern lag. Die Krümmung der Schnitte war achtern etwas stärker als vorn, dennoch ist sie überall als sehr leicht bis leicht zu bezeichnen. Der bei geringfügig konvexen Bodenwrangen sehr steil aufkimmende Boden strebt bei beachtlich großem Kimmradius zu den überhängenden Seiten, wobei die größte Breite in Relingshöhe lag. Der Londoner Schiffbauer Joseph Maudslay hielt 1860 vor der Institution of Naval Architects einen Vortrag zu dem Thema des Falls nach achtern bei Linien, die im Längsriß die Punkte größter Breite auf allen Wasserlinien verbinden. Dabei legte er auch den Linienriß eines derartigen Schiffes vor. Das hier besprochene Halbmodell wurde jedoch nicht nach Maudslays Plan gebaut. Charles Lamport war Mitglied der Institution of Naval Architects, was Jonathan Fell dagegen nicht war.

Nach dem Modell betrug die Tiefe des Kiels unterhalb der Sponung achtern 1,22 m und vorn nur 0,69 m; die Wasserlinien wurden parallel zur Basis des Kiels gezeichnet. Bei einem nach diesem Modell gebauten Schiff dürfte der Tiefgang achtern etwa um 0,90 m bis 1,20 m größer als vorn gewesen sein. Die 1837 von der Royal Navy aufgebrachte Sklaven-Brigg DILIGENTE besaß einen ähnlichen Kiel.[111]

Zwei interessante Tatsachen lassen darauf schließen, daß die SCAWFELL einen wahrhaft scharfen Rumpf besaß. Zum einen fuhr sie, als sie 1883 aufgegeben wurde, mit 50 tons festem Eisenballast, während dieser bei Klippern wie der SIR LANCELOT bereits in den frühen siebziger Jahren zur Erhöhung der Ladefähigkeit entfernt worden war; zum anderen hatte sie, als sie verloren ging, neben dem Ballast noch eine Ladung von 1059 tons Kohle und Koks an Bord, was nur um etwa 29 % über dem Wert ihrer Nettoregistertonnage lag, während bei den meisten Schiffen erwartet wurde, daß sie mindestens um 50 % ihrer Registertonnage, bei manchen war es das Doppelte, an Ladung befördern konnten. Bei einer so geringen Ladekapazität muß sie also einen sehr scharfen Rumpf gehabt haben.

Ihre schnelle Heimreise in 85 Tagen von Macau erfolgte im Jahre 1861 bei günstigem Monsun; sie war am 16. Januar in See gegangen und befand sich am 11. April vor Point Lynas bei Liverpool. 1866/67 benötigte sie für eine im Oktober angetretene Heimreise von Futschou bis Deal 97 Tage.

Es gibt ein sehr schönes, in Abbildung 215 wiedergegebenes Gemälde, das die DUNMAIL vor Hongkong darstellt, wobei sie auch viele leichte Segel gesetzt hat wie einen „Jamie Green" unter dem Klüverbaum, einen „Brodwinner" am Achterliek des Besans und ein Mondsegel. Nach den vorhandenen Spieren konnten an Vor- und Großmast auch Royalleesegel gefahren werden. Sie und auch die JUBILEE konnten nicht mit besonders schnellen Reisen aufwarten aber mit einem guten Durchschnitt. Letztere wurde übrigens erst 1944 abgewrackt. BELTED WILL war schneller als die beiden; so benötigte sie auch für ihre ersten vier Heimreisen von Hongkong oder Whampoa (Canton) – stets gegen den Monsun – im Mittel 109½ Tage bis nach London.

KLIPPER DER SPÄTEN FÜNFZIGER JAHRE

Nach der Beendigung des Krimkrieges im Jahre 1856 entstand ein Überschuß an nicht benötigter Tonnage, wodurch die Frachtraten fielen, was für einige Jahre zu einem starken Rückgang der Neubauaufträge führte. Nur eine begrenzte Zahl von Klippern wurde für die Indien- und Chinafahrt gebaut, wozu auch die im vorigen Abschnitt aufgeführten gehörten. Weiter im Norden, in Greenock, wurden von Robert Steele & Co. die ELLEN RODGER (1858) und die FALCON (1859) gebaut. Von letzterer findet sich ein Plan in *The Tea Clippers*.[112] Dieser Riß zeigt, daß sie ein Klipper – wenn auch kein extremer – war, mit spürbarer Aufkimmung und weit gerundeter Kimm. Sie besaß lange, scharfe Enden mit geringer Konkavität in der Nähe von Vor- und Achtersteven.

Im benachbarten Port Glasgow war bei John Reid & Co. 1858 das für die Chinafahrt bestimmte eiserne Vollschiff WEYMOUTH entstanden. Ihr den ganzen Rumpf wiedergebendes Modell, das der Verfasser 1949 aufmessen konnte, stellt ein ziemlich scharfes Schiff mit merklicher Aufkimmung und sehr großem Kimmradius dar. 1866/67 segelte es von Futschou nach London in 104 Tagen.

Clydeaufwärts, näher bei Glasgow, bauten Barclay, Curle & Co. einige Klipper für George Smith & Sons, die ihre „City Line" in der Indienfahrt einsetzten. Pläne dieser Schiffe können im National Maritime Museum in Greenwich eingesehen werden. In den früheren fünfziger Jahren waren auf dieser Werft meist Frachtschiffe mit mäßig vollen Linien für Smiths entstanden. Ein

211 Das eiserne Vollschiff TAYLEUR nach einem am 16. November 1853 datierten Stich, auf dem der Künstler eine Vorstellung vom zukünftigen Aussehen des fertigen Schiffes auf See zu geben versucht. Allerdings ist das Fahrzeug dann bereits zwei Tage nachdem es zur Jungfernreise in See gegangen war, wrack geworden.

Linienriß der 1857 vom Stapel gelaufenen CITY OF PERTH zeigt dagegen ein feinliniges Fahrzeug mit langem, scharfem Vor- und Achterschiff, geringer Aufkimmung, kleinem Kimmradius, aber mit mittschiffs über eine Länge von etwa 4 m gleichbleibenden Spantflächen. Sie besaß die Bau-Nr. 53, war zu 459 tons vermessen und aus Holz mit eisernen Decksbalken gebaut.

Ein im Oktober 1859 datierter Linienriß zeigt die Schwesterschiffe CITY OF NANKIN (1859) und CITY OF SHANGHAI (1860) als Schiffe mit scharfen Enden, einem langen feinlinigen Achterschiff und einem kürzeren, mehr konvex gehaltenen Vorschiff. Wie die CITY OF PERTH hatten sie nur eine schwache Aufkimmung, was ihrer Ladefähigkeit zugute gekommen sein muß. Sie waren lange eiserne Vollschiffe mit Spiegelheck. Die Abmessungen betrugen 64,65 m x 9,81 m x 6,52 m bei 986 tons im Fall der CITY OF NANKIN; die CITY OF SHANGHAI war nahezu identisch. Anders als Smiths glattgedeckte Schiffe der frühen fünfziger Jahre besaßen diese Fahrzeuge Poop und Back in voller Höhe.

Alexander Stephen & Sons hatten damals ebenfalls Bauaufträge von George Smith & Sons erhalten.

In Aberdeen bauten Alexander Hall & Sons im Jahre 1858 die für die Chinafahrt bestimmte Jackassbark ZIBA mit einer Nettotonnage von 465 tons. Für sie kann zwar nach den bekannten Spierenabmessungen der Werft ein Segelriß rekonstruiert werden; da aber weder ein Linienriß noch ein Halbmodell gefunden worden sind, läßt sich ihr Klipperstatus nicht belegen. Es ist jedoch wahrscheinlich, daß sie feine Linien besaß, denn ihr Völligkeitsgrad der Unterdecktonnage belief sich immerhin auf den Wert von 0,57. Eine Reihe von Jackassbarken wurde in den späten fünfziger Jahren auf den Kanalinseln und in Salcombe (Süd-Devon) gebaut.

KLIPPER-SCHONER UND KLIPPER-BRIGGS

Der Größenunterschied zwischen der Mehrzahl der Klipper und den Klipper-Schonern war nach 1850 derart angewachsen, daß ein unmittelbarer Vergleich nicht mehr zufriedenstellen kann. Es erscheint angemessener, die Schoner als eine Klasse für sich zu untersuchen.

Schnelle Schoner und Briggs wurden in zahlreichen Fahrtgebieten benötigt, zu denen etwa die Beförderung von frischen Früchten, Fischen und Gemüse, von Vieh und von Opium gehörte. Viele Werften brachten wundervolle Exemplare dieser Schiffe hervor, von denen Gemälde und zeitgenössische Beschreibungen Zeugnis ablegen. Natürlich sind Risse und Modelle solcher Fahrzeuge ziemlich selten, so daß man wohl behaupten darf, daß, Yachten und Kriegsschiffe ausgenommen, die Klipperbauart nur bei einigen, die aus einer Handvoll unten aufgeführter Werften kamen, nachzuweisen ist.

In Schottland bauten William Denny & Brothers in Dumbarton (Clyde), wie erhalten gebliebene Pläne im National Maritime Museum in Greenwich zeigen, zu Beginn der fünfziger Jahre zwei eiserne Klipper-Schoner. Es waren dies die in Abbildung 124 dargestellte CALEDONIA (1850) und die EL ZEIDE (1851). Bei Alexander Stephen & Sons entstanden in den fünfziger Jahren in Glasgow keine Klipper-Schoner. Keiner der Schoner-Pläne von Geddie weist für einen Klipper ausreichend scharfe Linien auf.

In Aberdeen bauten Alexander Hall & Sons Schoner, von denen einige wohl vom Klipper-Typ gewesen sein müssen, da sie als Yachten oder für die Opiumfahrt konstruiert wurden. Wenn auch keine Modelle mehr vorhanden sind, um dies zu bestätigen, existieren doch noch Spierenabmessungen und eine Photographie. So wurde zum Beispiel die VINDEX 1855 für die Opiumfahrt zu einem auf 264 tons bezogenen Preis von £ 18.10 s pro ton gebaut. Nach den Spierenabmessungen der Werft besaß sie eine sehr hohe Takelage mit vier Rahen am Fockmast, wobei das Vortoppsegel mit einer Rollreffeinrichtung gefahren wurde.

Im folgenden Jahr entstand die als Yacht für den Earl of Selkirk gebaute SALAMANDER, deren Abmessungen 33,38 m x 6,64 m x 3,38 m bei 115,86 tons (unter Deck) und 214 tons a. V. betrugen. Sie war diagonal gebaut und kostete £ 5000 für „Bau und Ausrüstung", was umgerechnet etwa einen Preis von £ 23 pro ton a. V. ergibt. Von diesem Schoner sind weder Linienriß noch Halbmodell bekannt, aber es existieren die Spierenabmessungen und eine einmalige im Aberdeener Hafen aufgenommene Photographie des neuen Fahrzeugs. Als Yacht dürfte es sehr feine Linien besessen haben. Es hatte ein Rundheck und einen Salamander als Galionsfigur. Das auffallendste Merkmal der Takelung war der geringe Mastabstand und die große Entfernung vom Vorsteven bis zum Fockmast, die etwa der vom Großmast bis zur Gillung am Heck entsprach. Der Großbaum war 16,46 m lang bei einem größten Durchmesser von 0,34 m. Die Toppen der Stengen wirken auf der Photographie wesentlich länger als auf dem Segelriß, wo sie als 1,52 m lang gezeichnet wurden.[113]

Auf der Photographie der SALAMANDER (Abbildung 226) liegt das Großboot über Kopf gezurrt zwischen den Masten, wo es wie ein Dampfkessel aussieht. Vorn fallen die beiden in weißen Häuschen befindlichen WCs auf. Obwohl die Gaffel des Schonersegels Fallen besitzt, wurde das Segel zum Mast geborgen, was der damals üblichen Praxis entsprach, besonders wenn wie hier kein Baum gefahren wurde. Die betreffende Gaffel ist auch mit Gaffelgeeren ausgerüstet. Für die Rollreffeinrichtung des Vortoppsegels findet sich in der Kostenaufstellung der Werft der Betrag von £ 14.15 s. Am Großmast fährt die Baumdirk zu den Mastbacken, was damals noch allgemein üblich war. Auch eine Schlingerpardune ist zu sehen. Die Stagfock war ein riesiges Segel, und bei dem geringen Abstand der Stage voneinander müssen die Überlappungen der Vorsegel beachtlich gewesen sein. An der Unterrah des Fockmastes konnte der Schoner wahrscheinlich auch eine Breitfock setzen. Daneben wurden sicher auch Unter-, Ober- und Bramleesegel sowie Außenklüver, Großstengestagsegel und vielleicht sogar ein „Brodwinner" gefahren. Die Yacht muß 1859 verkauft worden sein, denn in diesem Jahr machte sie eine Ausreise nach Hongkong in 110 Tagen, worauf sie an der Chinaküste als Opium-Klipper beschäftigt wurde.

Verschiedene Beschreibungen in den Besichtigungsberichten von Lloyd's Register deuten darauf hin, daß noch mehrere andere Werften in Schottland eine Art von Klipperrümpfen bauten. Die 1854 in Fraserburgh bei J. Webster entstandene Brigg LADY SALTOUN verdiente, als mit „hohl überfallendem Klippersteven und einem Bug mit mäßigem Überhang" ausgestattet beschrieben zu werden.[114] Ihre Tonnagewerte von 132 tons n. V. und 190 tons a. V. zeigen einen scharfen Rumpf an.

Viele kleine Klipper wurden von Werften entlang der englischen Südküste für die Fruchtfahrt gebaut, aber die Namen ihrer Erbauer sind zu zahlreich, um hier alle erwähnt zu werden. Der

212 SARAH PALMER (Segelriß) nach einem alten, möglicherweise zeitgenössischen, auf undurchsichtigem Leinen gezeichneten Plan im National Maritime Museum, Greenwich. Rekonstruktion: Jungfern und Taljereeps bei Wanten und Pardunen des Fock- und des Großmastes hinzugefügt; Umrisse der strichpunktierten Stagsegel.

213 SARAH PALMER (Linienriß); 1855 bei C. Tayleur & Co. in Warrington aus Eisen gebaut. Riß nach einem alten, möglicherweise zeitgenössischen, auf undurchsichtigem Leinen gezeichneten Plan im National Maritime Museum, Greenwich. Abmessungen (B. M.): 68,73 m × 11,16 m × 6,80 m; 1325 tons n. V. – Rekonstruktion: Mastpositionen in Übereinstimmung mit dem Segelriß gebracht.

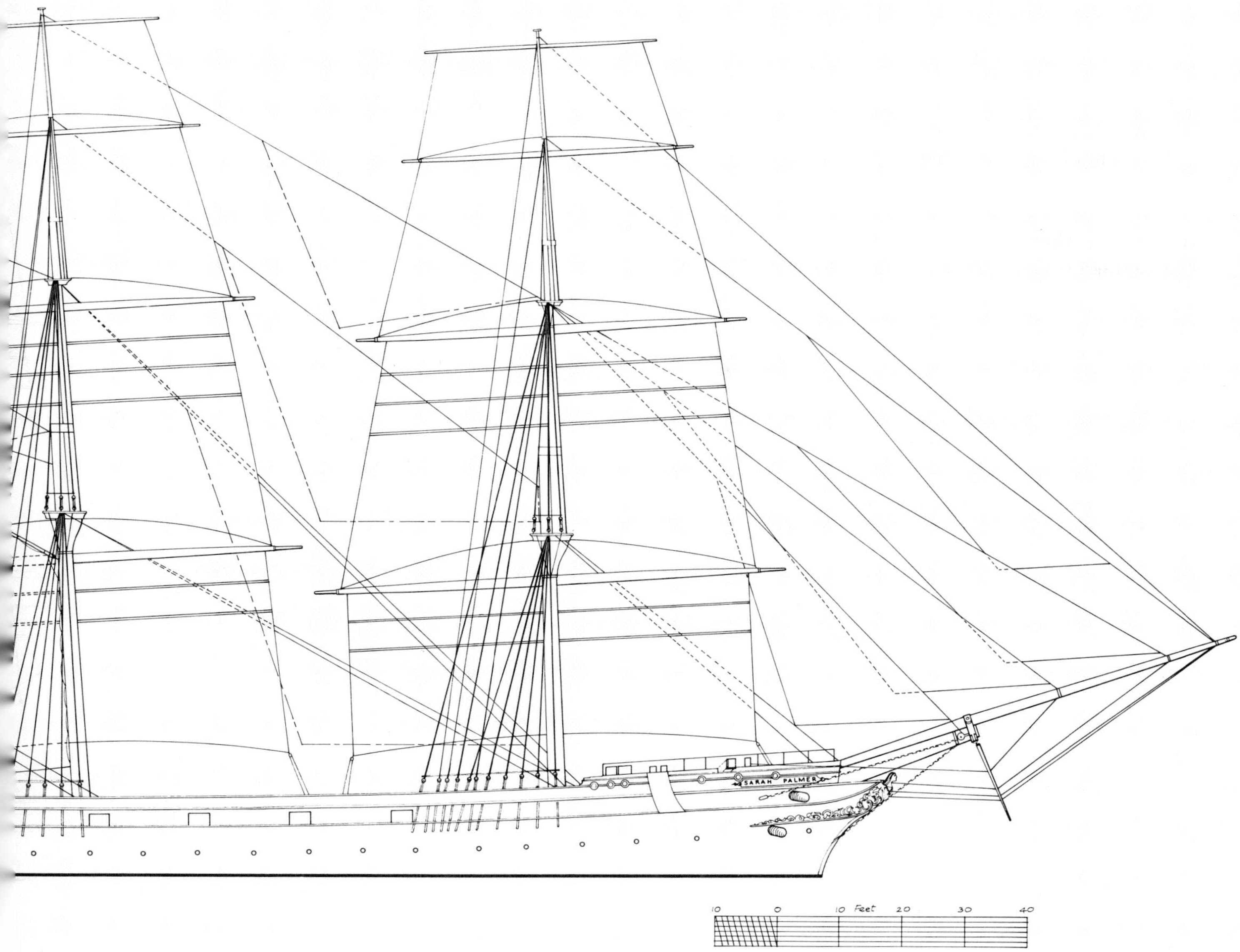
SARAH PALMER
10 0 10 Feet 20 30 40

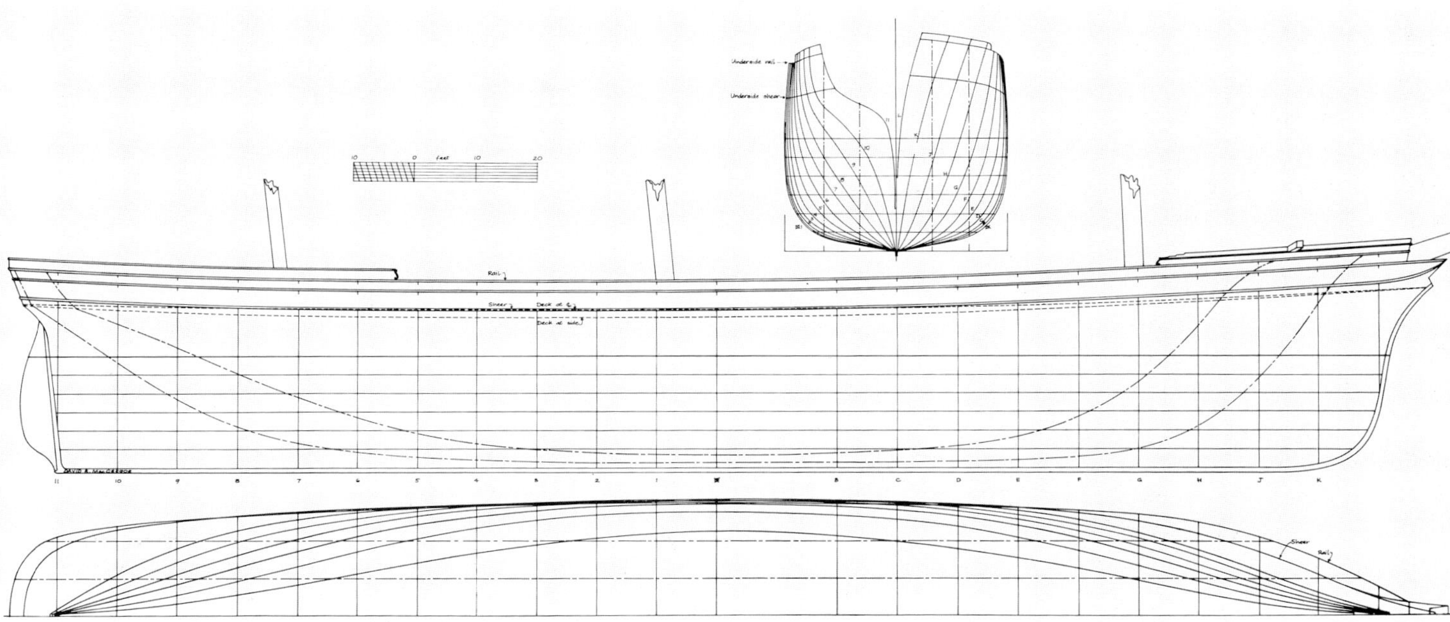

Bau dieser Schoner befand sich in den Jahren von 1850–1870 auf seinem Höhepunkt. Bald nach der Aufhebung der Getreidegesetze im Jahre 1846 wurden auch die Zölle für aus den Mittelmeerländern eingeführtes Obst abgeschafft, was den Handel ausserordentlich belebte und „zum Bau von Fahrzeugen ermutigte, die an Geschwindigkeit den bisher verwendeten derart überlegen waren, daß sie die einst so gefeierten Baltimore-Klipper noch übertrafen". W. S. Lindsay, der diese Worte schrieb, äußerte sich auch darüber, wie der erfolgreiche Einsatz dieser schnellen Fruchtjager die Einrichtung von Dampfschiffsverbindungen zum Mittelmeer verzögerte; er erinnerte sich auch an „die Flotten schöner kleiner Mittelmeer-Klipper, die sich in unseren Hafenbecken zu drängen pflegten" und an die „außergewöhnliche Schnelligkeit und Regelmäßigkeit" ihrer Reisen.[115] Man schätzte, daß 1854 an die 240 Fahrzeuge in der Azoren-Fruchtfahrt beschäftigt waren, wobei hauptsächlich Orangen befördert wurden.[116]

Viele dieser herrlichen Schoner wurden in Süd-Devon gebaut, wo bei J. A. & W. Upham in Brixham einige so schöne Fahrzeuge wie die FLING entstanden, deren Linienriß in Abbildung 230 erscheint. Ihr konvexes Vorschiff, das lange konkave Achterschiff, die gute Aufkimmung und der große Kimmradius waren auch für viele andere Schoner aus Südwestengland typisch. Auch einige kleine Rahsegler wurden mit einer derartigen Rumpfform gebaut.

Das Halbmodell der FLING im Maßstab 1 : 24 gehört zum Typus der Skelett- oder „Vogelnest"-Modelle (Abbildung 6). Es stimmt recht gut mit den Registerabmessungen überein, die 28,19 m x 6,40 m x 3,81 m bei 139 tons betrugen. Ihr Kiel wurde am 26. Dezember 1857 gestreckt, und am 7. Oktober 1858 fand der Stapellauf statt. Die Baukosten beliefen sich auf £ 10.10 s pro ton B. M. Für den Bau wurden nur Hölzer guter Qualität verwendet, um die Klasse 12 A1 zu erwerben; zweifellos erhielten mit ihm die Eigner Browing, Drew & Co. in Dartmouth ein ausgezeichnetes Fahrzeug. Als es vor einigen Jahren aufgemessen wurde, befand sich das jetzt im National Maritime Museum in Greenwich aufbewahrte Modell noch im Werftbüro.

Die Lage der CWL ist am Modell nicht angegeben, doch dürfte der Freibord mittschiffs etwa zwischen 0,90 m und 1,20 m betragen haben, wahrscheinlich war auch achtern ein Kielfall von 0,60 m bis 0,90 m zu verzeichnen. Die Spierenabmessungen sind nicht bekannt, aber zweifellos war das Fahrzeug als zweimastiger Schoner getakelt mit einer aus Topp- und Bramsegel bestehenden Rahbesegelung am Fockmast. Vielleicht fuhr es darüber sogar noch ein Royal; auf jeden Fall dürfte es mit allen für einen Klipper seiner Klasse erforderlichen Stag- und Leesegeln ausgerüstet gewesen sein. Die FLING könnte recht gut dem in Salcombe gebauten Schoner QUEEN OF THE WEST geähnelt haben, von dem ein Gemälde in Abbildung 231 erscheint.

Andere für die Fruchtfahrt bestimmte Klipper wurden in Essex gebaut. Zu ihnen gehörte der 1858 bei Thomas Harvey & Son in Wivenhoe vom Stapel gelaufene Schoner PERI. Von ihm schreibt Henry Benham, daß er „berühmt wegen seines phänomenal feinen Belaufs im Achterschiff" war,[117] was durch den von Charles G. Davis gezeichneten Linienriß bestätigt wird. Die in Abbildung 232 wiedergegebenen Linien wurden nach diesem im amerikanischen Magazin *Yachting* im Rahmen eines Artikels veröffentlichten Riß gezeichnet.[118]

Die PERI wurde zu 98 tons n. V. und zu 170 RT vermessen, erhielt die Klasse 14 A1 und gehörte T. Nelson & Co. in London, die bereits den 1852 von Harvey gebauten Schoner LIGHTNING besaßen. Im Jahr 1861 muß die PERI verlorengegangen sein, denn sie findet sich nicht mehr in *Lloyd's Register* für 1862. Die nach dem Plan ermittelten Registerabmessungen betrugen angenähert 26,29 m x 5,87 m x 2,74 m. Im Längsriß besaß die Verbindungslinie zwischen den Punkten größter Breite der einzelnen Wasserlinien einen Fall nach achtern, was Davis als eine Eigenschaft aller von Harvey gebauten Schiffe bezeichnet; eine Auswirkung dieser Besonderheit bestand in den recht sanft gekrümmten Schnitten. Das Vorschiff war lang und konvex, das Achterschiff hingegen sehr konkav; hinzu kam eine spürbare Aufkimmung bei kleinem Kimmradius. Der Verlauf der Linien im Spantriß ist im Vor- und Achterschiff ungewöhnlich regelmäßig. Nach dem Plan betrug der Tiefgang 2,51 m vorn und 3,20 m achtern.

Charles Davis bezeichnet die PERI als „Butterman", weil sie, wie er sagt, für Eiltransporte mit Milch, Käse und Butter von Guernsey über den Kanal verwendet wurde. Er zeichnete sie auch mit fünf Vorsegeln und vier Rahen am Fockmast, so daß bei ihrer sehr hohen Takelage die Höhe des Fockmastes von der Reling bis zum Flaggenknopf der Rumpflänge von der Heckreling bis zur Galionsfigur gleichkam. Dies ist in jeder Hinsicht außergewöhnlich hoch, besonders aber für einen so scharf gebauten Rumpf wie diesen.

Bei Thomas Harvey & Son entstanden viele Klipper und Yachten und dazu auch ein als Schoner getakelter Lotsenkutter für Liverpool.

SCHLUSSFOLGERUNGEN

Nach den hier zur näheren Betrachtung vorgelegten Beispielen kann nun kein Zweifel mehr darüber bestehen, daß der britische extreme Klipper ebenso scharf gebaut und mit einem ähnlichen Geschwindigkeitspotential ausgestattet war wie der amerikanische Typ. Weiterhin ist die Behauptung des sogenannten Einflusses amerikanischer Klipperkonstrukteure auf die Bauart britischer Klipper in der Tat unbegründet, da die Konstrukteure in Großbritannien hierbei auf eigene Traditionen zurückgreifen konnten und auch die Bedürfnisse nach Geschwindigkeit in beiden Ländern unterschiedlicher Natur waren. Den eisernen britischen Klippern wurde in der Vergangenheit kaum Beachtung geschenkt, obwohl ihre Erbauer bei den schlanken eleganten Rümpfen die Möglichkeiten des Materials wahrhaft optimal nutzten.

Hohle Linien wurden oft für das Merkmal der Klipperbauart gehalten. Die hier vorgelegten Pläne zeigen jedoch, daß ein Rumpf an der gleichen Stelle in der einen Schnittebene konvex und in der anderen konkav sein kann. Es ist fast sicher, daß ein Beobachter von einem hohlen Bug sprechen wird, wenn die Seiten oben einen hohlen Überhang aufweisen, während die CWL tatsächlich aber konvex verläuft.

Einige der extremsten Klipper wurden einzig gebaut, um die eigenwilligen Vorstellungen ihrer Konstrukteure über geschwindigkeitsfreundliche Entwürfe zu verwirklichen, wobei das Resultat nicht immer mit fortgesetzten hohen Durchschnittsgeschwindigkeiten aufwarten konnte, obwohl es durchaus fähig war, für kurze Zeit höchste Geschwindigkeiten zu erzielen. Die Welt wäre aber eintöniger, wenn sie nicht gebaut worden wären.

Die großen hölzernen in Amerika gebauten Passagierschiffe erhielten ein solches Übermaß an Lob und Pressekommentaren, daß für die Erwähnung zahlreicher anderer beachtenswerter Klipper kein Raum mehr blieb. – Viele der extremen Klipper machten langsame Reisen, die oft der mangelnden Erfahrung oder der Ungeschicklichkeit des Kapitäns zugeschrieben werden können; doch gibt es hierfür auch noch einen anderen Grund, und der liegt in der mangelhaften Kenntnis der Gesetzmäßigkeiten bestimmter auf bestimmten Tracks anzutreffender Windverhältnisse. Die von M. F. Maury und anderen durchgeführten Analysen von Logbüchern führten zur Veröffentlichung von je nach der Jahreszeit empfohlenen Routen. Dadurch wurde es in späteren Jahren möglich, daß relativ völlige Schiffe bemerkenswert schnelle Reisen zwischen Häfen machten, zwischen denen einige extreme Klipper in den fünfziger Jahren Tage verschwendeten, sei es, daß sie sich mit Kalmen herumschlagen oder gegen den Wind aufkreuzen mußten. So darf gesagt werden, daß die Wissenschaft der Ozeanographie beinahe ebensoviel zur Erzielung hoher Geschwindigkeiten bei Seglern beigetragen hat wie das Studium der Hydrodynamik.

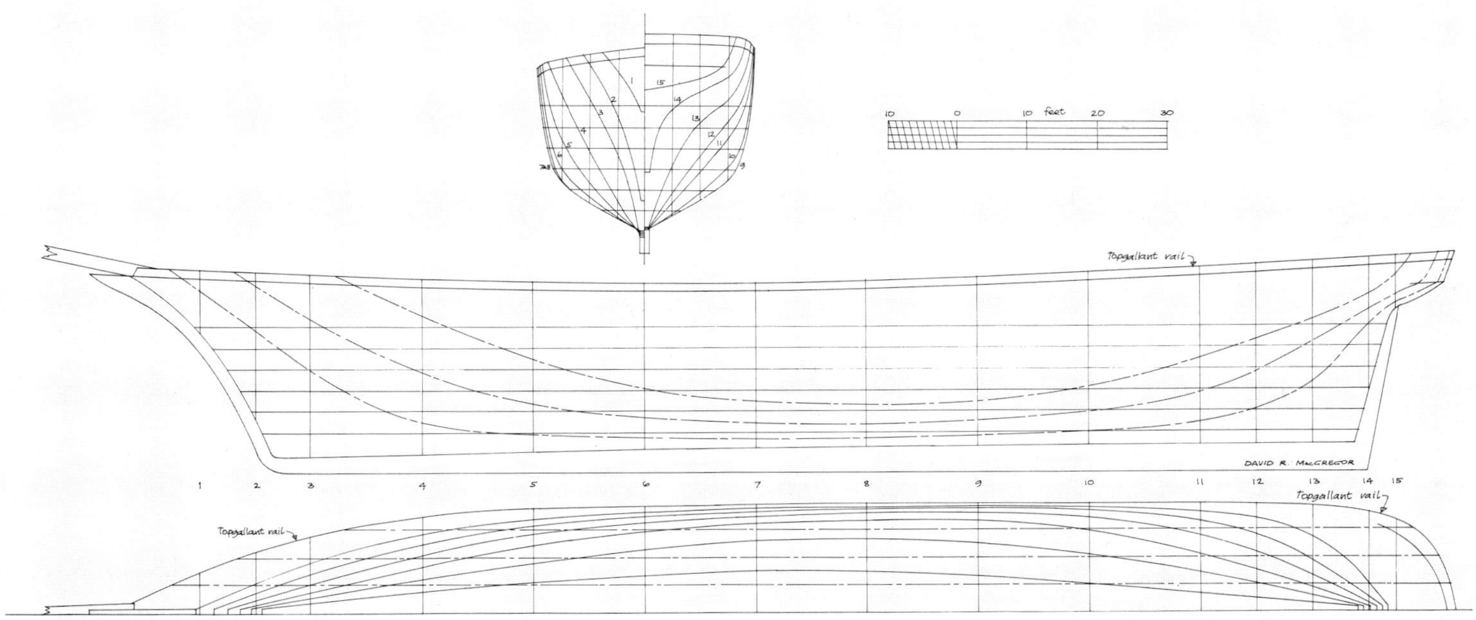

214 SCAWFELL, 1858 bei Charles Lamport in Workington aus Holz gebaut, Linienriß nach dem Halbmodell im Liverpooler Museum. Abmessungen der SCAWFELL: 60,35 m × 9,94 m × 6,64 m; 826 RT. – Dem Modell entsprechende Abmessungen: 56,08 m × 9,60 m × ca. 5,50 m. – Keine Rekonstruktion.

215 Das in Workington gebaute Vollschiff DUNMAIL von einem chinesischen Künstler unter vollen Segeln gemalt. Zu den gesetzten leichten Segeln gehört auch ein Großmondsegel, ein „Brodwinner" am Achterliek des Besans, ein „Jamie Green" unter dem Klüverbaum und sogar ein Großskystagsegel.

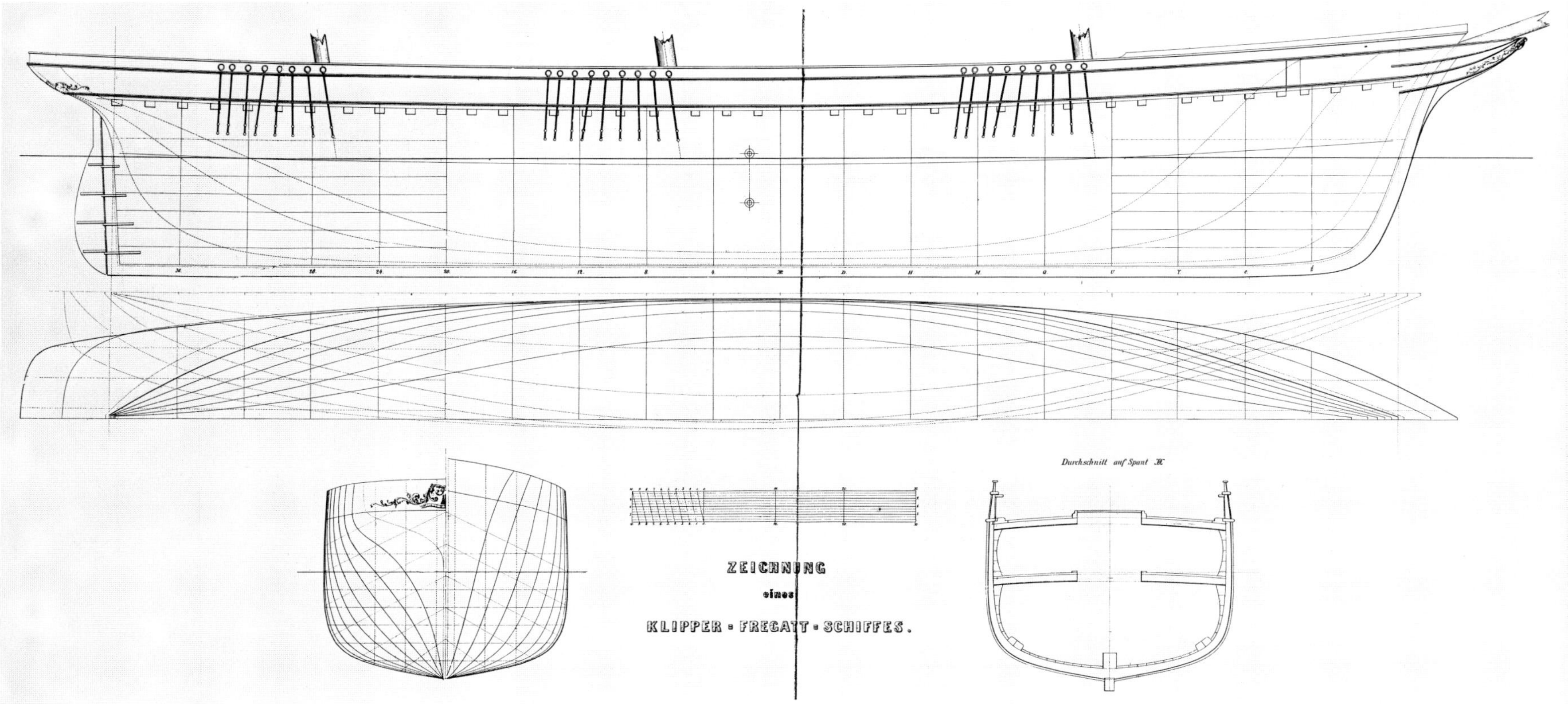

216 Nicht identifiziertes deutsches Klipper-Vollschiff. Reproduktion von Tafel III des Buches *Die Schiffbaukunst* von C. F. Steinhaus (Hamburg 1858). Auf dem Plan sind keine Abmessungen angegeben. Die Linien zeigen ein aus Holz gebautes Schiff mit scharfen Enden und geringer Aufkimmung. Die hier gezeigte Form eines überhängenden Gillungshecks war bei britischen Schiffen nicht üblich.

217 HEBE, 1856 in Bergen gebaut. Reproduktion ihres Linienrisses aus *Transactions of the Institution of Naval Architects*, 1866, vol. VII, plate XV. Die auf dem Plan in (wahrscheinlich britischen) Fuß vermerkten Abmessungen ergeben: 43,76 m (Länge zwischen den Loten in der CWL) × 9,65 m (Breite auf Spanten) × 5,94 m (Tiefe von Kiel bis Schandeckel, auch Seitenhöhe); 664½ tons a. V.; 232 norwegische Lasten. Das in der Transatlantikfahrt beschäftigte Schiff wurde 1866 von dem in Bergen lebenden Schiffbauingenieur A. Dekke als „sehr scharf" bezeichnet.

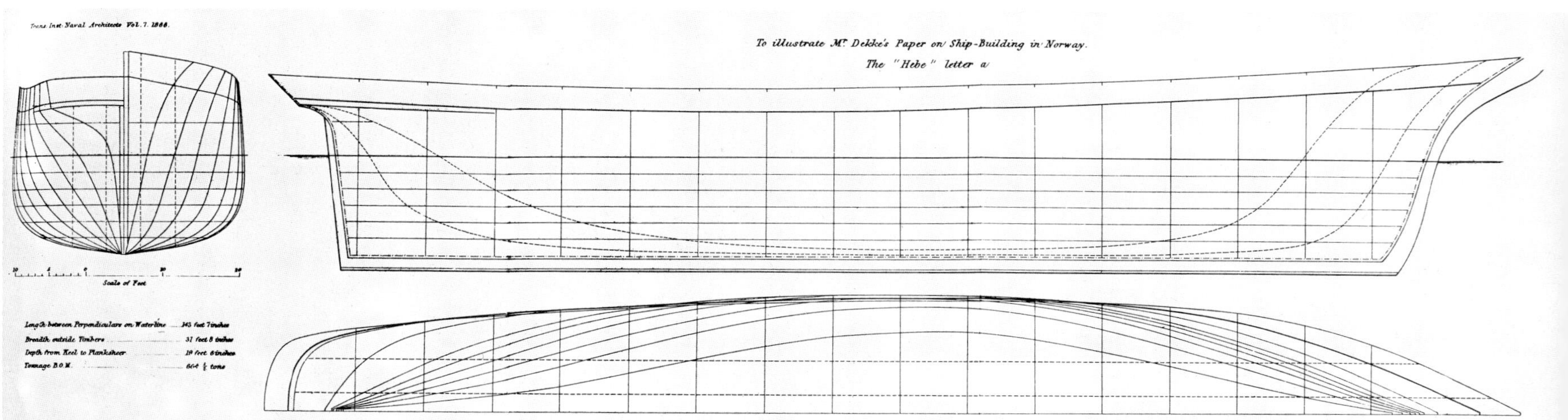

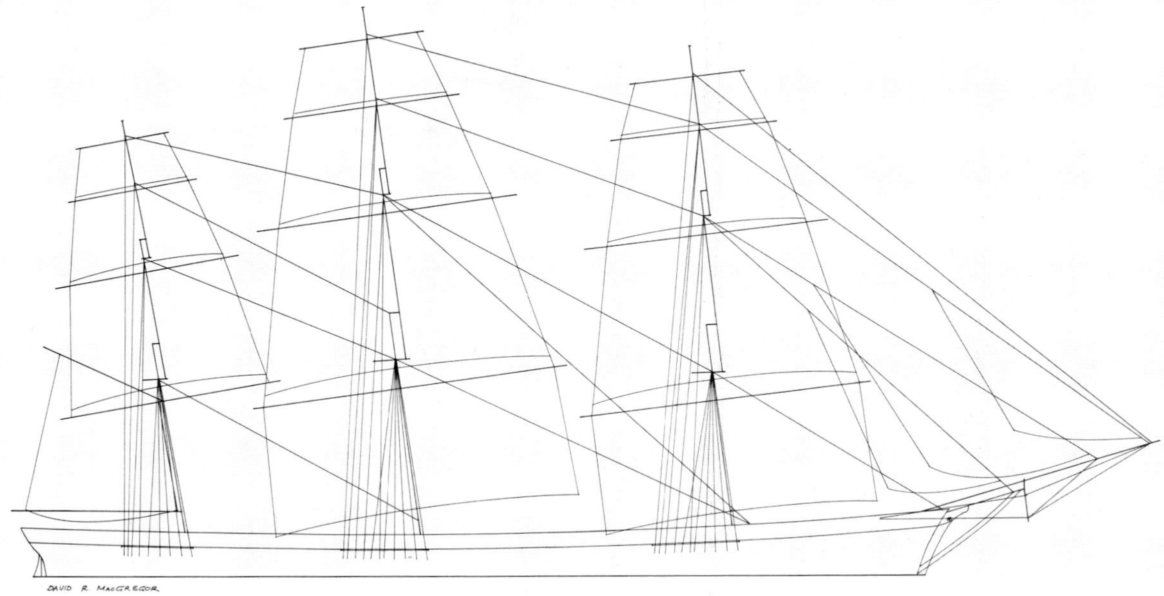

218 CIMBER (Segelriß), nach einem 1861 in Kopenhagen datierten, von G. Hillmann stammenden Plan gezeichnet, der sich im Mariners Museum in Newport News, Virginia, befindet.

219 CIMBER (Linienriß); 1856 bei Jörgen Bruhn in Callö bei Apenrade, Nordschleswig, gebaut; gezeichnet nach einem 1861 in Kopenhagen datierten und im Mariners Museum in Newport News, Virginia, aufbewahrten Plan G. Hillmanns. Dem Plan entsprechende Abmessungen: 72,47 m (Länge zwischen den Loten in der CWL) × 12,50 m (Breite auf Spanten) × ca. 6,71 m (Raumtiefe); ca. 2000 tons a. V. – Rekonstruktion: Ruder, Vorsteven, Krullgalion.

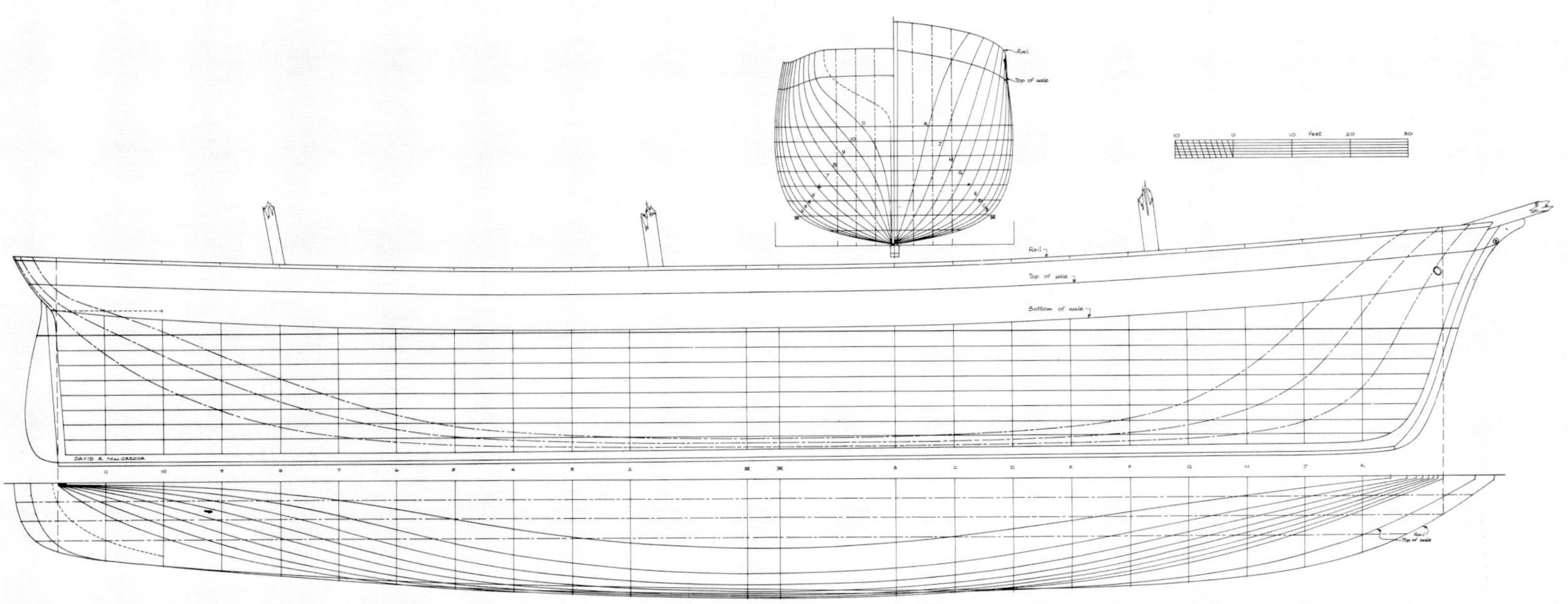

220 Ein am 17. April 1858 erschienener Stich des unter dänischer Flagge fahrenden, 1856 in der Nähe von Apenrade (Nordschleswig) gebauten Klipper-Vollschiffs CIMBER, das San Francisco am 3. März 1857 nach 106 Tagen von Liverpool erreichte.

221 Auf dieser weniger bekannten Lithographie von T. G. Dutton sieht man der abgebildeten MATCHLESS an, daß sie für Geschwindigkeit gebaut war. Schiffe mit dieser gutaussehenden Takelung wurden gewöhnlich als „Jackassbarken“ bezeichnet, aber auf der Kanalinsel Guernsey, wo die MATCHLESS gebaut wurde, nannte man ein derart getakeltes Schiff „Barquetta“. Das zu 241 tons vermessene Fahrzeug war 1859 bei Marquand & de la Mare entstanden. Die LAVINIA war vom gleichen Typ.

222 Ein schönes Gemälde der amerikanischen Brigg AMAZON, die hier von zwei verschiedenen Seiten gezeigt wird. Ein im gleichen Stil gemaltes Bild der britischen Brigg BETTY aus Warrington trägt die Signatur „W.C.D.“. Sehr ähnlich in der Art der Darstellung ist auch ein Bild der Brigg PILGRIM, die besonders durch den einst zu ihrer Crew gehörenden Schriftsteller Richard H. Dana bekannt wurde.

223 Der deutsche Schoner URANIA wurde 1854 in Kiel gebaut. Das von dem Antwerpener Maler Petrus Weyts stammende Hinterglasbild zeigt, wie das Luvschothorn der Breitfock an einer nach außen gesetzten Spiere gefahren wurde.

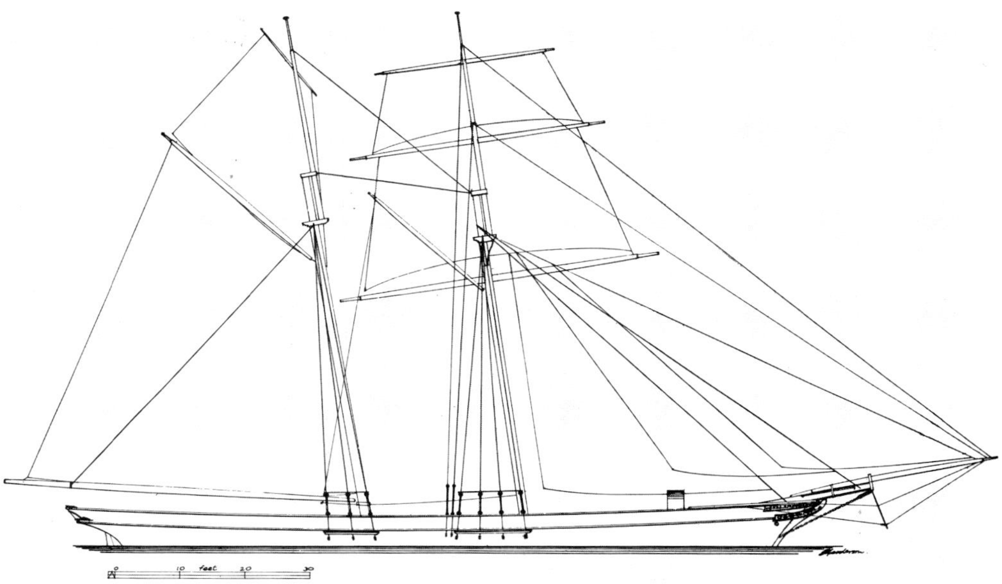

224 SALAMANDER; 1856 bei Alexander Hall & Sons in Aberdeen gebaut. Die Zeichnung wurde von James Henderson vollkommen rekonstruiert. Abmessungen: 33,38 m × 6,64 m × 3,38 m; 115,86 tons (unter Deck) und 214 tons a. V. – Rekonstruktion: Rumpf nach im Hafen von Aberdeen aufgenommener Photographie des Schoners; Spieren nach Kostenberechnung der Werft; Segel und Takelung nach obengenannter Photographie (vergleiche Abbildung 226) und Illustration zeitgenössischer Schoner.

225 Diese Skizze wurde von Charles G. Nelson an Bord von HMS IMPERIEUSE angefertigt. Die Beschriftung auf der Rückseite lautet: „Clipede Oct 1852“. Vermutlich wird die brasilianische Flagge des Schoners gerade niedergeholt, während ein Boot mit dem Prisenkommando des Kriegsschiffes auf ihn zuhält. Die langen schmalen Unterleesegel waren sicher in einer leichten Brise gesetzt worden, um der Aufbringung zu entgehen.

226 Diese frühe Photographie zeigt die SALAMANDER im Jahre 1856 als neue Yacht des Earl of Selkirk im Hafen von Aberdeen kurz nach der Fertigstellung durch Alexander Hall & Sons. Der sehr weit achtern stehende Fockmast läßt auf scharfe Linien im Vorschiff schließen; der Abstand der beiden Masten voneinander ist nur sehr gering.

227 Die Brigg TEAZER, hier vor Sandy Hook (Einfahrt von New York), ist ein prächtiges Exemplar aus vergangenen Tagen mit ihrer Cunningham-Rollreffeinrichtung für die Marssegel, den Bulienen an den Untersegeln, dem Schnaumast und dem Außenklüverbaum. Nach den Bänden von *Lloyd's Register* war sie nur von 1868–1871 (einschließlich) als Brigg getakelt; allerdings könnten anderslautende frühere Einträge die Takelung falsch angeben. Sie wurde 1858 bei W. Kelly in Dartmouth für die Südamerikafahrt gebaut. Ihre Abmessungen betrugen 39,93 m × 7,65 m × 4,51 m bei 293 RT. Ihre 285 tons unter Deck ergeben einen Völligkeitsgrad der Unterdeckstonnage von 0,58, was auf einen scharfen Belauf schließen läßt.

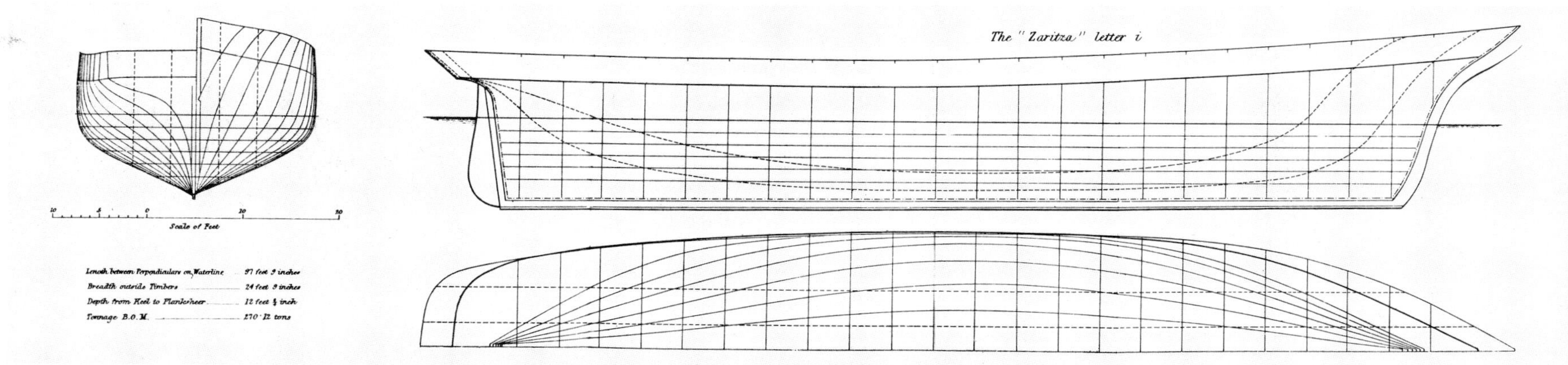

228 ZARITZA, 1857 in Bergen gebaut. Reproduktion eines Plans aus *Transactions of the Institution of Naval Architects,* 1866, vol. VII, plate XV. Die auf dem Plan in (wahrscheinlich britischen) Fuß vermerkten Abmessungen ergeben: 29,80 m (Länge zwischen den Loten in der CWL) × 7,54 m (Breite auf Spanten) × 3,68 m (Tiefe von Kiel bis Schandeckel, auch Seitenhöhe); 270,12 tons a. V.; 67 norwegische Lasten. Der Schoner wurde in der Fruchtfahrt zwischen Sizilien und russischen Ostseehäfen beschäftigt. Da er die meisten Reisen im Januar und Februar machte, mußte er ein ebenso seetüchtiges wie schnelles Fahrzeug sein.

231 Der Schoner QUEEN OF THE WEST – 120 tons n. V. und 155 tons a. V. – wurde 1849 in Salcombe, Süd-Devon, gebaut. Seine engstehenden Masten und die hohe Takelung waren typisch für die Klipper-Schoner der fünfziger und sechziger Jahre. Beim Segeln vor achterlichem Wind konnte zweifellos auch eine Breitfock gesetzt werden.

229 Ein aufkommender spanischer Schoner 1854 auf der Themse mit Früchten für das Weihnachtsfest.

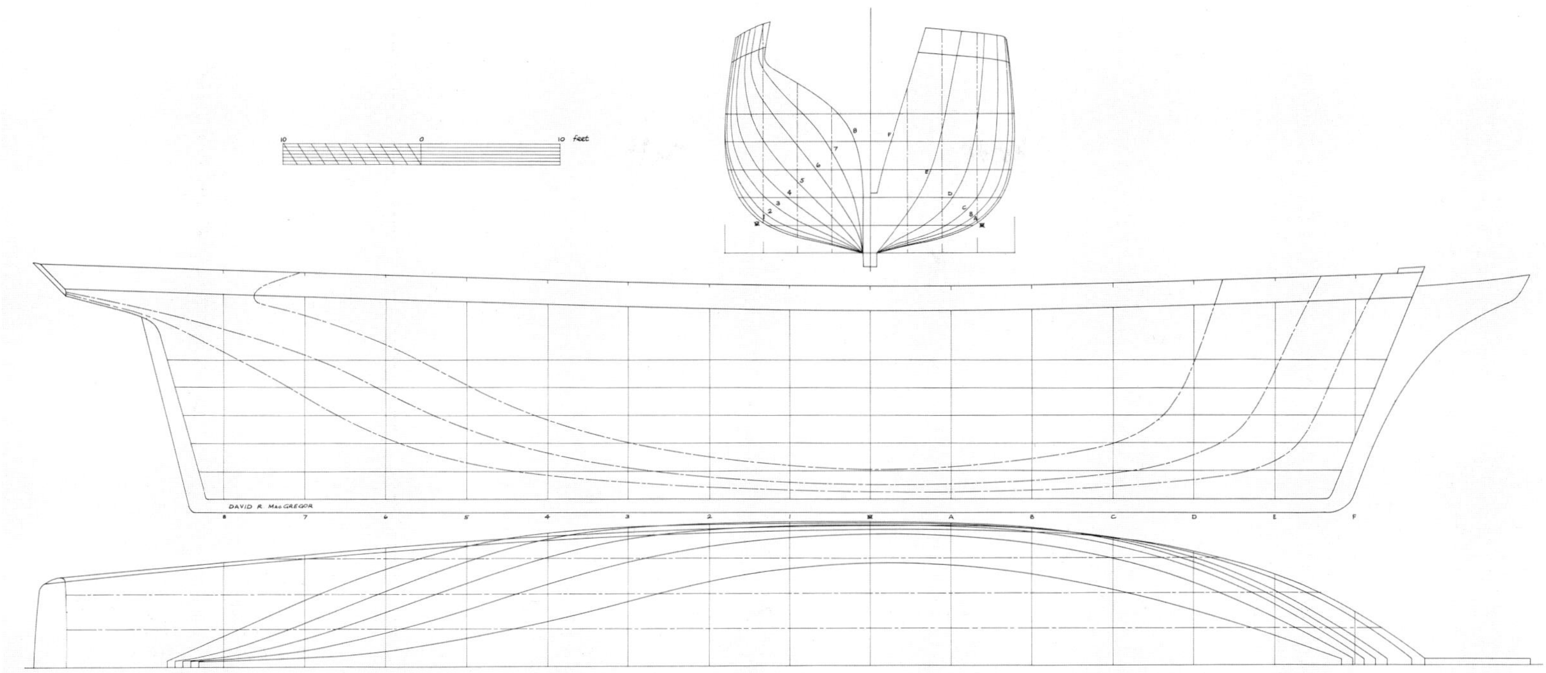

230 FLING (Linienriß); 1858 bei J. W. & A. Upham in Brixham, Süd-Devon, aus Holz gebaut. Aufmaßzeichnung nach einem im Besitz der Werft befindlichen Halbmodell. Abmessungen: 28,19 m × 6,40 m × 3,81 m; 139 tons. Keine Rekonstruktion. Als Schoner getakelt mit Topp- und Bramsegel am Fockmast.

232 PERI, 1858 bei Thomas Harvey & Son in Wivenhoe, Essex, gebaut. Linienriß, gezeichnet nach den in der amerikanischen Zeitschrift *Yachting*, Januar 1925, p. 51, im Kleinformat reproduzierten Plänen von C. G. Davis. Die dem Plan entnommenen „Registerabmessungen": 26,29 m × 5,87 m × ca. 2,75 m; 98 tons n. V. und 170 RT. Rekonstruktion: Abstände der Spantlinien, die bei der Vorlage in der Zeitschrift kaum zu erkennen waren; Mastpositionen nach der von Davis stammenden Skizze eines Segelrisses im gleichen Artikel.

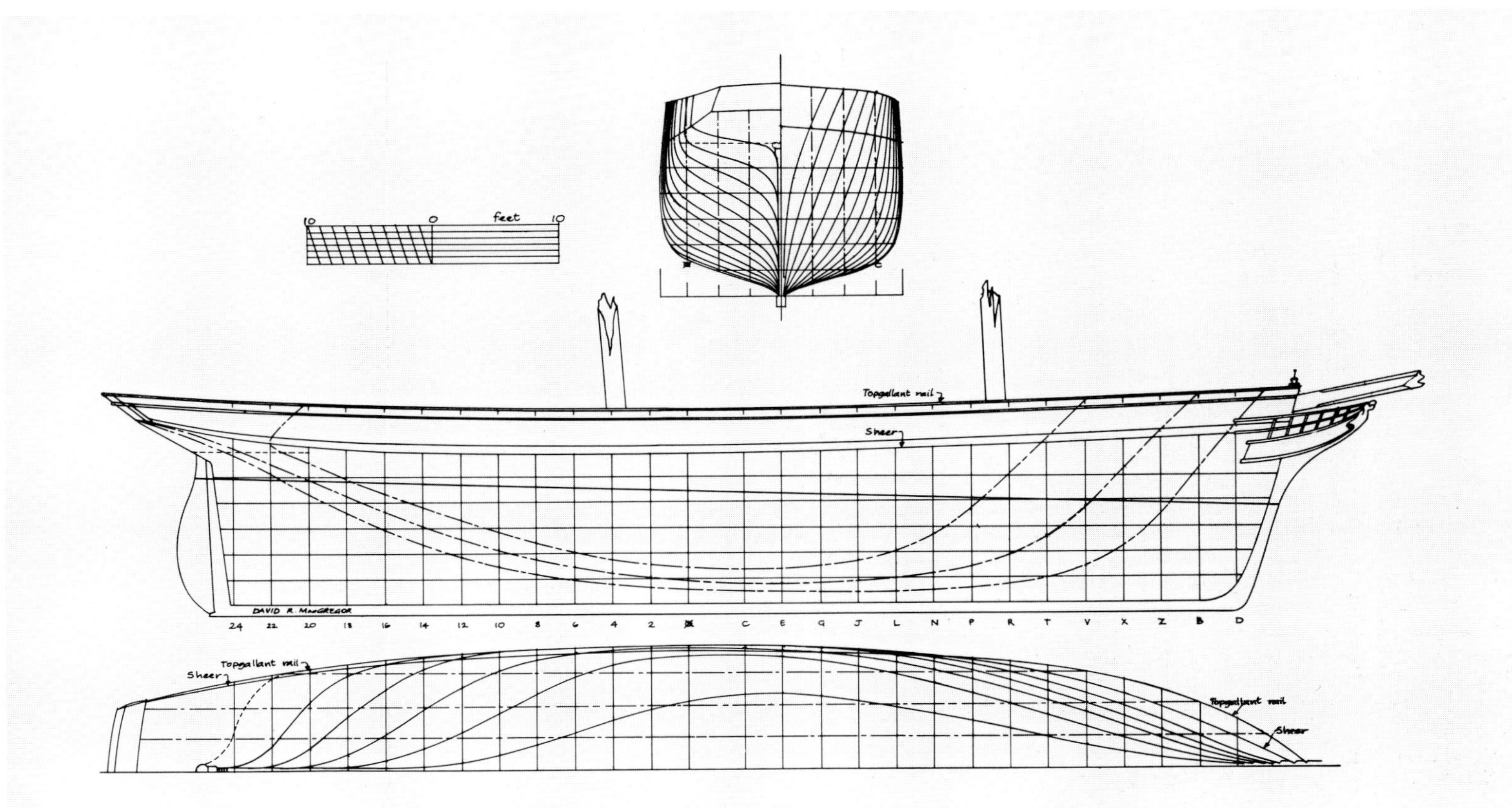

[1] Vgl. *Cornwall Chronicle* (herausgegeben in Launceston, Tasmanien), 1. September 1855.
[2] *Australia and New Zealand Gazette,* 11. Februar 1954, zitiert *Southern Cross,* Auckland (ohne Datum).
[3] *Sydney Morning Herald,* 2. April 1851, p. 2, zitiert eine „Zeitung aus Adelaide".
[4] Carl C. Cutler, *Queens of the Western Ocean* (Annapolis 1961), p. 294.
[5] *Australia and New Zealand Gazette,* 10. April 1852, p. 116.
[6] *The Times,* 13. September 1851, p. 6.
[7] *Australia and New Zealand Gazette,* 1. Mai 1852, p. 149.
[8] *Illustrated London News,* 12. April 1851.
[9] N. M. M., L. R. survey report, Aberdeen box.
[10] Ebd.
[11] Ebd.
[12] David R. MacGregor, „Some Early British Tea-Clippers", *M. M.,* 1948, vol. 34, Tafel 4 (neben p. 81).
[13] Andrew Murray, *Theory and Practice of Ship-Building* (Edinburgh 1861), Tafel IV; Basil Lubbock, *The China Clippers* (Glasgow 1922), p. 128.
[14] A. S. & Sons, Alexander Stephen's Notebook „C", am 7. Januar 1852 beginnend.
[15] Ebd.
[16] *Glasgow Herald,* 23. August 1852.
[17] *Glasgow Herald,* 4. April 1853, zitiert die *Mail* (wahrscheinlich die in Glasgow publizierte *North British Daily Mail)* ohne Datum.
[18] Ebd.
[19] *Argus,* Melbourne, 3. August 1854.
[20] A. S. & Sons, Alexander Stephen's Diary, 1856: mehrere Einträge, beginnend mit „work in hand on 1st January 1856".
[21] Vgl. Howard I. Chapelle, *The Search for Speed under Sail, 1700–1855* (New York 1967), p. 409.
[22] *Sydney Morning Herald,* 2. Februar 1854, Leserbrief.
[23] Nach Abmessungen aus L. R. – Besichtigungsberichten im N. M. M.; die eisernen Schiffe befinden sich dort in einem besonderen Ordner.
[24] R. S. McLellan, *Anchor Line 1856–1956* (Glasgow 1956), p. 161.
[25] Basil Lubbock, *The Last of the Windjammers,* vol. II, 2. Aufl. (Glasgow 1935), pp. 10–11.
[26] N. M. M., L. R. survey reports (Besichtigungsberichte), Aberdeen Nr. 749.
[27] *Illustrated London News,* 1853.
[28] *Albion,* Liverpool, 10. Oktober 1853 (2. Ausgabe) p. 9.
[29] N. M. M., L. R. survey reports, iron ships, box 2, *Sappho.*
[30] *Glasgow Herald,* 8. September 1854.
[31] Die Quellenangabe für dieses Zitat ist verlorengegangen; wahrscheinlich stammt es aus einer Schiffahrtsanzeige einer Glasgower Zeitung.
[32] *Gore's General Advertiser,* Liverpool, 30. Januar 1855, sowie der *Liverpool Mercury,* 26. Juni 1855. Information und Belegstellen stammen von der Schiffahrtssammlung im Liverpooler Museum aus den von Arthur C. Wardle handschriftlich geführten Notizbüchern (vol. I, p. 104).
[33] *Liverpool Chronicle,* 4. August 1855, p. 5.
[34] Lubbock, *The China Clippers,* a. a. O., p. 132.
[35] *Albion,* Liverpool, 8. April 1856.
[36] Lubbock, *The China Clippers,* a. a. O., p. 132.
[37] *Argus,* Melbourne, 31. Dezember 1855, p. 4.
[38] Viele der Fahrzeuge, einschließlich der in den Bänden von *Lloyd's Register of Shipping* nicht aufgeführten, wurden einer unter den Notizen von Arthur C. Wardle befindlichen Liste entnommen. Vgl. Anm. 32.
[39] Die erste 1850 datierte Auflage erschien in New York. Diese dritte Auflage wurde in New York und auch von John Weale in London publiziert.
[40] J. Scott Russell, „The Wave-Line Principle of Ship-Construction", part. II, *Transactions of the Institution of Naval Architects,* 1860, vol. I, p. 205. Vgl. auch die Kommentare und Erläuterungen in Dixon Kemp, *Yacht Architecture: a Treatise,* 3. Aufl. (London 1897), Kapitel VIII.
[41] *Artizan,* 1855, vol. XIII, p. 199.
[42] *Cornwall Chronicle,* Launceston, Tasmanien, 1. September 1855.
[43] A. S. & Sons, Alexander Stephen's Jotting Book (enthält auch Predigtzusammenfassungen). Diese Bemerkungen wurden in Edinburgh geschrieben.
[44] *North British Daily Mail,* Glasgow, 15. Juli 1854.
[45] Die Abmessungen wurden absichtlich nach den Vorschriften dieses Gesetzes gewählt, da diese in einer exakteren Beziehung zur Unterdecktonnage stehen.
[46] Chapelle, *Search for Speed under Sail,* a. a. O., Tafel 112.
[47] N. M. M., L. R. survey reports, Iron Ships, no. 655.
[48] C. H. register, no. 115, 1854 in Glasgow. Diese Dokumente bezogen sich auf einen Zeitraum vom 3. Juli 1856 bis zum 7. August 1862.
[49] A. S. & Sons, Letter Book „A", Brief vom 26. Februar 1856 an Robinson & Marjoribanks, Glasgow.
[50] Ebd.
[51] A. S. & Sons, Alexander Stephen's Diary: 26. Oktober, 2. November und 19. November 1859.
[52] Ebd., 13. April 1860.
[53] *The Tasmanian Daily News,* Hobart, 1. September 1855.
[54] Cmdr Francis Tweedie, „The Era of Shipbuilding at Annan", *M. M.,* 1951, vol. 37, pp. 128–142. Hier werden die größeren Schiffe und ihre Reisen im Detail aufgeführt und auch die Namen und Daten der vor 1853 gebauten Fahrzeuge angegeben.
[55] *Dumfries and Galloway Standard and Advertiser,* 16. August 1854.
[56] N. M. M., L. R. survey reports, Whitehaven, no. 1415.
[57] Der Brief war am 22. November datiert ohne Jahresangabe. Der betreffende Zeitungsausschnitt stammt aus der Sammlung von Dr. R. C. Anderson, dessen Großvater, Thomas Anderson, vier Besitzanteile am Schiff gehörten.
[58] Gewinne nach Zahlen von Benjamin E. Nicholson, Carlisle.
[59] Vgl. Tweedie, „The Era of Shipbuilding at Annan", *M. M.,* a. a. O., p. 139.
[60] Wie Anm. 58.
[61] David R. MacGregor, *The Tea Clippers* (London 1952), Tafeln I und III.
[62] William H. Webb, *Plans of Wooden Vessels* (New York 1895).
[63] „The Aberdeen Clipper Ship *Chrysolite*" in *Monthly Nautical Magazine and Quarterly Review,* New York 1855, vol. II, pp. 40–44.
[64] *Illustrated London News,* 3. Januar 1852.
[65] N. M. M., L. R. survey reports, Aberdeen, no. 1470.
[66] Archiv von Baring Bros., Dep. 11.4 (vii), folios 12–23, Capt. Andrew Shewan's reminiscences.
[67] N. M. M., L. R. survey reports, Aberdeen, no. 1550.
[68] *Illustrated London News,* 5. März 1853.
[69] Chapelle, *Search for Speed under Sail,* a. a. O., Tafeln 100 *(Samuel Russell)* und 106 *(Nightingale).*
[70] Wie Anm. 66.
[71] William Salisbury, „Hollow Water-Lines and Early Clippers", *M. M.,* 1946 vol. 32, Tafel 7 (neben p. 240).
[72] N. M. M., L. R. survey reports, der Plan findet sich im Aberdeen plans case, report no. 1584.
[73] Patent no. 1482 vom 18. Juni 1853.
[74] Murray, *Theory and Practice of Ship-Building,* a. a. O., p. 93.
[75] N. M. M., L. R. survey reports, Aberdeen, box 3.
[76] *China Mail,* 5. März 1857, no. 629, p. 39.
[77] Linienriß der *Sweepstakes* bei Chapelle, *Search for Speed under Sail,* a. a. O., Tafel XIV.
[78] *Illustrated London News,* 4. November 1854.
[79] Mein Dank gilt Peter Barton für seine Hilfe bezüglich John und William Pile und deren Schiffe.
[80] David R. MacGregor, *The China Bird* (London 1961), pp. 9–11.
[81] Glasgow Art Gallery and Museum, Schiffahrtssammlung, William Simon's „Spar Book".
[82] A. S. & Sons, Alexander Stephen jr., Notebooks C und D.
[83] Chapelle, *Search for Speed under Sail,* a. a. O., p. 368.
[84] *Aberdeen Journal,* 11. April 1856.
[85] *Australian an New Zealand Gazette,* 1. Januar 1853, p. 1.
[86] Chapelle, *Search for Speed under Sail,* a. a. O., pp. 359–361.
[87] Clark Collection, untergebracht im Francis Russell Hart Nautical Museum am Pratt Institute of Naval Architecture des Massachusetts Institute of Technology in Cambridge, Mass.
[88] Carl C. Cutler, *Five Hundred Sailing Records of American Built Ships* (Mystic, Conn., 1952), pp. 9–20.
[89] James S. Learmont, „Speed under Sail", *M. M.,* 1957, vol. 43, pp. 225–231; Anmerkungen von Alan Villiers, E. Bowness und David R. MacGregor, ebd., pp. 341 f., weitere Anmerkungen von H. Daniel und Howard I. Chapelle, ebd., 1958, vol. 44, pp. 64–69; John Lyman, E. Bowness und R. M. Bousefield, ebd., pp. 141–145; R. C. Anderson, Alex. A. Hurst und A. Lamont ,ebd., pp. 328–331; D. L. Dennis, ebd., 1963, vol. 49, p. 306.

[90] *Australia and New Zealand Gazette*, 16. Juni 1855, p. 485, zitiert ohne Datumsangabe den *Argus*, Melbourne.
[91] Von James Henderson angefertigte Abschrift der Kostenberechnung der Werft. Im Original stehen bei „Tanks" und „Extras laut Ende des Tagebuchs" die gleichen Beträge von jeweils £ 3463.0.10, was nicht mit der Endsumme in Einklang zu bringen ist. Deshalb schlägt Henderson vor, für die „Extras laut Ende des Tagebuchs" den aus Endsumme abzüglich aller anderen Beträge ermittelten Wert von £ 128.15.1 einzusetzen.
[92] Murray, *Theory and Practice of Ship-Building*, a. a. O., Tafel III.
[93] „Launch of the Australian Clipper Ship *Schomberg*", *Aberdeen Journal*, 11. April 1855.
[94] Ebd. und 27. Juni 1855.
[95] Murray, *Theory and Practice of Ship-Building*, a. a. O., p. 92.
[96] MacGregor, *The Tea Clippers*, a. a. O., Tafel II; und ders., *The China Bird*, a. a. O., Tafel I, neben p. 16.
[97] N. M. M., L. R. survey reports, London, box 38, no. 17, 194.
[98] *Illustrated London News*, Dezember (?) 1853.
[99] *Sydney Morning Herald*, 23. März 1854.
[100] Vernon C. Boyle starb im Jahre 1954, so daß die Herkunft des Modells nicht mehr genau ermittelt werden kann. Für den Linienriß habe ich es 1957 oder 1958 aufgemessen.
[101] N. M. M., L. R. survey reports, Bideford box.
[102] *Argus*, Melbourne, 2. Februar 1854, aus dem *Liverpool Standard* ohne Datumsangabe zitierte Beschreibung des Baus der *Tayleur;* daneben in der Warrington Public Library befindliche Aufzeichnungen.
[103] Namen, Abmessungen und Tonnagen stammen hauptsächlich aus L. R. survey reports; zusätzliche Namen sind A. C. Wardles Notizbüchern (vol. I, p. 130) entnommen (vgl. dazu Anm. 32).
[104] *Argus*, Melbourne, 2. Februar 1854, der ohne Datumsangabe aus dem *Liverpool Standard* zitiert.
[105] Ebd. und *Albion*, Liverpool, 10. Oktober 1853, p. 9.
[106] *Argus*, Melbourne, 27. April 1854.
[107] *Liverpool Telegraph and Shipping and Commercial Gazette*, 17. Mai 1855.
[108] *Liverpool Chronicle*, 4. August 1855, p. 5.
[109] John Grantham, *Iron Ship-Building*, 5. Aufl. (London 1868), pp. 130–131, 223–225, 227–233.
[110] *Liverpool Chronicle*, 4, August 1855, p. 5.
[111] Chapelle, *Search for Speed under Sail*, a. a. O., Tafel 90.
[112] MacGregor, *The Tea Clippers*, a. a. O., Tafel IV.
[113] Von James Henderson angefertigte Abschrift der Kostenberechnung der Werft.
[114] N. M. M., L. R. survey reports, Aberdeen, box no. 3.
[115] W. S. Lindsay, *History of Merchant Shipping and Ancient Commerce* (London 1876), vol. IV, p. 418.
[116] Hervey Benham, *Once Upon A Tide* (London 1955), p. 50.
[117] Ebd., p. 52.
[118] Chas. G. Davis, „*Peri*, an English ‚Butterman' Schooner", *Yachting* (USA), Januar 1925, pp. 51–52.

KAPITEL VII

DIE SPÄTEREN KLIPPER 1860-1875

INHALT

VERGLEICHENDE BETRACHTUNG EINIGER KLIPPER

In der ersten Hälfte der sechziger Jahre erreichte der Bau von Dampf- wie auch von Segelschiffstonnage einen Höhepunkt, der zur Konstruktion vieler feinliniger Klipper für verschiedene Fahrtgebiete führte. In diese Zeit fiel auch die Entstehung einer großen Zahl von Vollschiffen mit Hilfsmaschine, die sich aber in finanzieller Hinsicht nicht bewährten, so daß man bei einer Reihe derartiger Schiffe die Schraube später wieder entfernte. Wenn auch in der zweiten Hälfte der sechziger Jahre der Bedarf an neuen Segelschiffen zurückgegangen war, blieb eine begrenzte Konjunktur für extreme Tee-Klipper in den Jahren von 1865 bis 1869 auch weiterhin entgegen dem allgemeinen Trend bestehen, was vermutlich auf der Senkung der Teezölle in den Jahren 1863 und 1865 beruhte.

Eine Untersuchung der Frachtraten zeigt, daß scharfgebaute Klipper nur dort Verwendung fanden, wo die Raten hoch genug waren, um überdurchschnittliche Gewinne abzuwerfen und so die geringe Ladefähigkeit, den festen Eisenballast, die großen Besatzungen, die gewaltige Segelfläche, die zuätzlichen Spieren und die hohen Instandhaltungskosten zu rechtfertigen. Alle diese Faktoren hielten die Zahl solcher Schiffe in engen Grenzen; und nur die fähigsten Konstrukteure und Schiffbauer wurden von den Reedern mit dem Bau dieser enorme Kapitalrisiken darstellenden Klipper betraut.

In den Zeitungen der fünfziger und sechziger Jahre gab es genug Artikel über die Leistungen der Klipper, um selbst den größten Wissensdurst zu stillen. Es ist aber anzunehmen, daß Autoren unseres Jahrhunderts, wie etwa Basil Lubbock, einen großen Teil ihrer Informationen über China-Klipper aus einem anonymen Artikel bezogen haben, der 1873 im Juliheft von *Naval Science* erschienen war. Dort werden unter Beschränkung auf lediglich die Schiffe der sechziger Jahre auch die wichtigeren Namen aufgeführt.[1] Wenn auch die Ausführungen über die Tonnagegesetze äußerst fehlerhaft sind, so ist doch das übrige des langen Artikels gut fundiert, wobei nur leider die Klipper der fünfziger Jahre praktisch unberücksichtigt bleiben. Dagegen wird jedoch die überall im ganzen Land geweckte Anteilnahme erwähnt.

An erster Stelle unter den für die Ostasienfahrt konstruierten Klippern stand die zweite FIERY CROSS; sie war von William Rennie entworfen und 1860 bei Chaloner in Liverpool gebaut worden. Sie war während der ersten Hälfte der sechziger Jahre beispielgebend und übte beträchtlichen Einfluß auch auf spätere Fahrzeuge aus. Ein in Londoner Science Museum befindliches Modell ihres Rumpfes zeigt ein langes scharfes Vor- und Achterschiff bei hohlem Kielgang, gemäßigter Aufkimmung, großem Kimmradius und etwas eingezogenen Seiten. Sie besaß ein erhöhtes Quarterdeck und eine Back in einer Höhe mit der Reling; die Decksausstattung dürfte typisch auch für andere Schiffe gewesen sein. Wahrscheinlich war sie der schnellste und erfolgreichste China-Klipper der Jahre 1861–1865, bis sie nach 1866 von den Entwürfen der Werft Robert Steele & Co. übertrumpft wurde.

Besonders deutlich war der Einfluß der FIERY CROSS bei der BLACK PRINCE, einem von William Rennie entworfenen und bei Alexander Hall & Sons gebauten Klipper, der bei einer derarti-

233 Die BLACK PRINCE 1863 im Hafen von Aberdeen beim Verlassen der Bauwerft. Sie wurde von William Rennie entworfen.

234 Diese Photographie von HMS ACTIVE soll das Aussehen eines Schiffes mit gesetzten Beisegeln – wie Leesegeln, Wassersegel und Blinde – so zeigen, wie es sich tatsächlich dem nüchternen Auge der Kamera darbot im Gegensatz zu den gewöhnlich romantischen von Künstlern geschaffenen Darstellungen mit meist exakt ausgerichteten Spieren und vollstehenden Segeln. Hier wurden Groß- und Kreuzroyalrah gefiert, damit sie mit ihren Segeln nicht den Wind aus dem Vorroyal nehmen. Obwohl eine Vorunterleesegelspiere gefahren wird, ist das Schothorn des Unterleesegels aufgeholt und sieht aus, als ob es in der Gei hinge. Auf einer Photographie sehr selten zu sehen sind die geteilte Blinde, die statt an einer einzigen Blinderah an getrennten und zu verlängernden Spieren gesetzt wurde, das Wassersegel unter dem Vorunterleesegel, das Großunterleesegel, das bei einem Kriegsschiff ungewöhnliche Bagiensegel und das Kreuzoberleesegel. HMS ACTIVE (3980 tons) wurde 1869 in Blackwall, London, aus Eisen gebaut und 1906 von der Royal Navy verkauft.

gen Kombination von Konstrukteur und Werft ein ausgesprochener Spitzenreiter in der Chinafahrt hätte werden müssen. Nach den Aufzeichnungen von Kapitän Andrew Shewan müssen wir jedoch annehmen, daß ein großer Teil an schiffbaulichem Können vergeblich investiert wurde bei dem fehlenden Elan ihres Kapitäns, William Inglis, und „seiner mangelnden Zielstrebigkeit". Zweifellos gab es noch viele andere Klipper-Kapitäne von ähnlicher Disposition, denen es in manchen Fällen an Energie oder Nervenstärke fehlte; denn es waren nur wenige unerschrockene Männer, die ihr Schiff mit jener unermüdlichen und rastlosen Energie zu knüppeln und zu steuern vermochten, durch die allein eine Rekordreise erzielt werden konnte; aber kein Shewan hat über die anderen Zauderer unter den Kapitänen berichtet.[2]

Trotz der Tatsache, daß weder Plan noch Modell der BLACK PRINCE ausfindig gemacht werden konnten, scheint es ziemlich sicher zu sein, daß ihre Rumpfform sich nur wenig von derjenigen der FIERY CROSS unterschied. Die Register-Abmessungen der beiden Schiffe sind fast identisch:

	Abmessungen	tons unter Deck	Völligkeitsgrad der Unterdeck-tonnage
FIERY CROSS	56,39 m × 9,66 m × 5,85 m	695	0,61
BLACK PRINCE	56,39 m × 9,75 m × 5,79 m	707	0,62

Weitere Ähnlichkeiten gab es bei den Mast- und Spierenabmessungen. Nach Halls Kostenberechnung fuhr die BLACK PRINCE drei Skysegelrahen, Leesegel bis zu den Royals an Fock- und Großmast und sogar, was höchst ungewöhnlich war, Oberleesegel am Kreuzmast, für deren Spieren die Werft eine Länge von 9,45 m und einen Durchmesser von 165 mm angibt. Diese Segel dürften wohl kaum wie bei Kriegsschiffen nur für das Segelexerzieren der Kadetten gefahren worden sein. In Abbildung 234 sind bei HMS ACTIVE Leesegel auch am Kreuzmast zu sehen.

Der Kontraktpreis für BLACK PRINCE betrug £ 18 pro ton B. M. bei einer vereinbarten Tonnage von 911 $^{8}/_{94}$ tons, woraus sich zusammen mit einem zusätzlichen Betrag von £ 400 für eine Bodenbeplankung aus Teakholz die Gesamtsumme von £ 16 799. 10.7 ergab. Für das segelfertige Schiff waren die Kosten dann auf £ 17 540.16.1 oder £ 23.10 s pro RT angestiegen.[3]

In den sechziger Jahren wurden zahlreiche Klipper mit wesentlich niedrigeren Schanzkleidern gebaut als früher, und da manche Schiffbauer glaubten, daß eine feste Back oder volle Poop den Verlauf des Relingsstraks störten, wenn sie darüber hinausragten, war zur Schaffung geeigneter Unterkünfte eine größere Findigkeit vonnöten. Dieser Konflikt zwischen Formschönheit und Zweckmäßigkeit wird gut veranschaulicht in Kapitän Andrew Shewans Bemerkung über die BLACK PRINCE:

„Ich neige zu der Auffassung, daß [Rennie] den Entwurf abändern mußte, um noch eine feste Back einzubauen. Das Schanzkleid [des Schiffes] war nur 1,22 m hoch, und die Achterkante besagter Back war sehr tief gelegt worden, um sie dem Schanzkleid anzupassen (es gab höchstens eine geringfügige Durchbrechung des Straks). So waren die eisernen Backdecksbalken am Eingang vom Oberdeck her nicht mehr als 1,52 m hoch, so daß jedermann nur gebeugt eintreten konnte. Dabei mußte ein 1867 [an Bord fahrender] Riese von 1,91 m fast in die Knie gehen. Immerhin nahm die Höhe zu, je weiter man nach vorn kam."[4]

235 Die eiserne Bark ORANGE GROVE (385 tons) besaß ein Glattdeck mit einem achtern stehenden Deckshaus mit Wohnräumen und einem kleineren Haus hinter dem Fockmast. Ihre Marssegel waren mit einer Rollreffeinrichtung versehen. Der Rumpf war grün, und die Flagge im Vortopp zeigte ein weißes „C" auf blauem Grund.

236 Die eiserne Bark MIRZAPORE (1186 tons) beim Laden in Mandyville, North Vancouver, B. C., gegen Ende des vorigen Jahrhunderts. Das Fahrzeug wurde 1863 zusammen mit den ungefähr gleichgroßen COSSIPORE und DINAPORE bei Pile, Spence & Co. in West Hartlepool für Mackinnon in Liverpool gebaut. Wie bereits aus den Namen zu ersehen ist, waren sie in der Indienfahrt beschäftigt. Die Einrichtung des Quarterdecks erinnert etwas an die CUTTY SARK mit ihrem Deckshaus achtern und dem um dieses herumgeführten Quarterdeck.

Shewan erinnert sich an schwere Unfälle, die sich ereigneten, wenn die Männer hastig an Deck eilten. Es mag sehr wohl sein, daß diese unglückliche Anordnung auch bei anderen Schiffen übernommen wurde. Eine Untersuchung der hier wiedergegebenen Pläne wird zeigen, wie dieses Problem von anderen Schiffbauern bewältigt wurde.

Die BLACK PRINCE konnte sich hinsichtlich der Schnelligkeit ihrer Reisen mit allen, nur nicht mit den schnellsten Schiffen messen. Nachdem sie Hongkong im März 1864 verlassen hatte, benötigte sie nur 93 Tage bis nach Liverpool. Ihre Ladung bestand aus 1150 tons Baumwolle bei einer Frachtrate von £ 4.10 s pro ton. 1866 segelte sie in 109 Tagen mit neuem Tee von Futschou nach London. Dabei schlug sie die gleichzeitig mit ihr in See gegangenen ZIBA, CHINAMAN, FLYING SPUR, ADA, FALCON und MIN. Hierbei war ihre Teeladung von 1148 tons zu einer Rate von £ 5 pro ton befördert worden. Der Reingewinn ihrer vier ersten Reisen betrug insgesamt £ 10 060.19.4.[5]

Wenn also die BLACK PRINCE auch keine Teerennen gewann, so weisen die Bücher ihrer Eigner doch recht gute von ihr erzielte Gewinne auf, und das war ja schließlich der Hauptgrund für ihren Bau und die damit verbundene Kapitalinvestition.

Benjamin Nicholson baute zwar keine extremen Klipper mehr, aber 1861 lief dort noch der kleine zu 357 tons vermessene Klipper MANSFIELD vom Stapel. Er besaß die Abmessungen von 40,54 m x 7,80 m x 5,15 m und war als Bark getakelt. Im Besitz von Benjamin Nicholson in Carlisle befindet sich eine nach einem Halbmodell angefertigte Aufmaßzeichnung der Bark, die einen wie bei einem Schoner von der Art der JOHN WILLIAMS III geformten Rumpf aufweist, aber mit einem etwas hohleren Belauf im Achterschiff.

Ebenso wie einige der anderen von John Reid & Co. gebauten eisernen Schiffe besaß auch die 1862 entstandene HELEN NICHOLSON eine gute Länge, einen merklich aufkimmenden Boden und einen großen Kimmradius. Ihr Halbmodell befindet sich im Glasgower Museum. Ihre Abmessungen betrugen 54,86 m x 9,14 m x 6,00 m bei 717 tons. In ihren ersten Jahren wurde sie in der Südamerikafahrt beschäftigt, bevor sie in der Chinafahrt Verwendung fand.

Ein anderes eisernes Vollschiff, die GANGES, besaß einen ausgeprägten sogenannten „Kesselbodenrumpf": Während nämlich die größte Breite auf Spanten bei der TAEPING 3,35 m über der Kielsponung lag, betrug dieser Abstand bei der GANGES nur 2,44 m. Die Aufkimmung der letzteren war nicht der Rede wert, aber der Boden rundete sich bis zu der mit kleinem Radius gekrümmten Kimm, über der in geringem Abstand die größte Breite lag. Die Seiten waren um je 0,51 m eingezogen. Allerdings waren Vor- und Achterschiff lang und scharf, und aus den Abmessungen ergibt sich ein Verhältnis der Länge zur Breite von 6 : 1. Sie war William Piles erstes eisernes Schiff und lief im Juli 1861 für James Nourse als Kulitransporter vom Stapel. Basil Lubbock nannte sie den „Klipper der Nourse-Flotte".[6] Ihr im Museum von Sunderland befindliches Halbmodell wurde im ungewöhnlich großen Maßstab von 1 : 32 angefertigt. Ihre Abmessungen betrugen 58,52 m x 10,12 m x 6,28 m bei 839 tons.

Die EVEREST war ein Vollschiff mit Spiegelheck, steiler Aufkimmung und feinem Belauf an den Enden. Zweifellos kann sie als das schärfste aller bei T. & J. Brocklebank für die Chinafahrt gebauten Schiffe bezeichnet werden. Sie wurde 1863 aus Holz gebaut und zu 571 tons vermessen.

Ein zweites Fahrzeug mit Spiegelheck war die eiserne Bark ORANGE GROVE (385 tons), die 1860 bei Barclay, Curle & Co. für die Westindienfahrt gebaut und ohne große Aufkimmung konstruiert wurde; im Bereich von Vor- und Achtersteven war eine gewisse Konkavität festzustellen. Sie besaß ein Glattdeck mit einem Deckshaus ganz achtern. Für die Unteroffiziere und Jungen befand sich ein kleines Haus hinter dem Fockmast, und im Vorschiff lag das enge Logis, das durch eine Luke vor der Ankerwinde zu erreichen war.

MIRZAPORE

Eine feinlinigere Version der zahlreichen von Alexander Stephen & Sons in den sechziger Jahren gebauten Halbklipper war die ELIZA SHAW, die allerdings, wie auch andere Schiffe dieser Werft, unterbesegelt gewesen zu sein scheint. Sie war ein 1863 gebautes und zu 696 tons vermessenes Komposit-Vollschiff.

Von der Werft R. & H. Green in Blackwall, London, kamen zwei ziemlich ähnliche Schiffe: die als Vollschiff mit Hilfsmaschine entworfene, aber dann ohne Stevenöffnung für die Schraubenwelle gebaute HIGHFLYER (1861) und die CHILDERS (1863). Ihre Hauptspantschnitte glichen dem der ELIZA SHAW, aber sie hatten beide ein Vorschiff mit feinerem Belauf. Die Abmessungen der HIGHFLYER betrugen 59,04 m x 10,82 m x 6,10 m bei 1012 tons.

ELIZA SHAW, HIGHFLYER und das Aberdeener Vollschiff ETHIOPIAN (1864) besaßen für die Wohnräume achtern eine interessante Anordnung, bei der diese in einem großen über die ganze Schiffsbreite reichenden Deckshaus untergebracht waren, dessen auf der etwa 1,35 m hohen Reling sitzende Seitenwände sich oben nach innen wölbten, wie bei einer bis ganz nach achtern reichenden Poop. Dort aber war eine Lücke zwischen der Achterkante des Hauses und der Heckreling – bei der ELIZA SHAW war sie 4,57 m lang –, in der sich auf einem tiefliegenden Deck Kompaßhaus, Steuerrad und Rudergehäuse befanden. Um vom Rad nach vorn zu gelangen, mußte man entweder unter Benutzung der vorhandenen Leitern über jenes Haus oder einen Niedergang hinunter und durch das Haus zum Hauptdeck gehen. Diese Anordnung fand sich nur bei wenigen Segelschiffen der frühen sechziger Jahre, dafür konnte sie aber bei einigen Dampfern angetroffen werden.

Was den Klipperbau nach 1863 betrifft, so war 1864 ein besonders mageres Jahr, und soweit bekannt, ist die von Alexander Stephen & Sons gebaute MOFUSSILITE der einzige Kandidat, der hier vielleicht in Betracht zu ziehen wäre. Mit kurzem scharfem Vorschiff, aber längerem Achterschiff, geringer Aufkimmung und beträchtlich eingezogenen Seiten stellte sie einen Grenzfall zwischen Klipper und Halbklipper dar. Ihre Konstruktion läßt noch den Einfluß der TYBURNIA (1857) erkennen. Sie war ein zum Preis von £ 20.10 s pro ton bei 1043 $^{76}/_{94}$ tons B. M. recht kostspieliges Komposit-Vollschiff mit der Klasse 15 A1.

In Guernsey wurde 1864 bei James Sebire die WILLIAM LE LACHEUR gebaut, und eine in den sechziger Jahren von ihr gemachte Photographie zeigt einen Rumpf mit ziemlich feinem Belauf und etwas aufkimmendem Boden. Diese Aufnahme (Abbildung 239) eines völlig trockengefallenen Schiffes jener Zeit ist eine Seltenheit. Das Fahrzeug befindet sich noch in seinen besten Jahren und fährt drei Skysegelrahen sowie Rahen mit Rollreffeinrichtung für einfache Marssegel. Das Verhältnis der Seitenhöhe zur größten Masthöhe ist recht ähnlich wie bei der MAITLAND. Die Abmessungen beliefen sich auf 50,54 m x 9,30 m x 5,40 m bei 539 tons unter Deck und 573 NRT; dabei hatte das Schiff die Klasse 14 A1 erhalten. Aus diesen Maßen ergibt sich ein Völligkeitsgrad der Unterdecktonnage von 0,60, der mit dem der SIR LANCELOT, der ARIEL und der MAITLAND übereinstimmt und anzeigt, daß die WILLIAM LE LACHEUR ein feinliniges Fahrzeug war. Das hölzerne Schiff wurde für die Kaffeefahrt von Costa Rica gebaut, bei der Kap Horn umrundet werden mußte. Auf seiner Jungfernreise benötigte es für die Heimfahrt von dem nördlich Panamas an der Küste des Pazifik gelegenen Punta Arenas 97 Tage. Mit sehr ähnlichen Abmessungen und für den gleichen Fahrtbereich und Eigner wurde bei Alexander Hall & Sons die drei Jahre jüngere NICOYA gebaut, der 1868 die HERRADURA folgte.

Die von William Rennie entworfene JOHN R. WORCESTER wurde bei der Marine Investment Co. in Port Glasgow für die Chinafahrt gebaut; sie lief im Januar 1866 vom Stapel. Leider ließen sich von ihr keine Pläne mehr auffinden; immerhin heißt es in einem zeitgenössischen Bericht: „Ihre Form stellt eine Verbesserung der Linien der FIERY CROSS dar“.[7] Ihre Abmessungen betrugen 58,37 m x 9,88 m x 6,07 m bei 844 NRT und BRT.

Im Londoner Science Museum existieren Pläne und ein Modell des zu 1153 tons vermessenen hölzernen Vollschiffs STONEHOUSE, das 1866 in Sunderland nach einem Entwurf von Gilbert Row aus Topsham bei Exeter gebaut wurde. Es hatte lange feine Enden, aber einen flachen Boden und senkrechte Seiten.

Ein anderes großes aus Holz gebautes Vollschiff war die 1868 in Aberdeen bei John Duthie Sons & Co. mit den Abmessungen von 60,96 m x 10,72 m x 6,35 m entstandene und zu 993 NRT vermessene ANN DUTHIE. James Henderson fertigte eine Aufmaßzeichnung nach einem im Aberdeen Regional Museum befindlichen Halbmodell an, aus der ersichtlich ist, daß sie gemäßigt feine Enden, runden Boden und großen Kimmradius besaß. Ein Halbmodell der im vorangegangenen Jahr auf der gleichen

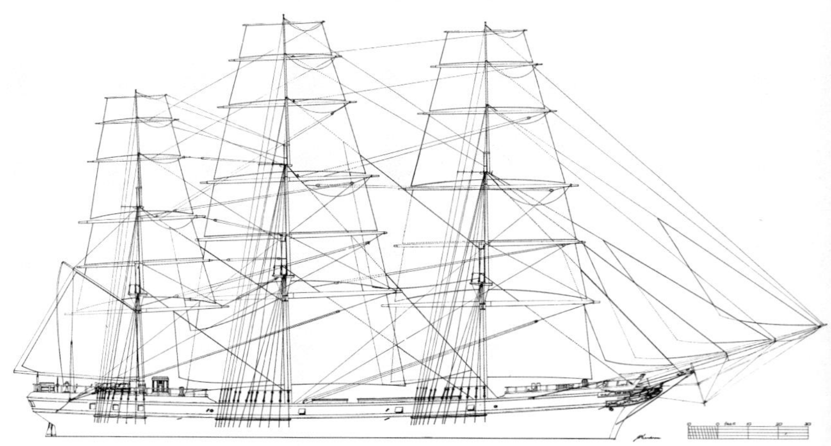

237 ANN DUTHIE; der von James Henderson gezeichnete Segelriß stellt eine völlige Rekonstruktion dar, der hauptsächlich folgende Quellen zugrunde lagen: das Halbmodell, die Untermastlängen der im Jahr zuvor bei Duthie gebauten AGNES ROSE (991 NRT), eine Photographie der ANN DUTHIE als neues Schiff in Aberdeen, zeitgenössische Lehrbücher über Bemastung und Takelung von Schiffen und dazu Photographien anderer von Duthie gebauter Schiffe.

238 ANN DUTHIE; 1868 bei Duthie Sons & Co. in Aberdeen gebaut. Von James Henderson nach den Aufmaßen des in der Aberdeen Art Gallery and (Regional) Museum befindlichen Werfthalbmodells gezeichneter Linienriß. – Registerabmessungen: 60,96 m × 10,72 m × 6,35 m und 883 tons (unter Deck); 993 NRT; 1051 BRT. – Keine Rekonstruktion.

240 Die ANN DUTHIE wird 1868 in Aberdeen als neues Schiff ausgerüstet.

239 Die WILLIAM LE LACHEUR trockengefallen in St. Peter Port, Guernsey, wahrscheinlich kurz nachdem sie im Jahr 1864 gebaut wurde. Diese Photographie wird dem Schiff nicht gerecht, aber sie war die klarste Abbildung, die zu finden war.

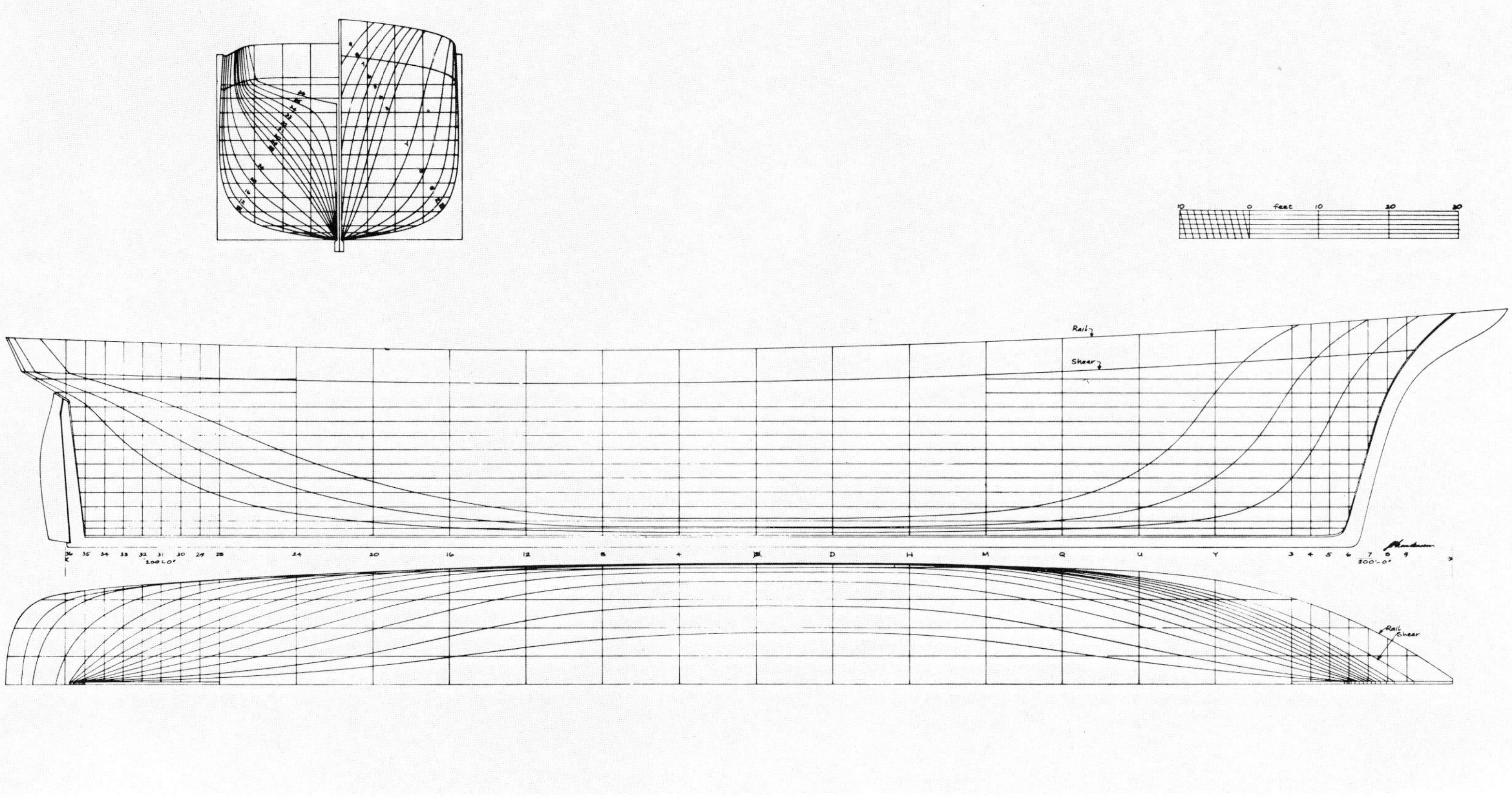

241 Ein nicht identifiziertes, wahrscheinlich in Futschou aufgenommenes Vollschiff, das aber den unverkennbaren Stempel eines britischen Tee-Klippers trägt. Das Fehlen eines Großskysegels läßt Robert Steele als etwaigen Erbauer ausscheiden. Es könnte sich bei dem Fahrzeug möglicherweise um die TAITSING (1865) oder die LEANDER (1867) handeln.

Werft gebauten AGNES ROSE läßt erkennen, daß sie geringfügig feinere Linien besaß. Der rekonstruierte Segelriß der ANN DUTHIE zeigt eine sehr hohe Takelung mit Skysegeln an allen Masten, zweifellos wurden auch Leesegel gefahren. Sämtliche Masten und Stengen waren aus Holz.

Die in jener Zeit bei Barclay, Curle & Co. entstandenen eisernen Schiffe waren der STONEHOUSE nicht sehr unähnlich, hatten aber eine steilere Aufkimmung und einen größeren Kimmradius. Die 1867 von dieser Werft für die Indien- und Ostasienfahrt gebaute eiserne Bark DERWENT war eines ihrer feinlinigsten Baumuster. Sie besaß gleichmäßige, ausgewogene Enden mit feinem Belauf im langen Vor- und Achterschiff; in der Nähe von Vor- und Achtersteven hatte man den unteren Wasserlinien eine gewisse Konkavität gegeben. Es ist eine eigenartige Tatsache, daß, wenn man eine Pause ihres im Maßstab von 1 : 48 gezeichneten Plans über einen im Maßstab von 1 : 64 angefertigten der größeren MERMERUS legt, die Spantrisse in Größe und Form fast identisch sind, was auch für das allgemeine Aussehen der von den Wasserlinien und den Schnitten gebildeten Kurven gilt. Die MERMERUS stellte zwar eine etwas völligere Version dar, sie läßt aber trotzdem gut erkennen, wie Barclay, Curle & Co. über Jahre hinweg an einem wohlerprobten Baumuster festhielten. Die Abmessungen der DERWENT betrugen 56,69 m x 8,78 m x 5,21 m bei 599,37 tons (unter Deck und auch NRT). Auf ihrem Segelriß finden sich Skysegel an Vor- und Großmast und geteilte Marssegel; die Untersegel weisen keine Überlappungen auf, und so macht sie ohne Leesegel den Eindruck, etwas unterbesegelt gewesen zu sein.

Leider wurden weder Pläne noch Modelle irgendwelcher bei Walter Hood & Co. gebauter Schiffe aufgefunden; eine Ausnahme bildet nur die THERMOPYLAE; dann gibt es noch ein Halbmodell, das zur SALAMIS (1875) gehören könnte, und einzelne Hauptspantschnitte in den Besichtigungsberichten von Lloyd's Register. So ist es für uns heute unmöglich herauszufinden, wie feinlinig einige Schiffe dieser Werft waren. Ihre HARLAW (1866) besaß einen Völligkeitsgrad der Unterdecktonnage von 0,58, was demjenigen der TITANIA oder der THERMOPYLAE entspricht und auf eine scharfe Rumpfform deutet. Ihre beste Reise machte sie im Herbst 1870, als sie in 87 Tagen von Shanghai nach New York segelte. Walter Hood ertrank 1862 im Hafen von Aberdeen. Der Hauptaktionär der Werft war George Thompson

[Aberdeen White Star Line (Anm. d. Übers.)], dessen jüngster Sohn Cornelius als Schiffbauingenieur mit der Werft verbunden war.

Ein anderer bedeutender Schiffbauer war Charles Connell, der als leitender Schiffbaumeister und schließlich als Betriebsleiter in der Glasgower Werft von Alexander Stephen & Sons tätig war, ehe er die Firma verließ, um 1861 seine eigene Werft zu gründen. Dort, in [dem Glasgower Vorort (Anm. d. Übers.)] Scotstoun an der Clyde, baute Charles Connell in den sechziger Jahren manchen feinen Klipper. Sein erstes Komposit-Vollschiff war die 1863 vom Stapel gelaufene WILD DEER. Später kamen dann die TAITSING (1865), die SPINDRIFT (1867), die WINDHOVER (1868), die DUKE OF ABERCORN (1869) und die EME (1869). Bei ihm wurden auch viele Schiffe für Thomas Skinner gebaut, die mit ihren auf „Castle" endenden Namen in der Ostasienfahrt beschäftigt waren.

Die TAITSING war für James Findlay als eine Verbesserung von Robert Steeles SERICA gebaut worden, während die SPINDRIFT wiederum als eine Verbesserung der TAITSING gedacht war. Mit dem Gelingen dieses Vorhabens war bei Connell einer der extremsten in den sechziger Jahren an der Clyde gebauten Klipper entstanden. Ob Connell das Schiff selbst entworfen oder dafür fremde Hilfe in Anspruch genommen hat, bleibt eine offene Frage.

Die Registerabmessungen der SPINDRIFT betrugen 66,87 m x 10,85 m x 6,17 m, wodurch sie bei einem Verhältnis der Länge zur Breite von 6,16 : 1 zum längsten Tee-Klipper der sechziger Jahre wurde. Ihre Tonnage belief sich auf 899,43 NRT (= Unterdecktonnage), so daß der Völligkeitsgrad der Unterdecktonnage mit 0,56 den Wert eines scharfen Schiffes erreichte.

Unser Wissen über diesen Klipper stammt hauptsächlich von einem herrlichen getakelten Modell, das im Maßstab 1 : 48 gebaut wurde und sich heute in der Glasgow Art Gallery and Museum befindet. Dieses Modell weist einen Rumpf mit extrem langem und scharfem Vor- und Achterschiff auf; hinzu kommt noch eine derart steile Aufkimmung, daß die größte Breite in Höhe der CWL liegt, was für ein 900-tons-Schiff recht ungewöhnlich war. Die Seiten waren oben um je 0,56 m eingezogen. Auf ebenem Kiel und bei einem Tiefgang von 5,18 m betrug die Länge in der CWL 216,5 Fuß (= 65,99 m), das heißt, das Schiff mußte 18,36 kn laufen, um einen relativen Geschwindigkeitskoeffizienten von 1,25 zu erzielen. Die Decksanordnung entsprach so ziemlich dem Üblichen mit einem erhöhten Quarterdeck. Die Täfelung des Deckshauses besaß gotische Spitzbogenornamente. Das Fahrzeug fuhr ein Großskysegel; das einfache Kreuzmarssegel besaß eine Rollreffeinrichtung. Die Besatzung umfaßte im Jahre 1869 fünfunddreißig Mann. – Die von Robert Steele & Co. stammenden Klipper-Entwürfe werden später in diesem Kapitel aufgeführt und beschrieben.

VOLLSCHIFF MIT HILFSDAMPFMASCHINE *SEA KING*

Hierbei handelt es sich um das einzige Dampfschiff, dessen Pläne in dieses Buch aufgenommen wurden. Die Gründe dafür liegen in der Absicht, die Ähnlichkeiten zwischen Segelschiff mit Hilfsmaschine und reinem Segelfahrzeug aufzuzeigen und an einem Beispiel darzulegen, wie ein Kontrakt über einen derartigen Bau zustande kam. Daneben sind es einige Äußerungen des Konstrukteurs wie auch des Erbauer wert, hier wiedergegeben zu werden.

Die Geschichte wird im Tagebuch von Alexander Stephen erzählt; sie begann am 4. September 1862, als er im Londoner Büro von Robertson & Co. vorsprach, wo ihm gesagt wurde, daß die Firma „das schnellste mit Hilfsmaschine ausgerüstete Fahrzeug, das überhaupt gebaut werden konnte, für die Chinafahrt haben wollte, um den ersten Tee der neuen Ernte nach London zu bringen".[8]

Zwei Tage später machte Stephen ein offizielles Angebot in Gegenwart der Herren Robertson, McMinnis und Wade, vielleicht drei der Partner, wonach er ein Komposit-Vollschiff inklusive Maschinenanlage zu einem Preis von £ 22 pro ton B. M. gemäß einer entsprechenden Bauvorschrift und eines Modells bauen wollte.[9]

Allerdings war damit die Angelegenheit bei weitem noch nicht ausgestanden, und erst nachdem er ein etwas preisgünstigeres Angebot als Alexander Hall & Sons vorgelegt hatte, erhielt Stephen den endgültigen Zuschlag.

„Nach einem langen Gespräch", so schreibt Alexander Stephen in seinem Tagebuch, „wurde ich gebeten, mein Angebot schriftlich zu unterbreiten. Als ich sah, daß man mit mir trotz der zugesicherten Bevorzugung nur auf der gleichen Basis wie mit Hall verhandelte, machte ich mein schriftliches Angebot zu £ 25 540 für 65,84 m x 9,91 m x 6,25 m = 1104 tons und für 120 HP [= 122 PS], alles nach Bauvorschrift. 12 A1; Teak-Außenbeplankung, Boden ebenfalls Teak; mit Eisen verbolzt und unter unserem Schutzdach gebaut und reines [?] Kupfer auf den Boden."[10] Dieser Betrag lag nur um £ 10 unter dem Angebot Halls.

Die Registerabmessungen beliefen sich auf 67,06 m x 9,91 m x 6,25 m bei 930 tons (unter Deck), 1018 BRT und 790 NRT.

Alexander Stephen hatte zwar ein Modell nach seinem vorgeschlagenen Entwurf anfertigen lassen, er mußte den Bau dann aber nach einem von Rennie entworfenen Modell ausführen. Sein diesbezüglicher Tagebucheintrag lautet: „Unser Modell ist schärfer als Rennies; ich glaube, sie werden Rennies nehmen!"[11] Hier handelte es sich natürlich um William Rennie, den bekannten Schiffbauingenieur. Stephen muß über die Ablehnung seines eigenen Entwurfes sehr enttäuscht gewesen sein.

Dies geht auch aus einem Tagebucheintrag hervor, der durch einen Werftbesuch von Mr. McMinnis bei Alexander Stephen & Sons am 6. November veranlaßt wurde:

„Was Mr. Rennies Linienriß betrifft, so müssen wir uns so weit wie möglich an ihn halten, und für Breite und Tiefe des Schiffes muß die Bauvorschrift befolgt werden, und nur die Länge darf verändert werden im Hinblick auf ihre Vermessung durch die Leute vom Zoll." Die Maschinen sollten von A. & J. Inglis gebaut und für 150 HP (= 152 PS) ausgelegt werden.[12] Die Leistung wurde später auf 180 HP (= 183 PS) erhöht.

Weitere Tagebucheinträge berichten den Fortgang der Geschichte.

12. November in London. „Bei Robertson & Co. – Sah Mr.

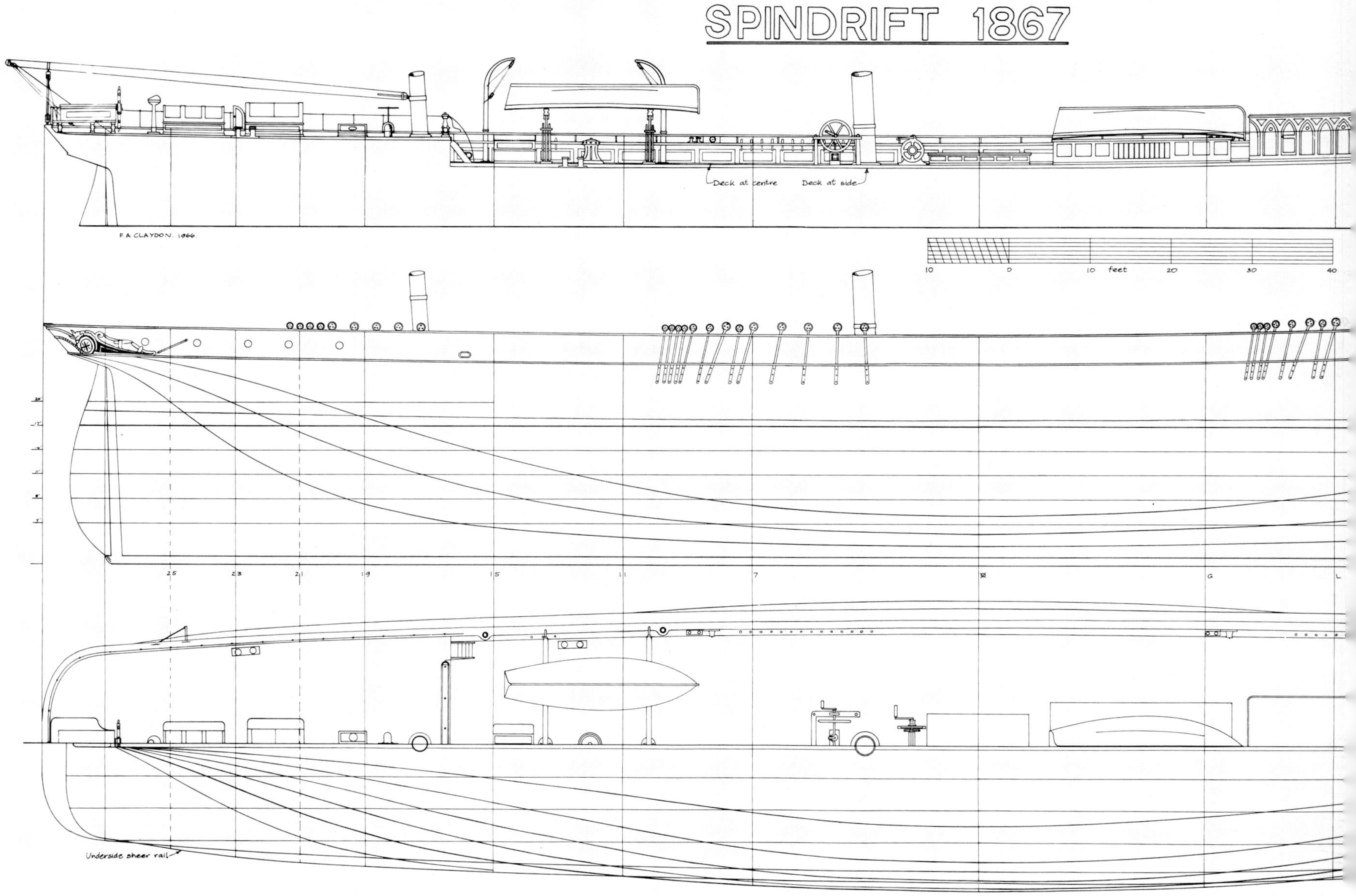

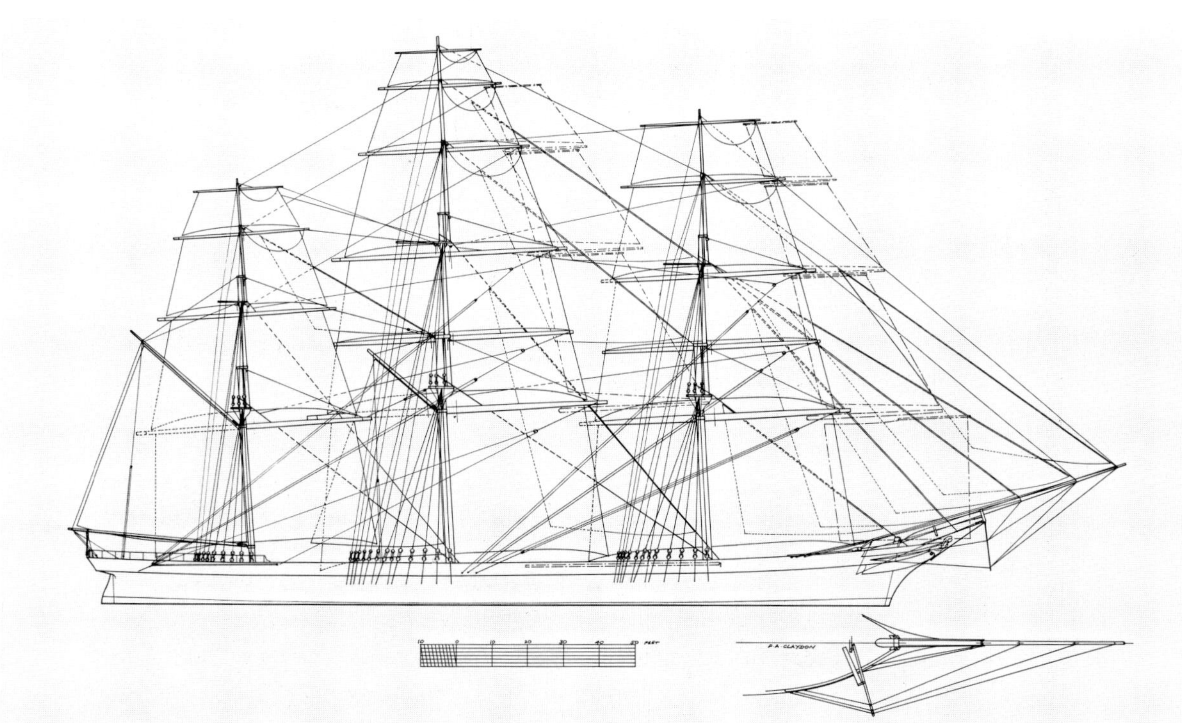

242 SPINDRIFT (Linienriß inkl. gesonderte Spantrisse, Querschnitte etc.); 1867 in Kompositbauweise bei Charles Connell in Glasgow entstanden. Von F. A. Claydon nach den von im ermittelten Aufmaßen des in der Glasgow Art Gallery and Museum befindlichen getakelten Modells gezeichnet; keine Rekonstruktion. Registerabmessungen: 66,87 m × 10,85 m × 6,17 m; 899,43 NRT.

243 SPINDRIFT (Segelriß); von F. A. Claydon nach dem in der Glasgow Art Gallery and Museum befindlichen getakelten Modell gezeichnet. Rekonstruktion: sämtliche Segel, da diese am Modell fehlen, und die Leesegel mit ihren Rahen und Spieren.

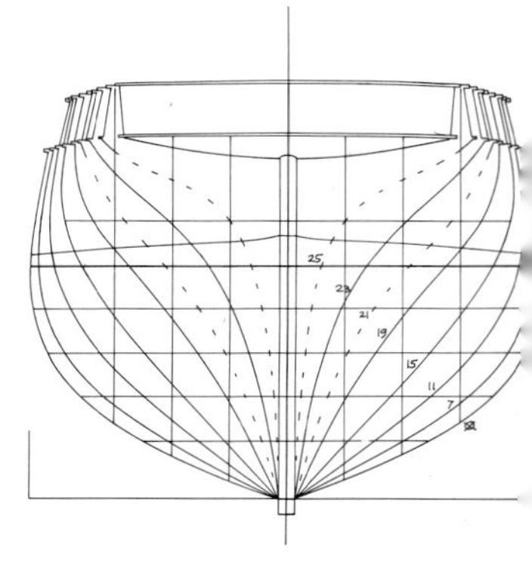

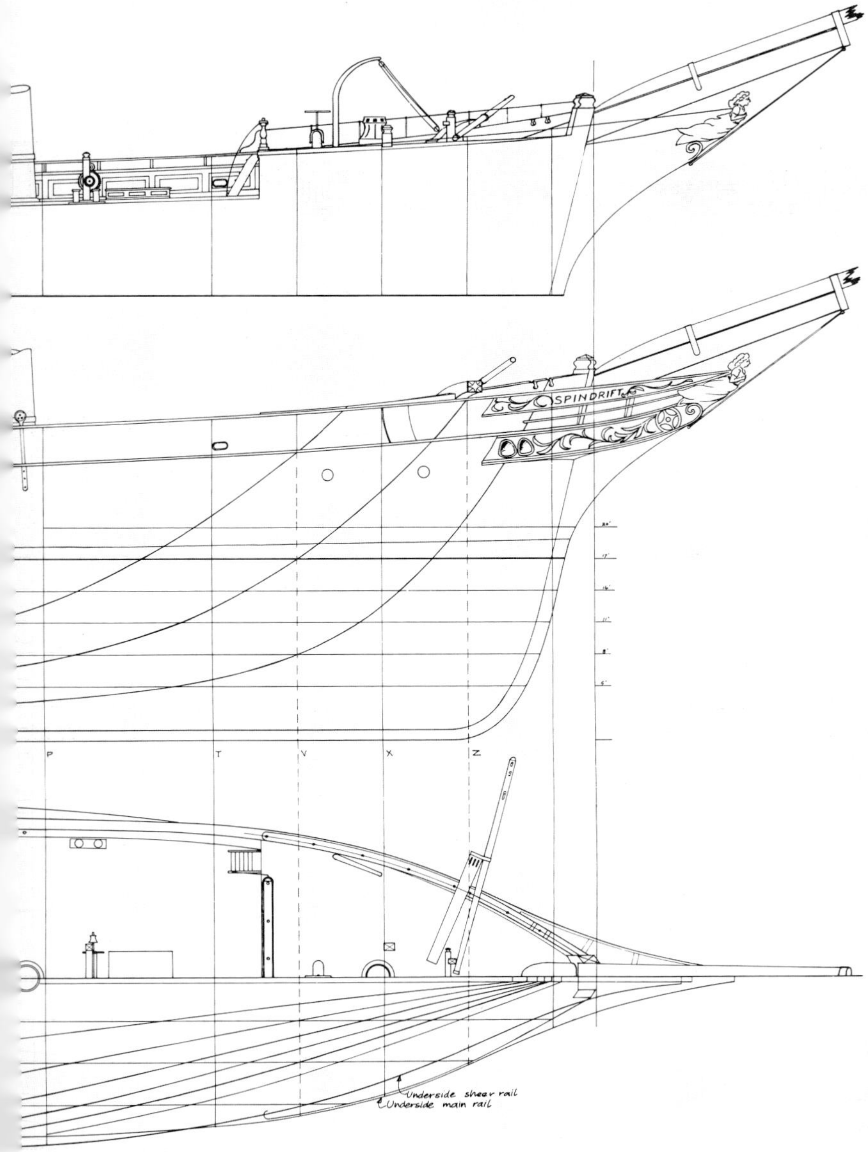

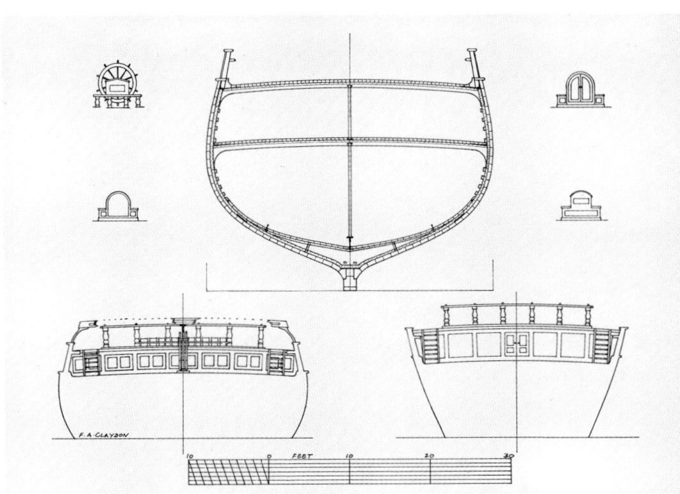

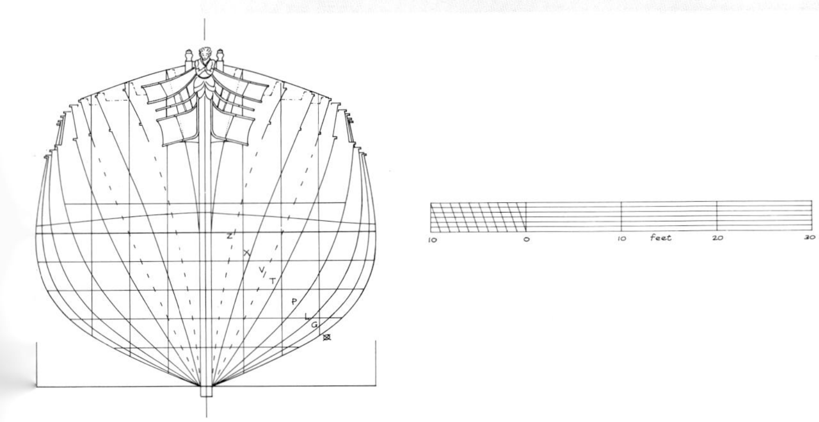

Rennies Modell, es ist aber mit vielen kleinen Ausrüstungsteilen ausgestattet, wodurch es für uns unbrauchbar wird. Äußerte meine Meinung, daß das Schiff für den vorgesehenen Verwendungszweck nicht scharf genug sei."

Das jetzt im Londoner Science Museum befindliche Modell des ganzen Rumpfes (Abbildung 244) könnte jenes Modell William Rennies sein. In der Art ist es dem im gleichen Museum ausgestellten Modell der FIERY CROSS (1860), die auch von Rennie entworfen wurde, sehr ähnlich. Nachdem auf Stephens Werft so überaus extreme Klipper wie die HURRICANE, die STORM CLOUD, die WHITE EAGLE und die JOHN BELL gebaut worden waren, konnte man Alexander Stephen durchaus ein fundiertes Urteil über die Schärfe der Linien in William Rennies Entwurf zutrauen, wenngleich weder Rennie noch Robertson & Co. sich dessen unbedingt bewußt gewesen sein mußten. Im übrigen war dies der einzige bekannte Fall, in dem Stephen vor 1875 ein Schiff nach einem fremden Entwurf bauen mußte.

Am 21. November 1862 begann man bei Stephen mit dem Ausstraken der Linien auf dem Schnürboden, und William Rennie kam zweimal, um sie zu überprüfen. Über die Linien dieses Rumpfes muß es einige Diskussionen gegeben haben, denn Stephen berichtet, daß Rennie gesagt habe, „es ist eine Frage der Form". William Rennie besuchte die Werft später noch mehrere Male um den Fortgang des Neubaus zu inspizieren, und Mitte Dezember schickte er eine Zeichnung der Masten, Stengen und Rahen.

Der hier in Abbildung 245 wiedergegebene Plan wurde nach einem in der Werft von Alexander Stephen & Sons aufgefundenen Linienriß gezeichnet, der von Rennie & Marshall in London herausgegeben und mit ihrem Prägestempel versehen wurde. Er trägt die Daten „12. Oktober 1862" und „6. November 1862 W. R." – Diese Buchstaben könnten ebenso für William Rennie wie für William Robertson stehen. Letzterer war Chefzeichner bei Stephen und hat vielleicht nach Erhalt des Plans darauf das Eingangsdatum mit seinen Initialen vermerkt. Die Zeichnung ist nicht von William Rennie signiert worden. Sie zeigt eine weibliche Galionsfigur, und der einzige eingezeichnete Schnitt ist der auf einem Viertel der Konstruktionsbreite liegende, der dazu nur gestrichelt dargestellt ist. Die auf dem Plan befindliche Tabelle der Abmessungen besitzt einen ähnlichen Kopf, wie die auf Rennies Originallinienriß der NORMAN COURT, was dafür spricht, daß zur Verwendung in seinem Büro eine besondere Schablone angefertigt worden war. Hinsichtlich des Rumpfprofils besteht eine Diskrepanz zwischen Rennies Linienriß und einem bei Stephen angefertigten Längsschnitt. Letzterer war für die hier abgebildete Zeichnung maßgebend. Das bedeutete, daß die Höhe von der Kielsponung bis zur Unterkante der Oberschanzkleidreling um 0,23 m verringert, die Länge in der CWL um 0,30 m vergrößert und der Sprung etwas stärker gemacht werden mußte. Da der Längsschnitt der Werft die Überschrift „SHENANDOAH" trägt, dürfte er wohl jüngeren Datums als Rennies Plan sein und daher auch dem tatsächlich gebauten Schiff genauer entsprechen.

Bei seinem Stapellauf am 17. August 1863 hatte das Schiff den Namen SEA KING erhalten. Laut Stephen war es der erste nach dem Kompositsystem gebaute Schraubendampfer. Bei seiner

244 Dieses Modell des Vollschiffs mit Hilfsdampfmaschine SEA KING ist wahrscheinlich das von William Rennie stammende, das Alexander Stephen als zu detailliert und empfindlich bezeichnete. Die Rumpfform unterscheidet sich kaum von der eines reinen Segelschiffs.

Probefahrt im Firth of Clyde erzielte er am 8. Oktober eine überaus zufriedenstellende Durchschnittsgeschwindigkeit von 11,07 kn. Alexander Stephen betrachtete die ganze Angelegenheit als einen Erfolg für beide Seiten. Sein Reingewinn betrug £ 3267 neben £ 500 für allgemeine Unkosten. Das war wesentlich günstiger, als er bei Unterzeichnung des Vertrages geglaubt hatte.[13]

Die Gesamtkosten der SEA KING wurden wie folgt veranschlagt:

Kontraktpreis	£ 27050. 0.0	
Extra-Tonnage von $48^{14}/_{94}$ tons B. M. à £ 18 .	£ 866.13.7	
3 stählerne Rahen und Marsstengen	£ 192. 0.0	
$^{1}/_{2}$ der Kosten für Lloyd's Bauaufsicht	£ 25. 9.0	
Stapellaufgelder	£ 5. 0.0	
Besonderes	£ 336.11.6	
	£ 28475.14.1	≙ £ 24.12.7 pro ton B. M.
Barzahlung	£ 20287.10.0	
6-Monatsrechnung vom 17. August	£ 8188. 4.1[14]	

Wegen der geringen Maschinenleistung mußte das Fahrzeug als Vollschiff getakelt werden, und vermutlich wurden die Maschinen auch nur sehr sparsam eingesetzt, da sonst der Brennstoff zu schnell verbraucht worden wäre. Darin, daß die für die Maschinenanlage aufgewendeten Beträge auch bei noch so hohen Frachtraten kaum jemals wieder hereingefahren werden konnten, lag der große Nachteil der Segelschiffe mit Hilfsmaschinen. In diesem Fall hatten die Maschinen £ 6600 gekostet, und für Einbau samt Nebenkosten dürften außerdem noch etwa £ 500 aufgewendet worden sein; hinzu kamen die Kosten für Heizer, Maschinisten und ausreichenden Brennstoff, wobei letzterer außerdem noch die Ladefähigkeit empfindlich einschränkte. Um die Mitte der sechziger Jahre legte sich dann auch bald die Begeisterung für Hilfsmaschinen, und bei einer Reihe dieser Schiffe wurden die Schrauben wieder ausgebaut und die Fahrzeuge als reine Segelschiffe verwendet.

Zu ihrem Namen passend, besaß die SEA KING eine prächtige, den Beherrscher der Meere darstellende Galionsfigur. Der Decksplan ist typisch für ein Schiff dieser Art. Erwähnenswert wäre noch, daß die Geckstöcke (Spillhebel) zur Bedienung des Pumpspills verdoppelt wurden, um das Spill mit mehr Leuten bemannen zu können, und daß sich in dem großen Ruderhaus auf der Poop eine von Hand zu bedienende mechanische Vorrichtung befand, mit deren Hilfe die Schraube beim Segeln geheißt werden konnte. Es überrascht, daß die Dampfkraft nicht auch für Anker- und Ladewinden und für die Pumpen ausgenutzt wurde. Bei manchen Werften dauerte es ziemlich lange, ehe die doch zur Verfügung stehende Dampfkraft zur Arbeitserleichterung an Bord eingesetzt wurde, während andere Firmen, wie etwa Barclay, Curle & Co. oder Jones, Quiggin & Co., sogar mit der Verwendung von Dampfhilfsmaschinen auf reinen Segelschiffen begannen. Der Schornstein der SEA KING konnte, wenn nur gesegelt wurde, zur Verringerung des Luftwiderstandes teleskopartig eingefahren werden.

Unter der Back befanden sich sechzehn Kojen für Seeleute, und weitere zwanzig standen in dem großen auch die Kombüse enthaltenden Deckshaus zur Verfügung. In der Poop waren die Wohnräume für den Kapitän und zwei Offiziere sowie sieben Kabinen für Passagiere, eine Pantry, ein Bad und drei WCs untergebracht.

Der Segelriß stellt die Kopie eines im Werftarchiv aufgefundenen Risses dar, der Masten, Stengen, Rahen, Hauptsegel und stehendes Gut wiedergibt. Das laufende Gut und die Leesegel wurden nach einem 1865 datierten Gemälde von W. Napier ergänzt, welches das Schiff als den Kreuzer SHENANDOAH der amerikanischen Südstaaten zeigt, wobei die Längen der Leesegelspieren und -rahen unter Beachtung der zeitgenösssischen Praxis rekonstruiert wurden. Das von der Werft erstellte Inventarverzeichnis führt weder Vorroyalleesegel oder irgendein vom Kreuzmast gefahrenes Stagsegel noch ein Großgaffelsegel auf. Die Marssegel besaßen Cunninghams Rollreffeinrichtung. Die Untermasten, die Unterrahen und das Bugspriet waren aus Eisen, die Marsstengen mit ihren Rahen aus Stahl. Das Fehlen außen angebrachter Rüsteisen für die Wanten und Pardunen des Kreuzmastes, war nichts Ungewöhnliches.

Auf seiner Jungfernreise segelte das Schiff in 74 Tagen von London nach Auckland, worauf es nach Sydney ging und von dort in 23 Tagen nach Shanghai fuhr. Hier wurde Tee geladen und anschließend die Heimreise mit der Ankunft in Deal am 7. September 1864 in 79 Tagen absolviert. Die Firma Robertson & Co. war mit ihrem Schiff sehr zufrieden, wenn ihm auch etwas mehr Längsfestigkeit gut getan hätte. Alexander Stephen besuchte das Fahrzeug am 15. September in Wigrams Trockendock in Blackwall, London, wo er das Gerücht hörte, es sei für £ 35 500 an eine Liverpooler Firma verkauft worden. Wenn das stimmte, hätten seine Reeder dabei einen Reingewinn von £ 7000 gemacht, wozu noch etwa £ 2000 durch die Reise erzielten Nettoverdienstes kamen.

Nach der Übernahme durch ihre neuen Eigner verließ die SEA KING London zu einer angeblichen Reise nach Bombay; vor Madeira wurde sie jedoch der Regierung der amerikanischen Südstaaten übergeben und in SHENANDOAH umbenannt, um zu einem Handelsstörkreuzer umgebaut zu werden. Bei Beendigung des Bürgerkrieges befand sie sich im Nordpazifik, kehrte aber 1865 sofort nach Liverpool zurück. Dort lag sie für ein Jahr untätig im Hafen, bis sie 1866 als Yacht für den Sultan von Sansibar angekauft wurde. Unter ihrem ursprünglichen Namen segelte sie darauf nach Bombay und ging schließlich 1879 verloren.

WILLIAM PILE UND DIE *MAITLAND*

Als besonders schmerzlich mußte in der Vergangenheit die Unvollständigkeit der von der MAITLAND bekannten Pläne empfunden werden. Das von William Pile in Sunderland für den am gleichen Ort ansässigen John R. Kelso gebaute Vollschiff lief am 2. Dezember 1865 vom Stapel. Von Piles anderen Tee-Klippern sind heute keine Pläne mehr bekannt, und die einzigen, die bisher von der MAITLAND zur Verfügung standen, waren ihr vom Londoner Science Museum erhältlicher Decksplan und Segelriß. Diese beiden Zeichnungen wurden in *The Tea Clippers* abgebildet, wo ein Versuch gemacht wurde, das Schiff von dem ihm anhaftenden schlechten Ruf durch Herausstellung seiner schnellen Reisen zu befreien. So hatte es 1866 auf seiner Jungfernreise Hongkong in 87 Tagen von Sunderland erreicht und im gleichen Jahr für die Heimreise von Futschou gegen den Monsun 104 Tage benötigt.[15] Jetzt nach der Entdeckung ihres Werfthalbmodells in den Büroräumen von Joseph L. Thompson & Sons Ltd. ergibt sich von der MAITLAND ein völlig anderes Bild, da endlich ein vollständiger Satz von Rissen vorgelegt werden kann. Joseph L. Thompson & Sons Ltd. waren Nachfolger von William Pile. Durch ihr freundliches Entgegenkommen und eine Vereinbarung mit Mr. M. F. Boyd, ihrem Geschäftsführer, wurde das Aufmessen des Modells ermöglicht.

Der in Abbildung 247 wiedergegebene Linienriß wurde dann nach diesem Werfthalbmodell angefertigt und mit dem Decksplan sowie mit einem Teil des Längsschnitts aus dem Science Museum kombiniert. Dieser von der Werft stammende Längsschnitt geht durch die Mittellinie, wo die Balkenbucht des Backdecks ihren höchsten Punkt erreicht, so daß der Sprung im

245 D SEA KING (Linienriß); 1863 in Kompositbauweise nach einem Entwurf von William Rennie, London, bei Alexander Stephen & Sons entstanden. Der Linienriß wurde nach einem in den Werftarchiven aufgefundenen, 1862 datierten Plan gezeichnet, der den Stempel von Rennie & Marshall trägt. Registerabmessungen: 67,06 m × 9,91 m × 6,25 m; 790,28 NRT; 1017,82 BRT. – Rekonstruktion: Oberdeck tiefer gelegt, Vor- und Achtersteven in Übereinstimmung mit dem Längsschnitt der Werft gebracht. – Die Wiedergabe der Deckseinrichtung stützt sich auf diesen Längsschnitt und den Decksplan. Das Schiff war der spätere Kreuzer SHENANDOAH der amerikanischen Südstaaten.

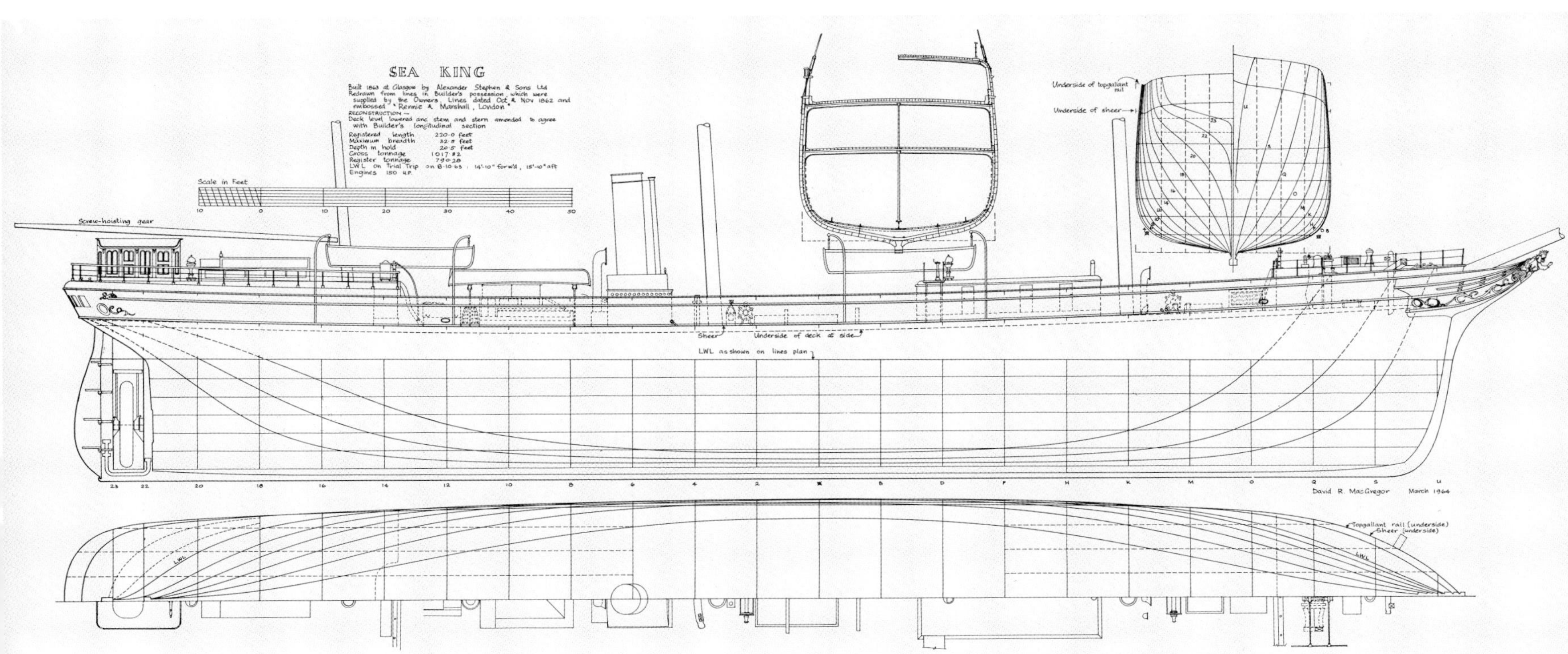

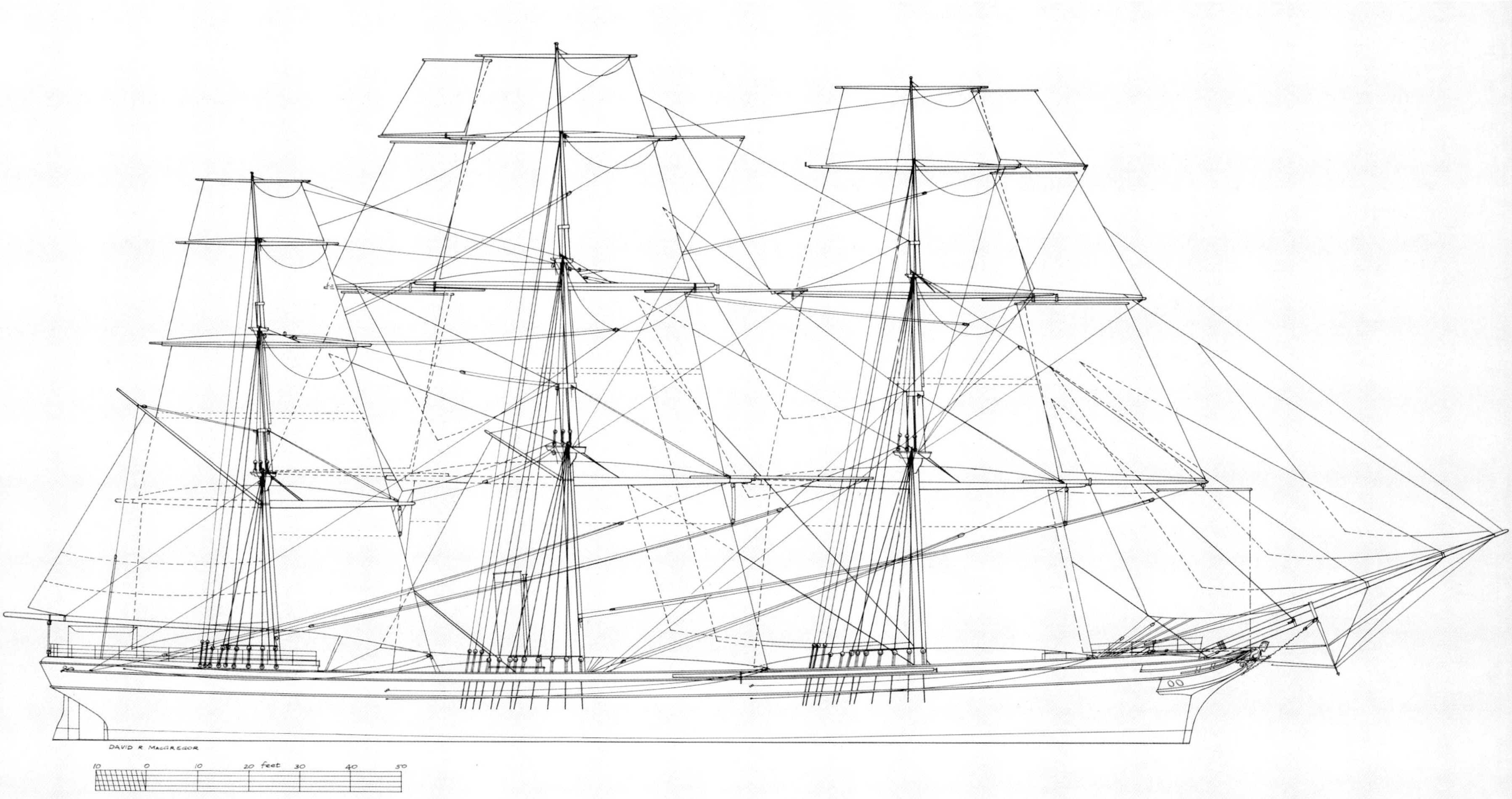

246 D SEA KING (Segelriß); nach einem im Besitz der Werft befindlichen Plan gezeichnet. Rekonstruktion: laufendes Gut und Leesegel nach einem 1865 datierten Gemälde von W. Napier; Länge der Leesegelspieren und -rahen in Übereinstimmung mit zeitgenössischen Regeln.

Strak der Oberschanzkleidreling nicht zu erkennen ist. Diese Tatsache hat in der Vergangenheit Verwirrung gestiftet.

Mit der ebenfalls 1865 gebauten ARIEL verglichen, war die MAITLAND kürzer und breiter. In der CWL war die Länge um 4,88 m geringer und die Breite des flacheren Fahrzeugs um 0,46 m größer. Legt man die Linien der beiden Rümpfe übereinander, zeigt sich bei der MAITLAND ein langes scharfes Vorschiff mit geringfügiger Konkavität der CWL in der Nähe des Vorstevens, aber die zusätzliche Breite macht das Vorschiff gedrungener als bei der ARIEL, und die flacheren Bodenwrangen beeinflussen die Form der unteren Wasserlinien. Das etwas völligere Vorschiff der MAITLAND ist deutlicher in den Schnitten zu bemerken, besonders die Ausbuchtungen im Bereich der CWL und der hohle Überhang darüber. Im Achterschiff ist der Strak der Schnitte oberhalb der untersten durch den flacheren Boden beeinflußten Wasserlinie mit dem bei der ARIEL identisch. Die größere Breite ergibt aber eine im Vergleich zur ARIEL stärkere Konkavität im Achterschiff. Das Hauptspant zeigt eine weniger extreme Version des bei der GANGES ausgeprägteren „Kesselbodens", dennoch besitzt der Boden eine weit geringere Aufkimmung, als dies bei den meisten Tee-Klippern der Fall war. Der Kimmradius ist recht groß, und die leicht gerundeten Seiten sind merklich eingezogen. William Piles überlieferte Vorliebe für eine „gute Breite und einen scharfen Belauf des Achterschiffs" wird durch diesen Plan gut illustriert. Im Jahr 1869 wurde der MAITLAND eine Geschwindigkeit von 15 kn bescheinigt. Bei einer Länge in der CWL von 179 Fuß (= 54,56 m) ergibt sich daraus ein relativer Geschwindigkeitskoeffizient von 1,12. Zwei Jahre zuvor soll der Kapitän, wie Basil Lubbock schreibt, von auf einer Ausreise erreichten 17 kn berichtet haben, was mit einem relativen Geschwindigkeitskoeffizienten von 1,27 für ein sehr schnelles Fahrzeug spräche.[16]

Die sehr ähnlichen Abmessungen der UNDINE lassen vermuten, daß sie als Schwester der zwei Jahre früher gebauten MAITLAND geplant war. Hier ein Vergleich der Abmessungen:

	Registerabmessungen	tons (unter Deck)	BRT & NRT	Völligkeitsgrad Unterdeck-tonnage
MAITLAND	55,78 m × 10,67 m × 5,97 m	754,58	798,72	0,60
UNDINE	55,66 m × 10,70 m × 5,94 m	754	796	0,60

Aus der Ähnlichkeit der Abmessungen darf man wohl schließen, daß William Pile und der Reeder John R. Kelso mit der MAITLAND so zufrieden waren, daß der Entwurf nach ihrer Meinung nicht mehr verbessert werden konnte. Die MAITLAND ging 1874 verloren, während die UNDINE bis 1893 überlebte.

Die Decksanordnung der MAITLAND war im großen Ganzen derjenigen der BLACK PRINCE ähnlich, doch wies das Backsdeck an seiner Achterkante eine lichte Höhe von 1,83 m auf. Das Gangspill diente zum Antrieb einer Emerson & Walker-Ankerwinde. Das kleine Deckshaus enthielt nur die Kombüse und die Farbenlast. Außer dem Großboot gehörten noch drei weitere Boote zur Ausrüstung. Achtern gab es neun Kabinen neben der Kabine des Kapitäns, und das runde Skylight ließ Licht in einen zweiten Salon fallen, durch den der Kreuzmast hindurchgeführt war. Vielleicht wohnten hier die Offiziersaspiranten. Unter der Back konnten zweiundzwanzig Seeleute untergebracht werden. Binnenbords war das Schanzkleid mit geschnitzten oder bemalten Brettern getäfelt.

Wenn dem Rumpf der MAITLAND etwas an Schärfe gefehlt haben sollte, so wurde das mehr als aufgewogen durch die große Segelfläche, die nicht nur hoch sondern auch recht breit war, wie aus den starken Überlappungen der am Großmast gefahrenen Segel zu erkennen ist. Diese Tatsache mag auch der Grund für die senkrechten Seitenlieken des Großsegels gewesen sein. Die einander entsprechenden Rahen an Fock- und Großmast besaßen die gleiche Länge, während bei manchen anderen Klippern die Rahen des Vormastes kürzer waren. Die im Abschnitt über die THERMOPYLAE abgedruckte Tabelle zum Längenvergleich der Unter- und Royalrahen von sechs Vollschiffen zeigt, daß die Unterrahen der MAITLAND im Verhältnis zum Rumpf recht lang waren, und daß ihr hoher Segelriß sich nach oben weniger verjüngte, als dies bei den meisten der fünf anderen Schiffe der Fall war.

Bei der gegenüber der MAITLAND in der CWL um 11,43 m längeren SPINDRIFT war der Großmast von Deck bis zum Flaggenknopf nur 0,61 m höher. Stets wird das Großbramsegel der THERMOPHYLAE wegen seiner Größe herausgestellt; immerhin war die Großbramrah der MAITLAND nur 0,61 m kürzer, wobei das Segel in der Mitte eine Tiefe von 8,23 m (gegenüber 9,75 m bei der THERMOPYLAE) besaß.

Die MAITLAND war mit Henry Cunninghams Brassenwinden für Fock- und Großrah ausgerüstet, wenn die von Cunningham bei einem Vortrag gebrauchten Worte „vorn und achtern eingebaut“ dahin gehend verstanden werden können. Der Führer des Schiffes, Kapitän Coulson, sprach nach der Jungfernreise voller Begeisterung von ihnen.[17]

Es ist niemals eindeutig festgestellt worden, ob die Mondsegel der MAITLAND an Rahen gefahren wurden, oder vielmehr Raffees waren; aber die Toppen der Skysegelstengen waren hoch genug für die hier gezeichneten Mondsegel. An anderen leichten Segeln werden noch Jager, Skyleesegel, Wassersegel und „Brodwinner“

247 MAITLAND (Linienriß); 1865 bei William Pile in Sunderland als Kompositschiff gebaut. Der Linienriß wurde nach den Aufmaßen des im Besitz von Joseph L. Thompson & Sons Ltd., Sunderland, befindlichen Werfthalbmodells gezeichnet und die Details an Deck nach einem Plan des Londoner Science Museums. – Registerabmessungen: 55,78 m × 10,67 m × 5,97 m; 798,72 BRT und NRT. – Rekonstruktion: Draufsicht auf Quarterdecksausstattung; Kompaßhaus; Steuerrad und Rudergehäuse; Klüverbackstagsausleger an den Kranbalken.

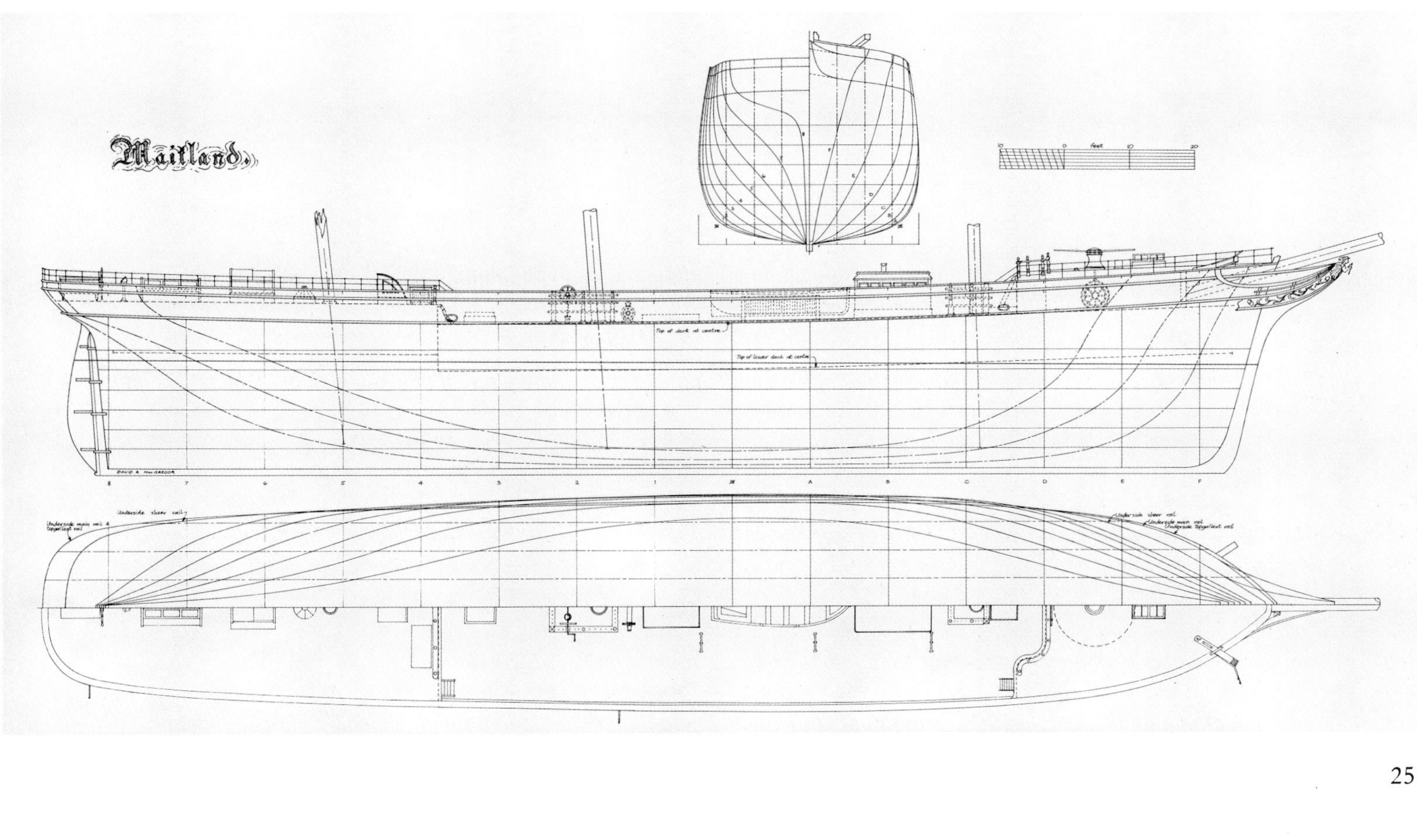

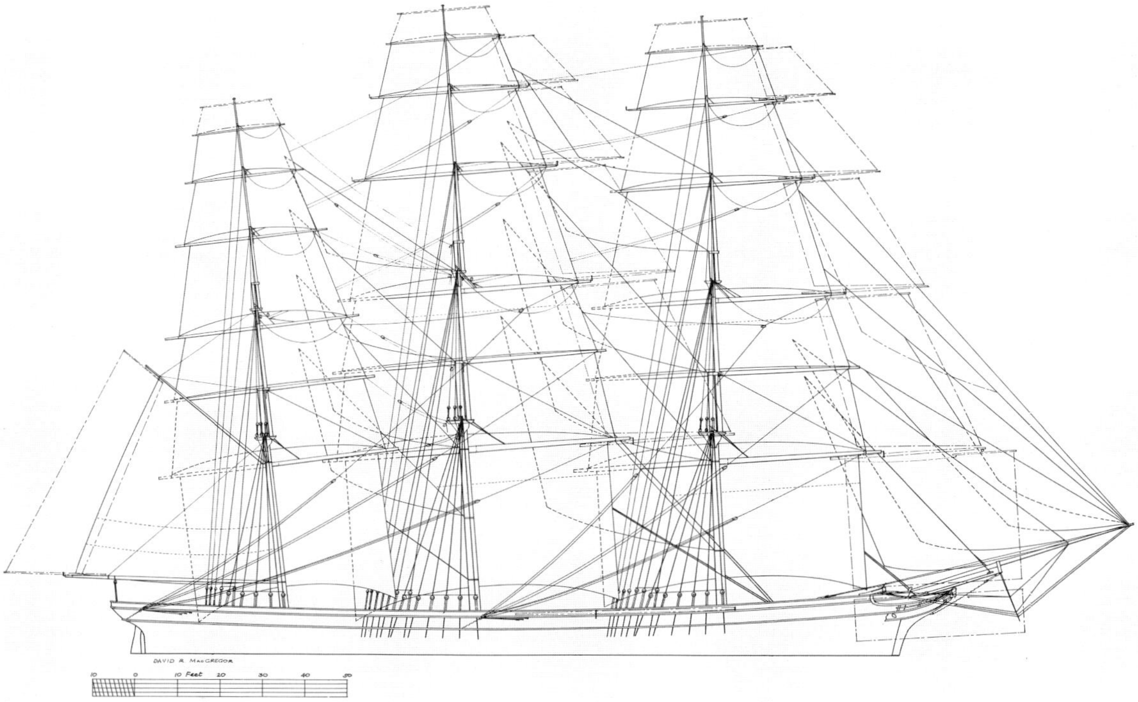

248 MAITLAND (Segelriß); nach Segelriß im Londoner Science Museum gezeichnet. Rekonstruktion: laufendes Gut; Leesegel mit Spieren und Rahen; Mondsegel; „Brodwinner“; Wassersegel; Bagiensegel. Die Brassen der Vor- und der Großrah fuhren mit ihren Läufern zu Cunningham-Brassenwinden, was aber erst entdeckt wurde, nachdem der Segelriß bereits mit konventionellen Brassen gezeichnet war. – Hauptquelle der Rekonstruktionen: T. G. Duttons Lithographie des Schiffes und Augenzeugenberichte über die gefahrenen Beisegel. Die Mastpositionen stimmen auf dem Segelriß nicht mit denen auf dem Längsschnitt überein (beide Zeichnungen befinden sich im Science Museum); diese Diskrepanz konnte auch in den hier wiedergegebenen Abbildungen nicht beseitigt werden. Da beide Pläne undatiert sind, erscheint eine klärende Entscheidung unmöglich.

gezeigt. Die hochbordige HMS ACTIVE konnte mühelos ein Wassersegel unter der Vorunterleesegelspiere fahren (Abbildung 234), aber bei einem hart geknüppelten und schwer mit Tee beladenen Klipper konnte es leicht von der See weggeschlagen werden, wenn eine nur etwas mehr als leichte Brise wehte. Jüngere Photographien der Barkentine REGINA MARIS zeigen ein heutiges Fahrzeug mit derartigen tatsächlich gesetzten Segeln [Vgl. O. Schäuffelen, *Die letzten großen Segelschiffe,* Bielefeld/Berlin 1969, p. 106 (Anm. d. Übers.)].

Weiter mag noch interessieren, daß wahrscheinlich Sturmstagsegel an allen drei Unterstagen gefahren wurden, daß es außenbords – ebenso wie bei der SEA KING, der SPINDRIFT und anderen – keine Rüsteisen für den Kreuzmast gab, und daß hier das Bagiensegel sowie alle Stagsegel rekonstruiert wurden.

Der Fock- und der Großuntermast wie auch das Bugspriet der MAITLAND waren aus 11 mm dicken Eisenplatten gebaut. Die drei Unterrahen sowie die Unter- und Obermarsrahen bestanden aus Stahlplatten, deren Dicke sich von 8 mm nach den Nocken zu bis auf 3 mm verringerte. Die UNDINE besaß ähnliche eiserne und stählerne Rahen sowie auch einen eisernen Kreuzuntermast und stählerne Marsstengen, die sämtlich von der Firma Thomas W. Puntun & Son in Sunderland stammten.[18]

John R. Kelso, dem die MAITLAND und die UNDINE gehörten, bevorzugte die Werft von William Pile, wo auch eine Reihe anderer Schiffe für ihn entstanden sind wie etwa die MAITLAND (1851), die KELSO (1855), die VANGUARD (1857), die STANDARD (1858), die KELSO (1861), die HERALD (1863) und die DEERHOUND (1869). Bei der zweiten KELSO entsprach der Völligkeitsgrad der Unterdecktonnage von 0,60 dem der zweiten MAITLAND.

Von William Pile stammten auch die für die Chinafahrt bestimmten Barken MIAKO und OSAKA – beide liefen 1869 für Killick, Martin & Co. vom Stapel – sowie die 1864 für John Hay gebaute CORAL NYMPH. Leider sind von diesen drei Fahrzeugen keine Pläne bekannt; immerhin existiert eine Photographie der OSAKA.

DIE TEE-KLIPPER VON ROBERT STEELE & CO.

Die von Robert Steele & Co. für die Chinafahrt gebauten Klipper werden derart oft erwähnt, daß es sich lohnt, sie hier in einer Liste zusammenzustellen (siehe Seite 255).

ARIEL, TITANIA und SIR LANCELOT konnten einige der schnellsten je gemachten Reisen von und nach China verzeichnen wie etwa die 83 Tage zwischen London und Hongkong (1866/67) der ARIEL, die 84 Tage von Futschou nach Lizard Point (1869) der SIR LANCELOT und die 93 Tage zwischen Futschou und London (1871) der TITANIA. Ein großer Vorteil der meisten Tee-Klipper bestand in der Fähigkeit, schon bei leichter Brise eine relativ hohe Geschwindigkeit zu erzielen, aber auch bei steifer Brise noch hart am Wind segeln zu können.

Kapitän Andrew Shewan, der bereits im Alter von dreiundzwanzig Jahren die NORMAN COURT führte und dem die Überlieferung wie auch die Schiffe der Chinafahrt wohlvertraut waren,

Baujahr	Name	tons (unter Deck)	Völligkeitsgrad der U.-D.-Tonnage	Reederei o. ä.	Material	Registerabmessungen
* 1855	KATE CARNIE	573,69		A. Rodger	Holz	L: 45,23 m B: 7,93 m T: 5,79 m
1858	ELLEN RODGER	554,93	0,62	A. Rodger	Holz	L: 47,49 m B: 8,96 m T: 5,94 m
* 1859	FALCON	729,41	0,59	Phillips, Shaw & Lowther	Holz	L: 58,34 m B: 9,81 m T: 6,10 m
1861	MIN	594,99		A. Rodger	Holz	L: 53,19 m B: 9,08 m T: 5,88 m
1862	GUINEVERE	603,33	0,58	J. MacCunn	Holz	L: 53,19 m B: 9,17 m T: 6,04 m
1862	KING ARTHUR	654,47		J. MacCunn	Eisen	L: 53,34 m B: 9,66 m T: 6,10 m
1863	SERICA	652,44	0,57	J. Findlay	Holz	L: 56,66 m B: 9,48 m T: 5,97 m
* 1863	TAEPING	723,85	0,63	A. Rodger	Komposit	L: 55,99 m B: 9,48 m T: 6,07 m
1863	YOUNG LOCHINVAR	680,41		McDiarmid & Greenshields	Holz	L: 55,38 m B: 9,48 m T: 6,04 m
1865	CHINAMAN	628,93		Park Bros.	Komposit	L: 52,12 m B: 9,48 m T: 5,82 m
* 1865	ARIEL	852,87	0,60	Shaw, Lowther & Maxton	Komposit	L: 60,17 m B: 10,33 m T: 6,40 m
* 1865	SIR LANCELOT	847,04	0,60	J. MacCunn	Komposit	L: 60,23 m B: 10,27 m T: 6,40 m
* 1866	TITANIA	879,45	0,58	Shaw, Lowther & Maxton	Komposit	L: 60,96 m B: 10,97 m T: 6,40 m
* 1867	LAHLOO	756,54	0,60	A. Rodger	Komposit	L: 58,40 m B: 10,03 m T: 6,07 m
1868	KAISOW	767,19	0,62	A. Rodger	Komposit	L: 58,89 m B: 9,75 m T: 6,19 m
* 1869	WYLO	766,67		Killick, Martin	Komposit	L: 58,80 m B: 9,78 m T: 6,16 m

* Existenz von Plänen oder Modellen bekannt.

249 Die hohe Besegelung des Tee-Klippers MAITLAND ist auf dieser Lithographie von T. G. Dutton treffend wiedergegeben.

hielt die ARIEL für den schnellsten China-Klipper, gefolgt von der TITANIA, der THERMOPHYLAE, der CUTTY SARK, der SPINDRIFT und der LEANDER.[19]

Die Brüder Robert (1821–1890) und William (1823–1917), Enkel des Firmengründers Robert Steele, waren die Erbauer dieser Klipper. Eine Untersuchung der verschiedenen Pläne zeigt, daß die FALCON, die TAEPING, die ARIEL und die SIR LANCELOT eigentlich nicht von einer so extremen Klipperbauart waren, wie sie auf dem Riß der TITANIA zu erkennen ist. Die ARIEL und die SIR LANCELOT haben beide eine stärkere Aufkimmung als die FALCON, obwohl die Wasserlinien und Schnitte sich sehr ähnlich sind; die rund 1,85 m zusätzlicher Länge dürften das Geschwindigkeitspotential der beiden auch etwas vergrößert haben; wahrscheinlich haben die Erbauer auch die Mastpositionen und die Ausgewogenheit der Segelfläche in ihrem Verhältnis zum Rumpf verbessert. – Die TAEPING wiederum besaß ein völligeres Hauptspant. Der Völligkeitsgrad der Unterdecktonnage ist nicht so genau wie der Deplacementsvölligkeitsgrad, doch vermittelt er wenigsten annähernd eine Vorstellung von der Rumpfform. Die Schwierigkeiten der ARIEL bei achterlicher See sind häufig in der Literatur erwähnt worden; dabei waren ihre Linien achtern nicht einmal so scharf wie bei manchen der extremen Klipper. Wahrscheinlich trugen das niedrige, nur 0,91 m hohe Schanzkleid, das Glattdeck und die allgemeine Gewichtsverteilung im Schiff zu diesen Problemen bei. Aus daraus folgenden Überlegungen bestellten die Eigner der ARIEL ihr nächstes Schiff, die TITANIA, mit einer um 0,64 m größeren Breite, um die Steifheit unter Segeln zu verbessern. Die höchste von dem Kapitän der ARIEL gemeldete Geschwindigkeit betrug 16 kn, woraus sich bei einer Länge in der CWL von 195 Fuß (= 59,44 m) ein relativer Geschwindigkeitskoeffizient von 1,15 ergibt. Nach Angaben des Kapitäns belief sich ihr größtes Etmal auf 340 sm.

Der Linienriß der TITANIA wurde nach den Aufmaßen des Werfthalbmodells im Londoner Science Museum gezeichnet; sie lassen deutlich die extreme Klipperform erkennen. Der ganze Entwurf stand wesentlich unter dem Gesichtspunkt der Erzielung höchster Geschwindigkeiten, die Ladefähigkeit rangierte erst an zweiter Stelle. „Viele der [‚schwer getakelten China-Klipper‘ waren] nur maskierte Yachten mit ihrem Eisenballast, den doppelten Besatzungen und großzügig bezahlten Kapitänen“, kommentierte James MacCunn.[20]

An die Qualität der handwerklichen Arbeit wurden einerseits höchste Anforderungen gestellt, andererseits drückte auf die Baukosten die ganze Last des Konkurrenzkampfes, wenn auch MacCunn meinte, bezüglich der Kosten habe man „praktisch Blankovollmachten“ erteilt.[21] So machte Alexander Stephen zum Beispiel im November 1861 der Firma Phillips, Shaw & Lowther Preisangebote über £ 18.18 s pro ton für ein Kompositschiff der Klasse 15 A1 und über £ 17.9 s für ein eisernes 12 A1-Schiff. Die Preise schlossen eine Ostindienausrüstung mit ein. Steele machte konkurrierende Angebote für ein Eisen- und ein Holzschiff zu niedrigeren Preisen. Stephen ging später mit seinem Preis für das eiserne Schiff auf £ 16.15 s pro ton herunter, falls es unter 1000 tons blieb; wahrscheinlich entsprach dies in etwa dem Preisangebot Steeles.[22] Im Herbst des Jahres 1865 erklärte Stephen sich bereit, ein 15 A1-Kompositschiff für £ 18 pro RT bei insgesamt 830 RT zu bauen. Es ist unwahrscheinlich, daß Steele für die TITANIA einen höheren Preis gefordert hätte.[23]

Die Linien der TITANIA finden sich in Abbildung 250 und zeigen ein äußerst langes scharfes Vor- und Achterschiff bei starker Aufkimmung. Im Vorschiff einschließlich des vorderen CWL-Bereichs findet sich eine beachtliche Konkavität und ein wesentlich schärferer Belauf als bei der ARIEL; das Achterschiff dagegen ist nur geringfügig schärfer und in den beiden untersten Wasserlinien weniger konkav. Die Aufkimmung ist beträchtlich steiler als bei der ARIEL, und der Boden steigt über ein weit längeres Stück gerade an bis zur enger gerundeten Kimm, worauf dann um je 0,51 m eingezogene Seiten folgen, während dieser Wert bei der ARIEL nur 0,38 m je Seite betrug. Zwar war die Raumtiefe bei beiden Schiffen ähnlich, doch war die TITANIA nach den Registerabmessungen 0,64 m breiter und 0,79 m länger.

Die TITANIA lief am 26. November 1866 vom Stapel. Alle Unterlagen deuten darauf, daß sie und die ARIEL die gleiche Deckseinrichtung besaßen. So wurde hier lediglich der Decksplan der ARIEL abgebildet, um nicht für die nur geringfügig größeren Abmessungen der TITANIA einen neuen ähnlichen Plan zeichnen zu müssen. Der Besichtigungsbericht von Lloyd's Register für die TITANIA enthält die gleiche Wendung wie der für die ARIEL: „... ist als Vollschiff getakelt und besitzt ein Glattdeck mit vorn einem kleinen Deckshaus für Kombüse etc. ...“. Bei dem Bericht befindet sich ein Längsriß, der das Glattdeck dadurch bestätigt, daß er eine Wasserpforte 7 m hinter dem Kreuzmast zeigt, was bei einem erhöhten Quarterdeck unmöglich gewesen wäre. Ein, wie man annimmt, von dem Marinemaler William Clark 1867 gemaltes Bild der TITANIA bestätigt dies ebenso wie ein von W. B. Spencer stammendes Gemälde der ARIEL.[24]

Auf dem Decksplan für die ARIEL und die TITANIA findet sich ein kleines Ankerdeck, von wo Anker und Gangspill bedient wurden. Die Ankerwinde arbeitete nach dem Brown & Harfield-Patent. Das kleine Deckshaus kann man hinter dem Fockmast erkennen. Die ARIEL besaß ein in Bootsklampen an Deck stehendes Großboot, das bei der nur über „drei Rettungsboote“ verfügenden TITANIA fehlte. Bei der ARIEL standen die beiden anderen Boote an Deck, Bootsgalgen waren nicht vorhanden. Niedergangskappe und Salon-Skylight unterschieden sich nicht von denen anderer Schiffe. Ganz achtern befand sich ein kurzes erhöhtes Deck, auf dem der Rudergänger stand; es war dem der ORANGE GROVE recht ähnlich und einer der wenigen Plätze, wo der Kapitän vielleicht trockene Füße behalten konnte. In späteren Jahren erhielt jedes der beiden Schiffe zwei große Deckshäuser für Wohnräume, wodurch sich unter Deck die Ladekapazität vergrößern ließ.

Anfänglich hatte die TITANIA nur die Klasse 14 A1 erhalten. Im Dezember 1867 beantragten ihre Eigner bei Lloyd's Register eine Überprüfung und die Erteilung der Klasse 16 A1, da damals Kompositschiffe höher eingestuft wurden. Die stählernen Untermasten der TITANIA waren aus 3,05 m langen in Preußen hergestellten Platten gebaut; Robert Steele & Co. besaßen kein vom Hersteller stammendes Prüfungszertifikat über die Zugfestigkeit des Materials. Ein in Greenock durchgeführter Test er-

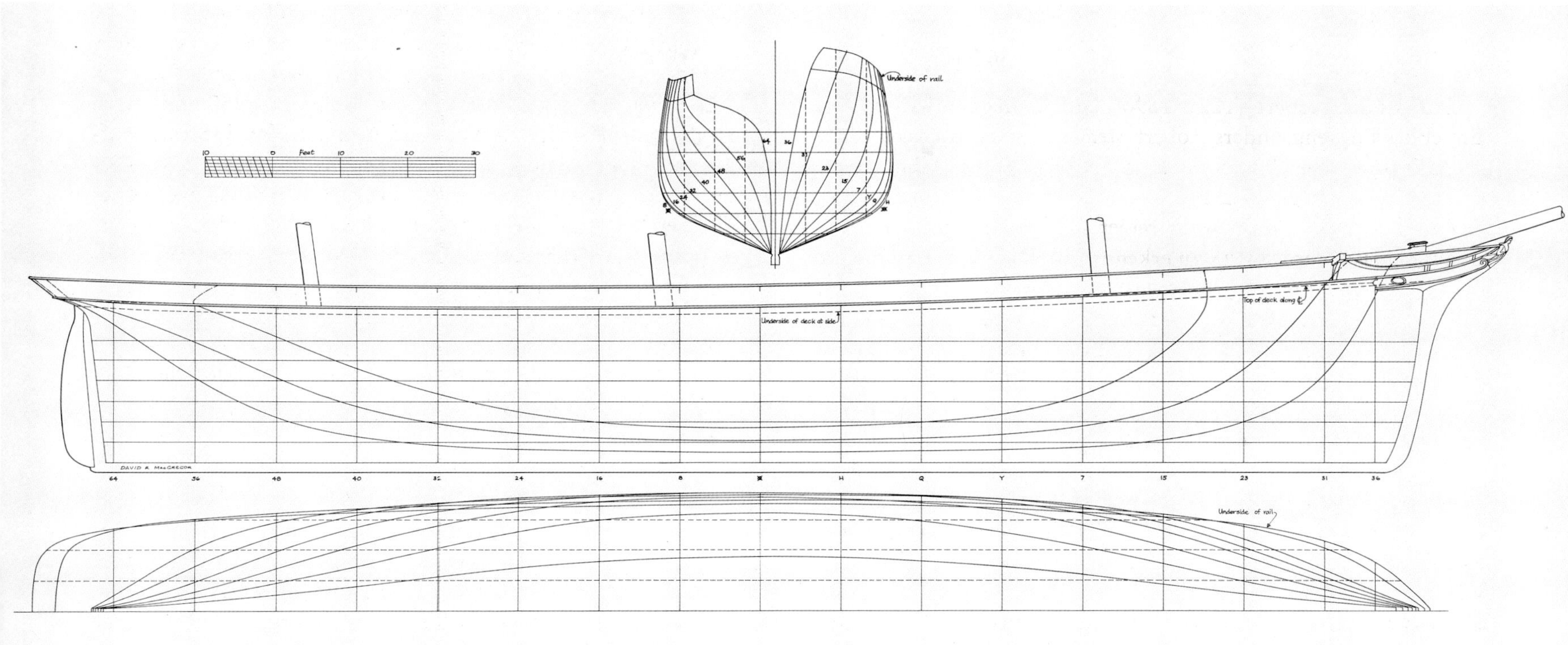

250 TITANIA (Linienriß); 1866 bei Robert Steele & Co. in Greenock als Kompositschiff gebaut. Zeichnung nach den Aufmaßen des Werfthalbmodells im Londoner Science Museum. – Registerabmessungen: 60,96 m × 10,97 m × 6,40 m; 879 RT. – Rekonstruktion: Mastpositionen; Bugspriet; Galionsfigur und Galionsbretter.

251 ARIEL (Decksplan und Längsschnitt des Überwasserschiffs); es wird angenommen, daß diese Zeichnungen in gleicher Weise auch für die TITANIA gelten, wobei allerdings die geringfügigen Unterschiede in den Abmessungen der beiden Schiffe zu berücksichtigen sind. Die ARIEL entstand 1865 als Kompositbau bei Robert Steele & Co. in Greenock. – Völlige Rekonstruktion. – Registerabmessungen: 60,17 m × 10,33 m × 6,40 m; 852,87 NRT. – Quellen für die Rekonstruktion: Linienriß; Längsschnitt und Decksplan der SIR LANCELOT für die Anordnung der meisten Teile der Ausrüstung (außer Steuerrad, kleinem erhöhten Deck achtern, Davits, Ankerwinde, Vorluke und Kranbalken); Besichtigungsbericht von Lloyd's Register; in Basil Lubbocks *The China Clippers* abgedruckter Extrakt aus dem Logbuch des Schiffes; Gemälde der ARIEL; zeitgenössische Illustrationen und Pläne.

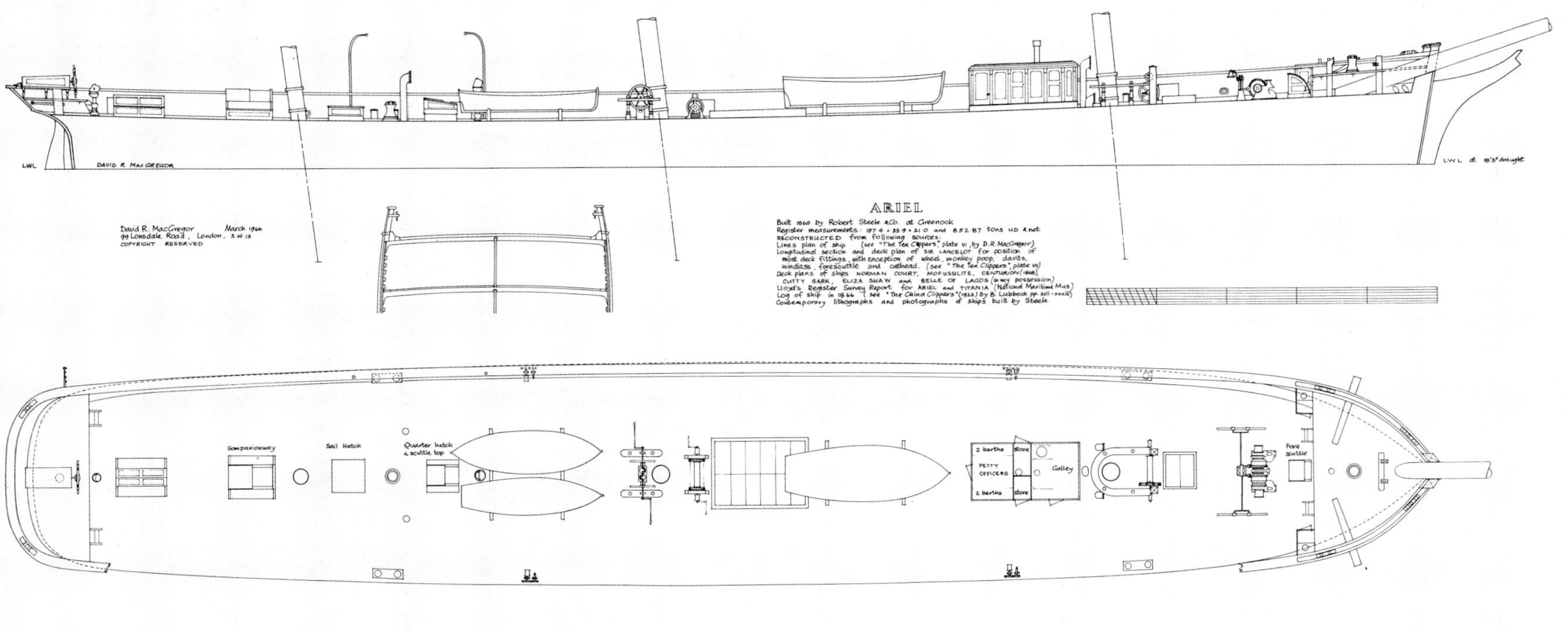

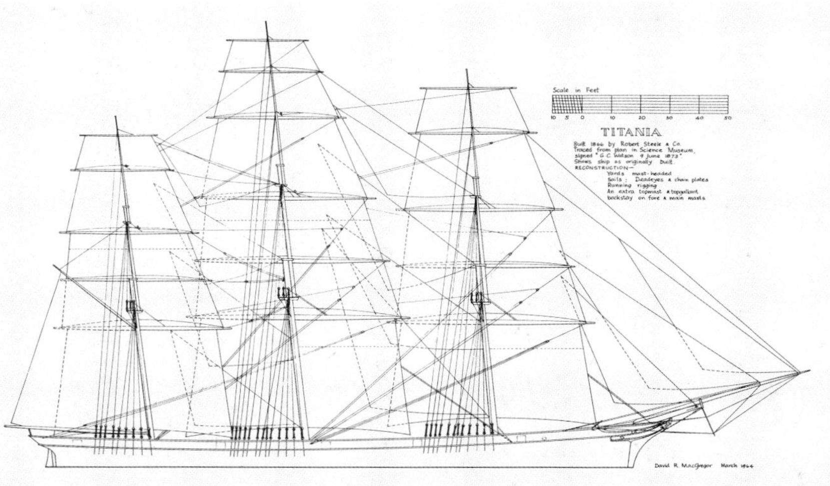

252 TITANIA (Segelriß); nach einem im Londoner Science Museum befindlichen skizzenhaften Takelriß gezeichnet, der mit „G. C. Watson 9. Juni 1873“ signiert und datiert wurde. – Rekonstruktion: Rahen vorgeheißt; Segelumrisse; laufendes Gut; je eine zusätzliche Stenge- und Brampardun an Fock- und Großmast; Rüsteisen, Jungfern und Taljereeps.

253 Dieses Aquarell bestätigt durch die in Scharnieren hängenden und beim Überliegen des Schiffes leicht geöffneten Klappen der Wasserpforten, daß die TITANIA ein Glattdeck besaß. In voll beladenem Zustand hatten diese Klipper nur geringen Freibord und nahmen eine Menge Wasser über. Die Großskysegelrah ist an Deck genommen worden.

gab den Wert von 31,36 kg/mm^2. Die Plattendicke von 8 mm lag unter der normalerweise für Masten ohne Innenversteifung verwendeten Stärke, was als eine der Ursachen für die Entmastung der TITANIA auf ihrer Jungfernreise angegeben wurde.[25]

Der Segelriß der TITANIA basiert auf der Kopie eines im Londoner Science Museum aufgefundenen Plans der Spieren und des stehenden Gutes, der mit „G. C. Watson 9. Juni 1873“ signiert und datiert wurde. Das ließe den Schluß zu, daß der später recht bekannte Yacht-Konstrukteur den Werftplan während seiner Ausbildungszeit durchpauste. Die Zeichnung stellt mit Sicherheit das Schiff so, wie es gebaut wurde, dar und nicht mit der später reduzierten Takelung. Rekonstruiert wurden die an den Rahen und Stagen gesetzten Segel, die in dem Plan fehlen, sowie das laufende Gut, die Jungfern mit ihren Taljereeps und je eine zusätzliche Stenge- und Brampardun an Fock- und Großmast. Leesegel sind zwar nicht abgebildet, sie dürften aber zweifellos ebenso wie auf der MAITLAND gefahren worden sein. Die Untermasten waren sehr hoch, eine Eigentümlichkeit der Schiffe von Steele. Das Bugspriet ragte ein gutes Stück über den Steven hinaus; ein gesonderter Außenklüverbaum wurde nicht gefahren. Anstelle von Binnenklüver und Klüver wurde ein großer fester Klüver gesetzt. Eine in *The Log of the „CUTTY SARK“* veröffentlichte Liste mit den Spierenabmessungen der TITANIA stimmt mit diesem Plan recht gut überein.[26]

BERNARD WAYMOUTH UND DIE *THERMOPYLAE*

Mit einer wichtigen Ausnahme sind nun Beispiele von Entwürfen sämtlicher führender Werften und Konstrukteure, die sich auf den Bau schneller Segelschiffe spezialisiert hatten, vorgestellt worden. Der Bericht wäre aber unvollständig, wenn hier Bernard Waymouth (1824–1890) und die von ihm entworfenen Schiffe unerwähnt blieben: die LEANDER (1867), die THERMOPYLAE (1868), die SHAMROCK (1872), die MELBOURNE (1875) und die SALAMIS (1875). Die LEANDER war in Glasgow bei J. G. Lawrie und die THERMOPYLAE in Aberdeen bei Walter Hood & Co. gebaut worden. Die SHAMROCK war eine in Deptford, London, bei Walker für Sir Edward Sullivan gebaute Schoner-Yacht von 119 tons (unter Deck) und 298 tons (Themse-Vermessung). Die später in MACQUARIE umbenannte MELBOURNE wurde von R. & H. Green in Blackwall, London, für eigene Rechnung gebaut, um in der Australienfahrt als Passagierschiff verwendet zu werden; sie soll eine ausgezeichnete Kombination von Klipper und Frachtschiff gewesen sein. Die SALAMIS war ein später Versuch einer Tee-Klipper-Konstruktion; sie wurde von der gleichen Werft wie die THERMOPYLAE gebaut. Weitere Namen von Waymouth entworfener Schiffe konnten bislang nicht ermittelt werden.[27]

Über Ausbildung und Werdegang des Schiffbauingenieurs Bernard Waymouth ist nur wenig bekannt. Im Jahre 1854 erhielt er bei Lloyd's Register eine Stelle als „Assistant Surveyor" in London und wurde vier Jahre später „Senior Surveyor". In den sechziger Jahren galt er als Autorität auf dem Gebiet der Kompositbauweise; in dieser Eigenschaft überwachte er 1865/66 auf Walkers Werft in Rotherhithe, London, den Bau des Komposit-Vollschiffs SHUN LEE. Im Jahre 1871 wurde er zum „Principal Surveyor" befördert und zwei Jahre später zum „Secretary" ernannt. Diesen Posten behielt er bis zu seinem Tode im Jahre 1890.[28]

Es bleibt ein Rätsel, wie ihm gleich beim ersten Anlauf eine so hervorragend entwickelte Konstruktion wie die der LEANDER gelingen konnte. Ein charakteristisches Merkmal seiner Klipper-Entwürfe war die Hauptspantform, die in der Tat ihre Abstammung von dem englischen Kutterrumpf, der schon bei der Konstruktion so manches schnellen Schiffes Pate gestanden hatte, nicht leugnen konnte. Das gleiche trifft auch für das gepanzerte HMS WARRIOR zu, dessen große Länge und feine Linien ihm „hohe Geschwindigkeit, besonders eine hohe Geschwindigkeit bei Gegensee und hohem Seegang" ermöglichen sollten,[29] Eigenschaften, die auch die THERMOPYLAE auszeichneten.

Hier die Abmessungen der drei von Waymouth konstruierten Klipper-Vollschiffe:

		Registerabmessungen [in m]	tons (unter Deck)	NRT	Völligkgrd. Unterdeckstonnage
LEANDER	Komp.	65,68 x 10,73 x 6,31	848	883	0,54
THERMOPYLAE	Komp.	64,62 x 10,97 x 6,37	927	947	0,58
SALAMIS	Eisen	67,54 x 10,97 x 6,61	1021	1079	

Bis einschließlich 1874 im Fall der LEANDER – und bei der THERMOPYLAE sogar noch zwei Jahre länger – betrug die jährlich in den Registerbüchern von Lloyd's Register of Shipping aufgeführte Länge für beide Schiffe 64,01 m; dies war wahrscheinlich die Vermessungslänge. Die in Abbildung 161 am Ende von Kapitel V wiedergegebene Skizze verdeutlicht die Zusammenhänge.

Wenn auch die im National Maritime Museum in Grennwich befindlichen, im Maßstab 1 : 48 gezeichneten Pläne der LEANDER und der THERMOPYLAE beide wahrscheinlich von Bernard Waymouth selbst stammen, dürften die hier wiedergegebenen Risse, da sie nach der von den Erbauern stammenden Aufmaßtabelle angefertigt wurden, alle bisherigen Darstellungen des Schiffes an Genauigkeit noch übertreffen. Diese Aufmaße wurden von dem Aberdeener Schiffbauingenieur James R. Melville (1885–1957) aus Walter Hoods Aufmaßbuch abgeschrieben, als er um die Jahrhundertwende bei Hall, Russell & Co. sein Praktikum als Zeichner absolvierte. Er hatte stets ein großes Interesse an der Segelschiffszeit bekundet und erlaubte James Henderson eine Abschrift der Aufmaße anzufertigen und seinen Längsschnitt der THERMOPYLAE abzupausen. Nach dem von Melville zur Verfügung gestellten Material hat James Henderson dann einen schönen Linienriß gezeichnet, der hier mit seiner freundlichen Erlaubnis erscheint.

Dieser Plan (Abbildung 255) zeigt, daß die THERMOPYLAE ein

254 Eine Szene auf der Poop der MACQUARIE. Obwohl eine hohe See steht und die Untermarssegel gesetzt sind, sitzen die Passagiere an Deck in der Sonne. Das Schiff wurde 1875 als MELBOURNE gebaut.

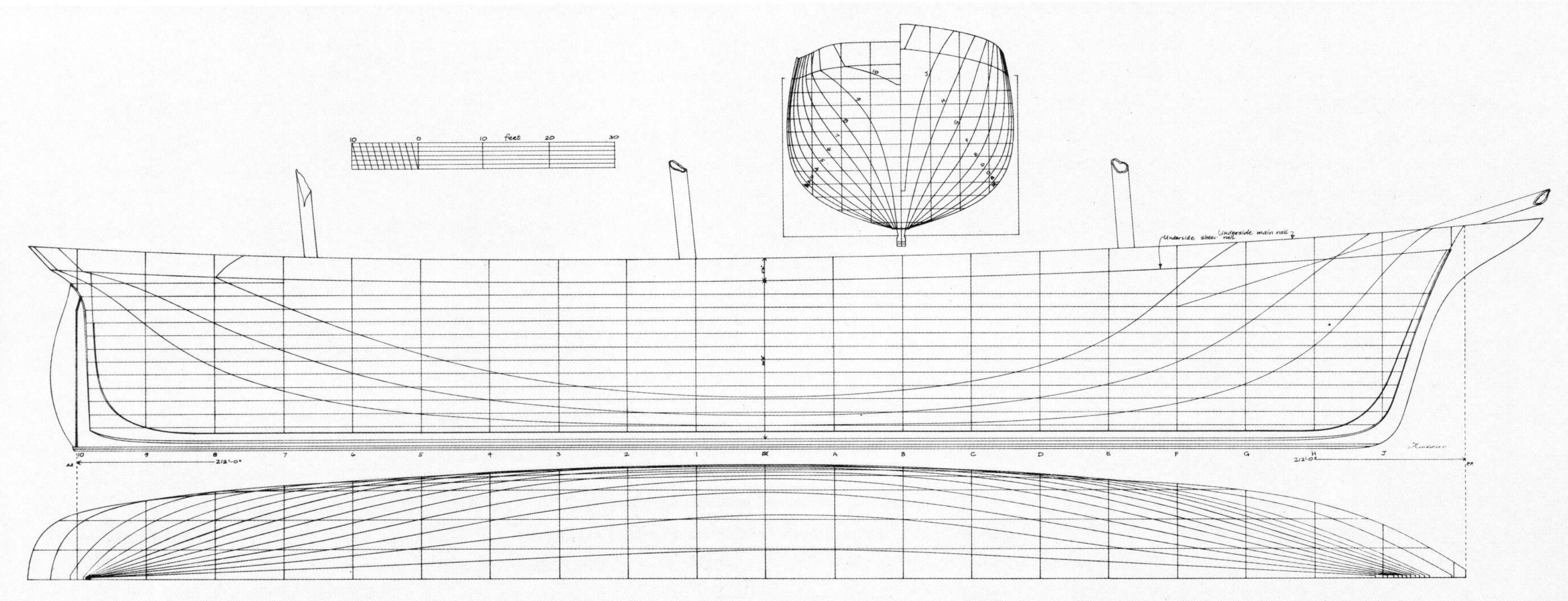

255 THERMOPYLAE (Linienriß); 1868 als Kompositschiff nach einem Entwurf von Bernard Waymouth, London, bei Walter Hood & Co. in Aberdeen gebaut. Von James Henderson nach der ihm von James R. Melville überlassenen Aufmaßtabelle der Werft gezeichnet. Registerabmessungen: 64,62 m × 10,97 m × 6,37 m; 947 NRT. – Rekonstruktion: Mastpositionen nach dem Segelriß.

256 THERMOPYLAE (Decksplan und Längsschnitt des Überwasserschiffs); mit Hilfe von James Henderson vollständig rekonstruiert. Quellen: Hauptspantschnitt aus dem in den Archiven von Lloyd's Register befindlichen Besichtigungsbericht; Decksausrüstung vorwiegend nach dem von Cyril Hume gebauten Modell des Schiffes aus dem Museum of Applied Science in Melbourne und nach Photographien des Fahrzeugs; Abstände der Decksbalken in Bernard Waymouths Zeichnung im National Maritime Museum, Greenwich, dienten zur Ortsbestimmung für die Aufbauten, die hauptsächlichsten Ausrüstungsteile, die Back, das erhöhte Quarterdeck etc.

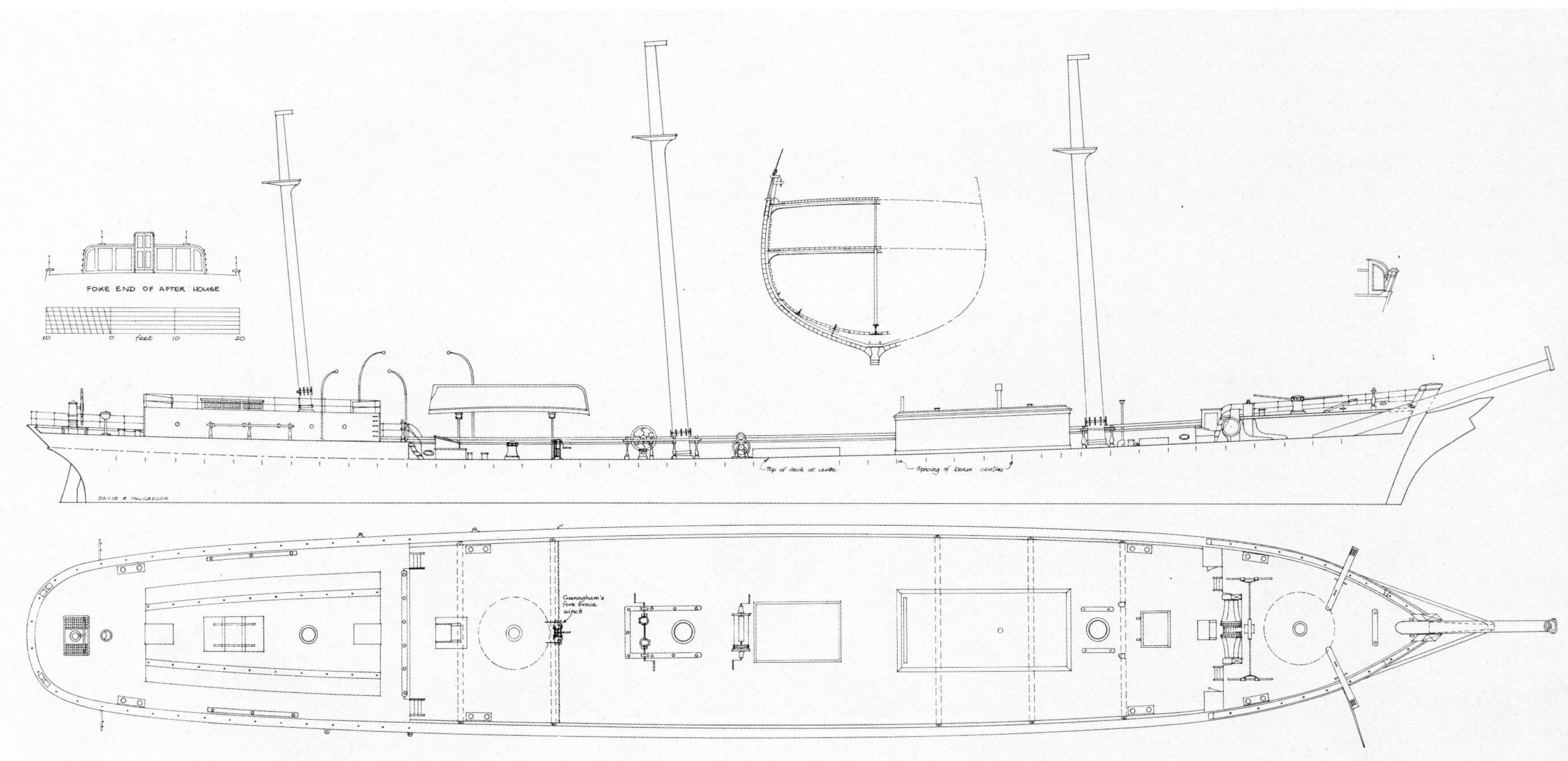

257 THERMOPYLAE (Segelriß); nach einem in den Archiven von Lloyd's Register gefundenen und von Bernard Waymouth stammenden Plan gezeichnet. Rekonstruktion (basierend auf Cyril Humes Modell, Photographien des Schiffs und Bildern anderer von Walter Hood & Co. gebauter Fahrzeuge): laufendes Gut; Leesegel mit ihren Rahen und Spieren; Galionsfigur; Rüsteisen, Jungfern und Taljereeps; Wasserpforten.

extremer Klipper mit sehr scharfen Enden war. Da er streng auf Spanten gezeichnet wurde, enden die Spantlinien des Spantrisses unten bei der 0,76 m breiten Kielplatte. Ein Blick auf den Hauptspantschnitt in Abbildung 256 dürfte dies verständlich machen. Außen ist der Kielgang konkav, und es ist dann fast durchgehend ein gekrümmter aber steiler Bodenanstieg bis zur weit gerundeten Kimm festzustellen mit darüber um je 0,51 m eingezogenen Seiten. Das beste Etmal der THERMOPYLAE wurde von Basil Lubbock mit 348 sm angegeben, was bei einer mittleren Geschwindigkeit von 15 kn bedeutet, daß sie hierbei zeitweise auf mindestens 16 kn kam.[30] Bei einem Tiefgang von 5,94 m betrug die Länge in der CWL 207 Fuß (= 63,09 m), was einen relativen Geschwindigkeitskoeffizienten von 1,11 bei 16 kn oder von 1,18 bei 17 kn ergibt.

An den Daten des über sie für Lloyd's Register abgefaßten Besichtigungsberichtes kann man das Maß, in dem der Neubau auf Hoods Werft voranschritt, ablesen. Der Kiel wurde spätestens am 16. September 1867 gestreckt; die Spanten, Decksbalken, Stringer und die Längsbänder der Decksbalken waren bis zum 15. November an Ort und Stelle; und am 26. Juni 1868 war die Außenhautbeplankung vollendet, allerdings war mit dem Kalfatern oder Zementieren noch nicht begonnen worden, so daß man die Bolzen und Verschraubungen noch überprüfen konnte. Vier Wochen später war der Rumpf dann auch kalfatert und fertig für den Stapellauf, der am 19. August stattfand. Bis zum 17. September war der Bau des ausgerüsteten Schiffes zum Abschluß gekommen. Das Baumaterial erfüllte die Bedingungen für eine Lloyd's-Klassifikation auf vierzehn Jahre. Durch Verbolzung der Außenhaut mit Muntzmetall- und verzinkten Eisenbolzen kamen noch zwei Jahre hinzu. Ein weiteres Jahr wurde durch den Bau unter einem wasserdichten Schutzdach erzielt, so daß das Schiff schließlich die Klasse 17 A1 erhielt. Die Planken der Decks bestanden aus Yellowpine und die der Wegerung aus Teak.

Zur Rekonstruktion der Deckseinrichtung wurden die Mittellinien der Decksbalken aus dem im National Maritime Museum, Greenwich, befindlichen Linienriß des Klippers entnommen. Diese 42 Decksbalken sind auf dem Plan in Abbildung 256 markiert, wo auch deren kürzere Abstände hinter dem Fockmast erkennbar sind. Die Mastabstände stimmen mit dem Segelriß von Bernard Waymouth überein. Nachdem dies geklärt war, konnten die Positionen von Deckshaus, erhöhtem Quarterdeck, Pallpfosten und Luken mit Hilfe der Decksbalkenzentren bestimmt werden.

Die Decksausrüstung der THERMOPYLAE glich zum großen Teil dem, was auch auf anderen Schiffen zu sehen war, dennoch sind einige Einzelheiten es wert, hervorgehoben zu werden, wie etwa die Verwendung von drei Bootsgalgen vorn oder die verzierte Halterung am achteren Ende auf dem Dach des Deckshauses, die zur Sicherung der dort gelagerten Reservespieren diente. Im Besichtigungsbericht ist kein Großboot aufgeführt, dafür werden aber „vier andere" erwähnt, von denen zwei auf dem Deckshaus und zwei auf den achteren Bootsgalgen gestanden haben dürften. Bemerkenswert ist, daß das Steuerbordpaar der Davits kleiner war und enger beieinander stand als das Backbordpaar;

258 Eine Heckansicht der THERMOPYLAE, die deren elegante Gillung und den feinen Belauf des Achterschiffs zeigt. Etwa 1895 in Bullin's Way, Esquimalt, British Columbia, aufgenommen, als das Schiff unter kanadischer Flagge als Bark fuhr.

beide Paare waren außenbords am Schanzkleid angebracht und reichten unten bis zum Schergang.

Um nicht wertvollen Laderaum zu verschenken, wurden die achteren Wohnräume in einem sogenannten „Aberdeen-Haus" untergebracht, das auf dem Hauptdeck stand und an allen vier Seiten von einem um 0,76 m erhöhten Quarterdeck umgeben war. Das ergibt im Haus eine lichte Höhe von etwa 2 m, und der Raum unter dem erhöhten Quarterdeck wurde zweifellos vorteilhaft ausgenutzt. Ein früheres Beispiel für diese Einrichtung war die VISION (Abbildung 188). Die Rudereinrichtung wurde wie bei der NORMAN COURT und anderen Schiffen durch das an einer Steuersäule befindliche Rad betätigt. Die Galionsfigur stellte einen griechischen Krieger dar, dessen rechter Arm mit dem nach unten gerichteten Schwert in der Hand dicht am Körper herunterhing, während die Linke einen Schild emporhielt. Die ursprünglich gefahrenen Anker waren vom Typ Trotman & Rodgers.

Auch die THERMOPYLAE besaß wie die MAITLAND – allerdings nur für die Fockrah – eine Cunningham-Brassenwinde, die hinter den Pumpen stand. Die Ketten der Brassenläufer fuhren von der Winde über Deck und über je eine Scheibe im Schanzkleid nach

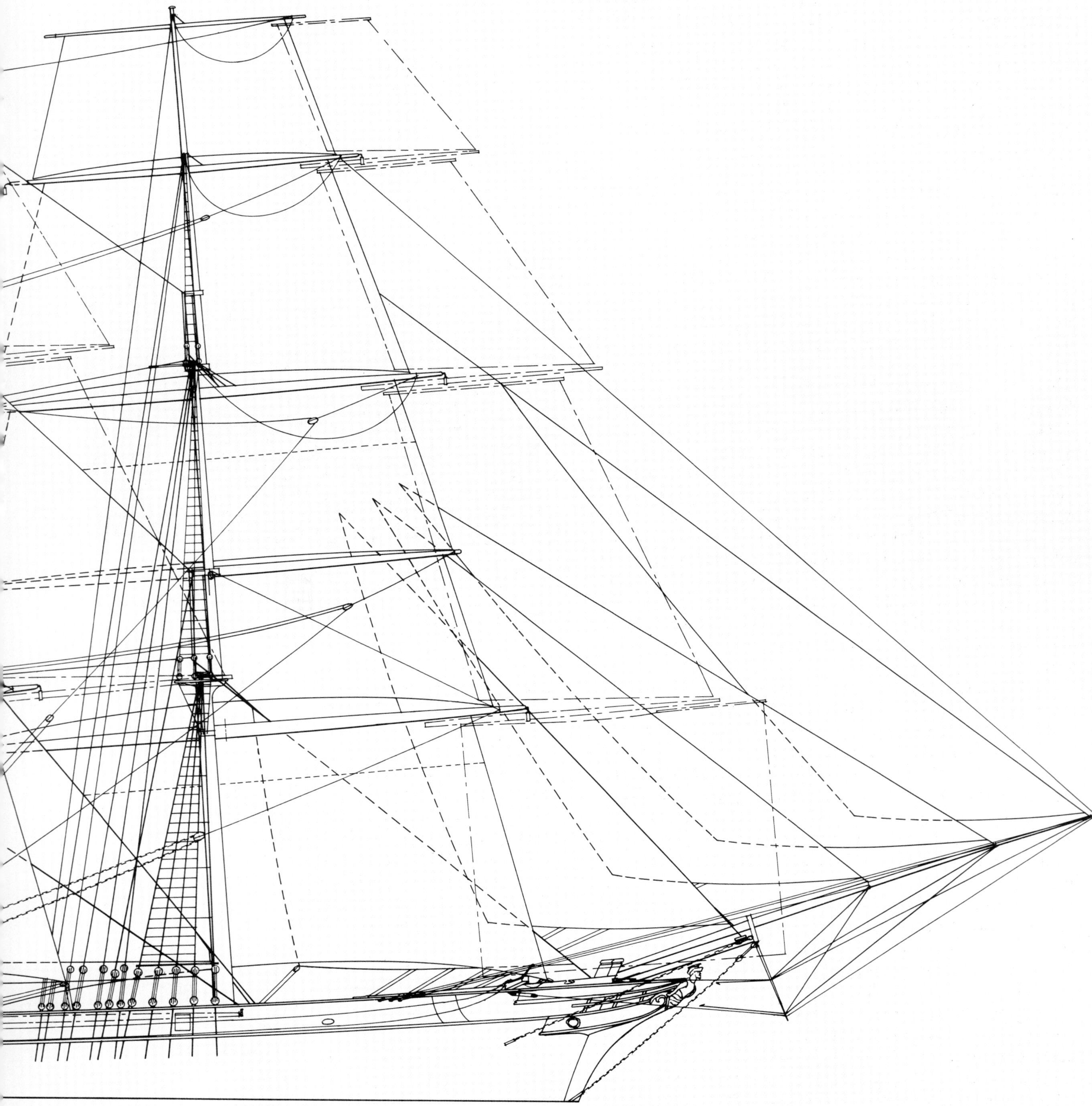

259 Das hölzerne Vollschiff CHRISTIANA THOMPSON wurde 1866 bei Walter Hood & Co. gebaut und besaß für das Großbramsegel eine Colling & Pinkney-Rollreffeinrichtung. Die zwei Jahre später gebaute THERMOPYLAE ähnelt ihr etwas im Aussehen.

außenbords. Ein anderes damit ausgerüstetes Schiff von Thompson war die 1866 gebaute und der THERMOPYLAE im Aussehen sehr ähnliche CHRISTIANA THOMPSON.

Im Jahre 1869 schrieb eine Melbourner Zeitung folgendes über die THERMOPYLAE:

„Die THERMOPYLAE wurde nach dem etwas abgeänderten und verbesserten Baumuster der LEANDER gebaut ... Um das Quarterdeck läuft eine leichte eiserne Reling und gibt diesem Teil ihrer Form einen gefälligen Abschluß, zumal sie auf einer, wie man es nennen könnte, blankpolierten Messingleiste ruht ... Der Vor- und der Großuntermast und die beiden Unterrahen sind aus Eisen, während für die Takelung des Großmastes [auch] verzinkter Draht verwendet wurde. Sie besitzt doppelte Marsrahen, Pinkneys Großbramsegel und Royals. Sie fährt zwei Klüver an einem [Klüver-]Baum und einen Außenklüver.

Cunninghams Patentbrassmaschine wird zum Brassen der Fockrah benutzt. Sie [die THERMOPYLAE] besitzt zwei 15,24 m lange Unterleesegelspieren, und ihre Unterleesegel bestehen aus 22 Bahnen [Segeltuch] am Oberliek ... Sie fährt 100 tons Roheisenballast unter der Wegerung ... An Bord fahren 22 Vollmatrosen, die zusammen mit Offizieren und Jungmännern eine Crew von 35 Mann bilden."[31]

Zum Segelriß ist zu bemerken, daß er nach dem von Bernard Waymouth stammenden und bei Lloyd's Register of Shipping aufgefundenen Segelriß gezeichnet wurde. Mit freundlicher Genehmigung jener Gesellschaft wird diese Zeichnung hier erstmalig veröffentlicht. Waymouths Plan wurde mit Tusche auf undurchsichtige Zeichenleinwand in dem für einen Segelriß ungewöhnlich großen Maßstab von 1 : 64 gezeichnet. Er zeigt das gesamte Rumpfprofil mit eingetragener CWL, eine weibliche Galionsfigur, Spieren, stehendes Gut und die Umrisse sämtlicher Segel mit Ausnahme der Leesegel. Dazu enthält er noch eine Liste mit den Spierenabmessungen und den folgenden abschließenden Bemerkungen: „Großbram- und Kreuzmarssegel Colling & Pinkneys Patent-Roller". Auf dem Segelriß ist nur ein ungeteiltes Kreuzmarssegel, wie es die LEANDER fuhr, eingezeichnet, aber mit roter Tusche wurde noch eine Untermarsrah hinzugefügt und auch deren Länge danebengeschrieben. Nach Photographien zu urteilen, ist die Steigung des Bugspriets auf der Zeichnung steiler als beim tatsächlich gebauten Schiff. Der Sprung des Rumpfes ist auf dem Segelriß identisch mit dem des Linienrisses, der nur bei den Bug- und Heckprofilen geringfügige Unterschiede aufweist.

Dadurch, daß es möglich war, den Segelriß der THERMOPYLAE auszuwerten, steht hier nun zum allerersten Mal ein authentischer Satz von Rissen dieses berühmten Schiffes zur Verfügung, was wohl als ein einmaliges Ereignis bezeichnet werden darf. Zu diesem Segelriß wäre zu bemerken, daß die Längen der Unter- und der Marsrahen des Fock- und des Großmastes einander jeweils gleichen, während weiter oben die Rahen des Großmastes länger sind. Das Großbramsegel und das Royal darüber sind riesige Segel von großer Tiefe, wie auch die Stagsegel zwischen den Masten und die Vorsegel sehr groß bemessen sind. Toppardunen vom Untereselshaupt waren bei China-Klippern eine Seltenheit. Die Ähnlichkeit zwischen dem von Admiral Pâris veröffentlichten Segelriß der LEANDER und dem der THERMOPYLAE ist beachtlich.[32]

Die von der Melbourner Zeitung gemachten Angaben zu den Unterleesegeln bildeten die Grundlage für die Rekonstruktion

DAVID R. MACGREGOR
10
0
10 Feet
20
30
40
50

dieser im Plan strichpunktiert gezeichneten Segel. Auf einer in Futschou aufgenommenen Photographie des Schiffes ist zu erkennen, daß alle Leesegelspieren unter den Rahen gefahren wurden, also auch bei Ober-, Bram- und Royalleesegeln.

Die folgende Tabelle vergleicht die Länge der Unter- und der Royalrahen von sechs China-Klippern, von denen vier hier mit ihren Segelrissen vertreten sind.

VERGLEICH DER RAHLÄNGEN VON SECHS KLIPPERN[33]

	Länge in der CWL	Fockrah	Vorroyalrah	Großrah	Großroyalrah
MAITLAND	54,56 m	22,25 m	11,28 m	22,25 m	11,28 m
TITANIA	60,05 m	21,64 m	10,21 m	23,32 m	10,97 m
SPINDRIFT	65,99 m	23,16 m	10,06 m	25,60 m	10,36 m
THERMOPYLAE	63,09 m	24,69 m	10,67 m	24,69 m	11,28 m
CUTTY SARK	64,31 m	23,77 m	11,58 m	23,77 m	11,58 m
THE CALIPH	63,40 m	24,38 m	10,67 m	25,91 m	11,58 m

Diese Zahlen illustrieren, wie breit die MAITLAND und die CUTTY SARK auch oben noch waren und wie stark sich bei der SPINDRIFT die Rahlängen nach oben zu verjüngen.

Der Schiffbauingenieur W. H. White vergleicht in der hier abgedruckten Tafel die Hauptsegelfläche der THERMOPYLAE mit derjenigen der schnellen Fregatte HMS PIQUE:

	THERMOPYLAE	HMS PIQUE
Länge	64,01 m	49,38 m
Breite	10,97 m	14,71 m
Deplacement	1979 tons	1912 tons
Hauptsegelfläche	17520 Quadratfuß	19086 Quadratfuß
$\frac{\text{Hauptsegelfläche}}{(\text{Deplacement})^{2/3}}$	110	124

Die Angaben für die THERMOPYLAE stammen von Bernard Waymouth.

„Das Segelareal der THERMOPYLAE“, so kommentierte W. H. White, „ist daher kleiner proportioniert als bei der PIQUE, doch ihre größere Länge und Feinheit der Form bewirkten wahrscheinlich eine beträchtliche Verringerung des Widerstandes und verleihen der THERMOPYLAE eine größere Reisegeschwindigkeit als sie die Segelfregatte besaß.“[34]

Die Leistungsfähigkeit der THERMOPYLAE als Segler wurde ausgiebig demonstriert, als sie bei ihrer Jungfernreise auf sämtlichen Abschnitten ihres Tracks die Rekorde brach und damit zu einem der berühmtesten Klipper wurde. Auf der Ausreise nach Melbourne benötigte sie 1868/69 nur 60 Tage vom Passieren von Lizard Point bis zum Insichtkommen von Kap Otway. Von Newcastle, Neusüdwales, segelte sie mit einer Ladung Kohlen in 28 Tagen nach Shanghai. Auf der Heimreise mit Tee von Futschou sichtete sie nach 89 Tagen am 30. September Lizard Point und machte 2 Tage später in London fest. Zum Leidwesen ihres Kapitäns unterbot nur zwei Wochen später die SIR LANCELOT diese hervorragende Zeit um 2 Tage. – Ihre Ausreisen machte die THERMOPYLAE gewöhnlich nach Australien, wobei das Mittel aus ihren ersten 10 Reisen 69 Tage von Lizard Point nach Melbourne betrug, während ihre 11 Teereisen im Durchschnitt 106,5 Tage beanspruchten.[35] Auf der Heimreise von Shanghai wurden in 7 Tagen vom 14. bis zum 20. November 1873 im Indischen Ozean bei starkem Südostpassat 2085 sm zurückgelegt, was einem Tagesdurchschnitt von 297 sm entspricht.[36]

J. Edward McGill, Offiziersaspirant an Bord des eisernen Vollschiffes RIALTO (1869; 1166 tons), machte auf einer Reise von Akyab nach Queenstown am 30. September 1872 folgenden Eintrag in sein Logbuch:

„Am Sonnabend überholte uns ein Schiff namens THERMOPOLIE [sic!], das uns mit an beiden Seiten gesetzten Royalleesegeln passierte und auf der Heimreise nach London war, 98 Tage von Shanghai. Sie ist berühmt für ihre Segeleigenschaften. Ich vermute, sie ist ein Tee-Klipper.“[37]

Es wehte eine beständige Brise aus Nordwest, und am folgenden Tag stand die RIALTO auf 33.37 N; am 20. Oktober nahm sie 70 sm vor der irischen Küste einen Lotsen an Bord, während die THERMOPYLAE bereits am 11. Oktober in London festgemacht hatte.

Im Jahre 1887 wurden Fock- und Großuntermast um je 1,52 m gekürzt, und drei Jahre später verkaufte George Thompson sie an William Ross in Quebec. 1892 wurde sie zur Bark umgetakelt und gleichzeitig die Vor- und die Großmarsstenge jeweils um 0,61 m gekürzt.[38] Sieben Jahre danach wurde sie von ihrem zweiten kanadischen Eigner an die Portugiesen verkauft, die sie als Schulschiff verwendeten und schließlich im Jahre 1907 mit seemännischen Ehren durch einen Torpedo versenkten.

EINIGE KLIPPER VON ALEXANDER HALL & SONS

So, wie bei dieser Firma in den fünfziger Jahren die SCHOMBERG als das größte hölzerne Handelssegelschiff, das jemals in Großbritannien gebaut wurde, entstanden war, baute man dort jezt in den sechziger Jahren das größte Kompositsegelschiff der Welt, die SOBRAON. Sie war von Gellatly, Hankey & Sewell in Auftrag gegeben worden, und ihre Gesamtkosten beliefen sich auf £ 43 965.3.4. Als der Kiel gestreckt wurde, war für sie noch eine Hilfsdampfmaschine vorgesehen, doch dieser Plan wurde von den Eignern wieder aufgegeben und die Stevenöffnung für die Schraube geschlossen, was ihrer feinen Achterschiffsform zugute kam. Ihre Registerabmessungen betrugen 82,91 m x 12,19 m x 8,23 m bei 2089 tons (unter Deck) und 2131 NRT. Sie hatte drei Decks, und die Zwischendecks waren ausschließlich zur Unterbringung von 250 Passagieren bestimmt. Während der gesamten fünfundzwanzig Jahre ihrer Karriere war sie nur in der Australienfahrt verwendet worden. Erst 1941 wurde sie abgewrackt.

Ein Ganzmodell des Schiffes im Maßstab 1:64, das J. A. Elmslie, seinem Kapitän, gehörte, zeigt ein langes, scharfes, konvexes Vor- und Achterschiff mit allerdings einer spürbaren Konkavität in Nähe des Achterstevens. Das Hauptspant weist im Gegensatz zu den anderen Klippern Halls keinen hohlen Kielgang auf, es ist eigentlich mehr eine tiefere Version der MERMERUS von Barclay, Curle & Co. – Die SOBRAON war ein feines, starkes Schiff; sie besaß eine hohe Takelung mit geteilten Marssegeln und Skysegeln an langen fierbaren Royalstengen; ihr Großbramsegel war mit einer Rollreffeinrichtung ausgerüstet. Als Passagierschiff ist sie nie hart geknüppelt worden; so lag ihr bestes Etmal auch nur bei 340 sm, obwohl Geschwindigkeiten von 16 kn keine Seltenheit waren.

Ein anderer von Halls Klippern war die HERRADURA, die 1868 für die gleichen Eigner gebaut worden war wie die im Jahr zuvor entstandene NICOYA. Beide ähnelten sich in Breite und Tiefe, jedoch war die HERRADURA 2,13 m länger, was ihre Tonnage auf 612 tons brachte. Eine Linienriß in James Hendersons Sammlung zeigt ausgewogene, konvexe Enden, ein mäßig scharfes Vorschiff, ein längeres Achterschiff und keine starke Aufkimmung. Die Profile von Bug und Heck sind denen der im folgenden Jahr vom Stapel gelaufenen THE CALIPH ähnlich. Die HERRADURA war ein Kompositbau und kostete £ 17.10 s pro ton.

Die Firma hatte 1865 eine Bark von 296 tons für die London Missionary Society zur Verwendung zwischen den Inseln des Pazifik gebaut. Es war dies das zweite Fahrzeug mit dem Namen JOHN WILLIAMS; leider ging es bereits 1867 verloren. Sein Fock- und Großuntermast waren aus Eisen und dienten zugleich der Belüftung des Laderaums, eine damals häufige Praxis.[39]

Der nach ihrem Verlust bestellte Ersatzbau ist hier abgebildet. Ein von der Missionsgesellschaft im August 1867 eingesetzter Ausschuß befand, daß ein kleineres Schiff in den gefährlichen Gewässern zwischen den Inseln besser zu handhaben sei, man war aber nicht dafür, es mit einer Dampfbarkasse oder mit einer Hilfsdampfmaschine auszurüsten. „Fahrzeug mit Hilfsschraube würde zunächst zusätzliche Ausgaben von £ 2000 und dann um £ 1000 pro Jahr erhöhte Betriebskosten bedeuten ohne Berücksichtigung des Verschleißes."[40]

Die Missionsgesellschaft beschloß, das neue Schiff bei Alexander Hall & Sons bauen zu lassen. Von den drei erhaltenen diesbezüglichen Briefen James Halls, der mit seinem Bruder William die Firma leitete, ist der letzte hier abgedruckt. Leider existieren die Antwortbriefe der Missionsgesellschaft nicht mehr.[41]

„John Kemp Welch Esqr. Aberdeen, 29. Febr. 1868

Sehr geehrter Herr,

in Übereinstimmung mit Ihrem [Schreiben] vom 25. haben wir die verschiedenen bezüglich des neuen Fahrzeugs gemachten Vorschläge nochmals durchdacht und haben uns auf die folgenden Abmessungen festgelegt, die über die vorher unterbreiteten für das kleinste Schiff um etwa bis zu 1,83 m in der Länge und 0,15 m in der Tiefe hinausgehen.

260 Tief beladen, mit eingeschlagenem Schanzkleid und von Narben gezeichnetem Rumpf liegt die THERMOPYLAE hier an der Pier in einem kanadischen Hafen. Diese Aufnahme entstand nach ihrem 1890 erfolgten Verkauf an einen Eigner in Quebec. Obwohl ihre Masten 1887 gekürzt wurden, besaß sie auch danach noch eine hohe Takelage.

Abmessungen

Kiellänge	30,48 m	280 tons B. M.
Raumtiefe	4,11 m	210 RT
Breite über alles	7,32 m	
Überhang vorn	1,83 m	
Überhang achtern	0,46 m	

Das Fahrzeug soll ein erhöhtes Quarterdeck von einer solchen Länge besitzen, wie sie für die Unterbringung der Kabinen erforderlich ist, und es soll die Einrichtung in jeder Hinsicht mindestens der der früheren JOHN WILLIAMS gleichwertig sein. Pläne des Fahrzeugs und der Inneneinrichtung müssen zur Genehmigung vorgelegt werden. Zu takeln als Dreimastschoner mit Rahen an Fock- und Großmast. Die Ausrüstung soll nach Übereinkunft zwischen dem Kapitän und uns erfolgen. Das Fahrzeug soll unter der Bauaufsicht von Lloyd's Besichtiger stehen und in deren Register die Klasse A1 für 13 Jahre erhalten. [Von anderer Hand wurde hier eingefügt ‚Beschlagen mit Muntzmetall'].
Es ist sofort anzufangen und in der ersten Juliwoche komplett abzuliefern.
Hiermit machen wir das Angebot, das besagte Fahrzeug zu bauen und alle vorgenannten Abmachungen zu erfüllen für die Summe von fünftausend Pfund, zahlbar wie folgt:
ein Viertel bei Auftragserteilung,
ein Viertel, wenn [das Schiff] ganz in den Spanten steht,
ein Viertel nach dem Stapellauf und der Rest, wenn komplett abgeliefert wurde.
In der Hoffnung, Sie mit dem Obigen zufriedenzustellen,
sind wir

Ihre gehorsamen Diener
A. Hall & Co."

261 Auf dieser Photographie ist die SOBRAON auf der Themse vor Gravesend zu sehen. An den Bramstengen werden fierbare Royalstengen gefahren und für das Großbramsegel besitzt das Schiff eine Rollreffeinrichtung. Die kurze Poop erscheint etwas deplaciert.

Die Zahlungsweise entsprach der üblichen Praxis. Die empfohlene Schonertakelung mit Rahen an Fock- und Großmast war der für Alexander Stephens METERO (1866) vorgeschlagenen ähnlich. Tatsächlich wurde das Schiff aber als Bark mit einem Großgaffelsegel getakelt. Den obengenannten Dimensionen und auch dem Preis stimmte die London Missionary Society zu. Die Abmessungen der JOHN WILLIAMS betrugen dann 32,31 m x 7,47 m x 4,11 m. Ihre Tonnage von 200 BRT ergab sich aus 183 tons (unter Deck) und 17 tons für das erhöhte Quarterdeck. Der Vorstand der Missionsgesellschaft hatte sich für den Namen SAMOA entschieden, da sich auf jener Insel die wichtigste Missionsstation der Gesellschaft befand, und auf diesen Namen wurde die Bark dann auch bei ihrem Stapellauf im August 1868 getauft. Allerdings wurde am 21. Oktober des gleichen Jahres auf einer Vorstandssitzung beschlossen, „daß der Name wie vordem JOHN WILLIAMS sein soll und nicht SAMOA". Unter diesem neuen Namen verließ sie dann London am 12. November, um nach 108 Tagen in Sydney einzutreffen.

Die in Australien stationierte JOHN WILLIAMS bewährte sich im Dienst der Mission auf ihren Kreuzfahrten zwischen den Inseln des Pazifik, bis sie im Jahre 1894 verkauft und in KASHGAR umbenannt wurde.

Die in Abbildung 266 wiedergegebenen Risse des Schiffes wurden nach einem von James Henderson angefertigten Plan gezeichnet: Der Linienriß stützt sich auf die Aufmaßtabelle der Werft, der Segelriß wurde nach den vom Erbauer stammenden Spierenabmessungen und Mastabständen rekonsturiert, während Takelung und Segelumrisse der zeitgenössischen Praxis und der in Abbildung 264 reproduzierten Photographie entsprechen. Ein Decksplan konnte nicht aufgefunden werden, allerdings könnte man ihn mit Hilfe von Photographien ungefähr rekonstruieren.

Der Linienriß der JOHN WILLIAMS zeigt einen feinlinigen Rumpf, dessen Form ähnlich bei vielen Schonern, wie etwa auch der FLING (Abbildung 230), anzutreffen war. Das Vorschiff ist lang und überwiegend konvex, während das Achterschiff wegen seiner beachtlichen Konkavität unterhalb der CWL auffällt. Auch kleine Schiffe und Barken mit feinem Belauf besaßen wie die MANSFIELD diese Rumpfform. Der merklich aufkimmende Boden steigt gerade an, die Kimm ist weit gerundet und die Seiten sind nur wenig eingezogen. Segelgeschwindigkeiten sind nicht bekannt, aber mit einem scharfen Rumpf und einer derart großen Segelfläche dürfte die Bark leicht den guten relativen Geschwindigkeitskoeffizienten von 1,25 erreicht haben, wofür sie 12,5 kn hätte laufen müssen.

Sie begann ihre Laufbahn mit Cunninghams Rollreffmarssegeln, bei denen die Leesegelspieren unter den Rahen gefahren wurden. Die Segelumrisse sind, da sie rekonstruiert wurden, gestrichelt gezeichnet. Das Großsegel besitzt die herkömmliche Form und verursacht eine beachtliche Überlappung; das Unterliek der Fock wurde kürzer als das Oberliek angenommen, damit die Halsen die Schothörner dichter zu den Kranbalken holen können. Die Längen der Leesegelspieren und -rahen wurden Angaben der Werft entnommen.

262 Eine Gruppe von Unteroffizieren an Bord der SOBRAON. Jeder hält die für seine Tätigkeit charakteristischen Werkzeuge: Der Zimmermann steht dort mit Klopfkeule und Beitel; der Bootsmann hält einen Marlspieker; rechts sitzt der Segelmacher mit einem Segelhandschuh an der rechten Hand; vorn sieht man den Schmied mit seinem Hammer. Ersterer wurde gewöhnlich mit dem Spitznamen „der Blaue" genannt, während mit „Sails" der Segelmacher gemeint war.

263 Die Galionsfigur der SOBRAON war den Löwen Duncan Dunbars ähnlich.

264 Wie der Segelriß in Abbildung 266 zeigt, fuhr die JOHN WILLIAMS III ursprünglich ungeteilte Rollreff-Marssegel. Diese Photographie muß daher einige Jahre später entstanden sein, nachdem jene durch geteilte Marssegel ersetzt wurden. Sie war ein kleines Schiff von nur 200 BRT.

THE CALIPH, der letzte extreme Klipper von Alexander Hall & Sons, wird im folgenden Abschnitt beschrieben.

Halls 1871 vom Stapel gelaufene hölzerne Brigantine JUAN DE LA VEGA besaß ebenfalls einen feinen Belauf. Allerdings war ihre Rumpfform recht verschieden von derjenigen der JOHN WILLIAMS, obwohl sie nur achtundzwanzig tons kleiner war. Ihre ausgewogenen Enden waren beide scharf, doch nicht bis zum Extrem; dabei verfügte sie über eine wesentlich steilere Aufkimmung, kleinen Kimmradius und wenig eingezogene Seiten. Die beiden Masten standen ziemlich dicht beieinander, wobei der Fockmast bereits recht weit achtern eingesetzt war.

KLIPPER DER JAHRE 1869/70

Die Eigner von Segelschiffen hatten nicht die leiseste Ahnung von den katastrophalen Folgen, welche die Eröffnung des Suezkanals für die Frachtraten und den Marktanteil ihrer Schiffe nach sich ziehen würde, sonst hätten sie niemals im Jahre 1868 so viele Neubauaufträge für extreme Klipper vergeben. So sind ausgerechnet im Jahre 1869 besonders viele China-Klipper gebaut worden, und die erhalten gebliebenen Pläne zeigen, daß die CUTTY SARK, NORMAN COURT und THE CALIPH sämtlich die extreme Klipperform besaßen. Es liefen 1869 noch viele andere Schiffe vom Stapel, die möglicherweise Klipper waren, was aber wegen des Fehlens der entsprechenden Pläne nicht genügend belegt werden kann. Basil Lubbock hat zwar neben den drei obengenannten Namen noch fünfundzwanzig weitere bekannte Schiffe als Neubauten dieses Jahres aufgeführt, es ist jedoch bei der Mehrzahl von ihnen völlig unmöglich, eine Beurteilung der Rumpfform allein nach verbalen Beschreibungen vorzunehmen.[42] Bei den von Barclay, Curle & Co. gebauten Schiffen aus Lubbocks Liste lassen die Pläne erkennen, daß die CITY OF LUCKNOW, die

265 Dieses schöne lebendige Bild zeigt eine alte Barkentine mit Spiegelheck unter vollen Segeln. Sie gehört einem Typ an, der in den frühen siebziger Jahren populär wurde. Der Name des Fahrzeugs ist unbekannt.

266 JOHN WILLIAMS, ex SAMOA; 1868 bei Alexander Hall & Sons in Aberdeen aus Holz gebaut. Nach einem kleinen von James Henderson rekonstruierten Plan gezeichnet. Abmessungen: 32,31 m × 7,47 m × 4,11 m; 200 BRT. Quellen für die Rekonstruktion: Der Linienriß stützt sich auf die Aufmaßtabelle der Werft, die Spierenabmessungen wurden der Kostenberechnung der Erbauer entnommen, die Takelung und die Segelumrisse wurden nach Bildern des Schiffes sowie der zeitgenössischen Praxis gemäß gezeichnet, und der Hauptspantschnitt stammt aus dem Besichtigungsbericht von Lloyd's Register. Als SAMOA gebaut, aber kurz vor der Jungfernreise in JOHN WILLIAMS umbenannt.

LOCH AWE, die LOCH NESS und die LOCH TAY völligere Versionen der MERMERUS und gute Halbklipper waren; die GOLDEN FLEECE dürfte allerdings in der Rumpfform mehr der MERMERUS geglichen haben, was jedoch nicht anhand eines Planes überprüft wurde. Ein Halbmodell der CITY OF HANKOW wurde, da kein Linienriß aufzufinden war, in den Büroräumen von Alexander Stephen & Sons aufgemessen; sie gehörte danach nicht der extremen Klippergattung an, sondern war lediglich ein etwas schärferer Halbklipper. Außerdem fand sich in ihrem Segelriß kein Anhaltspunkt für die zahlreichen leichten Segel, die sie gefahren haben soll.[43] Es könnte sein, daß die PATRIARCH und die THOMAS STEPHENS ebenso wie einige der kleineren Schiffe tatsächlich Klipper waren. Von der Fülle der Klipperneubauten bekam auch das Jahr 1870 noch etwas durch im Vorjahr erteilte Bauaufträge ab. Hierher gehören das Komposit-Vollschiff LOTHAIR und die eisernen Schwestern BLACKADDER und HALLOWE'EN.

Wenn man im Jahre 1870 jemanden, der sich in Schiffahrtskreisen auskannte, nach dem Namen des bekanntesten im vorangegangenen Jahr gebauten Klippers gefragt hätte, wäre die Antwort wohl erst nach einigem Überlegen gegeben worden, während heute beinahe jedermann ohne Zögern die CUTTY SARK nennen würde. Eigentlich hat sie aber das Ausmaß ihrer Berühmtheit mehr der Tatsache ihres Überlebens zu verdanken. Als China-Klipper erhob sie sich nicht über den Durchschnitt und machte keine Heimreise von China in weniger als 100 Tagen. In der Wollfahrt von Australien war sie allerdings der Spitzenreiter mit einem nicht zu überbietenden Leistungsquerschnitt. John Willis, ihr Eigner, besaß eine Reihe von in der Ostasienfahrt beschäftigten Schiffen wie die MERSE, die LAMMERMUIR und die WHITEADDER, aber die CUTTY SARK war wahrscheinlich sein erster extremer Klipper. James MacCunn schrieb 1911: „Er war ein feiner liebenswürdiger Sportsmann, der seine Hoffnungen auf dieses Schiff setzte – vergeblich.“[44]

Dennoch ist die CUTTY SARK glücklicherweise ein echter extremer Klipper, der eine ausgezeichnete Möglichkeit bietet, ein Schiff dieser seltenen Gattung im zwanzigsten Jahrhundert zu studieren, mehr als hundert Jahre nachdem es gebaut wurde. Beim Anblick dieses Klippers im Trockendock in Greenwich ist man unmittelbar beeindruckt von der großen Tiefe des Rumpfes; und wenn dann das Auge die Takelung bis hoch hinauf verfolgt, fragt man sich, wie denn ein so schmales mit derart scharfen Enden gebautes Schiff solch eine Wolke von Segeltuch hatte tragen können. Das Verhältnis der Rumpfform zu den Masten und Spieren wird durch dieses lebende Beispiel hervorragend demonstriert, und wir können uns nun leichter auch all die anderen in diesem Buch beschriebenen Klipper vorstellen. Gegen Ende der sechziger Jahre am Ausgang des zweiten Klipper-Booms entstanden, verkörpert die CUTTY SARK das Können und die Erkenntnisse, durch die so manche erfolgreichen Schiffe hervorgebracht worden sind, und die nun, so könnte man beinahe sagen, in ihr weiterleben.

Ihr Entwurf stammt von Hercules Linton, Juniorpartner in der Firma Scott & Linton in Dumbarton (Clyde), wo sie als Vollschiff mit sehr scharfen Enden, steiler Aufkimmung, hohlem Kielgang und weit gerundeter Kimm gebaut wurde. Das Resultat war ein schneller, starker Rumpf, der gut am Wind liegen konnte, aber auch bei schwerer achterlicher See noch manches Segel vertrug. Als ihre höchste Geschwindigkeit wurden 17,5 kn verzeichnet, die bei einer Länge in der CWL von 211 Fuß (64,31 m) einen relativen Geschwindigkeitskoeffizienten von 1,20 ergeben, was auf ein potentiell schnelles Fahrzeug deutet. Ihr Völligkeitsgrad der Unterdecktonnage hatte mit 0,55 den gleichen Wert wie der der HALLOWE'EN und der CREST OF THE WAVE, lag aber um 0,03 unter dem der THERMOPYLAE und überbot den der STORM CLOUD um 0,04. Die Registerabmessungen der CUTTY SARK betrugen 64,77 m x 10,97 m x 6,40 m bei 892 tons (unter Deck), 921 NRT und 963 BRT.[45]

Ein anderer 1869 an der Clyde gebauter extremer Klipper war die nach Entwürfen von William Rennie auf der Werft von A. & J. Inglis in Pointhouse, Glasgow, entstandene NORMAN COURT. Sie wurde für das Londoner Handelshaus Baring Brothers gebaut und sollte ursprünglich den Namen „John o'Gaunt“ erhalten. Die Erbauer hatten die Beteiligung Rennies in ihr offizielles Angebot mit einbezogen; es hieß dort: „. . . wir möchten unsere Bereitschaft zu einem Vertrag erklären, nach dem besagtes Schiff gemäß dem von Mr. Rennie zu liefernden Linienriß gebaut wird . . .“ Der letzte Absatz lautete: „Wir verstehen sehr wohl, daß Mr. Rennie die aufgeschnürten Linien des Schiffes inspizieren wird und daß sein Plan für die Bemastung streng zu befolgen ist.“[46] Das Honorar für William Rennie betrug £ 123.10.0.[47]

Dieses Schiff ist als Rennies Meisterwerk bezeichnet worden. Nach seinem Linienriß waren Vor- und Achterschiff lang und scharf; über hohlem Kielgang gab es eine spürbare Aufkimmung, eine eng gerundete Kimm und um je 0,38 m eingezogene Seiten. Die Abmessungen beliefen sich auf 60,17 m x 10,06 m x 6,10 m, 796 tons (unter Deck) und 884 NRT; bei einem Tiefgang von 5,61 m auf ebenem Kiel betrug das Deplacement 1767 tons. Das Schiff besaß den gleichen Völligkeitsgrad der Unterdecktonnage von 0,61 wie die FIERY CROSS (1860), ebenfalls eine Konstruktion Rennies. Die NORMAN COURT segelte hervorragend am Wind und war bei leichter Brise sehr schnell, beides wichtige Tugenden für einen erfolgreichen China-Klipper. Ihre Rahsegel waren schmaler als die mancher anderen Schiffe; die Länge der Großrah betrug 22,56 m.

Der dritte 1869 vom Stapel gelaufene extreme Klipper war THE CALIPH, die bei Alexander Hall & Sons für den Londoner Kaufmann Alexander Hector, einen Vetter von John Willis, gebaut wurde. Mit ihr konnte die Werft auf dreißig Jahre der Konstruktion schneller Segelschiffe zurückblicken, die mit dem Bau der SCOTTISH MAID begonnen hatte. THE CALIPH besaß die Abmessungen von 65,56 m x 11,00 m x 6,22 m bei 888 tons (unter Deck) und 914 NRT. Diese Werte ergeben einen Völligkeitsgrad der Unterdecktonnage, der mit 0,56 nur um 0,02 unter dem der THERMOPYLAE liegt.

Ihr von Basil Lubbock veröffentlichter Linienriß zeigt ein Schiff mit extrem langen und scharfen Enden, bei dem hohle Partien in den Wasserlinien auf ein Minimum reduziert wurden. Durch extrem konkave Kielgänge und Bodenwrangen wird eine steile Aufkimmung bewirkt; die Kimm ist weit gerundet und die Seiten sind nur wenig eingezogen.[48] Die Konstruktion lehnt sich bei gleicher Breite und Tiefe eng an die der 1853 gebauten, allerdings ca. 6,5 m kürzeren CAIRNGORM an. Die Takelung war sehr hoch mit Skysegeln an jedem Mast; in Werftlisten finden sich sogar Skyleesegel für Vor- und Großmast; die Länge der Großrah wurde mit 25,91 m angegeben. Die Deckseinrichtung war ähnlich wie bei der NORMAN COURT, außer daß sie noch eine im achteren Teil des Deckshauses untergebrachte Dampfmaschine besaß, die zum Antrieb (ca. 8 PS) von Ladewinde, Ankerwinde und Pumpen diente. Daneben konnte sie wie auf der BEN NEVIS von Barclay, Curle & Co. mittschiffs zwei kleine seitliche Schrauben antreiben, wodurch man bei Windstille 2,5 kn zu erzielen hoffte. Außer den Spierenabmessungen der Werft findet sich eine umfassende Liste der Segel, die Takelage betreffende Abmessungen, ein Inventarverzeichnis und eine Konstruktionsbeschreibung in Chapmans Buch *All About Ships*.[49] Ihre einzige Teereise war sehr schnell und dauerte vom 6. Dezember 1870 bis zum 3. März 1871; in diesen 87 Tagen war sie von Futschou nach New York gesegelt. Mitte August 1871 ist das Schiff im Chinesischen Meer verschollen.

Von den Schwesterschiffen HALLOWE'EN und BLACKADDER konnten keine Pläne aufgefunden werden. Sie müssen aber bei ihrem niedrigen Völligkeitsgrad der Unterdecktonnage von 0,55 sehr scharf gebaute Schiffe gewesen sein. Es ist möglich, daß ihre Linien bis zu einem gewissen Grade auf denen der CUTTY SARK basierten, von der wiederum gesagt werden könnte, daß sie indirekt wohl einiges von THE TWEED geerbt habe. Beide, HALLOWE'EN und BLACKADDER, waren schnelle in der China- und Australienfahrt beschäftigte Schiffe. Auf ihren ersten drei Heimreisen benötigte die HALLOWE'EN von Shanghai nach London im Mittel nur 91²/₃ Tage, was, obwohl stets der günstige Monsun ausgenutzt wurde, eine erstaunlich gute Zeit darstellt.

267 Auf der Glasgower Werft von Barclay, Curle & Co. wurden in den sechziger und siebziger Jahren einige schöne Schiffe gebaut, von denen hier die MERMERUS mit ihren Rissen vertreten ist. Auf dieser Aufnahme ist ein anderes ihrer eisernen Vollschiffe, die GOLDEN FLEECE, zu sehen, wie sie vor achterlichem Wind in den Hafen von Le Havre einläuft. Am Kreuzmast sind bereits alle Segel festgemacht, und auch die Vor- und Großuntermarssegel werden gerade oder sind schon beschlagen, was in engen Gewässern oft geübte Praxis war. Die Fock wird eben aufgegeit und die Großbramrah gefiert, um dann auch diese Segel festzumachen.

DIE *MERMERUS* UND ANDERE EISERNE KLIPPER DER SIEBZIGER JAHRE

Die MERMERUS ist eine typische Vertreterin der zahlreichen schwergetakelten eisernen Schiffe, die in den frühen siebziger Jahren als letztes Aufbegehren der Klipperbauart gegenüber dem Dampfschiff in Fahrt kamen. Werften am Mersey, in Whitehaven, entlang der Clyde von Glasgow bis Greenock, in Aberdeen, Sunderland, Hull und anderen Hafenstädten bauten einige herrliche Exemplare dieser Schiffe im Bereich von 1100 bis 1700 tons. Die Segelschiffe waren nach 1875 bei weitem noch nicht am Aussterben, aber die Mehrheit wurde nun doch unter größerer Beachtung ökonomischer Gesichtspunkte der Frachtbeförderung konstruiert. Dadurch konnten sie auch für den Rest des Jahrhunderts, oft mit gutem Gewinn für ihre Eigner, beschäftigt werden. Die Werft von Barclay, Curle & Co. war eine der vielen Firmen, die mit dem Bau der großen eisernen Segelschiffe der frühen siebziger Jahre in Verbindung gebracht werden. Hier entstanden einige schöne Fahrzeuge, unter denen der MERMERUS der erste Platz zukommt. Zwischen 1868 und 1886 waren von ihren Eignern, A. & J. Carmichael in Greenock, insgesamt 13 prächtige eiserne Schiffe für ihre in der australischen Wollfahrt

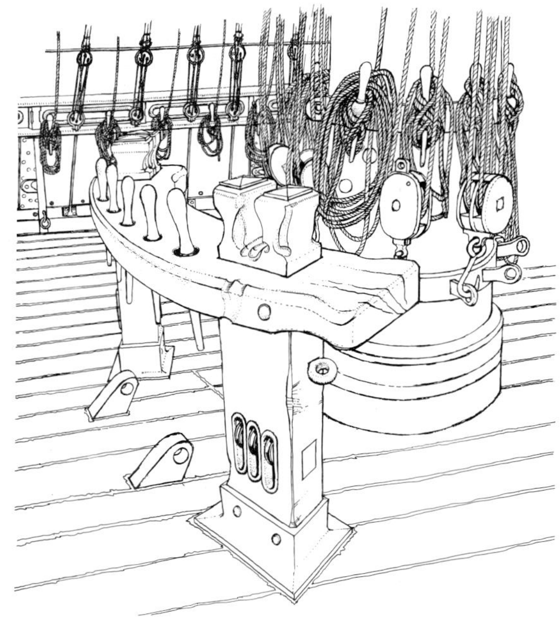

268 Die Nagelbank vor dem Großmast der CUTTY SARK. Man sieht die vom Tauwerk im Laufe vieler Jahre in das Holz eingegrabenen Rillen. Die beiden Augen im Deck dienten zum Aufsetzen des Kreuzstags.

beschäftigte „Golden Fleece Line“ bei dieser Werft in Auftrag gegeben worden.

Die MERMERUS wurde 1872 gebaut, und ihre Abmessungen lassen das schnelle Anwachsen der Dimensionen bei den größeren Eisenschiffen erkennen; sie betrugen 80,53 m x 12,13 m x 7,22 m bei 1588 tons (unter Deck), 1671 NRT und 1750 BRT. Im Vergleich mit der CUTTY SARK betrug der Zuwachs an Breite und Raumtiefe nur 1,16 m, beziehungsweise 0,82 m, in der Länge dagegen nicht weniger als 15,76 m. Diese stark angewachsene Länge führte zu einem relativ weit schmaleren und flacheren Rumpf, zu einem Verhältnis der Länge zur Breite von 6,6 : 1 und zu einem Längen/Tiefen-Verhältnis von 11,1 : 1. Bei der CUTTY SARK beliefen sich die entsprechenden Relationen auf 5,9 : 1 und 10,1 : 1.

Die hier wiedergegebenen Pläne der MERMERUS wurden nach den 1961 in den Archiven von Barclay, Curle & Co. aufgefundenen Originalen gezeichnet. Beim Linienriß war das Heck sowohl vom Längsriß als auch vom Wasserlinienriß abgerissen worden und mußte nach den Plänen anderer Schiffe der gleichen Werft rekonstruiert werden. Deckspläne und ein Längsschnitt außer einem, der im Grund- und im Aufriß die Einrichtung von Back, Deckshaus und Poop wiedergibt, konnten nicht gefunden werden. Fehlende Details mußten daher dem Segelriß und den Plänen von STRATHEARN (1871) und ARGONAUT (1876) unter Heranziehung von Photographien entnommen werden.

Die Linien der MERMERUS besitzen die nötige Schärfe, um sie als Klipper, wenn auch nicht als einen der extremen Art, einstufen zu können. Die Enden sind wohl ausgewogen bei langem und konvexem Vor- und Achterschiff, und dicht beim Achtersteven weisen die Wasserlinien einige Konkavität auf. Im Hauptspantbereich gibt es ein sich über eine Länge von 5,50 m erstreckendes paralleles Mittelschiff. Die Aufkimmung ist sehr gering, die größte Breite liegt tief, die Kimm ist eng gerundet und die Seiten sind merklich eingezogen. Die Form war derjenigen der meisten nach 1860 bei Barclay, Curle & Co. gebauten Schiffe recht ähnlich; sie glich auch den anderen eisernen Klippern der frühen siebziger Jahre wie der TIMARU (1874; Scott & Co.) und der CORIOLANUS (1876; A. McMillan & Son), deren Pläne von Harold A. Underhill veröffentlicht wurden.[50] Obwohl sie etwa 2,75 m länger als die ein Jahr zuvor bei der gleichen Werft vom Stapel gelaufene STRATHEARN war, besaß die MERMERUS eine um rund 50 tons geringere Unterdecktonnage, ein Zeichen für eine feinere Rumpfform. Bei einer Länge in der CWL von 252,5 Fuß (= 76,96 m) hätte sie 19,85 kn laufen müssen, um einen relativen Geschwindigkeitskoeffizienten von 1,25 zu erzielen. Nur ihre Logbücher könnten Auskunft darüber geben, ob sie jemals eine darart hohe Geschwindigkeit erreicht hat; bei einer Windstärke, die dafür nötig gewesen wäre, stand allerdings meist eine derart hohe See, daß die Wellen wiederum das Schiff verlangsamten. Immerhin wurden einige schnelle Reisen nach und von Australien gemeldet, so die 66 Tage von Gravesend nach Melbourne (1876) oder die 71 Tage von Melbourne bis Lizard Point (1877).

Bei Barclay, Curle & Co. war man auch in der Verwendung der Dampfkraft zur Arbeitserleichterung für die Besatzung mit der Zeit gegangen. So besaß auch die MERMERUS im achteren Teil des Deckshauses einen Kessel, der den Dampf für die ebenfalls dort stehende Ladewinde lieferte. Bei Inbetriebnahme konnten Türen an der Rückwand des Deckshauses geöffnet werden. Mittels längs Deck laufender Treibriemen oder Ketten war es möglich, die Pumpen am Großmast oder auch die Ankerwinde anzu-

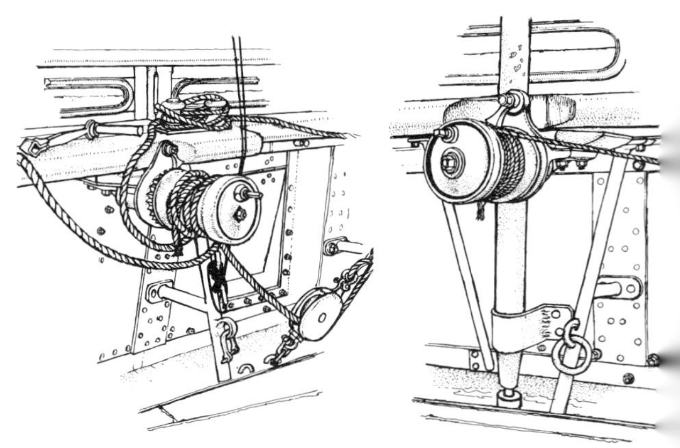

269 Kleine Relingwinde an Bord der CUTTY SARK am Schanzkleid hinter den Fockpardunen der Steuerbordseite.
Eine etwas anders angebrachte Relingwinde der CUTTY SARK an der Steuerbordseite hinter den Pardunen des Großmastes.

270 Der letzte von Alexander Hall & Sons gebaute Klipper war THE CALIPH, die hier unter vollen Segeln zu sehen ist mit einem „Jamie Green“ unter dem Klüverbaum und einem „Brodwinner“ am Achterliek des Besans.

treiben. Eine Schanzkleidhöhe von über 1,70 m sowie die übliche Bucht der Decksbalken ließen die feste Back hinter dem Schanzkleid verschwinden und ermöglichten vorn einen ungebrochenen Sprung. Nur achtern die Poop war höher, um für die Wohnräume eine Innenhöhe von 2,13 m zu gewährleisten. Ein Verschlag für Schweine oder Schafe befand sich vor dem Deckshaus, und auf der Poop standen Hühnerkäfige. Die Aufstellung des über eine auf den Bootsgalgen angebrachte Plattform erreichbaren Regelkompasses ist eine sonst bei keinem der hier dargestellten Schiffe anzutreffende Besonderheit.

Der in Abbildung 273 wiedergegebene Segel- und Takelriß wurde nach dem Plan der Werft gezeichnet. Das gesamte laufende Gut, die Leesegel und die Reffbändsel wurden nach Gemälden und Photographien des Schiffes sowie nach Plänen anderer Fahrzeuge rekonstruiert. Der Segelriß macht durch die geteilten Bramsegel an Vor- und Großmast und durch die an allen drei Masten gefahrenen Skysegel einen recht hohen Eindruck. Im Hinblick auf viele andere eiserne Vollschiffe war die MERMERUS aber keineswegs übertakelt.

Manche Schiffe, wie etwa die MACQUARIE, ex MELBOURNE, besaßen Braßbäume für die Vorbrassen, wobei die Läufer über Scheiben im Schanzkleid geschoren wurden. Bei der MERMERUS jedoch waren Platten mit je vier Augen für die stehenden Parten der Vorbrassen am Rumpf angebracht; die Brassenläufer fuhren über auf der Oberschanzkleidreling befestigte Leitblöcke binnenbords, wie aus den Plänen der STRATHEARN und der ARGONAUT zu entnehmen war. Für die Großbrassen gab es normale Braßbäume; hier wurden die Läufer über kurz vor der Poop unter der Oberschanzkleidreling angebrachte Scheiben geschoren. Dies war eine ziemlich verbreitete Praxis, deren Anwendung auch aus dem im National Maritime Museum in Greenwich befindlichen Gemälde des Schiffes hervorgeht, wenn auch die Scheiben auf dem Segelriß der Werft nicht eingezeichnet sind.

Die zugleich auch wie Brassen wirkenden Halsen der Vorober- und Vorbramleesegel fuhren gleichfalls über Scheiben im Oberschanzkleid. Vielleicht wurde die nicht gezeichnete Schot des dreieckigen Leesegels auch über eine solche Scheibe geschoren.

Basil Lubbock hat einen interessanten Vergleich zwischen der Segelfläche der MERMERUS mit ihren 34 997 yards und der 30 610 yards betragenden des ersten Viermastvollschiffes, der COUNTY OF PEEBLES, angestellt; da beide Fahrzeuge von der gleichen Werft stammten, wirkt der Unterschied von 4387 yards zunächst überraschend, besonders angesichts des von dem letzteren gefahrenen vierten rahgetakelten Mastes. Der Viermaster hatte jedoch wesentlich kürzere Masten, obwohl er einen Rumpf von ungefähr gleicher Größe und Tonnage besaß.[51]

Die Zukunftsaussichten müssen damals recht gut beurteilt worden sein, wenn ein so hartgesottener Geschäftsmann wie George Thompson jr. noch im Jahre 1874 einen extremen eisernen Klipper bestellte. Das neue Vollschiff wurde nach dem Vorbild der THERMOPYLAE konstruiert, allerdings aus Eisen und ca. 3 m länger sowie 0,24 m tiefer als jene gebaut. Dieses neue Schiff, die SALAMIS, wurde „nach Bernard Waymouths Linienriß mit einigen geringfügigen Änderungen und Verbesserungen gebaut."[52] Ein von William Salisbury nach einem unbenannten im Museum von Bangor (Wales) befindlichen Halbmodell um 1938 gezeichneter Linienriß dürfte mit ziemlicher Sicherheit die SALAMIS darstellen. In der Breite und Tiefe besteht völlige Übereinstimmung, während lediglich die nach dem Modell ermittelte Länge um etwa 0,6 m zu kurz ist. Das als Wiedergabe der SALAMIS ausgegebene Modell eines ganzen Rumpfes im Liverpooler Museum weist keine Ähnlichkeit mit der THERMOPYLAE auf und ist außerdem auch viel zu kurz; es kann unmöglich die SALAMIS, wie sie tatsächlich gebaut wurde, darstellen. Obwohl sie für die Teefahrt von China vorgesehen war, konnte die SALAMIS nur einmal eine Teeladung für London erhalten; sie erwies sich aber als ein schnelles und erfolgreiches Schiff in der Wollfahrt von Australien.

Auch William Lund in London, der Eigner der AMBASSADOR, hielt die Teefahrt von China mit Segelschiffen noch für gewinnbringend. So bestellte er das eiserne Vollschiff SERAPIS (995 tons) bei Scott & Co. in Greenock, die es im November 1876 ablieferten. Vielleicht waren seine Linien denen der 1874 auf der gleichen Werft gebauten TIMARU ähnlich. Nach einer Photographie muß es achtern einen ziemlich feinen Belauf gehabt haben, und ein zeitgenössischer Bericht meint, daß es „im Hinblick auf Geschwindigkeit und Eleganz konstruiert" wurde.[53]

Im Herbst 1878 benötigte die SERAPIS 140 Tage, um eine Ladung Tee heimzubringen, die zu der erbärmlich niedrigen Frachtrate von £ 1.15 s pro ton übernommen worden war.

Weitere Schiffe mit durch Pläne und Modelle belegten Klippermerkmalen waren die 1874 bei William Pile gebaute RODNEY und die 1876 bei Archibald McMillan in Dumbarton entstandene CORIOLANUS.

KLIPPER – SCHONER

Der Wettbewerb zwischen den kleineren Fahrzeugen in heimischen Gewässern, in der Atlantik- und in der Mittelmeerfahrt war ebenso heftig wie bei den größeren Schiffen, und viele der erhalten gebliebenen Pläne geben relativ scharfgebaute Fahrzeuge wieder. Die Tatsache, daß man die Mehrzahl von ihnen in einer einigermaßen aufrechten Lage mußte auf Grund setzen können, zwang die Konstrukteure, auf eine steile Aufkimmung zu verzichten und das Hauptspant völliger zu machen, während die Enden oft sehr lang und scharf gebaut wurden. Viele Zeitungsberichte über neue Schoner beschrieben diese als Klipper, und es gab ja auch eine Reihe von Fahrtbereichen, in denen wie beim Transport von Früchten, Fisch, Tieren und frischem Gemüse hohe Geschwindigkeiten erforderlich waren.

Für die Rümpfe von Fahrzeugen unter etwa 200 tons hatten sich bis zum Beginn der sechziger Jahre zwei Grundformen herausgebildet: Die eine besaß ein langes konvexes Vorschiff mit fast senkrechtem Verlauf der Bugschnitte und einem im Gegensatz dazu sehr hohlen Achterschiff. Bei der anderen waren die Enden ausgewogener und der untere Vorschiffsbereich konnte sogar eine schwache Konkavität aufweisen. Der erste Typus konnte mit Gewißheit im Südwesten Englands angetroffen werden, während die zweite Gattung überall in Großbritannien zu finden war.

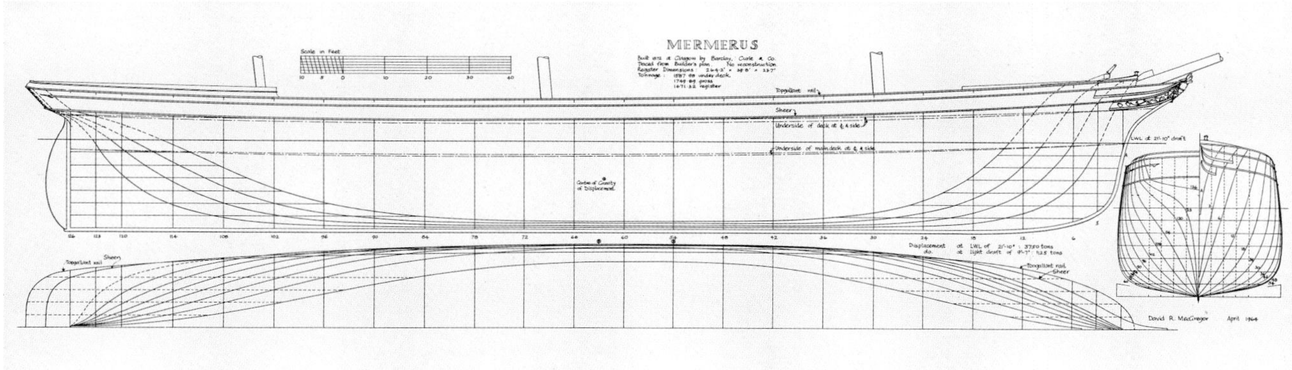

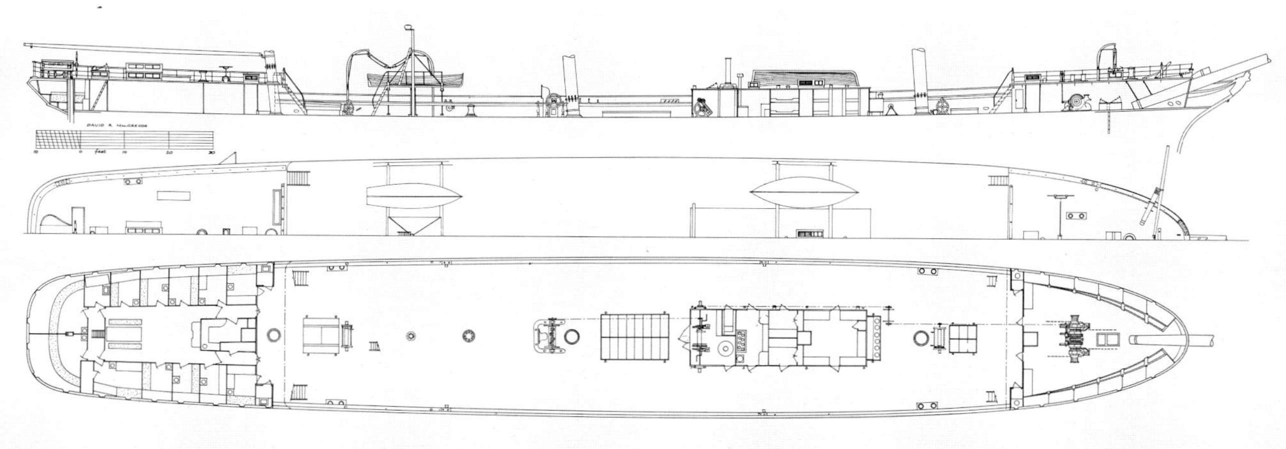

271 MERMERUS (Linienriß); 1872 bei Barclay, Curle & Co. in Glasgow aus Eisen gebaut. Nach einem Plan der Erbauer gezeichnet. Registerabmessungen: 80,53 m × 12,13 m × 7,22 m; 1671 NRT. Rekonstruktion: Heck (vom Originalplan abgerissen) nach Plänen anderer Schiffe der gleichen Werft.

272 MERMERUS (Deckspläne und Längsschnitt des Überwasserschiffs): Vollständig rekonstruiert. Quellen: Pläne und Schnitte der Wohnräume für Crew und Passagiere in der Poop, im Deckshaus und unter der Back; Linienriß; Segelriß; Pläne der von der gleichen Werft stammenden STRATHEARN (1871) und ARGONAUT (1876); Photographien des Schiffes.

273 MERMERUS (Segelriß); nach dem Riß der Werft gezeichnet. Rekonstruktion: Laufendes Gut; Webeleinen; Reffbändsel; Leesegel mit Spieren, Rahen und ihrem Geschirr; gemaltes Pfortenband. Grundlagen für die Rekonstruktion: Gemälde des Schiffes im National Maritime Museum, Greenwich, Photographien der MERMERUS und Pläne zeitgenössischer Schiffe.

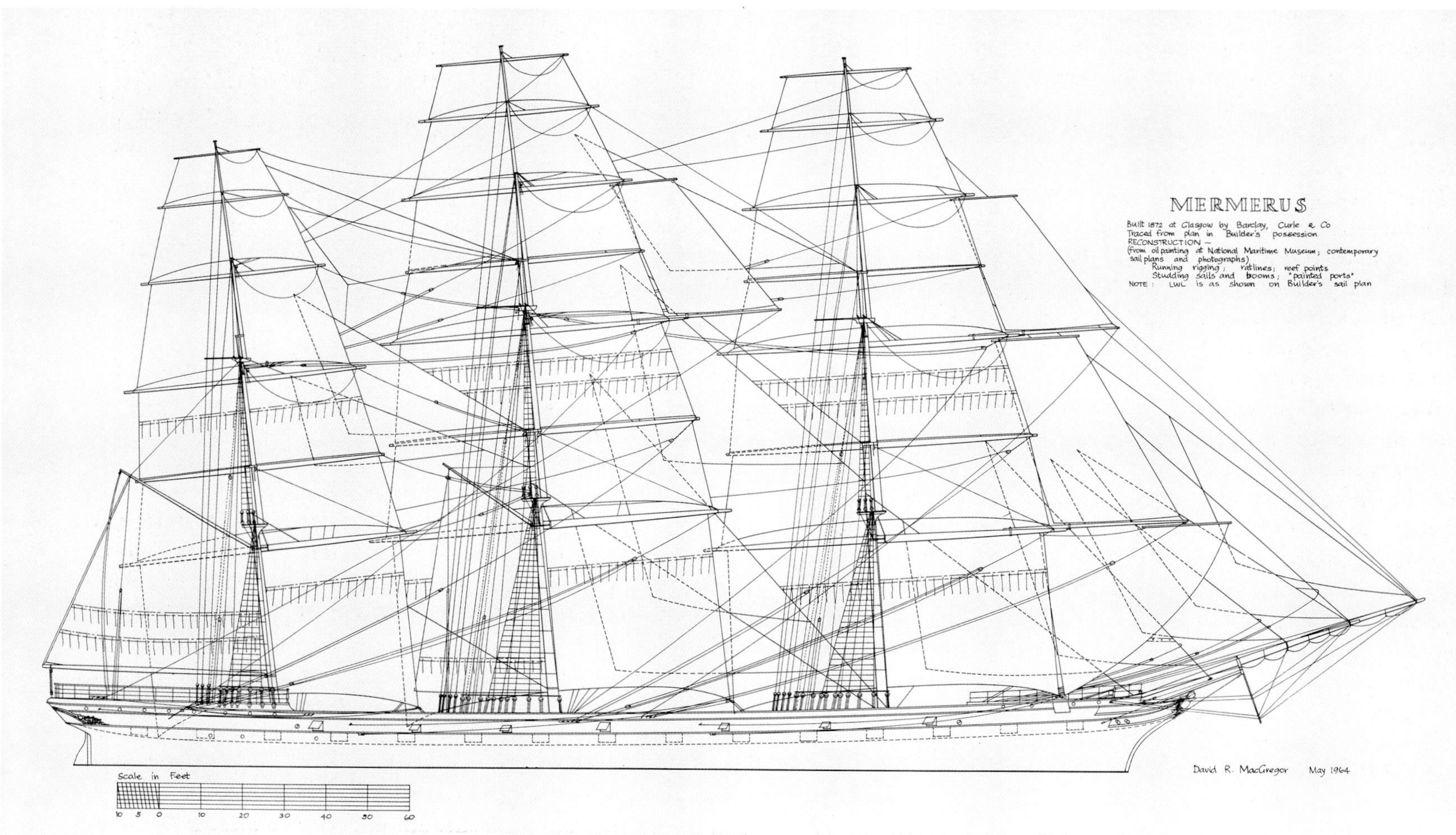

Beispiele der Art mit konvexem Vorschiff und hohlem Achterschiff wären die FLING und der 1868 gebaute Schoner RHODA MARY (130 BRT) aus Süd-Cornwall, dessen vom Verfasser gezeichneter Linienriß in Basil Greenhills *Merchant Schooners* wiedergegeben wurde.[54]

Ein Beispiel für den Schonertyp mit ausgewogenen Enden mag unter den im National Maritime Museum, Greenwich, befindlichen Plänen der von Henry W. Lisslie (1859–1948), einem Schiffbauer und Zeichner aus Appledore, Nord-Devon, stammenden Sammlung gefunden werden. Die meisten dieser Pläne konnte man noch nicht identifizieren, obwohl die Numerierung bei einigen die Bau-Nr. sein dürfte. Da Lisslie für Robert Cock, William Westacott und andere Schiffbauer arbeitete, gehören die Pläne wahrscheinlich zu Fahrzeugen, die auf Werften an den Flüssen Taw und Torridge (Nord-Devon) gebaut wurden. Von diesen Plänen trägt einer die Beschriftung „Nr. 5 Ein Fruchtjager – gutes Modell"; er wurde in Abbildung 277 wiedergegeben und zeigt einen äußerst schmalen Rumpf mit den Proportionen eines extremen Klippers. Die auf dem Plan angegebenen Abmessungen betragen 32,16 m (Länge „unter Bugspriet zur Vermessung"), 5,49 m (Breite über alles) und 2,97 m (Raumtiefe) bei $153^{27}/_{94}$ tons B. M. – Ein kurzes Bugspriet ist eingezeichnet, aber die Mastzentren fehlen. Bei einem derart langen Rumpf hätte man wohl drei Masten erwarten können. Nach den obengenannten Abmessungen betrug das Längen/Breiten-Verhältnis 5,86 : 1; für einen hölzernen Schoner ist das ein sehr hoher Wert. John Westacott, der Vorgänger von William, hatte aber kleine Barken mit solchen Proportionen gebaut, und seine SPRING BOK (1853) und MARY ANNE BRUFORD (1854) verfügten sogar über ein Längenverhältnis von 6,0 : 1.

Auch andere Pläne der Sammlung zeigen feinlinige Rümpfe, allerdings gewöhnlich von größerer Breite.

Die Takelung dieser scharfgebauten Schoner unterschied sich nur wenig von derjenigen der SCOTTISH MAID oder der CALEDONIA. Viele besaßen einen Großbaum von enormer Länge. An Rahsegeln wurden am Fockmast regelmäßig Toppsegel und Bramsegel gefahren, während Royals kaum noch von einem kleineren nach 1870 gebauten Fahrzeug gesetzt worden sein dürften; weiterhin üblich waren noch Breitfock und Leesegel.

Anderenorts zeigen Pläne, daß in Liverpool sehr scharf gebaute Schoner mit steiler Aufkimmung als Lotsenfahrzeuge verwendet wurden, daß Matthew Simpson, Glasson Dock, Schoner von der Art der EXPRESS (1860) mit flachen Böden aber mäßig scharfen Enden baute, daß an der Clyde bei Alexander Stephen & Sons die eiserne JANETTE (1867) von 82 tons (unter Deck) mit steiler Aufkimmung, großem Kimmradius, eingezogenen Seiten und scharfen Enden entstanden war und daß noch in vielen anderen Häfen prächtige Fahrzeuge gebaut wurden, bei denen sich feiner Belauf und gute Ladefähigkeit miteinander verbanden.

Es gibt nicht allzu viele Beschreibungen, die sich mit auf See befindlichen Schonern befassen, um so willkommener sind daher Kapitän Chapmans Bemerkungen über einen Frucht-Schoner auf der Ausreise im Kanal. Er beginnt mit Äußerungen über den herrlichen Anblick einer größeren Gruppe von Fahrzeugen, die in den Downs nach langem Warten auf günstigen Wind unter Segel gehen, wobei die größeren Schiffe gut von der Küste abhalten. Dann trifft sein Blick auf einen Schoner, den er ausführlicher beschreibt:

274 Der scharfe Belauf des Vorschiffes und die sich auftürmenden Masten und Spieren eines eisernen Klippers werden auf dieser Photographie der SALAMIS im Alfred-Trockendock in Williamstown, Australien, gut wiedergegeben. Ihre Rumpfform unterscheidet sich nur sehr wenig von derjenigen der THERMOPYLAE.

„Dichter unter der Küste ein hübscher kleiner Fruchtjager, vollkommen schwarz gemalt; nur eine schneeweiße weibliche Galionsfigur macht eine Ausnahme, wohlgeformt das Galion, gut proportiniert das überhängende Heck, scharf und klar die Linien. Die Spieren sind sämtlich naturfarben und gefirnißt, das Bugspriet ragt nur wenige Fuß über die Galionsfigur hinaus, Klüver- und Jagerbaum biegen sich leicht nach unten unter dem Zug der Stampfstagen, die zu dem eisernen mit einer Harpunenspitze versehenen Stampfstock fahren. Die verzinkten Stampfstockgeien sind an den Kranbalken aufgesetzt. Der Großbaum ist schwer, und die Segel aus weißem Tuch sind exakt gesetzt. Das Schiff segelt drei Strich raumschots, wobei es sich leicht überlegt und die Spieren sich ganz schwach in der Brise biegen. Die oberen Teile von Skylight und Kompaßhaus erscheinen knapp über der Reling, und die Innenseite des Luvschanzkleides (weiß mit blauen Leisten) ist gerade noch über dem der Leeseite sichtbar, wo sie nicht von Großboot, Kombüse oder Masten verdeckt wird. Die gut getrimmten, schön geschnittenen Segel bauchen nur ganz wenig auf. Drei Mann stehen klar bei der Fock- und einer bei der Großtakelage; ein Junge befindet sich bei der Kombüse und der Kapitän hält die Ruderpinne. Er ist stolz auf sein hübsches kleines Fahrzeug, und gemeinsam mit seinen vier Männern und dem Jungen wird er es mit jedem Wind und Wetter aufnehmen. Bei Sturm wie bei flauer Brise vermag er auch hoch am Wind noch Kurs zu halten."[55]

Wenn auch die RHODA MARY niemals ein Fruchtjager war, so beschreibt doch diese lebendige Schilderung treffend auch sie und viele ihrer Zeitgenossinnen.

276 Die Brigantine POLLY wurde 1864 von Furneaux in Brixham (Südwestengland) als Frucht-Schoner gebaut; 1874 erhielt sie dann die hier zu sehende Takelung, um nun für die Seefahrtsschule in Portishead bei Bristol zu fahren. Die Kombination von Rah- und Schratsegeln bewährte sich nicht nur auf See als sehr handig, sie sah auch gut aus.

◁ 275 Das eiserne Vollschiff HARBINGER von 1506 tons ist ein herrliches Beispiel für die schönen in der ersten Hälfte der 1870er Jahre entstandenen Klipper. Die fehlenden Vor- und Kreuzskysegelrahen tun dem eindrucksvollen Anblick keinen Abbruch. Das Schiff wurde bei Robert Steele & Co. in Greenock gebaut.

280 Der Schoner ARIEL von 80 tons wurde 1870 von Stephen & Forbes in Peterhead nördlich von Aberdeen gebaut. Er ist typisch für die damals in Nordostschottland entstandenen feinlinigen Schoner, Brigantinen und Barkentinen. Die ARIEL ist mit einer Colling & Pinkney-Rollreffeinrichtung für das Toppsegel ausgerüstet.

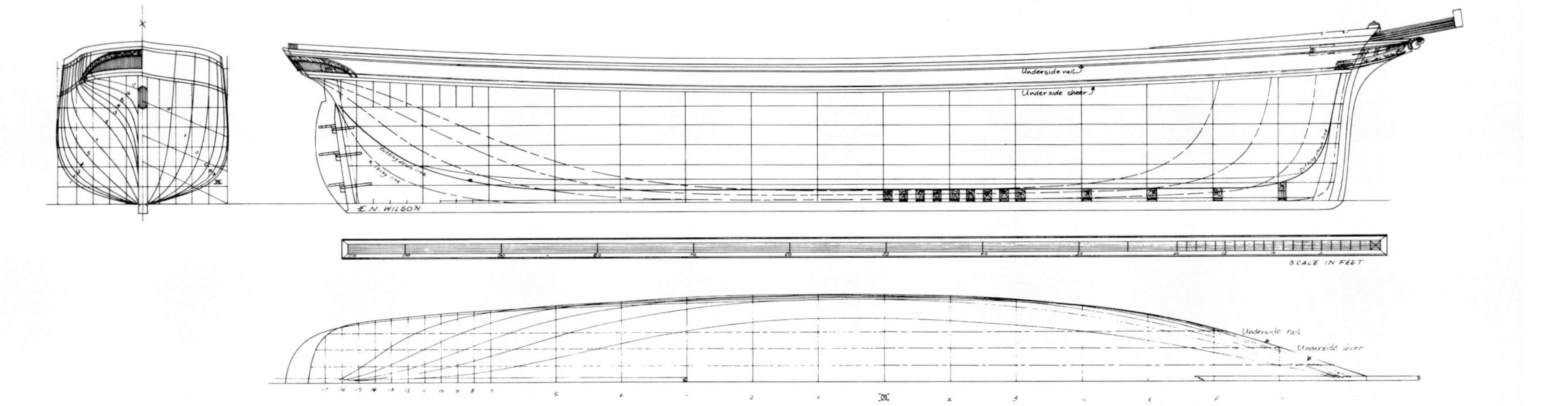

277 Lisslie-Fruchtjager, ca. 1860/70, nicht identifiziert. Beschriftung des Originalplans: „Nr. 5 Ein Fruchtjager – gutes Modell“. Linienriß nach einem Plan der Lisslie Collection im National Maritime Museum, Greenwich, gezeichnet. Auf dem Plan angegebene Abmessungen: 30,86 m (Kiellänge), 32,16 m (Länge „unter Bugspriet zur Vermessung“), 5,49 m (Breite), 5,33 m (Breite auf Spanten), 2,97 m (Raumtiefe); 153 27/94 tons a. V. – Rekonstruktion: Projektion der Schnitte im Vorschiff.

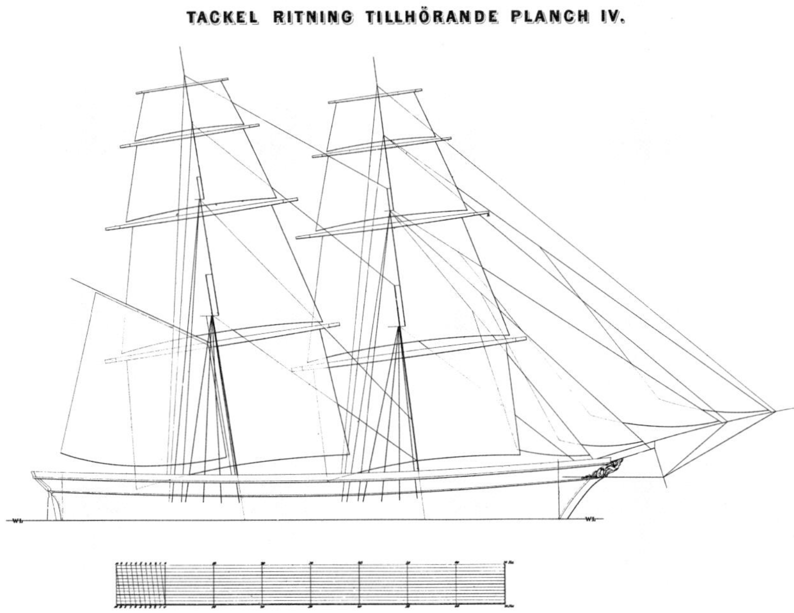

278 Klipper-Brigg (Segelriß); nach der gleichen Quelle wie der unten abgebildete Linienriß reproduziert.

279 Klipper-Brigg, unidentifiziert (Linienriß); Reproduktion eines am 1. Mai 1862 in Göteborg datierten und von N. C. Kierkegaard gezeichneten Planes, der als Tafel IV in seiner unter dem Titel *Plancher till Praktisk Skeppsbyggnadskonst* erschienenen Sammelmappe mit Plänen veröffentlicht wurde. Auf dem Plan angegebene Abmessungen: 30,34 m (Länge in der CWL zwischen den Sponungen) × 7,18 m (Breite über alles) × 4,01 m (Tiefe im Hauptspant von Oberkante Oberdeck bis Kielsponung); 2,81 m (Tiefgang vorn), 3,06 m (Tiefgang achtern); ca. 80 schwed. „schwere Lasten“ [ca. 192 tons Tragfähigkeit (Anm. d. Übers.)].

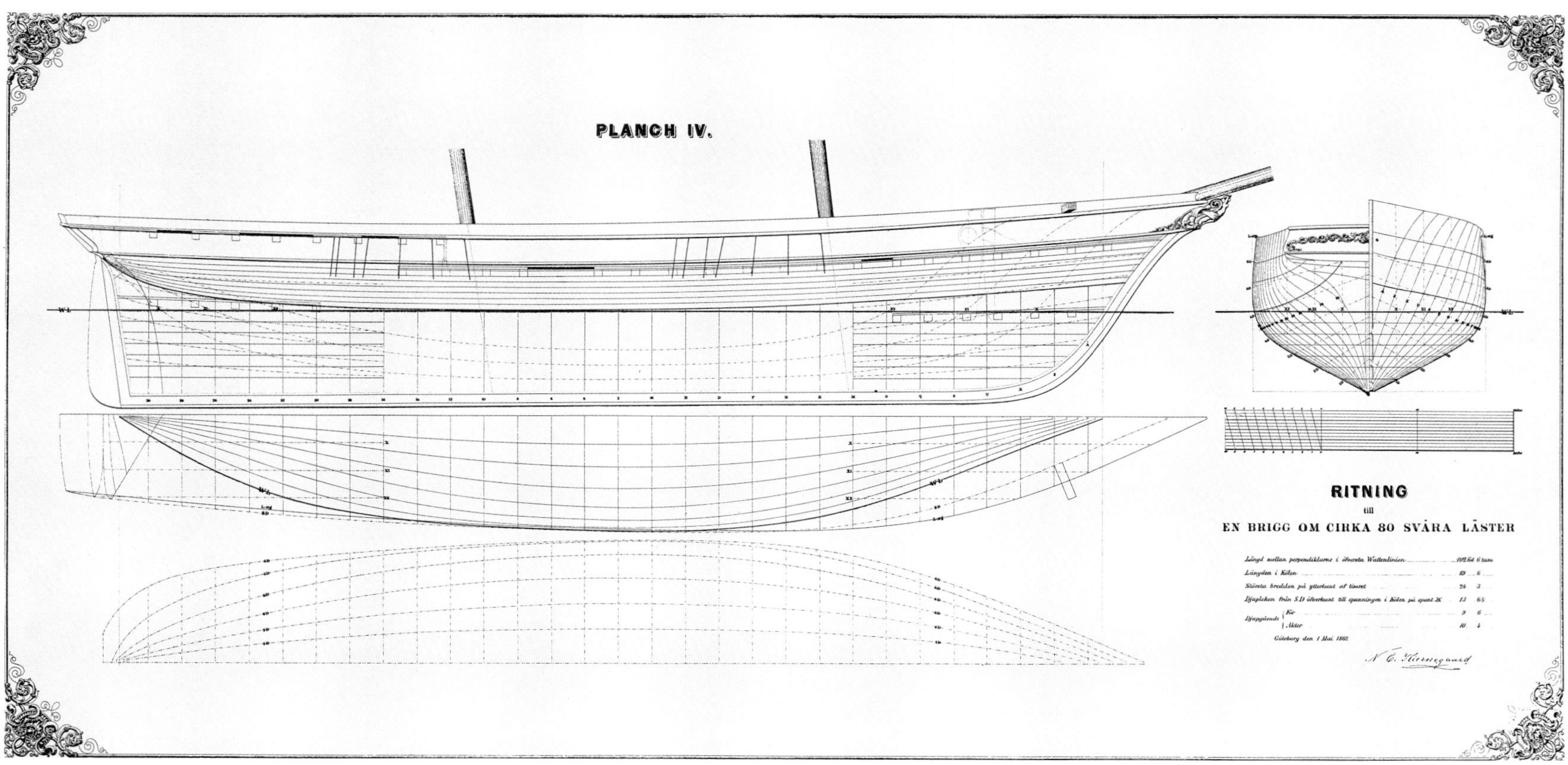

ANMERKUNGEN ZU KAPITEL VII
(Abkürzungsverzeichnis am Schluß des Buches)

[1] „Clipper Ships", *Naval Science,* Juli 1873, vol. II, Nr. 6, pp. 265–270. Nach vol. IV wurde die Veröffentlichung eingestellt.
[2] Archive von Baring Bros, Capt. A. Shewan's MS Notes, D. E. P. 11. 4 (vi), „Voyage in *Black Prince* 1866/67".
[3] Archive von Baring Bros, class HC. 18.1.4 (i) zum Kontrakt; Voyages 1863/67 HC. 18.1.2 zu Kosten des segelfertig ausgerüsteten Schiffes.
[4] Archive von Baring Bros, Shewan's MS Notes, a. a. O.
[5] Archive von Baring Bros, class HC. 18.1.2, voyages of *Black Prince* 1863/67.
[6] Basil Lubbock, *Coolie Ships and Oil Sailers* (Glasgow 1935), p. 85.
[7] *Glasgow Daily Herald,* 16. Februar 1866. Dieser Zeitungsausschnitt wurde mir von George R. Worcester, einem Nachkommen ihres ersten Eigners, zur Verfügung gestellt.
[8] A. S. & Sons, Alexander Stephen's Diary, 4. September 1862.
[9] Ebd., 6. September 1862.
[10] Ebd., 23. September 1862.
[11] Ebd., 21. und 22. Oktober 1862.
[12] Ebd., 6. November 1862.
[13] Ebd., 20. Oktober 1863.
[14] Ebd., 10. Oktober 1863.
[15] David R. MacGregor, *The Tea Clippers* (London 1952), pp. 118 f. und 155 f.
[16] Basil Lubbock, *The China Clippers* (Glasgow 1922), p. 246.
[17] H. D. P. Cunningham, „On Working Ships' Yards", *Transactions of the Institution of Naval Architects,* 1867, vol. VIII, p. 185.
[18] N. M. M., L. R. survey reports, Sunderland box, Nr. 8801 *(Maitland)* und Nr. 9234 *(Undine).*
[19] Andrew Shewan, *The Great Days of Sail* (London 1927), p. 223.
[20] N. M. M., Basil Lubbock Collection, Brief von James MacCunn, datiert am 23. Juni 1911.
[21] Ebd.
[22] A. S. & Sons, Alexander Stephen's Diary, 14., 15. und 18. November 1861.
[23] Ebd., 1. November 1865; das von Stephen gebaute Schiff war die *William Davis.*
[24] Zur *Titania* siehe Lubbock, *The China Clippers,* a. a. O., Tafel neben p. 236; das Gemälde der *Ariel* wurde ca. 1968 in der Parker Gallerie ausgestellt.
[25] N. M. M., L. R. survey reports, Greenock box, Nr. 5768.
[26] Basil Lubbock, *The Log of the „Cutty Sark"* (Glasgow 1924), pp. 396–397.
[27] Zu den Namen der von Waymouth konstruierten Schiffe siehe „Clipper Ships", *Naval Science,* Juli 1873, vol. II, Nr. 6, p. 275, und W. H. White, *A Manual of Naval Architecture,* 2. Aufl. (London 1882), p. 513.
[28] Informationen über Waymouth von Lloyd's Register of Shipping sowie aus George Blake, *Lloyd's Register of Shipping 1760–1960* (London ca. 1961).
[29] J. Scott Russell, *The Modern System of Naval Architecture* (London 1860), vol. I, p. 652.
[30] J. Spurling und Basil Lubbock, *Sail* (London 1927), vol. I, p. 97. Dies wurde 1875 in der Westwindtrift des Indischen Ozeans erzielt.
[31] Die Angaben über die betreffende Zeitung sind verlorengegangen, es war aber nicht der Melbourner *Argus* vom 11. Januar 1869.
[32] Vizeadmiral E. Pâris, *L'Art Naval* (Paris ca. 1870), Tafel XXVII, Abb. 3, 4 und 5. Linien, Hauptspant und Segelriß eines ungenannten Klippers, der durch seine Dimensionen aber als *Leander* identifiziert werden kann.
[33] Spierenabmessungen der CUTTY SARK nach Lubbock, *Log of the „Cutty Sark",* a. a. O., pp. 396–397; die der *The Caliph* nach Kostenberechnung von A. Hall & Sons, Abschrift von James Henderson.
[34] White, *Manual of Naval Architecture,* a. a. O., p. 513.
[35] MacGregor, *The Tea Clippers,* a. a. O., p. 175.
[36] Maschinenschriftliche Kopie eines Logbuchextraktes im Besitz des Verfassers.
[37] Logbuch im Besitz von L. E. Evans in Bray, Co. Wicklow, Eire.
[38] Basiert auf in den Archiven von Lloyd's Register of Shipping eingesehenen Besichtigungsberichten (survey reports).
[39] Zum Stapellauf der JOHN WILLIAMS, *Chronicle of the London Missionary Society,* November 1865, p. 304.
[40] London Missionary Society, Zusammenfassung der Vorstandssitzungsprotokolle über die Missionsschiffe, Sitzung vom 25. November 1867, Fol. 7.
[41] London Missionary Society, Home Letters, Box 12, Folder 5, Jacket A.
[42] Lubbock, *Log of the „Cutty Sark",* a. a. O., p. 395.
[43] Basil Lubbock, *The Last of the Windjammers,* vol. II (Glasgow 1935), pp. 14–15.
[44] N. M. M., Lubbock Coll., a. a. O., Brief vom 7. Juli 1911.
[45] Linienriß in Lubbock, *Log of the „Cutty Sark",* a. a. O., neben p. 31; George F. Campbells jüngst erschienener Satz von drei Rissen ist auf dem Schiff in Greenwich erhältlich.
[46] Archive von Baring Bros, class HC. 18.2.1, Brief vom 27. November 1868 an William Walkinshaw, einen der Partner.
[47] Ebd., HC. 18.2.12, Rechnung vom 21. September 1869.
[48] Lubbock, *Last of the Windjammers,* vol. II, a. a. O., neben p. 12.
[49] Capt. Charles Chapman, *All About Ships* (London ca. 1869), pp. 369–392.
[50] Harold A. Underhill, *Deep-Water Sail* (Glasgow 1952), Tafeln 47 und 50.
[51] Spurling und Lubbock, *Sail,* vol. I, a. a. O., p. 113.
[52] Basil Lubbock, *The Colonial Clippers* (Glasgow 1924), p. 265.
[53] *London and China Telegraph,* 7. November 1876.
[54] Basil Greenhill, *The Merchant Schooners,* vol. II (London 1957), neben p. 30.
[55] Chapman, *All About Ship,* a. a. O., p. 83.

SCHLUSSBEMERKUNGEN

Eine Menge von Schiffsplänen wurde in diesem Buch abgebildet, und es bleibt zu hoffen, daß nun die Grundzüge der Klipper-Entwicklung hinlänglich dargestellt wurden, um ein Bild entstehen zu lassen von den Typen schneller Segelschiffe und den mit ihrem Bau verbundenen Anstrengungen der einzelnen Werften. Viele Schiffe, deren Pläne den Bericht weiter hätten illustrieren können, mußten unerwähnt bleiben, denn eine zu große Fülle wäre hier eher verwirrend gewesen. So weit das möglich war, wurde das Schwergewicht auf die Schiffsentwicklungen und die Konstruktionsprobleme sowie auf deren Ursachen gelegt.

Von den hier berührten Themen ist die Konstruktion von Schiffen wohl das am wenigsten zu ergründende, andererseits reicht es jedoch an die eigentlichen Wurzeln der Schiffbauindustrie. Trotz all ihrer Konstruktionsanleitungen konnten Bücher über den Schiffbau die Probleme niemals wirklich lösen; so blieb nur die praktische Erfahrung, die dem aufstrebenden Schiffbauer die entsprechenden Kenntnisse zu vermitteln vermochte. Mathematische Lösungen nützten einem Praktiker vor mehr als einem Jahrhundert kaum etwas; er war genötigt, sich auf visuelle Vergleiche zwischen existierenden Fahrzeugen und seinen eigenen Entwürfen zu stützen. Das Auftauchen selbständiger Schiffskonstrukteure und beratender Ingenieure fiel in den 1840er Jahren zusammen mit der Verbesserung der Konstruktionsmethoden, der stärkeren Verwendung des Eisens und der wachsenden Einsicht in die Nutzungsmöglichkeiten der Dampfkraft. Es wurde versucht, jeden Schiffbauingenieur, der mit der Konstruktion eines der beschriebenen Schiffe befaßt war, namentlich besonders zu erwähnen. Dennoch dürfte leider so mancher Name unberücksichtigt geblieben und die Tätigkeit anderer nur unvollständig dargestellt worden sein. William Rennie und John Grantham sind die beiden beratenden Schiffbauingenieure, über die wir zur Zeit am meisten wissen.

Die vor einem Konstruktionsbeginn zu klärenden Hauptpunkte kann man durch folgende Fragen zusammenfassen: Welcher Art ist die zu befördernde Ladung, und in welchem Fahrtbereich soll das Schiff verwendet werden? Ist für das Schiff stets mit ausreichenden Wassertiefen zu rechnen, oder muß es auf Grund gesetzt werden können? Was ist wichtiger, Ladefähigkeit oder Geschwindigkeit?

Bei der Beantwortung dieser Fragen waren die Schiffbauer hinsichtlich der Rumpfform gewöhnlich von der jeweils herrschenden Auffassung abhängig, denn ihre Auftraggeber waren auf sicheren sofortigen Gewinn angewiesen und konnten es sich nicht leisten, mit einem neuartigen Schiff zu experimentieren, dessen Erfolg noch ungewiß war. So erhielten Neuerer nur wenig Ermutigung, wie im Fall der *Transit* des Kapitäns Richard Gower gezeigt wurde, und es überrascht daher auch um so mehr, daß der von Alexander Hall & Sons eingeführte Überhang der Vorstevensponung so baldige Erfolge errang. Mangelnder Weitblick und Gleichgültigkeit gegenüber neuen Ideen haben möglicherweise die Konstruktion der Klipperschiffe zur Zeit der Geschwindigkeitsmanie in den frühen fünfziger Jahren beeinträchtigt, zweifellos waren sie jedoch der Grund, weshalb der gute Ruf dreier Schiffbauer auf dem Spiel stand, als jeder auf eigene Rechnung das seinen Vorstellungen entsprechende Ideal eines Klippers baute; es waren dies Alexander Stephen & Sons mit der *Storm Cloud,* Benjamin Nicholson mit der *Annandale* und Alexander Hall & Sons mit der *Cairngorm.* Weiterhin waren die meisten experimentellen Neuerungen auf dem Gebiet der Schiffbaumethoden nur sehr kurzlebig. Die meisten hier erwähnten Beispiele beziehen sich auf die verschiedenen die Planken und auch die Spanten betreffenden Formen der Diagonalbauweise, wobei besonders die Systeme von Sir Robert Seppings, William Annesley, J. & R. White, Alexander Hall & Sons und Bilbe & Perry beschrieben wurden. Auch Neuerungen bei der Schiffsausrüstung und der Takelung fanden nur zögernde Annahme, und aus der Überfülle der seit etwa der Mitte des neunzehnten Jahrhunderts registrierten Patente wurden hier nur erfolgreiche Erfindungen berücksichtigt. Auch der Eisenschiffbau begann als eine Neuerung unter anderen, doch nach anfänglich großem Widerstand und zahlreichen Fehlschlägen erwies sich das Eisen als das einzige zufriedenstellende Material für alle größeren Fahrzeuge.

Es wurde gezeigt, wie die Entwicklung besserer Schiffsformen seit den frühen vierziger Jahren Fortschritte machte und daß die neue, 1836 in Kraft getretene Methode der Tonnagevermessung, bei der erstmals auch die Raumtiefe vermessen wurde, mit dazu beigetragen hatte, denn die neuen Schiffe begannen nun, bei größerer Länge flachere Rümpfe aufzuweisen, die ebensoviel Ladung wie die früheren befördern konnten, aber besser segelten. Wie bereits mehrfach erwähnt wurde, erlaubte die erweiterte Verwendung von Eisen als Schiffbaumaterial die Konstruktion längerer Fahrzeuge, ohne die Dicke der Haut vergrößern zu müssen. Dadurch wurde es möglich, den von den Konstruktionselementen benötigten Raum zugunsten einer größeren Ladefähigkeit relativ klein zu halten.

Die Arbeit an dem von der großen Zeit der Klipperschiffe in den fünfziger Jahren handelnden Kapitel geschah mit besonderer Freude, da diese herrlichen Schiffe heute weithin in Vergessenheit geraten sind durch die Bevorzugung der China-Klipper des folgenden Jahrzehnts, deren Zahl dagegen jedoch nur verhältnismäßig gering war.

Bei den Erörterungen zur Entwicklungsgeschichte der in Großbritannien für hohe Geschwindigkeiten gebauten Schiffe und bei den damit verbundenen Untersuchungen konnten keine starken amerikanischen Einflüsse festgestellt werden, wenn man auch in diesem Jahrhundert in zahlreichen Veröffentlichungen das Gegenteil behauptete. Es wurde versucht, die bedeutenden Auswirkungen zu verfolgen, die der britische Kutter auf für hohe Geschwindigkeiten konstruierte Rumpfformen hatte, insbesondere als Anreiz zur Verwendung steiler Aufkimmungen. Zu all dem wurde eine Reihe von Illustrationen beigegeben. Des weiteren wurde auch mit dem Mythos vom „ersten" Klipper aufgeräumt.

Die vom Verfasser herangezogenen Dokumente wie Aufzeichnungen der Werften, statistische Angaben und die Schiffsreisen betreffende Rechnungsbücher sollten vielleicht noch einmal von Wirtschaftshistorikern durchgesehen werden, um die in ihnen enthaltenen Fakten und Zahlen weitergehend zu analysieren und gründliche Zusammenstellungen über den Schiffbau und verwandte Wirtschaftszweige zu erarbeiten. So begrüßenswert ein derartiges Unterfangen wäre, so hilfreich wäre es auch gewesen, wenn eine solche Analyse bereits existiert hätte, bevor das entsprechende Material erst mühsam für dieses Buch zusammengetragen werden mußte. Es war hier zwar nicht die Absicht, den wirtschaftlichen Aspekt des Schiffbaus im Detail darzustellen; dennoch war es notwendig, die wesentlichsten Einzelheiten über Preise und Unkosten aufzuführen, um den Hintergrund erkennen zu lassen, vor dem der Schiffbau existieren mußte. In einigen Fällen war es möglich, in Ergänzung des Dargestellten die Gewinne anzugeben, die mit bestimmten Neubauten oder auf einigen Reisen erzielt werden konnten. Sie mögen Anhaltspunkte bieten für das, was ein erfolgreicher Schiffbauer oder Reeder verdienen konnte. Auf diesem Gebiet wird heute Material in beachtlichem Umfange zugänglich, dessen Auswertung im Hinblick auf die Rentabilität von Kapitalinvestitionen in Schiffbau- und Reedereibetrieben außerordentlich zu wünschen wäre.

Darüber, daß dies in zunehmendem Maße geschehen wird, dürfte kaum Zweifel bestehen; doch wäre zu hoffen, daß ebenso, wie unsere Kenntnis der wirtschaftlichen Faktoren wächst, die den Bau und die Bereederung der Schiffe beeinflußten, sich auch unser Wissen darüber erweitern möge, wie diese Schiffe aussahen, wie sie entworfen und gebaut wurden und wie ihre Leistungsfähigkeit von den Männern, die sie segelten, abhing. Mit Sicherheit kann die Erzielung eines derartigen Informationsstandes nur auf einem sorgfältigen Studium sämtlicher bekannten Pläne, Modelle und Illustrationen beruhen, das unterstützt wird von den neuesten auf diesem Gebiet entwickelten Forschungsmethoden.

ANHANG 1

ERLÄUTERUNGEN ZUR TONNAGEVERMESSUNG UND REGISTRIERUNG

Die historischen Angaben bezüglich der Schiffsvermessung zum Zwecke der Tonnagebestimmung und der Registrierung finden sich in den Kapiteln I, III und V. Die folgenden Definitionen der Punkte, zwischen denen aufgemessen wurde, werden beim Vergleich von Schiffen und Modellen hilfreich sein. Einige weitere auf den Plänen anzutreffende Begriffe werden ebenfalls definiert. Die zur Illustration der Vermessungspunkte dienenden Skizzen sollten hier mit herangezogen werden (Abb. 14, 15, 95, 105, 161).

[Anm. d. Übers.: Bei diesen britischen Vermessungsregeln galt als Maßeinheit der Fuß (= 0,3048 m) und entsprechend der Kubikfuß (= 0,02832 m³). Da bei der Regel von 1854 der durch die Zahl 100 zu dividierende Rauminhalt (in Kubikfuß) die Tonnage ergab, entsprachen also 100 Kubikfuß (= 2,832 m³) im Prinzip einer für eine Einheitsladung angenommenen Ladefähigkeit von 1 ton. Daher die Bezeichnung Registertonne (RT) für 2,832 m³ Schiffsraum].

TONNAGE-REGEL DER ALTEN VERMESSUNG (VOR 1836)

Jener Abschnitt des Gesetzes von 1773, der vorschrieb, wie die Tonnage zu vermessen sei, lautete:

„Die Länge soll gemessen werden auf einer geraden Linie entlang der Kielsponung des Schiffes von der Achterkante des Hinterstevens bis zu dem von der Vorderkante des Vorstevens unterhalb des Bugspriets gefällten Lot; hiervon sind drei Fünftel der Breite abzuziehen, der Rest ist als für die Tonnageberechnung richtige Kiellänge anzusehen. Die Breite soll auf der Außenkante der Außenhautbeplankung an der breitesten Stelle des Schiffes gemessen werden, mag dies auch über oder unter den Berghölzern sein; dabei sind etwa an den Schiffsseiten angebrachte Doppelungsplanken jeder Art auszuschließen. Nun ist das Produkt aus den so gefundenen Abmessungen von Kiellänge und Breite zu bilden und darauf noch mit der halben Breite zu multiplizieren; das Ganze muß jetzt durch die Zahl 94 dividiert werden; der Quotient gilt als der richtige Tonnagegehalt."[1]

DEFINITIONEN ZUR TONNAGEVERMESSUNG NACH DER VOR 1836 GÜLTIGEN REGEL

Vermessungslänge:	Nach den Anweisungen der Tonnageregel gemessene Gesamtlänge (siehe oben) ohne Abzug für den Vorstevenüberhang.
Vermessungskiellänge:	Vermessungslänge *abzüglich* drei Fünftel der Breite.
Länge an Deck:	„Über die Steven" von Vorderkante Vorsteven bis Achterkante Hintersteven längs Deck gemessene Länge.
Breite auf Spanten oder „auf Mallkante":	Größte Breite innerhalb der Außenhautbeplankung zwischen den äußersten Kanten der Spanten (Mallkanten). Die meisten Linienrisse der Werften sind auf Spanten gezeichnet. Dies sollte bei der Ermittlung der Breite aus Rissen bedacht werden. Auch die nach Modellen angefertigten der hier abgebildeten Linienrisse wurden auf Spanten gezeichnet.
Vermessungstiefe:	Stets Raumtiefe und *niemals* Tiefgang. Vermessungspunkte nicht immer einheitlich; meistens wurde jedoch von Oberkante Oberdecksbalken bis Oberkante Wegerung neben dem Kielschwein gemessen. Achtung bei kleinen Werten für offensichtlich große Schiffe, die dann nur für den unteren Laderaum gelten.
a. V. (o. m.), B. M. oder B. O. M.	Abkürzungen für „alte Vermessung", gleichbedeutend mit „old measurement", „Builder's Measurement" oder auch „Builder's Old Measurement.

Je nach der individuellen Auslegung der Schiffbauer konnte die Art der Vermessung variieren. Außerdem gaben viele Schiffbauer auch noch bis zwanzig oder dreißig Jahre nach der 1836 erfolgten Änderung der Tonnagegesetze die Werte nach der alten Vermessung an. Es ist daher wichtig, das Baujahr oder das ungefähre Entstehungsdatum des Planes oder die Zeit, aus der die Information stammt, zu ermitteln, um die gegebenen Abmessungen korrekt auswerten zu können.

DEFINITION ZUR TONNAGEVERMESSUNG NACH DER REGEL VON 1836[2]

Vermessungslänge:	Innenmaß auf halber Tiefe mittschiffs zwischen der Achterkante des Vorstevens und der Vorderkante des Achterstevens.
Vermessungsbreite:	Innenmaß auf genau festgelegten Höhen zwischen den Innenkanten der Wegerung.
Vermessungstiefe:	Von Oberkante Oberdecksbalken bis Oberkante Kielwegerungsplanke (neben dem Kielschwein) gemessen. Der Divisor betrug 3500.

DEFINITIONEN ZUR VERMESSUNG FÜR DIE REGISTRIERUNG NACH DEM GESETZ VON 1836[3]

Registerlänge:	„Zwischen den Steven" von Achterkante Vorsteven bis Vorderkante Achtersteven an Oberdeck gemessen. Ein längs Deck genommenes Maß wird oft als „Länge an Deck" bezeichnet.
Registerbreite:	Größte Breite mittschiffs zwischen den Innenkanten der Wegerung.
Registertiefe:	Von Oberkante Oberdecksbalken bis Oberkante Wegerung neben dem Kielschwein gemessen. Bezieht sich stets auf „Raumtiefe" und *niemals* auf „Tiefgang".
n. V. (n. m.):	Abkürzung für „neue Vermessung" (new measurement).

DEFINITIONEN ZUR TONNAGEVERMESSUNG NACH DER REGEL VON 1854[4]

Vermessungslänge: Dies war der Abstand zwischen den äußersten Enden des Laderaums an der Unterseite des Vermessungsdecks. Aus praktischen Gründen wurde dieses Maß jedoch auf der Oberseite des Vermessungsdecks ermittelt, wobei allerdings an beiden Enden entsprechende Abzüge für Vor- und Achterstevenüberhang gemacht werden mußten, um nicht etwas zu große Werte zu erhalten. Entlang dieser Strecke wurden die Vermessungsspantflächen festgelegt. Es stellte sich heraus, daß bei Fahrzeugen mit normalem Sprung, d. h. 0,9 m auf 75 m, das längs Deck genommene Maß gegenüber einer schnurgerade zwischen den Endpunkten verlaufenden Strecke einen nur um 0,01 % abweichenden Wert der Unterdecktonnage erbrachte. Bei Fahrzeugen mit größerem Sprung, etwa 1,5 m auf 30 m, hätte die Abweichung dagegen 1 % betragen, was bedeutete, daß hier die Länge „mit Hilfe eines Bandes oder einer Leine", die stramm zwischen den Enden des Decks anzuspannen waren, gemessen werden mußte.[5]

Vermessungsbreite: Auf genau festgelegten Höhen zwischen den Innenkanten der Wegerungsplanken, bzw. Schweißlatten bei Eisenschiffen, wo beides fehlte, zwischen den Innenkanten der Spanten zu messen.

Vermessungstiefe: Die Raumtiefe von Oberkante Decksbalken bis Oberkante Kielwegerungsplanke neben dem Kielschwein, von der ein Drittel der Balkenbucht (Krümmungshöhe des betreffenden Decksbalkens) abzuziehen war. War ein Wasserballasttank vorhanden, wurde die Tiefe bis zur Oberkante der gewöhnlichen Bodenwrange gemessen.

Unterdecktonnage: Dieser Wert berücksichtigt ohne Abzüge alle Räume unterhalb des Vermessungsdecks. Auf ihm beruht ein gelegentlich als Maß für die Schärfe der Form verwendeter Völligkeitsgrad.

Bruttotonnage (BRT): Das Volumen sämtlicher umbauter Räume oberhalb des Vermessungsdecks wird zur Unterdecktonnage addiert, so daß sich dieser Bruttowert ergibt; er ist es, von dem die für Wohnräume der Besatzung und die Stores zugebilligten Abzüge vorgenommen werden. Vor 1867 wurden Besatzungswohnräume *oberhalb* des Vermessungsdecks von der Vermessung ausgenommen; so waren damals bei kleinen Fahrzeugen mit Glattdeck und nur einem Deckshaus für die Besatzung die Werte für die Unterdeck- und die Bruttotonnage recht ähnlich, und da keine Abzüge erfolgen konnten, bestand dann auch kein nennenswerter Unterschied zur Nettotonnage.

Nettoregistertonnage: (NRT oder RT): Nach Vornahme aller zugebilligten Abzüge von der Bruttotonnage ergibt sich die Nettotonnage. Vor 1867 war nur der Maschinenraum bei Dampfschiffen abzugsfähig; nach diesem Jahr jedoch wurden auch die Wohnräume der Besatzung von der Bruttotonnage *abgezogen* und nicht mehr von jeglicher Vermessung *ausgenommen*. Andere Abzugsmöglichkeiten sind seitdem hinzugekommen. Die Nettotonnage ist zugleich auch die „Registertonnage", die bei der Registrierung als die offizielle Tonnage eingetragen wird und nach der die Leuchtfeuer-, Lotsen- und Hafenabgaben berechnet werden.

B. M.- oder B. O. M.-Tonnage: „Builder's-Measurement-" oder „Builder's-Old-Measurement-Tonnage". Diese war gleichbedeutend mit der nach der vor 1836 gültigen „alten Vermessungsregel" (a. V.) ermittelten Tonnage. Viele Schiffbauer verwendeten sie noch bis um die Mitte der 1860er Jahre bei Preisangeboten für Schiffsneubauten, da ihr Wert durch eine einfache Rechnung leicht zu ermitteln war. –

Bei der neuen Vermessungsformel von 1854 führte die Verwendung der Zahl 100 als Divisor zu einer vereinfachten Rechnung gegenüber der zwischen 1836 und 1854 als Divisor benutzten Zahl 3500.

DEFINITIONEN ZUR VERMESSUNG FÜR DIE REGISTRIERUNG NACH DEM GESETZ VON 1854

Diese Abmessungen erscheinen gewöhnlich bei den Angaben in Schiffszertifikaten und Besichtigungsberichten. Die Bestimmung der Länge aus einem vorliegenden Längsriß bereitet dem Nichtfachmann oft die größten Schwierigkeiten. Diese Darstellung soll hier in Verbindung mit den Skizzen von Abb. 161 Klarheit schaffen.

Registerlänge: „Länge von Vorderkante Vorsteven unterhalb des Bugspriets bis zur Achterkante des oberen Hinterstevens", so lautet die in britischen Zertifikaten gegebene Definition. Diese „Länge über die Steven" wurde längs Deck gemessen. Nur bei Schiffen mit starkem Sprung wurde sie wahrscheinlich in schnurgerader Linie ermittelt (vgl. Tonnagevermessung 1854). Die Achterkante des Hinterstevens in Deckshöhe ist leicht festzulegen; der vordere Punkt bereitet dagegen Schwierigkeiten, die sich bei Eisenschiffen noch verstärken. Bei hölzernen Schiffen war es oft nötig, die Linie der Vorstevenvorderkante parallel zur Sponung bis zu einem Punkt an der Bugsprietunterkante zu verlängern, um die vordere Begrenzung der Länge zu erhalten. Bei eisernen Schiffen sind nun aber Vorsteven und Galionsschegg identisch, wobei der Steven, wie etwa beim Aberdeen-Bug, sich nach vorn krümmt, bis er fast parallel zur Steigung des Bugspriets verläuft. Ein nützlicher Artikel in der Zeitschrift *Naval Science* enthält eine erläuternde Skizze, die für Abb. 161 ausgewertet wurde. Danach wurde bei Eisenschiffen die Länge von dem Punkt des Vorstevens gemessen, wo er gegen das Fußstück der Galionsfigur stieß.[6] Aus den Skizzen wird deutlich, daß bei Segelschiffen normaler Bauart die Registerlänge häufig größer war als die Vermessungslänge. Bei dem vorderen Endpunkt der Registerlänge war man zu dem vor 1836 üblichen und von einigen Werften auch weiterhin verwendeten Vermessungspunkt zurückgekehrt.

Registerbreite: „Größte Breite auf Außenkante Außenhaut". Dies war die „Breite über alles", manchmal auch „extreme Außenbreite" genannt.

Registertiefe: „Raumtiefe vom Vermessungsdeck bis zur Wegerung mittschiffs". Hierbei war von Oberkante Decksbalken bis zur Wegerung neben dem Kielschwein zu messen. Es ist dies *niemals* der Tiefgang.

Andere anzutreffende Maße:

Länge zwischen den Loten: Dies ist ein von Schiffbauern verwendetes Maß, das von Werft zu Werft variieren konnte, in vielen Fällen aber zwischen Achterkante Vorsteven in Deckshöhe und Achterkante Hintersteven über dem Kiel gemessen wurde, wobei durch diese Punkte gezogene senkrechte Linien nach unten zum Wasserlinienriß verlängert wurden.

Länge an Deck: „An Deck" zeigt an, daß diese Länge längs Deck und nicht am Kiel gemessen wurde. Sie entsprach wahrscheinlich der Registerlänge.

Länge über alles: Sie wurde gewöhnlich von der Vorderkante der Galionsfigur bis zur Achterkante der Heckreling gemessen.

Breite auf Spanten: Sie entspricht der bei der alten Vermessungsregel gegebenen Definition.

Diese ausführlichen Erläuterungen dürften in Verbindung mit den entsprechenden Zeichnungen wesentlich zur Vermeidung sonst häufig in Verbindung mit Schiffslänge und Tonnage auftretender Verwirrung beitragen.

ERLÄUTERUNGEN ZUR TONNAGEVERMESSUNG UND REGISTRIERUNG

ANMERKUNGEN:

[1] William Salisbury, „Early Tonnage Measurement in England", *M. M.*, part III, p. 340; ebenfalls zitiert in David R. MacGregor, *The Tea Clippers* (London 1952), p. 242.

[2] Wortlaut der Regel bei George Moorsom, *A Brief Review and Analyses of the Laws for the Admeasurement of Tonnage* (London 1852), pp. 154–155; einige die Breite betreffenden Verdeutlichungen wurden hier hinzugefügt.

[3] Details nach Pelham Richardson, *A Practical Digest of the Law of Merchant Ships and Seamen* (London 1847), p. 32; einige Verdeutlichungen zu den Breiten- und Tiefenmaßen wurden aus verschiedenen Stellen dieses Werkes zusammengefaßt.

[4] Dem Nachdruck des Gesetzestextes entnommen: Act (cf. ref. 5) in HM Customs, *Instructions to Measuring Surveyors* (London 1961), pp. 42–50, dazu weitere erläuternde Texte dieses Buches. Ebenfalls nach „Register Tonnage in Practice", *Naval Science*, Juli 1873, pp. 370–374.

[5] *Instructions to Measuring Surveyors*, a. a. O., p. 11 (Fußnote).

[6] „Register Tonnage in Practice", a. a. O., fig. 1, wo dies als „Identitätslänge" bezeichnet wird.

ANHANG 2

VON ALEXANDER HALL & SONS, ABERDEEN, VON 1811 BIS 1875 GEBAUTE SCHIFFE

Von James Henderson nach den Kostenberechnungen für jedes Schiff zusammengestellt. Die „Kontrakttonnage" gibt oft einen Mittelwert an zwischen der Tonnage alter und neuer Vermessung oder zwischen dem Tonnengehalt alter Vermessung und der Bruttoregistertonnage. Die L.R.-Klasse beeinflußte den Preis ebenso wie die Art des Kontraktes, nach dem z. B. das Schiff nur als „Rumpf mit Spieren" oder „komplett und segelfertig" etc. zu bauen war. Der Raum reicht hier nicht aus, um alle in den Berechnungen enthaltenen Varianten zu berücksichtigen. Wo der Kontrakt keinen Preis pro ton enthielt, wird hier der Pauschalpreis angegeben. Die Kosten pro ton können dann erforderlichenfalls unter Verwendung der Kontrakttonnage, wenn angegeben, errechnet werden.

Bau-Nr.	Jahr	Name	Takelung	Tons a. V.	Kontrakt-preis/ton	Pauschalpreis	Kontrakttonnage
1		(nicht genannt)		87¾			
2	1811	GLASGOW PACKET		83			
3	1811	PLOUGH	Sch	86	£ 10		
4	1812	EDINBURGH PACKET	Smk	86	£ 12		
5	1812	TWINS	Slp	?		£ 400 „wie vereinbart"	
6	1813	MINERVA	Bg	202	£ 13		
7	1813	INVERNESS AND CROMARTY PACKET	Smk	63	£ 11.11s		
8	1813	BRITANNIA	Bg	132	£ 11.10s		
9	1814	DON	Vs	332	£ 15.10s		
10	1814	BRILLIANT	Vs	332	£ 15.10s		
11	1815	NICHOLAS	Bg	212	£ 13		
12	1815	NAUTILUS	Bg	130	£ 12.5s		
13	1815	OAK	Bg	119	£ 11		
14	1815	PRINCE OF WATERLOO	Vs	287	£ 14.14s		
15	1815	DOLPHIN	Smk	55	£ 13		
16	1816	ORANGE	Bg	137	£ 11.11s		
17	1816	ROTTERDAM PACKET	Smk	112	£ 12.12s		
18	1816	LADY HOOD MCKENZIE	Bg	117	£ 11.15s		
19	1817	RELIANCE	Slp	64		£ 490	
20	1816	ABUNDANCE	Bg	112	£ 1.5s nur für Arbeit am Rumpf		
21	1817	BARBARA	Bg	164	£ 9.6s		
22	1817	LIVELY	Slp	46	£ 7.7s		
23	1817	LADY SALTOUN	Slp	38	£ 6.17.6		
24	1817	EXPEDITION	Bg	180	17s 6d nur für Arbeit		
25	1818	RESOLUTION	Bg	121	£ 8		
26	1818	AGNES	Bg	144	£ 10.10s		
27	1818	ASIA	Vs	532	£ 13		
28	1819	HANNAH MOORE	Bg	202	£ 1 nur für Arbeit am Rumpf		
29	1820	THE BRUCE	Bg	240	£ 10		
30	1819	PHILORTH	Slp	36		£ 230	
31	1819	SOPHIA	Slp	43	£ 7		
32	1820	PALLADIUM	Bg	120	£ 9.10s		
33	1820	MARY	Slp	49	£ 8		
34	1821	MOUNTAINEER	Bg	106	£ 8.15s		
35	1821	JAMES	Sch	66	£ 8		
36	1822	OSBORN	Sch	86	£ 7.14s		
37	1822	THANE OF FIFE	Slp	62	£ 8.5s		
38	1823	JEAN STEUART	Bg	114	£ 8		
39	1823	ANDREW FORBES	Smk	43	£ 7.5s		
40	1823	HARMONY	Slp	74	£ 8.8s		

Bau-Nr.	Jahr	Name	Takelung	Tons a. V.	Kontrakt-preis/ton	Pauschalpreis	Kontrakttonnage
41	1823	RADIANT	Bg	167	£ 9.9s		
42	1824	SIR CHARLES FORBES	Vs	363	£ 11		
43	1825	CALEDONIAN	Bg	236	£ 11.12s		
44	1825	BANCHORY	Bg	129	£ 11		
45	1825	CRAIGIEVAR	Bg	262	£ 12.12s		
46	1826	ALBION	Bg	266	£ 12.12s		
47	1826	MARMION	Sch	78	£ 9		
48	1826	UNION	Smk	79	£ 12.12s		
49	1826	AULTNASKIACH	Smk	63	£ 8.5s		
50	1827	HELENS AND ELENORA	Sch	84	£ 8.15s		
51	1827	CORSICAN	Bg	87	£ 2.2s nur Arbeit an Rumpf und Spieren		
52	1827	RD PAUL JONES	(Schlepper)	29		£ 800 ohne Maschinen etc.	
53	1827	JOHN PIRIE	Sch	105	£ 9		
54	1828	CHILDE HAROLD	Bg	115	£ 8.15s		
55	1828	WARREN PACKET	Smk	48	£ 6		
56	1829	VISITOR	Bg	136	£ 8.12.6		
57	1829	MATILDA	Bgn	109	£ 8.12.6		
58		HANNAH MOORE	(keine Angaben; möglicherweise Reparatur an Nr. 28)				
59	1830	MAGNUS TROIL	Sch	124	£ 9		
60	1831	WALTER HAMILTON	Bg	127	£ 8.5s		
61	1833	ADVENTURE	Bg	149	£ 7.9s		
62	1833	SISTERS	Bg	137	£ 7.9s		
63	1833	ST. NICHOLAS	Bg	140	£ 7.7s		
64	1834	JACK TAR	Bg	195	£ 8.15s		
65	1834	HARMONY	Bg	155	£ 9.5s		
66	1834	EUROPA	Bk	224	£ 8.15s		
67	1835	OSPREY	Smk	40	£ 8.8s		
68	1835	RD JARDINE	Sch	58		£ 600 nur Rumpf (Yacht)	
69	1835	COCK OF THE NORTH	Smk	59	£ 8.12.6		
70	1835	SIR WILLIAM WALLACE	Bg	183		£ 1500 „wie vereinbart“	
71	1835	BUCHAN	Bgn	116	£ 8.16s		

Bau-Nr.	Jahr	Name	Takelung	Tons n. V.*	Kontrakt-preis/ton	Pauschalpreis	Kontrakttonnage
72	1836	EARL OF FIFE	Bgn	82	£ 9.2.6		90 a.V.
73	1836	DUKE OF SUTHERLAND	Smk	69	£ 8.12.6		69 a.V.
74	1836	VIOLET	Bg	168	£ 8.10s		160 (ca.)
75	1836	HAWK	Sch	80	£ 9.2.6		92½ „wie vereinbart“
76	1836	SAMSON	Bgn	120	£ 8.11s		126 a.V.
77	1836	BARBARA ALLAN	Bg	143	£ 9.10s		149½ a.V.
78	1836	JOSEPH	Smk	30	£ 8.15s		45 a.V.
79	1837	COMMODORE	Bg	149	£ 10.16.6 bei 145 tons; £ 5.8.3 bei 11⅕ tons		
80	1837	ALERT	Bg	118	£ 8.5s		121 a.V.
81	1837	ORLANDO	Bg	158	£ 11		157 „wie vereinbart“
82	1837	CATHERINE	Bk	247	£ 11		225
83	1837	VICTORIA	Bg	109	£ 9.5s		115 „wie vereinbart“
84	1837	YTHAN	Sch	84	£ 8.10s		103 a.V.
85	1838	MARY AND ANN	Bk	262	£ 11		238½ a.V.
86	1838	CERES	Bg	134	£ 7		132½ a.V.
87	1838	QUEEN VICTORIA	Bgn	110	£ 10.10s		117 a.V.
88	1838	COMMERCE	Bgn	140	£ 7		142 a.V.
89	1838	VENILIA	Bg	207	£ 9.10s		208½
90	1838	MINERVA	Bg	153	£ 10		153
91	1838	FALCON	Sch	85	£ 11		90 (ca.)
92	1838	HARMONY	Bg	142	£ 7		142
93	1839	SARAH	Bg	232		£ 2000	
94	1838	WANDERER	Bg	155	£ 7		155
95	1839	MENDORA	Bg	152	£ 6.15s		151½ (ca.)
96	1839	FORTITUDE	Bk	251	£ 11.10s		230
97	1839	ANGLER	Bgn	92	£ 8.5s		104
98	1839	BESSY ROBERTSON	Bg	150	£ 11.15s		155
99	1839	GEM	Bg	188	£ 7.7s		180 „wie vereinbart“
100	1839	ENCHANTRESS	Bk	241		£ 2800	
101	1839	SCOTTISH MAID	Sch	143		£ 1700	
102	1840	D GAZELLE	Sch	121		£ 1000 nur Rumpf (Yacht)	
103	1839	ANN SMITH	Bk	292	£ 9.15s		258 a.V.
104	1839	COLUMBINE	Bg	176		£ 2400	

* *1836 erscheinen wegen der Tonnageregel erstmals Angaben nach „n.V.“ und nach „a.V.“ nebeneinander.*

Bau-Nr.	Jahr	Name	Takelung	Tons n. V.	Kontrakt-preis/ton	Pauschalpreis	Kontrakttonnage
105	1840	LORD WESTERN	Bk	530		£ 7300	
106	1840	CRUSADER	Bk	224	£ 10.5s		205 a.V.
107	1840	TARTAR	Bg	203		£ 2100	
108	1840	ROVER	Sch	139	£ 11.10s bei 134 tons; £ 5.15s bei 5 tons		
109	1840	ABERDONIAN	Sch	146		£ 1770	
110	1840	ELIZABETH	Sch	136		£ 1500	136
111	1840	LONDON	Sch	142		£ 1700	
112	1840	PORT FLEETWOOD	Sch	162	£ 16.10s		171 (ca.)
113	1841	RESOURCE	Bg	146	£ 9.10s		152 (ca.)
114	1840	WESTERN ISLES	Sch	83	£ 8		91 a.V.
115	1841	THOMAS ARBUTHNOT	Vs	621	£ 18.5s bei 507 tons a.V.; £ 9.2.6 bei 14 tons		
116	1842	RD IRIS	Sch	280	£ 12		280 a.V. „wie vereinbart"
117	1841	TRIO	Bk	388	£ 15		355 a.V.
118	1841	FLORA	Bg	148	£ 11		157 „wie vereinbart"
119	1841	MAID OF ALN	Sch	108		£ 1400	
120	1841	WAVE	Bgn	95		£ 1200	
121		LEICHTER				£ 55	
122	1842	QUEEN OF THE ISLES	Bk	278	£ 13		255 „wie vereinbart"
123	1842	GLENTANNER	Vs	610	£ 10.10s		510 „wie vereinbart"
124	1841	UNION	Bgn	94		£ 1400	
125	1841	RAMBLER	Sch	110	£ 10		121½ (ca.)
126	1842	HUMAYOON	Vs	530	£ 18.2.6		440 a.V.
127	1841	LIGHTNING	Sch	177		£ 2000	
128	1842	RAPID	Sch	149	£ 12.7.6		205 „wie vereinbart"
129	1842	NON-SUCH	Sch	151	£ 12.7.6 bei 205 tons a.V.; £ 6 bei 5 tons a.V.		
130	1842	FAIRY	Sch	150		£ 1250	
131	1842	ANNABELLA	Sch	156	£ 10.2.6		166 (ca.)
132	1842	MOUNTAIN MAID	Bg	192		£ 1710	192
133	1842	ALNWICK CASTLE	Sch	54		£ 700	
134	1842	CYNTHIA	Bk	251		£ 2300	
135	1843	BORDER MAID	Sch	91		£ 1562	
136	1843	WATERWITCH	Sch	92		£ 1562	
137	1843	PERA	Sch	191	£ 12		220 (ca.)
138	1843	EBENEZER	Sch	67		£ 528	67
139	1843	SWIFT	Sch	183		£ 2688	
140	1843	HOPE	Bg	126		£ 800	
141	1843	STRATHBOGIE	Sch	45	£ 10.10s		65 a.V.
142	1843	HERO	Sch	52	£ 12		83 „wie vereinbart"
143	1844	COLLOONY	Bk	287		£ 3600	
144	1844	HEROINE	Sch	75	£ 10.10s bei 102 tons; £ 5.5s bei 7 tons		
145		RD QUEEN	Sch	?		£ 2636 Rumpf und Holzarbeiten	
146	1844	DART	Sch	88	£ 12.10s		118 „wie vereinbart"
147	1845	ACASTA	Bk	327		£ 3800	
148	1845	WILLIAM PUNTON	Bg	170		£ 2268	
149	1845	PRINCE OF WALES	Sch	178		£ 2268 Spieren und Holzarbeiten	
		(Eisenrumpf von Wm. Simpson, Aberdeen)					
150	1845	TORRINGTON	Sch	144		£ 3877	
151	1845	ALEXANDER HALL	Bk	403		£ 2800	
152	1845	WHITE MOUSE	Sch	72		£ 1450	
153	1845	BON ACCORD	Vs	380	£ 18.5s		388½ (ca.)
154	1846	WIZARD	Sch	93		£ 1200	
155	1846	SIR WIILIAM WALLACE	Sch	105		£ 1900	
156	1846	MATCHLESS	Sch	107		£ 2000	
157	1846	GITANA	Sch	92		£ 1300	
158	1846	ELECTRA	Bk	306		£ 5400	
159	1847	NORTH STAR	Vs	384	£ 18.5s		430 a.V.
160	1847	AMELIA	Sch	150	£ 16.10s		240 a.V.
161	1847	VICTORIA	Sch	65		£ 1500	
162	1847	CURLEW	Sch	116		£ 1800	116 n.V.
163	1848	PILOT FISH	Vs	302		£ 6119	
164	1848	BEN MUICK DHUI	Bk	244		£ 3300	
165	1848	BONITA	Vs	299		£ 4850	
166	1848	GUIDE	Sch	132	£ 16		153 a.V.
167	1848	PERUVIAN	Bk	413		£ 3000	361 a.V.
168	1848	REINDEER	Vs	328	£ 10		375 (ca.)
169	1849	PRINCEZA	Bg	149		£ 2020	
170	1849	BENJAMIN ELKIN	Vs	367	£ 15		396 (ca.)
171	1850	CITY OF HAMILTON	Vs	517	£ 11 bei 500 tons; £ 5.10s bei 24 tons		
172	1849	EMPEROR	Bk	368		£ 4600	
173	1850	CONQUEROR	Vs	457	£ 14		472½ (ca.)

Bau-Nr.	Jahr	Name	Takelung	Tons n. V.	Kontrakt-preis/ton	Pauschalpreis	Kontrakttonnage
174	1850	PRINCESS ROYAL	Sch	172		£ 2800	
175	1850	STORNOWAY	Vs	527	£ 17		562 (ca.)
176	1851	JOHN TAYLOR	Vs	787	£ 18.18s		763 1/2 (ca.)
177	1851	CHRYSOLITE	Vs	440	£ 17.17s		505 (ca.)
178	1851	D JUNO	Sch	213		£ 3330 Rumpf und Holzarbeiten	
179	1851	DUNROBIN CASTLE	Vs	545	£ 9		464 „wie vereinbart“
180	1852	HANNIBAL	Vs	576	£ 15.15s		577 (ca.)
181	1852	FRANCIS HENTY	Vs	432	£ 11.10s		505 (ca.)
182	1852	JULIA	Vs	475	[£ 11.19.1]	£ 6300	550 (ca.)
183	1853	CAIRNGORM	Vs	939	£ 14		1094 (ca.)
184	1852	ENTERPRISE	Sch	76	£ 12.10s		95 (ca.)
185	1852	VELOCIDADE	Vs	280	£ 15 bei 290 tons; £ 7.10s bei 10 tons		
186	1853	LEICHARDT	Vs	589	£ 15		611 3/4 (ca.)
187	1853	MIMOSA	Vs	447	£ 12		493 (ca.)
188	1853	MARION	Bk	191	£ 14.14s		250 (ca.)
189	1854	VISION	Vs	563		£ 9400	
190	1854	ORIBE	Bk	220	£ 18.10s		245 (ca.)
191	1854	UNDAUNTED	Vs	314		£ 6000	
192	1854	WOODLAND [? WOODLARK? wie in L. R.]	Bg	203	£ 15		246 (ca.)
193	1855	CHARLES HORSFALL	Vs	798	£ 15.5s		860 a.V.
194	1854	HARRIET ARMITAGE	Bk	199	£ 16.13s		300 (ca.)
195	1855	SCHOMBERG	Vs	2284	£ 14		2492 a.V. „wie vereinbart“
				BRT*			
196	1855	SEA STAR	Vs	591	£ 16		707 1/2 (ca.)
197	1856	SUNSHINE	Vs	549	£ 15		645 a.V.
198	1855	D FOX	3-Sch	177		£ 5000 inkl. Maschinen	
199	1856	DOROTHY	Vs	761	£ 15		882 a.V.
200	1855	KELPIE	Bkn	118		£ 3000	
201	1855	VINDEX	Sch	179	£ 18.10s		264 a.V.
202	1856	STAR OF TASMANIA	Vs	632	£ 17		778 a.V.
203	1856	KITTA WAKE	Sch	150		£ 3500	(Yacht)
204	1857	FRIAR TUCK	Vs	662	£ 13.10s		863 a.V.
205	1856	ROBIN HOOD	Vs	853	£ 18 bei 1166 tons a. V.; £ 9 bei 18 54/94 tons a.V.		
206	1856	SALAMANDER	Sch	115		£ 5000	(Yacht)
207	1856	MARTINET	Sch	72		£ 1600	123 a.V.
208	1857	THE OAK	Sch	155		£ 2600	
209	1857	BON ACCORD	Bk	290	£ 13		321 a.V.
210	1857	RECRUIT	Sch	53		£ 1050	
211	1857	ARTIZAN	Bg	170		£ 2600	
212	1857	AGRICOLA	Bg	159	£ 15		158
213	1859	MACDUFF	Vs	1136		£ 20000	
214	1858	MARY	Bk	316		£ 5000	
215	1858	ZIBA	Bkn	497		£ 8835	570 (ca.)
216	1859	ASTEROPE	Vs	602			638 1/2 (ca.) aus a.V., n.V. [?] und RT
217	1860	CHAA-SZE	Vs	556	£ 17		605 (ca.)
218	1859	OCEAN MAIL	Vs	630	£ 17.10s		754 (ca.)
219	1860	FLYING SPUR	Vs	735	£ 16.10s		805 3/4 (ca.)
220	1860	CHEPICA	Vs	446	£ 16		465 (ca.)
221	1861	PEGASUS	Vs	525	£ 17		542 1/2 „wie vereinbart“
222	1861	THE MURRAY	Vs	902	£ 17		961 (ca.)
223	1861	ADAM SEDGWICK	Vs	458	£ 16		482 (ca.)
224	1861	THE COLLEEN BAWN	Bk	386	£ 14		399 1/4 (ca.)
225	1862	CLARA SAYERS	Bk	294		£ 4300	
226	1862	STAR OF CHINA	Vs	794	£ 17.5s		840 3/4 (ca.)
227	1862	EMILY	Bg	177		£ 3800	
228	1862	COULNAKYLE	Vs	579	£ 18		650 „wie vereinbart“
229	1862	VANDA	Bk	353	£ 16.10s		370 (ca.)
230	1862	NATAL STAR	Vs	366		£ 5850	
231	1863	REINDEER	(Komp.) Vs	965	£ 18.15s		934 (ca.)
232	1863	FY-CHOW	Vs	710	£ 18.10s		853 22/94 a.V.
233	1863	CELAENO	Vs	702	£ 18		
234	1863	BLACK PRINCE	(Komp.) Vs	751	£ 18		919 1/2 a.V.
235	1863	YANG-TSZE	(Komp.) Vs	688	£ 19		772 a.V.
236	1864	TUGELA	Vs	475	£ 17		494 (ca.)
237	1864	THE GOOLWA	(Komp.) Vs	717	£ 20		717 BRT
238	1864	EDWARD P. BOUVERIE	Vs	997	£ 18.10s		1028 a.V.

* *Durch die Tonnageregel von 1854 bedingte Änderung der Tonnageangabe.*

Bau-Nr.	Jahr	Name		Takelung	BRT	Kontrakt-preis/ton	Pauschalpreis	Kontrakttonnage
239	1866	SOBRAON	(Komp.)	Vs	2131	£ 19		2273 a.V.
240	1864	DEVANA		Vs	795	£ 18.7.6		855 a.V.
241	1865	DARRA	(Komp.)	Vs	999	£ 17.10s		1000 „wie vereinbart"
242	1865	D ADMIRAL	(Komp.)	Sch	665		£ 22410 inkl. Masch.	
243	1865	JOHN WILLIAMS	(Holz)	Bk	296		£ 7500	537,39
244	1866	D DOUGLAS	(Eisen)	Bk	873		£ 12350; Maschinen & Kessel £ 9000 extra	
245	1865	ADA	(Komp.)	Vs	687	£ 16.10s		
246		LEICHTER	(Eisen)	–	392 a.V.		£ 1250 (für den Transport nach China zerlegt)	
247	1867	BRUCKLAY CASTLE	(Komp.)	Vs	1014		£ 16000	
248	1866	ELECTRA	(Komp.)	Vs	788	£ 16.15s		728 (ca.)
249	1866	D TAIWAN	(Eisen)	Bg	338		ca. £ 6500 ohne Maschinen; ca. £ 11700 inkl. Maschinen	
250	1867	D ECLIPSE	(Holz)	Vs	435			
251	1867	JOHN WESLEY	(Komp.)	Bkn	238		£ 3480	
252	1867	NICOYA	(Komp.)	Vs	593	£ 18.5s		644¾ (ca.)
253	1868	COMMISSARY	(Holz)	Vs	941		£ 15000	
254	1867	ILLOVO	(Holz)	Vs	397	£ 15.15s		
255	1867	WHALSEY	(Holz)	Smk	15		£ 300	
256	1868	D KWANG TUNG	(Eisen)		860		£ 21358	Einige Arbeit von Hall, Russell(?)
257	1868	HELEN BLACK	(Holz)	Bk	305		£ 4000	
258	1868	SAMOA, später JOHN WILLIAMS	(Holz)	Bk	200		£ 5000	
259	1868	D HO-SHO-MARU	(Holz)	Bk	173		£ 9238	
260	1868	HERRADURA	(Komp.)	Vs	612	£ 17.10s		682 (ca.)
261	1869	D IHO-SHO-MARU	(Holz)	Bk	1459		£ 45000 inkl. Maschinen	
262	1869	MAY QUEEN	(Eisen)	Vs	780	£ 15.10s		732,13 NRT
263	1869	THE CALIPH	(Komp.)	Vs	961	£ 17		900 (ca.)
264	1869	BARRANCA	(Komp.)	Vs	677	£ 17		
265	1870	LUFRA	(Komp.)	Vs	704		£ 10000	
266		LEICHTER	(Holz)		[keine Angaben]			
267	1871	D RICHMOND	(Eisen)	?	191		£ 3730	
268	1871	HOKITIKA	(Eisen)	Bk	292		£ 3950	
269	1871	JUAN DE LA VEGA	(Holz)	Bgn	172		£ 2780	
270	1872	D GREENLAND	(Holz)	Bk	448		£ 12800	
271	1872	D GRAPHIC	(Eisen)	?	1029	[nicht angeg.]	£ 17586 nach Fertigstellung	
272	1873	D HOPE	(Holz)	Vs	452		£ 13500 (Walfänger)	
273	1872	ELIZABETH	(Holz)	Sch	99	[nicht angeg.]	£ 1846 nach Fertigstellung	
274	1872	ROBERT MILLER	(Holz)	Smk	81	[nicht angeg.]	£ 1338 nach Fertigstellung	
275	1872	D LILY	(Eisen)	?	213		£ 3500	nur Rumpf
276	1872	D VANGUARD	(Holz)	?	559	£ 18		599,32 BRT
277	1873	JOHN WALKER	(Holz)	Smk	77		£ 3000	
278	1873	ROBERT KIRKWOOD	(Holz)	Smk	78		£ 3000	
279	1873	D PRINCESS LOUISE	(Komp.)	?	30		£ 650	
280	1873	D DEE	(Eisen)	?	304		£ 14000	
281	1873	D DON	(Eisen)	?	304		£ 14000	
282	1873	D ALEXANDER PIRIE	(Eisen)	?	514	[nicht angeg.]	£ 14170 nach Fertigstellung	
283	1874	CALYPSO	(Eisen)	Vs	1061	£ 18.12.6 bei 1013 tons; £ 9.6.3 bei 6½ tons		
284	1875	ALIVE	(Eisen)	Bk	313		£ 4950	
285	1874	AVALANCHE	(Eisen)	Vs	1210		£ 19973 nach Fertigstellung	
286	1875	BAY OF NAPLES	(Eisen)	Vs	1676		£ 27458 nach Fertigstellung	
287	1875	ULLOCK	(Eisen)	Bk	815	£ 17.7.6		776

ANHANG 3

SPIERENABMESSUNGEN DER *THERMOPYLAE*
NACH DER LISTE AUF DEM SEGELRISS VON BERNARD WAYMOUTH

				Durchmesser
Fockmast, Deck bis Unterkante Längssalinge:	13,72 m	Topp:	4,72 m	0,74 m
Vormarsstenge, Fuß bis Unterkante Längssalinge:	12,80 m	Topp:	3,05 m	0,44 m
Vorbramstenge:	8,53 m	–		0,32 m
Vorroyalstenge:	5,49 m	Topp:	0,31 m	
Großmast, Deck bis Unterkante Längssalinge:	14,94 m	Topp:	4,72 m	0,76 m
Großmarsstenge, Fuß bis Unterkante Längssalinge:	12,80 m	Topp:	3,05 m	0,44 m
Großbramstenge:	9,75 m	–		0,32 m
Großroyalstenge:	7,01 m	Topp:	0,31 m	
Kreuzmast, Deck bis Unterkante Längssalinge:	12,80 m	Topp:	3,51 m	0,58 m
Kreuzmarsstenge, Fuß bis Unterkante Längssalinge:	9,75 m	Topp:	2,44 m	0,36 m
Kreuzbramstenge:	7,01 m	–		0,23 m
Kreuzroyalstenge:	4,57 m	Topp:	0,31 m	
Fockrah, Gesamtlänge:	24,69 m	Nocken:	1,07 m	0,48 m
Voruntermarsrah, Gesamtlänge:	20,12 m	Nocken:	0,31 m	0,39 m
Vorobermarsrah, Gesamtlänge:	19,81 m	Nocken:	1,07 m	0,37 m
Vorbramrah, Gesamtlänge:	14,33 m	Nocken:	0,76 m	0,28 m
Vorroyalrah, Gesamtlänge:	10,67 m	Nocken:	0,46 m	0,20 m
Großrah, Gesamtlänge:	24,69 m	Nocken:	1,07 m	0,48 m
Großuntermarsrah, Gesamtlänge:	20,12 m	Nocken:	0,31 m	0,39 m
Großobermarsrah, Gesamtlänge:	19,81 m	Nocken:	1,07 m	0,37 m
Großbramrah, Gesamtlänge:	15,24 m	Nocken:	0,76 m	0,28 m
Großroyalrah, Gesamtlänge:	11,28 m	Nocken:	0,46 m	0,20 m
Bagienrah, Gesamtlänge:	19,81 m	Nocken:	1,07 m	
Kreuzuntermarsrah, Gesamtlänge:	16,15 m	Nocken:	0,31 m	
Kreuzobermarsrah, Gesamtlänge:	15,24 m	Nocken:	0,76 m	
Kreuzbramrah, Gesamtlänge:	11,28 m	Nocken:	0,46 m	
Kreuzroyalrah, Gesamtlänge:	8,53 m	Nocken:	0,31 m	
Besanbaum, Gesamtlänge:	15,85 m	–		
Besangaffel, Gesamtlänge:	12,04 m	Nock:	1,37 m	
Bugspriet, vor den Ohrhölzern:	6,10 m			
Klüverbaum, Eselshaupt bis 1. Band:	5,03 m			
Klüverbaum, 1. bis 2. Band:	5,49 m			
Klüverbaum, 2. bis 3. Band:	3,96 m			

Fall der Masten: Fockmast 7,3 %, Großmast 8,34 % und Kreuzmast 9,88 % der Höhe.
„An jedem Mast können Sturmstagsegel gefahren werden."
„Großbram- und Kreuzmarssegel mit Colling & Pinkneys Rollreffpatent."
(Wie im Text erwähnt, wurde das Patentreffmarssegel durch geteilte Marssegel am Kreuzmast ersetzt.)

ABKÜRZUNGSVERZEICHNIS

A. S. & Sons: Alexander Stephen & Sons
C. H.: Custom House (Zollbehörde)
L. R.: Lloyd's Register
M. M.: *Mariner's Mirror* (Zeitschrift)
N. M. M.: National Maritime Museum, Grennwich
P. P.: Parliamentary Papers

Takelungsarten

Bg = Brigg
Bgn = Brigantine (Schonerbrigg)
Bk = Bark
Bkn = Barkentine (Schonerbark)
D = Dampfschiff
K = Ketsch
RD = Raddampfer
Sch = Schoner
3-Sch = Dreimastschoner
Slp = Slup
Smk = Smack
Vs = Vollschiff

Weitere Abkürzungen werden im ANHANG 1 (TONNAGEVERMESSUNG) erläutert.

QUELLENANGABE UND BIBLIOGRAPHIE

SCHIFFSPLÄNE UND MODELLE

Das Buch stützt sich in seinem Aufbau auf photokopierte oder nach den Originalen gezeichnete Pläne wie auch auf Risse, die nach eigens dafür aufgemessenen Modellen angefertigt wurden. In den meisten Fällen findet sich die Quellenangabe im Text, und bei jeder größeren Sammlung wird auch auf deren Umfang hingewiesen; eine Wiederholung derartiger Informationen erübrigt sich hier. Die folgende Liste umfaßt diejenigen Sammlungen, die mit mehr als einem Plan oder Modell etwas zu diesem Buch beigesteuert haben:

National Maritime Museum, Greenwich: Admiralty Collection of Draughts; Handelsschiffspläne, zu denen von zahlreichen Werften und Sammlern stammende Risse gehören wie die der Croad Collection, der Denny Collection, der Lisslie Collection und der Longstaff Collection; daneben zahlreiche Modelle.

Alexander Stephen & Sons: Pläne und Halbmodelle fast aller seit 1852 auf der Glasgower Werft gebauter Fahrzeuge, von denen die Pläne sich jetzt im N. M. M. befinden. Außer zwei Plänen und einem Halbmodell, die ebenfalls in der Werft in Glasgow gefunden wurden, konnten keinerlei Unterlagen eindeutig der Werft in Dundee zugeschrieben werden.

Barclay, Curle & Co.: Seit 1850 die jetzt im N. M. M. befindlichen Pläne fast aller Schiffe.

Science Museum, London: Pläne der Geddie Collection; von G. C. Watson gezeichnete Segelrisse; photographische Negative diverser Pläne neben denen der Hilhouse Collection.

Liverpooler Museum: Viele Modelle inkl. Kellock Collection.

Museum in Whitehaven: Einige Halbmodelle; Segelrisse von William Kennaugh.

Glasgower Museum: Halbmodelle von Alexander Hall & Sons gebauter Klipper; viele andere Halbmodelle, darunter auch solche von John Reid.

Museum in Sunderland: Neben anderen Modellen am Ort gebauter Schiffe, Halbmodelle bei Robert Thompson entstandener Fahrzeuge.

Museum in Whitby: Pläne am Ort gebauter Schiffe.

Maritime Museum von Brixham: Halbmodelle am Ort gebauter Fahrzeuge.

Bristol Museum: Halbmodelle von seit 1851 bei G. K. Stothert gebauten Schiffen; andere Modelle, davon einige von am Ort gebauten Fahrzeugen.

Charles Hill & Sons: Pläne der Hilhouse Collection (ca. 1760–1841).

T. & J. Brocklebank: Pläne in Whitehaven gebauter Schiffe.

Smith's Dock Co.: Modelle in den Räumen der Firma in N. Shields und in Middlesbrough.

James Steele (Nachlaß): Halbmodelle von Robert Steele & Co. gebauter Schiffe. Verbleib heute unbekannt.

J. W. & A. Upham: Halbmodelle von auf der Werft gebauten Fahrzeugen.

B. E. Nicholson: Halbmodelle von in Annan zwischen 1853 und 1865 entstandenen Schiffen.

Howard I. Chapelle: Zahlreiche Pläne und nach Halbmodellen gezeichnete Risse.

James Henderson: Modelle in Aberdeen gebauter Schiffe; nach Modellen oder Originalplänen gezeichnete Risse.

William Salisbury: Einige Modelle; nach Modellen oder Originalrissen gezeichnete Pläne.

Sammlung des Verfassers: Einige Modelle; nach Modellen oder Originalrissen gezeichnete Pläne.

Sammlung F. Holm-Petersen: Modelle und Pläne in Dänemark gebauter Fahrzeuge.

Mariners Museum, Newport News: G. Hillmann-Pläne (ca. 1850–1865) und Pläne französischer Fahrzeuge des 18. Jahrhunderts.

Francis Russell Hart Nautical Museum, Massachusetts Institute of Technology: Einige Modelle; Originalpläne von McKays Klippern.

Peabody Museum, Salem, Mass., USA: Einige Modelle und diverse Pläne.

MANUSKRIPTE

Schiffe nach ihren Erbauern geordnet listenmäßig zu erfassen, ist schwieriger, als Schiffslisten einzelner Reedereien aufzustellen. Das liegt vielleicht daran, daß die meisten Untersuchungen sich früher mehr mit den Schiffseignern befaßten. Selbst in einer solchen Veröffentlichung wie *Lloyd's Register of Shipping* wurden die Namen der Erbauer vor 1859 niemals erwähnt und auch später der Bauort oft nur ungenau angegeben. Nachforschungen über die Eigner wurden damals erleichtert durch die Register der Zollbehörde mit ihren detaillierten Informationen über die Besitzanteile der Partenreeder eines Schiffes und durch die in *Lloyd's Register* seit 1878 enthaltenen Listen der Reedereiflotten. Schwieriger dagegen ist es, Einzelheiten über die verschiedenen Schiffbauer zu ermitteln.

Eine wertvolle Quelle für Werftlisten ist die im Liverpooler Museum befindliche von Arthur C. Wardle stammende Aufstellung. Weitere Listen konnte ich in Werftbüros, in Museen und Bibliotheken von Hafenstädten und in Privatsammlungen ausfindig machen. Eine systematische Auswertung der Register der Zollbehörde wäre zwar sehr zeitraubend, aber sie würde die Aufstellung kompletter nach Werften geordneter Schiffslisten ermöglichen. Bei einem kleinen Hafen, dessen Schiffe fast alle am Ort gebaut wurden, könnten nach den Unterlagen der örtlichen Zollbehörde nahezu vollständige Listen der dort entstandenen Fahrzeuge erstellt werden; bei größeren Häfen dürfte dies jedoch kaum möglich sein. Eine ausgezeichnete Art, sich gute Informationen über Werften und deren Schiffe zu beschaffen, ist das Studium der Besichtigungsberichte (survey reports) von Lloyd's Register, die sich jetzt im N. M. M. befinden. Diese Berichte sind der sicherste Weg, um einen zuverlässigen Einblick in die Tätigkeit einer Werft zu erhalten, gleichzeitig kommentiert durch einen Besichtiger mit Bemerkungen über die dort gebauten Schiffe.

Die wichtigsten als Quellen verwendeten Manuskripte sind hier zusammengestellt:

Barclay, Curle & Co.: Liste der dort gebauten Schiffe.

Baring Brothers: Bauvorschriften und Betriebskosten der Klipper *Black Prince* und *Norman Court;* Briefe und Bauvorschrift bezüglich der *Falcon* (1824); Schriften von Kapitän Andrew Shewan.

Blyth, Greene, Jourdain & Co.: Briefe von James Blyth und Liste der eigenen Schiffe.

Register der Zollbehörde: Londoner und Glasgower Register benutzt.

Dr. und Mrs. Donald: Logbücher und Briefe des für die Aberdeen White Star Line gefahrenen Kapitäns Thomas Mitchell.

L. E. Evans: Logbücher und Dokumente von Kapitän Joseph E. McGill und dessen Sohn Kapitän J. Edward McGill.

Grahame Farr: Listen der in den Häfen von Bideford, Barnstaple etc. gebauten Schiffe (nach Registern der Zollbehörde und anderen Quellen zusammengestellt).

Museum in Glasgow: Liste der von William Simons gebauten Schiffe (inkl. Spierenabmessungen).

India Office Library: Logbücher der *Farquharson* und der *St. Helena.*

Sammlung James Henderson: Kostenberechnungen für bei Alexander Hall & Sons gebaute Schiffe.

Sir James Laing & Co.: Dort gebaute Schiffe mit Spieren- und Takelungsabmessungen.

Liverpool Museum, Schiffahrtssammlung: Liste der von Jones, Quiggin & Co. gebauten Schiffe; von Arthur C. Wardle zusammengetragene Ms-Listen der britischen Werften und der dort gebauten Schiffe.

Lloyd's Register: Visitation Committee Reports für Schiffbauzentren (nach 1851); Surveyors' Committee Reports 1838–1874; Besichtigungsberichte zu einigen Schiffen.

London Missionary Society: Dokumente mit Bezug auf die Schiffe *John Williams II* und *Samoa,* später *John Williams III.*

National Maritime Museum, Greenwich: Liste der in der Blackwall-Werft, London, gebauten Schiffe; Briefe von James MacCunn aus der Lubbock Collection; diverse Logbücher; Lloyd's Register Besichtigungsberichte nach ca. 1834.

B. E. Nicholson: Rechnungsbücher die Reisen der John Nicholson & Co. gehörenden Schiffe betreffend.

Sammlung W. Salisbury: Von W. Stewart-Rees zusammengestellte Ms-Listen von in Nordwestengland gebauten und beheimateten Schiffen.

Alexander Stephen & Sons Ltd.: Tagebücher von Alexander Stephen sen. (von 1824–1851) und von Alexander Stephen jr. (von 1856 an); von letzterem zwischen 1851 und 1856 geführte Notizbücher; Briefbücher der Clyde-Werft von 1856 an. Alle diese Dokumente werden nunmehr im Department of Economic History der Universität Glasgow aufbewahrt.

Tower Hamlets Borough Council, London, (früher Poplar): Sammlung von Daniel R. Bolt zusammengetragener Berichte (inkl. Geschichte einzelner Segelschiffe).

J. W. & A. Upham: Liste dort seit 1856 gebauter Schiffe.

Bibliothek und Museum von Whitehaven: Listen von am Ort gebauten

Schiffen mit besonderen Angaben zu den Werften (von Daniel Hay zusammengestellt); dazu Rechnungsbücher.

Sammlung des Verfassers: Listen von bei William Pile, Sunderland, gebauten Schiffen (mit Nr. 52 [1858] beginnend) und eine komplette Aufstellung sämtlicher bei Robert Steele & Co. entstandenen Fahrzeuge; Logbücher und Reiseberichte.

ZEITUNGEN UND ZEITSCHRIFTEN

(nur die wesentlichsten Titel)

Aberdeen Journal
Albion (Liverpool)
American Neptune (Salem, Mass., seit 1941)
Agus (Melbourne)
Artizan (London)
Australia and New Zealand Gazette (London, seit 1851)
Canton Register
Chronicle of London Missionary Society
Cornwall Chronicle (Launceston, Tasmanien)
Economic History Review (Cambridge)
Glasgow Herald
Illustrated London News (London, seit 1841)
Lloyd's List
Log Chips (Washington, 1948–1959)
London and China Telegraph (London, seit 1859)
Marine Models (London, ca. 1927–1939)
Mariner's Mirror (London, seit 1911)
Mechanics' Magazine (London)
Mercantile Marine Magazine (London)
Mitchell's Maritime Register (London, 1856–1884)
Monthly Nautical Magazine and Quarterly Review (New York)
Nautical Magazine (London)
Nautical Research Journal (USA, seit ca. 1948)
Norfolk Sailor (Norwich, seit 1959)
North British Daily Mail (Glasgow)
Sea Breezes (Liverpool, seit 1919)
Ships and Ship Models (London, seit 1931)
Ships Monthly (London, seit 1966)
Smith's Dock Monthly (North Shields)
Sunderland Echo
Sydney Morning Herald
The Times (London)
Transactions of the Institution of Naval Architects (London, seit 1860)

BÜCHER UND SONSTIGE DRUCKSCHRIFTEN

Es folgen die wichtigsten Bücher und Artikel, auf die Bezug genommen wurde. Die zahlreichen Abhandlungen im *Mariner's Mirror* konnten hier mit wenigen Ausnahmen nicht berücksichtigt werden, sie sind jedoch unter den Anmerkungen zu den einzelnen Kapiteln vollständig aufgeführt worden.

Abell, Sir Westcott, *The Shipwright's Trade,* Cambridge 1948.
„The ‚Aberdeen Bow'", *Aberdeen Journal,* 12. Juli 1848, p. 5.
Albion, Robert G., *Forests and Sea Power 1652–1862,* Cambridge, Mass., 1926.
–, *Square-riggers on Schedule,* Princeton, N. J., 1938.
Anderson, R. C., „Eighteenth-Century Books on Shipbuilding, Rigging, and Seamanship", *M. M.,* 1947, vol. 33, pp. 218 ff.
–, *Catalogue of Ship-Models at the National Maritime Museum,* London 1952.
Annesley, William, *A New System of Naval Architecture,* London 1822.
Ansted, A., *A Dictionary of Sea Terms,* Glasgow 1933.

Baker, William A., *From Paddle Steamer to Nuclear Ship,* London 1965 (deutsche Ausgabe: *Vom Raddampfer zum Atomschiff,* Delius Klasing).
–, *Sloops and Shallops,* Barre, Mass., 1966.
Baugean, *Collection de toutes les Espèces de Bâtiments de Guerre et de Bâtiments Marchands,* Paris 1814.
Benham, Hervey, *Last Stronghold of Sail,* London 1948.
–, *Once upon a Tide,* London 1955.
Bennett, J., „Observations on the Effects Produced by Iron Masts...", *Papers on Naval Architecture* (hrsg. von William Morgan und Augustin Creuze), vol. I, London 1826, pp. 100 ff.
Biddlecombe, George, *The Art of Rigging,* London 1848.
Blake, George, *Lloyd's Register of Shipping 1769–1960,* London ca. 1961.
–, *Gellatly's 1862–1962,* London 1962.
Bouquet, Michael R., *No Gallant Ship,* London 1959.
Bowen, Frank C., *The Golden Age of Sail,* London 1925.
–, *The Sea, its History and Romance,* 4 Bde., London 1926.
–, *The Flag of the Southern Cross: Shaw Savill Albion Co., 1858–1939,* London ca. 1939.
Brett, Henry, *White Wings,* 2 Bde., Auckland 1924 und 1928.
Brewington, M. V., *Shipcarvers of North America,* Barre, Mass., 1962.
–, und Brewington, Dorothy, *The Marine Paintings and Drawings in the Peabody Museum,* Salem, Mass., 1968.
British Association, *Report from a Committee ... to Inquire into the Defects of the Present Methods of Measuring and Registering the Tonnage of Shipping,* London 1857.
Burstall, Aubrey F., *A History of Mechanical Engineering,* London 1965.
Bury, J. P. T., (Hrsg.), *The New Cambridge Modern History,* Bd. X, Cambridge 1960.

Cable, Boyd, „The World's First Clipper", *M. M.,* 1943, vol. 29, pp. 66 ff.
Cammell Laird & Co., *Builders of Great Ships,* Birkenhead 1959.
Campbell, G. F., *China Tea Clippers,* London 1954.
Carr, Frank G. G., „The Restoration of the *Cutty Sark*", *Transactions of the Royal Institution of Naval Architects,* 1966, vol. 108, pp. 193 ff.
–, *The Story of the „Cutty Sark",* London 1969.
Chapelle, Howard I., *The Baltimore Clipper,* Salem, Mass., 1930.
–, „The Bermuda Sloops and Dinghies", *Yachting,* April 1933, pp. 57 ff.
–, *The History of American Sailing Ships,* New York 1935.
–, *Yacht Designing and Planning,* New York 1936.
–, „The First Clipper", *M. M.,* 1948, vol. 34, pp. 26 ff.
–, *The History of the American Sailing Navy,* New York 1949.
–, *The National Watercraft Collection,* Smithsonian Museum, Washington 1960.
–, *The Search for Speed under Sail,* New York 1967.
Chaplin, W. R., „The Four-Masted Ship *Transit*", *M. M.,* 1933, vol. 19, pp. 312 ff.
Chapman, Charles, *All About Ships,* London ca. 1869.
Chapman, Fredrik H. af, *Architectura Navalis Mercatoria* (verkleinerter Faksimile-Nachdruck der Ausgabe von 1768), Delius Klasing 1973.
Chatterton, E. Keble, *Fore and Aft: the Story of the Rig,* London 1912.
Cheal, Henry, *The Ships and Mariners of Shoreham,* London 1909.
Clark, Arthur H., *The Clipper Ship Era 1843–1869,* New York 1910.
„Clipper Ships", *Naval Science,* Juli 1873, vol. II, pp. 265 ff.
Clowes, G. S. Laird, *Sailing Ships,* Science Museum, 2 Bde., London 1932.
Coates, W. H., *The Good Old Days of Shipping,* Bombay 1900.
Cooke, E. W., *Fifty Plates of Shipping and Craft,* London 1829.
Cotton, Sir Evan, *East Indiamen,* London 1949.
Course, A. G., *Painted Ports,* London 1961.
Court, W. H. B., *A Concise Economic History of Britain from 1750,* Cambridge 1954.
Craig, Robert S., „The African Guano Trade", *M. M.,* 1964, vol. 50, pp. 25 ff.
Creuze, Augustin F. B., *Theory and Practice of Naval Architecture,* Edinburgh 1841.
Crowe, Austin M., *Warrington: Ancient and Modern,* Warrington 1947.
Cunningham, H. D. P., „On Working Ships' Yards", *Transactions of the Institution of Naval Architects,* 1867, vol. VIII, pp. 183 ff.
–, *Cunningham's Patent Mode of Reefing Topsails etc.,* (Instruktionen), 1854.
HM Customs (Zollbehörde), *Instructions to Measuring Surveyors,* London 1861.
Cutler, Carl C., *Greyhounds of the Sea,* New York 1930.
–, *Five Hundred Sailing Records of American-Built Ships,* Mystic, Conn., 1952.
–, *Queens of the Western Ocean,* Annapolis, Maryland, 1961.

Danish Maritime Museum, Maritime History in Pictures, Helsingør 1967.
Davis, Charles G., *The Ways of the Sea,* New York 1930.
–, *The Ship Model Builder's Assistant* (1926 Ed.), New York 1955.
–, *The Built-up Ship Model* (Reprint der 1933er Ed.), New York 1960.

Davis, Ralph, *Rise of the English Shipping Industry,* London 1962.
Dingley, E. A., „Gwyn's Book of Ships", *M. M.,* 1921, vol. 7, pp. 46 ff.

Edye, John, *Calculations Relating to Equipment etc. of Ships and Vessels of War,* London 1832.
Encyclopédie Méthodique: Marine, Bd. V, nur Tafeln, Paris 1787.
Evans, James, *Recollections: or Incidents from the Lives of our Sea-Faring Men,* Berwick-on-Tweed 1908.

Facts versus Fiction: Sir Wm. Symond's Principles Vindicated, London 1845.
Fairbairn, William, *Treatise on Iron Ship Building,* London 1865.
Falconer, William, *An Universal Dictionary of the Marine,* London 1780.
–, (William Burney, Hrsg.), *A New Universal Dictionary of the Marine,* London 1815.
Farr, Grahame, *Records of Bristol Ships 1800–1838,* Bristol 1950.
–, *The Steamship ‚Great Britain‘,* Bristol 1965.
Fayle, C. Ernest, *A Short History of the World's Shipping Industry,* London 1933.
Finberg, H. P. R. (Hrsg.), *Approaches to History,* London 1965.
Fincham, John, „Dimensions and Calculated Elements of Some of the Vessels of the Royal Yacht Club", *Papers on Naval Architecture* (hrsg. von William Morgan und Augustin Creuze), Bd. 1, London 1826, pp. 208 ff.
–, *A History of Naval Architecture,* London 1851.
–, *An Outline of Shipbuilding,* 2 Bde. (Text und Tafeln), London 1852.
–, *A Treatise on Masting Ships and Mast Making,* 2 Bde. (Text und Tafeln), London, 1. Aufl. 1829, und 3. Aufl. 1854.
Fishbourne, E. Gardiner, *Lectures on Naval Architecture,* London 1846.
Forfait, *Traité Elémentaire de la Mâture des Vaisseaux,* Paris 1815.

Gavin, C. M., *Royal Yachts,* London 1932.
Gibson, John F., *Brocklebanks 1770–1950,* 2 Bde., Liverpool 1953.
Goodwin, S. [= Carr Laughton], „Cutter and Sloop", *M. M.,* 1911, vol. I, pp. 306–312, und 1912, vol. II, pp. 20 f.
Gower, Richard Hall, *Supplement to the Practical Seamanship,* London 1807.
–, *Improvements in Naval Architecture,* London 1811.
–, *Original Observations ... as Practised on Board the ‚Transit‘,* Ipswich ca. 1835.
Graham, Gerald S., „The Ascendancy of the Sailing Ship 1850–85", *Economic History Review,* vol. IX, no. 1, pp. 74–88.
Grant, Gordon, und Henry B. Culver, *The Book of Old Ships,* New York 1936.
Grantham, John, *Iron as a Material for Ship-Building,* London 1842.
–, *Iron Ship-Building,* 2 Bde. (Text & Tafeln), London, Text 1. Aufl. 1858 und 5. Aufl. 1868, Tafeln 2. Aufl. 1859.
–, „On the *Richard Cobden* Iron Sailing Ship", *Transactions of the Institution of Naval Architects,* 1871, vol. XII, pp. 252 ff.
Greenhill, Basil, *The Merchant Schooners,* 2 Bde., London 1951 und 1957.
–, „Note on the Lisslie Collection of Ships' Draughts", *M. M.,* 1961, vol. 47, pp. 58–60.
Gregory, Dickson, *Australian Steamships, Past and Present,* London 1928.
Griffiths, John W., *A Treatise on Marine and Naval Architecture,* New York 1853.
Grimwood, V. R., *American Ship Models,* New York 1942.
Groenewegen, G., *Verzameling van ... Hollandsche Schepen* (Nachdruck der Ausg. von 1789), Rotterdam 1967.
Guest, Montague, *List of Members of the Royal Yacht Squadron and their Yachts: from its Inception in 1815 to 1897,* London 1897.
–, und William B. Boulton, *The Royal Yacht Squadron,* London 1903.

Halldin, Gustaf (Hrsg.), *Svenskt Skeppsbyggeri,* Malmö 1963.
Hardy's Register of Ships Employed by the East India Co., London, 3. Aufl. 1820 und 4. Aufl. 1835.
Harper, Lawrence A., *The English Navigation Laws* (Nachdruck der Ausg. von 1939), New York 1964.
Hasslöf, Olof, „Wrecks, Archives and Living Tradition", *M. M.,* 1963, vol. 49, pp. 162 ff.
–, „Sources of Maritime History and Methods of Research", *M. M.,* 1966, vol. 52, pp. 127 ff.
Heaton, Peter, *Yachting; a History,* London 1955.
Heckstall-Smith, B., *Yachts and Yachting in Contemporary Art,* London 1925.
Hedderwick, Peter, *A Treatise on Marine Architecture,* 2 Bde. (Text & Tafeln), Edinburgh 1830.
Henderson, Andrew, „On Ocean Steamers and Clipper Ships", *Report of British Association,* 1854.
Hidy, R. W., *The House of Baring in American Trade and Finance, 1763–1861,* (Harvard 1949).
Hill, John C. G., *Shipshape and Bristol Fashion,* Liverpool ca. 1955.
Holland, A. J., „The Beaulieu River: its Rise and Fall as a Commercial Waterway", *M. M.,* 1963, vol. 49, pp. 275 ff.
Holm-Petersen, F., *Skibsportraetmalere,* Dänemark 1967.
HövER, Otto, *Von der Galiot zum Fünfmaster, ... 1780–1930,* Bremen 1934.
Howe, Octavius T., und Frederick C. Matthews, *American Clipper Ships 1833–1858,* 2 Bde., Salem, Mass., 1926 und 1927.
Hutchinson, Will., *A Treatise on Naval Architecture,* London 1794.

Jardine, Matheson & Company, London 1965.

Kemp, Dixon, *A Manual of Yacht and Boat Sailing,* London 1895.
–, *Yacht Architecture,* 2 Bde. (Text und Tafeln), London 1897.
Kierkegaard, N. C., *Plancher till Praktisk Skeppsbyggnadskonst,* Tafeln, Göteborg 1864.
Kipping, Robert, *The Elements of Sailmaking,* 2. Aufl., London 1851.
–, *Sails and Sailmaking,* 1. Aufl., London 1858.
–, *Masting, Mast-Making and Rigging of Ships,* 10. Aufl., London 1866.
Kirkaldy, Adam W., *British Shipping,* London 1919.

La Roërie, G., und J. Vivielle, *Navires et Marins de la Rame a L'Hélice,* 2 Bde., Paris 1930.
Laing, Alexander, *American Sail,* London 1961.
Landström, Björn, *The Ship,* London 1961 (*Das Schiff,* Gütersloh 1961).
Laughton, L. G. Carr, *Old Ship Figure-heads and Sterns,* London 1925.
Learmont, J. S., „Speed under Sail", *M. M.,* 1957, vol. 43, pp. 225–231.
Leather, John, „The Shipbuilding Bayleys", *M. M.,* 1965, vol. 51, pp. 131 ff.
Lescallier, Antoine, *Vocabulaire des Termes de Marine,* Paris 1777.
–, *Traité Pratique du Gréement des Vaisseaux,* 2 Bde., Paris 1791.
Leslie, Robert C., *Old Sea Wings, Ways, and Words* (mit Anmerkungen von L. G. Carr Laughton), London 1930.
Lever, Darcy, *Young Sea Officer's Sheet Anchor,* London 1808 und 2. Aufl. 1819.
Lewis, Michael, *The Navy of Britain,* London 1948.
Lindsay, W. S., *History of Merchant Shipping 1816–1874,* 2 Bde., London ca. 1874. Identisch mit Bd. 3 & 4 der erweiterten Aufl. von 1876 (4 Bde.).
Lissignol, E., *Navires en Fer à Voiles,* Paris 1866.
List of the Shipping Registered in the Ports of Scotland, 3. Aufl., Glasgow 1828.
Lloyd, Christopher, *The Navy and the Slave Trade,* London 1949.
Lloyd's Register, *Report on Dismasting of Large Iron Sailing Ships,* London 1886.
–, *Register of Shipping,* jährlich, London. Titel seit 1834: *Lloyd's Register of British and Foreign Shipping.*
–, *Annals of Lloyd's Register,* London 1934.
Longridge, C. Nepean, *The ‚Cutty Sark‘,* 2 Bde., London 1949.
Lubbock, Basil, *The Blackwall Frigates,* Glasgow 1922.
–, *The China Clippers,* Glasgow 1922.
–, *The Colonial Clippers,* Glasgow 1924.
–, *The Log of the „Cutty Sark",* Glasgow 1924.
–, *The Last of the Windjammers,* 2 Bde., Glasgow, Bd. I 1927; Bd. II, 2. Aufl. 1935.
–, *The Opium Clippers,* Glasgow 1933.
Lyman, John, „The *Scottish Maid* as the World's First Clipper", *M. M.,* 1944, vol. 30, pp. 194 ff.
–, „Register Tonnage and its Measurement", *American Neptune,* 1945, vol. V, pp. 223–233 und 311–325.
–, „Composite and Diagonal Building", *Log Chips,* 1951, vol. 2, pp. 77 bis 80 & 82.
–, „The Cutter Brig", *M. M.,* 1969, vol. 55, pp. 17–21.
Lythe, S. G. E., *Gourlays of Dundee,* Abertay Historical Society, Dundee 1964.

MacGregor, David R., „Some Early British Tea Clippers", *M. M.,* 1948, vol. 34, pp. 67–82, 184–198 und 280–293.
–, *The Tea Clippers,* London 1952.
–, *The China Bird,* London 1961.
–, „Tendering and Contract Procedure in Merchant Shipyards in the Middle of the Nineteenth Century", *M. M.,* 1962, vol. 48, pp. 241 ff.

Mackrow, Clement, *The Naval Architect's and Shipbuilder's Pocket Book,* London 1889.
MacLean, Duncan (Hrsg. John Lyman), *Clipper Ships and Packets 1851 to 1853,* Washington 1952.
Marrett, P. R., *Yachts and Yacht Building,* London 1865.
Marryat, Captain, *Code of Signals for Use of Vessels in the Merchant Service,* London 1841, 1854 und 1856.
Maudslay, Joseph, „An Improvement in the Form of Ships", *Transactions of the Institution of Naval Architects,* 1860, vol. I, pp. 54–56.
McEwen, W. A., und A. H. Lewis, *Encyclopedia of Nautical Knowledge,* Cambridge, Md., USA, 1953.
McKay, Richard C., *Some Famous Sailing Ships and their Builder Donald McKay,* New York 1928.
McLellan, R. S., *Anchor Line 1856–1956,* Glasgow 1956.
Mitchell, B. R., und P. Deane, *Abstract of British Historical Statistics,* Cambridge 1962.
Montagu, Lord, *Buckler's Hard and its Ships,* London 1909.
Moorsom, George, *A Brief Review and Analyses of the Laws for the Admeasurement of Tonnage,* London 1852.
Morgan, William, und Augustin Creuze (Hrsg.), *Papers on Naval Architecture,* 4 Bde., London 1826, 1828, 1830, 1832–1865.
Morris, E. P., *The Fore-and-Aft Rig in America,* New Haven, Conn., 1927.
Moses, Henry, *Sketches of Shipping and Craft,* London 1824.
Munro, G. W., „East Indiamen", *Marine Models,* Juni 1934, vol. 7, Nr. 3, pp. 64 f.
Murphy, John M'Leod, und W. N. Jeffers Jr., *Spars and Rigging from Nautical Routine* (Nachdruck der Aufl. v. 1849), Providence, R. I., 1933.
Murray, Andrew, *Theory and Practice of Ship-Building,* Edinburgh 1861.
Murray, Mungo, *A Treatise on Ship-Building and Navigation,* London 1765.

Naish, G. P. B., *Royal Yachts,* Nat. Maritime Mus., London 1953.
Napier, James, *Life of Robert Napier,* Edinburgh 1904.
Nares, George S., *Seamanship,* Portsea 1862.
Norway, Arthur, *History of the Post-Office Packet Service, 1793–1815,* London 1895.

Paasch, Capt. H., *From Keel to Truck,* Antwerpen 1885 (Titel der deutschen Ausgabe: *Vom Kiel zum Flaggenknopf).*
–, *Illustrated Marine Encyclopedia,* Antwerpen 1890.
Pâris, Vizeadm. Edmond, *L'Art Naval ... jusqu'en 1869,* Paris ca. 1870.
–, *Souvenirs de Marine* (2. Auswahl), Rostock 1962.
Parker, Capt. H., und Frank C. Bowen, *Mail and Passenger Steamships of the Nineteenth Century,* London 1928.
Parkinson, C. Northcote, *Trade in the Eastern Seas, 1793–1813,* Cambridge 1937.
–, (Hrsg.), *The Trade Winds: British Overseas Trade, 1793–1815,* London 1948.
Parliamentary Papers, *Fifth Report from the Select Committee on the Road from London to Holyhead,* Juli 1819.
–, *Report on the Admeasurement of Shipping,* 21. Februar 1834.
–, *First to Fifth Reports from the Select Committee on Navigation Laws,* 26. März bis 17. Juli 1847.
–, *Mortality on Emigrant Ships,* 1852–1853, XCVIII.
–, *Liverpool Compass Committee:* First and Second Reports 1857, Third Report 1862.
–, *Royal Commission on Unseaworthy Ships:* Preliminary Report 1873, Final Report 1874.
Partington, C. F., *The Ship-builders' Complete Guide,* London 1826.
Patent Office, *Abridgements of Specifications Relating to Ship Building, Repairing, Sheathing, Launching, etc., 1618–1860,* London 1862.
–, *Abridgements of Specifications Relating to Masts, Sails and Rigging, 1625 to 1866,* London 1874.
–, *Abridgements of Specifications Relating to Steering and Manoeuvring Vessels, 1763–1866,* London 1875.
Payne, Peter L. (Hrsg.), *Studies in Scottish Business History,* London 1967.
Peake, James, *Rudiments of Naval Architecture; or, an Exposition of the Practical Principles of the Science,* London 1851.
–, *Rudiments of Naval Architecture; or, an Exposition of the Elementary Principles of the Science,* London 1855.
Petrejus, Door E. W., *Model van de Oorlogsbrik ‚Irene',* Hengelo 1947.
Phillips-Birt, Douglas, *Ships and Boats: the Nature of their Design,* London 1966.
Phipps, John, *Ship Building in India,* Calcutta 1840.
Pinckney, Pauline A., *American Figureheads and their Carvers,* New York 1940.
Plimsoll, Samuel, *Our Seamen,* London 1873.
Powell, J. W. Damer, *Bristol Privateers and Ships of War,* Bristol 1930.
Prouty, Roger, *The Transformation of the Board of Trade, 1830–1855,* London 1957.

Rankine, W. J. MacQuorn (Hrsg.), *Shipbuilding, Theoretical and Practical,* London 1866. Die Tafeln sind teilweise gesondert gebunden.
Reed, E. J., *Shipbuilding in Iron and Steel,* London 1868.
Rees, Abraham, „Naval Architecture", *Cyclopaedia,* London 1820.
„Register Tonnage in Practice", *Naval Science,* Juli 1873, pp. 370–374.
Registrar-General of Shipping and Seamen, *Mercantile Navy List,* London, jährlich seit 1857.
Richardson, Pelham, *A Practical Digest of the Law of Merchant Ships and Seamen,* London 1847.
Richardson, Thomas, *Mercantile Marine Architecture,* London 1833.
Robinson, H., *Carrying British Mails Overseas,* London 1964.
Rogers, Inkerman, *Record of Ships Built in the Port of Bideford 1568–1938,* Bideford 1947.
Rostow, W. W., *British Economy of the Nineteenth Century,* Oxford 1963.
Russell, John Scott, *The Modern System of Naval Architecture,* 3 Bde., London 1865.

Salisbury, W., „A Post Office Packet of c. 1800", *M. M.,* 1943, vol. 29, pp. 57 f.
–, „Hollow Water-lines and Early Clippers", *M. M.,* 1946, vol. 32, pp. 237 ff.
–, „Early Tonnage Measurement in England", *M. M.,* 1966, vol. 52, pp. 41 bis 51, 173–180 und 329–340; 1967, vol. 53, pp. 251–264; 1968, vol. 54, pp. 69–76.
Seppings, Sir Robert, „On a New Principle of Constructing His Majesty's Ships of War", *Philosophical Transactions,* 10. März 1814.
–, „On a New Principle of Constructing Ships in the Mercantile Navy", *Philosophical Transactions,* 9. März 1820.
Sharp, James A., *Memoirs of the Life and Services of Rear-Admiral Sir William Symonds,* London 1858.
Shewan, Capt. Andrew, *The Great Days of Sail,* London 1927.
Shields, John, *Clyde Built,* Glasgow 1949.
The Shipbuilder's Repository; or, A Treatise on Marine Architecture, London o. J. (angeblich 1788).
„Ships and Shipbuilding", *Encyclopaedia Britannica,* Edinburgh 1815.
Smith, Edgar C., *A Short History of Naval and Marine Engineering,* Cambridge 1937.
Smith, John, *Rise and Progress of the City Line,* Glasgow 1908.
Smith, J. W., und T. S. Holden, *Where Ships are Born: Sunderland 1346 to 1946,* Sunderland 1947.
Smyth, Herbert Warrington, *Mast and Sail in Europe and Asia,* London 1929.
Smyth, Adm. W. H., *The Sailor's Word-Book,* London 1867.
Sommer, Graeme, „The London and Edinburgh Shipping Co., Ltd., of Leith", *Sea Breezes,* 1963, vol. 36, pp. 139–146.
Spurling, J., und Basil Lubbock, *Sail,* London; vol. I, 1927; vol. III, 1936.
Steel, David, *The Elements and Practice of Rigging and Seamanship,* 2 Bde., London 1794.
–, *Elements and Practice of Naval Architecture,* 2 Bde. (Text & Tafeln), London 1822 (Hrsg. John Knowles).
–, *The Ship-Master's Assistant and Owner's Manual,* London, 6. Aufl. 1795 und 21. Aufl. 1834.
–, *The Shipwright's Vade-Mecum,* 2 Bde. (Text & Tafeln), London 1805.
[Stephen, Sir A. Murray], *A Shipbuilding History 1750–1932,* Glasgow ca. 1932.
Stevens, John R., *Old Time Ships,* Toronto 1949.
Stevens, Robert W., *On the Stowage of Ships and their Cargoes,* London 1869.
Stewart-Brown, R., *Liverpool Ships in the Eighteenth Century,* Liverpool 1932.
Sutherland, William, *The Ship Builder's Assistant or Marine Architecture,* London 1794.
Szymanski, Hans, *Deutsche Segelschiffe,* Berlin 1934.

Tables of Dimensions of Masts, Yards etc. for Naval Vessels, ca. 1845. Ohne Titelblatt.

Teenstra, Anno, *De Clippers,* Amsterdam 1945.
Thearle, Samuel J. P., *Naval Architecture: Laying off and Building Wood, Iron and Composite Ships,* 2 Bde., London, Text 1876, Tafeln 1874.
–, *Shipbuilding in Iron and Steel,* 2 Bde. (Text & Tafeln), London 1886.
Tweedie, Francis, „The Era of Shipbuilding at Annan", *M. M.,* 1951, vol. 37, pp. 128–142.
Tryckare, Tre, und Ewert Cagner (Hrsg.), *The Lore of Ships,* London 1964.

Underhill, Harold A., *Sailing Ship Rigs and Rigging,* Glasgow 1938.
–, *Masting and Rigging the Clipper Ship & Ocean Carrier,* Glasgow 1946.
–, *Deep-Water Sail,* Glasgow 1952.
Underwriters' Registry for Iron Vessels, Liverpool 1865; unter neuem Titel als *Underwriters' List of Iron Vessels ... Surveyed by the Liverpool Registry,* Liverpool 1872, 1875, 1878.

Villiers, Alan J., *The Way of a Ship,* London 1954.

Wallace, Frederick William, *Wooden Ships and Iron Men,* London 1924.
–, *In the Wake of the Wind-Ships,* London 1927.
–, *Record of Canadian Shipping,* Toronto 1929.
Warner, Oliver, *An Introduction to British Marine Painting,* London 1948.
White, John, „On an Improved Method of Building Diagonal Ships", *Transactions of the Institution of Naval Architects,* 1860, vol. I, pp. 112 ff.
White, J. Samuel, & Co., Ltd., *Shipbuilding – From Smack to Frigate,* London ca. 1930.
White, Thomas, Jr., *Theory and Practice of Shipbuilding,* London 1851.
White, W. H., *A Manual of Naval Architecture,* London 1882.
Williams, Peter J., und Roderick Serle, *Ships in Australian Waters,* Sydney 1968.
Wilson, Theodore D., *An Outline of Shipbuilding,* New York 1878.
Winchester, Clarence (Hrsg.), *Shipping Wonders of the World,* 2 Bde., London ca. 1936.
Woodward, Sir Llewellyn, *The Age of Reform, 1815–1870,* Oxford 1967.

Young, Arthur, *Nautical Dictionary,* Dundee 1846; 2. Aufl., London 1863.
Young, Ch. F. T., *Fouling and Corrosion of Iron Ships,* London 1867.

DANK

Wenn für das Zusammentragen eines Wissensstoffes nur dann und wann Zeit zur Verfügung steht, so kann dies ein langwieriges Unterfangen werden. Die Materialsammlung für dieses Buch hat sich über fünfzehn Jahre erstreckt, so daß einige Helfer aus der Mitte der 1950er Jahre das vorliegende Ergebnis ihrer Mitarbeit vielleicht nicht mehr erleben konnten. Ganz besonders denke ich dabei an James Steele, dessen Vater Robert Steele zwischen 1880 und 1890 die Arbeit auf deren berühmter Werft in Greenock einstellte. Mr. Steele bestärkte mich in meinem jugendlichen Interesse an den Klippern seines Vaters und erlaubte mir, seine Halbmodelle aufzumessen und seine umfassende Liste der von der Firma gebauten Schiffe zu kopieren.

Aber auch andere Freundschaften aus jener oder aus noch früherer Zeit haben sich über die Jahre hinweg bewährt und dauern weiter an. Hier beziehe ich mich speziell auf Howard I. Chapelle, der in seiner Person beispielhaft die Rolle des Schiffbauingenieurs mit der des Autors verbindet. Die Beschäftigung mit seinen Arbeiten war für mich außerordentlich anregend und zugleich eine besondere Freude. Mit ihren hervorragend gezeichneten Schiffsplänen und durch den meisterlichen Gebrauch des geschriebenen Wortes sind seine Bücher beispielhaft. In langen Diskussionen auf beiden Seiten des Atlantik haben sich Rat und Anregungen dieses Mannes als von unschätzbarem Wert erwiesen.

Die Geschichte des Aberdeener Schiffbaus mit allen technischen Details über die einzelnen Schiffe hätte nicht geschrieben werden können ohne die großzügig von James Henderson geleistete Hilfe. Er stellte mir sein gesamtes Material zusammen mit seinem großen Wissen über Schiffe des neunzehnten Jahrhunderts zur Verfügung. Mehrere der hier reproduzierten Risse wurden von ihm gezeichnet. Besonders willkommen war seine Mitarbeit am Linienriß der *Thermopylae*. In dankbarer Anerkennung möchte ich die Genauigkeit seiner Zeichnungen und die während der letzten zwanzig Jahre gewährte selbstlose Hilfe hervorheben. John Henderson, der Kapitän der *Thermopylae,* war sein Urgroßonkel.

Zur Schiffbaugeschichte und hinsichtlich der Konstruktionsmethoden waren viele Jahre hindurch Rat und Ermunterungen William Salisburys von großem Nutzen. Wertvolle Erkenntnisse stammen aus zahlreichen Diskussionen mit ihm und gemeinsam durchgeführten Exkursionen zur Aufmessung von Modellen und zur Kopie von Plänen. Einige der hier abgebildeten Risse stammen von seiner Hand oder stützen sich auf von ihm ermittelte Aufmaße.

Besonderen Dank schulde ich auch William Ward für die hervorragenden Zeichnungen, die er von einigen der hier beschriebenen Schiffe nach meinen Angaben anfertigte. Er hat keine Mühe gescheut, um die größte Genauigkeit zu gewährleisten; dabei haben wir zeitgenössische Illustrationen sorgfältig ausgewertet. Einigen seiner Zeichnungen liegen Museumsmodelle zugrunde, während die meisten aber nach meinen Plänen entwickelt wurden, wobei zusätzliche Details wo möglich eingefügt wurden.

Die Pläne der Glasgower Werft Alexander Stephen & Sons Ltd. werden jetzt im National Maritime Museum aufbewahrt. Doch als ich mehrere Jahre hindurch viel Zeit damit verbrachte, sie zu studieren und abzupausen, befanden sie sich noch bei der Firma, deren Leitung ich für die freundliche Erlaubnis zu diesen Forschungsarbeiten sehr dankbar bin. Damals war dort mein Namensvetter Robert W. McGregor Chefzeichner. Für seine großzügige Hilfe und die herzliche Aufnahme möchte ich hier Dank sagen.

Viel nützliches Material über Schiffsausrüstung und Schiffskonstruktion verdanke ich neben manch anderen wertvollen Anregungen Karl Kortum, dem Direktor des San Francisco Maritime Museum.

Das National Maritime Museum in Greenwich ist eine der wichtigsten von mir benutzten Fundstätten für maritimes Wissen. Dort haben mir sämtliche Mitarbeiter viele Jahre lang bereitwillig ihre Zeit und ihre Kenntnisse zur Verfügung gestellt und meine Suche nach Material über Handelsschiffe bedeutend erleichtert. Besonders der Direktor Basil Greenhill hat mein Interesse für bestimmte Schiffahrtsfragen angeregt und mich zu meinen Untersuchungen über Schoner und andere schratbesegelte Fahrzeuge ermuntert. Georg P. B. Naish, Arthur H. Waite, Arthur L. Tucker und David J. Lyon haben mich bei meiner Suche nach Plänen und Modellen unterstützt. Die Beschaffung ausgezeichneter Illustrationen nach Gemälden, Zeichnungen und Photographien ermöglichten mir Michael S. Robinson und George A. Osbon. Alan W. H. Pearsall beriet mich über Manuskripte und Michael W. B. Sanderson über im Druck erschienene Bücher.

Der Kurator der Segelschiffssammlung im Londoner Science Museum, Basil W. Bathe, stellte seine Möglichkeiten für Nachforschungen und das Aufmessen der Modelle großzügig zur Verfügung. Daneben half er mir mit mancherlei Rat und Tat, wozu auch die freundliche Durchsicht eines Teils des Manuskriptes gehörte.

In der Glasgow Art Gallery and Museum erhielt ich jegliche Hilfe von A. S. E. Browning, dem Kurator des Department of Technology, beim Aufmessen der Halbmodelle und der Beschaffung weiterer Informationen.

Für die Erlaubnis, ihre Unterlagen zu benutzen und Pläne zu kopieren, bin ich dem Commitee von Lloyd's Register of Shipping und dessen Archivar, R. P. Tonkin, ebenso zu Dank verpflichtet wie den Direktoren von Baring Brothers und ihrem Archivar, T. Ingram. Die Werft Barclay, Curle & Co. erlaubte mir freundlicherweise, ihre alten Pläne zu studieren und Kopien anzufertigen, wobei ihr Chefzeichner, R. Campbell, besonders hilfsbereit war. John C. G. Hill von Charles Hill & Sons ermöglichte mir ebenso wie die Firma T. & J. Brocklebank vollen Zugang zu ihren alten Plänen. Den folgenden Firmen danke ich für die Erlaubnis zum Aufmessen ihrer Modelle: Joseph L. Thompson & Sons Ltd. und J. W. & A. Upham. Wm. Thomson & Co. ermöglichten freundlicherweise eine Einsicht in ihre die Schiffsreisen betreffenden Rechnungsbücher.

Weiter gilt mein Dank für mancherlei großzügige Hilfe Robert S. Craig, der Rat und Kommentare zu den wirtschaftlichen Aspekten der Schiffahrt beisteuerte und einen Teil des Manuskriptes durchsah, Dr. Peter L. Payne, der mir mit der Glasgower Wirtschaftsgeschichte half, Benjamin E. Nicholson, der mir das Aufmessen der Halbmodelle seines Großvaters gestattete und weitere Angaben beisteuerte, Mrs. Boyle, die mich ebenfalls ein Halbmodell aufmessen ließ, Peter Barton, der Daten über den Schiffbau an der Küste Nordostenglands lieferte, J. G. M. Stamp, der eine Liste mit von William Pile gebauten Schiffen zur Verfügung stellte, John Leather, der mit Kommentaren zum Schiffbau half, Mrs. Rowland, frühere Bibliothekarin bei der

Royal Institution of Naval Architects, Michael B. Stevens, der mich literarisch beriet, und Frank G. G. Carr, der mir Jahre hindurch so ermutigend beistand. Grahame Farr und Michael Bouquet steuerten viele nützliche Informationen über Schiffe und Schiffbauer Südwestenglands bei. Richard H. C. Gillis, F. A. L. Fairweather und J. D. Attwood haben jeder mit Daten und Illustrationen geholfen. Einige Personen, unter Ihnen Dr. Donald und Frau sowie L. E. Evans, stellten mir freundlicherweise in ihrem Besitz befindliche Manuskripte zur Verfügung oder gestatteten mir deren Durchsicht. Weitere geleistete Hilfe wurde im Text und in den Anmerkungen dankbar erwähnt.

Dank schulde ich auch den folgenden Museen und Bibliotheken samt ihren Mitarbeitern, die mir Pläne, Modelle, Illustrationen und Dokumente hilfsbereit zugänglich machten: Ian McKenzie Smith der Aberdeen Art Gallery and Museum, James D. Boyd der Dundee Art Gallery and Museum, dem Sunderland Museum, Miss Dora M. Walker von der Whitby Literary and Philosophical Society, die das dortige Museum betreut, dem Maritime Museum von Pickering Park in Hull, dem Bibliothekar vom Tower Hamlets Borough Council (ehemals Poplar) in London, der Royal Institution of Naval Architects in London, John E. Horsley vom Brixham Maritime Museum, dem City Museum von Bristol, E. W. Paget-Tomlinson, dem früheren Kurator der Shipping Collection der City of Liverpool Museums, Daniel Hay der Whitehaven Public Library and Museum und Bertram Newbury von der Parker Gallery, London.

In gleicher Weise gilt auch mein Dank den Museen in Amerika mit ihren Mitarbeitern: John Lochhead vom Mariners Museum in Newport News, William A. Baker vom Francis Russell Hart Nautical Museum am Massachusetts Institute of Technology, der Marine Historical Association in Mystic Seaport, dem Peabody Museum und in Kanada Dr. George MacBeath vom New Brunswick Museum sowie John R. Stevens, dem früheren Kurator des Maritime Museum of Canada in Halifax.

Aus anderen Ländern waren einzelne Sammler und Autoritäten der Schiffbaugeschichte sehr hilfreich. Zu ihnen gehören in den USA Dr. John Lyman, der mich bei einigen der ersten Kapitel beriet und teilweise das Manuskript las, Michael Costagliola, Winston V. Langdon, Andrew Nesdall und Robert A. Weinstein. In Australien haben Roderick W. Glassford, Cyril Hume und die verstorbenen Arthur D. Edwardes und David M. Little jahrelang wertvolle Informationen über britische Schiffe geliefert. In Dänemark hat Frøde Holm-Petersen seine Sammlung von Schiffsplänen zugänglich gemacht und außerdem Angaben zu Schiffsporträtmalern und nordeuropäischen Schiffstypen zur Verfügung gestellt. In den Niederlanden beriet mich J. J. van Griethuysen über holländische Klipper.

Ein letztes Dankeswort gilt denen, die beim Korrekturlesen halfen und meiner Frau, die es freundlich ertrug, als meine Materialsammlung sich zunehmend im ganzen Haus ausbreitete.

BILDNACHWEIS

Aberdeen Art Gallery & Regional Museum, 184, 259; Alexander Turnbull Library, Wellington, 138, 157, 180; J. D. Attwood, 221, 239; Basil Bathe, 96; Bristol City Museum, 276; N. Brouwer, 152, 153; F. A. Claydon, 242, 243; J. Fairweather, 76, 231; R. H. G. Gillis, 265; Glasgow Art Gallery & Museum, 186, 187; R. Glassford, 264, 275; Gomshall Gallery, 210; J. Henderson, 98, 103, 105, 111, 224, 226, 233, 237, 240, 255; Cyril Hume, 137, 263, 274; Karl Kortum, 142, 144; Kennedy Galleries, New York, 196; Kronborg Museum, Helsingør, 77; Liverpool Museum, 69; Mariners Museum, Newport News, 75, 80, 89, 112, 200; Maritime Museum of Canada, Halifax, 115; Maryland Historical Society, Baltimore, 222; Charles S. Morgan, 260; National Maritime Museum, Greenwich, 2, 13, 16, 17, 22, 26, 27, 28, 30, 32, 41, 43, 44, 49, 63, 78, 83, 90, 92, 106, 107, 123, 148, 155, 199, 204, 225, 254, 261; A. Nesdall, 267; Parker Gallery, London, 1, 24, 51, 82, 84, 86, 108, 114, 118, 121, 128, 215, 235, 249; Richard Parker, 147; Peabody Museum, Salem, 141, 227, 241; Peterhead Library and Arbuthnot Museum, 280; „Prins Hendrik" Museum, Rotterdam, 169; Provincial Archives, Victoria, B. C., 236, 258; Royal Institution of Naval Architects, London, 129, 149, 159, 160, 217, 228; Rutland Gallery, London, 39; W. Salisbury, 25, 216; San Francisco Maritime Museum, 203; Scheepvaart Museum, Amsterdam, 7, 8, 19, 122, 164, 168; Science Museum, London, 9, 10, 12, 20, 21, 23, 34, 66, 79, 99, 244; Smithsonian Institution, Washington, 194; John R. Stevens, 195; T. W. Ward, 36, 62, 72, 101, 131, 132, 133, 171, 175, 268, 269.

In größerem Maßstab wiedergegebene Reproduktionen der in diesem Buch veröffentlichten Pläne sind über die Adresse des Autors, 99 Lonsdale Road, London, SW 13 9DA, England, erhältlich.

INDEX

Kursiv gedruckte Seitenzahlen beziehen sich auf Illustrationen oder Bildtexte.
Alphabetische Listen von Illustrationen finden sich unter den Stichworten ILLUSTRATIONEN und PLÄNE.
Wo nicht anders vermerkt, handelt es sich um britische Fahrzeuge.